杨叉山

西蒿坪

沈家湾

S307

松柏镇

泮水

松柏镇
神农架林区

阳日镇

马桥镇

阳日镇

田家山

牛栏坪

宋洛乡

双河寨

新华

新华镇

梨花坪

真
红花镇

三溪河

S252

平水

榛子镇

公坪

擂鼓台

南阳镇

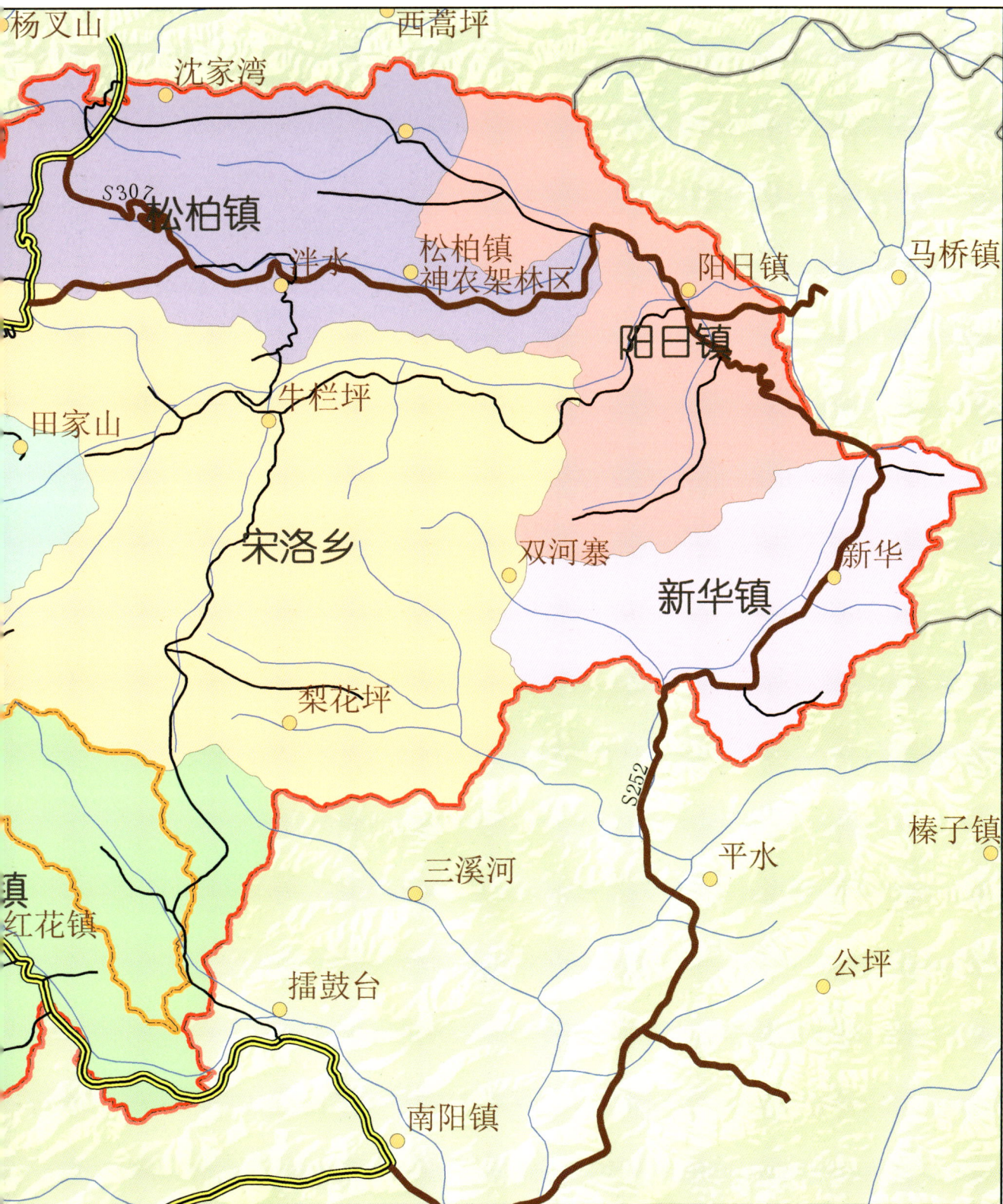

省道　　　　区乡道　　　　县界　　　　河流　　保护区边界　　林区边界

神农架植物志

第二卷

邓 涛 张代贵 孙 航 主编

中国林业出版社

内容简介

本志书较为全面和深入地反映了湖北神农架植物资源及其多样性、生态分布与分类地位。全书共分四卷，记载了神农架原生、归化及栽培的维管束植物208科1219属3767种（含种下等级）。其中，石松类2科4属27种，蕨类植物25科71属306种，裸子植物7科27属43种，被子植物174科1117属3391种。第一卷包括石松类、蕨类、裸子植物和被子植物睡莲至莎草科共919种，第二卷从禾本科至桑科共964种，第三卷自荨麻科到茜草科共976种，第四卷含龙胆科至伞形科共908种。本志书记载了新发表的产于神农架的新属1个和新种5个，湖北省新记录科1个、新记录属17个和新记录种52个，补充和订正了一些物种的形态描述。为方便广大读者使用，本志书采纳最新的分子系统学研究成果进行系统排列，除介绍了科、属、种的中文名和学名外，还对物种的形态特征、具体分布及生态环境进行了描述，并列出了科内属、种的检索表，此外，对大部分物种均附上了重要形态特征的彩色图片，引证了主要标本信息。

本志书可供从事植物学的工作者，生物系、地理系的师生，生物多样性与自然保护的科研人员，政府有关决策部门的工作者，以及对植物感兴趣的大众读者参考。

图书在版编目（CIP）数据

神农架植物志. 第二卷 / 邓涛, 张代贵, 孙航主编.
–– 北京：中国林业出版社, 2018.3
ISBN 978–7–5038–9459–6

Ⅰ. ①神… Ⅱ. ①邓… ②张… ③孙… Ⅲ. ①神农架—植物志 Ⅳ. ①Q948.526.3

中国版本图书馆CIP数据核字（2018）第046179号

中国林业出版社·生态保护出版中心

策划编辑：肖　静
责任编辑：肖　静

出版　中国林业出版社（100009　北京西城区德内大街刘海胡同7号）
　　　　http://lycb.forestry.gov.cn　电话：（010）83143577
发行　中国林业出版社
印刷　北京中科印刷有限公司
版次　2018年5月第1版
印次　2018年5月第1次
开本　889mm×1194mm　1/16
印张　36.25
字数　1043千字
定价　459.00元

《神农架植物志》
编辑委员会

主　任：周森锋

副主任：李发平　刘启俊　廖明尧　王文华　王兴林　王大兴

委　员：李立炎　张福旺　张建斌　冯子兵　向　毅　李纯清

　　　　张守军　贾国华　郑成林　李　峰　薛　红　王　红

　　　　陈光文　谷定明　曾庆宝　龚善芝　王玉伟

主　编：邓　涛　张代贵　孙　航

副主编：廖明尧　王大兴　杨敬元

委　员：赵玉诚　邱昌红　杨林森　姜治国　赵本元　杨开华

　　　　徐海清　刘　强　王　敏　罗春梅　王晓菊　汤远军

　　　　谭志强　蒋　军　袁　莉　杨　兵　王　辽　陈晓光

摄　影：邓　涛　张代贵　杨敬元　储德付

序　一

　　神农架位于湖北西部边陲，为大巴山系的东延余脉，是我国西南高山向华中低山的过渡区域。境内最高峰为神农顶（3105.2m），为华中最高峰，区内平均海拔1700m，有"华中屋脊"之称。神农架重峦叠嶂，沟壑纵横，河谷深切，山坡陡峻，最低海拔仅480m。独特的地理过渡带区位塑造了其丰富的植物多样性、高度特有性、多样性的地带性植被类型和生物进化进程，使其在全球具有独特性，素有"绿色宝库"之称。因此，近一个世纪以来神农架备受中外学者的青睐。

　　神农架是中国北亚热带植被和物种保存较好的地区，孕育着丰富的植物区系成分，是川东—鄂西特有现象中心的核心区，也是中国—日本植物区系的一个关键地区和典型代表地区，一直以来深深地吸引着我。但是，直到1975年5月，我才第一次来到神农架，亲睹神农架植物，2004年再度拜访，使我对神农架植被和植物多样性有深刻的直观感受，得知邓涛博士、张代贵教授、孙航研究员等历时数年不辞辛苦、目标如一地坚持于神农架植物野外调查和标本采集，并在调查植物区系的同时开展了植物分类学、分子系统学和生物地理学等研究，获得了新信息，有了新收获。

　　《神农架植物志》（共四卷）的问世，提供了该地区有客观依据的植物目录和相关的资料。越来越多的研究证明，植物物种中蕴藏着丰富的科学信息，而有些信息还未为我们所知。神农架由于海拔高差大，山体陡峭，形成了适合多种植物生存的环境，加之地理上处于横断山向东、秦岭向南的过渡地带，因而形成既有古老的、也有新近分化的植物，多样性特点突出，像类似荨麻科征镒麻属（*Zhengyia*）这样的新植物或许不是个例。希望年轻的科研工作者们，继续在该地区做些深入的扩展和追索。我相信只要持之以恒，定会获得新的丰硕成果。

《神农架植物志》记载的是一个具有特点的自然地理区的丰富植物。该志具有若干特色：①在多年艰苦野外调查、考察和采集标本，并鉴定标本的基础上完成，不仅内容丰富，而且具有权威性；②形态描述简明、扼要，并配有检索表；③大部分物种都有彩色照片，其中多数有形态细部插图，这提高了本志的科学性，也便于分类鉴定。对于这样一部既有丰富内容，又有表述特色的植物志，我欣然作序。

中国植物学会名誉理事长

中国科学院院士

2017年8月11日

序 二

　　神农架是全球中纬度地区唯一保存较为完好的原始林区，是中国第四纪冰川时代的"诺亚方舟"，是三峡库区、南水北调中线工程的绿色屏障和水源涵养地，是全球生物多样性保护永久示范基地。近年来，林区党委、政府秉承"保护第一、科学规划、合理开发、永续利用"的方针，持续强化主动保护、系统保护、科学保护，使神农架成为中国首个获得联合国教科文组织人与生物圈保护区、世界地质公园、世界遗产三大保护制度共同录入的"三冠王"名录遗产地，以及全国10个国家公园体制试点区域之一，彰显了其独特魅力和生态价值。神农架人就像保护眼睛一样保护生态环境，像对待生命一样对待生态环境，精心呵护这片人类共有的家园，谱写了人与自然和谐共处的壮丽篇章。

　　《神农架植物志》是中国科学院昆明植物研究所、神农架国家级自然保护区管理局与吉首大学等科研院所和高校组成的数十位科研人员，历经近十年，对神农架进行了百余次野外考察、标本采集鉴定和植物分类学研究的成果，厘清了神农架植物物种家底，是反映神农架植物多样性的"户口簿"，为基础科学研究、生物多样性保护、生态文明建设和生物资源挖掘利用及可持续发展提供了必需的重要科学基础，是神农架国家公园体制试点的重要成果之一，集中展现了神农架地区自然资源综合考察的阶段性成果。《神农架植物志》的完成与出版，是神农架林区加强国家生物多样性保护领域的科研交流与合作，依靠科技创新支撑神农架地区生物多样性保护的重要典范，可喜可贺。

习近平总书记在党的十九大报告中指出，人与自然是生命共同体，人类必须尊重自然、顺应自然、保护自然……生态文明建设功在当代、利在千秋。我们要牢固树立社会主义生态文明观，推动形成人与自然和谐发展现代化建设新格局，为保护生态环境作出我们这代人的努力。《神农架植物志》必将进一步提升广大群众对植物尤其是保护植物和濒危植物的科学认知，自觉投身到植物保护和生态文明建设中，也将成为广大群众进一步了解神农架的重要窗口，提升神农架知名度、满意度和影响力的新品牌。神农架林区党委、政府将努力践行绿色发展理念，坚守保护第一责任，引领生态文明示范，探索生态文明建设新模式，培育绿色发展新动能，开辟绿色惠民新路径，将神农架打造成为生态文明建设的教育课堂、人与自然和谐共生的示范基地。

中共神农架林区党委书记 周森锋

2017年9月1日

前　言

　　神农架位于湖北省西部的巴东、兴山和房县3县交界处，地理范围介于31°15′～31°57′N、109°56′～110°58′E之间。神农架林区现辖6镇2乡，即松柏镇、阳日镇、木鱼镇、红坪镇、新华镇、九湖镇，以及宋洛乡和下谷坪乡。区内最高海拔3105.2m（神农顶），最低海拔398 m（下谷坪乡的石柱河），平均海拔1700m，84%的地区海拔在1200m以上，有"华中屋脊"之称，是湖北省境内长江与汉水之间的第一级分水岭。神农架处于亚热带气候向温带气候过渡区域，属于北亚热带季风气候区。随着海拔的升高，形成低山、中山、亚高山3个气候带，立体气候十分明显。该区年均气温12.2 ℃，无霜期220d左右，年降水量在800～2500mm。区域内土壤类型丰富，其中海拔1500m以下为黄棕壤带，1500～2200m为山地棕壤带，2200m以上为山地灰棕壤带。神农架属于大巴山脉，其地质构造属于新华夏构造体系第三隆起带，受中生代燕山运动和新生代喜马拉雅造山运动影响显著；境内重峦叠嶂，地势崎岖，地貌具有山高、坡陡、谷深等特点。

　　神农架是中国乃至全球生物多样性的热点地区之一，植物多样性丰富，广受国内外专家学者的高度关注和重视。早在1888年和1900年亨利（Henry）和威尔逊（Wilson）就分别考察过神农架，采集了大量植物标本，拍摄照片数百幅。我国许多植物学者先后在神农架

开展了植物调查和标本采集工作，例如，陈焕镛、钱崇澍、秦仁昌、陈嵘、周鹤昌、胡启明、陈封怀、应俊生等，积累了大量的标本和资料，发现了多个新分类群，丰富了神农架植物资源本底资料。尤其是1976～1978年由中国科学院武汉植物研究所牵头开展的"神农架植物考察"及1980年8～9月由中美两国植物学家开展的"中美联合神农架植物考察"两次大型考察累计采集植物标本万余号，发表了《鄂西神农架地区的植被与植物区系》《神农架植物》《湖北西部植物考察报告》等重要论著，夯实了神农架植物区系和多样性研究的基础。但是，由于神农架幅员广阔，地形地貌复杂，生境类型多样，物种繁多，历次调查深度和广度、时间和线路以及调查对象等诸多因素差异，导致本底资源数量相差较大，调查仍不全面、不系统，尚有大量种类遗漏或分布点记载不全面，一定程度上制约了该区植物多样性保护和资源开发利用。

摸清植物资源家底，探明物种种类与分布是研究植物多样性保护和开发利用的源泉和基础。自2005年以来，在神农架国家级自然保护区管理局（现神农架国家公园管理局）的支持下，由张代贵老师带领的神农架植物调查项目组就开始了神农架植物调查。2006—2008年，项目组主要进行局部与短期考察。2011—2014年，项目组承担了神农架地区本底资源调查（高等植物专题）和全国第四次中药资源调查等项目，区域上采取"分层次、有侧重、点线面"三原则，多次深入无人区和以往采集薄弱地带采集植物标本。时间上，全年采集分为4个阶段，即早春、盛花期、盛果期、初冬期，特别注重以往采集非常容易忽视的早春和初冬两个时间段；技术上，结合现代GIS技术标记其分布和生态环境，对神农架地区高等植物的种类组成和空间分布进行了较为系统、全面的调查研究。共采集植物标本37163份（所有标本保存于吉首大学植物标本馆和中国科学院昆明植物研究所标本馆）；拍摄植物原色照片120000余张；采集和保存种质资源（包括种子和DNA）2000余种、16700份。同时，我们查阅了国内外植物标本馆以及CVH、NSII等数字标本平台上来自于神农架的标本，收集整理了涉及神农架植物区系和分类的志书和相关调研文献。在此基础上，通过大量的标本和照片鉴定、特征描述、DNA条形码等研究分析后编撰成书。

《神农架植物志》共分为四卷，记载了神农架（以神农架林区为主，辐射神农架山系范围内的房县、巴东、兴山、巫山、巫溪、竹溪等县）的维管束植物（蕨类植物、裸子植物和被子植物）共208科1219属3767种，包括原生、归化及栽培植物。其中，石松类2科4属27种，蕨类植物25科71属306种，裸子植物7科27属43种，被子植物174科1117属3391种。第一卷包括石松类、真蕨类、裸子植物和被子植物睡莲至莎草科共919种，第二卷从禾本科至桑科共964种，第三卷从荨麻科到茜草科共976种，第四卷从龙胆科至伞形科共908种。

神农架新发表的产于神农架的新属1个，即征镒麻属Zhengyia，是神农架迄今唯一的特有属，以及孙航通泉草Mazus sunhangii等5个新记录种，同时还对数个疑似新分类群的主要特征作了描述；收载了湖北省新记录科1个、新记录属17个和新记录种52个，丰富和补充了湖北乃至中国植物多样性基本数据；发现并补充描述了飞蛾藤属种（旋花科）具有极为发达的膨大块茎，订正了以往对狭叶通泉草（通泉草科）的茎干的错误描述并补充了其花、果的形态描述。为方便广大读者使用，我们尽量采纳最新的分子系统学研究成果进行系统排列。例如，石松和蕨类植物科的概念及排列参考张宪春（2015）系统排列，裸子植物和种子植物科的概念及排列分别参考克氏系统和APGⅣ系统，但部分类群略有改进。除列举科、属、种的中文名和学名外，我们还简要描述了种的形态特征和具体分布点，所有科下属、种都做了检索表，90%以上的种类附有一幅以上生境、植株及重要形态特征的彩色图片。此外，我们尽最大努力给每一个物种及其分布引证标本信息，但由于时间和资料积累有限，仍有少部分物种未能引证。

　　该项工作先后得到了国家十二五科技支撑计划"神农架金丝猴生境保护与恢复关键技术研究与示范课题"和"神农架金丝猴保育生物学湖北省重点实验室开放性基金""环境保护部南京环境科学研究所生物多样性保护专项""国家基本药物所需中药原料资源调查和检测项目"、湖北省财政专项"神农架本底资源综合调查项目"、国家自然科学基金重大项目"中国—喜马拉雅植物区系成分的复杂性及其形成机制"、国家重点研发计划重点专项项目"西南高山峡谷地区生物多样性保护与恢复技术"、国家自然科学基金项目"世界通泉草属（通泉草科）的分类修订"、中国科学院西部青年学者项目等的资助，以及中国科学院东亚植物多样性与生物地理学重点实验室、武陵山区植物多样性保护与利用湖南省高校重点实验室等单位的大力支持和帮助。

　　在本书的编撰过程中，得到美国哈佛大学标本馆David E. Boufford博士在标本采集和鉴定工作中给予的帮助，他还欣然执笔为本书作了后记。毛茛科（Ranunculaceae）和十字花科（Brassicaceae）植物的鉴定分别得到了中国科学院华南植物园杨亲二研究员和昆明植物研究所乐霁培博士的指导；中国科学院昆明植物研究所张良博士审校了石松类和真蕨类植物部分的书稿，还有其他一些类群也得到了相关专家、学者的指导和鉴定帮助。此外，神农架国家公园管理局彩旗、阴峪河、下谷、东溪、坪堑、九冲等管理站和神农架卫生与计划生育委员会陈庸新及吉首大学徐亮、刘云娇、周建军等同学在野外工作中给予了协助；中南林业科技大学喻勋林教授、中国科学院植物研究所刘冰博士、庐山植物园梁同军博士等在图片收集与鉴定工作中给予了极大的支持；中国科学院昆明植物研究所Sergey

Volis、孙露、张永增、张小霜、乐霁培、陈洪梁、李彦波、张建文、林楠等在文稿审校中提供了帮助；中国科学院武汉植物园李建强研究员和武汉大学汪小凡教授对此书的编写提供了宝贵的建议；中国科学院植物研究所、昆明植物研究所和武汉植物园等植物标本馆协助完成标本查阅和数据支撑工作。在本书出版之际，借此机会向所有为本项目实施提供支持、指导和帮助的单位和个人致以诚挚的感谢。

　　神农架不仅有着世界同类生境中最为丰富的植物多样性，还是很多特有、珍稀、濒危和孑遗植物的避难所，而且还有许多重要的经济植物或有巨大的挖掘前景的遗传资源。一方面，我们希望本书成为大家了解和研究神农架植物多样性保护和资源开发利用的基础资料；另一方面，我们对神农架植物多样性的研究仍然是初步的，即便我们开展了为期2个月的无人区调查，但仍有不少区域可能还是处女地，有待深入的调查和研究，因此，希望本书能起到抛砖引玉的作用。同时，由于本书编写时间较短，编著者的业务水平有限，疏漏和错误在所难免，欢迎批评指正。

邓　涛　张代贵　孙　航

2017年9月28日

目　录

40．金鱼藻科 | Ceratophyllaceae

41．领春木科 | Eupteleaceae

42．罂粟科 | Papaveraceae

43．星叶草科 | Circaeasteraceae

44．木通科 | Lardizabalaceae

67．远志科 | Polygalaceae

68．蔷薇科 | Rosaceae

69．胡颓子科 | Elaeagnaceae

70．鼠李科 | Rhamnaceae

71．榆科 | Ulmaceae

72．大麻科 | Cannabaceae

73．桑科 | Moraceae

39. 禾本科｜Poaceae

木本或草本。根多数为须根。有或无地下茎，地上茎多通称"秆"；秆单生、散生或丛生，通常中空，具节。单叶互生，平行脉，具叶鞘、叶舌和叶耳；无柄或具短柄。花序由小穗组成，排成穗状、总状或圆锥状；小穗由2行苞片和苞片腋内的小花组成，具颖片、外稃、内稃、浆片；小花单性或两性；雄蕊3枚；子房1室，花柱2枚，柱头羽毛状或刷状。颖果，稀囊果。

700属11000种。我国有226属1795种，湖北101属285种，神农架86属175种。

分属检索表

1. 植物体木质化；叶二型，有茎生叶（秆箨）与营养叶两类型。
  2. 花序有真正延续而无明显节环的穗轴，箨鞘通常宿存或迟落。
    3. 花序生于枝叶的顶端。
      4. 主秆的每节通常1～4个分枝；叶片大型⋯⋯⋯⋯⋯ **3. 箬竹属Indocalamus**
      4. 主秆的每节通常3个以上分枝；叶片小型。
        5. 花序不被佛焰苞所包藏；箨鞘通常宿存或迟落⋯⋯⋯⋯ **5. 玉山竹属Yushania**
        5. 花序被佛焰苞所包藏；箨鞘早落⋯⋯⋯⋯⋯⋯⋯⋯ **2. 箭竹属Fargesia**
    3. 花序生于枝叶下部的各节⋯⋯⋯⋯⋯⋯⋯⋯⋯⋯ **6. 苦竹属Pleioblastus**
  2. 花序不具真正延续的穗轴，箨鞘通常早落。
    6. 地下茎合轴型⋯⋯⋯⋯⋯⋯⋯⋯⋯⋯⋯⋯⋯⋯ **1. 簕竹属Bambusa**
    6. 地下茎单轴型。
      7. 秆壁具刺突或瘤突，茎节具刺状气生根⋯⋯⋯⋯ **7. 方竹属Chimonobambusa**
      7. 秆壁无刺突或瘤突，茎节仅基部具气生根⋯⋯⋯⋯ **4. 刚竹属Phyllostachys**
1. 植物体多为草质；叶单型。
  8. 小穗含2朵花，背腹扁或为圆筒形，小穗轴从不延伸。
    9. 小穗的2颖退化为半月形至无，残留在小穗轴的顶端。
      10. 小穗两性，两侧明显压扁而具脊。
        11. 小穗的2颖退化为半月形⋯⋯⋯⋯⋯⋯⋯⋯ **49. 稻属Oryza**
        11. 小穗的2颖完全退化⋯⋯⋯⋯⋯⋯⋯⋯ **50. 假稻属Leersia**
      10. 小穗单性，雌性小穗圆柱形，雄性小穗略扁⋯⋯⋯⋯ **51. 菰属Zizania**
    9. 小穗的2颖发达，有时第一颖微小或缺。
      12. 第二小花的外稃及内稃质地坚硬，较颖为厚。
        13. 小穗单生或孪生，脱节于颖之下。
          14. 花序中有不育小枝形成的刚毛，或穗轴延伸而成1枚尖头或1枚刚毛。
            15. 陆生草本；花序中有不育小枝形成的刚毛。
              16. 小穗成熟后与刚毛分离而独自脱落⋯⋯ **61. 狗尾草属Setaria**
              16. 小穗成熟后与刚毛一起脱落⋯⋯ **62. 狼尾草属Pennisetum**

15．沼泽生草本；花序中穗轴延伸而成1枚刚毛……………63．伪针茅属Pseudoraphis

14．花序中无不育小枝。

17．小穗排列为开展或紧缩的圆锥花序。

18．小穗脱节于颖之上………………………………52．柳叶箬属Isachne

18．小穗脱节于颖之下。

19．圆锥花序开展，第二颖基部不膨大成囊状…………53．黍属 Panicum

19．圆锥花序紧缩成穗状，第二颖基部膨大成囊状…………

…………………………………54．囊颖草属Sacciolepis

17．小穗排列在穗轴的一侧组成穗状花序。

20．颖或第一外稃顶端有芒，如无芒则第二外稃与内稃顶端多少分离。

21．叶片卵形至披针形……………………55．求米草属 Oplismenus

21．叶片线形…………………………………56．稗属Echinochloa

20．颖或第一外稃无芒，第二外稃紧抱内稃，顶端不分离。

22．第一颖显著存在………………………57．臂形草属Brachiaria

22．第一颖缺失或微小。

23．小穗基部有球状或环状基盘…………58．野黍属 Eriochloa

23．小穗基部无球状或环状基盘。

24．总状花序稀疏互生于主轴上部……59．雀稗属Paspalum

24．总状花序紧密簇生于主轴顶端…………60．马唐属Digitaria

13．小穗孪生稀单生，脱节于颖之上………………………64．野古草属Arundinella

12．第二小花的外稃及内稃膜质透明，较颖为薄。

25．小穗通常仅含1朵花…………………………65．结缕草属Zoysia

25．小穗含2朵花。

26．小穗通常两性。

27．穗轴每节上的成对小穗均成熟且同形。

28．无柄小穗的第一颖先端截平。

29．总状花序做指状排列或近圆锥状…………72．拟金茅属Eulaliopsis

29．总状花序单生………………………73．金发草属Pogonatherum

28．无柄小穗的第一颖先端狭窄。

30．穗轴延续而无关节，各节的小穗均有柄，而自其柄上脱落。

31．植株高大；圆锥花序开展…………66．芒属Miscanthus

31．植株中等大小；圆锥花序紧密呈穗状……67．白茅属Imperata

30．穗轴有关节，各节常带小穗均一起脱落。

32．总状花序多数组成顶生圆锥花序。

33．总状花序近无梗；秆实心…………68．甘蔗属Saccharum

33．总状花序有梗；秆空心…………69．大油芒属Spodiopogon

32．总状花序通常单生，或在秆顶端指状排列。

34．秆蔓生；叶片披针形…………70．莠竹属Microstegium

34．秆直立；叶片线形或披针形…………71．黄金茅属Eulalia

27．穗轴每节上的成对小穗不同形，有柄小穗退化不孕。

    35．穗轴节间和小穗柄粗短。

        36．穗轴每节上的成对小穗同形……………………**74．牛鞭草属Hemarthria**

        36．穗轴每节上的成对小穗异形……………………**75．蜈蚣草属Eremochloa**

    35．穗轴节间和小穗柄通常细长，有时上端变粗或肿胀。

        37．总状花序少数至多数组成指状花序，其下无舟形佛焰苞。

            38．叶披针形或卵状披针形；秆细弱，基部倾卧……**76．荩草属Arthraxon**

            38．叶片线形；秆粗壮。

                39．秆实心；无柄小穗第二外稃发育正常………**77．高粱属Sorghum**

                39．秆空心；无柄小穗第二外稃退化成线形。

                    40．穗轴节间和小穗柄具纵沟。

                        41．秆草质，上部少分枝………**78．孔颖草属Bothriochloa**

                        41．秆坚硬如细竹，上部多分枝………………………

                        ………………………**79．细柄草属Capillipedium**

                    40．穗轴节间和小穗柄中部无纵沟…**80．双花草属Dichanthium**

        37．总状花序单生或成对生于主秆或分枝顶端，其下有或无舟形佛焰苞。

            42．总状花序其下有舟形佛焰苞。

                43．每一舟形佛焰苞伸出成对的总状花序…**81．香茅属Cymbopogon**

                43．每一舟形佛焰苞伸出单一的总状花序…………**84．菅属Themeda**

            42．总状花序其下无舟形佛焰苞。

                44．植株低矮；秆细弱……………**82．裂稃草属Schizachyrium**

                44．植株高大；秆粗壮……………**83．黄茅属Heteropogon**

26．小穗单性，雌小穗与雄小穗分别生于不同花序上或花序不同部位。

    45．雄小穗与雌小穗分别生于不同的花序上……………………**86．玉蜀黍属Zea**

    45．雄小穗与雌小穗分别生于同一花序上……………………**85．薏苡属Coix**

8．小穗含多朵花，两侧压扁，通常脱节于颖之上，小穗轴大都延伸。

  46．小穗无柄或几无柄，排列成穗状或穗形总状花序。

    47．小穗位于穗轴的两侧。

      48．小穗通常2~3枚生于穗轴的各节。

        49．颖存在，小穗通常2~3枚簇生，排列较紧密。

          50．颖狭窄，芒状至线形……………………**23．大麦属Hordeum**

          50．颖锥形、线形以至披针形，先端尖或具长芒…**22．披碱草属Elymus**

        49．颖缺失或退化成短芒，小穗通常双生，排列较稀疏…**24．猬草属Hystrix**

      48．小穗单生于穗轴的各节。

        51．侧生小穗以其外稃的背面对向穗轴，第一颖缺……**25．黑麦草属Lolium**

        51．侧生小穗以其外稃的侧面对向穗轴，2颖均存在。

          52．颖卵形至长圆形或披针形，有3~7（~9）脉…**20．小麦属Triticum**

          52．颖锥形，仅有1脉……………………**21．黑麦属Secale**

    47．小穗位于穗轴的一侧。

53．小穗仅有1枚两性小花，稀2枚。

　　54．花序指状；小穗脱节于颖之上。

　　　　55．外稃显著有芒···28．虎尾草属Chloris

　　　　55．外稃无芒···29．狗牙根属Cynodon

　　54．花序狭长圆锥状；小穗脱节于颖之下················30．茵草属Beckmannia

53．小穗仅有2至数枚两性小花。

　　56．穗状花序多数，在延长主轴上排列成圆锥花序·········26．千金子属Leptochloa

　　56．穗状花序2至数个，在秆顶排列成指状··············27．穇属Eleusine

46．小穗具柄，排列成开展或紧缩的圆锥花序，稀为总状花序。

　　57．小穗通常仅含1朵小花，外稃具1~5脉。

　　　　58．圆锥花序紧缩成圆柱状或穗状。

　　　　　　59．小穗脱节于颖之上···39．梯牧草属Phleum

　　　　　　59．小穗脱节于颖之下。

　　　　　　　　60．花无内稃···43．看麦娘属Alopecurus

　　　　　　　　60．花的内稃较小，透明膜质·····················40．棒头草属Polypogon

　　　　58．圆锥花序紧缩或开展，但不呈圆柱状或穗状。

　　　　　　61．颖不等长，有时极退化，远短于外稃。

　　　　　　　　62．小穗脱节于颖之下·····························44．显子草属Phaenosperma

　　　　　　　　62．小穗脱节于颖之上。

　　　　　　　　　　63．外稃顶端无芒；颖果····················41．乱子草属Muhlenbergia

　　　　　　　　　　63．外稃顶端具细长的芒；囊果············42．鼠尾粟属Sporobolus

　　　　　　61．颖几等长，较长于外稃。

　　　　　　　　64．外稃质地薄于颖，或颖同为草质。

　　　　　　　　　　65．外稃基盘有长柔毛。

　　　　　　　　　　　　66．小穗轴不延伸于内稃之后，或稀有极短的延伸························
···36．拂子茅属Calamagrostis

　　　　　　　　　　　　66．小穗轴延伸于内稃之后·············37．野青茅属Deyeuxia

　　　　　　　　　　65．外稃基盘无毛或仅有微毛··············38．剪股颖属Agrostis

　　　　　　　　64．外稃质地厚于颖，或至颖背部较为坚硬。

　　　　　　　　　　67．外稃无芒，基盘不显著···················45．粟草属Milium

　　　　　　　　　　67．外稃有芒，基盘尖锐或钝圆。

　　　　　　　　　　　　68．外稃顶端具2枚微齿，齿裂间具1枚膝曲的芒，宿存·········
···47．芨芨草属Achnatherum

　　　　　　　　　　　　68．外稃顶端具具1枚细弱的芒，不扭转，早落·········
···46．落芒草属Piptatherum

　　57．小穗通常仅含2小花，外稃具数脉至多脉。

　　　　69．小穗含1枚顶生的两性小花及附于其下的退化外稃·········48．鹊草属Phalaris

　　　　69．小穗含1枚至数枚两性小花，顶生小花通常发育不全。

　　　　　　70．第二颖通常与第一小花等长或较长。

71．圆锥花序紧缩呈穗状 ·· **31．落草属Koeleria**

71．圆锥花序较开展。

72．小穗长不及1cm；子房无毛。

73．外稃背部有脊，先端2枚齿裂 ················· **32．三毛草属Trisetum**

73．外稃背部呈圆形，先端平截或啮齿状 ········· **33．发草属Deschampsia**

72．小穗长达1cm以上；子房有毛。

74．小穗下垂，颖近相等 ··························· **34．燕麦属Avena**

74．小穗直立或开展，颖不等长 ··············· **35．异燕麦属Helictotrichon**

70．第二颖通常短于第一小花。

75．高大多年生禾草。

76．外稃基盘细长，且有长丝状毛 ··············· **19．芦苇属Phragmites**

76．外稃基盘呈短柄状，仅边脉上有柔毛 ········· **18．芦竹属Arundo**

75．中小型禾草。

77．外稃有1～5脉，脉通常明显。

78．叶片披针形，有显著的小横脉 ········· **8．淡竹叶属Lophatherum**

78．叶片线形，无小横脉 ··············· **16．画眉草属Eragrostis**

77．外稃有5至多脉，脉通常不明显。

79．小穗紧密簇生成球形 ··················· **17．鸭茅属Dactylis**

79．小穗不簇生成球形。

80．顶生总状花序 ··············· **15．短柄草属Brachypodium**

80．开展或紧缩的圆锥花序。

81．叶鞘至少中部以上闭合。

82．小穗柄弯曲成关节，使小穗整个脱落 ········· **12．臭草属Melica**

82．小穗脱落于颖之上及诸小花之间。

83．水生或沼生草本 ··············· **13．甜茅属Glyceria**

83．陆生草本 ··················· **14．雀麦属Bromus**

81．叶鞘不闭合。

84．外稃背圆无脊，基盘无绵毛。

85．外稃先端尖或有芒，诸脉在顶端汇合 ··· **9．羊茅属Festuca**

85．外稃先端钝，诸脉平行，不在顶端汇合 ·············

··· **10．碱茅属Puccinellia**

84．外稃背圆隆起成脊，基盘多少有绵毛 ········· **11．早熟禾属Poa**

1. 簕竹属Bambusa Schreber

灌木或乔木状竹类。地下茎合轴型。竿丛生，竿每节分枝为数枝，竿下部分枝上所生的小枝可短缩为硬刺或软刺。箨鞘常具箨耳2枚。小穗含2朵至多朵小花。颖果通常圆柱状，顶部被毛。笋期夏、秋两季。

100余种。我国80种，湖北7种，神农架2种。

1. 慈竹 | Bambusa emeiensis L. C. Chia et H. L. Fung 图39-1

乔木型丛生竹。节间圆筒形，表面贴生灰白色或褐色疣基小刺毛。箨环显著；箨鞘革质；箨舌流苏状；箨片两面被毛，具多脉。竿环平坦，竿每节有20以上的分枝，半轮生状簇生。叶鞘无毛，具纵肋；叶舌截形，棕黑色；叶片披针形。笋期6～9月，花期7～9月。

原产于我国西南各省份，神农架低海拔地区村庄周围常有栽培。花、竹芯、竹叶、竹笋、竹根均可入药；庭院观赏竹类。

2. 孝顺竹 | Bambusa multiplex (Loureiro) Raeuschel ex Schultes et J. H. Schultes 图39-2

灌木型丛生竹。节间幼时薄被白蜡粉。箨鞘呈梯形；箨耳极微小以至不明显；箨舌边缘呈不规则的短齿裂；箨片直立，狭三角形。叶鞘无毛；叶耳肾形；叶舌圆拱形；叶片线形。假小穗单生或以数枝簇生于花枝各节，线形至线状披针形；颖不存在；外稃两侧稍不对称，长圆状披针；内稃线形；子房卵球形，柱头3枚或其数目有变化，羽毛状。成熟颖果未见。

原产于越南，神农架低海拔地区坟场有栽培。庭院观赏竹类。

2. 箭竹属 Fargesia Franchet

灌木状竹类。地下茎合轴型。竿柄假鞭粗短，节间实心，鳞片（假鞭之箨）为正三角形；竿直立，节间中空或实心，竿环平坦，竿每节分数枝。箨鞘革质或厚纸质；箨舌圆拱形或截形；箨片三角状披针形或带状，末级小枝具数

图39-1 慈竹

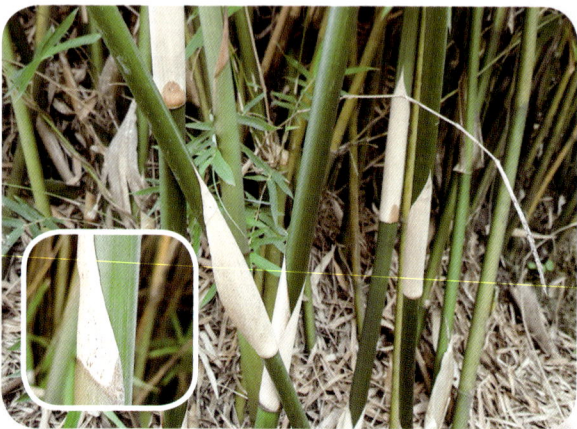

图39-2 孝顺竹

叶。花序呈圆锥状或总状，着生于具叶小枝的顶端，花序下方托以由叶鞘扩大而成或大或小的一组佛焰苞。颖果细长。

90余种。我国78种，湖北5种，神农架4种。

分种检索表

1. 箨鞘长圆形，先端圆形或近圆形⋯⋯⋯⋯⋯⋯⋯⋯⋯⋯⋯⋯⋯⋯⋯⋯⋯1. 神农箭竹F. murielae
1. 箨鞘长三角形或长圆状三角形，先端为三角形或宽带形。
　　2. 箨鞘较其节间为短或两者近等长。
　　　　3. 箨鞘淡黄色，背部被棕色刺毛；叶片的小横脉微明显⋯⋯⋯⋯2. 箭竹F. spathacea
　　　　3. 箨鞘紫色；叶片的小横脉明显⋯⋯⋯⋯⋯⋯⋯⋯⋯⋯⋯⋯3. 华西箭竹F. nitida
　　2. 箨鞘远长于节间或略长于节间，包裹着竿的各整个节间⋯⋯4. 龙头箭竹F. dracocephala

1. 神农箭竹 | Fargesia murielae Franchet　　图39-3

灌木状竹类。节间圆筒形，幼时微被白粉，髓呈锯屑状。箨环隆起；竿环平坦或微隆起。枝条实心。箨鞘革质，长圆形；箨耳及鞘口继毛俱缺；箨舌圆拱形或近截形；箨片外翻。小枝具1～2（～6）枚叶；叶鞘边缘无纤毛；叶耳无；叶舌截形；叶片披针形，较硬，基部阔楔形或近圆形。花枝未见。笋期5月。

产于神农架猴子石，生于海拔2500～3000m的山坡顶部疏林下或成片生长。

图39-3　神农箭竹

2. 箭竹 | **Fargesia spathacea** Franchet 图39-4

灌木状竹类。竿幼时无白粉；箨环隆起；竿环平坦或隆起。箨鞘宿存，革质，长圆状三角形，背面被棕色刺毛；箨耳无；鞘口通常无䍁毛；箨舌截形。小枝具2~3（~6）枚叶，具叶鞘；叶耳微小，紫色；叶舌略呈圆拱形或截形，无毛。笋期5月，花期4月，果期10月。

产于神农架各地，生于海拔2500~3000m的山坡顶部疏林下或成片生长。叶可入药；竹笋可食。

图39-4　箭竹

3. 华西箭竹 | **Fargesia nitida** (Mitford) P. C. Keng ex T. P. Yi 图39-5

灌木状竹类。节间圆筒形，幼时被白粉，髓呈锯屑状。箨环隆起；笋紫色；箨鞘宿存；箨耳及鞘口䍁毛均缺；箨舌圆拱形，紫色；箨片外翻或直立。小枝具（1~）2~3枚叶；叶鞘常为紫色；叶耳无；叶舌截形或圆拱形；叶片线状披针形。总状花序顶生；小穗含2~4朵小花。颖果卵状椭圆形或椭圆形。笋期4月底至5月，花期5~8月，果期8~9月。

产于神农架大、小神农架一带，生于海拔2500~3000m的山坡顶部疏林下或成片生长。

4. 龙头箭竹 | **Fargesia dracocephala** T. P. Yi 图39-6

灌木状竹类。节间圆筒形，幼时被白粉，髓呈锯屑状。箨环显著隆起呈圆脊状；箨鞘迟落，革质，淡红褐色；箨耳小；箨舌截形；箨片直立或外倾。小枝具3~4枚叶；叶鞘无毛；叶耳长椭圆形；叶舌截形，紫色；叶片披针形。总状花序或简单圆锥花序顶生于具（2~）3（~4）叶的枝上；小穗含1~3朵小花。笋期5月，花期5~10月，果实未见。

产于神农架各地，生于海拔1500~2500m的山坡林下。竹笋可食。

图39-5 华西箭竹

图39-6 龙头箭竹

3. 箬竹属 Indocalamus Nakai

灌木或小灌木状竹类。地下茎复轴型。秆混生，圆筒形；每节有1～4个分枝，与主秆同粗。箨鞘宿存。叶片大型，有多条次脉和小横脉。花序呈总状或圆锥状。

23种。我国22种，湖北6种，神农架4种。

分种检索表

1. 叶片干后仍平整，不呈波状起伏式皱缩。
　2. 秆中部箨上的箨片为为三角形至卵状披针形 ························ 1. 箬叶竹 I. longiauritus
　2. 秆中部箨上的箨片为窄披针形。
　　3. 叶下面中脉之一侧密生1纵行的茸毛 ························ 2. 箬竹 I. tessellatus
　　3. 叶下面中脉之两侧均无茸毛 ························ 3. 阔叶箬竹 I. latifolius
1. 叶片干后呈波状起伏式的皱缩 ························ 4. 鄂西箬竹 I. wilsonii

1. 箬叶竹 │ Indocalamus longiauritus Handel - Mazzetti　图39-7

灌木状竹类。节间暗绿色，有白毛，节下方有1圈淡棕带红色并贴竿而生的毛环。箨鞘宿存；箨耳显著；箨舌截形，边缘具继毛。叶鞘重叠包裹，上邻近边缘处被棕色伏贴毛，边缘生粗硬继毛，无毛或幼时背部贴生棕色小刺毛；叶舌截平；叶耳显著；叶大型。圆锥花序长型。笋期4～5月，花果期5～7月。

产于神农架下谷、新华，生于海拔400～800m的山坡林下。叶可入药。

图39-7 箬叶竹

2. 箬竹 | Indocalamus tessellatus (Munro) P. C. Keng　图39-8

灌木状竹类。节间圆筒形，竿环较箨环略隆起，节下方有红棕色贴竿的毛环。箨鞘长于节间，无毛，密被紫褐色伏贴疣基刺毛；箨耳无；箨舌厚膜质，截形，背部有棕色伏贴微毛。叶鞘紧密抱竿，背面无毛或被微毛；无叶耳；叶舌截形；叶片宽披针形或长圆状披针形，下表面灰绿色，密被伏贴的短柔毛。圆锥花序。笋期4～5月，花期6～7月。

产于神农架各地，生于海拔400～1200m的山坡林缘或疏林下。叶可入药；叶亦作食品包装材料。

图39-8　箬竹

3. 阔叶箬竹 | Indocalamus latifolius (Keng) McClure　图39-9

灌木状竹类。节间被微毛；竿环略高，箨环平。箨鞘硬纸质或纸质，背部常具棕色疣基小刺毛；箨耳无；箨舌截形，先端无毛或有时具短缝毛而呈流苏状；箨片直立或狭披针形。叶鞘无毛，先端稀具极小微毛，质厚，坚硬；叶舌截形；叶耳无；叶片长圆状披针形。圆锥花序。笋期4～5月。

产于神农架各地，生于海拔400～1200m的山坡林缘或疏林下。叶可入药；叶亦作食品包装材料。

4. 鄂西箬竹 | Indocalamus wilsonii (Rendle) C. S. Chao et C. D. Chu　图39-10

小灌木状竹类。节间平滑无毛或幼时有白色柔毛；箨环平，竿环亦平或稍隆起。箨鞘紧抱竿；箨耳无；箨舌短；箨片长卵状披针形或长三角形；枝箨干后呈橙红色。每枝条之顶端生有3枚叶，稀4或5枚叶；叶鞘黄绿色稍带红；叶耳及鞘口缝毛均缺；叶舌发达；叶片长椭圆状披针形。圆锥花序；小穗常带紫色，含3～7朵小花。花期8～9月，果实未见。

产于神农架各地，生于海拔2200～2800m的山坡疏林下。

图39-9　阔叶箬竹

图39-10　鄂西箬竹

4．刚竹属Phyllostachys Siebold et Zuccarini

乔木或灌木状竹类。地下茎为单轴散生。秆圆筒形，在分枝的一侧扁平或具浅纵沟，髓呈薄膜质封闭的囊状，易与秆的内壁相剥离；秆环多少明显隆起；秆每节分2枝，一粗一细；秆箨早落。箨片狭长三角形成带状，平直或波状或皱缩，直立至外翻。末级小枝具（1～）2～4（～7）枚叶，通常为2或3枚叶，叶片披针形至带状披针形，小横脉明显。

50余种，我国均产，湖北29种，神农架7种。

分种检索表

1．箨鞘背部具斑点。
 2．箨鞘无箨耳及繸毛，箨鞘背部无刺毛。
  3．秆的表面在放大镜下可见晶体状颗粒或小凹穴……… **1．刚竹Ph. sulphurea var. viridis**
  3．秆的表面无晶体状颗粒或小凹穴………………………………… **2．早竹Ph. violascens**
 2．箨鞘有箨耳及繸毛，或具鞘口繸毛，箨鞘背部多少被刺毛。
  4．箨耳小或不明显，具长繸毛…………………………………………… **3．毛竹Ph. edulis**
  4．箨耳较长，镰形，繸毛较短。
   5．新秆箨环有毛，箨舌强烈隆起………………………………… **4．紫竹Ph. nigra**
   5．新秆箨环无毛………………………………………………… **5．桂竹Ph. reticulata**
1．箨鞘背部无斑点。
 6．箨耳宽大，三角形……………………………………………… **6．篌竹Ph. nidularia**
 6．箨耳小型……………………………………………………… **7．水竹Ph. heteroclada**

1. 刚竹（变种）｜ **Phyllostachys sulphurea** var. **viridis** R. A. Young 图39-11

乔木状竹类。竿微被白粉，绿色；竿环在较粗大的竿中于不分枝的各节上不明显；箨环微隆起。箨鞘无毛，微被白粉，有斑点及斑块；箨耳及鞘口繸毛俱缺；箨舌绿黄色；箨片外翻。末级小枝有2～5枚叶；叶鞘几无毛或仅上部有细柔毛；叶耳及鞘口繸毛均发达；叶片长圆状披针形或披针形。花枝未见。笋期5月中旬。

产于神农架低海拔地区，生于山坡混交林中或成纯林，亦有栽培。竹笋、竹茹、竹叶、竹沥、竹根、竹实均可入药；用材及庭院观赏竹类；竹笋可食；竹汗可作饮料。

图39-11　刚竹

2. 早竹｜ **Phyllostachys violascens** (Carrière) Rivière et C. Rivière 图39-12

乔木状竹类。竿密被白粉；竿环与箨环均中度隆起。箨鞘褐绿色或淡黑褐色，有斑点；箨舌褐绿色或紫褐色；箨片外翻。末级小枝具2或3枚叶，稀5或6枚叶；叶片带状披针形。花枝呈穗状；佛焰苞5～7枚，每枚佛焰苞内生有2枚假小穗；侧生假小穗常不发育，顶生假小穗常含2朵小花，常仅下方的1朵发育。笋期在3月中旬开始，花期4～5月。

原产于我国浙江，神农架新华有栽培。笋味美，笋期早，持续时间长，产量高，是良好的笋用竹种。

3. 毛竹｜ **Phyllostachys edulis** (Carrière) J. Houzeau 图39-13

乔木状竹类。幼竿密被细柔毛及厚白粉，箨环有毛；竿环不明显。箨鞘背面黄褐色或紫褐色；箨耳微小，繸毛发达；箨舌宽短；箨片长三角形至披针形，绿色。叶耳不明显；叶舌隆起；叶片披针形。花枝穗状，顶生。颖果长椭圆形。笋期4月，花期5～8月。

产于神农架低海拔地区，生于山坡混交林中或成纯林，亦有栽培。竹笋、竹茹、竹叶、竹沥、竹根、竹实均可入药；用材及庭院观赏竹类；竹笋可食；竹汗可作饮料。

图39-12 早竹

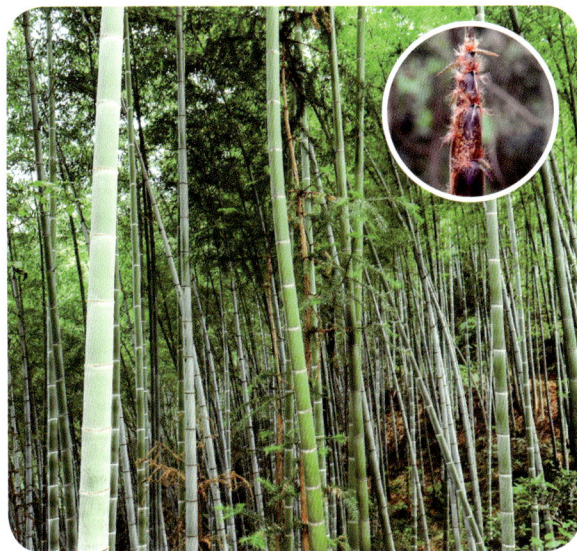

图39-13 毛竹

4．紫竹｜Phyllostachys nigra (Loddiges ex Lindley) Munro

分变种检索表

1．秆变紫黑色·····································4a．紫竹Ph. nigra var. nigra

1．秆绿色至灰绿色·····································4b．毛金竹Ph. nigra var. henonis

4a．紫竹（原变种）Phyllostachys nigra var. nigra 图39-14

乔木状竹类。幼竿绿色，老时紫黑色；竿环与箨环均隆起。箨鞘背面红褐色或带绿色，被微量白粉及较密的淡褐色刺毛；箨耳长圆形至镰形，紫黑色；箨舌拱形至尖拱形，紫色，边缘生有长纤毛；箨片三角形至三角状披针形，绿色。佛焰苞4～6枚，叶耳不存在。小穗披针形。笋期4月下旬。

原产于我国湖南南部与广西交界处，神农架有栽培。根及叶入药；多栽培供观赏；竹笋可食；竹材可供制作小型家具及作工艺品用材。

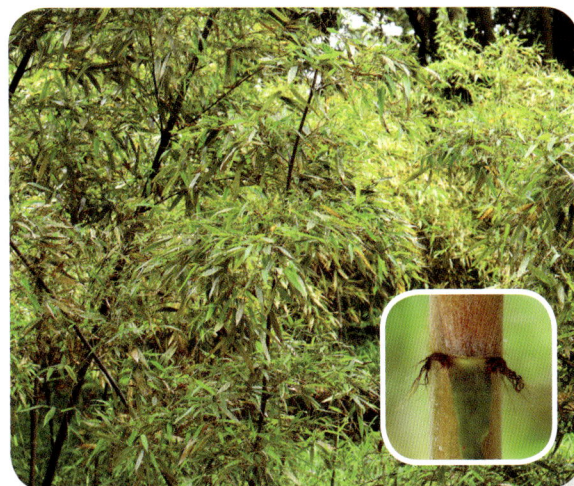

图39-14 紫竹

4b．毛金竹（变种）Phyllostachys nigra var. henonis (Mitford) Stapf ex Rendle

本变种与原变种的区别：竿不为紫黑色，较高大，竿壁厚；箨鞘顶端极少有深褐色微小斑点。

原产于我国黄河流域以南，神农架广布，多栽于村边。材内层、叶入药；多栽培供观赏；竹笋可食；竹材可供制作小型家具及作工艺品用材。

5. 桂竹 | Phyllostachys reticulata (Ruprecht) K. Koch 图39-15

乔木状竹类。竿无白粉；竿环稍高于箨环。箨鞘革质，背面黄褐色；箨耳小型或大型而呈镰状，紫褐色；箨舌拱形，淡褐色或带绿色，边缘生较长或较短的纤毛；箨片带状，外翻。花枝穗状；佛焰苞6～8枚，叶舌小型或无，有繸毛，叶舌明显伸出，拱形或有时截形。笋期5月下旬。

产于我国黄河流域及其以南各地，神农架广布，生于村寨边。根及果实；多栽培供观赏；竹笋可食；竹材可供制作小型家具及作工艺品用材。

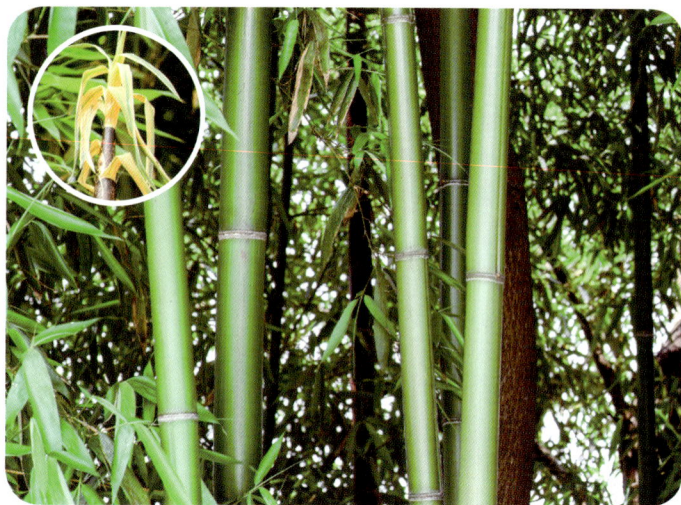

图39-15　桂竹

6. 篌竹 | Phyllostachys nidularia Munro 图39-16

乔木状竹类。竿无白粉；竿环稍高于箨环。箨鞘革质，背面黄褐色；箨耳宽大至三角形，紫褐色；箨舌拱形，淡褐色或带绿色，边缘生较长或较短的纤毛；箨片带状，外翻。花枝穗状；佛焰苞6～8枚，叶舌小型或仅无，有繸毛，叶舌明显，拱形或有时截形。笋期4～5月，花期4～8月。

产于神农架各地，生于海拔400～1200m的山坡，常成纯林或生于阔叶林下。叶、花入药；竹笋可食；竹材可供制作小型家具及作工艺品用材。

图39-16　篌竹

7. 水竹 | **Phyllostachys heteroclada** Oliver   图39-17

灌木状竹类。幼竿具白粉并疏生短柔毛；分枝角度大。箨鞘背面深绿色带紫色，无斑点，被白粉，边缘生白色或淡褐色纤毛；箨耳小，淡紫色；箨舌低；箨片直立，三角形至狭长三角形，绿色、绿紫色或紫色。叶片披针形或线状披针形。花枝头状；颖0~3枚。笋期5月，花期4~8月。

产于神农架各地，生于海拔400~1200m的河流两岸及山谷中，村边亦有栽培。中层入药；竹笋可食；竹材可供制作小型家具及作工艺品用材。

图39-17 水竹

5. 玉山竹属 **Yushania** P. C. Keng

灌木状竹类。节间圆筒形；髓呈锯屑状；箨环隆起；竿环不明显或微隆起。箨鞘宿存或迟落，革质或软骨质。每小枝具数枚叶至10余枚叶。叶片小型或大型。总状或圆锥花序；小穗含2~8（~14）朵小花，圆柱形，紫色或紫褐色，顶端小花常不孕；小穗轴脱节于颖之上及各花之间；颖2枚；外稃卵状披针形；内稃等长或略短于其外稃。颖果长椭圆形。

80余种。我国58种，湖北1种，神农架也有。

鄂西玉山竹 | **Yushania confusa** (McClure) Z. P. Wang et G. H. Ye   图39-18

灌木状竹类。节间圆筒形，具紫色小斑点；箨环隆起，无毛；竿环平坦或微隆起。箨鞘宿存，革质，长三角形；箨耳不存在；鞘口具数条长1~2mm黄褐

图39-18 鄂西玉山竹

色易落之䋄毛；箨舌截形；箨片线状披针形或线形，外翻。无叶耳；叶舌截形；叶片披针形。圆锥花序位于具叶小枝顶端；小穗含（2～）4～5（～6）朵小花，绿紫色或紫色。笋期6～9月，花期4～8月。

产于神农架木鱼，生于海拔1400～1800m的山顶疏林中。

6. 苦竹属Pleioblastus Nakai

小乔木或灌木型竹类。地下茎有时呈单轴型。髓作笛膜状或棉絮状。箨鞘宿存；箨舌截形至弧形；箨片常外翻。每小枝通常生3～5枚叶，少数种类多可达13枚叶；叶舌截形或拱形；叶片长圆状披针形或狭长披针形。圆锥花序由少数乃至多枚小穗组成；小穗细长形或窄披针形，具数朵乃至多朵小花；颖2枚，或可多至5枚。颖果长圆形。笋期5～6月。

40余种。我国17种，湖北1种，神农架也有。

斑苦竹 | Pleioblastus maculatus (McClure) C. D. Chu et C. S. Chao
图39–19

小乔木型竹类。地下茎复轴型。竿厚被脱落性白粉；箨环与竿环均凸出，近无毛；箨环残留有箨鞘基部的木栓质残留物；箨鞘棕红色略带紫绿色，具棕色小斑点；箨舌深棕红色。末级小枝具3～5枚叶；叶鞘绿色；无叶耳和䋄毛；叶舌背面具粗毛；叶片披针形。圆锥花序常侧生于花枝各节；小穗具8～15朵小花；颖2枚。果实椭圆形。笋期5月上旬至6月初。

产于巴东县，生于海拔200～400m的村边疏林中。

7. 方竹属Chimonobambusa Makino

乔木或灌木型竹类。竿环平坦或隆起；箨环常具箨鞘基部残留物。箨鞘薄纸质而宿存；箨舌截平或弧形凸起；箨片常极小，呈三角锥状或锥形，与箨鞘相连处常不具关节或略具关节。末级小枝具（1～）2～5枚叶；叶鞘光滑；叶片长圆状披针形，基部楔形。小穗含数朵至多数小花；颖1～3枚，与外稃相似；外稃纸质，卵状椭圆形。颖果。

37种。我国34种，湖北3种，神农架2种。

图39–19　斑苦竹

分种检索表

1. 幼竿节间无毛；箨鞘背部无毛或疏被小刺毛⋯⋯⋯⋯⋯⋯⋯⋯⋯⋯⋯ 1. 刺黑竹Ch. purpurea

1. 幼竿节间被白色柔毛；箨鞘背部密被刺毛⋯⋯⋯⋯⋯⋯⋯⋯⋯ 2. 狭叶方竹Ch. angustifolia

1. 刺黑竹 ｜ Chimonobambusa purpurea Hsueh et T. P. Yi 图39-20

乔木竹类。竿中部以下各节均环生有发达的刺状气生根。箨环隆起，初时密被黄棕色小刺毛；竿环微隆起；箨鞘薄纸质至纸质；箨耳缺；箨舌膜质。末级小枝具2～4枚叶；叶鞘无毛；叶耳无；叶舌截形；叶片纸质，狭披针形。花枝呈总状或圆锥状排列或单生，具假小穗1～3枚；小穗含小花4～12朵。颖果呈坚果状，椭圆形或稀近圆球形。花期4～12月。

产于神农架木鱼（九冲）、新华（观音河）及兴山县，生于海拔600～800m的山坡林下。

2. 狭叶方竹 ｜ Chimonobambusa angustifolia C. D. Chu et C. S. Chao 图39-21

灌木型竹类。竿下部的节内环生短刺状的气生根；节间略呈四方形或圆筒形；竿环较平。箨鞘纸质至厚纸质，短于其节间；箨耳不发达；箨舌截形或拱形；箨片极小，锥状三角形。末级小枝具1～3（～4）枚叶；叶鞘无毛；叶耳缺；叶舌呈拱形；叶片纸质或薄纸质，线状披针形至线形。花枝未见。笋期8～9月。

产于神农架木鱼（龙门河）、下谷（石硅河），生于海拔400～800m的山坡林下。

图39-20 刺黑竹

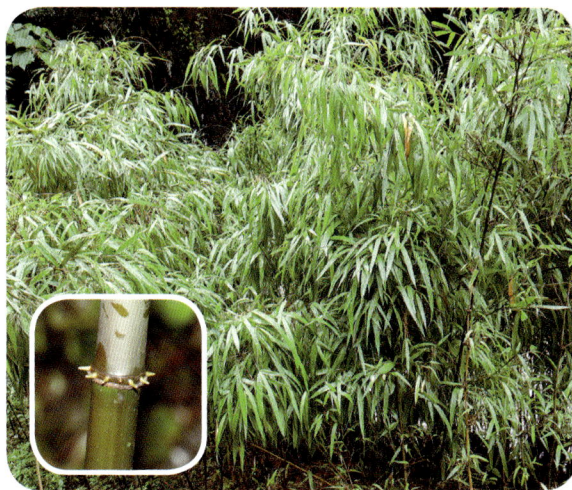

图39-21 狭叶方竹

8. 淡竹叶属Lophatherum Brongniart

多年生草本。叶鞘长于其节间；叶舌短小；叶片披针形。圆锥花序由数枚穗状花序组成；小穗圆柱形，含数朵小花，第一小花两性，其他均为中性小花；小穗轴脱节于颖之下；2颖不相等，均短于第一小花，具5~7脉，顶端钝；第一外稃硬纸质，具7~9脉；内稃较其外稃窄小；不育外稃数枚互相紧密包卷；内稃小或不存在。颖果与内、外稃分离。

2种。我国均有，湖北1种，神农架有产。

淡竹叶 | Lophatherum gracile
Brongniart 图39-22

多年生草本。秆具5~6节。叶鞘平滑或外侧边缘具纤毛；叶舌质硬，褐色，背有糙毛；叶片披针形，具横脉。圆锥花序，分枝斜升或开展；小穗线状披针形，具极短柄；颖顶端钝，具5脉。第一外稃长具7脉；内稃较短；不育外稃；雄蕊2枚。颖果长椭圆形。

产于神农架各地，生于海拔400~800m的山坡林下。带根全草入药。

图39-22　淡竹叶

9. 羊茅属Festuca Linnaeus

多年生草本。叶片扁平、对折或纵卷，基部两侧具披针形叶耳或无；叶舌膜质或革质；叶鞘开裂或新生枝叶鞘闭合但不达顶部。圆锥花序开展或紧缩；小穗含2朵至多数小花，顶花常发育不全；颖短于第一外稃，顶端钝或渐尖；外稃背部圆形或略成圆形；内稃等长或略短于外稃，脊粗糙或近于平滑。颖果长圆形或线形。

450种。我国55种，湖北8种，神农架7种。

分种检索表

1. 叶片纵卷，稀扁平或对折；圆锥花序紧密呈穗状或狭窄开展但较短。
  2. 圆锥花序紧缩呈穗状或狭窄但不呈穗形······················1. 羊茅F. ovina
  2. 圆锥花序疏松开展、狭窄或紧缩呈穗状··············2. 毛稃羊茅F. rubra subsp. arctica
1. 叶片常扁平或对折；圆锥花序疏松开展或狭窄。
  3. 外稃顶端无芒或具尖至短芒；子房顶端通常具毛。
    4. 叶舌长（1.5~）2~5mm；外稃顶端无芒··············3. 素羊茅F. modesta
    4. 叶舌长0.3~1.5mm；外稃顶端无芒··············4. 日本羊茅F. japonica
  3. 外稃顶端具长芒或短芒，如无芒，则子房顶端大都无毛。
    5. 第一颖短小，卵圆形，长1~1.5 mm；花药长约1 mm······5. 小颖羊茅F. parvigluma
    5. 第一颖披针形，长2~3（~5）mm；花药长（1~）2~4 mm。
      6. 叶舌长2~4 mm；第一颖长2~3 mm··············6. 苇状羊茅F. arundinacea
      6. 叶舌长0.5~1（~2）mm；第一颖长3.5 mm以上··············7. 蛊羊茅F. fascinata

1. 羊茅 | **Festuca ovina** Linnaeus 图39-23

多年生草本。秆基部残存枯鞘。叶鞘开口几达基部，平滑；叶舌截平，具纤毛；叶片内卷成针状。圆锥花序紧缩呈穗状；小穗淡绿色或紫红色，含3～5（～6）朵小花；颖片披针形，顶端尖或渐尖，平滑或顶端以下稍糙涩；外稃背部粗糙或中部以下平滑，具5脉，顶端具芒，芒粗糙；内稃近等长于外稃，顶端微2裂，脊粗糙。花果期6～9月。

产于神农架各地，生于海拔2200～2500m的山坡草地。

2. 毛稃羊茅（亚种）| **Festuca rubra** subsp. **arctica** (Hackel) Govoruchin

多年生草本。秆具2～3节。叶鞘平滑无毛；叶舌平截，具纤毛；叶片常对折，平滑无毛或上面稀有微毛。圆锥花序紧缩，或花期稍开展；小穗褐紫色，含4～6朵小花；颖片背上部和中脉粗糙或具短毛，顶端尖或渐尖，边缘窄膜质或具纤毛；外稃背部遍被毛，具不明显的5脉，顶端具芒；内稃顶端具2齿，两脊具纤毛或粗糙，脊间具微毛。花果期6～8月。

产于神农架红坪（红河，鄂神农架植考队 10658），生于海拔2500m的山坡草地。

3. 素羊茅 | **Festuca modesta** Nees ex Steudel 图39-24

多年生草本。秆具2～3节。叶鞘均短于节间；叶舌膜质，截平或撕裂状；叶片扁平，无毛，上面光滑，下面及边缘微粗糙。圆锥花序开展，直立或顶端弯垂；小穗灰绿色，含（1～）2～4朵小花；颖片背部平滑，边缘膜质；外稃背部粗糙，具5脉，内稃近等长或稍短于外稃，顶端2裂，具2脊。颖果顶端有毛。花果期5～8月。

产于神农架各地，生于海拔500～1500m的山坡草地。

图39-23　羊茅

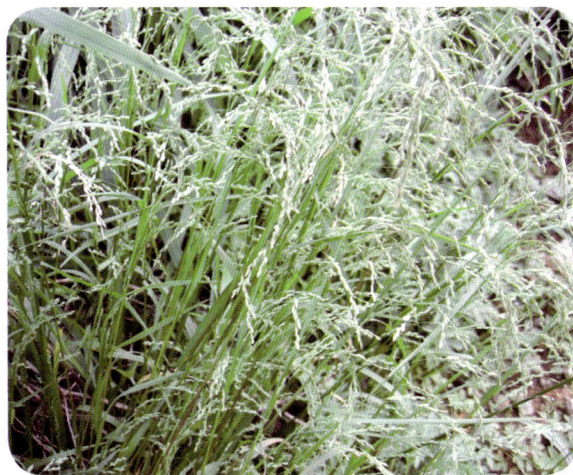

图39-24　素羊茅

4. 日本羊茅 | **Festuca japonica** Makino 图39-25

多年生草本。秆具2～3节。叶鞘光滑；叶舌短；叶片扁平或呈折叠状，下面光滑无毛，上面粗糙或被细短毛。圆锥花序开展，金字塔形；小穗淡绿色，通常含2～3（～4）朵小花；颖片卵圆形，先端尖或钝，边缘膜质；外稃背部平滑无毛，边缘狭膜质，顶端无芒；内稃近等长于外稃，顶端微凹，具2脊；子房顶端具棕黄色毛。颖果长圆形。花果期6~8月。

产于神农架红坪，生于海拔1400~1800m的山坡草地。

5. 小颖羊茅 | **Festuca parvigluma** Steudel 图39-26

多年生草本。秆具2~3节。叶鞘光滑或最基部有茸毛；叶舌干膜质；叶片扁平，光滑或上面微糙涩，基部具耳状凸起。圆锥花序疏松柔软，下垂；小穗淡绿色，含3~5朵小花；颖片卵圆形，背部平滑，边缘膜质，顶端尖或稍钝；内稃近等长于外稃，脊平滑，顶端尖；子房顶端具短毛。花果期4~7月。

产于神农架各地，生于海拔1000~1700m的山坡草地。

图39-25　日本羊茅

图39-26　小颖羊茅

6. 苇状羊茅 | **Festuca arundinacea** Schreber 图39-27

多年生草本。秆具3~4节，光滑。叶鞘光滑，具纵条纹；叶舌膜质，截平；叶片线状披针形，先端长渐尖，通常扁平。圆锥花序疏松开展；小穗含2~3朵花；颖片背部光滑无毛，顶端渐尖，边缘膜质；外稃椭圆状披针形，平滑，具5脉；内稃与外稃近等长，先端2裂，两脊近于平滑。颖果顶端有茸毛。花果期4~8月。

原产于我国广西、四川、贵州，神农架有栽培，种于公路边。

7. 蛊羊茅 | **Festuca fascinata** Keng ex S. L. Lu 图39-28

多年生草本。秆具2~3节。叶鞘平滑无毛；叶舌截平；叶片秆生者常扁平，基生者多内卷，上面具纵沟，被微毛。圆锥花序开展，下垂；小穗淡绿色，含3~5朵小花；颖片狭窄，背部平滑无毛，顶端渐尖；外稃背上部微粗糙，边缘狭膜质，具5脉；内稃与外稃等长或稍短，顶端狭窄，2裂，具2脊，脊微粗糙；雄蕊3枚；子房先端无毛。花果期7~9月。

产于神农架各地［牛洞湾（湖北巴东），傅国勋、张志松863］，生于海拔2200m的山坡草地。

图39-27 苇状羊茅

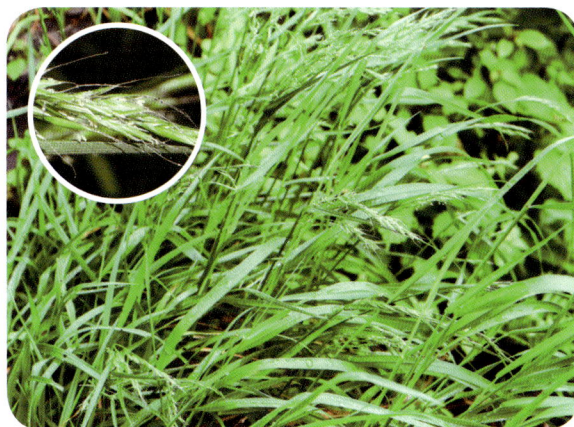

图39-28 蛊羊茅

10．碱茅属Puccinellia Parlatore

多年生草本。秆直立，丛生。叶鞘散生于全秆或聚集基部，平滑无毛；叶舌膜质；叶片线形，内卷，粗糙或平滑无毛。圆锥花序开展或紧缩；小穗含2～8朵小花；小花覆瓦状排成2列；颖披针形至宽卵形，纸质，不等长，均短于第一小花，顶端钝或尖；内稃等长或稍短于其外稃；鳞被2枚，常2裂；雄蕊3枚。颖果小，长圆形，无沟槽，与内、外稃分离。

200种。我国50种，湖北1种，神农架也有。

星星草｜Puccinellia tenuiflora (Grisebach) Scribner et Merrill

多年生草本。秆具3～4节。叶鞘短于其节间；叶舌膜质，钝圆；叶片对折或稍内卷。圆锥花序；分枝2～3枚生于各节，下部裸露；小穗含2～3（～4）朵小花，带紫色；颖质地较薄，边缘具纤毛状细齿裂；内稃等长于外稃，平滑无毛或脊上有数枚小刺。花果期6～8月。

产于神农架宋洛（太阳坪林场树坪，太阳坪队0507），生于海拔2200m的山坡草地。

11．早熟禾属Poa Linnaeus

一年生或多年生草本。叶鞘开放；叶舌膜质；叶片扁平。圆锥花序；小穗含2～8朵小花，上部小花不育或退化；小穗轴脱节于颖之上及诸花之间；两颖不等或近相等，均短于其外稃；外稃纸质或较厚，无芒，边缘多少膜质，具5脉，中脉成脊，背部大多无毛，脊与边脉下部具柔毛；内稃等长或稍短于其外稃，两脊微粗糙，稀具丝状纤毛。

500种。我国231种，湖北5种，神农架4种。

分种检索表

1．第一颖具1脉，颖与外稃质地较薄，外稃间脉大多明显。

  2．外稃基盘具有绵毛……………………………………………………1．白顶早熟禾P. acroleuca

  2．外稃基盘不具绵毛……………………………………………………2．早熟禾P. annua

1. 第一颖具3脉，颖与外稃质地大多较厚；外稃间脉多不明显。

    3. 叶舌短，长0.2～1mm ·· 3. 林地早熟禾 P. nemoralis

    3. 叶舌长1～6mm ·· 4. 法氏早熟禾 P. faberi

1. 白顶早熟禾 | Poa acroleuca Steudel 图39-29

一年生或二年生草本。秆具3～4节。叶鞘闭合，顶生叶鞘短于其叶片；叶舌膜质；叶片质地柔软，平滑或上面微粗糙。圆锥花序金字塔形；分枝2～5个着生于各节，细弱，微糙涩，中部以下裸露；小穗卵圆形，含2～4朵小花，灰绿色；颖披针形，质薄，具狭膜质边缘，脊上部微粗糙；外稃长圆形，顶端钝；内稃较短于外稃。颖果纺锤形。花果期5～6月。

产于神农架各地，生于海拔400～1800m的路旁草地。

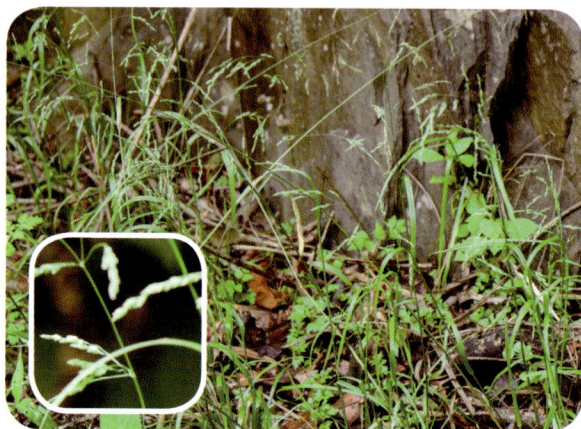

图39-29　白顶早熟禾

2. 早熟禾 | Poa annua Linnaeus 图39-30

一年生或二年生草本。秆直立，质软，全体平滑无毛。叶鞘稍压扁；叶舌圆头；叶片扁平或对折，质地柔软，有横脉纹。圆锥花序宽卵形，开展；分枝1～3枚着生于各节，平滑；小穗卵形，绿色；颖质薄，具宽膜质边缘，顶端钝，第一颖披针形，具1脉，第二颖，具3脉；外稃卵圆形，具5脉；内稃与外稃近等长。花期4～5月，果期6～7月。

产于神农架各地，生于海拔400～1500m的路旁草地、田野水沟或荫蔽荒坡湿地。全草入药；观草坪草种。

图39-30　早熟禾

3. 林地早熟禾 | **Poa nemoralis** Linnaeus

多年生草本。秆具3～5节，花序以下部分微粗糙，细弱。叶鞘平滑或糙涩；叶舌截圆或细裂；叶片扁平，柔软，边缘和两面平滑无毛。圆锥花序狭窄柔弱，分枝开展，2～5枚着生于主轴各节，疏生1～5枚小穗，微粗糙，下部长裸露；小穗披针形，最多含3朵小花；颖披针形，具3脉，第一颖较短而狭窄；外稃长圆状披针形。花期5～6月。

产于神农架各地，生于海拔2400～2800m的路旁草地。

4. 法氏早熟禾 | **Poa faberi** Rendle

多年生草本。秆具3～4节，花序以下平滑或糙涩。叶鞘常具倒向粗糙毛；叶舌先端尖；叶片两面粗糙。圆锥花序较紧密；分枝每节3～5个，下部1/3裸露；小穗绿色，含4朵小花；颖片具3脉，粗糙，先端锐尖；外稃具5脉，间脉尚明显；内稃较短于外稃，两脊微粗糙。花果期5～8月。

产于神农架木鱼，生于海拔400～1500m的路旁草地。

12. 臭草属 **Melica** Linnaeus

多年生草本。叶鞘几乎全部闭合。顶生圆锥花序紧密呈穗状；小穗柄细长，小穗含孕性小花1至数枚，上部1～3朵小花退化；仅具外稃，2～3枚者相互紧包成球形或棒状，脱节于颖之上；颖膜质或纸质，常有膜质的顶端和边缘；外稃下顶端膜质，全缘，齿裂或2裂，无芒；内稃短于外稃，或上部者与外稃等长。

90种。我国23种，湖北4种，神农架3种。

分种检索表

1. 小穗顶端不育外稃仅1枚，发育外稃细点状粗糙。
　2. 圆锥花序开展；秆光滑·······················1. 广序臭草 M. onoei
　2. 圆锥花序狭窄；秆向上粗糙···················2. 甘肃臭草 M. przewalskyi
1. 小穗顶端不育外稃多数聚集成棒状或小球状，发育外稃点状粗糙·······3. 臭草 M. scabrosa

1. 广序臭草 | **Melica onoei** Franchet et Savatier　图39-31

多年生草本。须根细弱。秆少数丛生。叶鞘闭合几达鞘口；叶舌质硬；叶片质地较厚，扁平或干时卷折，两面均粗糙。圆锥花序开展成金字塔形，极开展；小穗柄细弱，小穗绿色，线状披针形；雄蕊3枚。颖果纺锤形。花果期7～10月。

产于神农架各地，生于海拔400～2000m的山坡林缘。

图39-31　广序臭草

2．甘肃臭草 ｜ **Melica przewalskyi** Roshevitz 图39-32

多年生草本。疏丛，具细弱根状茎。秆细弱，直立具多数节。叶片长线形，扁平或疏松纵卷。圆锥花序狭窄；小穗带紫色，线状披针形；颖薄草质，边缘与顶端膜质；外稃硬纸质，顶端钝；花药带紫色。花期6～8月。

产于神农架各地，生于海拔400～2000m的山坡林缘。

3．臭草 ｜ **Melica scabrosa** Trinius 图39-33

多年生草本。须根较稠密、细弱。秆丛生。叶舌透明膜质；叶片薄，扁平。圆锥花序狭窄，分枝直立或斜向上升，小花数朵。颖果褐色，纺锤形。花果期5～8月。

产于神农架各地，生于海拔800～1400m的山坡林缘。全草入药。

图39-32 甘肃臭草

图39-33 臭草

13．甜茅属Glyceria R. Brown

多年生草本。秆直立，具叶鞘。圆锥花序开展或紧缩；小穗含数朵至多数小花，两侧压扁或多少呈圆柱形；小穗轴无毛或粗糙，脱节于颖之上及各小花之间。颖果倒卵圆形或长圆形，与内、外稃分离或黏合。

50种。我国10种，湖北3种，神农架1种。

假鼠妇草 ｜ **Glyceria leptolepis** Ohwi

多年生草本。秆单生。叶鞘光滑无毛；叶舌质厚；叶片质较厚而硬，扁平或边缘内卷，具横脉。圆锥花序大型，密集或疏松开展，每节具2～3个分枝；小穗卵形或长圆形，绿色，成熟后变黄褐色，含4～7朵小花。颖果红棕色，倒卵形。花果期6～9月。

产于神农架各地，生于海拔1800～2400m的山坡草地。

14. 雀麦属Bromus Linnaeus

一年生或多年生草本。圆锥花序，有时为总状花序；小穗含数朵至多数，上部小花常发育不全；小穗轴脱节于颖之上及小花之间；颖不等或近于等长，较短或等于第一花，先端尖或渐尖至成芒状；外稃背部圆形或具脊，芒顶生或由外稃先端稍凹下处伸出；内稃窄，短于外稃；雄蕊3枚。颖果线状长圆形，成熟后贴于内、外稃。

250种。我国71种，湖北2种，神农架均有。

1. 疏花雀麦 | Bromus remotiflorus (Steudel) Ohwi 图39-34

多年生草本。秆节生柔毛。叶鞘闭合，密被倒生柔毛；具叶舌；叶片上面生柔毛。圆锥花序疏松开展，每节具2～4个分枝；小穗疏生5～10朵小花；颖窄披针形，顶端渐尖至具小尖头；外稃窄披针形，边缘膜质，具7脉，顶端具芒；内稃狭，短于外稃。颖果贴生于稃内。花果期6～7月。

产于神农架各地，生于海拔400～1500m的山坡或荒地。

2. 雀麦 | Bromus japonicus Thunberg et Murray 图39-35

一年生草本。叶鞘闭合，被柔毛；叶舌先端近圆形，两面生柔毛。圆锥花序疏展，向下弯垂；小穗黄绿色，颖近等长；脊粗糙，边缘膜质；外稃椭圆形，边缘膜质，芒自先端下部伸出，成熟后外弯；内稃两脊疏生细纤毛。花果期5～7月。

产于神农架各地，生于海拔400～600m的荒地。全草入药。

图39-34 疏花雀麦

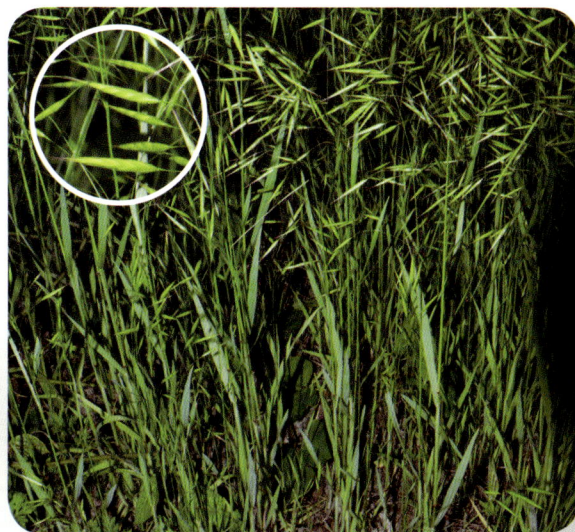

图39-35 雀麦

15．短柄草属 Brachypodium P. Beauvois

多年生草本。秆直立，节生柔毛。叶鞘无毛或柔毛；叶舌膜质；叶片线形，扁平，粗糙或有毛。穗形总状花序顶生，具3～10余枚小穗；小穗单生于穗轴之各节，含3朵至多数小花；小穗轴脱节于颖之上和各小花之间，粗糙或生短毛；颖片披针形，纸质；外稃长圆状披针形，厚纸质，有5～9脉，顶端具芒；内稃等长或稍短于外稃。颖果狭长圆形。

20种。我国7种，湖北1种，神农架也有分布。

短柄草 │ Brachypodium sylvaticum (Hudson) P. Beauvois　图39-36

多年生草本。秆具6～7节，节密生细毛。叶片两面散生柔毛或仅上面脉上有毛。穗形总状花序，着生10余枚小穗；小穗圆筒形，含6～12（～16）朵小花；颖披针形，顶端尖或具尖状短芒，上部与边缘被短毛；外稃长圆状披针形，具7～9脉，具芒；内稃短于外稃。花果期7～9月。

产于神农架各地，生于海拔1200～2000m的山坡林下。

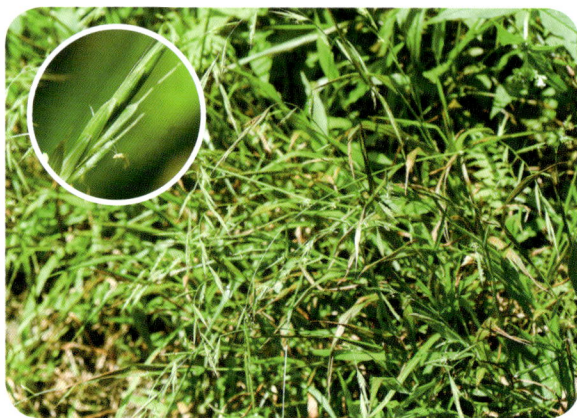

图39-36　短柄草

16．画眉草属 Eragrostis Wolf

多年生或一年生草本。叶片线形。圆锥花序开展或紧缩；小穗两侧压扁，有数朵至多数小花，小花常疏松地或紧密地覆瓦状排列；小穗轴常作"之"字形曲折，逐渐断落或延续而不折断；颖不等长，通常短于第一小花，具1脉，宿存，或个别脱落；外稃无芒，具3条明显的脉，或侧脉不明显；内稃具2脊，常弓形弯曲，宿存，或与外稃同落。

350种。我国32种，湖北7种，神农架4种。

分种检索表

1. 小穗轴节间自上而下逐节断落 ·· 1. 纤毛画眉草 E. ciliata
1. 小穗轴节间并不断落。
　　2. 植物体具腺体。
　　　　3. 叶舌退化为1圈短毛 ··· 2. 知风草 E. ferruginea
　　　　3. 叶舌退化为1圈长柔毛 ·· 3. 小画眉草 E. minor
　　2. 植物体无腺体 ·· 4. 画眉草 E. pilosa

1．纤毛画眉草 │ Eragrostis ciliata (Roxburgh) Nees

一年生草本。秆具3～5个节，节下有1圈明显的腺体。叶片线形扁平，伸展，无毛。圆锥花序长圆形或尖塔形；小穗长圆形或卵状长圆形，有10～40朵小花；颖近等长；外稃呈广卵形，先端钝；内稃宿存，稍短于外稃，脊上具短纤毛。颖果近圆形。花果期7～10月。

产于兴山县，生于海拔1000m以下的路边荒地中。

2. 知风草 ｜ Eragrostis ferruginea (Thunberg) P. Beauvois 图39-37

多年生草本。叶鞘两侧极压扁；叶舌退化为1圈短毛；叶片平展或折叠。圆锥花序大而开展，分枝节密，每节生枝1～3个；小穗长圆形，有7～12朵小花，多带黑紫色，有时也出现黄绿色；颖开展，具1脉；外稃卵状披针形，先端稍钝；内稃短于外稃，脊上具有小纤毛，宿存。颖果棕红色。花果期8～12月。

产于神农架各地，生于海拔400～600m的路边荒地中。根可入药。

3. 小画眉草 ｜ Eragrostis minor Host 图39-38

一年生草本。秆纤细，具3～4节，节下具有1圈腺体。叶鞘较节间短，松裹茎，叶鞘脉上有腺体；鞘口有长毛；叶舌为1圈长柔毛，叶片下面光滑，上面粗糙并疏生柔毛，主脉及边缘都有腺体。圆锥花序开展而疏松；花序轴、小枝以及柄上都有腺体；小穗绿色或深绿色。颖果红褐色，近球形。花果期6～9月。

产于神农架各地，生于海拔2500～3000m的山坡草丛。全草入药。

图39-37 知风草

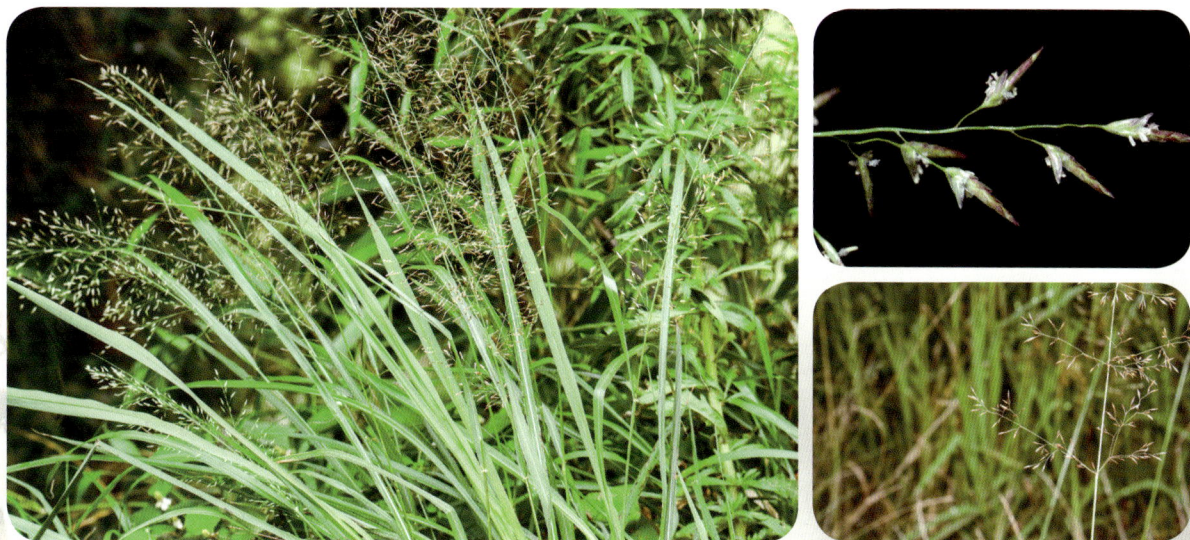

图39-38 小画眉草

4. 画眉草 | Eragrostis pilosa (Linnaeus) P. Beauvois 图39-39

一年生草本。秆丛生，通常具4节，光滑。叶鞘松裹茎，长于或短于节间，扁压；鞘缘近膜质；鞘口有长柔毛；叶舌为1圈纤毛；叶片线形扁平或卷缩，无毛。圆锥花序开展或紧缩，分枝单生、簇生或轮生，多直立向上，腋间有长柔毛，小穗具柄；颖为膜质，披针形，先端渐尖。颖果长圆形。花果期8～11月。

产于神农架各地，生于海拔500～1500m的山坡或路边草丛。全草入药。

图39-39 画眉草

17. 鸭茅属Dactylis Linnaeus

多年生草本。具开展或紧缩的圆锥花序；小穗仅含2朵至多数，两侧压扁，几无柄，紧密排列于圆锥花序分枝上端之一侧；小穗轴无毛，脱节于颖片之上及各小花之间；颖几相等，短于第一小花，具1～3脉，顶端尖或渐尖；外稃硬纸质，具5脉，顶端具短芒，脊粗糙或具纤毛；内稃短于外稃，脊具纤毛；雄蕊3枚，花柱顶生分离。颖果长圆而略呈三角形。

5种。中国1种，神农架也有分布。

鸭茅 | Dactylis glomerata Linnaeus 图39-40

多年生草本。秆直立或基部膝曲。叶鞘无毛，通常闭合达中部以上；叶舌薄膜质，顶端撕裂；叶片扁平，边缘或背部中脉均粗糙。圆锥花序开展；小穗多聚集于分枝上部，含2～5朵小花，绿色或稍带紫色；颖片披针形，先端渐尖，边缘膜质；外稃背部粗糙或被微毛，脊具毛，顶端具芒；内稃狭窄，约等长于外稃，具2脊，脊具纤毛。花果期5～8月。

产于神农架各地，生于海拔500～1200m的山坡或路边草丛。

图39-40 鸭茅

18. 芦竹属Arundo Linnaeus

多年生草本。具长匍匐根状茎。秆直立。叶鞘平滑无毛；叶舌纸质；叶片宽大，线状披针形。圆锥花序大型，分枝密生，具多数小穗。小穗含2～7朵小花；小穗轴脱节于孕性花之下；两颖近相等，约与小穗等长或稍短，披针形，具3～5脉；外稃宽披针形，厚纸质，背部近圆形，通常具3条主脉，顶端具芒；内稃短，长为其外稃的一半；雄蕊3枚。颖果较小。

12种。中国2种，湖北1种，神农架也有。

芦竹 | **Arundo donax** Linnaeus 图39-41

多年生草本。秆多节，常生分枝。叶鞘长于节间，无毛或颈部具长柔毛；叶舌平截，先端具纤毛；叶片扁平，上面与边缘微粗糙，基部白色，抱茎。圆锥花序长，分枝稠密，斜升；小穗具2～4朵小花；外稃中脉延伸成长芒，背面中部以下密生长柔毛，基盘两侧上部具柔毛。颖果细小，黑色。花果期9～12月。

产于神农架新华，生于海拔500～700m的溪边湿地上。根茎、嫩苗入药；秆可供制管乐器中的簧片；茎纤维是制优质纸浆和人造丝的原料；幼嫩枝叶是牲畜的良好青饲料。

图39-41 芦竹

19. 芦苇属Phragmites Adanson

多年生草本。茎直立，具多数节。叶舌厚膜质，边缘具毛；叶片宽大，披针形。圆锥花序；小穗含3～7朵小花，小穗轴节间短而无毛，脱节于第一外稃与成熟花之间；颖不等长，具3～5脉；第一外稃通常不孕，含雄蕊或中性，小花外稃向上逐渐变小，具3脉，顶端渐尖或呈芒状，外稃基盘延长，具丝状柔毛；内稃狭小，甚短于其外稃；鳞被2枚，雄蕊3枚。

6种。我国3种，湖北2种，神农架1种。

芦苇 | **Phragmites australis** (Cavanilles) Trinius ex Steudel 图39-42

多年生草本。秆直立，节下被蜡粉。叶舌边缘密生短纤毛，易脱落；叶片披针状线形，无毛。圆锥花序大型，分枝多数，着生于稠密下垂的小穗；第一不孕外稃雄性，第二外稃具3脉；内稃长约3mm，两脊粗糙；雄蕊3枚，黄色。颖果。

产于神农架低海拔地区，生于海拔400～800m的溪边灌丛地带。根状茎和叶入药；秆为造纸原料或作编席织帘及建棚材料；茎、叶嫩时为饲料；为固堤造陆先锋环保植物。

图39-42 芦苇

20．小麦属Triticum Linnaeus

一年或越年生草本。穗状花序直立，顶生小穗发育或退化；小穗通常单生于穗轴各节，含（2～）3～9（～11）朵小花；颖革质或草质，卵形至长圆形或披针形，具3～7（～9）脉，先端具1～2枚锐齿，亦有延伸为芒状者；外稃背部扁圆或多少具脊，顶端有2枚裂齿或无裂齿；内稃边缘内折。颖果卵圆形或长圆形，顶端具毛。

25种。我国4种，湖北1种，神农架也有。

小麦 | Triticum aestivum Linnaeus 图39-43

一年或越年生草本。秆直立，丛生，具6～7节。叶鞘松弛包茎；叶舌膜质；叶片长披针形。穗状花序直立；小穗含3～9朵小花；颖卵圆形；外稃长圆状披针形，顶端具芒或无芒；内稃与外稃几等长。

原产于北非或者西亚，神农架有栽培。果实、种皮可入药；果实淀粉供食用；秆供编织用。

图39-43 小麦

21．黑麦属Secale Linnaeus

一年或多年生草本。秆直立，具顶生穗状花序。小穗具2朵可育小花，无柄且单生于穗轴的各节，两侧压扁；小穗轴脱节于颖上，且延伸于第二小花之后而形成一棒状物，而在2朵可育小花间极为短缩；颖窄，常具1脉，先端渐尖或延伸成芒；外稃具5脉，先端渐尖或延伸成芒；内稃与外稃等长；雄蕊3枚。颖果具纵长腹沟，易与稃体分离。

5种。我国3种，湖北1种，神农架也有。

黑麦 | Secale cereale Linnaeus

一年或两年生草本。秆丛生，具5～6节，于花序下部密生细毛。叶鞘常无毛或被白粉；叶舌顶具细裂齿；叶片下面平滑，上面边缘粗糙。穗状花序；小穗含2朵小花，此2朵小花近对生，均可育，另一朵极退化的小花位于延伸的小穗轴上；两颖几相等，具膜质边，背部沿中脉成脊，常具细刺毛；外稃顶端具芒，具5条脉纹；内稃与外稃近等长。颖果长圆形，淡褐色。

原产于欧亚大陆的温寒带，神农架有栽培。果实淀粉供食用；秆可作编帽和造纸用材；茎秆可作饲料。

22．披碱草属Elymus Linnaeus

多年生草本。叶扁平或内卷。穗状花序顶生，直立或下垂；小穗常2～4（～6）枚同生于穗轴的每节，或在上、下两端每节可有单生者，含3～7朵小花；颖锥形、线形以至披针形，先端尖以至形成长芒，具3～5（～7）脉，脉上粗糙；外稃先端延伸成长芒或短芒以至无芒，芒多少反曲。

170种。中国88种，湖北7种，神农架全有。

分种检索表

1．小穗常以2～5枚生于穗轴的每节。
　　2．颖（芒除外）显著短于第一小花·····················1．老芒麦E. sibiricus
　　2．颖（芒除外）稍短于或等长于第一小花··············2．麦宾草E. tangutorum
1．小穗单生于穗轴的每节。
　　3．外稃边缘具透明纤毛·······························3．纤毛披碱草E. ciliaris
　　3．外稃无毛或有毛，但边缘从不具透明纤毛。
　　　　4．外稃与颖显著具有宽膜质边缘···················4．柯孟披碱草E. kamoji
　　　　4．外稃与颖不具膜质边缘或具狭膜质边缘。
　　　　　　5．颖具5～7粗壮的脉，其脉强烈隆起而彼此密接·····5．山东披碱草E. shandongensis
　　　　　　5．颖具3～5彼此较离开的脉·····················6．钙生披碱草E. calcicola

1．老芒麦 | Elymus sibiricus Linnaeus

多年生草本。秆粉红色，下部的节稍呈膝曲状。叶鞘光滑无毛；叶片扁平。穗状花序，通常每节具2枚小穗，有时基部和上部的各节仅具1枚小穗；穗轴边缘粗糙或具小纤毛；小穗灰绿色或稍带紫色，含（3～）4～5朵小花；颖狭披针形，具3～5明显的脉，脉上粗糙，背部无毛，先端渐尖或具芒；外稃披针形，具5脉；内稃几与外稃等长，先端2裂。花果期6～8月。

产于神农架松柏（红花朵，鄂神农架队 21256），生于海拔800～1600m的山坡荒野。

2．麦宾草 | Elymus tangutorum (Nevski) Handel-Mazzetti

多年生草本。秆基部呈膝曲状。叶鞘光滑；叶片扁平。穗状花序，通常每节具2枚小穗，而接近先端各节仅1枚小穗；小穗绿色稍带紫色，含3～4朵小花；颖披针形至线状披针形，具5脉，脉明显而粗糙或可被有短硬毛，先端渐尖，具短芒；外稃披针形，具5脉，脉在上部明显；内稃与外稃等长，先端钝头，脊上具纤毛。

产于神农架红坪（红河，鄂神农架植考队 10561），生于海拔800～2200m的沟边灌丛和草地上。

3. 纤毛披碱草 │ **Elymus ciliaris** (Trinius ex Bunge) Tzvelev

分变种检索表

1. 颖边缘有纤毛······**3a. 纤毛披碱草E. ciliaris** var. **ciliaris**
1. 颖边缘无纤毛······**3b. 日本纤毛草E. ciliaris** var. **hackelianus**

3a. 纤毛披碱草（原变种）Elymus ciliaris var. ciliaris 图39-44

多年生草本。秆基部节常膝曲，常被白粉。叶鞘无毛，稀具有柔毛；叶片扁平，两面均无毛，边缘粗糙。穗状花序；小穗通常绿色，含（6~）7~12朵小花；颖椭圆状披针形，先端常具短尖头，两侧或一侧常具齿，具5~7脉；外稃长圆状披针形，上部具有明显的5脉，通常在顶端两侧或一侧具齿；内稃长为外稃的2/3，先端钝头，脊的上部具少许短小纤毛。花果期5~7月。

产于神农架各地，生于海拔800m的山坡和湿润草地。

3b. 日本纤毛草（变种）Elymus ciliaris var. hackelianus (Honda) G. Zhu et S. L. Chen [竖立鹅观草Roegneria japonensis (Honda) Keng]

多年生草本。秆疏丛，直立。叶片线形，扁平，上面及边缘粗糙，下面较平滑。穗状花序直；小穗含7~9朵小花；颖椭圆状披针形，先端锐尖或具短尖头，偏斜，两侧或一侧具齿，具5~7条明显的脉；外稃长圆状披针形，上部具明显5脉；内稃长约为外稃的2/3，先端截平，脊上部1/3粗糙。花果期5~7月。

产于神农架各地，生于海拔1400m以下的山坡和湿润草地。

4. 柯孟披碱草 │ **Elymus kamoji** (Ohwi) S. L. Chen (鹅观草Roegneria kamoji Ohwi) 图39-45

多年生草本。秆直立或基部倾斜。叶鞘外侧边缘常具纤毛；叶片扁平。穗状花序，弯曲；小穗含3~10朵小花；颖卵状披针形至长圆状披针形，边缘为宽膜质；外稃披针形，具膜质边缘，具5脉；内稃约与外稃等长，先端钝头，脊显著具翼，翼缘具有细小纤毛。花果期5~7月。

产于神农架各地，生于海拔1400m的山坡和湿润草地。全草入药。

图39-44 纤毛披碱草

图39-45 柯孟披碱草

5. 山东披碱草 | Elymus shandongensis B. Salomon ［**山东鹅观草**Roegneria shandongensis (B. Salomon) J. L. Yang et al.，**东瀛鹅观草**Roegneria × mayebarana (Honda) Ohwi ex Keng et S. L. Chen ］

多年生草本。秆直立或基部略倾斜。叶片质地较硬，扁平或边缘内卷，两面粗糙或下面光滑。穗状花序；小穗含5~8朵小花；颖宽长圆状披针形，具5~7条粗壮而密接的脉，脉上粗糙，先端具短芒，边缘膜质；外稃长圆状披针形，上部具明显5脉，边缘具狭膜质，先端芒粗糙；内稃与外稃等长或稍短，脊不具翼，上部被短刺状纤毛。花果期7~8月。

产于神农架宋洛，生于海拔1400~1800m的山坡林缘草地。

6. 钙生披碱草 | Elymus calcicola (Keng) S. L. Chen

多年生草本。秆细弱。叶片扁平，质厚，上面粉绿色且有毛，下面绿色且无毛或沿脉上被短毛。穗状花序；小穗含3~6朵小花，排列稀疏，基部1~2枚常退化而仅留痕迹；颖狭披针形，两侧不均等，边缘膜质，先端渐尖，平滑或脉上微粗糙；外稃上部具明显的5脉，无毛或常被小刺毛而微糙涩，先端具芒；内稃明显长于外稃，脊上具短硬纤毛几乎达到基部。花果期6~7月。

产于巫溪县（巫溪、白鹿区高竹乡，李培元 2359、2100），生于海拔2100m的山坡草地。

23. 大麦属Hordeum Linnaeus

一年或多年生草本。小穗有花1朵，3枚聚生于有节的总轴的每一节上，其中1枚小穗或全部小穗结实，侧生的有时不孕或退化为芒；倘全部小穗结实时则麦穗6列，倘全部结实而侧面2小穗与相对的小穗覆叠时，则麦穗4列，倘只中央的小穗结实时，则麦穗2列；颖极狭，极似一总苞而承托着3枚小穗；外稃有芒。果紧包于稃内。

30~40种。中国10种，湖北栽培1种，神农架也有。

大麦 | Hordeum vulgare Linnaeus 图39-46

一年生草本。秆粗壮，光滑无毛，直立。叶鞘松弛抱茎；叶舌膜质，扁平。穗状花序，小穗稠密，每节着生3枚发育的小穗；小穗均无柄；颖线状披针形，外被短柔毛。外稃具5脉，先端延伸成芒；内稃与外稃几等长。颖果熟时黏着于稃内，不脱出。

原产地不详，神农架有栽培。枯黄茎秆、发芽的颖果、幼苗供药用；种子淀粉供食用；大麦麦秆可用作牲畜铺草或作粗饲料。

图39-46 大麦

24．猬草属Hystrix Moench

多年生草本。叶片披针形。穗状花序；小穗常孪生，稀单生，各含1～3朵小花，顶端小花多不育；小穗轴脱节于颖上，延伸于内稃之后而成细柄；颖退化成短小之芒或缺；外稃披针形，背圆形，具5～7脉，顶端延伸成长芒；内稃具2脊，脊具小纤毛；雄蕊3枚，花柱极短。颖果狭长，顶端具毛，腹面具浅沟，与内稃黏合而不易分离。

10种。我国4种，湖北1种，神农架也有。

猬草 ｜ Hystrix duthiei (Stapf ex J. D. Hooker) Bor

多年生草本。秆具4～5节。叶鞘光滑或下部者被微毛；叶舌顶端截平；叶片无毛或下面疏生柔毛。穗状花序；小穗孪生，各含1朵小花而且延伸至小穗轴；颖大都退化，稀呈芒状，长1～6mm，外侧之颖常留存，外稃披针形，具5脉，背部贴生小刺毛，基盘钝圆而常被短毛；内稃稍短于外稃，脊上疏生纤毛；鳞被及雌蕊均被细毛；花药黄色。花果期5～8月。

产于神农架各地，生于海拔2200m的山坡草地。

25．黑麦草属Lolium Linnaeus

多年生或一年生草本。茎直立或斜升。叶舌膜质，钝圆，常具叶耳；叶片线形扁平。顶生穗状花序，小穗含4～20朵小花，两侧压扁，无柄，单生于穗轴各节；小穗轴脱节于颖之上及各小花间；颖仅1枚；外稃椭圆形，具5脉，背部圆形，无脊；内稃等长或稍短于外稃，两脊具狭翼；鳞被2枚；雄蕊3枚。颖果腹部凹陷，具纵沟，与内稃黏合不易脱离。

8种。我国6种，湖北栽培1种，神农架也有。

黑麦草 ｜ Lolium perenne Linnaeus　图39-47

多年生草本。秆丛生，基部节上生根。叶片线形，柔软，具微毛。穗形穗状花序直立或稍弯；小穗轴节间平滑无毛；颖披针形，具5脉，边缘狭膜质；外稃长圆形，草质，具5脉，平滑；内稃与外稃等长，两脊生短纤毛；颖果长约为宽的3倍。花果期5～7月。

原产于欧洲，神农架各地有栽培。全草用作牧草及护坡草种。

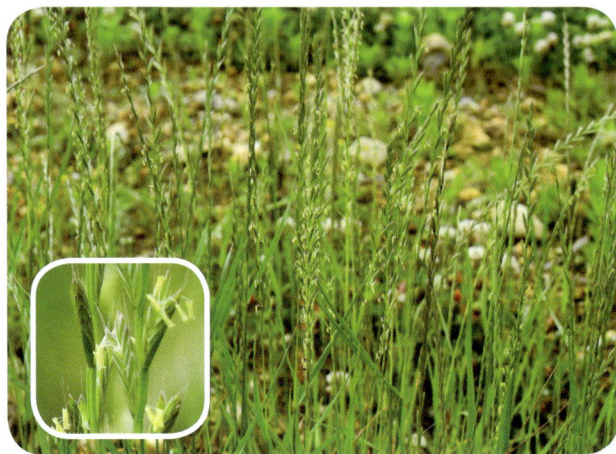

图39-47　黑麦草

26．千金子属Leptochloa P. Beauvois

一年生或多年生草本。叶片线形。圆锥花序；小穗含2至数朵小花，两侧压扁，无柄或具短柄，在穗轴的一侧成2行覆瓦状排列；小穗轴脱节于颖之上和各小花之间；颖不等长，具1脉，无芒，或有短尖头，通常短于第一小花，偶有第二颖可长于第一小花；外稃具3脉，脉之下部具短毛，先端尖或钝，通常无芒；内稃与外稃等长或较之稍短，具2脊。

32种。我国3种，神农架全有。

分种检索表

1. 外稃先端常有齿裂或短芒⋯⋯⋯⋯⋯⋯⋯⋯⋯⋯⋯⋯⋯⋯⋯⋯⋯⋯⋯1. 双稃草L. fusca
1. 外稃先端钝圆而无芒。
  2. 叶鞘及叶片均无毛⋯⋯⋯⋯⋯⋯⋯⋯⋯⋯⋯⋯⋯⋯⋯⋯⋯⋯2. 千金子L. chinensis
  2. 叶鞘及叶片均具有疣基的长柔毛⋯⋯⋯⋯⋯⋯⋯⋯⋯⋯⋯⋯3. 虮子草L. panicea

1. 双稃草 │ **Leptochloa fusca** (Linnaeus) Kunth

多年生草本。秆直立或膝曲上升，无毛。叶鞘平滑无毛；叶舌透明膜质；叶片常内卷，上面微粗糙，下面较平滑。圆锥花序；小穗灰绿色，近圆柱形，含5～10朵小花；颖膜质，具1脉；外稃背部多少圆形，先端全缘或常具2齿裂，具3脉；内稃略短于外稃，先端近于截平，脊上部呈短纤毛状。颖果。花果期6～9月。

产于神农架各地，生于海拔1800m以下的沼泽草地中。

2. 千金子 │ **Leptochloa chinensis** (Linnaeus) Nees

一年生草本。秆直立，基部膝曲或倾斜，平滑无毛。叶鞘无毛，大多短于节间；叶舌膜质，常撕裂，具小纤毛；叶片扁平或多少卷折，先端渐尖，两面微粗糙或下面平滑。圆锥花序分枝及主轴均微粗糙；小穗多带紫色；颖具1脉，脊上粗糙；外稃顶端钝，无毛或下部被微毛。颖果长圆球形。花果期8～11月。

产于神农架各地，生于海拔1300m以下的沟边草地或沼泽草地中。

3. 虮子草 │ **Leptochloa panicea** (Retzius) Ohwi　图39-48

一年生草本。秆较细弱。叶鞘疏生有疣基的柔毛；叶舌膜质，多撕裂，或顶端作不规则齿裂；叶片质薄，扁平，无毛或疏生疣毛。圆锥花序；小穗灰绿色或带紫色，含2～4朵小花；颖膜质，具1脉，脊上粗糙；外稃具3脉，脉上被细短毛；内稃稍短于外稃，脊上具纤毛。颖果圆球形。花果期7～10月。

产于神农架各地，生于海拔1300m以下的沟边草地、荒地或沼泽草地中。

图39-48　虮子草

27. 穇属Eleusine Gaertner

一年生或多年生草本。秆硬。叶片平展或卷折。穗状花序，小穗轴含数小花；雄蕊3枚。种子黑褐色，成熟时具有波状花纹，疏松地包裹于质薄的果皮内。

9种。我国2种，湖北1种，神农架也有。

牛筋草 | **Eleusine indica** (Linnaeus) Gaertner 图39-49

一年生草本。根系极发达。秆丛生，基部倾斜。叶鞘两侧压扁而具脊，松弛，无毛或疏生疣毛；叶片平展，线形，无毛或上面被疣基柔毛。穗状花序生于秆顶，很少单生；颖披针形，具脊，脊粗糙。囊果卵形，基部下凹，具明显的波状皱纹。鳞被2枚，折叠，具5脉。花果期6～10月。

产于神农架各地，生于海拔1500m以下的路边及荒地中。全草入药。

28. 虎尾草属Chloris Swartz

一年生或多年生草本。叶片线形；叶鞘常于背部具脊；叶舌膜质。花序为少至多数穗状花序呈指状簇生于秆顶；小穗含2～3（～4）朵小花，第一小花两性，上部其余诸小花退化不孕，小穗脱节于颖之上；颖狭披针形或具短芒，1脉；第一外稃两侧压扁，先端尖或钝，全缘或2浅裂；内稃约等长于外稃，具2脊；不孕小花仅具外稃，常具直芒。颖果长圆柱形。

50种。我国4种，湖北1种，神农架也有。

虎尾草 | **Chloris virgata** Swartz 图39-50

一年生草本。秆直立或基部膝曲，光滑无毛。叶鞘背部具脊；叶舌无毛或具纤毛；叶片线形。穗状花序，指状着生于秆顶，成熟时常带紫色；小穗无柄；颖膜质，1脉；第一小花两性，外稃纸质，两侧压扁，呈倒卵状披针形；内稃膜质，略短于外稃，具2脊；第二小花不孕，长楔形，仅存外稃。颖果纺锤形，淡黄色，光滑无毛而半透明。花果期6～10月。

产于房县，生于海拔400m的路边荒地中。

图39-49　牛筋草

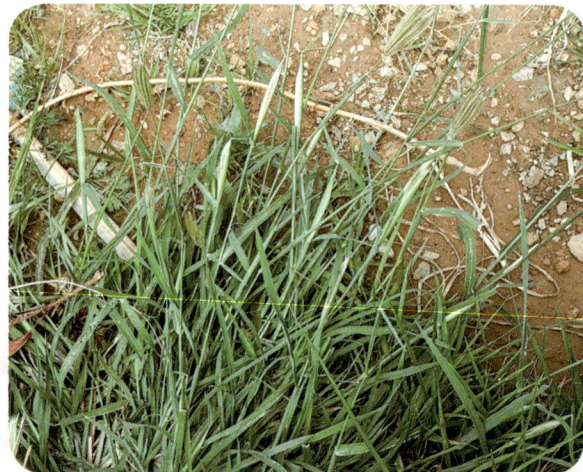

图39-50　虎尾草

29．狗牙根属Cynodon Richard

多年生草本。秆常纤细。叶鞘近似对生；叶舌短或仅具1轮纤毛；叶片较短而平展。穗状花序2至数个指状着生，覆瓦状排列于穗轴之一侧，无芒，含1～2朵小花；颖狭窄，近等长，均为1脉或第二颖具3脉；小穗轴脱节于颖之上；第一小花外稃舟形，具3脉，内稃膜质，具2脉，与外稃等长。颖果长圆柱形或稍两侧压扁，外果皮潮湿后易剥离。

10种。我国2种，湖北1种，神农架也有。

狗牙根 ｜ **Cynodon dactylon** (Linnaeus) Persoon　图39–51

多年生草本。秆细而坚韧，下部匍匐于地面蔓延甚长，节上常生不定根，光滑无毛。叶鞘微具脊，无毛或有疏柔毛，鞘口常具有柔毛；叶舌仅为1轮纤毛；叶片线形，通常两面无毛。穗状花序；小穗灰绿色或带紫色；外稃舟形；内稃与外稃近等长；鳞被上缘截平；花药淡紫色；子房无毛，柱头紫红色。颖果长圆柱形。花果期5～10月。

产于神农架各地，生于村庄附近、道旁河岸、荒地山坡。全草及根状茎入药；全草可作护坡、球场、观赏草坪。

图39–51　狗牙根

30．菵草属Beckmannia Host

一年生草本。圆锥花序顶生，长而狭；小穗近无柄，排列于近三角形的穗轴两侧，两侧压扁，有1～2朵小花；颖膜质，钝或凸尖；外稃膜质，内稃透明，与外稃近等长；雄蕊3枚。

2种。我国1种，神农架也有。

菵草 ｜ **Beckmannia syzigachne** (Steudel) Fernald　图39–52

一年生草本。秆直立，具2～4节。叶鞘无毛，多长于节间；叶舌透明膜质。圆锥花序分枝稀疏，直立或斜升，小穗扁平，圆形，灰绿色，常含1朵小花，颖草质；边缘质薄，白色，背部灰绿色，具淡色的横纹，外稃披针形，具5脉，常具伸出颖外之短尖头，花药黄色。颖果黄褐色，长圆形，先端具丛生短毛。花果期4～10月。

产于神农架低海拔地区，为水洼地早春的常见杂草。全草入药。

图39-52　菵草

31．菭草属Koeleria Persoon

多年生草本。叶鞘在基部分蘖者常闭合，秆上者常纵向裂开；叶片扁平或纵卷。顶生穗状圆锥花序，分枝常较短；小穗含2～4朵两性小花；小穗轴脱节于颖以上，延伸于顶生内稃之后呈刺状；颖披针形或卵状披针形，宿存，边缘膜质而有光泽，具1～3（～5）脉；外稃纸质，具3～5脉，基盘钝圆，顶具短芒；内稃与外稃几等长，膜质，具2脊。

35种。我国4种，湖北1种，神农架也有。

菭草 ｜ Koeleria macrantha (Ledebour) Schultes

多年生草本。叶鞘大多长于节间或稍短于节间，遍布柔毛，上部叶鞘膨大；叶舌膜质，边缘须状；叶片扁平，边缘具较长的纤毛。圆锥花序穗状，草绿色或带淡褐色；小穗含2朵小花，稀3朵；颖长圆形至披针形；外稃披针形，具不明显的5脉；内稃稍短于外稃，先端2裂，脊上微粗糙。花果期6～9月。

产于神农架各地，生于海拔400～700m的山坡及道旁。

32．三毛草属Trisetum Persoon

多年生草本。叶片窄狭而扁平。圆锥花序；小穗常含2～3朵小花，稀4～5朵；小穗轴节间具柔毛，并延伸于顶生内稃之后，呈刺状或具不育小花；颖草质或膜质，先端尖或渐尖，宿存，具1～3脉；外稃披针形，纸质而具膜质边缘，顶端常具2裂齿，基盘被微毛；内稃透明膜质，等长或较短于外稃，具2脊。

70种。我国12种，湖北5种，神农架全有。

分种检索表

1. 圆锥花序常稠密，且紧缩呈穗形，稀疏松。
  2. 花序的长与宽之比常在5倍以上 ·· 1. 长穗三毛草 T. clarkei
  2. 花序的长与宽之比常不超过5倍 ·· 2. 穗三毛 T. spicatum
1. 圆锥花序疏松，多开展，长圆形，分枝较细长。
  3. 第一内稃短，长仅为外稃的1/2～2/3 ·· 3. 三毛草 T. bifidum
  3. 第一内稃与外稃等长或略短。
    4. 叶舌膜质；第一外稃的芒长7～9mm ·· 4. 西伯利亚三毛草 T. sibiricum
    4. 叶舌质厚，非膜质；第一外稃的芒长3～6mm ································ 5. 湖北三毛草 T. henryi

1. 长穗三毛草 ｜ Trisetum clarkei (J. D. Hooker) R. R. Stewart

多年生草本。秆具1～3节。叶鞘松弛，多长于节间，被密或疏的柔毛；叶舌短，膜质；叶片扁平，多柔软，被柔毛或粗糙。圆锥花序，浅褐色、浅绿色或草黄色；小穗含2～3朵小花；颖不等，透明膜质，狭披针形；外稃狭披针形，粗糙，顶端具2裂齿；内稃膜质，稍短于外稃，具粗糙的2脊。花期7～9月。

产于神农架各地，生于海拔2800～3000m的山坡草丛中。

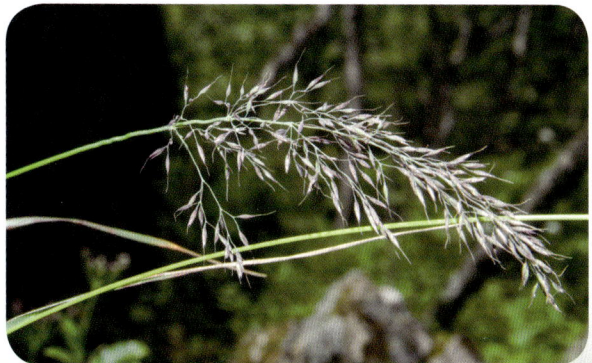

2. 穗三毛 ｜ Trisetum spicatum (Linnaeus) K. Richter 图39-53

多年生草本。秆具1～3节。叶鞘松弛，密生柔毛，基部者长于节间；叶舌透明膜质；叶片扁平或纵卷，被密或疏的柔毛，稀无毛。圆锥花序，浅绿色或紫红色；小穗卵圆形，含2～3朵小花（常为2朵小花）；颖透明膜质，近相等；内稃略短于外稃，具2脊，脊上粗糙。花果期6～9月。

产于神农架各地，生于海拔2800～3000m的山坡草丛中。

图39-53 穗三毛

3. 三毛草 ｜ Trisetum bifidum (Thunberg) Ohwi 图39-54

多年生草本。秆具2～5节。叶鞘松弛，无毛，常短于节间；叶舌膜质；叶片扁平，常无毛。

圆锥花序疏展，长圆形，有光泽，黄绿色或褐绿色；小穗含2～3朵小花；颖膜质，不相等，先端尖，背脊粗糙；外稃黄绿色、褐色，纸质，先端浅2裂；内稃透明膜质，甚短于外稃，具2脊。花期4～6月。

产于神农架各地，生于海拔700～1300m的山坡草丛中。

4．西伯利亚三毛草 ｜ **Trisetum sibiricum** Ruprecht

多年生草本。秆具3～4节。叶鞘基部多少闭合，上部松弛；叶舌膜质；叶片扁平，绿色，粗糙或上面具短柔毛。圆锥花序；小穗黄绿色或褐色，含2～4朵小花；两颖不等，先端渐尖，有时为褐色或紫褐色，光滑无毛，具1脉；外稃硬纸质，褐色；内稃略短于外稃，顶端微2裂，具2脊。花果期6～8月。

产于神农架各地，生于海拔2800～3000m的山坡草丛中。

5．湖北三毛草 ｜ **Trisetum henryi** Rendle 　图39-55

多年生草本。秆具5～9节。叶鞘大都长于节间，下部者闭合至顶端，无毛或被微毛；叶舌非膜质，黄褐色；叶片扁平，宽线形，粗糙或上面被微毛。圆锥花序；小穗浅绿色或银褐色，含2～3朵小花；颖不等长，膜质；外稃背部稍粗糙，顶端具2微齿；内稃略短于外稃，具2脊。花果期6～9月。

产于神农架各地，生于海拔1700m的山坡草丛中。

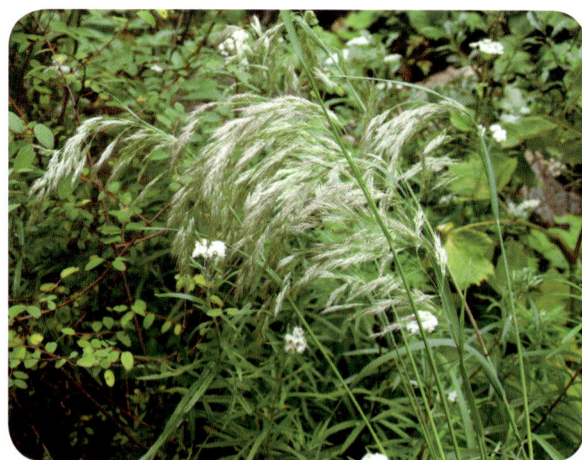

图39-54　三毛草　　　　　　　　　　　　　图39-55　湖北三毛草

33．发草属Deschampsia P. Beauvois

多年生草本。叶片卷折或扁平。顶生圆锥花序紧缩呈穗状或疏松且开展。小穗常含2～3朵小花，稀3～5朵小花；小穗轴脱节于颖以上，具柔毛，并延伸于顶生内稃之后；颖膜质，几相等，长于、等于或略短于小穗，具1～3脉；外稃膜质，顶端常为啮齿状，基盘具毛，芒自稃体背部伸出，直立或膝曲；内稃薄膜质，几等于外稃。

40种。我国3种，湖北1种，神农架也有。

发草 | *Deschampsia caespitosa* (Linnaeus) P. Beauvois 图39-56

多年生草本。秆具2～3节。叶鞘上部者常短于节间，无毛；叶舌膜质，先端渐尖或2裂；叶片质韧，常纵卷或扁平。圆锥花序；小穗草绿色或褐紫色，含2朵小花；颖不等，第一颖具1脉，第二颖具3脉；第一外稃顶端啮齿状；内稃等长或略短于外稃。花果期7～9月。

产于神农架各地，生于海拔2800～3000m的山坡草丛中。

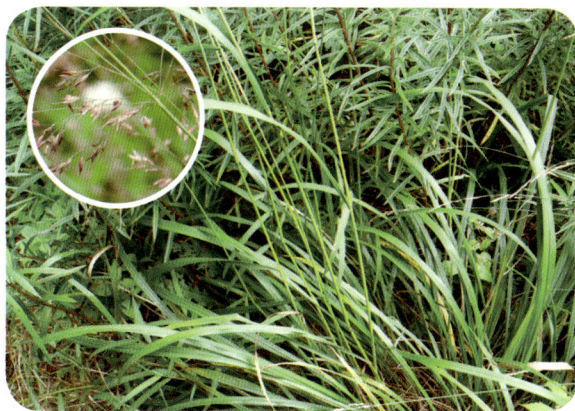

图39-56 发草

34. 燕麦属 Avena Linnaeus

一年生草本。秆直立或基部稍倾斜，常光滑无毛。圆锥花序；小穗含2至数朵小花，其柄常弯曲；颖草质，具7～11脉，长于下部小花；外稃质地多坚硬，顶端软纸质，齿裂；裂片有时呈芒状，具5～9脉，常具芒，少数无芒，芒常自稃体中部伸出，膝曲而具扭转的芒柱；雄蕊3枚；子房具毛。25种。我国5种，湖北4种，神农架全有。

分种检索表

```
1. 外稃草质；小穗轴无毛，弯曲。
    2. 颖果长8mm ·················································· 1. 莜麦A. chinensis
    2. 颖果长6mm ·················································· 2. 裸燕麦A. nuda
1. 外稃质坚硬；小穗轴有毛或无毛，不弯曲。
    3. 小穗含1～2朵小花；小穗轴不易脱节 ················· 3. 燕麦A. sativa
    3. 小穗含2～3朵小花；小穗轴易脱节 ····················· 4. 野燕麦A. fatua
```

1. 莜麦 | *Avena chinensis* (Fischer ex Roemer et Schultes) Metzger 图39-57

一年生草本。秆通常具2～4节。叶鞘松弛，基生者长于节间，常被微毛，鞘缘透明膜质；叶舌透明膜质；叶片扁平，质软。圆锥花序；小穗含3～6朵小花；颖草质，边缘透明膜质，2颖近相等，具7～11脉；外稃无毛，草质而较柔软，具9～11脉，顶端常2裂；内稃甚短于外稃，具2脊。颖果与稃体分离。花果期6～8月。

原产于我国，神农架各地有栽培或野生于田间。果实淀粉可食。

图39-57 莜麦

2．裸燕麦 | Avena nuda Linnaeus

一年生草本。秆细长。圆锥花序；小穗具2～4朵小花，下面的1或2朵小花具芒；小穗轴光滑，在成熟期不脱节，小花基部无具芒的胼胝体；颖片披针状，近等长，较小穗短，具7～9脉；外稃纸状，具明显的脉，光滑，芒先端具2齿，锐尖。颖果成熟期与内稃、外稃分离。

原产于我国，神农架各地有栽培或野生于田间。果实淀粉可食。

3．燕麦 | Avena sativa Linnaeus
图39-58

一年生草本。叶鞘光滑或背有微毛；叶舌大；无叶耳；叶片扁平。圆锥花序的穗轴直立或下垂，向四周开展；小穗柄弯曲下垂；颖宽大，草质；外稃坚硬无毛，有或无芒。颖果腹面具有纵沟，被有稀疏茸毛，成熟时内稃、外稃紧抱子粒，不容易分离。

图39-58　燕麦

原产于我国，神农架各地有栽培。果实淀粉可食；秆可作饲料。

4．野燕麦 | Avena fatua Linnaeus

分变种检索表

1. 外稃被疏密不等的硬毛·····························4a．野燕麦A. fatua var. fatua
1. 外稃光滑无毛·····································4b．光稃野燕麦A. fatua var. glabrata

4a．野燕麦（原变种）Avena fatua var. fatua　图39-59

一年生草本。秆直立，通常具2～4节。叶鞘松弛，基生者长于节间，常被微毛，鞘缘透明膜质；叶舌透明膜质；叶片扁平，质软，微粗糙。圆锥花序疏松开展，小穗2～3朵小花；小穗轴密生淡棕色或白色硬毛，其节脆硬而易断落；第一外稃背部中部以下具淡棕色或白色硬毛，芒自稃体中部稍下处伸出。

原产于我国及欧亚大陆温寒带地区，神农架有栽培或野生于田间。茎叶、果实入药；果实淀粉可食；秆可作饲料。

4b．光稃野燕麦（变种）Avena fatua var. glabrata Petermann　图39-60

一年生草本。与原变种野燕麦相近，唯外稃光滑无毛可以区别。

产于神农架木鱼至兴山一线，栽培或野生于田间。果实入药；果实淀粉可食；秆可作饲料。

图39-59　野燕麦

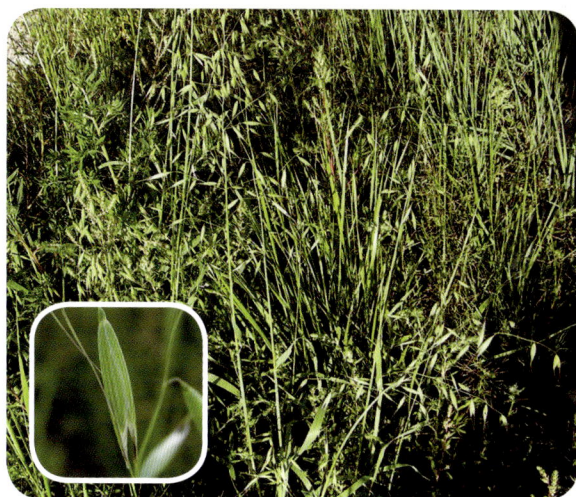

图39-60　光稃野燕麦

35．异燕麦属Helictotrichon Besser ex Schultes et J. H. Schultes

多年生草本。具开展或紧缩而有光泽的顶生圆锥花序；小穗含2至数朵小花；小穗轴节间具毛，脱节于颖之上及各小花之间；颖几相等，等长于或短于小花，具1~5脉，边缘宽膜质；外稃成熟时下部质较硬，上部薄膜质，常浅裂为2枚尖齿，背部为圆形，具数脉，常于中部附近着生扭转膝曲的芒，基盘钝而具毛；内稃2脊具纤毛；雄蕊3枚；子房有毛。

100种。我国14种，湖北1种，神农架也有。

光花异燕麦 ｜ Helictotrichon leianthum (Keng) Ohwi　图39-61

多年生草本。秆直立，具2~3节。叶鞘松弛，通常长于节间，无毛或于鞘颈上被微毛；叶舌膜质，顶端截平；叶片扁平或内卷，直立或斜向上升。圆锥花序；小穗常含3~4朵小花，顶花渐不发育；颖不等，第一颖具1脉，第二颖具3脉，均光滑无毛；第一外稃具7脉；内稃窄狭，稍短于外稃，具2脊。花果期5~7月。

产于兴山县，生于海拔500m的山坡林下潮湿地。

图39-61　光花异燕麦

36．拂子茅属Calamagrostis Adanson

多年生草本。叶片线形，先端长渐尖。圆锥花序紧缩或开展；小穗线形，常含1朵小花；小穗轴脱节于颖之上，通常不延伸于内稃之后，或稍有极短的延伸；2颖近于等长，有时第一颖稍长，锥状狭披针形，先端长渐尖，具1脉或第二颖具3脉；外稃透明膜质，短于颖片，先端有微齿或2裂；内稃细小而短于外稃。

20种。中国6种，湖北8种，神农架2种。

1. 圆锥花序疏松；外稃的芒自顶端或裂齿间伸出⋯⋯⋯⋯ **1. 假苇拂子茅C. pseudophragmites**

1. 圆锥花序紧密，外稃的芒自背中部或稍上伸出⋯⋯⋯⋯⋯⋯ **2. 拂子茅C. epigeios**

1. 假苇拂子茅 | Calamagrostis pseudophragmites (A. Haller) Koeler
图39-62

多年生草本。秆直立。叶鞘平滑无毛，或稍粗糙，短于节间，有时在下部者长于节间；叶舌膜质，长圆形，顶端钝而易破碎；叶片扁平或内卷，上面及边缘粗糙，下面平滑。圆锥花序；小穗草黄色或紫色；颖线状披针形，成熟后张开，顶端长渐尖，不等长，第二颖较第一颖短，具1脉或第二颖具3脉；外稃透明膜质，具3脉；内稃比外稃短。花果期7~9月。

产于神农架宋洛（宋洛公社长坊沙巴店汝儿沟，鄂神农架队 23201），生于海拔1250m的山坡疏林地。

2. 拂子茅 | Calamagrostis epigeios (Linnaeus) Roth 图39-63

多年生草本。秆直立，平滑无毛或花序下稍粗糙。叶鞘平滑或稍粗糙，短于或基部者长于节间；叶舌膜质，长圆形，先端易破裂；叶片上面及边缘粗糙，下面较平滑。圆锥花序紧密，圆筒形，劲直、具间断；小穗淡绿色或带淡紫色；颖先端渐尖；外稃透明膜质，芒自稃体背中部附近伸出，细直。花果期5~9月。

产于神农架新华、阳日、宋洛，生于海拔1250m的山坡疏林地。全草入药。

图39-62　假苇拂子茅

图39-63　拂子茅

37. 野青茅属Deyeuxia Clarion ex P. Beauvois

高大或细弱的多年生草本。具紧缩或开展的圆锥花序；小穗通常含1朵小花，稀含2朵小花，脱节于颖之上；小穗轴延伸于内稃之后而常被丝状柔毛；颖近等长或第一颖较长，先端尖或渐尖，具1~3脉；外稃稍短于颖，草质或膜质，具3~5脉，中脉自稃体之基部或中部以上延伸成1芒，稀无芒，基盘两侧的毛通常短于稀可长于外稃；内稃质薄，具2脉，近等长或较短于外稃。

200种。我国34种，湖北7种，神农架4种。

1．糙野青茅 | Deyeuxia scabrescens (Grisebach) Munro ex Duthie
图39-64

多年生草本。秆直立，紧接花序以下甚粗糙。叶鞘除基部者外均短于节间，无毛，稍粗糙，疏松裹茎；叶舌厚膜质，披针形，叶片直立，质硬，内卷，两面粗糙。圆锥花序紧密；小穗草黄色或紫色；颖片长圆状披针形，粗糙，芒自背中部附近伸出，基部以下膝曲，芒柱扭转。花果期7～10月。

产于神农架各地，生于海拔1700～2500m的山坡林下、草地。

2．疏穗野青茅 | Deyeuxia effusiflora Rendle 图39-65

多年生草本。秆直立，疏丛，紧接花序之下和节下常贴生细毛，其余平滑无毛。叶舌厚，干膜质；叶片扁平或稍卷折，上面密生微毛，下面粗糙。圆锥花序开展；小穗灰绿色基部带紫色，基盘两侧的柔毛长约为稃体的1/3，芒自稃体基部1/5处伸出，细直或微弯，下部稍扭转。花果期7～10月。

产于竹溪县，生于海拔1200～1800m的山坡草丛中。

图39-64　糙野青茅

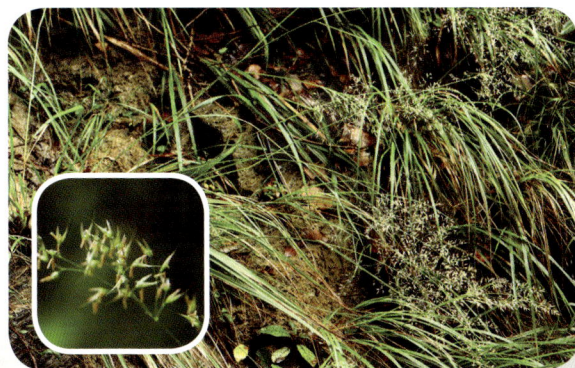

图39-65　疏穗野青茅

3．野青茅 | Deyeuxia pyramidalis (Host) Veldkamp 图39-66

多年生草本。秆直立，其节膝曲，丛生，基部具被鳞片的芽，平滑。叶鞘疏松裹茎，长于或上部者短于节间，无毛或鞘颈具柔毛；叶舌膜质，顶端常撕裂；叶片扁平或边缘内卷，无毛，两面粗糙，带灰白色。圆锥花序紧缩似穗状；小穗草黄色或带紫色，基盘两侧的柔毛长为稃体之1/5～1/3，芒自外稃近基部或下部1/5处伸出，近中部膝曲。花果期6～9月。

产于神农架各地，生于海拔2000m以下的山坡草地、林缘、灌丛下。

4．大叶章 │ **Deyeuxia purpurea** (Trinius) Kunth　　图39-67

多年生草本。具横走根状茎。秆直立，平滑无毛，通常具分枝。叶鞘多短于节间，平滑无毛；叶舌长圆形，先端钝或易破碎；叶片线形，扁平，两面稍糙涩。圆锥花序疏松开展，近于金字塔形；小穗黄绿色带紫色或成熟之后呈黄褐色，基盘两侧的柔毛近等长或稍长于稃体，芒自稃体背中部附近伸出，细直。花期7～9月。

产于巴东县，生于海拔800～1200m的山坡林下、草地、沟谷潮湿地。

图39-66　野青茅

图39-67　大叶章

38．剪股颖属 **Agrostis** Linnaeus

一年生或多年生草本。开展或紧缩的圆锥花序，小枝毛状；小穗有1朵小花，脱节于颖之上；颖近相等，约与外稃相等或更长；外稃钝头，质地较颖为薄，无芒或背部有芒；内稃小于外稃或缺；果离生，但为外稃所包藏。

200种。我国25种，湖北5种，神农架4种。

> **分种检索表**
>
> 1. 内稃较大，一般长为外稃的1/3以上。
> 　2. 植株具根状茎或葡匐茎 ·················· 1. 巨序剪股颖A. gigantea
> 　2. 植株具根头，丛生或单生 ·················· 2. 大锥剪股颖A. brachiata
> 1. 内稃一般较小，长为外稃的1/3以下。
> 　3. 叶片披针形，宽而短，先端急尖；植株下部一般偃卧 ·················· 3. 多花剪股颖A. micrantha
> 　3. 叶片线形或针状，先端渐尖；植株直立 ·················· 4. 华北剪股颖A. clavata

1. 巨序剪股颖 | **Agrostis gigantea** Roth

多年生草本。秆具2~6节，平滑。叶鞘短于节间；叶舌干膜质，长圆形，先端齿裂；叶片扁平，线形。花序长圆形或尖塔形，每节具5至多数分枝，有小穗在基部腋生；小穗草绿色或带紫色；颖片舟形，先端尖，背部具脊，脊的上部或颖的先端稍粗糙；外稃先端钝圆，无芒；内稃比外稃短，长圆形，顶端圆或微有不明显的齿。花果期夏秋季。

产于巫山县，生于海拔1700m的山坡溪边。

2. 大锥剪股颖 | **Agrostis brachiata** Munro ex J. D. Hooker　图39-68

多年生草本。秆具5~7节。叶鞘松弛，无毛或微粗糙；叶舌膜质，先端截平；叶片扁平，线形，两面和边缘微粗糙，先端渐尖，顶生叶片长达花序中部。圆锥花序金字塔形；小穗初为绿色，后成绿紫色；两颖近于等长或第一颖稍长，先端尖，脊上微粗糙；外稃先端钝，无芒，基盘平滑无毛。花果期7~8月。

产于神农架低海拔地区（神农架林区，中美联合鄂西植物考察队 1321），生于海拔1500~2500m的山坡草地。

3. 多花剪股颖 | **Agrostis micrantha** Steudel　图39-69

多年生草本。秆具4~5（~8）节，基部各节着土生根。叶鞘平滑，基部长于和上部短于节间；叶舌干膜质，先端截平或破裂；叶片披针形，扁平，先端急尖，边缘和背面微粗糙。圆锥花序幼时常成线形或长圆形，绿色或稍带紫色；两颖相等或第一颖稍长；外稃无芒，先端急尖；内稃常为外稃长度的1/3以下。颖果纺锤形，红褐色。花果期7~9月。

产于神农架低海拔地区，生于海拔1000~1800m的山坡草地。

图39-68　大锥剪股颖

图39-69　多花剪股颖

4. 华北剪股颖 | **Agrostis clavata** Trinius

多年生草本。秆丛生，直立或基部微膝曲。叶鞘无毛，一般短于节间；叶舌膜质，先端钝或撕裂。圆锥花序疏松开展，分枝纤细；小穗黄绿色或带紫色；两颖近等长，无芒，脉不明显；内稃先端平截，明显具齿。颖果扁平，纺锤形。花果期夏秋季。

产于神农架低海拔地区，生于海拔1000m以下的山坡溪边。全草入药。

39. 梯牧草属Phleum Linnaeus

一年生或多年生草本。常具根茎。秆直立，丛生或单生。圆锥花序穗状，紧密；小穗含1朵小花，两侧压扁，几无柄，脱节于颖之上；颖相等，宿存或晚落，具3脉，中脉成脊，顶端具短芒或尖头；外稃质薄，短于颖，具3～7脉，钝头，具细齿，无芒；内稃短于外稃，脊上具微纤毛；雄蕊3枚；子房光滑，花柱细，柱头细而长，延伸于颖之外。

16种。我国4种，湖北3种，神农架全有。

分种检索表

1. 一年生；小穗楔形或倒卵形；颖质地较厚，脉间具深沟 ……………… 1. 鬼蜡烛Ph. paniculatum
1. 多年生；小穗长圆形；颖质地较薄，脉间扁平或具浅沟。
  2. 圆锥花序暗紫色；颖具长1.5～3mm的短芒 ……………… 2. 高山梯牧草Ph. alpinum
  2. 圆锥花序窄，灰绿色；颖仅具长达1mm的短尖头 ……………… 3. 梯牧草Ph. pratense

1. 鬼蜡烛 ｜ Phleum paniculatum Hudson

一年生草本。秆具3～5节。叶鞘短于节间，紧密或松弛；叶舌膜质；叶片扁平，先端尖。圆锥花序紧密，呈窄的圆柱状，成熟后草黄色；小穗楔形或倒卵形；颖具3脉，脉间具深沟，脊上无毛或具硬纤毛，先端具尖头；外稃卵形，贴生短毛；内稃几等长于外稃。颖果。花果期4～8月。

产于神农架各地，生于海拔1800～2500m的山坡草地。

2. 高山梯牧草 ｜ Phleum alpinum Linnaeus 图39-70

多年生草本。秆具3～4节。叶鞘松弛，无毛，下部者长于节间，上部者稍膨大，短于节间；叶舌膜质；叶片直立，常呈暗紫色。小穗扁压，长圆形；颖具3脉，脊上具硬纤毛，顶端近平截，具短芒；外稃薄膜质，顶端钝圆，具5脉，脉上具微毛；内稃略短于外，两脊具微毛。颖果长圆形，短于稃。花果期6～10月。

产于神农架各地，生于海拔1800～2500m的山坡草地。

图39-70 高山梯牧草

3. 梯牧草 ｜ Phleum pratense Linnaeus

多年生草本。秆具5～6节。叶鞘松弛，短于或下部者长于节间，光滑无毛；叶舌膜质；叶片扁平，两面及边缘粗糙。圆锥花序圆柱状，灰绿色；小穗长圆形；颖膜质，具3脉，脊上具硬纤毛，顶端平截，具尖头；外稃薄膜质，具7脉，脉上具微毛，顶端钝圆；内稃略短于外稃。颖果长圆形。花果期6～8月。

产于神农架宋洛（太阳坪汪家扁，太阳坪队 0309），生于海拔2200m的山坡草地。

40. 棒头草属Polypogon Desfontaines

一年生草本。叶舌膜质，长圆形，常2裂或顶端呈不整齐的齿裂；叶片扁平，微粗糙或背部光滑。圆锥花序穗状，长圆形或兼卵形，较疏松，具缺刻或有间断；小穗灰绿色或部分带紫色；颖几乎相等，长圆形，全部粗糙，先端2浅裂；芒从裂口伸出，细直，微粗糙。颖果椭圆形。

25种。我国6种，湖北2种，神农架全有。

分种检索表

1. 颖片之芒短于或稍长于小穗·······································1. 棒头草P. fugax
1. 颖片之芒长为小穗的3～4倍·································2. 长芒棒头草P. monspeliensis

1. 棒头草 ｜ Polypogon fugax Nees ex Steudel 图39-71

一年生草本。秆丛生，基部膝曲，大都光滑。叶鞘光滑无毛，大都短于或下部者长于节间；叶舌膜质，长圆形，常2裂或顶端具不整齐的裂齿；叶片扁平，微粗糙或下面光滑。圆锥花序穗状，长圆形或卵形，较疏松，具缺刻或有间断；小穗灰绿色或部分带紫色，颖之芒从裂口处伸出，细直，外稃中脉延伸成长芒。颖果椭圆形。花果期4～9月。

产于神农架低海拔地区，生于海拔1200m以下的农田水沟中。全草入药。

2. 长芒棒头草 ｜ Polypogon monspeliensis (Linnaeus) Desfontaines 图39-72

一年生草本。秆直立或基部膝曲，大都光滑无毛，具4～5节。叶鞘松弛抱茎，大多短于或下部者长于节间；叶舌膜质，2深裂或呈不规则的撕裂状；叶片上面及边缘粗糙，下面较光滑。圆锥花序穗状；小穗淡灰绿色，成熟后枯黄色；颖片倒卵状长圆形，被短纤毛，先端2浅裂，具芒；外稃光滑无毛，先端具微齿。颖果倒卵状长圆形。花果期5～10月。

产于神农架各地，生于海拔1200m以下的农田水沟中。

图39-71 棒头草

图39-72 长芒棒头草

41. 乱子草属Muhlenbergia Schreber

多年生草本。秆直立或基部倾斜、横卧。圆锥花序狭窄或开展；小穗细小，含1朵小花，脱节于颖之上；颖质薄，宿存，常具1脉或第一颖无脉；外稃膜质，具铅绿色蛇纹，下部疏生软毛，基部具微小而钝的基盘，先端尖或具2微齿，具3脉，主脉延伸成芒；内稃膜质，与外稃等长，具2脉。颖果细长，圆柱形或稍扁压。

120种。我国6种，湖北3种，神农架2种。

分种检索表

1. 颖卵形，先端钝，无脉，稀第二颖具1脉 ··· 1. 乱子草M. huegelii
1. 颖宽披针形，先端尖或渐尖，具1脉 ··· 2. 多枝乱子草M. ramosa

1. 乱子草 ｜ Muhlenbergia huegelii Trinius　　图39-73

多年生草本。秆质直立，有时带紫色，节下常贴生白色微毛。叶鞘疏松，平滑无毛；叶舌膜质，无毛或具纤毛；叶片扁平，狭披针形，先端渐尖，两面及边缘糙涩，深绿色。圆锥花序，每节簇生数分枝；小穗灰绿色，有时带紫色，披针形；颖薄膜质，白色透明，部分稍带紫色，无脉或第二颖先端尖且具1脉，第一颖较短；外稃与小穗等长，具3脉。

产于神农架各地，生于海拔1200m以下的山坡林缘或土坎上。

2. 多枝乱子草 ｜ Muhlenbergia ramosa (Hackel ex Matsumura) Makino　　图39-74

多年生草本。秆质较硬，基部直立，部分带紫色，平滑无毛。叶鞘松弛裹茎，平滑无毛；叶舌干膜质，截平；叶片扁平，质较薄，两面及边缘均粗糙，先端渐尖。圆锥花序狭窄；小穗柄粗糙，短于小穗，与主轴贴生；小穗灰绿色，稍带紫色，狭披针形；颖膜质，宽披针形，先端尖或渐尖。颖果狭长圆形，棕色。花果期7～10月。

产于神农架各地，生于海拔1300m以下的山坡林缘或土坎上。

图39-73　乱子草

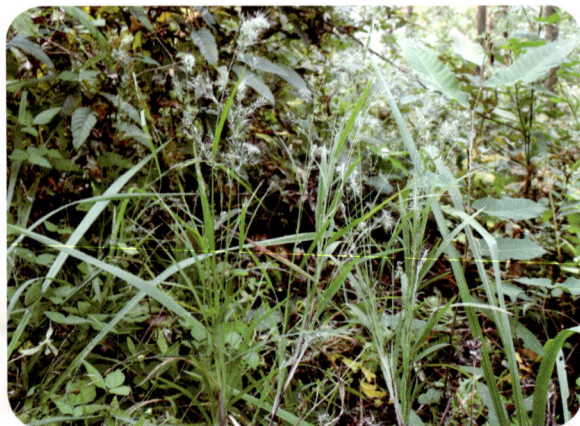

图39-74　多枝乱子草

42. 鼠尾粟属Sporobolus R. Brown

一年生或多年生草本。叶舌常极短，纤毛状；叶片狭披针形或线形。圆锥花序紧缩或开展；小穗含1朵小花，两性，近圆柱形或两侧压扁，脱节于颖之上；颖透明膜质，具1脉或第一颖无脉；外稃膜质，具1～3脉，无芒；内稃透明膜质，与外稃等长，较宽，具2脉。囊果成熟后裸露，易从稃体间脱落；果皮与种子分离，质薄，成熟后遇湿易破裂。

160种。我国8种，湖北1种，神农架也有。

鼠尾粟 | Sporobolus fertilis (Steudel) Clayton　图39-75

多年生草本。秆直立，丛生，质较坚硬，平滑无毛。叶鞘疏松裹茎，基部者较宽，平滑无毛或其边缘稀具极短的纤毛，下部者长于而上部者短于节间；叶舌极短，纤毛状；叶片质较硬，平滑无毛。圆锥花序；小穗灰绿色且带紫色；颖膜质；花药黄色。囊果成熟后红褐色，明显短于外稃和内稃，长圆状倒卵形或倒卵状椭圆形，顶端截平。花果期3～12月。

产于神农架低海拔地区，生于海拔1200m的路边或荒地中。根入药。

图39-75　鼠尾粟

43. 看麦娘属Alopecurus Linnaeus

一年生或多年生草本。穗状花序式的圆锥花序；小穗强烈两侧压扁，有1朵小花，密聚；颖相等，无芒，基部联结，脊被毛；外稃5脉，钝头，边缘于基部联结，背面中部以下有芒；内稃缺。

40～50种。中国8种，湖北2种，神农架全有。

> **分种检索表**
>
> 1. 芒长2～3mm，隐藏或稍外露 ·················· 1. 看麦娘A. aequalis
> 1. 芒长6～12mm，显著外露 ·················· 2. 日本看麦娘A. japonicus

1. 看麦娘 | Alopecurus aequalis Sobolewski　图39-76

一年生草本。秆光滑，节处常膝曲。叶鞘光滑，短于节间；叶舌膜质；叶片扁平。圆锥花序圆柱状，灰绿色；小穗椭圆形或卵状长圆形；颖膜质，基部互相联合，具3脉，脊上有细纤毛，侧脉下部有短毛；外稃膜质，先端钝，等大或稍长于颖，下部边缘互相联合，具芒。颖果。花果期4～8月。

产于神农架各地，生于海拔400～1200m的荒芜稻田中。全草入药。

2．日本看麦娘 | **Alopecurus japonicus** Steudel　图39-77

一年生草本。秆少数丛生，直立或基部膝曲，具3～4节。叶鞘松弛；叶舌膜质；叶片上面粗糙，下面光滑。圆锥花序圆柱状；小穗长圆状卵形；颖仅基部互相联合，具3脉；外稃略长于颖，厚膜质。颖果半椭圆形。花果期2～5月。

产于神农架各地，生于海拔1200m的田边及湿地。

图39-76　看麦娘　　　　　　　　　　　　　　图39-77　日本看麦娘

44．显子草属Phaenosperma Munro ex Bentham

多年生草本。根较稀疏而硬。秆单生或少数丛生，光滑无毛，直立，坚硬，具4～5节。叶鞘光滑；叶舌质硬，两侧下延；叶片宽线形。圆锥花序；小穗背腹压扁。颖果倒卵球形，黑褐色，表面具皱纹，成熟后露出稃外。花果期5～9月。

单种属，神农架有分布。

显子草 | **Phaenosperma globosa** Munro ex Bentham　图39-78

特征同属的描述。

产于神农架低海拔地区，生于海拔400～1600m的山坡林下、山谷溪旁及路边草丛。全草入药。

45．粟草属Milium Linnaeus

多年生草本。叶片扁平，质地较薄。圆锥花序顶生，稀疏开展。小穗含1朵小花，两性，背腹压扁，脱节于颖之上；颖草质，几等长，宿存，具3脉；外稃光滑无毛，略短于颖，在果实成熟时与内稃均变为软骨质，脉不明显，顶端无芒，基盘短而钝，边缘向内卷折扣裹同质内稃，其形状如黍的谷粒；雄蕊3枚；雌蕊具分离的花柱。

5种。中国1种，神农架也产。

图39-78 显子草

粟草 | **Milium effusum** Linnaeus 图39-79

多年生草本。秆光滑无毛。叶鞘无毛，有时稍带紫色；叶舌透明膜质，有时为紫褐色，披针形；叶片条状披针形，质软而薄，平滑。圆锥花序疏松开展，每节多数簇生，上部着生小穗；小穗椭圆形，灰绿色或带紫红色；颖纸质，光滑或微粗糙，具3脉；外稃软骨质，乳白色，光亮；内稃与外稃同质同长，内、外稃成熟时深褐色，被微毛。花果期5~7月。

产于神农架各地，生于海拔1400~2500m的山坡溪沟旁。

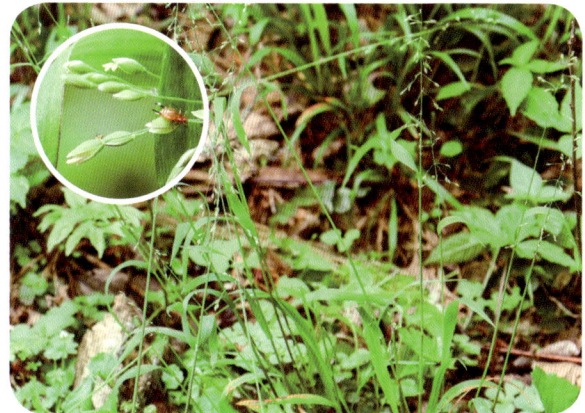

图39-79 粟草

46．落芒草属Piptatherum P. Beauvois

多年生草本。秆直立或基部稍倾斜。叶片扁平或内卷。圆锥花序开展或窄狭似穗状；小穗含1朵小花，两性，卵形至披针形，脱节于颖之上；颖几相等长，宿存，草质或膜质，先端渐尖或钝圆；外稃质地硬，背腹压扁或近于圆形；内稃扁平，同质。几全被外稃所包裹或仅边缘被外稃所包。

50种。中国12种，湖北2种，神农架1种。

钝颖落芒草 | **Piptatherum kuoi** S. M. Phillips et Z. L. Wu

多年生草本。秆直立，丛生，具2~3节。叶鞘无毛；叶舌质较硬，常齿裂；叶片质较硬，直立，多扁平或内卷，先端长渐尖而呈针状，分蘖叶上面被短毛。圆锥花序劲直，狭窄呈线形，孪生，基部分枝具2~6个小穗；小穗草绿色或枯黄色；颖宿存，近相等或第一颖稍短，具5~7脉；外稃椭圆形，褐色或黑棕色，具芒。颖果椭圆状球形。花果期4~7月。

产于神农架新华、阳日，生于海拔500~1800m的林下或山坡草地。

47．芨芨草属Achnatherum P. Beauvois

多年生草本。叶片通常内卷，稀扁平。圆锥花序顶生、狭窄或开展；小穗含1朵小花，两性；小穗轴脱节于颖之上；2颖近等长或略有上下，宿存，膜质或兼草质，先端尖或渐尖，稀钝圆；外稃较短于颖，圆柱形，厚纸质，成熟后略变硬，顶端具2枚微齿，背部被柔毛，具芒；内稃具2脉，无脊，脉间具毛，成熟后背部多少裸露。

20种。中国14种，湖北2种，神农架1种。

湖北芨芨草 ｜ Achnatherum henryi (Rendle) S. M. Phillips et Z. L. Wu
图39-80

多年生草本。秆常光滑无毛，具3~4节。叶鞘仅口部被短纤毛；叶舌甚短或无；叶片扁平或多纵卷，先端长渐尖，上面及边缘微粗糙，下面光滑无毛。圆锥花序较狭窄，每节分枝3枚以上；小穗草绿色或草黄色，长圆状披针形；颖透明膜质，几相等，先端钝，微粗糙，具3条明显凸起的绿色脉，直达先端；外稃近革质，长圆形，具芒。花期4~6月。

产于神农架木鱼，生于海拔500~1500m的林下或山坡草地。

48．虉草属Phalaris Linnaeus

一年生或多年生草本。圆锥花序紧缩成穗状；小穗两侧.压扁，含1朵两性小花及附于其下的2（有时为1）枚退化为线形或鳞片状的外稃；小穗轴脱节于颖之上，通常不延伸或很少延伸于内稃之后；颖草质，等长，披针形，有3脉，主脉成脊，脊常有翼；可育花的外稃短于颖，有5条不明显的脉，内稃与外稃同质。颖果紧包于稃内。

18种。我国5种，湖北1种，神农架也有。

图39-80　湖北芨芨草

虉草 ｜ Phalaris arundinacea Linnaeus　图39-81

一年生或多年生草本。圆锥花序紧缩成穗状；小穗两侧压扁，含1朵两性小花及附于其下的2（有时为1）枚退化为线形或鳞片状的外稃；小穗轴脱节于颖之上，通常不延伸或很少延伸于内稃之后；颖草质，等长，披针形，有3脉，主脉成脊，脊常有翼；可育花的外稃短于颖，有5条不明显的脉，内稃与外稃同质。颖果紧包于稃内。

产于神农架低海拔地区，生于海拔400~1000m的水洼地，也有栽培。全草入药；观赏水草。

49．稻属Oryza Linnaeus

一年生或多年生草本。秆直立，丛生。叶鞘无毛；叶舌长膜质或具叶耳；叶片线形，扁平，宽大。顶生圆锥花序疏松开展，常下垂；小穗含1朵两性小花，其下附有2枚退化外稃，两侧甚压扁；颖退化，内稃与外稃同质，有3脉。颖果长圆形，平滑。

24种。我国5种，湖北1种，神农架也有。

稻 │ **Oryza sativa** Linnaeus　图39-82

一年生草本。秆直立。叶鞘松弛，无毛；叶舌披针形，两侧基部延长成叶鞘边缘，具2枚镰形抱茎的叶耳；叶片线状披针形，无毛，粗糙。圆锥花序大型疏展，分枝多，棱粗糙，两侧孕性花外稃质厚，具5脉，厚纸质，有芒或无芒；内稃厚质，具3脉。

原产于我国，神农架各地有栽培。果实为重要粮食；颖果亦入药；秆可供编织或制绳索。

图39-81　蔺草

图39-82　稻

50．假稻属Leersia Solander ex Swartz

本属和稻属相近，所不同者为颖及不育小花的外稃完全退化，外稃较薄，边有棱而具睫毛，雄蕊6枚或更少。

20种。我国4种，湖北2种，神农架全有。

> **分种检索表**
>
> 1．雄蕊6枚，圆锥花序自分枝基部着生小穗⋯⋯⋯⋯⋯⋯⋯⋯⋯⋯1．假稻L. japonica
> 1．雄蕊3枚，圆锥花序下部常裸露⋯⋯⋯⋯⋯⋯⋯⋯⋯⋯⋯⋯2．秕壳草L. sayanuka

1. 假稻 | Leersia japonica (Makino) Honda 图39-83

多年生草本。秆下部伏卧地面，节生须根，密生倒毛。叶鞘短于节间，微粗糙；叶舌与叶鞘联合；叶片粗糙或下面平滑。圆锥花序分枝平滑，直立或斜升，有角棱，稍压扁；小穗紫色；外稃具5脉，内稃具3脉。花果期夏秋季。

产于神农架九湖，生于海拔1800m的湿地草丛中。全草入药。

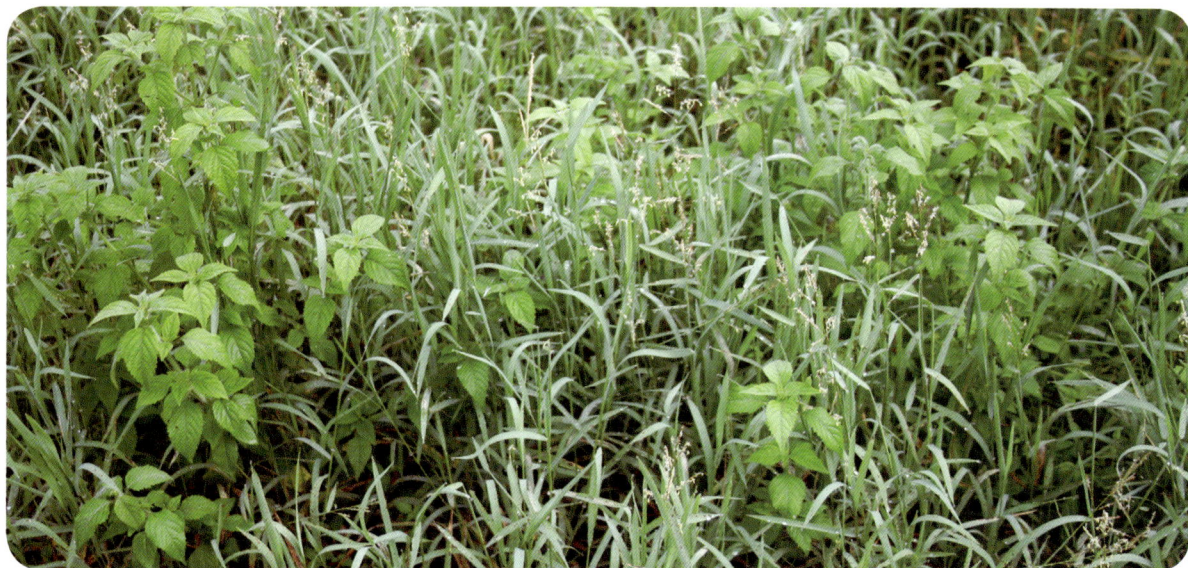

图39-83 假稻

2. 秕壳草 | Leersia sayanuka Ohwi 图39-84

多年生草本。具根状茎。秆直立丛生，基部倾斜上升，具被有鳞片之芽体。叶鞘具小刺状粗糙；叶舌质硬，基部两侧下延与叶鞘边缘相结合。圆锥花序疏松开展，基部常为顶生叶鞘所包。颖果长圆形，种脐线形。花果期秋季。

产于神农架九湖，生于海拔1800m的湿地草丛中。全草入药。

51. 菰属Zizania Linnaeus

多年生草本。有时具长匍匐根状茎。秆直立，节生柔毛。叶舌长，膜质；叶片扁平，宽大。顶生圆锥花序大型，雌雄同株；小穗单性，含1朵小花；颖退化；外稃膜质，紧抱其同质之内稃；雌小穗圆柱形，位于花序上部的分枝上，脱节于小穗柄之上，其柄较粗壮且顶端杯状；颖退化；外稃厚纸质，具芒；内稃狭披针形。颖果圆柱形，为内外稃所包裹。

4种。我国1种，神农架也有分布。

菰 | Zizania latifolia (Grisebach) Turczaninow ex Stapf 图39-85

多年生草本。具匍匐根状茎。秆高大直立，基部节上生不定根。叶鞘长于其节间，肥厚，有小横脉；叶舌膜质，顶端尖；叶片扁平宽大。圆锥花序，分枝多数簇生，上升，果期开展。外稃具5

脉，内稃具3脉。颖果圆柱形。

产于神农架各地，栽培或野生在海拔400～2000m的池塘浅水中。根、茎、果实入药；被真菌寄生的畸形秆可作蔬菜，叶可作饲料或供编织。

图39-84　秕壳草

图39-85　菰

52. 柳叶箬属Isachne R. Brown

多年生或一年生草本。具扁平的叶片和疏散顶生的圆锥花序。小穗卵圆形或卵状球形，含2朵小花，均为两性或第一小花为雄性，第二小花为雌性，无芒，两小花的节间甚短，常连同2朵小花一起脱落；2颖近等长，草质；小花的背部拱凸，腹面扁平，2朵小花的内、外稃均为革质，或第一朵小花的内、外稃为草质，第二朵小花为革质，无毛或被毛。

90种。我国18种，湖北3种，神农架2种。

分种检索表

1. 植株匍匐地面；叶片多为卵状披针形·······························1. 日本柳叶箬I. nipponensis
1. 植株直立；叶片多为披针形·····································2. 柳叶箬I. globosa

1. 日本柳叶箬 ｜ Isachne nipponensis Ohwi　图39-86

多年生草本。秆横卧地面，节上易生根。叶鞘短于节间；叶舌纤毛状；叶片卵状披针形，边缘具微小的细锯齿。圆锥花序略呈倒卵圆形，基部通常为叶鞘所包；小穗球状椭圆形，淡绿色；颖等长或略长于小穗，卵状椭圆形，具5～7脉；2朵小花同质同形，均可结实，椭圆形；外稃被微毛，与内稃均变硬而为革质。颖果半球形。花果期夏秋季。

产于神农架各地，生于海拔400～800m的缓坡、平原草地中。全草入药。

2. 柳叶箬 ｜ Isachne globosa (Thunberg) Kuntze　图39-87

多年生草本。节上无毛。叶鞘无毛；叶舌纤毛状；叶片披针形，两面均具微细毛而粗糙，边缘质地增厚，软骨质，全缘或微波状。圆锥花序卵圆形，分枝，每一分枝着生1～3枚小穗，分枝和小穗柄均具黄色腺斑；小穗椭圆状球形，淡绿色，或成熟后带紫褐色，2颖近等长，坚纸质，具6～8脉，无毛。颖果近球形。花果期夏秋季。

产于神农架各地，生于海拔400～800m的缓坡、平原草地中。全草入药。

图39-86　日本柳叶箬

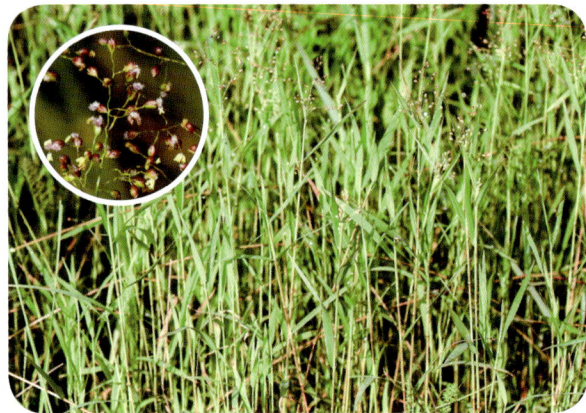

图39-87　柳叶箬

53．黍属Panicum Linnaeus

一年生或多年生草本。叶片线形至卵状披针形；叶舌膜质或顶端具毛。圆锥花序顶生；小穗具柄，成熟时脱节于颖下或第一颖先落，含2朵小花；第一朵小花雄性或中性，第二朵小花两性；颖草质或纸质，第一颖通常较小穗短而小，有的种基部包着小穗，第二颖等长，且常同形；第一内稃存在或退化，甚至缺；第二外稃硬纸质或革质，边缘包着同质内稃。

500种。我国21种，湖北2种，神农架全有。

> **分种检索表**
>
> 1. 鳞被纸质，多脉···1．稷P. miliaceum
> 1. 鳞被膜质，具3～5脉···2．糠稷P. bisulcatum

1．稷 | Panicum miliaceum Linnaeus　图39-88

一年生草本。秆直立，基部膝曲。叶片线形至卵状披针形，通常扁平；叶舌膜质或顶端具毛。圆锥花序顶生，分枝常开展；小穗具柄，成熟时脱节于颖下或第一颖先落，背腹压扁。

原产于我国北方，神农架红坪有栽培。果实、根、茎入药；种子供食用或酿造黄酒；秸秆可供饲用。

2．糠稷 | Panicum bisulcatum Thunberg　图39-89

一年生草本。秆节上可生根。叶鞘松弛，边缘被纤毛；叶舌膜质，顶端具纤毛；叶片质薄，狭披针形，顶端渐尖，基部近圆形。圆锥花序；小穗椭圆形，绿色或有时带紫色，具细柄；第一颖近三角形，具1~3脉，基部略微包卷小穗，第二颖与第一外稃同形并且等长，均具5脉；第一内稃缺；第二外稃椭圆形，顶端尖，成熟时黑褐色。花果期9~11月。

产于神农架各地，生于海拔400~600m的溪边杂草丛中或湿润的草地中。

图39-88　稷

图39-89　糠稷

54.　囊颖草属Sacciolepis Nash

一年生或多年生草本。秆直立或基部膝曲。叶片较狭窄。圆锥花序紧缩成穗状，小穗一侧偏斜，有2朵小花；颖不等长，第一颖较短，具透明的狭边和数条粗脉，第二颖较宽，三角状卵形，背部圆凸呈浅囊状，具7~11脉；第一朵小花雄性或中性，第一外稃较第二颖狭，但等长，第一内稃狭，膜质透明；第二朵小花两性，第二外稃长圆形。

30种。我国3种，湖北1种，神农架也有。

囊颖草 ｜ Sacciolepis indica (Linnaeus) Chase　图39-90

一年生草本。秆有时下部节上生根。叶鞘具棱脊；叶舌膜质，顶端被短纤毛；叶片线形，基部较窄。圆锥花序紧缩成圆筒状，具棱；小穗卵状披针形；第一颖通常具3脉，基部包裹小穗，第二颖背部囊状，具明显的7~11脉；第一外稃通常9脉；第一内稃退化或短小；第二外稃平滑而光亮，边缘包着较其小而同质的内稃。颖果椭圆形。花果期7~11月。

产于神农架各地，生于海拔400~600m的溪边杂草丛中或水田中。

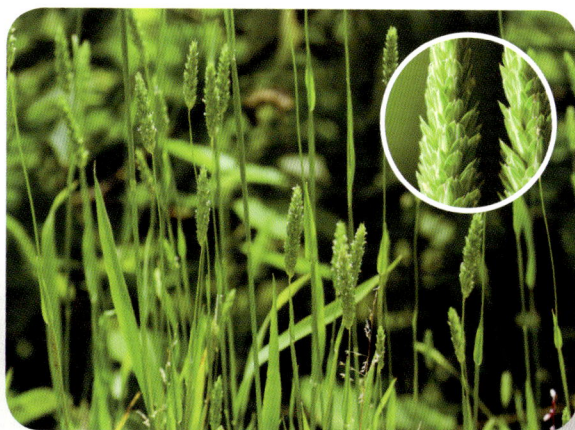

图39-90　囊颖草

55. 求米草属Oplismenus P. Beauvois

一年生或多年生草本。秆基部通常平卧地面而分枝。叶片薄，扁平，卵形至披针形，稀线状披针形。圆锥花序狭窄；小穗卵圆形或卵状披针形，多少两侧压扁，近无柄，孪生、簇生，少单生，含2朵小花；颖近等长，第一颖具长芒，第二颖具短芒或无芒；第一朵小花中性，外稃等长于小穗，无芒或具小尖头，内稃存在或缺；第二朵小花两性。

5～9种。我国4种，湖北2种，神农架也有。

分种检索表

1. 花序不分枝或分枝短缩 ·················· 1. 求米草O. undulatifolius
1. 花序分枝延伸，形成圆锥花序 ·················· 2. 竹叶草O. compositus

1. 求米草 │ Oplismenus undulatifolius (Arduino) Roemer et Schultes

分变种检索表

1. 花序轴、叶鞘及叶片密被疣基毛 ············ 1a. 求米草O. undulatifolius var. undulatifolius
1. 花序轴、叶鞘及叶片无毛或仅粗糙 ············ 1b. 日本求米草O. undulatifolius var. japonicus

1a. 求米草（原变种）Oplismenus undulatifolius var. undulatifolius 图39-91

一年生草本。叶鞘密被疣基毛；叶舌膜质；叶片扁平，披针形至卵状披针形。圆锥花序主轴密被疣基长刺柔毛；小穗卵圆形，被硬刺毛；颖草质，第一颖顶端具硬直芒，具3～5脉，第二颖具5脉；第一外稃草质，与小穗等长，具7～9脉，第一内稃通常缺；第二外稃革质，平滑，边缘包着同质的内稃。花果期7～11月。

产于神农架木鱼，生于海拔600～900m的路边杂草丛中。

图39-91 求米草

1b. 日本求米草（变种）Oplismenus undulatifolius var. japonicus (Steudel) G. Koidzumi 图39-92

本变种与原变种的主要区别：叶鞘无毛，仅边缘生纤毛；叶片阔披针形或狭卵状椭圆形，长5～15cm，宽12～30mm；花序长达15cm，主轴无毛，小穗近无毛。

产于神农架各地，生于海拔600～900m的路边杂草丛中。

2. 竹叶草 | Oplismenus compositus (Linnaeus) P. Beauvois　图39-93

多年生草本。秆基部平卧地面，节着地生根。叶鞘短于或上部者长于节间；叶片披针形至卵状披针形，基部多少包茎而不对称，具横脉。圆锥花序；小穗孪生（有时其中1个小穗退化）；颖草质，第一颖与第二颖先端具芒；第一小花中性，外稃革质，先端具芒尖，具7～9脉，内稃膜质，狭小或缺；第二外稃革质，包着同质的内稃。花果期9～11月。

产于神农架松柏、阳日，生于海拔700～1000m的路边杂草丛中。

图39-92　日本求米草

图39-93　竹叶草

56. 稗属Echinochloa P. Beauvois

一年生或多年生草本。叶片扁平，线形。圆锥花序由穗形总状花序组成；小穗含1～2朵小花，背腹压扁呈一面扁平、一面凸起，单生或2～3个不规则地聚集于穗轴的一侧，近无柄；颖草质，第一颖小，三角形，第二颖与小穗等长或稍短；第一朵小花中性或雄性，其外稃革质，内稃膜质，罕或缺；第二朵小花两性，其外稃成熟时变硬，顶端具极小尖头，平滑，光亮。

约35种。我国8种，湖北2种，神农架全有。

分种检索表

1. 小穗长不超过3mm；圆锥花序狭窄；叶片宽不超过1cm·······················1. 光头稗E. colona
1. 小穗长超过3mm；圆锥花序开展；叶片宽5～12mm·······················2. 稗E. crusgalli

1. 光头稗 | Echinochloa colona (Linnaeus) Link　图39-94

一年生草本。秆直立。叶鞘压扁而背具脊，无毛；叶舌缺；叶片扁平，线形，无毛，边缘稍粗糙。圆锥花序狭窄；小穗卵圆形，具小硬毛，无芒，较规则地成4行排列于穗轴的一侧；第一颖三角形，具3脉；第二颖与第一外稃等长而同形，具5～7脉；第一朵小花常中性，其外稃具7脉，内稃膜质，稍短于外稃；第二外稃椭圆形，包着同质的内稃。花果期夏秋季。

产于神农架各地，生于海拔1400m以下的旱地或荒田中。根可入药。

图39-94　光头稗

2．稗 ｜ Echinochloa crusgalli (Linnaeus) P. Beauvois

分变种检索表

1. 圆锥花序柔软，下垂；叶片上下表皮细胞结构不相似…………**2a．稗**E. crusgalli var. **crusgalli**
1. 圆锥花序直立；叶片上下表皮细胞结构近相似。
  2. 小穗卵状椭圆形，无芒；花序分枝不具小枝………**2b．西来稗**E. crusgalli var. **zelayensis**
  2. 小穗卵形，无芒或具极短芒；花序分枝常具小枝………**2c．无芒稗**E. crusgalli var. **mitis**

2a．稗（原变种）Echinochloa crusgalli var. crusgalli　图39-95

一年生草本。秆光滑无毛。叶鞘平滑无毛，下叶舌缺；叶片扁平，线形，无毛，边缘粗糙。圆锥花序主轴具棱；小穗卵形，具短柄或近无柄；第一颖三角形，具3~5脉；第二颖先端渐尖或具小尖头，具5脉；第一小花通常中性，其外稃草质，具7脉，脉上具疣基刺毛，顶端延伸成1枚粗壮的芒，内稃薄膜质；第二外稃椭圆形，平滑，光亮。花果期夏秋季。

产于神农架各地，生于海拔1400m以下的沼泽地、沟边及水稻田中。根及苗叶入药。

图39-95　稗

2b．西来稗（变种）Echinochloa crusgalli var. zelayensis (Kunth) Hitchcock　图39-96

本变种与原变种的主要区别：圆锥花序直立，分枝上不再分枝；小穗卵状椭圆形，顶端具小尖头而无芒，脉上无疣基毛，但疏生硬刺毛。

产于神农架各地，生于海拔1400m以下的沼泽地、沟边及水稻田中。

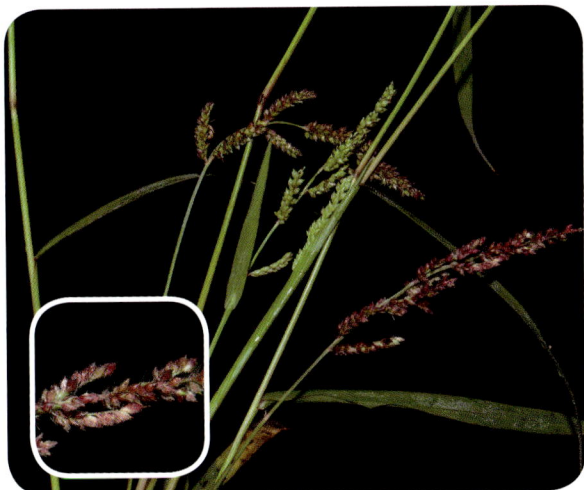

2c．无芒稗（变种）Echinochloa crusgalli var. mitis (Pursh) Petermann　图39-97

本变种与原变种的主要区别：圆锥花序直立，分枝斜上举而开展，常再分枝；小穗卵状椭圆形，无芒或具极短芒，脉上被疣基硬毛。

产于神农架各地，生于海拔1400m以下的沼泽地、沟边及水稻田中。

图39-96　西来稗

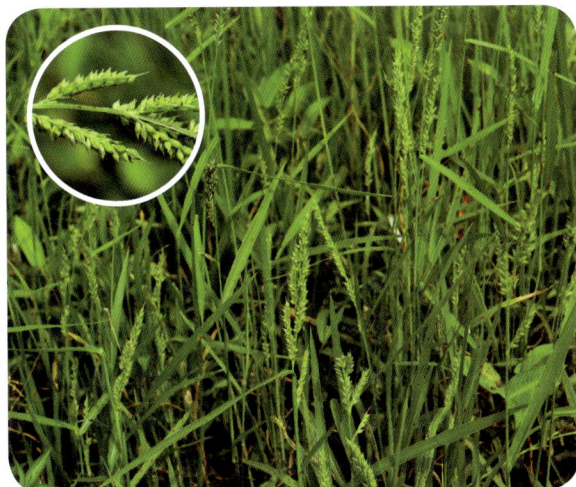

图39-97　无芒稗

57．臂形草属Brachiaria (Trinius) Grisebach

一年生或多年生草本。叶片平展。圆锥花序顶生，由2至数枚总状花序组成；小穗单生或孪生，交互成2行排列于穗轴一侧，有1～2朵小花；第一朵小花雄性或中性；第二朵小花两性；第一颖长大都为小穗之半，向轴而生，基部包卷小穗；第二颖与第一外稃等长，同质同形；第二外稃骨质，背部凸起，背面离轴而生，尤以单生小穗明显，边缘稍内卷，包着同质的内稃。

100种。我国9种，湖北1种，神农架也有。

毛臂形草｜Brachiaria villosa (Lamarck) A. Camus　图39-98

一年生草本。秆全体密被柔毛。叶鞘被柔毛；叶具纤毛，叶片卵状披针形，两面密被柔毛，基部钝圆。圆锥花序由4～8枚总状花序组成；小穗卵形，常被短柔毛或无毛；第一颖长为小穗之半，具3脉，第二颖等长或略短于小穗，具5脉；第一小花中性，其外稃与小穗等长，具5脉，内稃膜质；第二外稃草质，具横细皱纹。花果期7～10月。

产于神农架各地，生于海拔1400m以下的沼泽地、水沟边及水田中。

图39-98　毛臂形草

58．野黍属Eriochloa Kunth

一年生或多年生草本。叶片平展或卷合。圆锥花序顶生而狭窄，由数枚总状花序组成；小穗单生或孪生，成2行覆瓦状排列于穗轴一侧，有2朵小花；第一颖极退化而与第二颖下穗轴愈合膨大而成环状或珠状的小穗基盘；第二颖与第一外稃等长于小穗；第一朵小花中性或雄性；第二朵小花两性，背着穗轴而生；第二外稃革质，包着同质而钝头的内稃。

30种。我国2种，湖北1种，神农架也有。

野黍 ｜ Eriochloa villosa (Thunberg) Kunth　　图39-99

一年生草本。叶鞘无毛；叶舌具纤毛；叶片表面具微毛，背面光滑，边缘粗糙。圆锥花序由4～8枚总状花序组成，密生柔毛；小穗卵状椭圆形，小穗柄极短，密生长柔毛；第一颖微小，第二颖与第一外稃皆为膜质，等长于小穗，均被细毛，前者具5～7脉，后者具5脉；第一外稃皆为膜质，稍短于小穗；第二外稃革质，具细点状皱纹。颖果卵圆形。花果期7～10月。

产于神农架各地，生于海拔400～1200m的山坡或潮湿地带。全草入药。

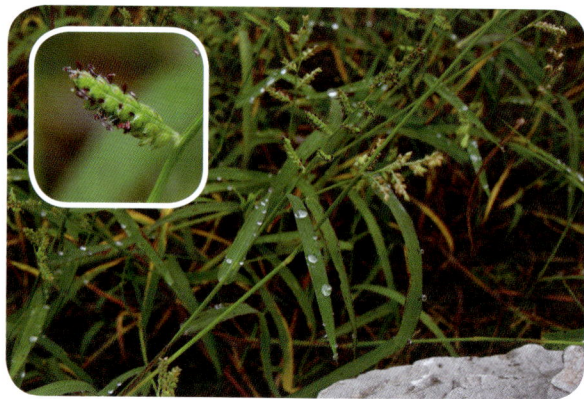

图39-99　野黍

59．雀稗属Paspalum Linnaeus

一年生或多年生草本。秆丛生，直立。叶舌短，膜质；叶片线形或狭披针形。穗形总状花序2至多枚呈指状或总状排列；穗轴扁平，具翼；小穗含1朵成熟小花在上，2至4行互生于穗轴之一侧；第一颖通常缺；第二颖与第一外稃相似，具3～7脉，等长于小穗，有时第二颖较短或不存在；第一小花中性，内稃缺；第二外稃背部隆起，内稃背部外露甚多。

330种。我国16种，湖北3种，神农架全有。

> **分种检索表**
>
> 1．小穗边缘或顶端具长1～2mm的丝状柔毛 ⋯⋯⋯⋯⋯⋯⋯⋯⋯ 1．双穗雀稗P. distichum
> 1．小穗无毛，有时被微毛，但不具丝状柔毛。
> 　　2．小穗被微毛或小穗柄具长柔毛 ⋯⋯⋯⋯⋯⋯⋯⋯⋯⋯ 2．雀稗P. thunbergii
> 　　2．小穗与小穗柄均无毛 ⋯⋯⋯⋯⋯⋯⋯ 3．圆果雀稗P. scrobiculatum var. orbiculare

1．双穗雀稗 ｜ Paspalum distichum Linnaeus　　图39-100

多年生草本。节生柔毛。叶鞘短于节间，背部具脊，边缘或上部被柔毛；叶舌无毛；叶片披针形，无毛。圆锥花序由1对总状花序组成；小穗倒卵状长圆形，顶端尖，疏生微柔毛；第一颖退化或微小；第二颖贴生柔毛，具明显的中脉；第一外稃具3～5脉，通常无毛，顶端尖；第二外稃草质，等长于小穗，黄绿色，顶端尖，被毛。

产于神农架低海拔地区，生于海拔400～800m的水沟或稻田中。

2. 雀稗 | Paspalum thunbergii Kunth ex Steudel 图39-101

多年生草本。节被长柔毛。叶鞘被柔毛；叶舌膜质；叶片线形，两面被柔毛。总状花序3～6枚，小穗椭圆状倒卵形，散生微柔毛，顶端圆或微凸；第二颖与第一外稃相等，膜质，具3脉，边缘有明显微柔毛；第二外稃等长于小穗，革质，具光泽。花果期5～10月。

产于神农架低海拔地区，生于海拔400～800m的荒野湿地中。

图39-100　双穗雀稗

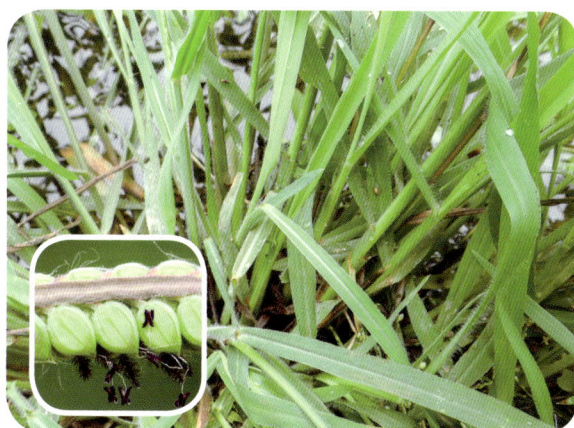

图39-101　雀稗

3. 圆果雀稗（变种） | Paspalum scrobiculatum var. orbiculare (G. Forster) Hackel 图39-102

多年生草本。叶鞘无毛。叶片长披针形至线形，大多无毛。总状花序2～10枚，小穗椭圆形或倒卵形，无毛，单生于穗轴一侧；第二颖与第一外稃等长，膜质，具3脉，顶端稍尖；第二外稃等长于小穗，革质，具光泽，具细点状粗糙。花果期6～11月。

产于神农架低海拔地区，生于海拔400～800m的荒野湿地中。全草入药。

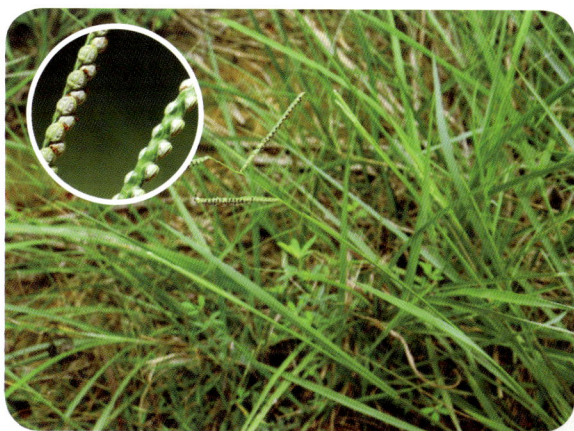

图39-102　圆果雀稗

60. 马唐属Digitaria Haller

一年生或多年生草本。秆直立或基部横卧地面，节上生根。叶片线状披针形至线形，质地大多柔软扁平。总状花序纤细，2至多枚呈指状排列于茎顶或着生于短缩的主轴上；小穗含1朵两性花，背腹压扁，椭圆形至披针形，顶端尖，2或3～4枚着生于穗轴之各节，互生或成4行排列于穗轴的一侧，第一外稃与小穗等长或稍短，有3～9脉。

250余种。我国22种，湖北5种，神农架有4种。

分种检索表

1. 小穗3枚簇生，第一颖不存在；第二小花成熟后多为黑紫色。
  2. 小穗被柔毛，柔毛先端不膨大，毛壁常有疣状凸起……………………1. 紫马唐D. violascens
  2. 小穗具柔毛与稍膨大的细柱状棒毛……………………………………2. 止血马唐D. ischaemum
1. 小穗孪生，第一颖小，三角形，有时缺；第二小花成熟后浅绿色或带铅色。
  3. 第一外稃之侧脉上部具锯齿状粗糙…………………………………………3. 马唐D. sanguinalis
  3. 第一外稃之脉平滑，不具锯齿状粗糙………………………………………4. 纤毛马唐D. ciliaris

1. 紫马唐 | **Digitaria violascens** Link 图39–103

一年生草本。秆具分枝，无毛。叶鞘无毛或生柔毛；叶片线状披针形，质地较软，扁平，粗糙，无毛或上面基部及鞘口生柔毛。总状花序；小穗椭圆形；小穗柄稍粗糙；第一颖不存在，第二颖具3脉；第一外稃具5～7脉，第二外稃紫褐色，革质，有光泽。花果期7～11月。

产神农架各地，生于海拔1000～1800m的路边荒野中。

2. 止血马唐 | **Digitaria ischaemum** (Schreber) Muhlenberg 图39–104

一年生草本。秆具多数节，节生髯毛。叶鞘疏生柔毛或无毛，鞘节生硬毛；叶片线状披针形。总状花序；第一颖微小，无脉；第二颖宽卵形，顶端钝圆，边缘膜质，长约为小穗的1/3，具3脉，大多无毛；第一外稃具7脉，表面无毛，第二外稃顶端渐尖成粗硬小尖头。花果期6～10月。

产神农架各地，生于海拔400～1000m的路边荒野中。全草入药。

图39–103 紫马唐

图39–104 止血马唐

3. 马唐 | **Digitaria sanguinalis** (Linnaeus) Scopoli 图39-105

一年生草本。秆无毛或节生柔毛。叶鞘无毛或散生疣基柔毛；叶片线状披针形，具柔毛或无毛。总状花序；小穗椭圆状披针形；第一颖小，短三角形，无脉；第二颖具3脉，披针形；第一外稃具7脉，无毛；第二外稃近革质，灰绿色。花果期6～9月。

产于神农架各地，生于海拔400～1000m的路旁、田野。全草入药。

图39-105 马唐

4. 纤毛马唐 | **Digitaria ciliaris** (Retzius) Koeler

分变种检索表

1. 第一外稃之侧脉上部具锯齿状粗糙 ······················ 4a. 纤毛马唐D. ciliaris var. ciliaris
1. 第一外稃之侧脉平滑 ···························· 4b. 毛马唐D. ciliaris var. chrysoblephara

4a. 纤毛马唐Digitaria ciliaris var. ciliaris 图39-106

一年生草本。节处生根和分枝。叶鞘常短于其节间，多少具柔毛；叶片线形或披针形，上面散生柔毛。总状花序5～8枚，呈指状排列于茎顶；小穗披针形，孪生于穗轴之一侧；第一颖小，三角形；第二颖披针形，长约为小穗的2/3，具3脉；第一外稃等长于小穗，具7脉，脉平滑；第二外稃椭圆状披针形，革质，黄绿色或带铅色。花果期5～10月。

产于神农架各地，生于海拔400～1400m的路旁、田野。

图39-106 纤毛马唐

4b. 毛马唐Digitaria ciliaris var. chrysoblephara (Figari et De Notaris) R. R. Stewart 图39-107

本变种与原变种的主要区别：第一外稃等长于小穗，具7脉，脉平滑，中脉两侧的脉间较宽而无毛，间脉与边脉间具柔毛及疣基刚毛，成熟后，两种毛均平展张开呈黄色。

产于神农架各地，生于海拔400～1400m的荒地中。全草入药。

图39-107　毛马唐

61．狗尾草属Setaria P. Beauvois

一年或多年生草本。秆直立或基部膝曲。叶片线形、披针形或长披针形，扁平或具折皱，基部钝圆或窄狭成柄状。圆锥花序通常呈穗状或总状圆柱形，少数疏散而开展至塔状；小穗含1～2朵小花，椭圆形或披针形，全部或部分小穗下托以1至数枚由不发育小枝而成的芒状刚毛，脱节于极短且呈杯状的小穗柄上，并与宿存的刚毛分离。

130种。我国14种，湖北9种，神农架8种。

分种检索表

1．圆锥花序疏松呈金字塔状，圆锥状，部分小穗或每小穗下有刚毛1～2枚。
 2．叶片纺锤状宽披针形或线状披针形，质厚，具明显的折襞，基部常窄缩成柄状。
  3．叶片宽1～2.5cm，谷粒皱纹明显 ·················· **1．皱叶狗尾草S. plicata**
  3．叶片宽2～6cm，谷粒皱纹不显著 ·················· **2．棕叶狗尾草S. palmifolia**
 2．叶片线状披针形或线形，扁平不具折襞，基部不窄缩成柄状。
  4．植株具粗壮根系，无横走根茎；第一小花通常雄性 ········· **3．西南莩草S. forbesiana**
  4．植株具鳞片状横走根茎；第一小花中性 ·················· **4．莩草S. chondrachne**
1．圆锥花序紧缩呈穗形或圆柱形，每个小穗下有数枚或多数刚毛。
 5．野生植物；谷粒连同颖与第一外稃一起脱落。
  6．花序主轴上每簇分枝通常有3至数个发育小穗。
   7．花序直立或微弯曲，小穗成熟后稍肿胀 ·················· **5．狗尾草S. viridis**
   7．花序通常下垂，小穗成熟后甚肿胀 ·················· **6．大狗尾草S. faberi**
  6．花序主轴上每簇分枝通常有1个发育小穗 ·················· **7．金色狗尾草S. pumila**
 5．栽培植物；谷粒连同颖与第一外稃分离后脱落 ·················· **8．粱S. italica**

1. 皱叶狗尾草 ｜ Setaria plicata (Lamarck) T. Cooke 图39-108

多年生草本。节和叶鞘与叶片交接处常具白色短毛。叶鞘背脉常呈脊形，密或疏生短毛，毛易脱落，边缘常密生纤毛或基部叶鞘边缘无毛而近膜质；叶舌边缘密生纤毛；叶片质薄，椭圆状披针形或线状披针形，先端渐尖，基部渐狭呈柄状，具较浅的纵向皱折，两面或一面具疏疣毛，或具极短毛而粗糙，或光滑无毛，边缘无毛。花果期6～10月。

产于神农架低海拔地区，生于海拔600～1000m的山坡林下、沟谷地阴湿处或路边杂草地上。须根入药。

2. 棕叶狗尾草 ｜ Setaria palmifolia (J. König) Stapf 图39-109

多年生草本。叶鞘具密或疏疣毛；叶舌具纤毛；叶片纺锤状宽披针形，两面具疣毛或无毛。圆锥花序主轴具棱角，甚粗糙；小穗卵状披针形；第一颖三角状卵形，具3～5脉；第二颖具5～7脉；第一外稃具5脉，内稃膜质；第二小花两性，第二外稃具不甚明显的横皱纹。颖果卵状披针形，具不甚明显的横皱纹。花果期8～12月。

产于神农架低海拔地区，生于海拔400～800m的山坡或谷地林下阴湿处。根、嫩芽、茎叶入药。

图39-108　皱叶狗尾草

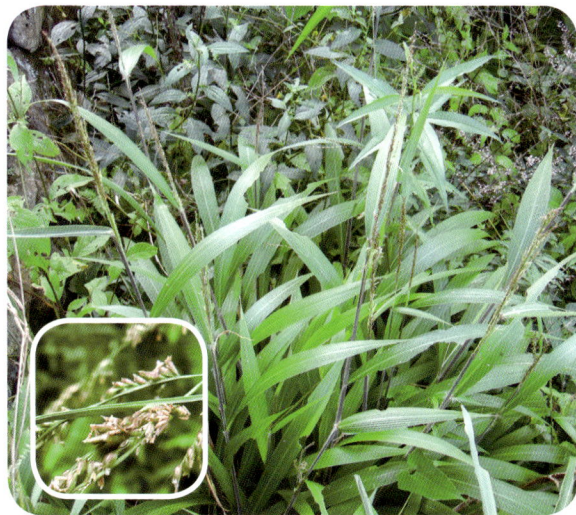

图39-109　棕叶狗尾草

3. 西南莩草 ｜ Setaria forbesiana (Nees ex Steudel) J. D. Hooker 图39-110

多年生草本。叶鞘边缘具密的纤毛；叶舌密具纤毛；叶片线形或线状披针形，基部钝圆或狭窄。圆锥花序狭尖塔形、披针形或呈穗状；小穗椭圆形或卵圆形，小穗下均具1枚刚毛；第一颖宽卵形，具3～5脉；第二颖具（5～）7～9脉；第一小花雄性或中性，第一外稃具3～5脉，有等长且与第二小花等宽的内稃，常具2脉。花果期7～10月。

产于神农架低海拔地区（阳日公社关口河，鄂植考队 25751），生于海拔400～600m的山坡或谷地林下阴湿处。

4. 莩草 | *Setaria chondrachne* (Steudel) Honda 图39-111

多年生草本。具鳞片状的横走根茎。叶鞘极少数疏生疣基毛；叶舌极短，边缘具纤毛；叶片扁平，线状披针形或线形，基部圆形。圆锥花序长圆状披针形、圆锥形或线形；小穗椭圆形，常托以一枚刚毛；第一颖卵形，具3（~5）脉，边缘膜质；第二颖具5（~7）脉；第一小花中性，第一外稃具5脉，第二外稃等长于第一外稃。花果期8~10月。

产于神农架低海拔地区，生于海拔400~800m的山坡或谷地林下阴湿处。

图39-110 西南莩草

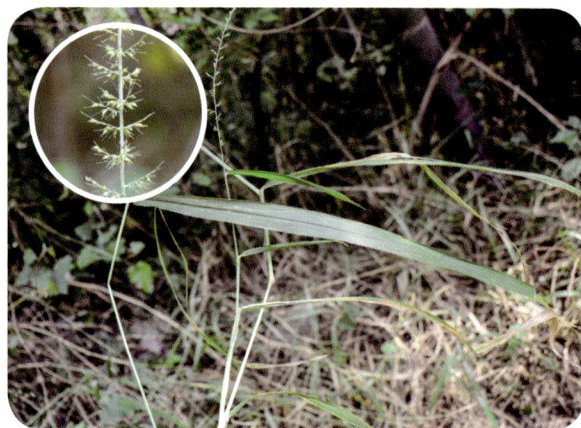

图39-111 莩草

5. 狗尾草 | *Setaria viridis* (Linnaeus) P. Beauvois 图39-112

一年生草本。叶鞘边缘具较长的密绵毛状纤毛；叶舌边缘具纤毛；叶片长三角状狭披针形，边缘粗糙。圆锥花序主轴被较长柔毛；小穗2~5个簇生于主轴上或更多的小穗着生在短小枝上；第一颖卵形、宽卵形，具3脉；第二颖椭圆形，具5~7脉；第一外稃具5~7脉；第二外稃椭圆形，具细点状皱纹，鳞被楔形，花柱基分离。花果期5~10月。

产于神农架各地，生于海拔400~1800m的荒野、道旁，为常见杂草。全草入药。

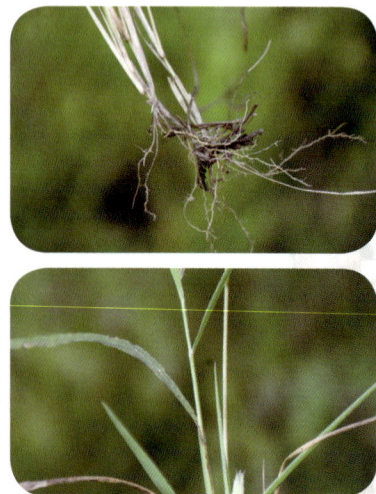

图39-112 狗尾草

6. 大狗尾草 | Setaria faberi R. A. W. Herrmann　图39-113

一年生草本。秆光滑无毛。叶鞘边缘具细纤毛；叶舌具纤毛；叶片线状披针形，边缘具细锯齿。圆锥花序主轴具较密长柔毛；小穗椭圆形；第一颖宽卵形，具3脉；第二颖具5～7脉；第一外稃，具5脉，其内稃膜质，披针形；第二外稃具细横皱纹，鳞被楔形，花柱基部分离。颖果椭圆形。花果期7～10月。

产于神农架木鱼，生于海拔600～1000m的山坡路旁、水溪沟边。全草入药。

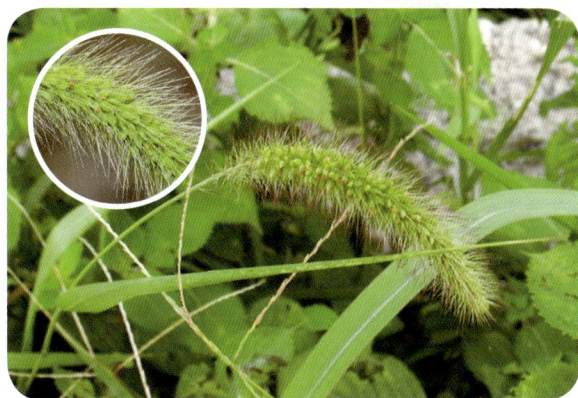

图39-113　大狗尾草

7. 金色狗尾草 | Setaria pumila (Poiret) Roemer et Schultes　图39-114

一年生草本。秆光滑无毛。叶鞘光滑无毛，边缘薄膜质；叶舌具纤毛；叶片线状披针形或狭披针形，上面粗糙，下面光滑，近基部疏生长柔毛。圆锥花序紧密呈圆柱状或狭圆锥状，主轴具短细柔毛，刚毛金黄色或稍带褐色，粗糙；第一颖宽卵形或卵形，具3脉。花果期6～10月。

产于神农架各地，生于海拔600～1000m的路边和荒芜的园地及荒野。全草入药。

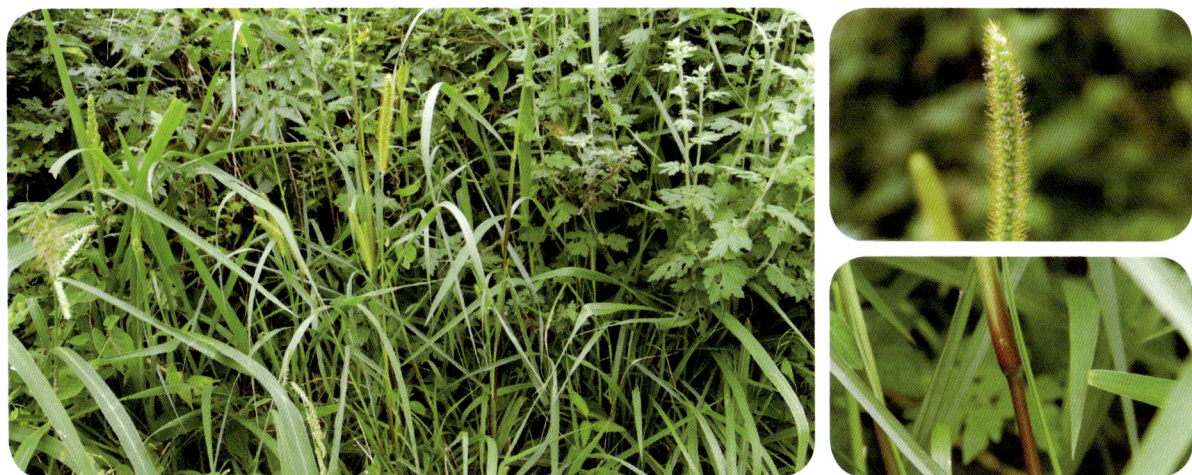

图39-114　金色狗尾草

8. 粱 | Setaria italica (Linnaeus) P. Beauvois　小谷　图39-115

一年生草本。叶鞘松裹茎秆，密具疣毛或无毛；叶舌为1圈纤毛；叶片长披针形或线状披针形，先端尖，基部钝圆。圆锥花序；小穗椭圆形或近圆球形，黄色、橘红色或紫色；第一颖具3脉；第二颖具5～9脉；第一外稃与小穗等长，具5～7脉，其内稃薄纸质，披针形；第二外稃等长于第一外稃，卵圆形或圆球形，成熟后，自第一外稃基部和颖分离脱落。

原产于中国北方黄河流域、内蒙古、东北地区，神农架多有栽培。本种是我国北方的主要粮食之一，谷粒供食用，还可入药及酿酒；茎叶可作饲料。

图39-115　梁

62．狼尾草属Pennisetum Richard

一年生或多年生草本。叶片扁平，线形。圆锥花序状；小穗具短柄或无柄，单生或2～3个簇生，每簇下围有总苞状刚毛，与小穗一起脱落，有2朵小花；第一颖短于小穗，有时微小或缺；第二颖通常短于小穗；第二外稃纸质，边缘薄，平坦。

80种。我国11种，湖北3种，神农架全有。

分种检索表

1. 小穗的总梗长1～3mm ·· 1. 狼尾草P. alopecuroides
1. 小穗的总梗不明显或长不超过1mm。
　　2. 花序轴近光滑，刚毛柔软而细弱·································· 2. 白草P. flaccidum
　　2. 花序轴被短纤毛，刚毛坚硬而粗壮······························ 3. 长序狼尾草P. longissimum

1．狼尾草 ｜ Pennisetum alopecuroides (Linnaeus) Sprengel　图39-116

多年生草本。叶鞘光滑；叶舌具纤毛；叶片线形。圆锥花序，主轴密生柔毛，刚毛粗糙，淡绿色或紫色；小穗线状披针形，第一颖微小或缺，膜质，脉不明显或具1脉；第二颖卵状披针形，具3～5脉；第一小花中性，第一外稃，具7～11脉；第二外稃，披针形，具5～7脉，边缘包着同质的内稃。颖果长圆形。花果期夏秋季。

产于神农架各地，生于海拔600~1600m的田岸、荒地、道旁及小山坡上。全草入药，花可供观赏。

2．白草 | Pennisetum flaccidum Grisebach 图39-117

多年生草本。具横走根茎。叶鞘疏松包茎，近无毛，基部者密集近跨生，上部短于节间；叶舌短，具1~2mm的纤毛；叶片狭线形，两面无毛。圆锥花序紧密，直立或稍弯曲，刚毛柔软、细弱，微粗糙，灰绿色或紫色；小穗通常单生，卵状披针形。颖果长圆形。花果期7~10月。

产于神农架各地，生于海拔600~1400m的山坡或荒地中。根茎入药。

图39-116　狼尾草

图39-117　白草

3．长序狼尾草 | Pennisetum longissimum S. L. Chen et Y. X. Jin 图39-118

多年生草本。秆有8~14节，下部节可肿胀或膝曲。叶鞘通常长于节间；叶片线形。圆锥花序通常下垂；小穗通常单生，稀为2~3个簇生，披针形；颖近草质，常有紫色纵纹；第一颖卵形，无脉或具1脉；第二颖具1~3（~5）脉；第一小花通常中性，第一外稃具5~7脉；第二小花两性，第二外稃顶端渐尖，具5~7脉。颖果圆形。花果期7~10月。

产于神农架松柏（泮水公社马湾大队，鄂植考队 25452），生于海拔600~1400m的山坡或荒地中。根茎入药。

图39-118　长序狼尾草

63．伪针茅属Pseudoraphis Griffith ex Pilger

多年生草本。叶舌膜质，无毛；叶片线形或披针形。圆锥花序顶生，排列其上的穗轴纤细，延伸于顶生小穗之外成1枚纤细的刚毛；小穗披针形，有2朵小花，第一小花雄性，第二小花雌性，具极短的柄或近无柄，小穗成熟后整个穗轴自主轴上脱落；第一颖无脉；第二颖具5至多脉。颖果倒卵状椭圆形，成熟后露出稃外。

6种。我国3种，湖北1种，神农架也有。

瘦脊伪针茅 | Pseudoraphis sordida (Thwaites) S. M. Phillips et S. L. Chen

多年生草本。秆基部常匍匐于地面，并于节部生根。叶鞘口有2枚尖锐的叶耳，叶鞘具膜质叶舌，呈撕裂状；叶片线状披针形。圆锥花序，基部包藏于鞘内面而最后抽出，具1~2个小穗，稀4个小穗；小穗披针形；第一颖膜质，先端截形或圆形；第二颖纸质，披针形；第一外稃具7脉，内稃薄膜质；第二外稃长圆状披针形。颖果成熟后裸露于花外。花果期7~8月。

产于神农架木鱼，生于海拔600~800m的山坡疏林下。

64．野古草属Arundinella Raddi

一年生或多年生草本。秆直立或基部倾斜。叶舌短小至近缺，膜质，具纤毛；叶片线形至披针形。圆锥花序开展；小穗孪生，稀单生，含2朵小花；颖草质，3~5（~7）脉，宿存或迟缓脱落；第一小花常为雄性或中性，外稃膜质至坚纸质，3~7脉；第二小花两性，短于第一小花，外稃花时纸质；内稃膜质，为外稃紧包。颖果长卵形至长椭圆形。

175种。我国25种，湖北3种，神农架1种。

毛秆野古草 | Arundinella hirta (Thunberg) Tanaka　图39-119

多年生草本。秆直立，被白色疣毛及疏长柔毛，后变无毛。叶鞘被疣毛，边缘具纤毛；叶舌具长纤毛；叶片先端长渐尖，两面被疣毛。圆锥花序，小穗孪生；第一颖先端渐尖，具3~7脉，常为5脉；第二颖具5脉；第一小花雄性，外稃具3~5脉，内稃略短；第二小花长卵形，外稃无芒，常具小尖头。花果期8~10月。

产于神农架各地，生于海拔1600~2800m的山坡疏林下。

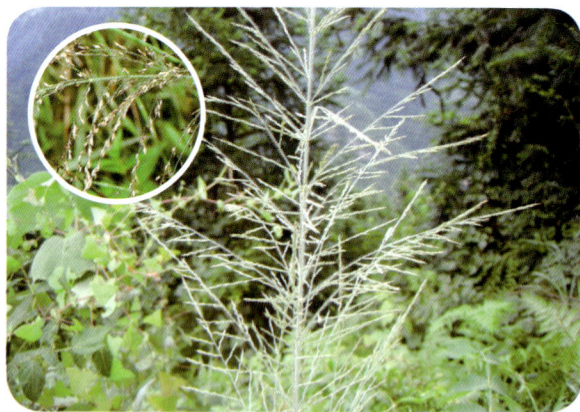

图39-119　毛秆野古草

65．结缕草属Zoysia Willdenow

多年生草本。具根状茎或匍匐枝。叶片质坚，常内卷而窄狭。总状花序穗形；小穗两侧压扁，呈紧密的覆瓦状排列，小穗通常只含1朵两性花，极稀为单性者；第一颖完全退化或稍留痕迹；第二颖硬纸质，成熟后草质，两侧边缘在基部联合，包裹膜质的外稃，内稃退化。颖果卵圆形，与稃体分离。

10种。我国5种，湖北1种，神农架也有。

细叶结缕草 | **Zoysia pacifica** (Goudswaard) M. Hotta et S. Kuroki
图39-120

多年生草本。具匍匐茎。秆纤细。叶鞘无毛，紧密裹茎；叶舌膜质，顶端碎裂为纤毛状，鞘口具丝状长毛。小穗窄狭，黄绿色，或有时略带紫色，披针形；第一颖退化，第二颖草质，顶端及边缘膜质，具不明显的5脉；外稃与第二颖近等长，内稃退化；无鳞被；花柱2枚，柱头帚状。颖果与稃体分离。花果期8~12月。

原产于我国华南，神农架各地有栽培。草坪观赏草。

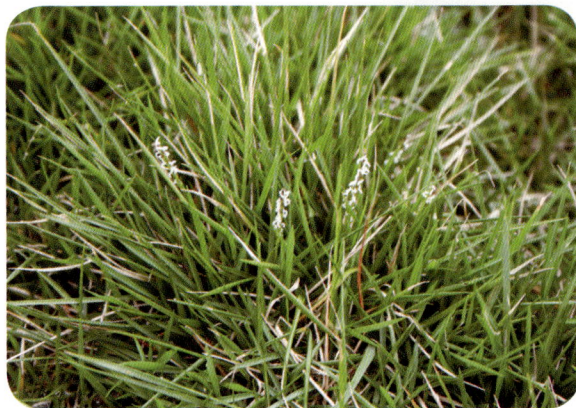
图39-120　细叶结缕草

66．芒属Miscanthus Andersson

多年生草本。秆粗壮，中空。叶片扁平宽大。顶生圆锥花序大型，由多数总状花序沿一延伸的主轴排列而成。小穗含1朵两性花，具不等长的小穗柄，孪生于连续的总状花序轴之各节，基盘具长于其小穗的丝状柔毛。

14种。我国7种，湖北3种，神农架全有。

分种检索表

1．小穗具芒。
　　2．圆锥花序的主轴伸达花序的2/3以上·········1．五节芒M. floridulus
　　2．圆锥花序的主轴伸达花序的中部以下·········2．芒M. sinensis
1．小穗无芒·········3．荻M. sacchariflorus

1．五节芒 | **Miscanthus floridulus** (Labillardiere) Warburg ex K. Schumann et Lauterbach　图39-121

多年生草本。秆无毛，节下具白粉。叶鞘无毛；叶舌顶端具纤毛；叶片披针状线形，两面无毛，边缘粗糙。圆锥花序主轴无毛，总状花序轴的节间无毛；小穗柄无毛，顶端稍膨大；小穗卵状披针形，黄色，基盘具较长于小穗的丝状柔毛；第一颖无毛；第二颖具3脉，粗糙，边缘具短纤毛。花果期5~10月。

产于神农架低海拔地区，生于海拔600~800m的拓荒地与丘陵潮湿谷地和山坡或草地。

图39-121　五节芒

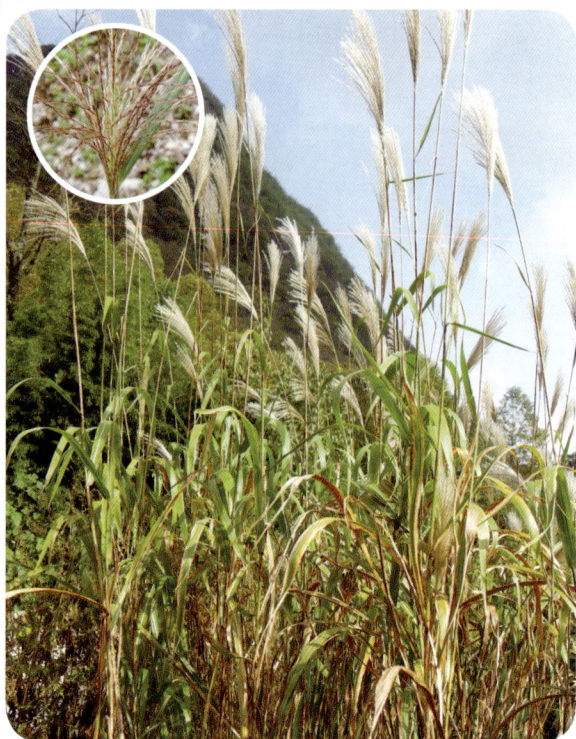

花序、根状茎入药；花供观赏；叶可为饲料。

2．芒 | **Miscanthus sinensis** Andersson 图39-122

多年生草本。秆无毛或在花序以下疏生柔毛。叶鞘无毛；叶舌膜质；叶片线形，下面疏生柔毛及被白粉，边缘粗糙。圆锥花序主轴无毛；小穗披针形，黄色有光泽，基盘具白色或淡黄色的丝状毛。雄蕊3枚，花药紫褐色，柱头羽状，紫褐色。颖果长圆形，暗紫色。花果期7～12月。

产于神农架各地，生于海拔400～2500m的山地、丘陵和荒坡原野，常组成优势群落。茎、根茎入药；花供观赏；叶可为饲料。

3．荻 | **Miscanthus sacchariflorus** (Maximowicz) Hackel 图39-123

多年生草本。具长匍匐根状茎。秆节生柔毛。叶鞘无毛；叶舌具纤毛；叶片除上面基部密生柔毛外两面无毛，边缘锯齿状粗糙。圆锥花序疏展成伞房状；小穗第一颖边缘和背部具长柔毛；第二颖膜质，具纤毛，3脉；第一外稃具纤毛；第二外稃具小纤毛，无脉或具1脉，第二内稃具纤毛；雄蕊3枚，柱头紫黑色。颖果长圆形。花果期8～10月。

产于神农架宋洛、新华，生于海拔1200～1800m的山坡草地和平原岗地、河岸湿地。根茎入药；花供观赏。

图39-122　芒

图39-123　荻

67．白茅属 Imperata Cirillo

多年生草本。叶片扁平。圆锥花序紧缩呈穗状，被白色丝状毛；小穗成对或有时单生，均具柄，有1～2朵小花，上部的小花两性，下部的不发育或缺，成熟后不逐节脱落；小穗基部围以细长的丝状柔毛；颖无芒，被毛；外稃膜质，无脉，也无芒，第一外稃通常有齿，短于颖，第一内稃不存在，第二外稃较第一外稃稍短，第二内稃膜质；雄蕊1或2枚。

10种。我国3种，湖北1种，神农架也有。

白茅 | **Imperata cylindrica** (Linnaeus) Raeuschel 图39-124

多年生草本。具横走多节被鳞片的长根状茎。节具白柔毛。叶鞘无毛或上部及边缘具柔毛；叶舌干膜质；叶片线形或线状披针形，边缘粗糙，上面被细柔毛。圆锥花序穗状；小穗柄顶端膨大成棒状，无毛或疏生丝状柔毛，披针形；雄蕊2枚，花药黄色；柱头2枚，紫黑色。颖果椭圆形。花果期5~8月。

产于神农架各地，生于海拔400~2000m的空旷地、果园地、拓荒地以及田坎、堤岸和路边。根入药；花供观赏；叶可为饲料。

图39-124 白茅

68．甘蔗属Saccharum Linnaeus

多年生草本。茎秆粗壮。具广阔、多分枝、被丝毛的圆锥花序；小穗小，孪生，有1朵两性小花，无芒，一无柄，一有柄，孪生于易逐节断落的穗轴各节，均两性或上部的稀为雌性，下承托以长柔毛；颖稍硬；雄蕊3枚；花柱长而羽毛状。果离生。

35种。我国12种，湖北5种，神农架4种。

> **分种检索表**
>
> 1. 小穗无芒。
> 2. 顶端叶片不显著退化；小穗基盘具长于小穗的毛。
>   3. 花序的主轴及花序以下的秆均无毛⋯⋯⋯⋯⋯⋯⋯⋯⋯⋯1．斑茅S. arundinaceum
>   3. 花序的主轴及花序以下的秆均有毛⋯⋯⋯⋯⋯⋯⋯⋯⋯⋯2．甘蔗S. officinarum
> 2. 顶端叶片极退化；小穗基盘具等于或短于小穗的毛⋯⋯⋯⋯⋯3．河八王S. narenga
> 1. 小穗有芒或具小尖头⋯⋯⋯⋯⋯⋯⋯⋯⋯⋯⋯⋯⋯⋯⋯⋯⋯⋯4．蔗茅S. rufipilum

1. 斑茅 | **Saccharum arundinaceum** Retzius 图39-125

多年生草本。秆具多数节，无毛。叶鞘基部或上部边缘和鞘口具柔毛；叶舌膜质；叶片线状披针形，无毛，边缘锯齿状粗糙。圆锥花序，主轴无毛，腋间被微毛；总状花序轴节间与小穗柄细线形，被长丝状柔毛，顶端稍膨大；无柄与有柄小穗狭披针形，黄绿色或带紫色，基盘具短柔毛；2颖草质或稍厚。颖果长圆形。花果期8~12月。

产于神农架低海拔地区，生于海拔400~1200m的山坡和河岸溪涧草地。根入药；花供观赏。

2. 甘蔗 | **Saccharum officinarum** Linnaeus 图39-126

多年生草本。根状茎粗壮发达。茎高大实心，被白粉。叶鞘长于其节间，除鞘口具柔毛外余无毛；叶舌极短，生纤毛；叶片中脉粗壮，白色，边缘具锯齿状粗糙。圆锥花序大型，总状花序多数轮生，稠密，总状花序轴节间与小穗柄无毛；小穗线状长圆形。

原产于印度，神农架有栽培。茎秆供鲜食或制糖；蔗渣可用于造纸和制作纤维板；蔗梢、蔗叶、蔗渣糠、废糖蜜或酒精废液可作牛、羊饲料。

图39-125 斑茅

图39-126 甘蔗

3. 河八王 | **Saccharum narenga** (Nees ex Steudel) Wallich ex Hackel 图39-127

多年生草本。秆直立，被柔毛或白粉，节具长髭毛。叶鞘具疣基柔毛；叶舌具纤毛；叶片长线形，顶生者退化成锥形，基部渐窄而仅具肥厚的中肋，上面密生疣基柔毛。圆锥花序，常着生4枚分枝；无柄小穗披针形，基盘具白色或稍带紫色的丝状毛；第一颖草质，具2脊；第二颖舟形；第一外稃长圆形；第二外稃较窄，顶端钝；第二内稃顶端具长纤毛。

产于神农架低海拔地区，生于海拔400~900m的山坡和河岸溪涧草地。花供观赏。

图39-127 河八王

4. 蔗茅 | **Saccharum rufipilum** Steudel　图39-128

多年生草本。秆有具髭毛的节，节下被白粉。叶鞘口生继毛；叶舌具纤毛；叶片宽条形，扁平或内卷，下面被白粉。圆锥花序大型直立；小穗基盘具白色或浅紫色；第一颖厚纸质，脊间无脉，扁平；第二颖顶端膜质渐尖，具3脉；第一外稃披针形，顶端尖或芒状；第二外稃线状披针形，无毛，顶端延伸成芒；第二内稃小。花果期6~10月。

产于神农架木鱼、松柏，生于海拔800~1000m的山坡疏林地。

图39-128　蔗茅

69. 大油芒属**Spodiopogon** Trinius

一年生或多年生草本。叶片线形或狭窄披针形；叶舌膜质。顶生圆锥花序开展，由多数具1~3节有梗的总状花序所组成；小穗孪生，第二小花皆为两性；总状花序轴节间及小穗柄的顶端膨大而呈棒状，成熟后逐节断落；小穗卵形，不明显压扁；颖草质；外稃透明膜质，有时具1~3脉；第一朵小花具3枚雄蕊或中性。颖果圆筒形。

15种。我国9种，湖北2种，神农架全有。

分种检索表

1. 总状花序各节上的小穗均有柄··1. 油芒S. cotulifer
1. 总状花序各节上的小穗为一具柄，一无柄··············2. 大油芒S. sibiricus

1. 油芒 | **Spodiopogon cotulifer** (Thunberg) Hackel　图39-129

一年生草本。秆具5~13节；节下被白粉，平滑无毛。叶鞘无毛；叶舌膜质，褐色；叶片披针状线形，顶端渐尖，基部渐窄呈柄状，下面贴生疣基柔毛。圆锥花序；分枝轮生，上部具6~15节，节生短髭毛；每节有具一长柄与一短柄的小穗；小穗线状披针形；第一颖通常具9脉，第二颖具7脉；第一外稃透明膜质，第二外稃窄披针形。花果期9~11月。

产于神农架木鱼、松柏、阳日，生于海拔500~1000m的山坡疏林地。

2. 大油芒 | Spodiopogon sibiricus (Thunberg) Hackel 图39-130

多年生草本。秆具5～9节。叶鞘大多长于其节间，鞘口具长柔毛；叶舌干膜质，截平；叶片线状披针形，顶端长渐尖，基部渐狭，两面贴生柔毛或基部被疣基柔毛。圆锥花序；分枝近轮生，下部裸露，上部单纯或具2枚小枝；总状花序，具有2～4节，节具髯毛；小穗宽披针形，草黄色或稍带紫色。颖果长圆状披针形，棕栗色。花果期7～10月。

产于神农架松柏，生于海拔800～1000m的山坡疏林地。

图39-129　油芒

图39-130　大油芒

70. 莠竹属Microstegium Nees

一年生或多年生草本。秆下部节着土后易生根。叶片披针形，基部圆形。总状花序数个至多数呈指状排列，稀为单生。小穗两性，一有柄，一无柄，偶有两者均具柄；无柄小穗连同穗轴节间及小穗柄一并脱落，有柄小穗自柄上掉落；第一颖具4～6脉；第二颖舟形，具1～3脉；第一小花雄性，第一外稃常不存在；第一内稃稍短于颖或不存在。颖果长圆形。

20种。我国13种，湖北2种，神农架全有。

> **分种检索表**
>
> 1. 总状花序轴节间细长，等长或长于其小穗·····················1. 竹叶茅M. nudum
> 1. 小穗具扭转膝曲之芒，无柄小穗长5.5～6mm·············2. 柔枝莠竹M. vimineum

1. 竹叶茅 | Microstegium nudum (Trinius) A. Camus 图39-131

一年生草本。秆下部节上生根，节生微毛。叶鞘具纤毛；叶舌无毛，截平；叶片披针形。总状花序；总状花序轴每节着生一有柄与一无柄的小穗；无柄小穗基盘具短毛，第一颖披针形，背部具1浅沟，具2脊，第二颖背部近圆形，第一外稃膜质，披针形，第二外稃线形；有柄小穗与无柄者相似，无毛。颖果长圆形，棕色。花果期8～10月。

产于神农架木鱼、新华，生于海拔500～800m的山坡疏林地。

2. 柔枝莠竹 | Microstegium vimineum (Trinius) A. Camus 图39-132

一年生草本。秆下部匍匐于地面，节上生根。叶鞘短于其节间，鞘口具柔毛；叶舌截形；叶片边缘粗糙，顶端渐尖，基部狭窄，中脉白色。总状花序2～6枚，近指状排列；无柄小穗基盘具短毛或无毛，第一颖披针形，纸质，背部有凹沟，第二颖沿中脉粗糙，顶端渐尖，无芒；有柄小穗相似于无柄小穗或稍短。颖果长圆形。花果期8～11月。

产于神农架下谷、新华、阳日，生于海拔400～800m的山坡疏林地。

图39-131　竹叶茅

图39-132　柔枝莠竹

71. 黄金茅属Eulalia Kunth

多年生草本。叶片线形或披针形；叶片上、下表皮结构同型或异型。总状花序数个呈指状排列于秆顶；孪生小穗同形，一无柄，一有柄，其基盘常短钝；颖草质或厚纸质，第一颖背部微凹或扁平，第二颖两侧压扁，具脊；第一朵小花大都退化仅存一外稃，或有些种类具内稃；第二朵小花两性，第二外稃常较狭窄，先端多少2裂；芒常膝曲，伸出小穗之外。

30种。我国14种，湖北1种，神农架也有。

金茅 | Eulalia speciosa (Debeaux) Kuntze

多年生草本。秆节常被白粉。叶舌截平；叶片扁平或边缘内卷。总状花序5～8个，淡黄棕色至棕色；无柄小穗长圆形，第一颖背部微凹，具淡黄色柔毛，具2脊，第二颖舟形，背具1脉呈脊形，第一小花通常仅1枚外稃，长圆状披针形，第二外稃较狭，先端2浅裂，第二内稃卵状长圆形；有柄小穗相似于无柄小穗。花果期8～11月。

产于神农架松柏，生于海拔800m的山坡疏林地。

72．拟金茅属Eulaliopsis Honda

多年生草本。秆常直立。叶片狭线形。总状花序排列呈指状或近圆锥状；2小穗成对着生于各节，一无柄，一有柄，有芒；2颖片，第一颖披针形，先端钝，通常有2~3枚齿，具5~9脉；第二颖具3~9脉，先端尖或具2枚齿，由齿间伸出小尖头或芒；外稃透明膜质，第一外稃先端钝，无芒，第二外稃先端全缘或具2枚齿，有芒；第二内稃宽卵形。

2种。我国1种，神农架也有。

拟金茅 ｜ Eulaliopsis binata (Retzius) C. E. Hubbard

多年生草本。秆一侧具纵沟，具3~5节。叶舌呈1圈短纤毛状；叶片狭线形，卷褶呈细针状，顶生叶片甚退化。总状花序，2~4枚呈指状排列；第一颖具7~9脉；第二颖稍长于第一颖，具5~9脉；第一外稃长圆形；第二外稃狭长圆形，等长或稍短于第一外稃，有时有不明显的3脉，先端有芒；第二内稃宽卵形，先端微凹，凹处有纤毛。

产于神农架木鱼，生于海拔600m的山坡疏林地。

73．金发草属Pogonatherum P. Beauvois

多年生草本。秆细长而硬。叶片线形或线状披针形，近直立。穗形总状花序单生于秆顶；小穗孪生，一有柄，一无柄，成覆瓦状排列于易逐节折断的总状花序轴一侧；无柄小穗有1~2朵小花。颖果长圆形。

4种。我国3种，湖北2种，神农架皆有。

分种检索表

1．植株高在30cm以下；无柄小穗仅含1朵两性小花……………………1．金丝草P. crinitum
1．植株高在30~60cm；无柄小穗含1或2朵小花……………………2．金发草P. paniceum

1．金丝草 ｜ Pogonatherum crinitum (Thunberg) Kunth　图39-133

多年生草本。秆丛生，密集，节上被白色髯毛。叶鞘短于或长于节间，向上部渐狭，除鞘口或边缘被细毛外，余均无毛；叶舌短，纤毛状；叶片线形，扁平。穗形总状花序单生于秆顶，细弱而微弯曲，乳黄色；总状花序轴节间与小穗柄均压扁；第二小花外稃先端2裂，裂齿间伸出细弱而弯曲的芒。颖果卵状长圆形。花果期5~9月。

产于神农架木鱼，生于海拔600m的溪边滴水或流水石上。全草入药。

2．金发草 ｜ Pogonatherum paniceum (Lamarck) Hackel　图39-134

多年生草本。秆具3~8节。叶鞘边缘薄纸质；叶舌边缘具短纤毛；叶片线形，质较硬，两面均粗糙。总状花序，乳黄色；无柄小穗，第一颖扁平，薄纸质，具3~5脉，粗糙或被微毛，无芒；第二颖舟形具1脉而延伸成芒；第一小花雄性，外稃长圆状披针形，透明膜质，具1脉，内稃长圆形，透明膜质，具2脉。花果期4～10月。

产于神农架木鱼、阳日，生于海拔600m的悬崖石壁上。全草入药。

图39-133　金丝草

图39-134　金发草

74．牛鞭草属Hemarthria R. Brown

多年生草本。秆直立丛生或铺散斜升，柔软或稍硬。叶片扁平，线形。总状花序圆柱形而稍扁，常单独顶生或数个成束腋生；小穗孪生，同形或有柄小穗较窄小，无柄小穗嵌生于总状花序轴凹穴中；第一颖背部扁平，先端钝或渐尖，第二颖多少与总状花序轴贴生；仅含1朵两性小花，内、外稃均为膜质，无芒。颖果卵圆形或长圆形，稍压扁。

14种。我国6种，湖北2种，神农架全有。

分种检索表

1. 无柄小穗长4～5mm；第一颖在先端以下不显著收缩 ······················1. 牛鞭草H. sibirica
1. 无柄小穗长5～8mm；第一颖在先端以下收缩 ··························2. 大牛鞭草H. altissima

1．牛鞭草 ｜ Hemarthria sibirica (Gandoger) Ohwi

多年生草本。秆一侧有槽。叶鞘边缘膜质；叶舌膜质，上缘撕裂状；叶片线形，无毛。总状花序单生或簇生；无柄小穗卵状披针形，第一颖革质，具7～9脉，两侧具脊，先端尖或长渐尖；第二颖厚纸质，贴生于总状花序轴凹穴中，但其先端游离；第一小花中性，仅存膜质外稃；第二小花两性；第二颖完全游离于总状花序轴。花果期夏秋季。

产于神农架红坪（房县、观音洞，K. M. Liou 9158），生于海拔2000m的山坡草丛。

2．大牛鞭草 ｜ Hemarthria altissima (Poiret) Stapf et C. E. Hubbard

多年生草本。鞘口及叶舌具纤毛；叶片线形，无毛。总状花序，光滑无毛；无柄小穗陷入总状花序轴凹穴中，长卵形，第一颖近草质，具5～9脉，两侧具脊，第二颖纸质，第一小花仅存外稃，第二小花两性；有柄小穗披针形，第一颖草质，卵状披针形，第二颖舟形，第一小花中性，仅存膜质外稃，第二小花两性。颖果长卵形。花果期夏秋季。

产于房县（房县、十区津龙，刘克荣662），生于海拔1800m的山坡草丛。

75．蜈蚣草属Eremochloa Buse

多年生草本。秆直立。叶线形，扁平。总状花序单生于秆顶，背腹压扁；总状花序轴节间常作棒状，迟缓脱落；无柄小穗扁平，不嵌入轴中，常覆瓦状排列于总状花序轴一侧；第二小花两性或雌性，外稃透明膜质，全缘，无脉或中脉在上部消失；内稃较狭窄。颖果长圆形。

11种。我国5种，湖北1种，神农架也有。

假俭草 | Eremochloa ophiuroides (Munro) Hackel 图39-135

多年生草本。秆斜升。叶鞘压扁，多密集跨生于秆基，鞘口常有短毛；叶片条形，顶端钝，无毛，顶生叶片退化。总状花序顶生；无柄小穗长圆形，覆瓦状排列于总状花序轴一侧，第一颖硬纸质，无毛，5～7脉，顶端具宽翅；第二颖舟形，厚膜质，3脉；有柄小穗退化或仅存小穗柄，披针形，与总状花序轴贴生。花果期夏秋季。

产于神农架各地，生于海拔400～800m的溪边河滩草丛中。

图39-135　假俭草

76．荩草属Arthraxon P. Beauvois

一年生或多年生草本。叶片扁平，心形。总状花序指状排列或紧接；小穗成对或单生，一有柄，为雄性或中性小花，一无柄，为两性花而结实，常有芒，与轴节一起脱落，有柄的倘存在时中性，但常退化成一柄着生于无柄小穗的基部；实性外稃膜质或基部稍硬，全缘或2齿裂，常有1枚背生的芒由近基部发出。

26种。我国12种，湖北3种，神农架2种。

分种检索表

1. 一年生；无柄小穗第一颖通常两侧压扁·····················1．荩草A. hispidus
1. 多年生；无柄小穗第一颖通常背腹压扁·················2．茅叶荩草A. prionodes

1．荩草｜**Arthraxon hispidus** (Thunberg) Makino

1a．荩草（原变种）**Arthraxon hispidus** var. **hispidus**　图39-136

一年生草本。秆无毛。叶舌膜质，边缘具纤毛；叶片卵状披针形，无毛。总状花序，花序轴节间无毛；无柄小穗卵状披针形，呈两侧压扁；第一颖草质，边缘膜质，包住第二颖2/3，具7～9脉；第二颖近膜质，与第一颖等长，舟形。有柄小穗退化仅到针状刺。颖果长圆形。花果期9～11月。

产于神农架各地，生于海拔400～1500m的山坡草地阴湿处。全草入药。

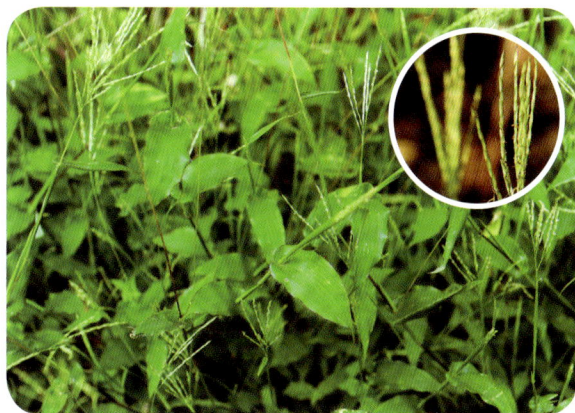

图39-136　荩草

1b．中亚荩草（变种）**Arthraxon hispidus** var. **centrasiaticus** (Grisebach) Honda

本种与原变种的主要区别：叶片两面有毛，小穗具较长的芒。花果期8～9月。

产于神农架各地，生于海拔400～1500m的山坡草地阴湿处。

2．茅叶荩草｜**Arthraxon prionodes** (Steudel) Dandy　图39-137

多年生草本。秆具多节。叶舌膜质，被纤毛；叶片披针形至卵状披针形，先端渐尖，基部心形，抱茎。总状花序，2至数个呈指状排列于枝顶，稀可单性。无柄小穗长圆状披针形，第一颖两侧呈龙骨状，第二颖与第一颖等长，舟形；有柄小穗披针形，第一颖草质，边缘包着第二颖，第二颖质较薄，与第一颖等长。花果期7～10月。

产于神农架各地，生于海拔400～1500m的山坡草地阴湿处。

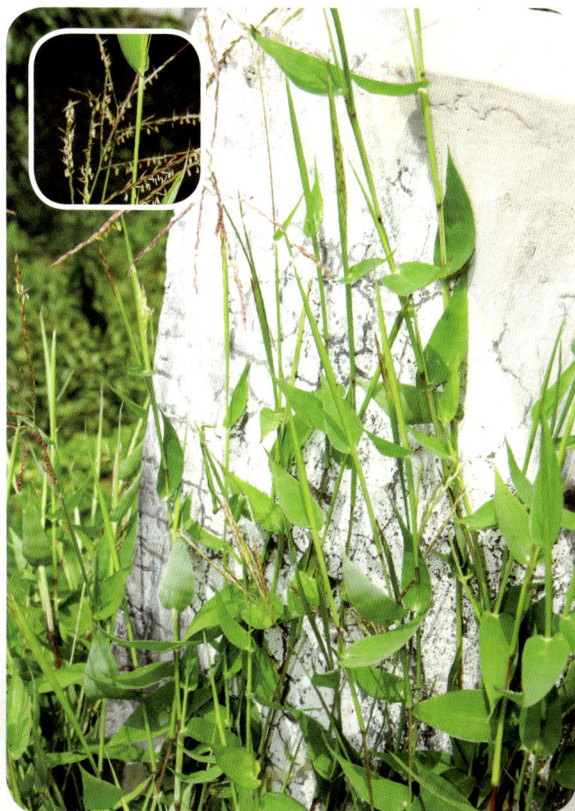

图39-137　茅叶荩草

禾本科｜Poaceae

85

77．高粱属Sorghum Moench

一年生或多年生草本。圆锥花序直立，由多数含1~5节的总状花序组成；小穗孪生，一无柄，一有柄，总状花序轴节间与小穗柄线形；无柄小穗两性，有柄小穗雄性或中性；无柄小穗的第一颖革质，第二颖舟形，第一外稃膜质，第二外稃长圆形或椭圆状披针形，全缘，无芒，或具2枚齿裂，裂齿间具1长或短的芒。

30种。我国5种，湖北3种，神农架2种。

分种检索表

1. 多年生，具根状茎；野生种·······································1．拟高粱S. propinquum
1. 一年生，稀多年丛生；均无根茎；栽培种·······················2．高粱S. bicolor

1．拟高粱 │ Sorghum propinquum (Kunth) Hitchcock 图39-138

多年生草本。秆具多节，节上具灰白色短柔毛。叶鞘无毛；叶舌质较硬，具细毛；叶片线形或线状披针形，两面无毛。圆锥花序；无柄小穗椭圆形或狭椭圆形，颖薄革质，第一颖9~11脉，第二颖7脉，疏生柔毛，第一外稃透明膜质，第二外稃短于第一外稃，无芒或具1枚细芒，花药棕黄色，柱头2枚；有柄小穗雄性。颖果倒卵形，棕褐色。花果期夏秋季。

产于神农架红坪（房县、观音洞，K. M. Liou 9050），生于海拔2000m的溪边灌丛中。根茎入药。

2．高粱 │ Sorghum bicolor (Linnaeus) Moench 图39-139

一年生草本。秆粗壮。叶鞘无毛或稍有白粉；叶舌硬膜质；叶片线形至线状披针形，背面淡绿色或有白粉，两面无毛。圆锥花序，主轴裸露，疏生细柔毛；分枝3~7枚，轮生，粗糙或有细毛；无柄小穗倒卵形或倒卵状椭圆形；两颖均革质，具毛。颖果淡红色至红棕色。花果期6~9月。

原产于非洲，神农架有栽培。果实、根入药；高粱米为重要的粮食，还可供制糖、酿酒和提取酒精；果穗可作扫帚。

图39-138　拟高粱

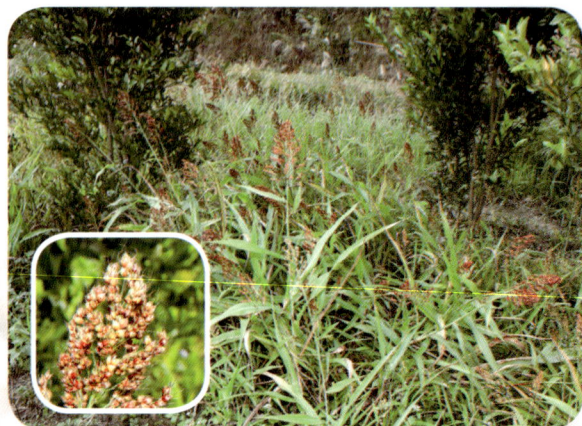

图39-139　高粱

78．孔颖草属Bothriochloa Kuntze

多年生草本。秆实心，分枝或不分枝。叶鞘背部具脊或圆形；叶舌短，先端钝圆或截形；叶片线形或披针形，通常秆生。总状花序呈圆锥状、伞房状或指状排列于秆顶；小穗孪生，一有柄，一无柄，均为披针形，背部压扁；无柄小穗水平脱落，基盘钝，通常具髯毛，两性；有柄小穗形似无柄小穗，但无芒，为雄性或中性；第一外稃和内稃通常缺。

30种。我国3种，湖北2种，神农架全有。

1. 白羊草 ｜ Bothriochloa ischaemum (Linnaeus) Keng 图39–140

多年生草本。秆具3至多节，节上无毛或具白色髯毛；叶鞘无毛，多密集于基部而相互跨覆，常短于节间；叶舌膜质；叶片线形，顶生者常缩短，先端渐尖，基部圆形。总状花序4个至多数着生于秆顶呈指状，灰绿色或带紫褐色；无柄小穗长圆状披针形；有柄小穗雄性。花果期秋季。

产于神农架各地，生于海拔500m以下的路边草丛中。

图39–140　白羊草

2. 臭根子草 ｜ Bothriochloa bladhii (Retz.) S. T. Blake

多年生草本。秆具多节，节被白色短髯毛或无毛。叶鞘无毛，上部者短于下部者长于节间；叶舌膜质，截平；叶片线形，先端长渐尖，基部圆形，两面疏生疣毛或下面无毛，边缘粗糙。圆锥花序，每节具1～3个单纯的总状花序；无柄小穗两性，长圆状披针形，灰绿色或带紫色；有柄小穗中性，稀为雄性，较无柄者狭窄，无芒。花果期7～10月。

产于神农架各地，生于海拔500m以下的水边草丛中。

79．细柄草属Capillipedium Stapf

多年生草本。秆实心，常丛生。叶舌膜质，具纤毛；叶片狭窄，线形，干时边缘常内卷。圆锥花序由具1至数节的总状花序组成；小穗孪生，一无柄，一有柄，或3个同生于每一总状花序之顶端，其一无柄，另两个有柄；无柄者两性，有柄者雄性或中性；无柄小穗水平脱落，基盘钝而具髯毛，有柄小穗无芒，长于或短于无柄小穗。

14种。我国5种，湖北2种，神农架全有。

1. 秆质坚硬似小竹；叶片线状披针形，常具白粉 ·· 1. 硬秆子草C. assimile
1. 秆质较柔软；叶片多为线形，不具白粉 ·· 2. 细柄草C. parviflorum

1. 硬秆子草 ｜ Capillipedium assimile (Steudel) A. Camus 图39-141

多年生草本。秆坚硬。叶片线状披针形，无毛或被糙毛。圆锥花序；枝腋内有柔毛；小枝顶端有2～5节总状花序；花序轴节间易断落，被纤毛；无柄小穗长圆形，淡绿色至淡紫色，有被毛的基盘。花果期8～12月。

产于神农架各地，生于海拔400～700m以下的水边草地中。

图39-141 硬秆子草

2. 细柄草 ｜ Capillipedium parviflorum (R. Brown) Stapf 图39-142

多年生草本。秆直，不分枝或具数直立、贴生的分枝。叶舌干膜质，边缘具短纤毛；叶片线形，顶端长渐尖，基部收窄，近圆形，两面无毛或被糙毛。圆锥花序长圆形，分枝簇生，可具一至二回小枝，小枝为具1～3节的总状花序；无柄小穗基部具髯毛；有柄小穗中性或雄性，等长或短于无柄小穗，无芒。花果期8～12月。

产于神农架各地，生于海拔400～1400m以下的山坡草地中。

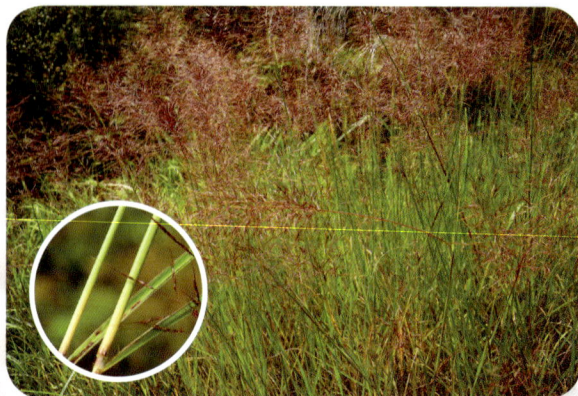

图39-142 细柄草

80. 双花草属Dichanthium Willemet

多年生或一年生草本。秆有或无分枝，节具髯毛或无。叶片狭，扁平或卷曲。总状花序呈指状或单生于秆顶；总状花序轴节间及小穗柄纤细，中央不具纵沟；小穗成对着生于各节，一无柄，一具柄，形相似，性不同；无柄小穗两性，背腹压扁，有小而具毛的基盘，近水平脱落；有柄小穗雄性或中性，无芒。颖果长圆形。

20种。我国3种，湖北1种，神农架也有。

双花草 │ Dichanthium annulatum (Forsskal) Stapf

多年生草本。秆有或无分枝，节密生髯毛。上部的叶鞘短于节间；叶舌膜质，上缘撕裂状；叶片线形，顶端长渐尖，基部近圆形，粗糙，中脉明显，表面具疣基毛。总状花序2～8个指状着生于秆顶；小穗成对紧密地覆瓦状排列；无柄小穗两性，卵状长圆形或长圆形；有柄小穗与无柄小穗几等长。颖果倒卵状长圆形。花果期6～11月。

产于神农架各地，生于海拔400～700m以下的山坡草地中。

81. 香茅属Cymbopogon Sprengel

多年生草本。鞘内或鞘外分裂。秆直立，多不分枝。叶舌干膜质；叶片宽线形至线形，基部圆心形至狭窄。伪圆锥花序大型复合至狭窄；总状花序成对着生于总梗上，其下托以舟形佛焰苞；下方无柄总状花序之基部常为一同性对（其无柄与有柄小穗对不孕且无芒）；总状花序具3～6节；无柄小穗两性，基盘钝圆；有柄小穗雄性、中性或退化，无芒。

70种。我国24种，湖北2种，神农架1种。

芸香茅 │ Cymbopogon distans (Nees ex Steudel) Will 　图39–143

多年生草本。秆带紫色。叶鞘无毛，内面稍带浅红色；叶舌边缘下延；叶片狭线形，上部渐尖成丝形，粉白色。伪圆锥花序狭窄，稀具第二回分枝；佛焰苞狭；总状花序具4～6节；无柄小穗狭披针形；有柄小穗上部脊粗糙。花果期6～10月。

产于巴东县（巴东、石柱子，江明喜 105），生于海拔200m的山坡草地中。

图39–143　芸香茅

82. 裂稃草属Schizachyrium Nees

一年生或多年生草本。秆直立或平卧。叶片通常线形或线状长圆形。总状花序单生，顶生或腋生，基部有鞘状总苞；小穗成对生于各节，一无柄，另一具柄；无柄小穗具2朵小花，第一朵小花退化仅存1外稃，第二朵小花两性，第一颖长圆状披针形，具2脊，第二颖质较第一颖薄，外稃透明膜质；有柄小穗退化，常仅存一颖，其颖常具芒。颖果狭线形。

60种。我国4种，湖北1种，神农架也有。

裂稃草 | Schizachyrium brevifolium (Swartz) Nees ex Buse

一年生草本。秆基部常平卧或倾斜。叶鞘短于节间，具1脊；叶舌短，膜质，上缘撕裂并具睫毛；叶片线形或长圆形，顶端通常钝而有短尖头，基部近圆形，无毛，主脉在背部明显凸出。总状花序；无柄小穗线状披针形，第一颖近革质，具4～5脉，第二颖厚膜质，有3脉，外稃透明膜质；有柄小穗退化仅剩1～2颖。颖果线形。花果期7～12月。

产于神农架红坪，生于海拔800m的山坡草地中。

83．黄茅属Heteropogon Persoon

一年生或多年生草本。秆粗壮，丛生。叶鞘常压扁而具脊；叶舌短，膜质；叶片扁平，线形。穗形总状花序，单生于主秆或分枝顶端；小穗成对覆瓦状着生于花序轴各节，下部的1～10对（或更多），为同性对，全为雄性或中性，无芒，常宿存，上部的为异性对；无柄小穗近圆柱状，成熟时偏斜脱落，每个小穗含2朵小花；有柄小穗披针状长圆形，雄性或中性。

6种。我国3种，湖北1种，神农架也有。

黄茅 | Heteropogon contortus (Linnaeus) P. Beauvois ex Roemer et Schultes
图39-144

多年生草本。秆光滑无毛。叶鞘压扁而具脊；叶舌短，膜质；叶片线形，顶端渐尖或急尖，基部稍收窄，两面粗糙或表面基部疏生柔毛。总状花序单生于主枝或分枝顶；花序基部着生3～10（～12）个小穗对，为同性，无芒，宿存，上部7～12对为异性对；无柄小穗线形（成熟时圆柱形），两性；有柄小穗长圆状披针形，无芒，绿色或带紫色。花果期4～12月。

产于神农架松柏，生于海拔600～800m的山坡草地中。

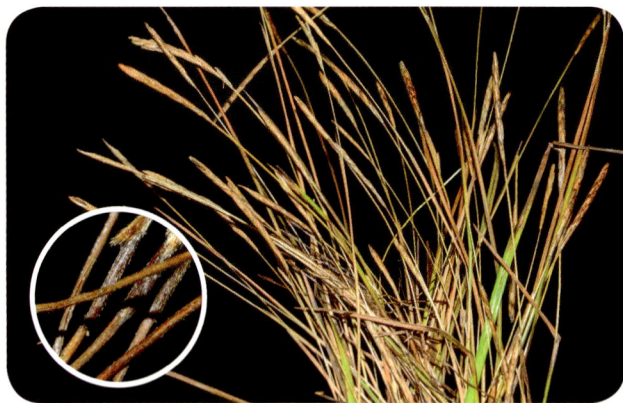

图39-144　黄茅

84．菅属Themeda Forsskal

多年生或一年生草本。秆粗壮或纤细，近圆形，实心，坚硬，左右压扁或具棱。叶鞘具脊，近缘及鞘口常散生瘤基刚毛，边缘膜质，疏松或紧抱秆，上部的常短于节间；叶舌短，膜质，顶端密生纤毛或撕裂状；叶片线形，长而狭，边缘常粗糙。总状花序具长短不一的梗至几无梗，托以舟形佛焰苞。

27种。我国13种，湖北3种，神农架全有。

分种检索表

1. 总状花序由7个以上小穗组成，总苞状小穗着生在不同水平面。
　　2. 两性小穗具不完全的芒或几无芒⋯⋯⋯⋯⋯⋯⋯⋯⋯⋯⋯⋯⋯⋯⋯1．菅T. villosa

1. 菅 | Themeda villosa (Poiret) A. Camus 图39-145

多年生草本。秆粗壮，两侧压扁或具棱，通常黄白色或褐色，实心，髓白色。叶鞘光滑无毛，下部具粗脊；叶舌膜质，短，顶端具短纤毛；叶片线形，基部渐狭，顶端渐尖，两面微粗糙。多回复出的大型伪圆锥花序，由具佛焰苞的总状花序组成；每一总状花序由9～11个小穗组成。颖果被毛或脱落，成熟时粟褐色。花果期8月至翌年1月。

产于神农架低海拔地区，生于海拔600～800m的溪边疏林地。

2. 苞子草 | Themeda caudata (Nees) A. Camus

多年生草本。秆粗壮，扁圆形或圆形而有棱，黄绿色或红褐色，光滑，有光泽。叶鞘在秆基套叠，平滑，具脊；叶舌圆截形，有睫毛；叶片线形，中脉明显，背面疏生柔毛，基部近圆形，顶端渐尖，边缘粗糙。大型伪圆锥花序，多回复出，由带佛焰苞的总状花序组成。颖果长圆形，坚硬。花果期7～12月。

产于神农架低海拔地区，生于海拔600～800m的溪边疏林地。根茎入药。

3. 黄背草 | Themeda triandra Forsskal 图39-146

多年生草本。秆光滑无毛，具光泽，黄白色或褐色。叶鞘生硬毛；叶舌坚纸质；叶片两面无毛或疏被柔毛，背面常粉白色。圆锥花序由具佛焰苞的总状花序组成；雄花无柄，第一颖背面上面常生瘤基毛；无柄小穗两性，1个，基盘被褐色髯毛，锐利，第一颖草质，被短刚毛，第二颖草质。花果期6～12月。

产于神农架木鱼、新华，生于干燥山坡、草地、路旁、林缘。全草入药。

图39-145 菅

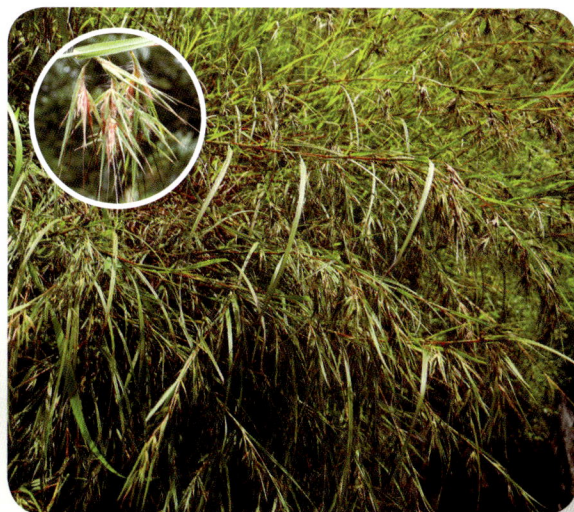

图39-146 黄背草

85. 薏苡属Coix Linnaeus

一年生草本。秆直立，常实心。叶片扁平、宽大。总状花序腋生成束，通常具较长的总梗；小穗单性，雌、雄小穗位于同一花序的不同部位；雄小穗含2朵小花；雌小穗2～3个生于一节，常仅1枚发育；孕性小穗的第一颖宽，下部膜质，上部质厚渐尖，第二颖与第一外稃较窄，第二外稃及内稃膜质。颖果大，近圆球形。

4种。我国2种，湖北1种，神农架也有。

薏苡 | Coix lacryma-jobi Linnaeus　图39-147

一年生草本。叶鞘无毛；叶舌干膜质；叶片基部圆形或近心形，无毛。总状花序；雌小穗被总苞包被，第一颖卵圆形，包围第二颖及第一外稃，第二外稃短于颖，具3脉，第二内稃小，雄蕊常退化，雌蕊具细长柱头；雄小穗2～3对，第一颖草质，第二颖膜质，第一及第二朵小花具雄蕊3枚，花药橘黄色。颖果含淀粉少，不饱满。花果期6～12月。

产于神农架各地，生于海拔400～800m的湿润的屋旁、池塘、河沟、山谷、溪涧。种仁可食，亦能入药。

图39-147　薏苡

86. 玉蜀黍属Zea Linnaeus

一年生草本。秆具多数节，实心，下部数节生有1圈支柱根。叶片阔线形。小穗单性，雌、雄异序；雄花序由多数总状花序组成大型的顶生圆锥花序；雄小穗含2朵小花，孪生于一连续的序轴上，颖膜质，先端尖，具多数脉，外稃及内稃皆透明膜质，雄蕊3枚；雌花序生于叶腋内；雌小穗含1朵小花，颖宽大，先端圆形或微凹，外稃透明膜质。

5种。我国栽培1种，神农架有栽培。

玉蜀黍 | *Zea mays* Linnaeus 图39-148

一年生草本。秆基部各节具气生支柱根。叶鞘具横脉；叶舌膜质；叶片线状披针形，无毛。雄圆锥花序顶生，主轴与总状花序轴及腋间均被细柔毛，两颖膜质，被纤毛，外稃、内稃透明膜质，花药橙黄色；雌花序被鞘状苞片包藏，2颖被毛，外稃、内稃透明膜质。颖果球形或扁球形。花果期秋季。

原产于南美洲，神农架广为种植。颖果为重要的粮食作物，用途极为广泛；花柱和柱头入药；秸秆可作饲料。

图39-148 玉蜀黍

40. 金鱼藻科 | Ceratophyllaceae

多年生沉水草本。叶4~12枚轮生，条形，边缘一侧有锯齿或微齿；无托叶。花单性，雌雄同株，单生于叶腋，雌雄花异节着生，近无梗；总苞具8~12枚苞片；无花被；雄花有10~20枚雄蕊；雌蕊有1枚心皮，柱头侧生，子房1室，具1枚胚珠。坚果革质，卵形或椭圆形，边缘有或无翅，先端有长刺状宿存花柱，基部有2枚刺，有时上部还有2枚刺。种子1枚。

单属科，6种。我国产3种，湖北全产，神农架产1种。

金鱼藻属Ceratophyllum Linnaeus

形态特征、种数和分布同科。

3种。我国产3种，湖北全产，神农架产1种。

金鱼藻 | Ceratophyllum demersum Linnaeus   图40-1

多年生沉水草本。叶4~12枚轮生，1~2次二叉状分歧。苞片9~12枚；雄蕊10~16枚，微密集；子房卵形，花柱钻状。坚果宽椭圆形，黑色，边缘有3枚刺。花期6~7月，果期8~10月。

产于神农架各地，生于洁净的流水或静水中。

图40-1　金鱼藻

41. 领春木科 | Eupteleaceae

落叶灌木或乔木。枝有长枝、短枝之分，基部环状芽鳞片痕；芽常侧生，为扩展的近鞘状叶柄基部包裹。叶互生，圆形或近卵形，边缘有锯齿，具羽状脉；叶柄较长；无托叶。花先于叶开放，两性，6～12朵，单生于苞片腋部；无花被；雄蕊多数；花托扁平；心皮多数，离生，子房1室，有1～3枚倒生胚珠。翅果顶端圆，下端渐细成明显子房柄，有果梗。种子1～3枚。

单属科，2种。我国产1种，神农架也产。

领春木属Euptelea Siebold et Zuccarini

形态特征、种数和分布同科。

领春木 | Euptelea pleiosperma J. D. Hooker et Thomson　图41-1

落叶小乔木。芽卵形，鳞片深褐色。叶纸质，卵形或近圆形，基部楔形，边缘疏生锯齿，上面无毛，下面脉上有伏毛；侧脉6～11对。花丛生；雄蕊6～14枚，花药红色；心皮6～12枚，子房具1～4枚胚珠。翅果。种子1～4枚，卵形。花期4～5月，果期7～8月。

产于神农架各地（燕天景区，zdg 6468），生于海拔1200～2200的山坡林下。

图41-1　领春木

42. 罂粟科 | Papaveraceae

草本或稀为灌木。常有乳汁或具有色液汁。叶互生。花单生或排列成总状花序、聚伞花序或圆锥花序；花两性，辐射对称或两侧对称；萼片2枚，稀3枚，早脱；雄蕊多数，离生，排列成数轮，或4枚，分离，或6枚合生成2束；雌蕊由2至多数合生心皮组成；子房上位，1室，侧膜胎座。蒴果，瓣裂或顶孔开裂，稀有蓇葖果或坚果。

50属830种。我国约有19属278种，湖北有12属43种，神农架有10属33种。

分属检索表

1. 雄蕊多数；植株具浆汁。
  2. 花瓣4枚，稀较多。
    3. 花单生或组成总状花序，稀圆锥状花序；蒴果3～12瓣裂或顶孔开裂。
      4. 植株具黄色液汁 ·······························1. 绿绒蒿属Meconopsis
      4. 植株具白色液汁 ·······························2. 罂粟属Papaver
    3. 花单个顶生；蒴果2～4瓣裂。
      5. 叶茎生和基生，叶片不为心形，边缘具齿至羽状分裂。
        6. 叶近对生于茎先端；果不为念珠状。
          7. 花具苞片；子房被短柔毛 ··············3. 金罂粟属Stylophorum
          7. 花无苞片；子房无毛 ··················4. 荷青花属Hylomecon
        6. 叶互生于茎上下部；果近念珠状 ··········5. 白屈菜属Chelidonium
      5. 叶全部基生，叶片心形，边缘浅波状 ············6. 血水草属Eomecon
  2. 花瓣无；花极多 ····································7. 博落回属Macleaya
1. 雄蕊4枚；植株无浆。
  8. 花纵轴两侧对称；蒴果2瓣裂.
    9. 花红色，心形 ································8. 荷包牡丹属Lamprocapnos
    9. 花奶油色，长圆形 ····························9. 黄药属Ichtyoselmis
  8. 花横轴两侧对称；蒴果2瓣裂或不开裂的坚果 ······10. 紫堇属Corydalis

1. 绿绒蒿属Meconopsis Viguier

一年生或多年生草本。具黄色液汁，茎分枝或不分枝。叶全部基生成莲座状或也生于茎上；基生叶具长柄，上部茎生叶具短柄或无柄；叶全缘，少有羽状浅裂至全裂。花单生，或排成圆锥状总状花序，花蓝色、红色或黄色；萼片2枚；花瓣4枚，稀5或10枚；雄蕊多数；子房1室，3至多心皮。蒴果近球形、卵形、椭圆形。

49种。我国有38种，湖北有2种，神农架有全有。

1. 五脉绿绒蒿 │ Meconopsis quintuplinervia Regel   图42-1

草本。被淡黄色或棕褐色刚毛。叶基生，莲座状；叶片倒披针形或狭倒卵形，基部下延，全缘，两面密被淡黄色或棕褐色刚毛。花莛被棕黄色刚毛；花单生，下垂；萼片卵形，花瓣4枚，稀6枚；深红色；子房密被淡黄色刚毛，花柱极短。蒴果椭圆状长圆形。种子密具乳突。花期6~7月，果期7~8月。

产于神农架高海拔地区（金猴岭、猴子石、大小神农架、神农谷），生于海拔2800m的山坡草丛中。

2. 柱果绿绒蒿 │ Meconopsis oliveriana Franchet et Prain   图42-2

草本。茎具明显的沟槽，近基部疏被刚毛。基生叶卵形，近基部羽状全裂，顶部羽状浅裂，背面具白粉，两面疏被黄棕色长硬毛。花1或2朵生于最上部的叶腋内，组成聚伞状圆锥花序；萼片2枚；花瓣4枚，黄色；雄蕊多数，子房狭长圆形。蒴果狭长圆形或近圆柱形，具隆起的肋。花期5~7月，果期6~9月。

产于神农架高海拔地区（金猴岭；大小神农架；冲坪—老君山，zdg 7014；神农谷；大界岭；燕天垭），生于海拔1900~2400m的山坡灌丛下。

图42-1　五脉绿绒蒿

图42-2　柱果绿绒蒿

2. 罂粟属 Papaver Linnaeus

一年生、二年生或多年生草本。具白色乳汁。叶互生，羽状分裂，表面通常具白粉，两面被刚毛。花单生，花蕾下垂，萼片2枚，稀3枚；花瓣4枚，雄蕊多数；子房1室，上位，心皮4～8枚，联合，被刚毛或无毛，胚珠多数，花柱短或无，柱头盘状盖于子房之上；盘状体边缘圆齿状或分裂。蒴果孔裂。种子具网状纹。

约100种。我国有7种，湖北有3种，神农架全有分布。

分种检索表

1. 有茎生叶；花红色、粉红色、紫红色或白色。
  2. 茎生叶基部抱茎 ·· 1. 罂粟P. somniferum
  2. 茎生叶基部不抱茎 ·· 2. 虞美人P. rhoeas
1. 叶全部基生；花橙黄色或黄色 ··· 3. 野罂粟P. nudicaule

1. 罂粟 | **Papaver somniferum** Linnaeus　图42-3

高大草本。含乳汁。叶互生，椭圆形或卵状椭圆形，茎生叶基部抱茎，边缘具不整齐缺刻。花大，单生，花梗细长；萼片2枚，早落；花瓣4枚，红色、粉红色或白色等；雄蕊多数；子房由多心皮组成，1室，侧膜胎座，胚珠多数。蒴果类球形，孔裂。花期5～7月。

原产于南欧、印度、缅甸、老挝及泰国北部，神农架民间有少量种植。果实可加工入药。

2. 虞美人 | **Papaver rhoeas** Linnaeus　图42-4

一年生草本。疏被伸展的刚毛。叶互生，披针形或狭卵形，下部叶全裂，具柄，上部叶羽状深裂或浅裂，无柄，两面被淡黄色刚毛。花单生于茎和分枝顶端；萼片2枚；花瓣4枚，紫红色，基部通常具深紫色斑点；雄蕊多数；子房倒卵形，柱头5～8裂。蒴果宽倒卵形，无毛，具不明显的肋。花期5～6月。

原产于欧洲，神农架有栽培。

图42-3　罂粟

图42-4　虞美人

3．野罂粟 ｜ **Papaver nudicaule** Linnaeus 图42-5

草本。全体被糙硬毛。叶全部基生，卵形至披针形，羽状浅裂、深裂或全裂，两面稍具白粉，被刚毛；叶柄基部扩大成鞘，被斜展的刚毛。花单生于花莛先端；萼片2枚；花瓣4枚，基部具短爪，黄色；雄蕊多数；子房密被紧贴的刚毛。蒴果倒卵形，密被紧贴的刚毛。种子表面具条纹和蜂窝小孔穴。花期7～8月，果期8～9月。

产于神农架大、小九湖（大九湖，zdg 6601），生于海拔2500m的沟边或荒坡。

图42-5 野罂粟

3．金罂粟属 Stylophorum Nuttall

多年生草本。具黄色或血红色液汁。基生叶少数，具长柄，叶片羽状分裂；茎生叶具短柄，叶片同基生叶。花排列成伞房状或伞形花序。萼片2枚，早落；花瓣4枚，黄色，覆瓦状排列；雄蕊多数，花丝丝状；子房被短柔毛，1室，心皮2～4枚，胚珠多数。蒴果，被短柔毛。种子小，具网纹和鸡冠状种阜。

3种。我国产2种，湖北有1种，神农架也有。

金罂粟 ｜ **Stylophorum lasiocarpum** (Oliver) Fedde 图42-6

多年生草本。具血红色液汁。基生叶数枚，叶片倒长卵形，大头羽状深裂，背面具白粉；茎生叶生于茎上部，近对生或近轮生。花4～7朵，于茎先端排列成伞形花序。萼片外面被短柔毛；花瓣黄色；雄蕊多数；子房圆柱形，被短毛，柱头2裂。蒴果狭圆柱形。种子具网纹，有鸡冠状的种阜。花期4～8月，果期6～9月。

产于神农架各地（阳日—马桥，zdg 4445），生于海拔700～2400m的山坡灌丛下。

4．荷青花属 Hylomecon Maximowicz

多年生草本。具黄色液汁。茎直立，不分枝。基生叶少数，叶片羽状全裂；茎生叶2枚，对生或近互生。花1～3朵，组成伞房状聚伞花序。萼片2枚，早落；花瓣4枚，黄色，具短爪；

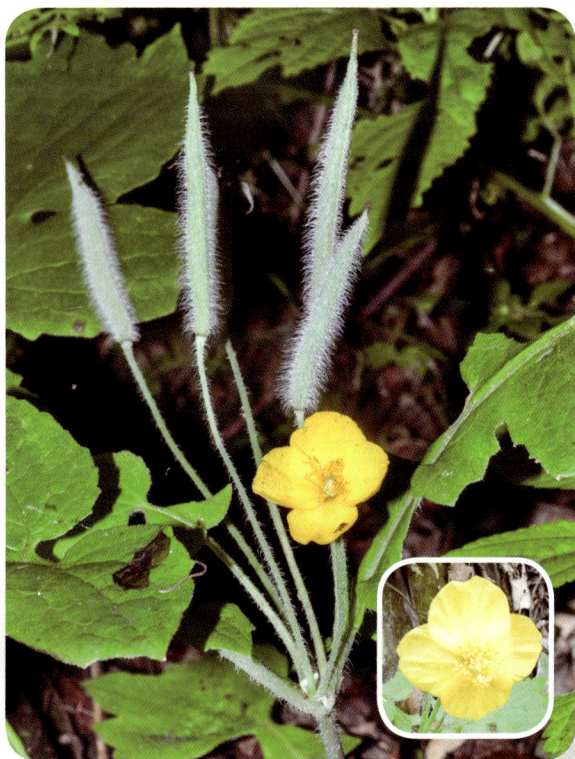
图42-6 金罂粟

雄蕊多数，花药直立；雌蕊由2枚心皮组成，子房长柱状，1室。蒴果狭圆柱形，自基部向上2瓣裂。种子小，有鸡冠状凸起。

3种。我国有1种，神农架也有。

1．荷青花 | **Hylomecon japonica** (Thunberg) Prantl

分变种检索表

1．小叶边缘具不整齐的重锯齿·····················**1a．荷青花**H. japonica var. japonica
1．小叶边缘有锐裂或深裂。
   2．小叶常在1侧或两侧4锐裂·····················**1b．锐裂荷青花**H. japonica var. subincisa
   2．小叶边缘深裂，每裂片再具锐裂·····················**1c．多裂荷青花**H. japonica var. dissecta

1a．荷青花（原变种）Hylomecon japonica var. **japonica** 图42-7

多年生草本。具黄色液汁，疏生柔毛。叶羽状全裂，裂片2～3对，宽披针状菱形、倒卵状菱形或近椭圆形，边缘具不规则的圆齿状锯齿或重锯齿，具长柄；茎生叶通常2枚，叶片同基生叶，具短柄。花12朵，稀3朵，排列成伞房状；萼片2枚；花瓣4枚，金黄色，基部具短爪；柱头2裂。蒴果2瓣裂。花期4～7月，果期5～8月。

产于神农架各地（宋洛—徐家庄，zdg 6486），生于海拔700～2400m的山坡灌丛下。

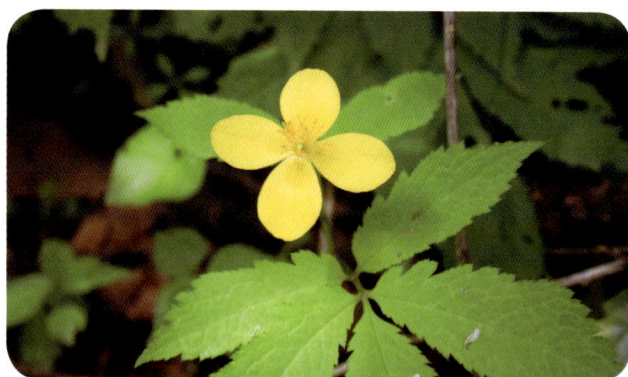

图42-7　荷青花

1b．锐裂荷青花（变种）Hylomecon japonica var. **subincisa** Fedde　水芹菜　图42-8

本变种与原变种的区别：叶最下部的全裂片通常一侧或两侧具深裂或缺刻。花期7～8月，果期8～9月。

产于神农架各地（阳日长青，zdg 5630），生于海拔1500～2000m的山坡林下阴湿处。根入药。

1c．多裂荷青花（变种）Hylomecon japonica var. **dissecta** (Franchet et Savatier) Fedde 菜子七　图42-9

本变种与原变种的区别：叶全裂片羽状深裂，裂片再次不整齐的锐裂。花期7～8月，果期8～9月。

产于老君山、新华，生于海拔900～1800m的山坡林下沟边。根茎入药。

图42-8 锐裂荷青花

图42-9 多裂荷青花

5．白屈菜属Chelidonium Linnaeus

多年生草本。具黄色液汁。茎聚伞状多分枝。叶互生；叶片倒卵状长圆形或宽倒卵形，羽状全裂，裂片倒卵状长圆形，具不规则的深裂或浅裂，裂片边缘圆齿状，背面具白粉；叶柄基部扩大成鞘。伞形花序；萼片2枚，舟状，早落；花瓣4枚，黄色；雄蕊多数；柱头2裂。蒴果狭圆柱形。种子卵形具光泽及蜂窝状小格。花期4～7月，果期6～8月。

单种属，神农架有产。

白屈菜 ｜ Chelidonium majus Linnaeus 图42-10

特征同属的描述。

产于神农架阳日（长青矿区，zdg 4459），生于海拔600～1000m的山坡林下沟边、土边。全草入药。

6．血水草属Eomecon Hance

多年生草本。具红黄色液汁。叶基生；叶片心形或心状肾形，先端渐尖或急尖，基部耳垂，边缘呈波状；叶柄基部略扩大成狭鞘。花葶灰绿色略带紫红色，有3～5朵花，排列成聚伞状伞房花序；萼早落；花瓣4枚，白色；柱头2裂。蒴果狭椭圆形。花期5～6月，果期7～8月。

单种属，神农架有产。

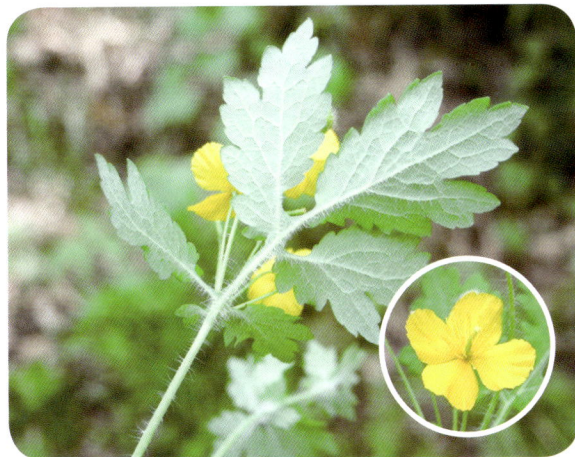

图42-10 白屈菜

血水草 ｜ Eomecon chionantha Hance 图42-11

特征同属的描述。

产于神农架低海拔地区阳日（长青，zdg 5595）。生于海拔700m以下的山坡阴湿地。全草入药。

图42-11　血水草

7. 博落回属Macleaya R. Brown

多年生草本。具黄色乳汁，有剧毒。茎中空，具白色蜡被。叶互生，基部心形，通常7或9裂，背面多白粉，具绒毛或无毛；基出脉通常5条。圆锥花序；萼片2枚，乳白色；花瓣无；雄蕊8～12枚或24～30枚，花丝丝状；子房1室，2心皮，胚珠1～6枚。蒴果卵形或近圆形，具短柄，2瓣裂。

2种。我国2种，湖北2种，神农架1种。

小果博落回 ｜ Macleaya microcarpa (Maximowicz) Fedde　图42-12

多年生草本。具乳黄色浆汁。茎高0.81m，多白粉，中空。叶片背面多白粉，被绒毛；叶柄通常不具沟槽。大型圆锥花序多花，生于茎和分枝顶端；萼片狭长圆形；花瓣无；雄蕊8～12枚；子房倒卵形。蒴果近圆形。种子1枚，基生，直立；种皮具孔状雕纹。花期7～8月，果期8～10月。

产于神农架各地，生于海拔500～1600m的山坡路旁或沟边草丛中。带根全草入药。

资料记载，神农架木鱼尚有博落回Macleaya cordata分布（九冲），但笔者一直没采到标本。

图42-12　小果博落回

8. 荷包牡丹属Lamprocapnos Endlicher

多年生草本。茎直立或近无茎。叶多回羽状分裂或为三出复叶。总状花序，有时呈聚伞状；具草质苞片；萼片2枚，鳞片状，早落；花瓣4枚，基部囊状或距状；雄蕊6枚，合成2束；子房1室，线形或长圆状椭圆形，胚珠多数，花柱线形，柱头具4枚乳突。蒴果线形至椭圆形，2瓣裂。种子具鸡冠状种阜。

约12种。我国1种，神农架也有。

荷包牡丹 | **Lamprocapnos spectabilis** (Linnaeus) Fukuhara　图42–13

多年生草本。茎紫红色。叶片轮廓三角形，二回三出全裂，背面具白粉。总状花序有8～15朵小花，于花序轴的一侧下垂；萼片披针形，玫瑰色，于花开前脱落；外花瓣紫红色至粉红色，下部囊状，具数条脉纹，上部变狭并向下反曲，内花瓣的花瓣片略呈匙形，先端圆形部分紫色，具爪；雄蕊6枚，合生成2束；子房狭长圆形，柱头狭长方形，顶端2裂。花期4～5月。

原产于我国北部、日本及西伯利亚，神农架有栽培。观赏花卉；全草入药。

9. 黄药属**Ichtyoselmis** Lidén et Fukuhara

多年生草本。根状茎横走，色黄，味苦。叶2～4枚，互生于茎上部，叶片轮廓卵形，三回三出分裂，边缘具4～6枚粗齿，背面具白粉。总状花序聚伞状；花下垂，花淡黄绿色或绿白色。蒴果狭椭圆形，具宿存花柱。花果期4～7月。

单种属，神农架有产。

黄药 | **Ichtyoselmis macrantha** (Oliver) Lidén　图42–14

特征同属的描述。

产于神农架（兴山），生于山坡林下。根可入药。

图42–13　荷包牡丹

图42–14　黄药

10. 紫堇属**Corydalis** Candolle

草本。基生叶少数或多数，稀1枚，早凋或残留宿存的叶鞘或叶柄基。茎生叶1枚至多数，稀无叶，互生或稀对生，叶片一至多回羽状分裂或掌状分裂。花排列成总状花序；苞片分裂或全缘；萼片2枚，早落，稀宿存；花冠两侧对称，花瓣4枚，上花瓣前端扩展成距，下花瓣大多具明显爪；雄蕊6枚，合生成2束；雌蕊由2枚心皮组成。蒴果分裂成2果瓣。

约428种，广布于北温带地区。我国有298种，湖北有26种，神农架有21种。

分种检索表

1. 全株被毛···1. 毛黄堇C. tomentella
1. 植株不被绒毛。
  2. 花瓣长0.6~1cm。
    3. 蒴果直或稍弯曲···2. 小花黄堇C. racemosa
    3. 蒴果呈蛇状弯曲···3. 蛇果黄堇C. ophiocarpa
  2. 花瓣长1.2cm以上。
    4. 花瓣长达2cm以上。
      5. 花紫色至紫红色或白色。
        6. 花瓣长达3cm···4. 大叶紫堇C. temulifolia
        6. 花瓣长2~2.5（~3）cm，紫红色至白色。
          7. 茎基部或上部常有珠芽···6. 地锦苗C. sheareri
          7. 茎基部或上部无珠芽。
            8. 叶片三回羽状分裂···7. 川东紫堇C. acuminata
            8. 叶片二回三出，茎生叶二回至一回三出···8. 神农架紫堇C. ternatifolia
      5. 花瓣淡金黄色、硫黄色或紫红色，距长1.5cm以下。
        9. 蒴果圆柱状，种子间不缢缩。
          10. 植株具粗大的根状茎，无块根·····································11. 岩黄连C. saxicola
          10. 植株无增大的根状茎，有块根·································10. 秦岭紫堇C. trisecta
        9. 蒴果线形，种子间缢缩呈念珠状·······························9. 珠果黄堇C. speciosa
    4. 花瓣长不及2cm。
      11. 花黄色或黄白色。
        12. 距长3~4mm。
          13. 花黄色至黄白色，距约占花瓣全长的1/4······12. 北越紫堇C. balansae
          13. 花黄色，距约占花瓣全长的1/3·················13. 地柏枝C. cheilanthifotia
        12. 距长6~16mm。
          14. 花瓣舟状卵形。
            15. 上花瓣长1.5~1.7cm。
              16. 花瓣鸡冠状凸起延伸至其中部·······················
              ···14. 鄂西黄堇C. shennongensis
              16. 花瓣鸡冠状凸起延伸至其末端·········15. 北岭黄堇C. fargesii
            15. 花瓣长1.8~2.5cm·································16. 南黄堇C. davidii
          14. 花瓣非舟状卵形·····································17. 川鄂黄堇C. wilsonii
      11. 花紫色、紫红色或粉红色。
        17. 叶腋之间具珠芽·····································18. 巫溪紫堇C. bulbilligera

1. 毛黄堇 │ **Corydalis tomentella** Franchet　图42-15

丛生草本。基生叶具长柄，基部具鞘；叶片披针形，二回羽状全裂。总状花序约具10朵小花；苞片披针形，具短绒毛；花黄色；萼片卵圆形，全缘或下部多少具齿；外花瓣顶端多少微凹，上花瓣距圆钝，蜜腺体约贯穿距长的1/2，内花瓣具高而伸出顶端的鸡冠状凸起；柱头二叉状分裂，各枝顶端具2~3并生乳突。蒴果线形，被毛。花期5月，果期6~7月。

产于神农架各地（阳日长青矿区，zdg 4476），生于海拔500~1400m的悬崖石缝中。全草入药。

2. 小花黄堇 │ **Corydalis racemosa** (Thunberg) Persoon　图42-16

丛生草本。茎具棱，对叶生。基生叶具长柄，茎生叶具短柄；叶片三角形，二回羽状全裂。苞片披针形至钻形；总状花序，花黄色至淡黄色；萼片卵圆形；外花瓣不宽展，无鸡冠状凸起，上花瓣距短囊状，蜜腺体约占距长的1/2；子房线形，柱头具4乳突，顶生2枚呈广角状叉分。蒴果线形。种子黑亮，近肾形，具短刺状凸起。花期4~8月，果期5~9月。

产于神农架阳日、新华，生于海拔500~1800m的山坡路秀或沟边。全草或根入药。

图42-15　毛黄堇

图42-16　小花黄堇

3．蛇果黄堇 | Corydalis ophiocarpa J. D. Hooker et Thomson   图42-17

草本。茎对叶生。基生叶多数，边缘具膜质翅，叶片长圆形，二回至一回羽状全裂；茎生叶与基生叶同形，近一回羽状全裂。总状花序；花淡黄色至苍白色；外花瓣距短囊状，蜜腺体约贯穿距长的1/2，下花瓣舟状，内花瓣顶端暗紫红色至暗绿色，具伸出顶端的鸡冠状凸起；柱头具4乳突。蒴果，具1列种子。种子小，黑亮。花期4～5月，果期5～9月。

产于神农架九湖、木鱼、松柏、下谷，生于海拔1200～2200m的山坡路旁草丛中。根及全草入药。

4．大叶紫堇 | Corydalis temulifolia Franchet

分亚种检索表

1. 叶片二回三出羽状全裂··············**4a．大叶紫堇**C. temulifolia subsp. temulifolia
1. 叶常仅二回三出全裂··············**4b．鸡血七**C. temulifolia subsp. aegopodioides

4a．大叶紫堇（原亚种）Corydalis temulifolia subsp. temulifolia   图42-18

多年生草本。叶三角形，二回三出羽状全裂；茎生与基生叶同形。总状花序；萼片鳞片状，撕裂状分裂；花瓣紫蓝色，上花瓣舟状菱形，下花瓣匙形，背部具鸡冠状凸起，内花瓣提琴形，花瓣片先端圆或微凹，具短尖；子房线形，柱头具10枚乳突。蒴果，近念珠状。

产于神农架大岩屋、红河、马家屋场，生于海拔1600～2300m的山坡、沟边或岩堆中。全草入药。

图42-17　蛇果黄堇

图42-18　大叶紫堇

4b．鸡血七（亚种）Corydalis temulifolia subsp. aegopodioides (H. Léveillé et Vaniot) C. Y. Wu   图42-19

本亚种与原亚种的主要区别：叶小裂片通常较大，常仅二回三出全裂，第一回裂片菱状卵圆形，渐尖，边缘多为浅圆齿；花瓣无鸡冠状凸起。

产于神农架九湖（东溪），生于海拔600m的山坡、沟边或岩堆中。全草入药。

5. 紫堇 | **Corydalis edulis** Maximowicz 图42-20

一年生草本。基生叶具长柄，叶片近三角形，背面苍白色，一至二回羽状全裂；茎生叶与基生叶同形。总状花序，疏具3～10朵小花；苞片全缘，有时下部的疏具齿，花粉红色至紫红色。蒴果线形，下垂。

产于神农架松柏、阳日、新华，生于海拔500～900m的山坡林下草丛中或沟边岩缝中。全草及根入药。

图42-19　鸡血七

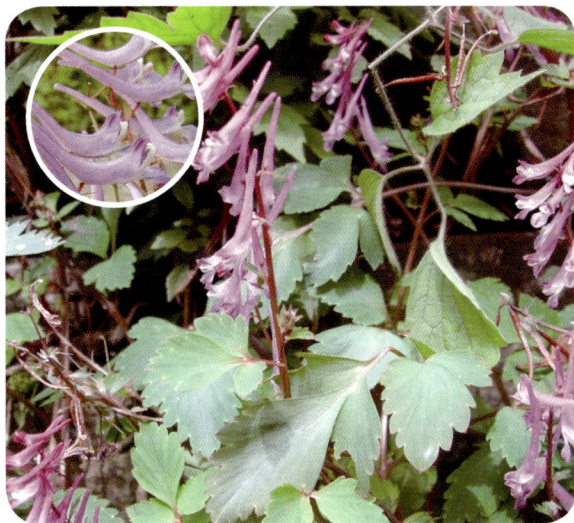

图42-20　紫堇

6. 地锦苗 | **Corydalis sheareri** S. Moore 图42-21

多年生草本。基生叶具带紫色的长柄，叶三角形，二回羽状全裂；茎生叶互生，与基生叶同形。总状花序；萼片鳞片状，具缺刻状流苏；花瓣紫红色，上花瓣舟状卵形，下花瓣长匙形，内花瓣提琴形，花瓣片倒卵形；子房狭椭圆形，柱头具8～10枚乳突。蒴果狭圆柱形。种子表面具多数乳突。花果期3～6月。

产于神农架各地，生于海拔300～2300m的山坡林下阴湿地。全草和根入药。

图42-21　地锦苗

7. 川东紫堇 | **Corydalis acuminata** Franchet 图42-22

多年生草本。基生叶基部扩大成鞘，叶宽卵形，三回羽状分裂；茎生叶2～3枚，互生。总状花序；萼片鳞片状，白色；花瓣紫色，上花瓣舟状卵形，下花瓣上部舟状卵形，先端极尖，内花瓣提琴形；子房狭椭圆形，柱头双卵形，具8枚乳突。蒴果狭椭圆形。花果期4～8月。

产于神农架高海拔地区，生于海拔2300～3000m的山坡林缘。根状茎（宿存叶柄基部）入药。

8. 神农架紫堇 | Corydalis ternatifolia C. Y. Wu 图42-23

多年生草本。基生叶基部有膜质宽展具狭耳的叶鞘，叶片二回三出；茎生叶二回至一回三出，与基生叶相似而较小，叶片边缘具粗齿。总状花序疏具3～9朵花；下部苞片叶状；花红色、紫红色至白色，平展；萼片宽卵圆形，具深齿；外花瓣顶端微凹，内花瓣瓣片明显具耳状凸起。柱头顶端具4～6乳突，侧面具2对双生乳突。蒴果线形。种子具大而扇形的种阜。

产于神农架下谷乡（猴子石至天生桥）一带，生于海拔1102～1630m的沟谷或溪边。

图42-22　川东紫堇

图42-23　神农架紫堇

9. 珠果黄堇 | Corydalis speciosa Maximowicz 图42-24

多年生草本。下部茎生叶具柄，上部的近无柄；叶狭长圆形，二回羽状全裂，下面苍白色。总状花序，密具多花；花金黄色；外花瓣较宽展，通常渐尖，上花瓣距约占花瓣全长的1/3，下花瓣基部多少具小瘤状凸起，内花瓣顶端微凹，具短尖和粗厚的鸡冠状凸起；柱头呈二臂状横向伸出，各枝顶端具3枚乳突。蒴果线形，念珠状。种子黑亮。

产于神农架九湖、木鱼、松柏、下谷，生于海拔1200～2000m的路旁草丛中。

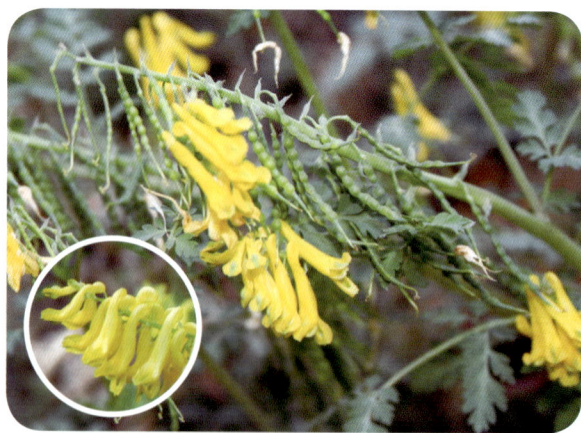

图42-24　珠果黄堇

10. 秦岭紫堇 | Corydalis trisecta Franchet 图42-25

多年生草本。叶近基部线形；基生叶近于5全裂或深裂至二回三出分裂；茎生叶2枚，互生，叶一回奇数羽状分裂。总状花序；花瓣黄色，上花瓣舟状卵形，下花瓣匙形，背部具高鸡冠状凸起，内花瓣提琴形；子房线形。蒴果圆柱形。种子近圆形，黑色。花果期7～8月。

产于神农架高海拔地区，生于海拔2500～3000m的山坡石缝中。

11．岩黄连 | **Corydalis saxicola** Bunting　**石生黄堇**　图42-26

多年生草本。叶二回至一回羽状全裂，末回羽片楔形至倒卵形。总状花序；苞片椭圆形至披针形；花金黄色，平展；外花瓣较宽展，渐尖，鸡冠状凸起仅限于龙骨状凸起之上，上花瓣距约占花瓣全长的1/4，下花瓣基部具小瘤状凸起，内花瓣具厚而伸出顶端的鸡冠状凸起；柱头二叉状分裂，各枝顶端具2裂的乳突。蒴果线形，具1列种子。

产于神农架新华、宋洛，生于海拔600～800m的岩石缝中。根入药。

图42-25　秦岭紫堇

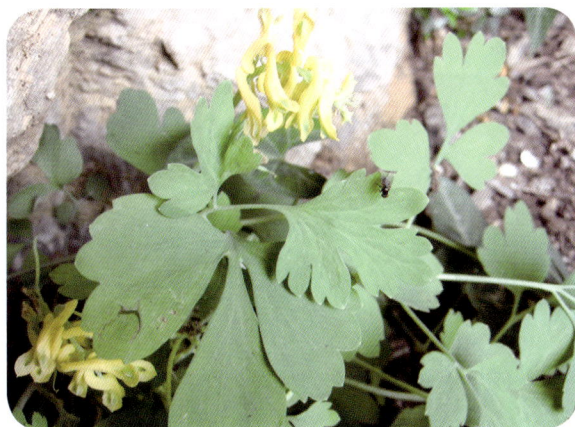

图42-26　岩黄连

12．北越紫堇 | **Corydalis balansae** Prain　图42-27

多年生草本。茎具棱，常对叶生。叶二回羽状全裂。总状花序；苞片披针形至长圆状披针形；花黄色至黄白色；萼片卵圆形，边缘具小齿；外花瓣勺状，具龙骨状凸起，上花瓣距短囊状，内花瓣爪长于瓣片；柱头横向伸出2臂，各枝顶端具3枚乳突。蒴果线状长圆形。种子黑亮，具印痕状凹点，具大而舟状的种阜。

产于神农架各地（板仓—坪堑，zdg 7279），生于海拔600～800m的路边或土边荒地中。全草药用。

13．地柏枝 | **Corydalis cheilanthifolia** Hemsley　图42-28

丛生草本。基生叶具长柄，披针形，二回羽状全裂。总状花序；苞片狭披针形；花黄色，有时伴生有较小的败育的无距花；外花瓣渐尖，距向上斜伸，约占花瓣全长的1/3，内花瓣具浅

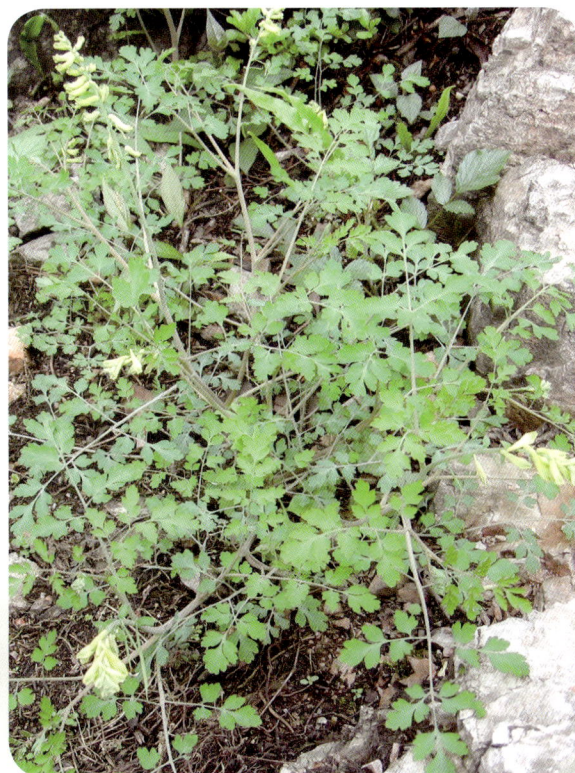

图42-27　北越紫堇

鸡冠状凸起，爪短于瓣片；柱头具4乳突，顶生2枚广角状叉分。蒴果线形，具1列种子。

产于神农架新华、九冲，生于海拔1200～1500m的林下岩石上。根入药。

14．鄂西黄堇 ｜ Corydalis shennongensis H. Chuang　图42-29

多年生草本。叶宽卵形，三回羽状分裂。总状花序；花瓣黄色，上花瓣舟状卵形，先端渐尖，鸡冠状凸起，下花瓣基部具短爪，内花瓣倒卵形，先端圆，基部2裂；子房狭倒卵形，具2列胚珠，柱头上端具4乳突。蒴果，先端圆或微凹。花果期7～9月。

产于神农架红坪、下谷（猴子石—下谷，zdg 7465），生于海拔1300～2300m的沟边草丛中。

图42-28　地柏枝

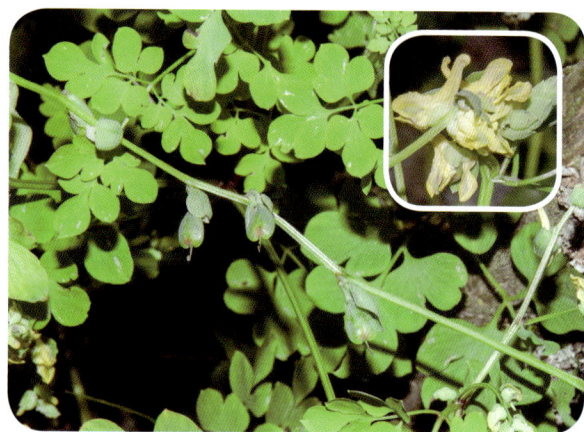

图42-29　鄂西黄堇

15．北岭黄堇 ｜ Corydalis fargesii Franchet　图42-30

多年生草本。叶卵形，三回三出全裂，背面具白粉。总状花序，数个花序复合成圆锥状；花瓣黄色，上花瓣舟状卵形，先端具短尖，背部鸡冠状凸起矮，下花瓣舟状长圆形，先端渐尖，内花瓣提琴形；柱头2裂，具4乳突。蒴果。种子近圆形，黑色，具光泽。花果期7～9月。

产于神农架红坪、下谷，生于海拔1300～2000m的林缘崖壁上和沟边草丛中。

图42-30　北岭黄堇

16. 南黄堇 ｜ **Corydalis davidii** Franchet 图42-31

多年生草本。基生叶宽三角形，三回三出全裂，背面具白粉；茎生叶叶柄基部扩大成狭鞘。总状花序；花瓣黄色，舟状卵形，先端具短尖，背部鸡冠状凸起极矮或无，下花瓣舟状长圆形，鸡冠极矮或无，内花瓣提琴形；柱头具8枚乳突。蒴果。花期8～9月，果期9～10月。

产于神农架大九湖、红坪、尼又河、木鱼坪，生于海拔1500～2200m的山坡林下或沟边草丛中。带根和全草入药。

17. 川鄂黄堇 ｜ **Corydalis wilsonii** N. E. Brown 图42-32

多年生草本。基生叶莲座状丛生，叶二回羽状全裂。总状花序；苞片披针形；花金黄色，外花瓣顶端带绿色；顶端常反卷，通常无至具浅而全缘的伸达顶端的鸡冠状凸起；内花瓣匙状倒卵形，具粗厚的伸出顶端的鸡冠状凸起；柱头二叉状分裂，顶端具2枚乳突。蒴果，具4棱。花期4～5月，果期5～7月。

产于神农架新华，生于海拔800m的山坡草丛中。全草入药。

图42-31 南黄堇

图42-32 川鄂黄堇

18. 巫溪紫堇 | **Corydalis bulbilligera** C. Y. Wu 图42-33

多年生草本。茎生叶互生，叶二回羽状分裂。总状花序；苞片披针形；萼片鳞片状，三角形；花瓣蓝紫色，上花瓣舟状宽卵形，边缘呈微波状，背部具鸡冠状凸起，下花瓣舟状近倒卵形，内花瓣倒提琴形，先端具深紫色斑点；子房线形，柱头双卵形，具8枚乳突。

产于神农架小九湖，生于海拔2500m的山坡林下阴湿地。

19. 小药八旦子 | **Corydalis caudata** (Lamarck) Persoon 图42-34

多年生草本。茎基以上具1～2枚鳞片，鳞片上部具叶。叶柄基部常具叶鞘；小叶圆形至椭圆形。总状花序；苞片卵圆形或倒卵形；花蓝色或蓝紫色；上花瓣较宽展，顶端微凹，下花瓣微凹，基部具宽大的浅囊。柱头上端具4枚乳突，下部具2枚尾状的乳突。蒴果。

产于神农架徐家庄、大岩屋，生于海拔1200m的山坡林下阴湿地。

图42-33 巫溪紫堇

图42-34 小药八旦子

20. 刻叶紫堇 | **Corydalis incisa** (Thunberg) Persoon 图42-35

草本。叶二回三出。总状花序；花紫红色至紫色；外花瓣顶端圆钝，平截至多少下凹，顶端稍后具陡峭的鸡冠状凸起；上花瓣距圆筒形；下花瓣基部常具小距或浅囊，内花瓣顶端深紫色；柱头顶端具4枚短乳突，侧面具2对无柄的双生乳突。蒴果。花期4～6月，果期5～9月。

产于神农架低海拔地区，生于海拔200～500m的路边草丛中。全草或根入药。

图42-35 刻叶紫堇

21. 地丁草 | Corydalis bungeana Turczaninow 图42-36

二年生草本。基生叶基部多少具鞘，叶片二至三回羽状全裂；茎生叶与基生叶同形。总状花序；花粉红色至淡紫色；外花瓣顶端多少下凹，具浅鸡冠状凸起，上花瓣距末端多少囊状膨大，下花瓣稍向前伸出，内花瓣顶端深紫色；爪向后渐狭柱头小，圆肾形，顶端稍下凹，两侧基部稍下延。蒴果。种子边缘具4~5列小凹点；种阜鳞片状。

产于神农架低海拔地区，生于海拔200~500m的路边草丛中或荒地中。

图42-36 地丁草

43. 星叶草科 | Circaeasteraceae

一年生无毛小草本。茎极短。叶为单叶楔形，数枚或较多簇生于茎顶端，顶部边缘有齿，具开放式二歧分枝的脉序。花簇生于叶丛中央，小，两性；萼片2~3枚，宿存；花瓣不存在；雄蕊1~3枚，与萼片互生，花丝扁平，线形，花药2室，内向；心皮1~3枚，分生，无花柱，柱头小，子房有1枚下垂的胚珠。瘦果狭长，不分裂。

单属科，1种，神农架有产。

星叶草属Circaeaster Maximowicz

形态特征、种数和分布同科。

星叶草 | Circaeaster agrestis Maximowicz 图43-1

果实仅上半部具毛，与其他地区的种类形态上稍有差异。其余特征见科的描述。

产于神农架南天门（zdg 7322）、板壁岩，生于海拔2800~3000m的阴湿石缝中。

图43-1 星叶草

44. 木通科 | Lardizabalaceae

木质藤本，稀灌木。叶互生，掌状或三出复叶，少羽状复叶；无托叶。花辐射对称，单性，雌雄同株或异株，稀杂性，常组成总状花序或伞房状的总状花序，稀圆锥花序；萼片（3～）6枚，花瓣状；花瓣6枚；雄蕊6枚，花药2室，纵裂；子房上位，离生，柱头显著。果为肉质的蓇葖果或浆果。种子多数，或仅1枚。

9属约50种。我国有7属37种，湖北有6属11种，神农架均产。

分属检索表

1. 心皮多数；种子1枚 ·· 1. 大血藤属Sargentodoxa
1. 心皮3～12枚；种子多数。
　　2. 落叶灌木；叶为奇数羽状复叶；花杂性 ·················· 2. 猫儿屎属Decaisnea
　　2. 茎攀援；叶为掌状复叶；花单性。
　　　　3. 花萼3枚 ·· 3. 木通属Akebia
　　　　3. 花萼6枚。
　　　　　　4. 雄蕊合生 ································ 4. 野木瓜属Stauntonia
　　　　　　4. 雄蕊分离。
　　　　　　　　5. 花序近伞房状；侧生小叶两侧对称 ·········· 5. 八月瓜属Holboellia
　　　　　　　　5. 花序总状；侧生小叶两侧不对称 ·········· 6. 串果藤属Sinofranchetia

1. 大血藤属Sargentodoxa Rehder et E. H. Wilson

落叶木质藤本。叶互生，三出复叶；具长柄；无托叶。花单性，雌雄同株，排成下垂的总状花序；雄花萼片6枚，2轮，花瓣状，花瓣6枚，雄蕊6枚，退化雌蕊4～5枚；雌花萼片及瓣片与雄花的同数且相似，具6枚退化雄蕊，心皮多数，每心皮具1枚胚珠，花托在果期膨大，肉质。果实为多数小浆果合成的聚合果，每一小浆果具梗。种子1枚，卵形。

单种属，神农架有产。

大血藤 | Sargentodoxa cuneata (Oliver) Rehder et E. H. Wilson　图44-1

特征同属的描述。

产于神农架各地（红坪、下谷），生于海拔1000～1800m的山坡林中。茎藤入药。

图44-1　大血藤

2. 猫儿屎属 Decaisnea J. D. Hooker et Thomson

落叶灌木。奇数羽状复叶，无托叶；叶柄基部具关节；小叶对生，全缘。花杂性，组成总状花序或顶生的圆锥花序；萼片6枚，花瓣状；花瓣不存在；雄花雄蕊6枚，合生为单体；雌花退化雄蕊6枚，离生或基部合生，心皮3枚，离生，胚珠多数。肉质蓇葖果圆柱形。种子多数，倒卵形或长圆形，压扁；外种皮骨质，黑色。

单种属，神农架有产。

猫儿屎 ｜ Decaisnea insignis (Griffith) J. D. Hooker et Thomson
神农香蕉 图44-2

特征同属的描述。

产于神农架各地，生于海拔800~1900m的山坡、路旁、沟边。果可食；根和果实入药。

图44-2　猫儿屎

3. 木通属 Akebia Decaisne

缠绕藤本。冬芽具多枚宿存的鳞片。掌状复叶互生或在短枝上簇生，具长柄；小叶3或5枚，边缘全缘或波状。花单性，雌雄同株同序，多朵组成腋生的总状花序；雄花较小而数多，生于花序上部；雌花远较雄花大，1至数朵生于花序总轴基部；萼片花瓣状，紫红色；雌花心皮3~9（~12）枚，圆柱形，柱头盾状。肉质蓇葖果长圆状圆柱形，成熟时沿腹缝开裂；种子多数，卵形，黑色。

约5种。我国4种，湖北3种，神农架均产。

1. 木通｜Akebia quinata (Houttuyn) Decaisne 图44-3

落叶木质藤本。掌状复叶，小叶5枚；叶柄长4.5～10cm；小叶纸质，倒卵形，先端圆或凹入，基部阔楔形，全缘。总状花序腋生，花单性，雌雄同株；雄花紫红色，雄蕊6枚，分离；雌花暗紫色，比雄花稍大。果实为浆果，椭圆形或长圆形，成熟时暗紫色，纵裂。种子黑色。花期4～5月，果期6～8月。

产于神农架木鱼、阳日、红坪（阴峪河站，zdg 7724、zdg 7722），生于海拔500～800m的山坡灌丛中。果可食；果实、根、木质、种子可入药。

图44-3　木通

2. 三叶木通｜Akebia trifoliata (Thunberg) Koidzumi 图44-4

落叶木质藤本。掌状复叶，小叶3枚，卵形至阔卵形，先端钝或略凹入，基部圆形，边缘具波状浅圆齿。总状花序，下部生1～2朵雌花，约有15～30朵雄花；雄花萼片3枚，淡紫色，雄蕊6枚，退化心皮3枚；雌花萼片3枚，紫褐色，退化雄蕊6枚或更多，心皮3～9枚。果长圆形。种子多数，扁卵形，黑褐色。花期4～5月，果期7～8月。

产于神农架各地，生于海拔600～2600m的

图44-4　三叶木通

山坡灌丛中和路边。入药部位及功能同木通。

3. 白木通（亚种）| Akebia trifoliata subsp. **australis** (Diels) T. Shimizu

图44-5

落叶木质藤本。小叶3枚，卵状长圆形或卵形，先端狭圆，顶微凹入而具小凸尖，基部阔楔形，边通常全缘或近全缘。总状花序腋生或生于短枝上；雄花萼片紫色，雄蕊6枚，离生；雌花紫色。果长圆形，熟时黄褐色。种子卵形，黑褐色。花期4～5月，果期6～9月。

产于神农架木鱼、松柏、新华、阳日，生于海拔500～1300m的山坡灌丛中。入药部位及功能同木通。

图44-5　白木通

4. 野木瓜属Stauntonia de Candolle

常绿木质藤本。叶互生，掌状复叶，全缘。花单性，同株或异株，排成成腋生伞房状的总状花序；萼片6枚，花瓣状，无花瓣；雄花花瓣不存在或仅有6枚小而不显著的蜜腺状花瓣，雄蕊6枚，花药2室，纵裂，3枚心皮退化；雌花退化雄蕊6枚，心皮3枚，胚珠多数，成熟心皮浆果状，3个聚生、孪生或单生，卵状球形或长圆形。种子多数。

20余种。我国21种，湖北2种，神农架均产。

分种检索表

1. 小叶革质 ···1. 羊瓜藤S. duclouxii
1. 小叶纸质 ···2. 牛藤果S. elliptica

1. 羊瓜藤 | **Stauntonia duclouxii** Gagnepain　图44-6

木质大藤本。掌状复叶有小叶5～7枚；小叶革质，倒卵形，先端急尖或圆，基部楔形；基部具三出脉。花序有花3～7朵，花黄绿色或乳白色；雄花萼片肉质，无花瓣，雄蕊合生为筒状，退化心皮3枚；雌花萼片与雄花的相似但稍大，有6枚退化雄蕊，心皮3枚，卵状柱形。果长圆形。花期4月，果期8～10月。

产于神农架低海拔地区阳日（长青，zdg 5825），生于海拔500m的沟谷林中。果可食用。

图44-6 羊瓜藤

2. 牛藤果 | **Stauntonia elliptica** Hemsley　图44-7

常绿藤本。羽状三出复叶；小叶纸质，椭圆形，全缘，背、腹两面光滑无毛。总状花序，数个簇生于叶腋，总花梗纤细；花白色。果为肉质蓇葖果，熟时褐色。花期5～8月，果期5～10月。

产于神农架各地，生于海拔500～1700m的山坡林中。果可食用。

图44-7 牛藤果

5. 八月瓜属Holboellia Wallich

常绿木质藤本。掌状复叶，互生，全缘。花单性，雌雄同株，少数花排成腋生的伞房花序式的总状花序；萼片6枚，排成2轮，花瓣状，近肉质，先端钝圆；蜜腺6枚，细小，圆形；雄花雄蕊6枚，分离；雌花心皮3枚，退化雄蕊6枚，细小。果实为肉质的蓇葖果，通常长圆形或椭圆形，不开裂。种子多数，排成数列藏于果肉中。

约20种。我国9种，湖北4种，神农架有3种。

1. 小叶3枚···1. 鹰爪枫 H. coriacea
1. 小叶3~9枚。
　　2. 小叶长圆形,下面具白粉···2. 牛姆瓜 H. grandiflora
　　2. 小叶长椭圆状披针形或线状披针形,下面无白粉·········3. 五月瓜藤 H. angustifolia

1. 鹰爪枫 | Holboellia coriacea Diels 　图44-8

常绿木质藤本。掌状复叶;小叶3枚,厚革质,椭圆形或圆形,基部圆形,基部三出脉。花雌雄同株,组成短的伞房状总状花序;雄花白色,雌花紫色;萼片长圆形;雄蕊6枚,离生。果长圆状柱形,熟时紫色。种子椭圆形,略扁平。花期4~5月,果期6~8月。

产于神农架各地(阳日长青,zdg 5902),生于海拔500~1800m的山坡林中。果可食用;根、茎藤、果实可入药。

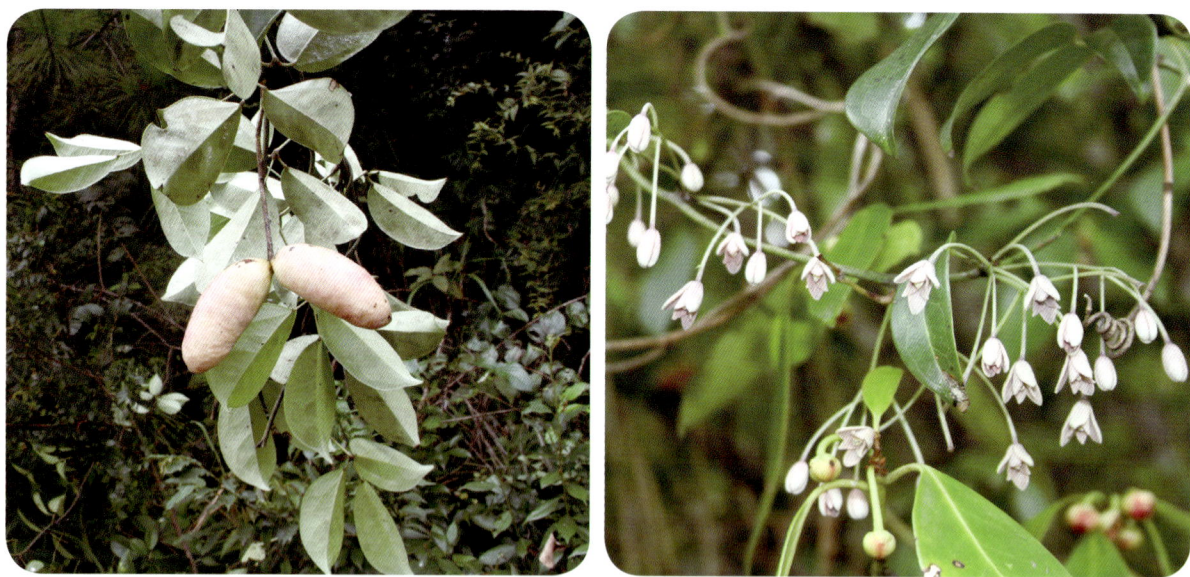

图44-8　鹰爪枫

2. 牛姆瓜 | Holboellia grandiflora Réaubourg 　图44-9

常绿木质藤本。掌状复叶;小叶3~9枚,长圆形,先端渐尖,基部楔形。花淡绿白色或淡紫色;雌雄同株,数朵组成伞房状总状花序;雄花外轮萼片长倒卵形,内轮线状长圆形,雄蕊6枚;雌花外轮萼片阔卵形,内轮萼片卵状披针形。浆果长圆形。种子多数。花期4~5月,果期7~9月。

产于神农架各地,生于海拔1400~1800m的山坡林中。果可食用;根、茎藤、果实可入药。

图44-9　牛姆瓜

3．五月瓜藤 ｜ Holboellia angustifolia Wallich

分亚种检索表

1．小叶长圆状披针形，长为宽的2倍······················ **3a．五月瓜藤 H. angustifolia** subsp. **angustifolia**

1．小叶线形至线状披针形，长超过宽的5倍 ······ **3b．线叶八月瓜 H. angustifolia** subsp. **linearifolia**

3a．五月瓜藤（原亚种）Holboellia angustifolia subsp. **angustifolia**　图44-10

常绿木质藤本。掌状复叶；小叶3～9枚，近革质，长圆状披针形，基部钝。花雌雄同株；雄花淡绿色，萼片长椭圆形，雄蕊短于萼片；雌花紫色。果紫色，长圆形，顶端圆而具凸头。种子椭圆形。花期4～5月，果期7～8月。

产于神农架木鱼、松柏、新华、阳日—南阳（zdg 6227），生于海拔600～1600m的沟谷林中或山坡灌丛中。果可食用；根、茎藤、果实可入药。

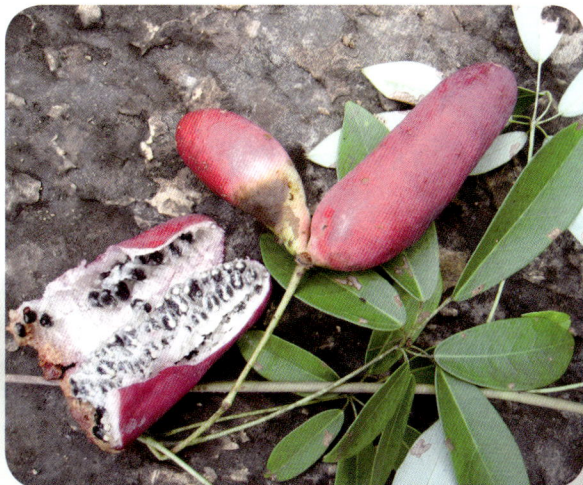

图44-10　五月瓜藤

3b. 线叶八月瓜（亚种）Holboellia angustifolia subsp. **linearifolia** T. Chen et H. N. Qin　图44–11

本亚种与原亚种的主要区别：小叶线形至线状披针形，长超过宽的5倍。

产于神农架木鱼，生于海拔1400～1800m的山坡林中。果可食用；根、茎藤、果实可入药。

图44–11　线叶八月瓜

6. 串果藤属Sinofranchetia (Diels) Hemsley

落叶木质藤本。三出复叶，互生，具长柄。花单性，雌雄同株或异株，总状花序细长，多花，花小；萼片6枚，内、外轮萼片近等大；蜜腺状花瓣6枚，与萼片对生；雄蕊6枚，离生；雌蕊具3枚倒卵形的心皮，无花柱，胚珠10～20枚。浆果椭圆状，单生、孪生或3枚聚生于果序的每节上。种子多数，卵形或近椭圆形、压扁。花期5～6月，果期9～10月。

单种属，我国特产，神农架有产。

串果藤 │ Sinofranchetia chinensis (Franchet) Hemsley　图44–12

特征同属的描述。

产于神农架九湖、木鱼、阳日—南阳（zdg 6232），生于海拔600～1600m的沟谷林中或山坡灌丛中。茎藤入药。

图44–12　串果藤

45. 防己科 | Menispermaceae

攀援或缠绕藤本，稀直立木本。叶螺旋状排列，单叶互生，稀复叶，全缘或掌状分裂；通常具掌状脉；无托叶。花小，单性，雌雄异株，单生、簇生或成总状、圆锥或伞形花序；花萼与花冠常均存在，常6数，2轮排列；雄蕊2至多数；花柱顶生，柱头分裂。核果。

约65属350余种。我国19属77种，湖北7属17种，神农架7属12种。

分属检索表

1. 叶盾状着生；雄蕊合生。
  2. 萼片离生···1. 千斤藤属Stephania
  2. 萼片合生···2. 轮环藤属Cyclea
1. 叶不为盾状；雄蕊离生。
  3. 子叶为叶状，柔软而薄·······································3. 青牛胆属Tinospora
  3. 子叶不为叶状，厚肉质。
    4. 花药纵裂。
      5. 雄蕊6枚···7. 细圆藤属Pericampylus
      5. 雄蕊8～12枚···4. 风龙属Sinomenium
    4. 花药横裂。
      6. 萼片有黑色斑点·····································5. 秤钩风属Diploclisia
      6. 萼片无黑色斑点·····································6. 木防己属Cocculus

1. 千斤藤属Stephania Loureiro

草质或木质藤本。叶盾状着生，全缘，掌状脉。雌雄异株，组成腋生的聚伞花序或再作伞形花序排列；雄花萼片6～10枚，离生，花瓣常3～5枚；雌花萼片和花瓣各1轮，每轮常3～5枚，花柱3～6裂。核果光滑无毛，近球形。

约60种。我国37种，湖北6种，神农架5种。

分种检索表

1. 雌花花被片辐射对称。
  2. 小花、花序明显有梗···5. 草质千斤藤S. herbacea
  2. 小花、花序无梗或仅具短梗···································2. 千斤藤S. japonica
1. 雌花花被片左右对称。
  3. 木质藤本···1. 汝兰S. sinica

3．草质藤本。

    4．花序复伞形聚伞花序，单生或数个聚生··············3．江南地不容S. excentrica

    4．花序为头状花序，再成总状花序··············4．金线吊乌龟S. cephalantha

1．汝兰｜Stephania sinica Diels　图45-1

木质藤本。叶宽三角形状卵形，顶端钝，有小凸尖，基部近截平，边缘浅波状至全缘；掌状脉向上的5条。复伞形聚伞花序腋生；雄花萼片6枚，花瓣3（~4）枚，花瓣内有2枚大腺体，聚药雄蕊；雌花萼片1枚，花瓣2枚。核果。花期6月，果期8~9月。

产于神农架下谷乡（板桥），生于海拔1300~1600m的山坡灌木丛中。块根入药。

2．千斤藤｜Stephania japonica (Thunberg) Miers　图45-2

草质藤本。叶纸质，常三角状近圆形，顶端有小凸尖，基部通常微圆，下面粉白。复伞形聚伞花序腋生，小聚伞花序近无柄，密集呈头状；雄花萼片6（~8）枚，花瓣3（~4）枚，黄色，聚药雄蕊；雌花萼片和花瓣各3~4枚，心皮卵状。果倒卵形至近圆形，成熟时红色。春夏季开花，秋冬季结果。

产于神农架木鱼（九冲）、宋洛，生于海拔800~1000m的林缘沟边或灌木丛。根和茎藤入药。

图45-1　汝兰

图45-2　千斤藤

3．江南地不容｜Stephania excentrica H. S. Lo　图45-3

草质藤本。有块根。叶纸质，三角状近圆形，顶端钝，具凸尖，基部微凹至浅心形，全缘，稀波状。花序腋生，常为复伞形聚伞花序；雄花萼片6枚，花瓣3枚，内面有2枚大型腺体，聚药雄蕊比花瓣稍长；雌花萼片常1枚，花瓣通常2枚。核果成熟时红色。花期6月。

产于神农架各地（木鱼），生于海拔1300~1600m的山坡灌木丛中。块根入药。

4．金线吊乌龟｜Stephania cephalantha (Thunberg) Miers　图45-4

草质藤本。具块根。叶纸质，三角状扁圆形，顶端具小凸尖，基部圆或近截平，边全缘或多少

图45-3　江南地不容

浅波状。雌雄花序同形，均为头状花序；雄花萼片6（偶有4或8）枚，花瓣3枚或4枚；雌花萼片1枚，偶有2～5枚，花瓣2～4枚，比萼片小。核果成熟时红色。花期4～5月，果期6～7月。

产于神农架木鱼、松柏、宋洛、新华、阳日（长青，zdg 5865），生于海拔600～1000m的林缘沟边或灌木丛中。块根入药。

图45-4　金线吊乌龟

5. 草质千金藤 ｜ Stephania herbacea Gagnepain

草质藤本。叶近膜质，阔三角形，顶端钝，基部近截平。单伞形聚伞花序腋生，由少数小聚伞花序组成；雄花萼片6枚，排成2轮，膜质，倒卵形，花瓣3枚，菱状圆形，聚药雄蕊比花瓣短；雌花萼片和花瓣通常4枚，与雄花的近等大。核果近圆形，成熟时红色。花期夏季。

产于神农架木鱼、老君山（九冲黑沟，鄂神农架植考队 30496），生于海拔1800m的山坡林中。

2. 轮环藤属Cyclea Arnott ex Wight

木质藤本。单叶互生；叶柄盾状着生。花雌雄异株，腋生的总状或聚伞圆锥花序；雄花萼片常4～5枚，稀6枚，通常合生成筒状，花瓣4～5枚，常合生；雄蕊合生成盾状聚药雄蕊，花药4～5枚，横裂；雌花萼片和花瓣均1～2枚，彼此对生，稀无花瓣，心皮1枚，花柱很短，柱头3裂或较多裂。核果倒卵状球形。

约29种。我国13种，湖北2种，神农架均产。

1. 轮环藤 | Cyclea racemosa Oliver　图45-5

草质藤本。叶卵状三角形，顶端渐尖，基部截平至心形，全缘。总状聚伞花序，密被柔毛；雄花萼钟形，深裂近达基部，花冠碟状或浅杯状，聚药雄蕊；雌花萼片（1～）2枚，花瓣（1～）2枚，子房密被刚毛，柱头3裂。核果扁球形，被刚毛。花期4～5月，果期8月。

产于神农架松柏、新华、九冲，生于海拔650～1200m的山坡灌木丛中或阴沟边。根有小毒，可入药。

2. 四川轮环藤 | Cyclea sutchuenensis Gagnepain　图45-6

草质藤本。叶纸质，披针形或卵形，顶端渐尖，基部圆，全缘。花序腋生，总状花序或穗状花序状，花序轴无毛；雄花萼片4枚，基部合生，花瓣4枚，通常合生，聚药雄蕊；雌花萼片2枚，花瓣2枚，心皮无毛。核果红色。花期夏季，果期秋季。

产于神农架低海拔地区，生于海拔700m以下的山坡。根、茎藤入药，有小毒。

图45-5　轮环藤

图45-6　四川轮环藤

3. 青牛胆属Tinospora Miers

草质藤本。单叶互生，叶基心形或戟形。雌雄异株，腋生或顶生的总状或圆锥花序，或单生和簇生；雄花萼片通常6枚，花瓣（3～）6枚，雄蕊6枚，分离；雌花萼片与雄花的相似，花瓣较小，退化雄蕊6枚，心皮3枚。核果1～3枚，近球形；果核近骨质，背部具棱脊。

30余种。我国6种，湖北2种，神农架1种。

青牛胆 │ Tinospora sagittata (Oliver) Gagnepain   图45-7

草质藤本。叶纸质，披针状箭形或戟形。花序腋生，常数个簇生，聚伞花序或分枝成疏花的圆锥状花序；雄花萼片6枚，花瓣6枚，雄蕊6枚；雌花萼片与雄花的相似，花瓣楔形，退化雄蕊6枚，心皮3枚，近无毛。核果红色，近球形；果核近半球形。花期4月，果期秋季。

产于神农架九湖（东溪）、阳日（长青，zdg 5847），生于海拔500m的山坡林下。块根入药。

图45-7 青牛胆

4. 风龙属Sinomenium Diels

木质藤本。单叶互生；叶柄非盾状着生。花小，雌雄异株，腋生圆锥花序；雄花花萼和花瓣各为6枚，雄蕊分离，花药4室；雌花萼片和花瓣与雄花的相似，退化雄蕊9枚，心皮3枚，柱头分裂。核果扁球形。种子半月形，有丰富的胚乳。

单种属，神农架有产。

风龙 │ Sinomenium acutum (Thunberg) Rehder et E. H. Wilson   图45-8

特征同属的描述。花期7月，果期10月。

分布于神农架各地，生于海拔500～1200m的山坡林缘或灌丛中。藤茎入药，亦供编织用。

图45-8　风龙

5. 秤钩风属 Diploclisia Miers

木质藤本。单叶互生；叶柄非盾状着生。聚伞花序腋生，或由聚伞花序组成的圆锥花序生于老枝或茎上；雄花萼片6枚，排成2轮，覆瓦状排列，花瓣6枚，雄蕊6枚，分离，药室横裂；雌花萼片和花瓣与雄花的相似，花瓣顶端常2裂，退化雄蕊6枚，心皮3枚，花柱短。核果倒卵形或狭倒卵形而弯；果核骨质，背部有棱脊。

仅2种。我国全产，湖北1种，神农架也有。

秤钩风 │ Diploclisia affinis (Oliver) Diels　图45-9

木质藤本。叶互生，革质，宽卵形，基部近截平至浅心形，边缘具明显或不明显的波状圆齿；叶柄与叶片近等长或较长。聚伞花序腋生，有花3至多朵；雄花萼片6枚，椭圆形至阔卵圆形，花瓣6枚，卵形。核果红色，倒卵圆形。花期4～5月，果期7～9月。

产于神农架九冲、红花，生于海拔800m的山坡灌木丛中。根和茎藤入药。

图45-9　秤钩风

6. 木防己属 Cocculus Candolle

木质藤本。叶非盾状。聚伞花序或聚伞圆锥花序；雄花萼片6枚或9枚，排成2（～3）轮，花瓣6枚，花丝分离，药室横裂；雌花萼片和花瓣与雄花的相似，退化雄蕊6枚或无，心皮6或3裂。核果倒卵形或近圆形，稍扁；果核骨质，背肋二侧有小横肋状雕纹。

约8种。我国2种，湖北1种，神农架也有。

木防己 │ Cocculus orbiculatus (Linnaeus) Candolle　图45-10

木质藤本。叶片厚纸质，形状变异极大，通常卵形，顶端短尖，边全缘或3（～5）裂。聚伞花序或排成狭窄聚伞圆锥花序，被柔毛；雄花小苞片（1～）2枚，萼片6枚，花瓣6枚，雄蕊6枚；雌花萼片和花瓣与雄花的相同，退化雄蕊6枚，心皮6枚。核果近球形，红色至紫红色。

产于神农架木鱼、新华、阳日，生于海拔500～1500m的山坡路边、林缘或沟边。根茎入药。

图45-10　木防己

7. 细圆藤属Pericampylus Miers

木质藤本。叶非盾状或稍呈盾状，具掌状脉。聚伞花序腋生，单生或2～3个簇生；雄花有雄蕊6枚，花丝分离或不同程度地黏合；雌花具棒状退化雄蕊6枚，心皮3枚，花柱短，柱头深2裂，或裂片再2裂，裂片或小裂片叉开。核果扁球形，果核骨质，背部中肋两侧有圆锥状或短刺状凸起。

约8种。我国2种，湖北1种，神农架也有。

细圆藤 │ Pericampylus glaucus (Lamarck) Merrill　图45-11

常绿木质藤本。小枝常被灰黄色绒毛，老枝无毛。叶三角状卵形，先端钝或圆，具小凸尖，基部近平截或心形，具圆齿或近全缘；具掌状（3～）5脉。聚伞花序腋生，单生或2～3个簇生；雄花萼片9枚，3轮。核果扁球形，种子马蹄形。花期4～6月，果期9～10月。

产于神农架林区、松柏镇、松柏（石世贵S-GW-0401），生于海拔1000m的山坡灌丛地。

图45-11　细圆藤

46. 小檗科 | Berberidaceae

灌木或多年生草本，稀小乔木。有时具根状茎或块茎，茎具刺或无。叶互生，稀对生或基生，单叶或一至三回羽状复叶。花两性，整齐，单生或排成聚伞、总状、聚伞状圆锥花序；萼片常2至数枚；花瓣4～6枚，偶多数，或变为腺叶，稀无花瓣。果为浆果、蒴果、蓇葖果或瘦果。

约17属650种。中国约11属303种，湖北8属54种，神农架7属39种。

分属检索表

1. 草本。
 2. 叶为单叶。
  3. 叶掌状分裂；伞形花序，子房有胚珠多数·······················1. 鬼臼属Dysosma
  3. 叶2半裂；聚伞花序，子房有胚珠5～6枚·················2. 山荷叶属Diphylleia
 2. 叶为三出复叶。
  4. 小叶片边缘有刺齿···3. 淫羊藿属Epimedium
  4. 小叶片边缘全缘或分裂···4. 红毛七属Caulophyllum
1. 木本。
 5. 枝上通常具针刺；单叶；花黄色，花药2瓣裂·················5. 小檗属Berberis
 5. 枝上无针刺；羽状复叶；花白色或黄色，花药纵裂或瓣裂。
  6. 叶为二至三回羽状复叶，小叶全缘；花白色，花药纵裂·········6. 南天竹属Nandina
  6. 叶为奇数羽状复叶，小叶有刺齿；花黄色，花药瓣裂·········7. 十大功劳属Mahonia

1. 鬼臼属Dysosma Woodson

多年生草本。根状茎粗短而横走，多须根；茎直立，单生，光滑。叶大，盾状。花数朵簇生或组成伞形花序，两性，下垂；萼片6枚，早落；花瓣6枚，暗紫红色；雄蕊6枚，花丝扁平，花药内向开裂，药隔宽而常延伸；雌蕊单生，花柱显著，柱头膨大。浆果，红色。

约7～10种。中国7种，湖北4种，神农架3种。

分种检索表

1. 叶互生，花着生于近叶基或远离叶基处。
 2. 叶较大，4～9浅裂或深裂，盾状·································1. 八角莲D. versipellis
 2. 叶较小，常不裂或浅裂，偏心盾状着生·······················2. 小八角莲D. difformis
1. 叶对生，花着生于叶腋···3. 六角莲D. pleiantha

1. 八角莲 | *Dysosma versipellis* (Hance) M. Cheng ex Ying 图46-1

多年生草本。根状茎粗壮，横走。茎生叶2枚，互生，盾状，近圆形，4～9掌状浅裂，裂片阔三角形或卵状长圆形，先端锐尖，背面被柔毛。花深红色，5～8朵簇生于离叶基部不远处；萼片6枚；花瓣6枚，勺状倒卵形；雄蕊6枚；子房椭圆形，花柱短。浆果椭圆形。花期3～6月，果期5～9月。

产于神农架各地，生于海拔600～1200m的山坡林下。根状茎供药用；全株供观赏。

图46-1 八角莲

2. 小八角莲 | *Dysosma difformis* (Hemsl. et Wils.) T. H. Wang ex Ying 图46-2

多年生草本。根状茎细长，常圆柱形，横走；茎直立。茎生叶通常2枚，互生，不等大，形状多样，偏心盾状着生，叶片不裂或浅裂，基部常呈圆形，边缘疏生细齿。花2～5朵着生于叶基部，簇生状；萼片6枚；花瓣6枚，淡赭红色，长圆状条带形；雄蕊6枚。浆果小，圆球形。花期4～6月，果期6～9月。

产于神农架红坪、下谷，生于海拔1200～1800m的山坡林下阴湿处。根状茎供药用；全株供观赏。

图46-2 小八角莲

3. 六角莲 | *Dysosma pleiantha* (Hance) Woodson 图46-3

多年生草本。根状茎粗壮，横走；茎直立，单生，顶端生2叶。叶近纸质，对生，盾状，轮廓近圆形，5～9浅裂。萼片6枚，椭圆状长圆形或卵状长圆形，早落；花瓣6～9枚，紫红色，倒卵状长圆形；雄蕊6枚；子房长圆形。浆果倒卵状长圆形或椭圆形，熟时紫黑色。花期3～6月，果期7～9月。

产于神农架红坪，生于海拔1800m的山坡林下阴湿处。根状茎供药用；全株供观赏。

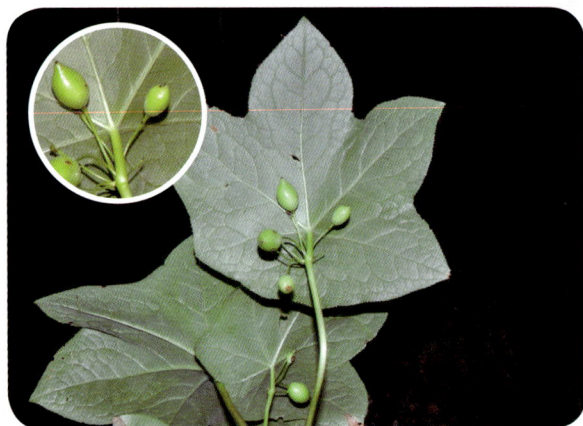

图46-3 六角莲

2. 山荷叶属 Diphylleia Michaux

多年生草本。根状茎粗壮，横走，具节；茎单一。茎生叶2（～3）枚，互生，盾状着生，横向长圆形至肾状圆形，呈2半裂，边缘具疏锯齿。聚伞花序或伞形状花序顶生；花3数，辐射对称；萼片6枚，2轮排列；花瓣6枚，白色；雄蕊6枚，与花瓣对生，花药纵裂。浆果球形或阔椭圆形。种子红褐色，无假种皮。

3种，间断分布于东亚和北美洲东部。中国1种，神农架也有。

南方山荷叶 | *Diphylleia sinensis* H. L. Li 江边一碗水 图46-4

多年生草本。叶片盾状着生，通常2枚生于茎顶，肾形至横向长圆形，呈2半裂，边缘具不规则锯齿，上面疏被柔毛或近无毛，背面被柔毛。聚伞花序顶生，具花10～20朵；萼片6枚；花瓣6枚，淡黄色；雄蕊6枚；子房椭圆形。浆果球形或阔椭圆形，熟后蓝黑色，微被白粉，果梗淡红色。花期5～6月，果期7～8月。

产于神农架各地，生于海拔1500～2800m的山坡林下。根状茎供药用；全株供观赏。

图46-4 南方山荷叶

3．淫羊藿属Epimedium Linnaeus

多年生草本。根状茎粗短或横走。叶革质，单叶或一至三回羽状复叶；小叶卵形、卵状披针形或近圆形，基部心形，两侧基部通常不对称，叶缘具刺毛状细齿。总状花序或圆锥花序顶生；花两性；萼片8枚，2轮排列，内轮花瓣状；花瓣4枚，通常有距或囊；雄蕊4枚；花柱宿存。蒴果。种子具肉质假种皮。

约50种。中国约41种，湖北15种，神农架产7种。

分种检索表

1．花瓣的距小于1cm。
  2．花瓣的距1～3mm。
    3．花梗无毛·······························1．三枝九叶草E. sagittatum
    3．花梗密被腺毛·························6．星花淫羊藿E. stellulatum
  2．花瓣的距5～6mm·······················4．川鄂淫羊藿E. fargesii
1．花瓣的距大于1cm。
  4．内轮萼片黄色。
    5．叶卵形，叶缘有细锯齿················3．保靖淫羊藿E. baojingensis
    5．叶披针形，叶缘有粗锯齿··············5．巫山淫羊藿E. wushanense
  4．内轮萼片紫红色。
    6．花茎具1枚一回三出复叶··············2．黔岭淫羊藿E. leptorrhizum
    6．花茎具2枚一回三出复叶··············7．四川淫羊藿E. sutchuenense

133

1．三枝九叶草｜Epimedium sagittatum (Siebold et Zuccarini) Maximowicz
图46-5

多年生草本。根状茎粗短，节结状。一回三出复叶基生和茎生，小叶3枚；小叶革质，卵形至卵状披针形，先端渐尖，基部心形，背面疏被毛，叶缘具刺齿；花茎具2枚对生叶。圆锥花序具多花，常无毛；花较小，白色；萼片2轮，8枚；花瓣囊状；雄蕊4枚；花柱长于子房。蒴果。花期4～5月，果期5～7月。

产于神农架木鱼，生于海拔400～700m的山坡林下。全草供药用。

2．黔岭淫羊藿｜Epimedium leptorrhizum Stearn　图46-6

多年生草本。具有节匍匐根状茎。一回三出复叶基生或茎生；叶柄被棕色柔毛；小叶3枚，狭卵形或卵形，先端长渐尖，基部深心形；背面沿主脉被棕色柔毛，被白粉，边缘具刺齿；花茎具叶2枚。总状花序具4～8朵花，被腺毛；花淡红色；萼片2轮，8枚；花瓣呈角距状；雄蕊4枚。蒴果长圆形。花期4月，果期4～6月。

产于神农架九湖，生于海拔1500～2800m的山坡密林下。叶和根状茎入药。

图46-5 三枝九叶草

图46-6 黔岭淫羊藿

3. 保靖淫羊藿 ｜ Epimedium baojingense Q. L. Chen et B. M. Yang 图46-7

多年生草本。一回三出复叶基生和茎生，具3枚小叶；小叶革质，狭卵形，基部深心形，顶生小叶基部裂片几相等，叶缘具密刺齿；花茎具2枚对生叶。总状花序具14～25朵花；萼片2轮，外萼片早落；花瓣远长于内萼片，淡黄色。蒴果不详。花期4月。

产于神农架各地，生于海拔500～700m的山坡林下。

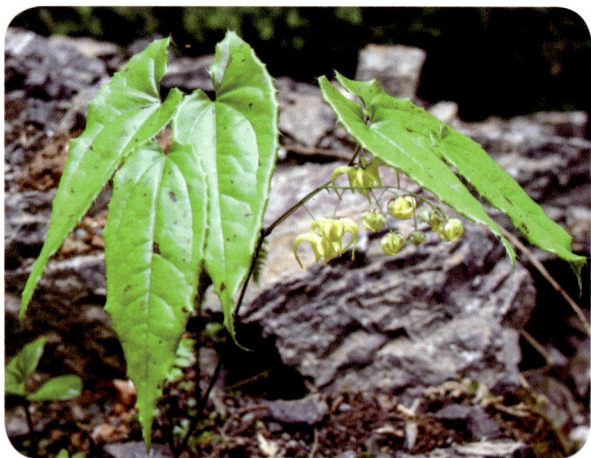

图46-7 保靖淫羊藿

4. 川鄂淫羊藿 ｜ Epimedium fargesii Franchet 图46-8

多年生草本。根状茎匍匐状，横走。一回三出复叶基生和茎生；茎生叶2枚对生，每叶具小叶3枚；小叶革质，狭卵形，先端渐尖，基部深心形，叶缘具刺锯齿。总状花序具7～15朵花；花紫红色；萼片2轮；花瓣远较内萼片短；雄蕊4枚。蒴果连同宿存花柱长约2m。花期3～4月，果期4～6月。

产于神农架下谷，生于海拔400m的山坡林下。全草入药。

5. 巫山淫羊藿 | **Epimedium wushanense** T. S. Ying 图46-9

多年生常绿草本。根状茎结节状。一回三出复叶基生和茎生；小叶3枚，革质，披针形，先端渐尖，基部心形，边缘具刺齿；花茎具2枚对生叶。圆锥花序顶生，具多花；花淡黄色；萼片2轮；花瓣呈角状距；雄蕊4枚。蒴果具宿存花柱。花期4~5月，果期5~6月。

产于神农架下谷，生于海拔400m的山坡林下。全草入药。

图46-8　川鄂淫羊藿

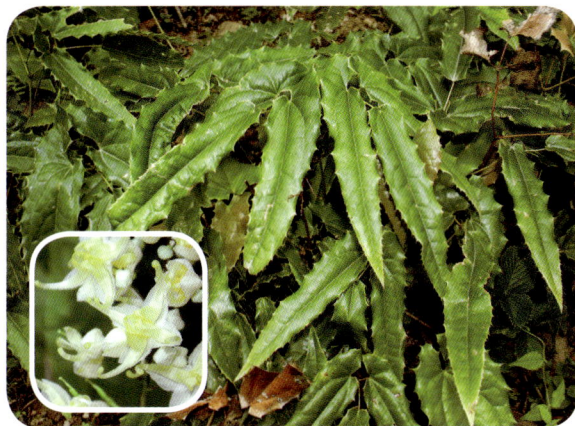

图46-9　巫山淫羊藿

6. 星花淫羊藿 | **Epimedium stellulatum** Stearn 图46-10

多年生草本。地下茎短而横走。一回三出复叶基生和茎生；小叶革质，卵形，基部深心形，叶缘具多数刺锯齿；花茎通常具2枚对生复叶，偶仅1枚。圆锥花序，无总梗，具20~40朵花；花梗密被腺毛；花小；萼片2轮，外萼片4枚，早落，内萼片披针形，白色；花瓣短距状，远较内萼片短。果未见。花期4月。

产于神农架木鱼（木鱼物资站后山）、神农架林区（236-6部队 2152），生于海拔1400m的山坡林下。全草入药。

7. 四川淫羊藿 | **Epimedium sutchuenense** Franchet 图46-11

多年生草本。地下茎纤细。一回三出复叶，基生和茎生；小叶3枚，薄革质，卵形或狭卵形，先端长渐尖，边缘具密刺齿，基部深心形；花茎具2枚对生叶。总状花序具花4~8朵；花暗

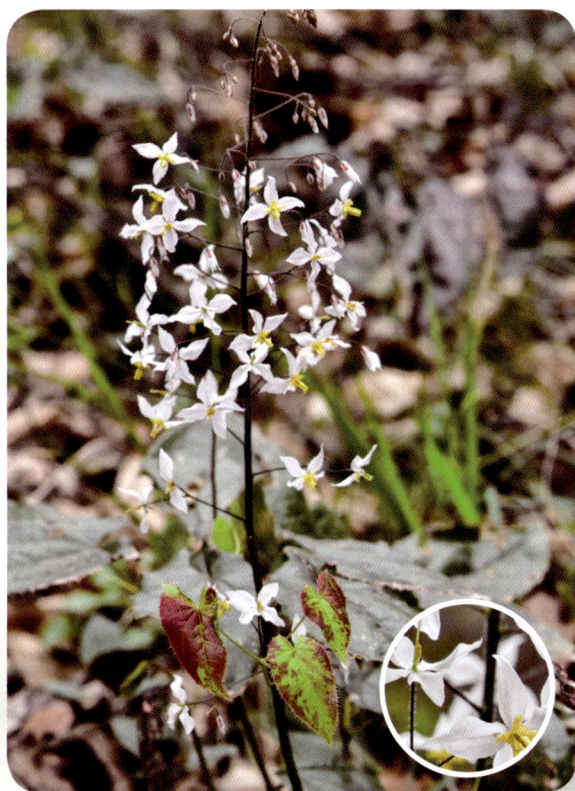

图46-10　星花淫羊藿

红色或淡紫红色；萼片8枚；花瓣呈角状距，基部浅囊状；雄蕊4枚。蓇葖果。花期3～4月，果期5～6月。

产于神农架红坪，生于海拔1400～1600m的山坡林下。地上部分入药。

4. 红毛七属 Caulophyllum Michaux

多年生草本。根状茎粗壮，横走，结节状，多须根。叶互生，二至三回三出复叶，轮廓阔卵形；小叶片卵形、倒卵形或阔披针形，全缘或分裂。复聚伞花序顶生，花3数；小苞片3～4枚，早落；萼片6枚，花瓣状；花瓣6枚，蜜腺状，扇形。种子熟时蓝色，微具白霜。

3种，分布于北美洲和东亚。我国1种，神农架也有。

红毛七 | Caulophyllum robustum Maximowicz 图46-12

多年生草本。根状茎粗短。茎生2枚叶片，互生，二至三回三出复叶；小叶卵形，长圆形或阔披针形，先端渐尖，基部宽楔形，全缘。圆锥花序顶生；花淡黄色；苞片3～6枚；花瓣状萼片6枚；花瓣6枚，蜜腺状。种子浆果状，外被肉质假种皮。花期5～6月，果期7～9月。

产于神农架各地，生于海拔2000～2600m的山坡林下。根及根茎入药。

图46-11　四川淫羊藿

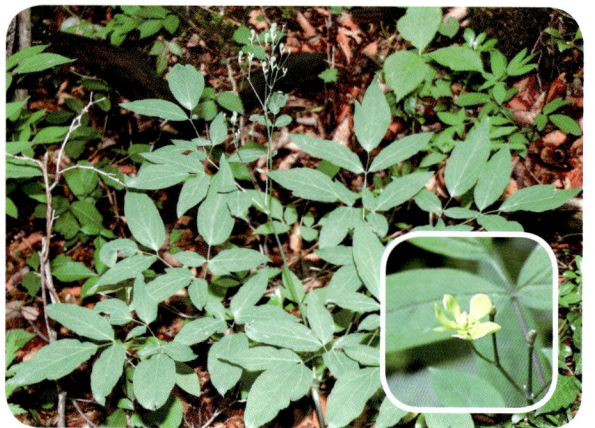

图46-12　红毛七

5. 小檗属 Berberis Linnaeus

落叶或常绿灌木。枝通常具刺，单生或3～5分叉；老枝内皮层和木质部均为黄色。单叶互生，叶片与叶柄连接处常有关节。花序为单生、簇生、总状、圆锥或伞形花序；花3数，小苞片早落；萼片通常6枚，稀3或9枚；花瓣6枚，黄色，内侧近基部具2枚腺体；柱头头状。浆果球形、椭圆形、长圆形、卵形或倒卵形，通常红色或蓝黑色。

约500种。我国215种，湖北26种，神农架19种。

> **分种检索表**
>
> 1. 花单生或2～4朵簇生。
>
> 　2. 花单生。
>
> 　　3. 叶背密被白粉 ·· 1. 单花小檗 B. candidula

3．叶背无粉 ·· 2．城口小檗B. daiana
2．花簇生。
　　4．落叶灌木 ·· 3．秦岭小檗B. circumserrata
　　4．常绿灌木。
　　　　5．叶线形、披针形、椭圆状披针形或倒披针形。
　　　　　　6．萼片3轮。
　　　　　　　　7．叶长圆状披针形或狭椭圆形 ······················ 4．芒齿小檗B. triacanthophora
　　　　　　　　7．叶披针形 ·· 5．巴东小檗B. veitchii
　　　　　　6．萼片2轮。
　　　　　　　　8．胚珠1～2枚。
　　　　　　　　　　9．花瓣先端锐裂 ······································ 6．汉源小檗B. bergmanniae
　　　　　　　　　　9．花瓣先端缺裂 ······································ 7．豪猪刺B. julianae
　　　　　　　　8．胚珠2～4枚 ·· 8．南川小檗B. fallaciosa
　　　　5．叶椭圆形、矩圆形、卵形或倒卵形。
　　　　　　10．花瓣先端锐裂 ··· 9．兴山小檗B. silvicola
　　　　　　10．花瓣先端缺裂。
　　　　　　　　11．浆果无白粉 ·· 10．刺黑珠B. sargentiana
　　　　　　　　11．浆果有白粉 ·· 11．假豪猪刺B. soulieana
1．花序伞形状总状或圆锥状。
　　12．伞形花序 ·· 12．日本小檗B. thunbergii
　　12．穗状、总状或圆锥花序。
　　　　13．穗状总状花序。
　　　　　　14．叶上面有皱折，两面被毛 ······························ 13．短柄小檗B. brachypoda
　　　　　　14．叶上面无皱折，叶仅下面被毛 ····················· 14．柳叶小檗B. salicaria
　　　　13．总状花序。
　　　　　　15．总状花序具总梗。
　　　　　　　　16．叶全缘。
　　　　　　　　　　17．叶长圆状菱形 ···································· 15．庐山小檗B. virgetorum
　　　　　　　　　　17．叶倒卵形或长圆状倒卵形 ··················· 16．异长穗小檗B. feddeana
　　　　　　　　16．叶具刺齿或兼具全缘。
　　　　　　　　　　18．果具宿存花柱 ···································· 17．川鄂小檗B. henryana
　　　　　　　　　　18．果不具宿存花柱 ································ 18．直穗小檗B. dasystachya
　　　　　　15．总状花序无总梗 ·· 19．首阳小檗B. dielsiana

1．单花小檗 | Berberis candidula (C. K. Schneider) C. K. Schneider

图46-13

常绿灌木。茎刺3分叉。叶厚革质，椭圆形至卵圆形，先端渐尖，基部楔形，背面密被白粉，叶缘每边具1～4枚刺齿；叶柄极短。花单生，黄色；萼片3轮；花瓣倒卵形；雄蕊6枚，胚珠3～4

枚。浆果椭圆形，顶端无宿存花柱，微被白粉。花期4～5月，果期6～9月。

产于神农架红坪，生于海拔1800～2500m的山坡林下。根入药。

图46-13　单花小檗

2．城口小檗 ｜ **Berberis daiana** T. S. Ying　图46-14

半常绿灌木。叶厚纸质，椭圆状倒卵形或倒卵形，先端圆形，基部楔形，叶缘平展，全缘或每边中部以上具3～8枚不明显刺齿，变异大。花单生；黄色；萼片2轮；花瓣倒卵形，先端锐裂，裂片锐尖，基部缢缩呈爪，具2枚分离的椭圆形腺体。浆果近球形，红色，微被白粉。花期6月，果期8～9月。

产于神农架红坪，生于海拔2500～2800m的山坡林下。

图46-14　城口小檗

3．秦岭小檗 ｜ **Berberis circumserrata** (C. K. Schneider) C. K. Schneider 图46-15

落叶灌木。叶倒卵状长圆形，先端圆形，基部渐狭，具短柄，边缘密生15～40枚整齐刺齿；叶背灰白色。花黄色；2～5朵簇生；萼片6枚；花瓣倒卵形，基部略呈爪状，具2枚分离腺体。浆果椭圆形或长圆形，红色，不被白粉。花期5月，果期7～9月。

产于大神农架南坡、小神农架，生于海拔2500～2800m的山坡灌丛中。

图46-15　秦岭小檗

4．芒齿小檗 ｜ Berberis triacanthophora Fedde　图46-16

常绿灌木。叶革质，长圆状披针形或狭椭圆形，先端渐尖，常有刺尖头，基部楔形；叶缘每边具2～8枚刺齿，偶全缘；近无柄。花2～4朵簇生，黄色；小苞片卵形；萼片3轮；花瓣倒卵形。浆果椭圆形，蓝黑色，微被白粉。花期5～6月，果期6～10月。

产于神农架各地，生于海拔800～1800m的山坡杂木林中。根入药。

5．巴东小檗 ｜ Berberis veitchii C. K. Schneider　图46-17

常绿灌木。叶薄革质，披针形，基部楔形；叶缘略呈波状。花2～10朵簇生，粉红色或红棕色；花梗光滑无毛；小苞片卵形；花瓣倒卵形，先端圆形，锐裂，基部缢缩呈爪状，具2枚紧靠的腺体；雄蕊长约4mm，药隔略延伸，先端圆钝。浆果卵形至椭圆形。花期5～6月，果期8～10月。

产于神农架各地，生于海拔1800～2800m的山坡杂木林中。

图46-16　芒齿小檗

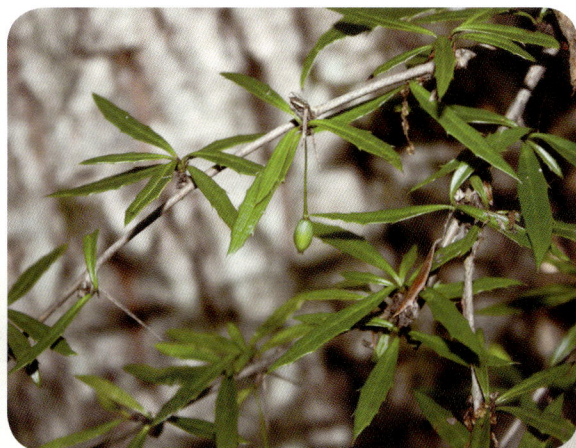

图46-17　巴东小檗

6. 汉源小檗 | Berberis bergmanniae C. K. Schneider 图46-18

常绿灌木。茎刺3分叉，粗壮。叶厚革质，长圆状椭圆形至椭圆形，先端渐尖，基部狭楔形；叶缘每边具2～12枚刺齿；叶柄短。花5～20朵簇生，黄色；萼片6枚；花瓣倒卵形；雄蕊6枚，胚珠1～2枚。浆果卵状椭圆形或卵圆形，黑色，宿存花柱极明显，被白粉。种子1～2粒。花期3～5月，果期5～10月。

产于神农架新华，生于海拔1800～2300m的山坡杂木林中。

图46-18　汉源小檗

7. 豪猪刺 | Berberis julianae C. K. Schneider 图46-19

常绿灌木。茎刺粗壮，3分叉。叶革质，椭圆形或披针形，先端渐尖，基部楔形；叶缘每边具10～20枚刺齿；叶柄短。花10～25朵簇生，黄色；小苞片卵形；萼片2轮；花瓣长圆状椭圆形；雄蕊6枚，胚珠单生。浆果长圆形，蓝黑色，顶端具明显宿存花柱，被白粉。花期3月，果期5～11月。

产于神农架各地，生于海拔1000～1900m的山坡林下、林缘或灌丛中。根或茎叶入药。

图46-19　豪猪刺

8. 南川小檗 | Berberis fallaciosa C. K. Schneider 图46-20

常绿灌木。叶革质，披针形、椭圆状披针形或倒卵状披针形。花2～5朵簇生，黄色；小苞片阔卵形，先端钝；花瓣长圆状倒卵形，先端缺裂，基部略呈爪状，具2枚紧靠的腺体。浆果倒卵状，顶端无宿存花柱，不被白粉。花期4～5月，果期6～10月。

产于神农架木鱼（木鱼公社背后，鄂神农架植考队 30010），生于海拔1400～2000m的山坡杂木林中。

9. 兴山小檗 | **Berberis silvicola** C. K. Schneider 图46-21

常绿灌木。叶薄革质，椭圆形或长圆形，先端急尖，基部楔形或短渐狭；叶缘每边具12～16枚刺齿。花2～5朵簇生，黄色；萼片6轮；花瓣6枚，倒卵形；雄蕊6枚；子房含胚珠2枚。浆果长圆形，黑色，宿存花柱短，微被白粉。花期5～6月，果期7～10月。

产于神农架木鱼、松柏，生于海拔1200～2100m的山坡灌丛中。根入药。

图46-20 南川小檗

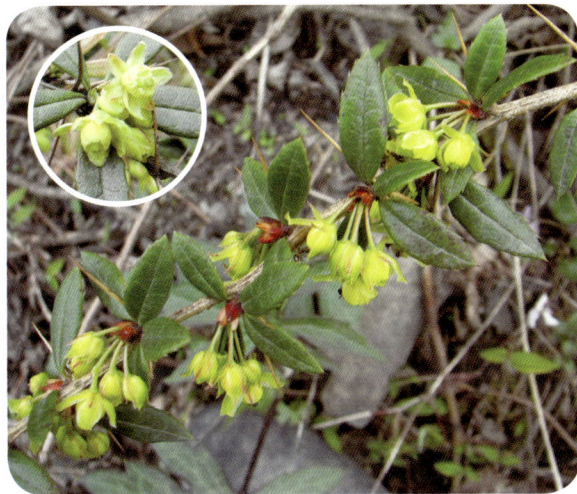

图46-21 兴山小檗

10. 刺黑珠 | **Berberis sargentiana** C. K. Schneider 图46-22

常绿灌木。叶厚革质，长圆状椭圆形，先端急尖，基部楔形；叶缘每边具15～25枚刺齿；近无柄。花4～10朵簇生，黄色；萼片3轮，花瓣倒卵形；雄蕊6枚；子房具胚珠1～2枚。浆果长圆形或长圆状椭圆形，黑色，具宿存花柱，不被白粉。花期4～5月，果期6～11月。

产于神农架红坪、松柏、宋洛、新华，生于海拔800～1300m的山坡灌丛。根皮或茎皮入药。

图46-22 刺黑珠

11. 假豪猪刺 | Berberis soulieana C. K. Schneider 图46-23

常绿灌木。叶革质，长圆形或长圆状倒卵形，先端急尖，具1枚硬刺尖，基部楔形；叶缘每边具5～18枚刺齿；叶柄短。花7～20朵簇生，黄色；小苞片2枚；萼片3轮，花瓣倒卵形；雄蕊6枚。浆果倒卵状长圆形，熟时红色，宿存花柱明显，被白粉。种子2～3枚。花期3～4月，果期6～9月。

产于神农架各地，生于海拔400～800m的山坡林下。民间常栽作围篱；根皮和茎皮入药。

图46-23 假豪猪刺

12. 日本小檗 | Berberis thunbergii Candolle 图46-24

落叶灌木。茎刺单一。叶薄纸质，倒卵形或匙形，先端骤尖，基部楔形，全缘。花2～5朵组成具总梗的伞形花序，黄色；萼片6枚；花瓣长圆状倒卵形；雄蕊6枚；子房含胚珠1～2枚。浆果椭圆形，鲜红色，无宿存花柱。种子1～2枚。花期4～6月，果期7～10月。

原产于日本，神农架各地有栽培。全株入药；全株可作地被灌木。

图46-24 日本小檗

13．短柄小檗 | **Berberis brachypoda** Maximowicz 图46-25

落叶灌木。叶长椭圆形或倒卵形，先端急尖，基部楔形，脉上密被长柔毛，每边具20～40枚刺齿；叶柄被柔毛。穗状总状花序，密生20～50朵花，淡黄色；萼片3轮，边缘具短毛；花瓣椭圆形；雄蕊6枚。浆果长圆形，鲜红色，宿存花柱明显。花期5～6月，果期7～9月。

产于神农架各地，生于海拔1300～1500m的山坡灌丛。根皮和茎皮入药。

图46-25 短柄小檗

14．柳叶小檗 | **Berberis salicaria** Fedde

落叶灌木。叶纸质，披针形，先端渐尖，基部渐狭，被短柔毛，每边具15～40枚刺齿。穗状总状花序，由25～50朵花组成；苞片披针形；花黄色；萼片3轮；花瓣长圆状倒卵形；雄蕊6枚；胚珠2枚。浆果红色，倒卵状椭圆形，微被白粉，无宿存花柱。花期4～6月，果期8～9月。

产于神农架宋洛，生于海拔800～1400m的山坡灌丛。根入药。

15．庐山小檗 | **Berberis virgetorum** C. K. Schneider

落叶灌木。茎刺单生，偶有3分叉。叶薄纸质，长圆状菱形，先端急尖，基部楔形，渐狭下延，背面灰白色。总状花序，具3～15朵花；苞片披针形；花黄色；萼片2轮；花瓣椭圆状倒卵形；雄蕊6枚；胚珠单生。浆果长圆状椭圆形，熟时红色，花柱不宿存。花期4～5月，果期6～10月。

产于神农架九湖、红坪，生于海拔1800～2000m的山坡林下。根、茎入药。

16．异长穗小檗 | **Berberis feddeana** C. K. Schneider

落叶灌木。茎刺单生。叶纸质，倒卵形或长圆状倒卵形，先端圆钝或急尖，基部楔形，叶缘平展，全缘或密生多数不明显的细刺齿。总状花序无毛，花可达60朵，黄色；小苞片披针形，带红色；萼片2轮；花瓣椭圆形，先端浅缺裂，基部缢缩呈短爪状，具2枚稍分离腺体。浆果长圆形，红色，顶端无宿存花柱。花期4～5月，果期6～9月。

产于神农架九湖、红坪，生于海拔1800～2000m的山坡林下。根、茎入药。

17. 川鄂小檗 | **Berberis henryana** C. K. Schneider 图46-26

落叶灌木。茎刺单生或3分叉。叶椭圆形或倒卵状椭圆形，先端圆钝，基部楔形。总状花序，具10～20朵花，黄色；小苞片披针形；萼片2轮；花瓣长圆状倒卵形；雄蕊6枚；胚珠2枚。浆果椭圆形，红色，宿存花柱短，不被白粉。花期5～6月，果期7～9月。

产于神农架红坪、木鱼、松柏、新华，生于海拔1300～2300m的山坡灌丛中。根皮和茎皮入药。

18. 直穗小檗 | **Berberis dasystachya** Maximowicz 图46-27

落叶灌木。茎刺单一，稀无或3分叉。叶纸质，长圆状椭圆形，先端钝圆，基部呈楔形或心形；每边具25～50枚细小刺齿。总状花序直立，具15～30朵花，黄色；小苞片披针形；萼片2轮；花瓣倒卵形；雄蕊6枚。浆果椭圆形，红色，无宿存花柱。花期4～6月，果期6～9月。

产于神农架九湖、红坪，生于海拔1000～2500m的山坡灌丛中。根皮和茎皮入药。

图46-26 川鄂小檗

图46-27 直穗小檗

19. 首阳小檗 | **Berberis dielsiana** Fedde

落叶灌木。叶薄纸质，椭圆形或椭圆状披针形。总状花序，具6～20朵花，偶有簇生花1至数朵，无毛；花梗无毛；花黄色；小苞片披针形，红色；萼片2轮；花瓣椭圆形，先端缺裂，基部具2枚分离腺体。浆果长圆形，红色，顶端不具宿存花柱，不被白粉。花期4～5月，果期8～9月。

产于神农架红坪（刘家屋场，鄂神农架植考队31606），生于海拔1700m以下的山坡灌丛中。

6. 南天竹属Nandina Thunberg

常绿灌木。叶互生，二至三回羽状复叶；小叶全缘；无托叶。大型圆锥花序顶生或腋生；花两性，3数，具小苞片；花瓣6枚，基部无蜜腺；雄蕊6枚，与花瓣对生，花药纵裂；子房倾斜椭圆形，近边缘胎座，花柱短。浆果球形，红色或橙红色，顶端具宿存花柱。种子1～3枚，无假种皮。

单种属，产于中国和日本，神农架有产。

南天竹 | **Nandina domestica** Thunberg 图46-28

特征同属的描述。

产于神农架木鱼、宋洛、新华、阳日，生于海拔500～800m的山路路边或疏林下。根、茎、果实及叶均可入药；全株栽培供观赏。

图46-28 南天竹

7. 十大功劳属 **Mahonia** Nuttall

常绿木本。枝无刺。奇数羽状复叶，互生，无叶柄或具叶柄；小叶3～41对，小叶边缘具粗疏或细锯齿，稀全缘。花序顶生，由1至多个簇生的总状花序或圆锥花序组成；苞片较花梗短或长；花黄色；萼片3轮，9枚；花瓣2轮，6枚，基部具2枚腺体或无；雄蕊6枚，花药瓣裂；子房含基生胚珠1～7枚，花柱极短或无花柱，柱头盾状。浆果。

约60种。中国约31种，湖北8种，神农架7种。

分种检索表

```
1. 叶柄长在2.5cm以上，可达14cm。
    2. 总状花序1或2个簇生 ·························· 1. 鄂西十大功劳M. decipiens
    2. 总状花序4～10个簇生。
        3. 小叶2～5对；花梗与苞片等长，花瓣基部腺体显著 ········· 2. 十大功劳M. fortunei
        3. 小叶6～9对；花梗远长于苞片，花瓣基部无腺体 ···3. 宽苞十大功劳M. eurybracteata
1. 叶柄长在2cm以下或近无柄。
    4. 小叶背面被白霜；浆果直径10～12mm ·················· 4. 阔叶十大功劳M. bealei
    4. 小叶背面黄绿色，不被白粉；浆果直径10mm以下。
        5. 苞片长于花梗 ························· 5. 峨眉十大功劳M. polyodonta
        5. 苞片短于花梗或等长。
            6. 浆果梨形；无宿存花柱，花瓣基部腺体不明显 ······6. 小果十大功劳M. bodinieri
            6. 浆果卵形；具短宿存花柱，花瓣基部腺体显著 ······7. 台湾十大功劳M. japonica
```

1. 鄂西十大功劳 | **Mahonia decipiens** C. K. Schneider 图46-29

灌木。叶椭圆形，具2～7对小叶；小叶卵形至卵状椭圆形，基部近截形，边缘每边具3～6枚刺锯齿，先端急尖，顶生小叶较大。总状花序1或2个簇生；芽鳞卵形或狭卵形；苞片卵形，花黄色；

萼片9枚；花瓣6枚；雄蕊6枚；胚珠2枚。浆果。花期4～8月。

产于神农架新华，生于海拔400～700m的山坡灌丛中。根及果实可入药；全株栽培供观赏。

2．十大功劳｜Mahonia fortunei (Lindley) Fedde 图46-30

灌木。叶倒卵形至倒卵状披针形，具小叶2～5对；小叶无柄或近无柄，狭披针形至狭椭圆形，基部楔形，边缘每边具5～10枚刺齿，先端渐尖。总状花序4～10个簇生；芽鳞披针形至三角状卵形；苞片卵形；花黄色；萼片9枚；花瓣6枚；雄蕊6枚；胚珠2枚。浆果球形，紫黑色，被白粉。花期7～9月，果期9～11月。

图46-29 鄂西十大功劳

原产于我国广西、四川、贵州、湖北、江西、浙江等省份，神农架木鱼有栽培。庭园观赏植物；全株可供药用。

图46-30 十大功劳

3．宽苞十大功劳｜Mahonia eurybracteata Fedde

分亚种检索表

1. 小叶宽约2cm ·················3a. 宽苞十大功劳M. eurybracteata subsp. eurybracteata
1. 小叶宽约1.5cm或更窄 ·················3b. 安坪十大功劳M. eurybracteata subsp. ganpinensis

3a．宽苞十大功劳（原亚种）Mahonia eurybracteata subsp. eurybracteata 图46-31
灌木。叶长圆状倒披针形，具小叶6～9对；小叶椭圆状披针形，基部楔形，每边具3～9枚刺齿，先端渐尖，顶生小叶稍大。总状花序4～10个簇生；花黄色；萼片9枚；花瓣6枚，基部腺体显著；雄蕊6枚；胚珠2枚。浆果倒卵状或长圆状，被白粉。花期8～11月，果期11月至翌年5月。

产于神农架各地，生于海拔400～700m的溪边灌丛中。庭园观赏植物；全株可供药用。

3b．安坪十大功劳（亚种）Mahonia eurybracteata subsp. ganpinensis (H. Léveillé) T. S. Ying et Boufford　图46-32

本亚种与原亚种的主要区别：小叶较狭；花梗较短。花期7～10月，果期11月至翌年5月。

产于神农架新华，生于海拔700m的溪边灌丛中。庭园观赏植物；全株可供药用。

图46-31　宽苞十大功劳

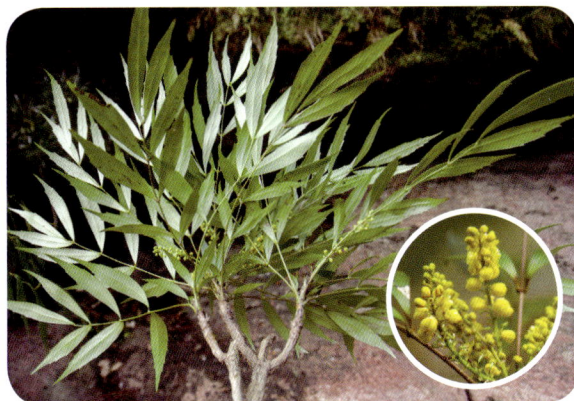

图46-32　安坪十大功劳

4．阔叶十大功劳 ｜ Mahonia bealei (Fortune) Carrière　图46-33

灌木。叶狭倒卵形至长圆形，具小叶4～10对，背面被白粉；小叶近圆形至卵形，基部阔楔形或圆形，偏斜，边缘每边具2～6枚粗锯齿，先端具硬尖。总状花序直立，通常3～9个簇生；花黄色；萼片9枚；花瓣6枚；雄蕊6枚；子房长圆状卵形，胚珠2枚。浆果卵形，被白粉。花期9月至翌年1月，果期3～5月。

产于神农架各地，生于海拔800～1700m的溪边灌丛中。庭园观赏植物；全株可供药用。

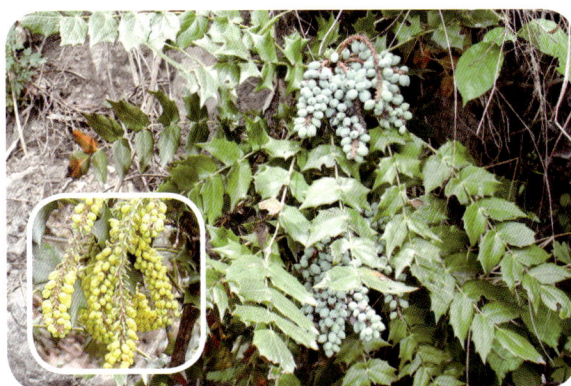

图46-33　阔叶十大功劳

5．峨眉十大功劳 ｜ Mahonia polyodonta Fedde　图46-34

灌木。叶长圆形，具4～8对小叶；小叶无柄，椭圆形至卵状长圆形，基部阔楔形至圆形，偏斜，叶缘每边具10～16枚刺牙齿，先端渐尖。总状花序3～5个簇生；花黄色；萼片9枚；花瓣6枚；雄蕊6枚；胚珠2枚。浆果倒卵形，蓝黑色，微被白粉，具宿存花柱。花期3～5月，果期5～8月。

产于神农架板仓、大九湖，生于海拔1800～2500m的山坡灌木丛中。庭园观赏植物；全株可供药用。

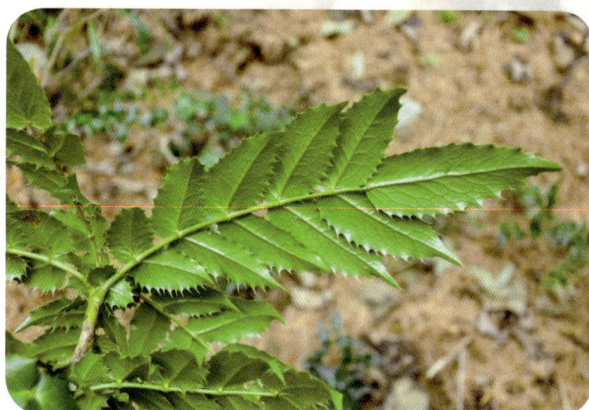

图46-34　峨眉十大功劳

6．小果十大功劳 ｜ **Mahonia bodinieri** Gagnepain　图46-35

灌木或小乔木。叶倒卵状长圆形，具小叶8～13对；侧生小叶无叶柄，每边具3～10枚粗大刺锯齿。5～11个总状花序簇生；花黄色；花萼9枚；花瓣6枚，基部腺体不明显；雄蕊6枚；胚珠2枚。浆果梨形，无宿存花柱，被白粉。花期6～9月，果期8～12月。

产于神农架下谷，生于海拔400～700m的山坡灌木丛中。庭园观赏植物；全株可供药用。

7．台湾十大功劳 ｜ **Mahonia japonica** (Thunberg) Candolle　图46-36

灌木。叶长圆形，具4～6对无柄小叶；小叶卵形。5～10个总状花序簇生；花黄色；花萼9枚；花瓣6枚；雄蕊6枚；胚珠4～7枚。浆果卵形。花期12月至翌年4月，果期4～8月。

产于神农架九湖，生于海拔400～500m的山坡灌木丛中。庭园观赏植物；全株可供药用。

图46-35　小果十大功劳

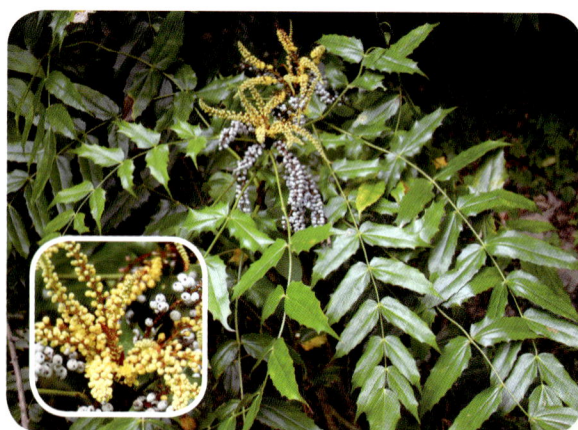

图46-36　台湾十大功劳

47. 毛茛科 | Ranunculaceae

一年生或多年生草本，少灌木或木质藤本。叶互生或基生，少对生；单叶或复叶，常无托叶。花两性，稀单性，辐射对称，稀两侧对称，单生或组成各种聚伞花序或总状花序；花萼4～5枚，绿色或呈花瓣状；花瓣4～5枚，常有蜜腺，或特化为分泌器官，或无花瓣。果实为蓇葖果或瘦果，少数为蒴果或浆果。

60属2500余种。我国38属921种，湖北26属135种，神农架23属108种。

分属检索表

1. 子房具1枚胚珠；瘦果。
 2. 花序具总苞。
  3. 总苞紧接于花萼之下，呈萼片状……………………………… **1. 獐耳细辛属Hepatica**
  3. 总苞与花分开。
   4. 花柱在果期不延长呈羽毛状……………………………… **2. 银莲花属Anemone**
   4. 花柱在果期延长呈羽毛状……………………………… **23. 白头翁属Pulsatilla**
 2. 花序无总苞。
  5. 无花瓣。
   6. 柱头在果期显著伸长且羽状；茎生叶常对生，少互生…… **3. 铁线莲属Clematis**
   6. 柱头在果期不伸长；茎生叶常互生……………………… **4. 唐松草属Thalictrum**
  5. 有花瓣。
   7. 花瓣无蜜腺……………………………………………… **5. 侧金盏花属Adonis**
   7. 花瓣有蜜腺。
    8. 基生叶多回羽状全裂……………………………… **6. 美花草属Callianthemum**
    8. 基生叶不羽状全裂………………………………… **7. 毛茛属Ranunculus**
1. 子房具多枚胚珠；果为蓇葖果，少为蒴果或浆果。
 9. 花两侧对称，总状花序，花梗有2枚小苞片。
  10. 上萼片无距，花瓣具爪……………………………………… **8. 乌头属Aconitum**
  10. 上萼片有距，花瓣无爪……………………………………… **9. 翠雀属Delphinium**
 9. 花辐射对称，单歧聚伞花序，如为总状花序，小苞片不存在。
  11. 花多数组成复聚伞花序、圆锥花序或总状花序。
   12. 单叶，不分裂；退化雄蕊和花瓣均不存在……………… **10. 铁破锣属Beesia**
   12. 叶为一回或二回以上三出或近羽状复叶；退化雄蕊或花瓣存在。
    13. 基生叶鳞片状；花梗较长；浆果………………… **11. 类叶升麻属Actaea**
    13. 基生叶正常发育；花有短梗或近无梗…………… **12. 升麻属Cimicifuga**
  11. 花单生或少数组成单歧聚伞花序。
   14. 无花瓣。

1．獐耳细辛属Hepatica Miller

多年生草本。叶基生，为单叶，有长柄，不明显或明显3～5浅裂，裂片边缘全缘或有牙齿。花莛不分枝；苞片3枚，轮生，形成总苞，分生，与花靠近而呈萼片状。花单生于花莛顶端，两性；萼片5～10枚，稀更多，花瓣状。瘦果卵球形。

约7种。我国2种，湖北1种，神农架也有。

川鄂獐耳细辛 ｜ Hepatica henryi (Oliver) Steward 图47-1

多年生草本。基生叶约6枚，有长柄；叶片宽卵形或圆肾形，基部心形，不明显3浅裂，裂片顶端急尖，边缘有1～2枚牙齿，两面有长柔毛，后脱落。花莛1～2条；苞片3枚；萼片6枚，倒卵状长圆形。瘦果卵球形。花期4～5月，果期6～7月。

产于神农架各地（官门山，zdg 7538），生海拔1500m的山坡林下。全草入药。

图47-1　川鄂獐耳细辛

2．银莲花属Anemone Linnaeus

多年生草本。叶基生，掌状3裂或三出复叶，稀羽状；叶脉掌状。花直立或渐升；聚伞状或伞形，稀单花；叶状苞片数枚，形成总苞。萼片5枚至多数，花瓣状，白色、蓝紫色；无花瓣；雄蕊多数。聚合果球形，瘦果卵球形或近球形，少有两侧扁，具喙。

约150种。我国约53种，湖北约9种，神农架8种。

分种检索表

```
1. 心皮被短绒毛。
    2. 萼片白色或淡粉色·····································1. 大火草A. tomentosa
    2. 萼片紫红色·········································2. 打破碗花花A. hupehensis
1. 心皮无毛或具长毛。
    3. 苞片有柄。
        4. 苞片的柄细长，不呈鞘状。
            5. 苞片3深裂······································5. 小银莲花A. exigua
            5. 苞片3全裂······································3. 西南银莲花A. davidii
        4. 苞片的柄鞘状·······································4. 草玉梅A. rivularis
    3. 苞片无柄。
        6. 基生叶多，有5~13枚······························6. 展毛银莲花A. demissa
        6. 基生叶少，有1~3枚。
            7. 根状茎粗，节间极短，节密集····················7. 鹅掌草A. flaccida
            7. 根状茎细，节间细长，节大多远离···············8. 毛果银莲花A. baicalensis
```

1. 大火草｜Anemone tomentosa (Maximowicz) C. Pei　图47-2

多年生草本。基生叶3~4枚，有长柄，常为三出复叶；中央小叶卵形至宽卵形，3裂，边缘具粗锯齿。聚伞花序，二至三回分枝；叶状苞片3枚；萼片5枚，淡粉红色或白色；雄蕊多数；心皮多数，子房密被绒毛。聚合果球形，瘦果密被绵毛。花期7~9月，果期8~10月。

产于神农架各地，生于海拔500~2100m的山坡林下、路边草丛中。根入药；花供观赏。

2. 打破碗花花｜Anemone hupehensis (Lemoine) Lemoine　图47-3

多年生草本。基生叶3~5枚，常为三出复叶，稀单叶；中央小叶卵形或宽卵形，不分裂或3~5浅裂，边缘有锯齿，两面疏生柔毛。花葶直立；聚伞花序二至三回分枝，多花；苞片3枚，似基生

图47-2　大火草

叶；萼片5枚，紫红色或粉红色；雄蕊多数，心皮多数。聚合果球形，瘦果密被绵毛。花期6～8月，果期8～10月。

产于神农架各地，生于海拔900m以下的山坡、沟边、路边的草丛。全草入药；花供观赏。

3．西南银莲花 | Anemone davidii Franchet 图47-4

多年生草本。基生叶1枚，心状五角形，3全裂，中全裂片菱形，3深裂，边缘有粗齿，侧全裂片不等2深裂，两面疏被短毛。花葶直立；苞片3枚，似基生叶；萼片5枚，白色；雄蕊多数。瘦果卵球形。花期5～6月，果期8～9月。

产于神农架宋洛、新华，生于海拔1000～1300m的沟边或草丛中。根状茎入药。

图47-3 打破碗花花

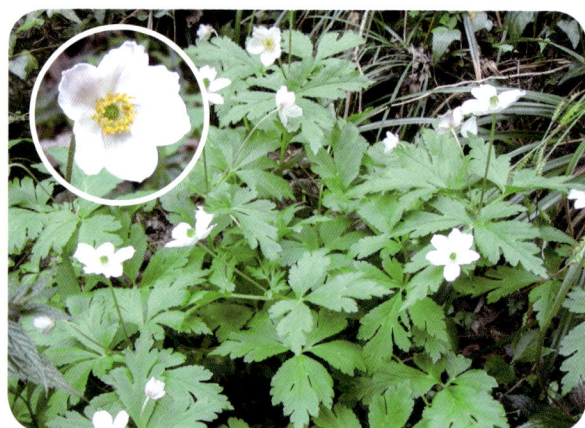

图47-4 西南银莲花

4．草玉梅 | Anemone rivularis Buchanan-Hamilton ex de Candolle

分变种检索表

1. 萼片6～10枚·······························**4a．草玉梅**A. rivularis var. rivularis
1. 萼片5（～6）枚·····················**4b．小花草玉梅**A. rivularis var. floreminore

4a．草玉梅（原变种）Anemone rivularis var. rivularis 图47-5

多年生草本。基生叶3～5枚，叶片肾状五角形，3全裂。花葶1条，直立；聚伞花序二至三回分枝；苞片3枚，似基生叶；萼片6～10枚，白色；雄蕊多数；子房狭长圆形，花柱拳卷。瘦果狭卵球形。花期5～6月，果期8～9月。

产于神农架各地，生于海拔2000m以上的山坡草地中。全草入药。

4b．小花草玉梅（变种）Anemone rivularis var. floreminore Maximowicz 图47-6

本变种与原变种的主要区别：苞片的深裂片通常不分裂，披针形至披针状线形；花较小；萼片5～6枚，狭椭圆形或倒卵状狭椭圆形。

产于神农架各地，生于海拔1600～2600m的山坡、沟边或路边草丛中。根和全草入药。

图47-5　草玉梅

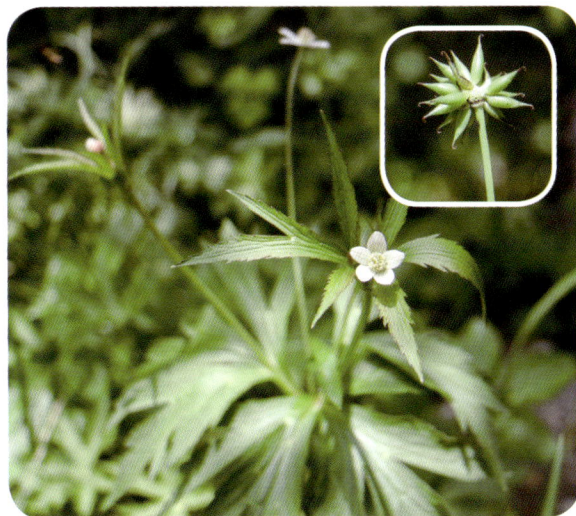

图47-6　小花草玉梅

5．小银莲花 ｜ **Anemone exigua** Maximowicz　　图47-7

多年生草本。基生叶2～5枚，有长柄，叶片心状五角形，3全裂。花莛1(～2)条，上部有疏柔毛；苞片3枚，三角状卵形或卵形，3深裂；萼片5枚，白色，椭圆形或倒卵形，外面有短柔毛；雄蕊长为萼片之半，花药椭圆形，花丝丝形。瘦果黑色，近椭圆球形。花期6～8月。

产于神农架红坪、九湖（大九湖，304），生于海拔1700～2700m的山坡密林下。

6．展毛银莲花 ｜ **Anemone demissa** J. D. Hooker et Thomson　　图47-8

多年生草本。基生叶5～13枚，叶片卵形，3全裂，中全裂片菱状宽卵形，3深裂，侧全裂片较小，近无柄，不等3深裂，表面变无毛，背面有稍密的长柔毛。花莛1～2条，有开展的长柔毛；苞片3枚；萼片5～6枚，蓝色或紫色，稀白色；雄蕊多数。瘦果扁平，椭圆形或倒卵形。花期6～7月，果期8～9月。

产于神农架高海拔地区（板壁岩、金丝燕垭等），生于海拔2800m山顶石壁上。花期6～7月。根状茎及果实可入药。

153

图47-7　小银莲花

图47-8　展毛银莲花

7. 鹅掌草 ｜ **Anemone flaccida** F. Schmidt 图47-9

多年生草本。根状茎近圆柱形，节间缩短。基生叶1~2枚，五角形，3全裂，中全裂片菱形，3裂，侧裂片不等2深裂，表面有疏毛，背面通常无毛。花葶直立；苞片3枚，似基生叶；萼片5枚，白色；雄蕊多数；心皮约8枚，子房密被淡黄色短柔毛，无花柱，柱头近三角形。花期4月，果期5~6月。

产于神农架高海拔地区，生于海拔2200m的山坡林下阴湿处。根状茎入药。

8. 毛果银莲花 ｜ **Anemone baicalensis** Turczaninow 图47-10

多年生草本。基生叶1~2枚，肾状五角形，3全裂，中全裂片宽菱形，上部3浅裂，侧全裂片斜扇形，2深裂，两面有短柔毛。苞片3枚，无柄，3深裂；萼片5~6枚，白色；雄蕊多数；心皮6~16枚，子房密被柔毛，有短花柱，柱头近头形。花期5~6月，果期7~8月。

产于神农架高海拔地区，生于海拔2000m的山顶山坡草丛中。

图47-9 鹅掌草

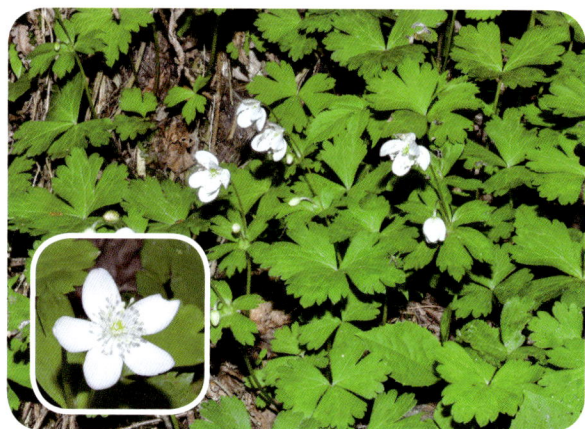

图47-10 毛果银莲花

3. 铁线莲属Clematis Linnaeus

多年生木质或草质藤本，或直立灌木或草本。叶对生，单叶、羽状复叶或三出复叶；具柄。花两性，稀单性，单生或簇生，或成聚伞、总状、圆锥花序；萼片常4枚，直立成钟状，花瓣状；花瓣不存在；雄蕊多数，花丝有毛或无毛；退化雄蕊有时存在；心皮多数，分离，有毛或无毛，每心皮内有1枚胚珠。瘦果。

约300种。我国约147种，湖北51种，神农架30种。

分种检索表

1. 叶为复叶。
　　2. 花丝被毛。

3．叶为三出复叶。

    4．直立草本或半灌木··**2．大叶铁线莲C. heracleifolia**

    4．木质或草质藤本。

        5．叶柄基部膨大，抱茎··**3．宽柄铁线莲C. otophora**

        5．叶柄基部不膨大，不抱茎。

            6．植株被毛；聚伞花序1～3朵花。

                7．茎、叶密被锈色长柔毛；聚伞花序腋生················

                ····························**4．锈毛铁线莲C. leschenaultiana**

                7．茎、叶微被柔毛；聚伞花序腋生或顶生。

                    8．单花腋生，无苞片··············**5．神农架铁线莲C. shenlungchiaensis**

                    8．聚伞花序，有苞片··················**6．尾叶铁线莲C. urophylla**

            6．植株无毛；单花腋生或聚伞花序仅1～3朵花。

                9．花梗无苞片；小叶全缘···············**7．须蕊铁线莲C. pogonandra**

                9．花梗上有一叶状苞片；小叶边缘有锯齿·····················

                ··························**8．华中铁线莲C. pseudootophpra**

  3．叶为二回三出复叶或羽状复叶。

    10．叶为羽状复叶··································**9．杯柄铁线莲C. connata** var. **trullifera**

    10．叶为二回三出复叶··································**10．毛蕊铁线莲C. lasiandra**

2．花丝无毛。

  11．花常单生或与叶簇生，基部有宿存芽鳞，少具2～4朵花。

    12．子房和瘦果有毛··································**11．金毛铁线莲C. chrysocoma**

    12．子房和瘦果无毛··································**12．绣球藤C. montana**

  11．花或花序腋生或顶生。

    13．花梗上具1枚大型叶状苞片··················**13．光柱铁线莲C. longistyla**

    13．花梗上无苞片，即使有也甚小。

        14．叶全缘。

            15．叶为三出复叶。

                16．花枝基部芽鳞小，长0.5～0.8cm··············**14．山木通C. finetiana**

                16．花枝基部芽鳞大，长0.8～3.5cm。

                    17．叶革质，无白色条纹··················**15．小木通C. armandii**

                    17．叶纸质，具白色条纹··················**16．铁线莲属一种C. sp.**

            15．一至二回羽状复叶或二回三出复叶。

                18．瘦果圆柱状钻形，无毛··················**18．柱果铁线莲C. uncinata**

                18．瘦果卵形至卵圆形，被毛。

                    19．叶片干后变黑色，萼片顶端凸尖或尖···**20．威灵仙C. chinensis**

                    19．叶片干后不为黑色，若变黑，则萼片顶端常为截形或钝。

                      20．萼片顶端常为截形或微凹···**21．巴山铁线莲C. pashanensis**

                      20．萼片顶端不为截形，若为截形，叶干后不变黑。

                        21．花序多少为聚伞花序····································

                  ····················**22．五叶铁线莲C. quinquefoliolata**

21．圆锥花序多花。

  22．小叶基部楔形至浅心形⋯⋯⋯⋯⋯⋯⋯⋯**23．圆锥铁线莲C. terniflora**

  22．小叶基部常为圆形或浅心形⋯⋯⋯⋯⋯⋯**24．小蓑衣藤C. gouriana**

14．叶缘具锯齿。

  23．叶为三出复叶⋯⋯⋯⋯⋯⋯⋯⋯⋯**25．钝齿铁线莲C. apiifolia var. argentilucida**

  23．叶为一至二回羽状复叶或二回三出复叶。

   24．叶为二回羽状复叶或二回三出复叶。

    25．瘦果被毛⋯⋯⋯⋯⋯⋯⋯⋯⋯**26．短尾铁线莲C. brevicaudata**

    25．瘦果无毛⋯⋯⋯⋯⋯⋯⋯⋯**27．扬子铁线莲C. puberula var. ganpiniana**

   24．叶为一回羽状复叶。

    26．花梗上的小苞片显著⋯⋯⋯⋯⋯⋯**28．金佛铁线莲C. gratopsis**

    26．花梗上的小苞片小，钻形或不存在。

     27．花较大，腋生花序为聚伞花序⋯⋯**29．粗齿铁线莲C. grandidentata**

     27．花较小，腋生花序为圆锥花序⋯⋯⋯⋯⋯**30．钝萼铁线莲C. peterae**

1．叶为单叶。

 28．叶片纸质或膜质，营养枝、生殖枝叶也皆为单叶。

  29．叶片纸质，叶边缘具刺头状的浅齿⋯⋯⋯⋯⋯**1．单叶铁线莲C. henryi**

  29．叶片膜质，叶片3裂⋯⋯⋯⋯⋯⋯⋯⋯**19．曲柄铁线莲C. repens**

 28．叶片革质，营养枝叶为单叶，生殖枝叶为三出复叶⋯⋯**17．贵州铁线莲C. kweichowensis**

1．单叶铁线莲 ｜ Clematis henryi Oliver   图47-11

  木质藤本。主根地瓜状。单叶对生，卵状披针形，先端渐尖，基部浅心形，边缘具刺头状的浅齿，两面无毛。花常单生于叶腋，稀2～5朵花成聚伞花序；花钟状；萼片4枚，白色或淡黄色；雄蕊多数，花丝被长柔毛；心皮被短柔毛，花柱被绢状毛。瘦果狭卵形，被短柔毛。花期11～12月，果期翌年3～4月。

  产于神农架木鱼、松柏、新华，生于海拔800～1400m的山坡林中或沟谷阴湿处。块根和叶入药。

2．大叶铁线莲 ｜ Clematis heracleifolia de Candolle   图47-12

  直立草本或半灌木。茎具纵条纹，密生糙绒毛。三出复叶，小叶片厚纸质，卵圆形，先端短尖，基部圆形，边缘具粗锯齿，上面无毛，

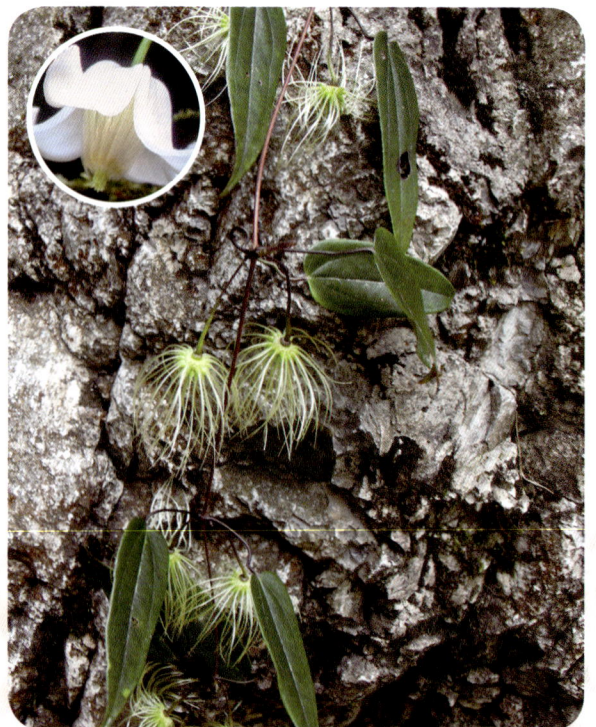

图47-11 单叶铁线莲

下面有曲柔毛。聚伞花序顶生或腋生；花杂性，花萼下半部呈管状；萼片4枚，蓝紫色；雄蕊多数，花丝无毛。瘦果卵圆形，被短柔毛。花期8～9月，果期10月。

产于神农架新华，生于海拔400～700m的悬崖石缝中。全草入药。神农架产的本种为落叶灌木，花萼狭管状，应恢复王文采先生命名的狭卷萼铁线莲 *Clematis tubulosa* var. *ichangensis* 为宜。

3．宽柄铁线莲 | **Clematis otophora** Franchet ex Finet et Gagnepain 图47-13

攀援草质藤本。三出复叶；小叶片纸质，矩圆状披针形，先端渐尖，基部心形至宽楔形，上部有稀浅锯齿；基出主脉3条。聚伞花序腋生，常1～3朵花；萼片4枚，黄色；雄蕊多数，花丝被黄色柔毛；心皮被黄色绢状毛。瘦果狭倒卵形，被淡黄色长柔毛。花期7～8月，果期9～10月。

产于神农架千家坪、酒壶坪，生于海拔1800～2100m的山坡林中。藤茎入药。

图47-12　大叶铁线莲

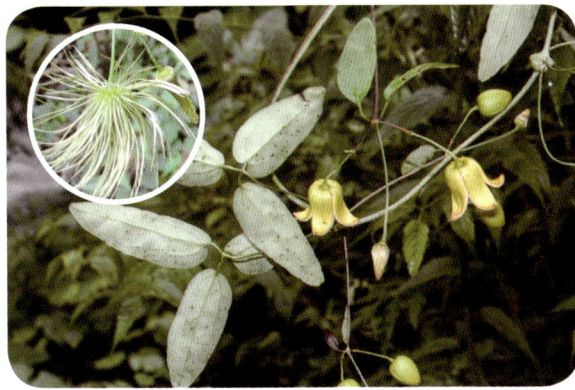

图47-13　宽柄铁线莲

4．锈毛铁线莲 | **Clematis leschenaultiana** de Candolle 图47-14

木质藤本。茎密被金黄色长柔毛。三出复叶；小叶片纸质，卵圆形至卵状披针形，顶端渐尖，基部圆形。聚伞花序腋生，常具3朵花；花萼直立成壶状；萼片4枚，黄色；子房卵形。瘦果狭卵形，被棕黄色短柔毛。花期1～2月，果期3～4月。

产于神农架下谷乡（下谷—河坪—石柱河, zdg 4328），生于海拔500m的山坡疏林地。全株入药。

图47-14　锈毛铁线莲

5. 神农架铁线莲 | **Clematis shenlungchiaensis** M. Y. Fang 图47–15

木质藤本。三出复叶，小叶片宽卵圆形，先端渐尖，基部宽楔形，边缘有1～2对圆锯齿或浅裂，表面深绿色，背面粉白色，两面均被稀疏柔毛。单花腋生，无苞片；花钟状，下垂；萼片4枚，黄绿色；雄蕊多数，花丝被短柔毛；心皮被绢状毛。果实未见。

产于神农架高海拔地区，生于海拔2500～2800m的山坡林缘或石壁上。

6. 尾叶铁线莲 | **Clematis urophylla** Franchet 图47–16

木质藤本。茎微有6棱。三出复叶，小叶片卵状披针形，尖端有尖尾，基部宽楔形至微心形。聚伞花序腋生，常1～3朵花；花钟状；萼片4枚，白色；雄蕊花丝被长柔毛；子房及花柱被绢状毛。瘦果纺锤形，被短柔毛。花期11～12月，果期翌年3～4月。

产于神农架大神农架南坡，生于海拔2700m的石缝中。藤茎入药。

图47–15 神农架铁线莲

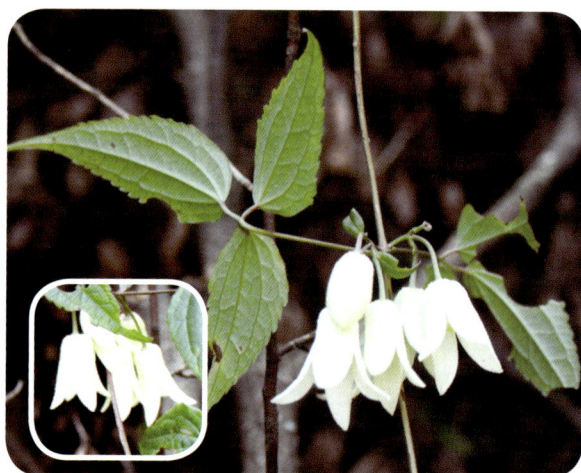

图47–16 尾叶铁线莲

7. 须蕊铁线莲 | **Clematis pogonandra** Maximowicz 图47–17

草质藤本。三出复叶，小叶卵状披针形，先端渐尖，基部圆形，全缘。单花腋生，花钟状；萼片4枚，淡黄色；雄蕊与萼片近于等长，花丝被长柔毛；心皮被短柔毛。瘦果倒卵形。花期6～7月，果期7～8月。

产于神农架红坪、木鱼、宋洛、官门山（zdg 7568）、神农顶（zdg 7502），生于海拔1800～2300m的山坡灌丛中。藤茎入药。

8. 华中铁线莲 | **Clematis pseudootophora** M. Y. Fang 图47–18

攀援草质藤本。三出复叶，小叶长椭圆状披针形，先端渐尖，基部宽楔形。聚伞花序腋生，常具1～3朵花；花钟状，下垂；萼片4枚，淡黄色；雄蕊花丝被柔毛；心皮被短柔毛。瘦果棕色，被短柔毛。花期8～9月，果期9～10月。

产于神农架各地，生于海拔500～2200m的山坡林缘。藤茎入药。

图47-17 须蕊铁线莲

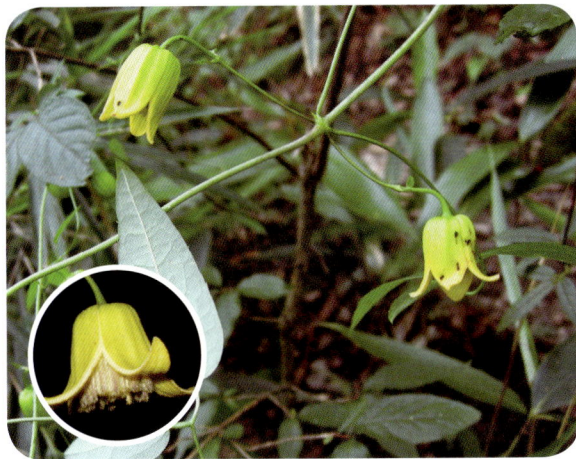

图47-18 华中铁线莲

9. 杯柄铁线莲（变种）｜ Clematis connata var. trullifera (Franchet) W. T. Wang 图47-19

木质藤本。一回羽状复叶，有7~9枚小叶；小叶片宽卵形，先端渐尖，基部心形。圆锥花序，常具5~10朵花；花钟状；萼片4枚，黄色；花丝被密柔毛；心皮被长柔毛。瘦果倒卵形。花期10月，果期11月。

产于神农架木鱼，生于海拔1400m的山坡林缘。藤茎入药。

10. 毛蕊铁线莲｜ Clematis lasiandra Maximowicz 图47-20

攀援草质藤本。叶常为二回三出复叶；小叶卵状披针形，端渐尖，基部阔楔形。聚伞花序腋生，常具1~3朵花；花钟状；萼片4枚，粉红色至紫红色；花丝两侧被柔毛；心皮被绢状毛。瘦果卵形或纺锤形，被疏短柔毛。花期10月，果期11月。

产于神农架红坪、九湖、木鱼、板仓—坪堑（zdg 7286）、冲坪—老君山（zdg 6975），生于海拔800~1800m的沟边、山坡灌丛中。全草入药。

图47-19 杯柄铁线莲

图47-20 毛蕊铁线莲

11. 金毛铁线莲 | **Clematis chrysocoma** Franchet 图47-21

木质藤本。三出复叶，小叶片两面密生绢状毛，下面尤密，2～3裂，边缘疏生粗牙齿，顶生小叶片卵形或倒卵形，侧生小叶片较小。花1～3（～5）朵与叶簇生或为聚伞花序；花钟状；萼片4枚，白色、粉红色或带紫红色；雄蕊无毛。瘦果扁，被绢状毛。花期4～7月，果期7～11月。

产于神农架新华，生于海拔850m的山坡灌丛中。根和茎入药。

图47-21　金毛铁线莲

12. 绣球藤 | **Clematis montana** Buchanan-Hamilton ex de Candolle

分变种检索表

1. 小叶片卵形至椭圆形；叶缘常具缺刻状锯齿············**12a. 绣球藤C. montana** var. **montana**
1. 小叶片为长圆状椭圆形至卵形；叶缘常具粗锯齿或全缘··············
···············**12b. 大花绣球藤C. montana** var. **longipes**

12a. 绣球藤（原变种）**Clematis montana** var. **montana** 图47-22

木质藤本。三出复叶，小叶片卵形至椭圆形，边缘具缺刻状锯齿，顶端3裂或不明显，两面疏生短柔毛。花1～6朵与叶簇生；萼片4枚，开展，白色或外面带淡红色；雄蕊无毛。瘦果扁，卵形或卵圆形，无毛。花期4～6月，果期7～9月。

产于神农架高海拔地区，生于海拔1600～2300m的林缘、灌丛上。茎藤入药。

12b. 大花绣球藤（变种）**Clematis montana** var. **longipes** W. T. Wang 图47-23

本变种与原变种的主要区别：小叶片为长圆状椭圆形至卵形，叶缘疏生粗锯齿或全缘；花大。

产于神农架高海拔地区，生于海拔1600～2300m的林缘、灌丛上。茎藤入药。

图47-22　绣球藤

图47-23　大花绣球藤

13．光柱铁线莲 ｜ **Clematis longistyla** Handel-Mazzetti

木质藤本。叶为三出复叶、羽状复叶至二回三出复叶；小叶片卵圆形，顶端锐尖，基部圆形或楔形。单花腋生；具1枚大型叶状苞片，不裂或3裂；花开展；萼片6枚，白色，稀4或5枚。瘦果的宿存羽毛状花柱有金黄色长柔毛。

产于神农架阳日（阳日湾，陶光复276），生于海拔470m的山坡林缘。

14．山木通 ｜ **Clematis finetiana** H. Léveillé et Vaniot
图47-24

木质藤本。三出复叶，小叶片薄革质，卵状披针形至卵形，先端渐尖，基部圆形至浅心形，全缘。花常单生，或为聚伞花序、总状聚伞花序，有1～3朵花或多花；萼片4～6枚，开展，白色，外面边缘密生短绒毛。瘦果狭卵形，有柔毛。花期4～6月，果期7～11月。

产于神农架红坪，生于海拔900～1300m的山坡林缘。根和叶入药。

图47-24　山木通

15．小木通 ｜ **Clematis armandii** Franchet

分变种检索表

1. 聚伞花序7至多数 ··· **15a．** 小木通C. armandii var. **armandii**

1. 聚伞花序1～3朵 ··· **15b．** 鹤峰小木通C. armandii var. **hefengensis**

15a．小木通（原变种）Clematis armandii var. armandii　图47-25

木质藤本。三出复叶，革质，小叶卵状披针形至卵形，先端渐尖，基部宽楔形至心形，全缘。聚伞花序7至多数，腋生或顶生；萼片4~5枚，开展，白色，偶带淡红色，外面边缘密生短绒毛至稀疏，雄蕊无毛。瘦果扁，卵形至椭圆形，疏生柔毛。花期3~4月，果期4~7月。

产于神农架木鱼、宋洛、下谷、新华、阳日（阳日—马桥，zdg 4431；长青，zdg 5843），生于海拔900~1300m的山坡林缘。花供观赏；茎藤入药。

15b．鹤峰小木通（变种）Clematis armandii var. hefengensis (G. F. Tao) W. T. Wang　图47-26

本变种与原变种的主要区别：聚伞花序具1~3朵花，萼片较大，具明显脉纹。

产于神农架新华（庙儿观马鹿场）、阳日（长青，zdg 5844）、阳日—马桥（zdg 4426＋1），生于海拔600m的山谷林缘。花供观赏；茎藤入药。

图47-25　小木通

图47-26　鹤峰小木通

16．铁线莲属一种 | Clematis sp.　图47-27

木质藤本。二回三出或羽状复叶，小叶纸质，卵状披针形至卵形，上面有白色脉纹，裂片先端圆钝。聚伞花序多花，腋生或顶生；萼片4枚，开展，白色，偶带淡红色，两面无毛，雄蕊无毛。瘦果扁，卵形至椭圆形，无毛。花期3~4月，果期4~6月。

产于神农架木鱼（九冲）、九湖（东溪），生于海拔400~700m的山坡林缘或灌丛上。本种叶为二回羽状分裂，叶面具白色脉纹，甚为特殊。

17．贵州铁线莲 | Clematis kweichowensis C. Pei　图47-28

木质藤本。单叶对生，稀三出复叶，叶片幼时草质，老后成厚革质，椭圆状披针形至卵状披针形，顶端有尖尾，基部楔形，全缘。聚伞花序腋生，常具1~3朵花；花梗下部有鳞状苞片；花钟状；萼片4枚，黄绿色。瘦果纺锤形，棕红色，被黄色短柔毛。花期9月，果期10月。

产于神农架房县（小落溪，刘克荣 275），生于海拔800m的山谷溪边林缘。

图47-27 铁线莲属一种

图47-28 贵州铁线莲

18．柱果铁线莲 │ **Clematis uncinata** Champion ex Bentham

分变种检索表

1．小叶片纸质，上面不皱缩··············**18a．柱果铁线莲** C. uncinata var. uncinata

1．小叶片革质，上面微皱··············**18b．皱叶铁线莲** C. uncinata var. coriacea

18a．柱果铁线莲（原变种）**Clematis uncinata** var. **uncinata**　图47-29

木质藤本。一至二回羽状复叶，有5～15枚小叶；小叶片纸质，宽卵形至卵状披针形，先端渐尖，基部宽楔形，或浅心形，全缘。圆锥状聚伞花序，多花；萼片4枚，开展，白色。瘦果圆柱状钻形。花期6～7月，果期7～9月。

产于神农架木鱼、新华，生于海拔1200m以下的山坡疏林地。根和叶入药。

图47-29 柱果铁线莲

18b．皱叶铁线莲（变种）**Clematis uncinata** var. **coriacea** Pampanini

本种与原变种的主要区别：小叶片较厚，革质，干后上面微皱，下面叶脉不明显。花期6～7月，果期8～9月。

产于神农架木鱼、松柏、新华、阳日，生于海拔800～1200m的山坡林下、沟谷林缘灌丛中。藤茎入药。

19．曲柄铁线莲 │ **Clematis repens** Finet et Gagnepain

木质藤本。单叶；叶片膜质，卵圆形或卵状椭圆形，顶端短尖，有稀疏牙齿，基部全缘，心形或圆形。花单生于叶腋；花萼钟状，萼片4枚，黄色；子房卵形，被短柔毛。瘦果纺锤形或狭卵形。花期7～8月，果期9～10月。

产于神农架房县（十区小洛溪，朱国芳275），生于海拔500m的溪边林缘。

20．威灵仙 ｜ **Clematis chinensis** Osbeck　图47-30

木质藤本。一回羽状复叶有5枚小叶，稀3或7枚；小叶片纸质，卵形至卵状披针形，先端渐尖，基部宽楔形至浅心形，全缘。圆锥状聚伞花序，多花；萼片4～5枚，白色，外面边缘密生绒毛。瘦果扁，3～7枚，卵形至宽椭圆形，被柔毛。花期6～9月，果期8～11月。

产于神农架各地（新华，zdg 7964），生于海拔400～1200m的山坡疏林地或林缘。根状茎。

21．巴山铁线莲 ｜ **Clematis pashanensis** (M. C. Chang) W. T. Wang　图47-31

木质藤本。一至二回羽状复叶；小叶卵形至卵圆形，常2～3浅裂，全裂，先端钝或凸尖，基部楔形至圆形，全缘。聚伞花序或总状、圆锥状聚伞花序，有花3至多朵；花钟状，萼片4～6枚，白色，倒卵状长圆形。瘦果卵形至椭圆形。花期6～8月，果期8～9月。

产于神农架木鱼、新华、龙门河（zdg 7925）、峡口，生于海拔500m的山坡疏林地。根及根状茎入药。

图47-30　威灵仙

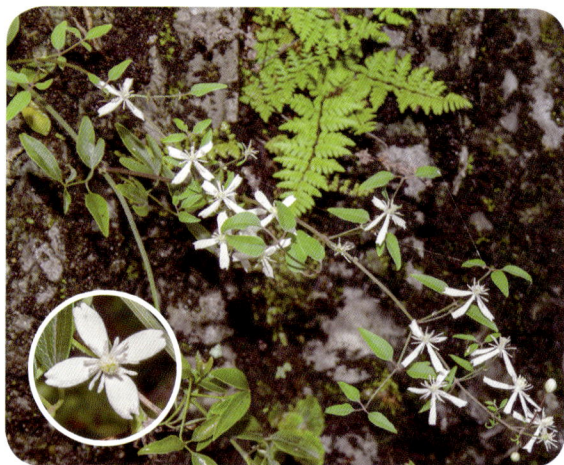

图47-31　巴山铁线莲

22．五叶铁线莲 ｜ **Clematis quinquefoliolata** Hutchinson　图47-32

木质藤本。一回羽状复叶，小叶5枚；小叶片长圆状披针形至长卵形或卵形，基部圆形至浅心形，全缘，两面无毛。聚伞花序或总状、圆锥状聚伞花序，花3～10朵或更多；萼片4枚，开展，白色。瘦果卵形或椭圆形。花期6～8月，果期7～10月。

产于神农架老君山、九冲，生于海拔900m的山坡灌丛中山谷沟边。藤茎入药。

23．圆锥铁线莲 ｜ **Clematis terniflora** de Candolle　图47-33

木质藤本。一回羽状复叶，通常小叶5枚；小叶片狭卵形至宽卵形，基部楔形至浅心形，全缘。圆锥状聚伞花序，多花；萼片常4枚，白色；雄蕊无毛。瘦果橙黄色，常5～7枚，倒卵形至宽椭圆形。花期6～8月，果期8～11月。

产于神农架阳日、宋洛，生于海拔600～800m的山沟灌木林中。根入药。

图47-32　五叶铁线莲

图47-33　圆锥铁线莲

24．小蓑衣藤 ｜ Clematis gouriana Roxburgh ex de Candolle　图47-34

　　木质藤本。一回羽状复叶，通常小叶5枚；小叶片纸质，卵形至披针形，先端渐尖，基部圆形或浅心形，常全缘。圆锥状聚伞花序，多花；萼片4枚，开展，白色，两面有短柔毛；雄蕊无毛；子房有柔毛。瘦果纺锤形或狭卵形。花期9～10月，果期11～12月。

　　产于神农架各地（阳日与马桥交界，zdg 3706；长青矿区，zdg 7061），生于海拔800m以下的山坡疏林地或林缘。藤茎入药。

25．钝齿铁线莲（变种）｜ Clematis apiifolia var. argentilucida (H. Léveillé et Vaniot) W. T. Wang　图47-35

　　木质藤本。小枝和花序梗、花梗密生伏贴短柔毛。三出复叶；小叶片卵形或宽卵形，不明显3浅裂，边缘有锯齿。圆锥状聚伞花序，多花；萼片4枚，白色，两面有短柔毛；雄蕊无毛。瘦果纺锤形或狭卵形。花期7～9月，果期9～10月。

　　产于神农架九湖、红坪、木鱼、松柏、宋洛，生于海拔650～1300m的沟边、山坡灌丛中。茎叶入药。

图47-34　小蓑衣藤

图47-35　钝齿铁线莲

26．短尾铁线莲 ｜ Clematis brevicaudata de Candolle　图47-36

木质藤本。二回羽状复叶或二回三出复叶，有5～15枚小叶；小叶片卵形至宽卵状披针形，基部圆形、截形至浅心形。圆锥状聚伞花序；萼片4枚，白色，两面均有短柔毛；雄蕊无毛。瘦果卵形。花期7～9月，果期9～10月。

产于神农架各地，生于海拔1200m以下的山坡林缘。藤茎入药。

27．扬子铁线莲（变种）｜ Clematis puberula var. ganpiniana (H. Léveillé et Vaniot) W. T. Wang　图47-37

木质藤本。常二回羽状复叶或二回三出复叶；小叶片长卵形、卵形或宽卵形，基部宽楔形至心形，边缘有粗锯齿或全缘。圆锥状聚伞花序或单聚伞花序，3至多花；萼片4枚，白色；雄蕊无毛。瘦果常为扁卵圆形。花期7～9月，果期9～10月。

产于神农架各地（古水，zdg 7207），生于海拔1800m以下的山坡林缘。

图47-36　短尾铁线莲

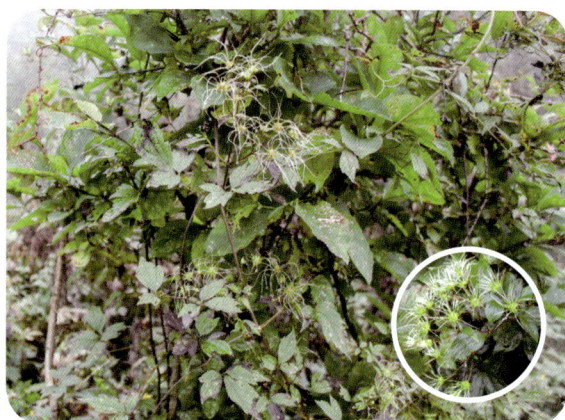

图47-37　扬子铁线莲

28．金佛铁线莲 ｜ Clematis gratopsis W. T. Wang　图47-38

木质藤本。一回羽状复叶，通常小叶5枚；小叶片宽卵形至卵状披针形，基部心形，中部以下3浅裂至深裂。聚伞花序常有3～9朵花，或成顶生圆锥状聚伞花序；萼片4枚，白色；雄蕊无毛。瘦果卵形，密生柔毛。花期8～10月，果期10～12月。

产于神农架松柏、阳日，生于海拔600～1100m的山坡林下草丛中、沟边。茎能入药。

29．粗齿铁线莲 ｜ Clematis grandidentata (Rehder et E. H. Wilson) W. T. Wang　图47-39

木质藤本。一回羽状复叶，通常小叶5枚；小叶片卵形或椭圆状卵形，基部圆形至微心形。腋生聚伞花序常有3～7朵花，或成顶生圆锥状聚伞花序，多花；萼片4枚，白色；雄蕊无毛。瘦果扁卵圆形。花期5～7月，果期7～10月。

产于神农架各地，生于海拔1800m以下的山坡林缘。根和茎藤入药。

图47-38　金佛铁线莲

图47-39　粗齿铁线莲

30．钝萼铁线莲｜Clematis peterae Handel-Mazzetti

分变种检索表

1. 子房和瘦果无毛 ······························30a．钝萼铁线莲C. peterae var. peterae
1. 子房和瘦果被毛 ······························30b．毛果铁线莲C. peterae var. trichocarpa

167

30a．钝萼铁线莲（原变种）Clematis peterae var. peterae　图47-40

木质藤本。一回羽状复叶，通常小叶5枚；小叶片卵形或长卵形，基部圆形或浅心形，边缘疏生1至数枚锯齿或全缘。圆锥状聚伞花序，多花；萼片4枚，白色，两面有短柔毛。瘦果卵形。花期6～8月，果期9～12月。

产于神农架木鱼、宋洛、峡口、龙门河（zdg 7902），生于海拔400～1700m的山坡、沟边、路边灌丛中。茎藤入药。

图47-40　钝萼铁线莲

30b．毛果铁线莲（变种）Clematis peterae var. trichocarpa W. T. Wang

本变种与原变种的主要区别：子房和瘦果有柔毛。

产于神农架松柏、宋洛、新华，生于海拔800～1700m的山坡、沟边、路边灌丛中。茎藤入药。

4．唐松草属Thalictrum Linnaeus

多年生草本。叶三出复叶或多回复叶，叶柄基部稍变宽成鞘；有或无托叶。花序通常为由少数或较多花组成的单歧聚伞花序，或圆锥状、总状或伞房状；花两性或单性；萼片4～5枚，花瓣状，早落；无花瓣；雄蕊多数，花丝棒状；心皮多数。瘦果多数，常聚集成头状。

约150种。我国约76种，湖北20余种，神农架18种。

分种检索表

1．小叶盾形···1．盾叶唐松草T. ichangense
1．小叶非盾形。
  2．叶全部基生；花序为总状花序···················2．直梗高山唐松草T. alpinum var. elatum
  2．具茎生叶和基生叶；聚伞花序。
    3．植株被毛。
      4．花柱反折或下弯，经常盔状，柱头不明显。
        5．瘦果无柄··3．粗壮唐松草T. robustum
        5．瘦果具柄。
          6．花序多花；小叶背面有毛··············4．弯柱唐松草T. uncinulatum
          6．花序少花，稀疏；小叶纸质，背面无毛··········5．疏序唐松草T. laxum
      4．花柱直立，不为盔状，柱头明显。
        7．果柄细长，与瘦果近等长或长于瘦果··········6．长柄唐松草T. przewalskii
        7．果柄短，明显短于瘦果。
          8．花柱明显··7．西南唐松草T. fargesii
          8．花柱不明显或很短··································8．尖叶唐松草T. acutifolium
    3．植株无毛。
      9．花柱反折或下弯，经常盔状，柱头不明显。
        10．瘦果具柄··9．长喙唐松草T. macrorhynchum
        10．瘦果无柄或近无柄。
          11．小叶宽卵形，先端锐尖或短渐尖··········10．大叶唐松草T. faberi
          11．小叶倒卵形、椭圆形，先端圆形、截形或钝··········
          ···11．爪哇唐松草T. javanicum
      9．花柱直立，不为盔状，柱头明显，稀不明显。
        12．花丝上部明显增大。
          13．瘦果无柄或近无柄；花柱明显············12．瓣蕊唐松草T. petaloideum
          13．瘦果具柄。
            14．茎生叶3～4枚，三至四回羽状复叶。

1. 盾叶唐松草 | **Thalictrum ichangense** Lecoyer ex Oliver 图47–41

多年生草本。叶三出复叶或多回复叶，有或无托叶。花序通常为由少数或较多花组成的单歧聚伞花序，或圆锥状、总状或伞房状；花两性或单性；萼片4~5条，花瓣状，早落；无花瓣；雄蕊多数，花丝棒状。瘦果多数，常聚集成头状，常具宿存花柱。花期5~7月。

产于神农架各地（麻湾，zdg 6540），生于海拔1300m以下的悬崖石壁流水处。全草入药。

2. 直梗高山唐松草（变种）| **Thalictrum alpinum** var. **elatum** Ulbrich 图47–42

多年生草本。叶4~5枚或更多，均基生，为二回羽状三出复叶；小叶薄革质，圆菱形、菱状宽倒卵形或倒卵形，长和宽均为3~5mm，基部圆形或宽楔形。花莛1~2条，高6~20cm，不分枝；苞片小，狭卵形；萼片4枚。瘦果狭椭圆形，有8条粗纵肋。花期6~8月。

本变种与高山唐松草的主要区别：花梗向上直展，不向下弯曲；瘦果基部不变细成柄；植株全部无毛。在云南北部和四川西南部的一些居群植株常较高大，花莛高大，并常有1条分枝；小叶较大，背面有时被短柔毛，脉在背面稍隆起，脉网明显，可能是高山唐松草中最原始的类型。

产于神农架南天门（zdg 7373），生于海拔2800的山坡草地中。根及根状茎入药。

图47–41　盾叶唐松草

图47–42　直梗高山唐松草

3. 粗壮唐松草 | **Thalictrum robustum** Maximowicz 图47-43

多年生草本。茎中部叶为二至三回三出复叶；小叶纸质或草质；顶生小叶卵形，上部3浅裂，边缘有粗齿，背面稍密被短柔毛。花序圆锥状，花多数；花梗有短柔毛；萼片4枚，早落；雄蕊多数；心皮6～16枚，近无毛，花柱拳卷。瘦果无柄，长圆形，有7～8条纵肋。花期6～7月。

产于神农架红坪、宋洛，生于海拔1100～1900m的山坡、沟边草丛中。根状茎入药。

4. 弯柱唐松草 | **Thalictrum uncinulatum** Franchet ex Lecoyer 图47-44

多年生草本。三回三出复叶；小叶纸质；顶生小叶卵形，3浅裂，边缘有钝牙齿。花序圆锥状，花密集；花梗密被短柔毛；萼片白色；雄蕊多数；心皮6～8枚，花柱拳卷。瘦果狭椭圆球形，具6条纵肋。花期7月，果期8月。

产于神农架红坪、九湖、松柏、宋洛，生于海拔15000～1900m的山坡林中或沟旁草丛中。根及茎入药。

图47-43 粗壮唐松草

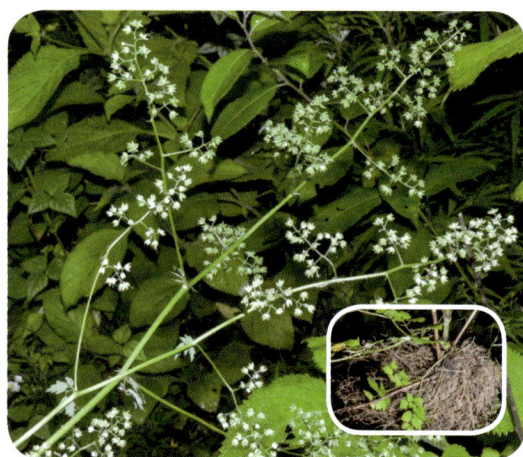
图47-44 弯柱唐松草

5. 疏序唐松草 | **Thalictrum laxum** Ulbrich

多年生草本。叶无毛，茎上部叶为二回三出复叶；顶生小叶狭卵形或卵形，基部浅心形、圆形或近截形，边缘每侧有2～6枚常不等大的钝牙齿。花序圆锥状，少花，稀疏；萼片早落；雄蕊多数，花丝近丝形；心皮6～8枚，无柄，长圆状卵形。花期3月。

产于神农架红坪、九湖、松柏、宋洛，生于海拔15000～1900m的山坡林中或沟旁草丛中。根及茎入药。

6. 长柄唐松草 | **Thalictrum przewalskii** Maximowicz 图47-45

多年生草本。四回三出复叶；小叶薄草质；顶生小叶卵形、菱状椭圆形、倒卵形或近圆形，三裂常达中部，有粗齿。圆锥花序多分枝，无毛；萼片白色，早落；雄蕊多数；心皮4～9枚，有子房柄，花柱与子房等长。瘦果扁，斜倒卵形，有4条纵肋。花期6～8月。

产于神农架木鱼（老君山、红花、酒壶坪）、红坪（大神农架）、神农谷（zdg 7096）、猴子石（zdg 7309），生于海拔1500~2800m的山谷、沟边草丛中。根可入药。

7. 西南唐松草 │ Thalictrum fargesii Franchet ex Finet et Gagnepain
图47-46

多年生草本。三至四回三出复叶，小叶草质或纸质；顶生小叶菱状倒卵形、宽倒卵形或近圆形。单歧聚伞花序；萼片4枚，白色或带淡紫色，脱落；雄蕊多数；心皮2~5枚，花柱直立，柱头狭椭圆形或近线形。瘦果纺锤形。花期5~6月。

产于神农架各地，生于海拔1500m以下的山坡林下阴湿处。全草入药。

图47-45　长柄唐松草

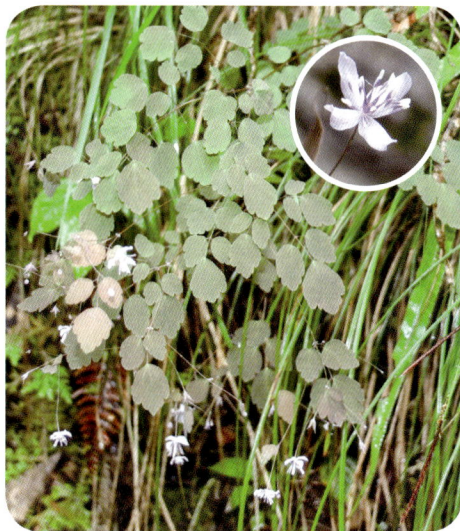

图47-46　西南唐松草

8. 尖叶唐松草 │ Thalictrum acutifolium (Handel-Mazzetti) B. Boivin
图47-47

多年生草本。二回三出复叶；顶生小叶卵形，不分裂或不明显3浅裂，边缘有疏牙齿。花序稀疏；萼片4枚，白色或带粉红色，早落；雄蕊多数；心皮6~12枚，有细柄，花柱短。瘦果扁，狭长圆形，有8条细纵肋。花期4~7月。

产于神农架阳日，生于海拔600m的悬崖滴水石壁上。全草入药。

9. 长喙唐松草 │ Thalictrum macrorhynchum Franchet 图47-48

多年生草本。二至三回三出复叶，小叶草质；顶生小叶圆菱形，三浅裂，具圆牙齿；叶柄基部稍增宽成鞘。圆锥状花序有稀疏分枝；萼片白色，早落；雄蕊多数；心皮10~20枚，拳卷。瘦果狭卵球形，有8条纵肋。花期6月。

产于神农架九湖（大九湖）、木鱼（老君山）、松柏（大岩屋）、阳日（长青，zdg 5877），生于海拔1200~1600m的林下、沟边阴湿处。根茎入药。

图47-47 尖叶唐松草

图47-48 长喙唐松草

10. 大叶唐松草 | **Thalictrum faberi** Ulbrich 图47-49

多年生草本。叶二至三回三出复叶；小叶大，坚纸质；顶生小叶宽卵形。花序圆锥状；萼片白色，早落；雄蕊多数，花药长圆形，上部倒披针形，下部丝形；心皮3～6枚。瘦果狭卵形，约有10条细纵肋。花期7～8月。

产于神农架宋洛，生于海拔700m的山沟阴湿处。根状茎入药。

11. 爪哇唐松草 | **Thalictrum javanicum** Blume 图47-50

多年生草本。茎生叶三至四回三出复叶；顶生小叶倒卵形、椭圆形，3浅裂，有圆齿，背面脉网明显。花序近二歧状分枝，伞房状或圆锥状；萼片4枚，早落；雄蕊多数；心皮8～15枚。瘦果狭椭圆形，有6～8条纵肋。花期4～7月。

产于神农架各地（长青，zdg 5769；八角庙—房县沿线，zdg 7515），生于海拔700m以下的山坡灌丛地。全草及根入药。

图47-49 大叶唐松草

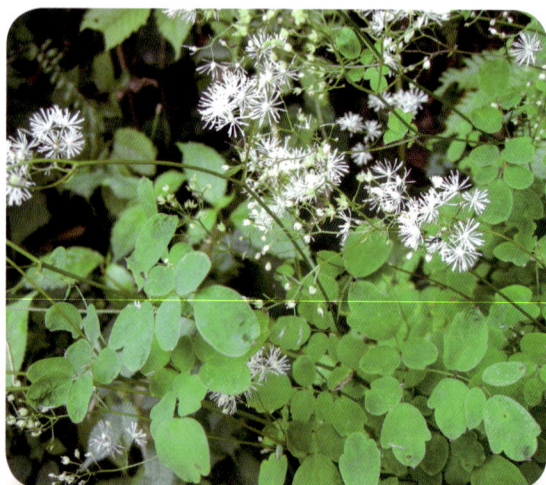

图47-50 爪哇唐松草

12. 瓣蕊唐松草 | Thalictrum petaloideum Linnaeus 图47-51

多年生草本。三至四回三出或羽状复叶；小叶草质，形状变异很大；顶生小叶倒卵形或宽倒卵形，3浅裂至3深裂。花序伞房状，少花或多花；萼片4枚，白色；雄蕊多数；心皮4~13枚，无柄。瘦果卵形，有8条纵肋。花期6~7月。

产于神农架宋洛，生于海拔700~1000m的山坡林下。根可入药。

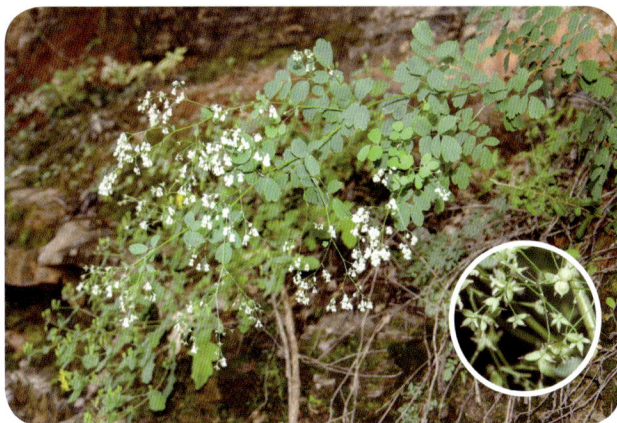

图47-51　瓣蕊唐松草

13. 贝加尔唐松草 | Thalictrum baicalense Turczaninow

多年生草本。叶为三回三出复叶；小叶草质；顶生小叶宽菱形或菱状宽倒卵形，3浅裂，裂片有圆齿。花序圆锥状；萼片4枚，绿白色，早落；雄蕊10~20枚；心皮3~7枚。瘦果卵形或宽椭圆形，有8条纵肋。花期5~6月。

产于神农架新华，生于海拔1400m的山坡、沟边草丛。根及根状茎入药。

14. 兴山唐松草 | Thalictrum xingshanicum G. F. Tao

多年生草本。叶一至三回三出复叶；小叶卵形或倒卵形，草质；基部圆形，顶端全缘，具3~9枚锯齿。伞形花序或单歧聚伞花序，常3~9朵花；萼片4枚，白色或紫色，早落；心皮3~13枚。瘦果纺锤形；具8条纵肋。花期4~5月，果期5~6月。

产于兴山县，生于海拔500m的山坡疏林地。

15. 小果唐松草 | Thalictrum microgynum Lecoyer ex Oliver 图47-52

多年生草本。基生叶1枚，为二至三回三出复叶；小叶薄草质；顶生小叶楔状倒卵形、菱形，3浅裂；茎生叶1~2枚，似基生叶。花序似复伞形花序；萼片白色，早落；雄蕊多数；心皮6~15枚，有柄，柱头小，无花柱。瘦果下狭椭圆球形，有6条细纵肋。花期4~7月。

产于神农架九湖、新华、阳日（阳日—板仓，zdg 6093）、大九湖（zdg 6556），生于海拔600m的悬崖流水处。全草入药。

图47-52　小果唐松草

16. 短梗箭头唐松草（变种）| **Thalictrum simplex** var. **brevipes** H. Hara 图47-53

多年生草本。叶为二回羽状复叶；小叶多为楔形，小裂片狭三角形，3裂。圆锥花序；萼片4枚，早落，狭椭圆形；雄蕊约15枚；心皮3~6枚，无柄，柱头宽三角形。瘦果狭椭圆球形或狭卵球形，有8条纵肋。花期7月。

产于神农架木鱼（红花）、下谷，生于海拔900~1200m的山坡林下草丛中。全草入药。

17. 东亚唐松草（变种）| **Thalictrum minus** var. **hypoleucum** (Siebold et Zuccarini) Miquel 图47-54

多年生草本。茎生叶为四回三出羽状复叶；小叶坚纸质；顶生小叶楔状倒卵形、近圆形或狭菱形，3浅裂或有疏牙齿。圆锥花序长；萼片4枚，淡黄绿色，脱落；雄蕊多数；心皮3~5枚，无柄，柱头正三角状箭头形。瘦果膨胀，卵球形，有8条纵肋。花期6~7月。

产于神农架红坪、九湖、松柏、宋洛、阳日，生于海拔800~1700m的山坡林下草丛中。根可入药。

18. 川鄂唐松草 | **Thalictrum osmundifolium** Finet et Gagnepain

多年生草本。叶为三至四回近羽状复叶；小叶草质；顶生小叶卵形、菱形或楔状倒卵形，3浅裂，裂片全缘或有少数牙齿。圆锥花序；萼片4或5枚；雄蕊多数；心皮12~14枚，花柱短，柱头椭圆形。瘦果两侧稍扁，斜狭倒卵形，有8条明显纵肋。花期6月。

产于神农架各地，生于海拔2300m的山坡草丛中。

5. 侧金盏花属 Adonis Linnaeus

多年生或一年生草本。基生叶和茎下部叶常退化成鳞片状；茎生叶互生，数回掌状或羽状细裂。花单生于茎或分枝顶端，两性；萼片5~8枚，淡黄绿色或带紫色；花瓣5~24枚；雄蕊多数；花丝狭线形或近丝形；心皮多数，子房卵形，有1枚胚珠，花柱短。瘦果倒卵球形或卵球形。

约30种。我国10种，湖北2种，神农架产1种。

图47-53 短梗箭头唐松草

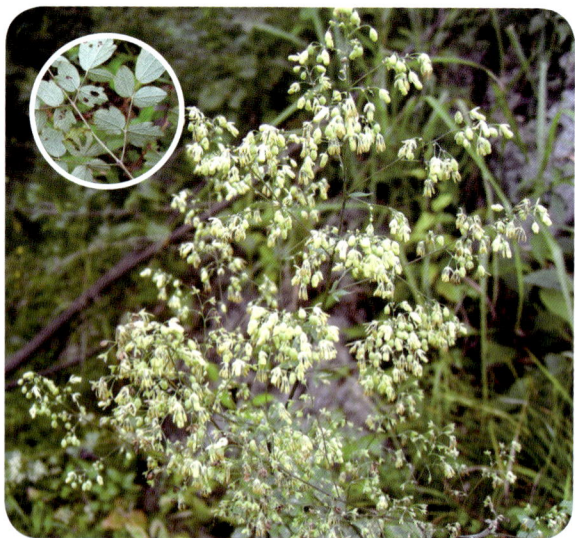
图47-54 东亚唐松草

蜀侧金盏花 | Adonis sutchuenensis Franchet   图47-55

多年生草本。叶无毛；叶卵状五角形，3全裂，二回羽状全裂或深裂。花黄色；萼片约6枚，多为倒披针形；花瓣8~12枚，倒披针形或长圆状倒披针形；雄蕊长约为花瓣的1/3；心皮多数，子房疏被短柔毛，花柱短或近不存在，柱头小，球形。花期4~6月。

产于神农架大龙潭（观音洞、红石沟）、大九湖（zdg 6650）、神农架林区（天山垭，鄂神农架植考队 34462），生于海拔2200m的山坡林下潮湿处。全草入药。本种花新鲜时黄色，但压制成标本后变为白色，极易被误鉴定为短柱侧金盏花。

图47-55　蜀侧金盏花

6. 美花草属Callianthemum C. A. Meyer

多年生草本。叶均基生或茎生，为二至三回羽状复叶。花单生于茎或分枝顶端，两性；萼片5枚，淡绿色或带淡紫色；花瓣5~16枚，倒卵形或倒卵状长圆形，白色或带淡紫色；雄蕊多数，花药椭圆形，花丝披针状线形；心皮多数，子房有1枚胚珠，花柱短。聚合果近球形；瘦果卵球形，有短宿存花柱。

约12种。我国5种，湖北1种，神农架也有。

图47-56　太白美花草

太白美花草 | Callianthemum taipaicum W. T. Wang   图47-56

多年生草本。基生叶3~6枚；叶片在开花时尚未完全发育，狭卵形，羽片2~3对，二回深裂，叶柄有鞘；茎生叶较小。花单生于茎或分枝顶端；萼片5枚，带蓝紫色；花瓣9~13枚；花药狭椭圆形，花丝狭线形；心皮18~22枚，有短花柱。

产于神农架高海拔地区（板壁岩），生于海拔2600m的山顶石缝间。全草入药。

7．毛茛属Ranunculus Linnaeus

一年生或多年生草本。叶大多基生并茎生，单叶或三出复叶，3浅裂至3深裂，或全缘；叶柄基部扩大成鞘状。花单生或成聚伞花序；具苞片；花两性；萼片5枚，绿色；花瓣常5枚，黄色，具爪，基部有1蜜槽；雄蕊多数；心皮多数，离生，含1枚胚珠，花柱短。聚合果球形或长圆形；瘦果卵球形或两侧压扁，背腹线有纵肋。

约550种。我国125种，湖北9种，神农架8种。

分种检索表

1．茎直立。
  2．叶裂片先端圆钝；瘦果极多，达70～130枚·················1．石龙芮R. sceleratus
  2．叶裂片渐尖或急尖；瘦果少。
    3．花托被毛；基生叶有3枚小叶，小叶全部或仅中央小叶有小叶柄。
      4．聚合果球形；叶小裂片有细锯齿·················2．禺毛茛R. cantoniensis
      4．聚合果长圆形；叶小裂片先端有少数牙齿·················3．茴茴蒜R. chinensis
    3．花托无毛；基生叶3深裂，有时几全裂，裂片无柄·················4．毛茛R. japonicus
1．茎柔软而平卧，或仅初时直立。
  5．基生叶为单叶。
    6．叶不裂，边缘具牙齿·················5．西南毛茛R. ficariifolius
    6．叶3深裂至中部以下或达基部，侧裂片再分裂·················7．太白山毛茛R. petrogeiton
  5．基生叶为三出复叶，小裂片稍呈卵形。
    7．全株密被白色长柔毛·················6．扬子毛茛R. sieboldii
    7．全株疏被白色短毛·················8．毛茛属一种R. sp.

1．石龙芮 ｜ Ranunculus sceleratus Linnaeus 图47-57

一年生草本。基生叶多数，叶片肾状圆形，基部心形，3深裂不达基部；茎生叶多数，与基生叶相似。聚伞花序有多花；花小；萼片5枚，外面有短柔毛；花瓣5枚，倒卵形，等长或稍长于花萼，基部有短爪；雄蕊10至多数。聚合果长圆形，瘦果极多数，近百枚。花果期5～8月。

产于神农架木鱼至兴山一带，生于沟边、田边沼泽地或水塘中。根状茎入药。

图47-57　石龙芮

2. 禺毛茛 | Ranunculus cantoniensis de Candolle　图47-58

多年生草本。茎与叶柄均密生糙毛。叶为三出复叶；小叶卵形至宽卵形，2～3中裂，边缘密生锯齿。花序有较多花，疏生；萼片5枚，卵形；花瓣5枚，椭圆形。聚合果近球形；瘦果扁平，无毛，边缘有宽约0.3mm的棱翼，喙基部宽扁，顶端弯钩状。花果期4～7月。

产于神农架各地（阳日长青，zdg 5804），生于海拔800m以下的沟边潮湿处。全草入药。

3. 茴茴蒜 | Ranunculus chinensis Bunge　图47-59

一年生草本。茎中空，有纵条纹，与叶柄均密生淡黄色糙毛。三出复叶，小叶2～3深裂。花序有较多花；萼片5枚，狭卵形；花瓣5枚，黄色；花托在果期显著伸长，圆柱形。聚合果长圆形；瘦果扁平，无毛。花果期5～9月。

产于神农架红坪、木鱼、新华，生于海拔800～2400m的山坡、沟边草丛中。全草药用。

图47-58　禺毛茛

图47-59　茴茴蒜

4. 毛茛 | Ranunculus japonicus Thunberg　图47-60

多年生草本。茎中空，有槽，被柔毛。数叶基生，圆心形或五角形，通常3深裂不达基部，两面贴生柔毛。聚伞花序有多数花，疏散；萼片5枚；花瓣5枚，黄色。聚合果近球形，瘦果扁平，边缘有宽约0.2mm的棱，无毛，喙短直或外弯。花果期4～9月。

产于神农架各地（阳日长青，zdg 5803），生于海拔700～2200m的山坡、沟边草丛中。全草入药。

图47-60　毛茛

图47-61　西南毛茛

图47-62　扬子毛茛

图47-63　太白山毛茛

图47-64　毛茛属一种

5. 西南毛茛 ｜ Ranunculus ficariifolius H. Léveillé et Vaniot　图47-61

一年生草本。基生叶与茎生叶相似，叶片不分裂，宽卵形或近菱形，顶端尖，基部楔形，边缘有3～9枚浅齿或近全缘。花与叶对生；萼片5枚；花瓣5枚。聚合果近球形；瘦果卵球形，两面较扁，有疣状小凸起，喙短直或弯。花果期4～7月。

产于神农架大九湖，生于海拔1800m的湖边浅水处。茎叶入药。

6. 扬子毛茛 ｜ Ranunculus sieboldii Miquel　图47-62

多年生草本。基生叶与茎生叶相似，为三出复叶，叶片圆肾形至宽卵形，基部心形，3浅裂至较深裂，边缘有锯齿。花与叶对生；萼片5枚，花期向下反折；花瓣5枚，黄色；雄蕊20余枚。聚合果圆球形；瘦果扁平，无毛，边缘有宽约0.4mm的宽棱。花果期5～10月。

产于神农架红坪、木鱼、新华、阳日（长青，zdg 5711）、松柏（松柏—大岩屋—燕天，zdg 4657），生于海拔500～800m的沟边、路边草丛中。全草入药。该种在神农架松柏（大岩屋）、阳日（麻湾）为单花类型，其分类地位有待深入研究。

7. 太白山毛茛 ｜ Ranunculus petrogeiton Ulbrich　图47-63

多年生草本。须根细长。茎匍匐或于节上生根，无毛或疏生柔毛。基生叶与下部叶有长柄；叶片宽卵形至五角状圆形，基部心形或截形，3深裂，中裂片倒卵状楔形，有3齿或全缘，侧裂片2深裂，裂片再2裂或有齿；叶柄无毛。花单生；萼片卵形；花瓣宽倒卵形，黄色。聚合果卵球形；瘦果卵球形，稍扁，喙直伸或弯。花果期6～7月。

产于神农架板壁岩、南天门（zdg7341，zdg7370），生于海拔2800m的阴湿石缝中。

8. 毛茛属一种 ｜ Ranunculus sp.　图47-64

多年生草本。须根细长。茎匍匐或于节上生根，无毛。基生叶与下部叶有长柄；叶片轮廓圆形，基部深心形，3全裂，中裂片扇形，先端3裂，侧裂片近肾形，2深裂，裂片再2～4裂；叶柄无毛。花2朵排成聚伞状；花瓣黄色。聚合果卵球形；瘦果卵球形，稍扁，喙微弯。花果期7～8月。

产于神农顶至红河一带、猴子石—南天门（zdg 7332），生于海拔2800～3000m的阴湿石缝中。

8．乌头属Aconitum Linnaeus

一年生或多年生草本。茎直立或缠绕。单叶互生，掌状分裂或不裂。花序通常总状，具苞片；花两性，两侧对称；萼片5枚；花瓣2枚，有爪，瓣片通常有唇和距；雄蕊多数；心皮3～13枚，花柱短，胚珠多数。蓇葖果，宿存花柱短。种子四面体形。

约400种。我国约211种，湖北16种，神农架12种。

分种检索表

1．茎缠绕。
  2．叶深裂 ……………………………………………… 1．瓜叶乌头A. hemsleyanum
  2．叶全裂。
    3．叶裂片密生锯齿 …………………………………… 2．大麻叶乌头A. cannabifolium
    3．叶裂片疏生锯齿。
      4．中央全裂片披针形 ……………………………… 3．川鄂乌头A. henryi
      4．叶的中裂片浅裂，菱形 ………………………… 4．秦岭乌头A. lioui
1．茎直立。
  5．叶全裂或几全裂。
    6．叶的全裂片末回裂片线形，宽1～2mm ………… 5．铁棒锤A. pendulum
    6．叶的全裂片末回裂片卵形或三角形 ……………… 6．乌头A. carmichaelii
  5．叶掌状深裂。
    7．小苞片生于花梗基部，卵形，同一花中的3枚心皮不等大 …………………………………………………………… 7．花葶乌头A. scaposum
    7．小苞片生于花梗下部至上部，线形，同一花中的3枚心皮成熟时等大。
      8．萼片蓝紫色。
        9．上萼片长筒形 ………………………………… 10．高乌头A. sinomontanum
        9．上萼片船形或高盔形。
          10．叶聚集在基部附近 ………………………… 8．巴东乌头A. ichangensis
          10．基生叶通常不存在，叶聚集在茎中部 …… 9．长齿乌头A. lonchodontum
      8．萼片黄色。
        11．花序轴和花梗密被卷曲短毛 …… 11．毛果吉林乌头A. kirinense var. australe
        11．花序轴和花梗密被开展的金黄色粗糙长柔毛 …………………………………………………………… 12．神农架乌头A. shennongjiaense

1. 瓜叶乌头 ｜ Aconitum hemsleyanum E. Pritzel 　图47-65

多年生草本。茎中部叶的叶片五角形或卵状五角形，基部心形，3深裂，中裂片梯状菱形，先端渐尖，3浅裂，背面基部及叶柄疏被柔毛。总状花序有2～12朵花；萼片深蓝色；花瓣2枚，具距。蓇葖果。种子三棱形。花果期7～10月。

产于神农架各地（阴峪河站，zdg 7744），生于海拔1400m以上的山坡林缘或林下。块根入药。

2. 大麻叶乌头 ｜ Aconitum cannabifolium Franchet ex Finet et Gagnepain 图47-66

多年生草本。叶片草质，五角形，3全裂，全裂片具细长柄；两面几无毛或表面疏生短柔毛；叶柄比叶片短。总状花序有3～6朵花；萼片淡绿色带紫色；花瓣无毛，具向后弯的距。蓇葖果。花期8～9月。

产于神农架木鱼（官门山）、九湖（坪堑），生于海拔1400～1600m山坡林下。根入药。

图47-65　瓜叶乌头

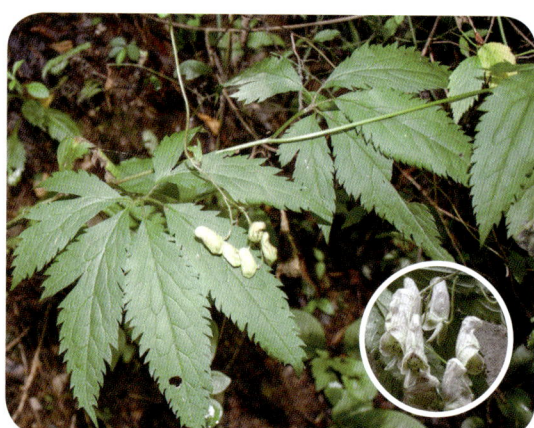

图47-66　大麻叶乌头

3. 川鄂乌头 ｜ Aconitum henryi E. Pritzel 　图47-67

多年生草本。叶片坚纸质，卵状五角形，3全裂，中央全裂片披针形，渐尖，边缘具钝牙齿，两面无毛；叶柄长为叶片的1/3～2/3。花序有3～6朵花；萼片蓝色；花瓣无毛，距向内弯曲；子房无毛或疏被短柔毛。花期9～10月。

产于神农架，生于海拔1400m以上的山坡林下。块根入药。

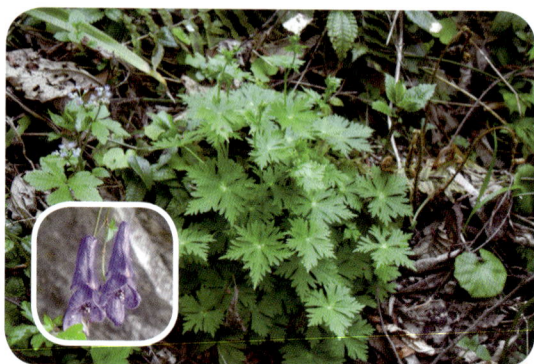

图47-67　川鄂乌头

4. 秦岭乌头 ｜ Aconitum lioui W. T. Wang 　图47-68

多年生草本。叶3全裂，中央全裂片狭菱形，具短柄，渐尖，近羽状浅裂，具缺刻状牙齿，表面疏被紧贴的短柔毛，背面只沿脉疏被短毛。总状花序有2～5朵花；萼片蓝紫色；花瓣疏被短毛，距向后弯；子房被紧贴的短柔毛。花期9月。

产于神农架大神农架、猴子石—南天门（zdg 7395），生于海拔2800m的山坡草地中。

5. 铁棒锤 | **Aconitum pendulum** Busch 图47-69

多年生草本。叶片形状似伏毛铁棒锤，宽卵形，几全裂，小裂片线形，两面无毛。顶生总状花序，有8~35朵花；萼片黄色，常带绿色，有时蓝色，上萼片船状镰刀形，具爪；花瓣无毛或有疏毛。蓇葖果。种子倒卵状三棱形。花期7~9月。

产于神农架竹溪、兴山，生于海拔2800m的山顶草丛中。块根入药。

6. 乌头 | **Aconitum carmichaelii** Debeaux 图47-70

多年生草本。叶片薄革质，五角形，基部浅心形，3裂近基部；中央全裂片宽菱形，急尖，末回裂片卵形或三角形；侧全裂片不等2深裂，表面疏被短伏毛，背面沿脉疏被短柔毛。总状花序顶生；萼片蓝紫色；花瓣无毛，距长2~2.5mm；雄蕊多数。蓇葖果。种子三棱形。花期9~10月。

产于神农架各地（坪堑，zdg 7774），生于海拔1400~2500m的山坡草丛中，也有成片栽培。根入药。

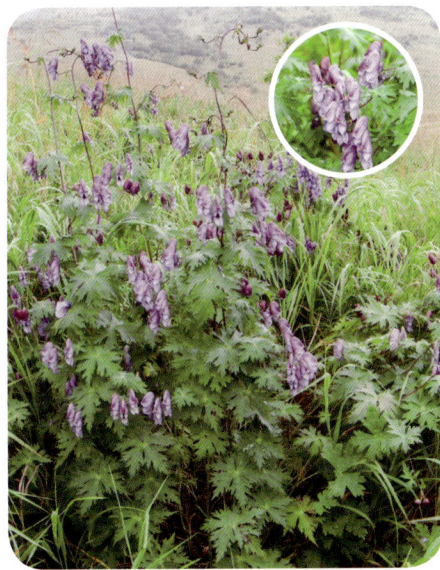

图47-68 秦岭乌头　　　　图47-69 铁棒锤　　　　图47-70 乌头

7. 花葶乌头 | **Aconitum scaposum** Franchet

分变种检索表

1. 基生叶3或4枚，花期不枯萎。
　　2. 萼片蓝紫色⋯⋯⋯⋯⋯⋯⋯⋯⋯⋯⋯**7a. 花葶乌头A. scaposum** var. **scaposum**
　　2. 萼片紫色，偶尔黄色⋯⋯⋯⋯⋯⋯⋯⋯**7b. 聚叶花葶乌头A. scaposum** var. **vaginatum**
1. 基生叶1或2枚，花期枯萎⋯⋯⋯⋯⋯⋯**7c. 等叶花葶乌头A. scaposum** var. **hupehanum**

7a. 花葶乌头（原变种）Aconitum scaposum var. scaposum　图47-71

多年生草本。茎生叶2～4枚，小，叶肾状五角形，基部心形，叶掌状深裂，中裂片倒梯状菱形，不明显3浅裂，边缘有粗齿。总状花序有15～40朵花；萼片蓝紫色；花瓣具距，比瓣片长2～3倍。蓇葖果。花期8～9月。

产于神农架各地（南天门，zdg 7323），生于海拔1300～2100m的山坡林下或沟边。根入药。

7b. 聚叶花葶乌头（变种）Aconitum scaposum var. vaginatum (E.Pritzel ex Diels) Rapaics　图47-72

本变种与原变种的主要区别：茎生叶3～5枚，最下部的茎生叶距茎基部6～20cm，其他茎生叶在花序之下密集，有发育的叶鞘，最上部的1～3枚叶的叶片极小，或完全退化；萼片紫色，偶尔黄色。

产于神农架各地（猴子石—下谷，zdg 7452），生于海拔1500～2100m的山坡林下或沟边。根入药。

7c. 等叶花葶乌头（变种）Aconitum scaposum var. hupehanum Rapaics　图47-73

本变种与原变种的主要区别：基生叶1～2枚，在开花时枯萎，茎生叶3～4枚，在茎上等距地排列，均有发育的叶片；萼片蓝紫色，偶尔黄色或绿色。

产于神农架各地，生于海拔2100～2300m的山坡林下或沟边。根入药。

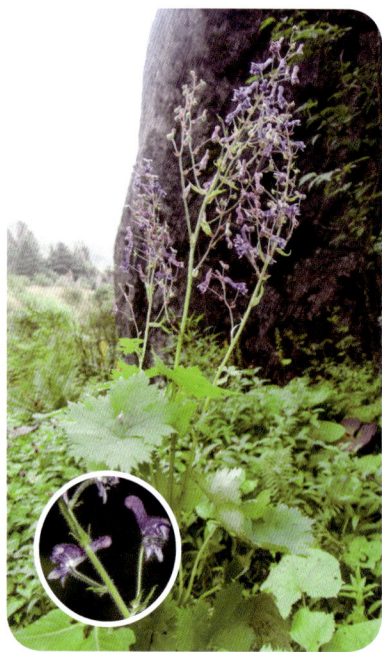

图47-71　花葶乌头　　　　图47-72　聚叶花葶乌头　　　　图47-73　等叶花葶乌头

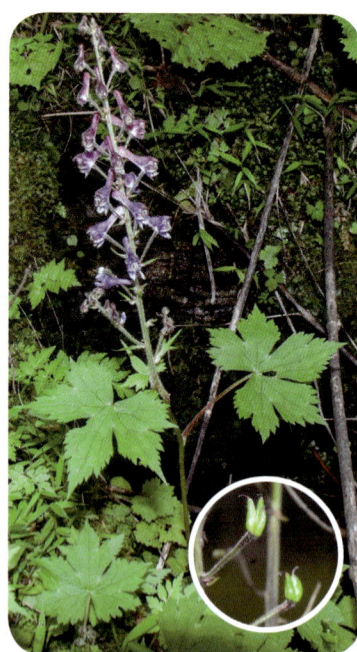

8. 巴东乌头 ｜ Aconitum ichangense (Finet et Gagnepain) Handel-Mazzetti

多年生草本。基生叶1～2枚，叶片肾状五角形；基生叶和茎下部叶有长柄。花单生于分枝顶端；小苞片椭圆形；上萼片船形或船状盔形，喙尖，近平展，侧萼片圆倒卵形，下萼片宽或狭椭圆形；心皮3枚，子房有白色柔毛。

产于巴东县，生于山坡草地。

9. 长齿乌头 | Aconitum lonchodontum Handel-Mazzetti

多年生草本。叶片心状五角形，3深裂。总状花序生于茎和分枝顶端，有5～7朵花，无毛；萼片蓝紫色，外面无毛，上萼片高盔形，喙不明显，侧萼片圆倒卵形，下萼片卵形或近披针形；花瓣无毛，末端2浅裂，距向后近拳卷状弯曲；心皮3枚。花期8月。

产于神农架大神农架（鄂神农架植考队 11277），生于海拔2500m的山坡草地。

10. 高乌头 | Aconitum sinomontanum Nakai   图47-74

多年生草本。叶片肾形或圆肾形，基部宽心形，3深裂。总状花序，花密集；萼片蓝紫色或淡紫色；花瓣的距向后拳卷；心皮3枚。蓇葖果不等长。种子具3棱。花期6～9月。

产于神农架大神农架、猴子石—下谷（zdg 7481），生于海拔2700m的山坡草地。根入药。

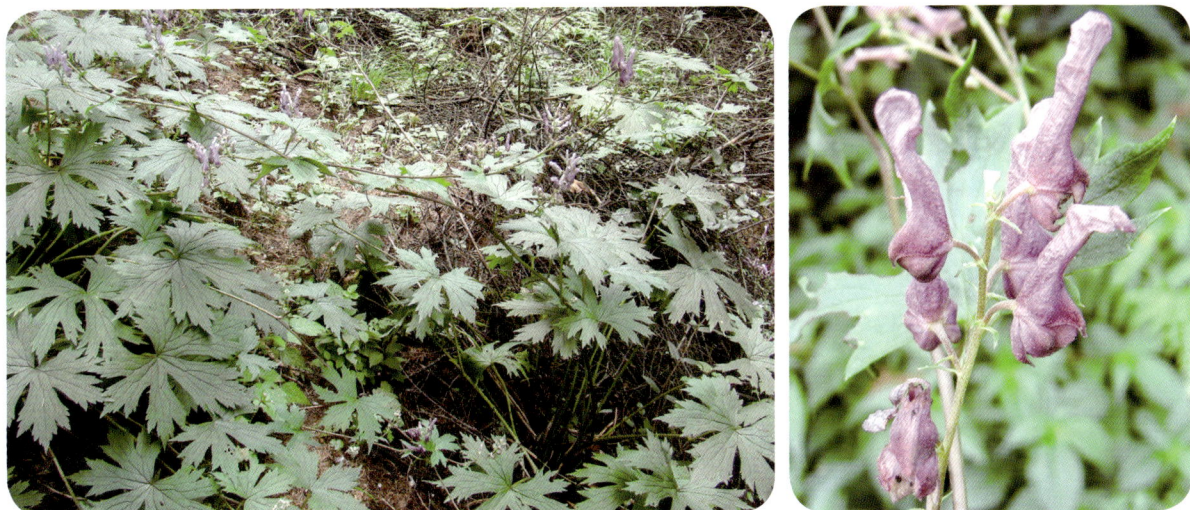

图47-74　高乌头

11. 毛果吉林乌头（变种）| Aconitum kirinense var. australe W. T. Wang

多年生草本。疏生2～6枚叶片，叶片肾状五角形，3深裂，两面被柔毛。总状花序顶生；萼片黄色；花瓣无毛，距与唇近等长或稍短，顶端膨大，直或向后弯曲；心皮3枚，常疏被黄色短柔毛。蓇葖果不等长。种子三棱形。花期7～9月，果期9月。

产于神农架宋洛、红坪（赵子恩 4704），生于海拔1000～1500m的山坡草丛或路边岩石上。根入药。

12. 神农架乌头 | Aconitum shennongjiaensis Q. Gao et Q. E. Yang   图47-75

多年生草本。基生叶2～4枚，叶片肾状五角形，3深裂，两面被金色柔毛。花序总状，具花10～20朵；花序轴和花梗密被开展的金黄色粗糙长柔毛，盔较细高，花瓣的距长约为唇的1.5～2.0倍，明显后弯或拳卷。蓇葖果不等长。

产于神农架宋洛乡桂竹园，生于海拔850m的沟边潮湿处。

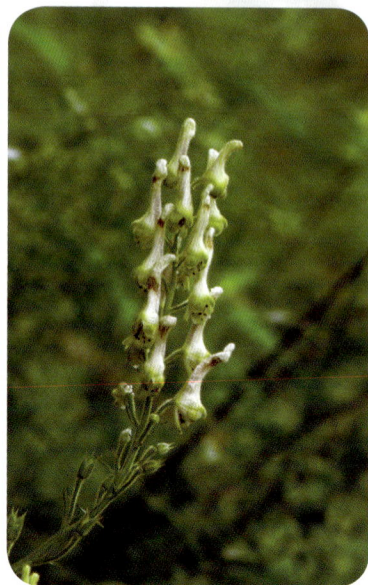

图47-75　神农架乌头

9．翠雀属Delphinium Linnaeus

一年生或多年生草本。单叶互生，掌状分裂或羽状分裂。花两性，两侧对称，总状或聚伞花序；萼片5枚，花瓣状，离生或基部合生，上萼片有距，两侧萼片和2枚下萼片无距；花瓣4枚，上方2枚为蜜叶，基部有距；雄蕊多数；心皮3～7枚，子房上位。蓇葖果，种子沿棱生狭翅或密生横翅。

约350种。我国约173种，湖北12种，神农架7种。

分种检索表

1．叶通常为二至三回羽状复叶；花瓣上部扇状增宽······················1．还亮草D. anthriscifolium
1．叶掌状分裂；花瓣上部多少变狭。
  2．叶掌状全裂。
    3．总状花序·····································3．秦岭翠雀花D. giraldii
    3．伞房花序·····································4．川陕翠雀花D. henryi
  2．叶掌状深裂。
    4．茎无毛。
      5．花梗有毛·································6．河南翠雀花D. honanense
      5．花梗无毛·····················7．螺距黑水翠雀花D. potaninii var. bonvalotii
    4．茎有毛。
      6．茎疏被长糙毛，白色·················5．腺毛茎翠雀花D. hirticaule var. mollipes
      6．茎密被淡黄色长硬毛·····················2．峨眉翠雀花D. omeiense

1．还亮草 | Delphinium anthriscifolium Hance

1a．卵瓣还亮草（变种）Delphinium anthriscifolium var. savatieri (Franchet) Munz 图47-76

一年生草本。叶为二至三回近羽状复叶；叶片菱状卵形或三角状卵形；羽片2～4对，末回裂片狭卵形或披针形；表面疏被短柔毛，背面无毛。总状花序；花连距长1～2.5cm；花萼片紫色，距钻形；花瓣紫色；心皮3枚。蓇葖果，种子扁球形，有螺旋状的横膜翅和同心的横膜翅。花期3～5月，果期4～6月。

产于神农架各地（阳日长青，zdg 5585），生于海拔1400m以下的路边草丛中。全草供药用。

1b．大花还亮草（变种）Delphinium anthriscifolium var. majus Pampanini 图47-77

本变种与卵瓣还亮草的主要区别：花较大，连距长2.3～3.4cm，萼距较长，2裂至本身长度的1/4～1/3处，偶尔达中部。

产于神农架阳日、新华、盘龙、老君山、松柏，生于海拔600～1000m的山坡、沟边、路边草丛中。全草入药。

图47-76 卵瓣还亮草

图47-77 大花还亮草

毛茛科 | Ranunculaceae

185

2. 峨眉翠雀花 | Delphinium omeiense W. T. Wang

多年生草本。叶片五角形，基部深心形，3深裂，两面疏被短糙毛。总状花序狭长；轴和花梗密被毛；小苞片生于花梗中部至上部，披针状线形或线形；萼片蓝紫色；花瓣紫色，无毛；退化雄蕊紫色，瓣片与爪近等长，2裂达中部；心皮3枚。蓇葖果。种子倒卵球形，密生波状横翅。花期7～8月。

产于巫山县（梨子坪林场，周洪富等109948），生于海拔1700m的山坡草丛中。

3. 秦岭翠雀花 | Delphinium giraldii Diels　图47-78

多年生草本。叶片五角形，3全裂，两面均有短柔毛。总状花序数个组成圆锥花序；萼片蓝紫色，距钻形；花瓣蓝色；心皮3枚。蓇葖果。种子倒卵球形，密生波状横翅。花期7～8月。

产于神农架田家山、黄宝坪，生于海拔1700m的山坡、沟谷草丛中。根可入药。

4. 川陕翠雀花 | Delphinium henryi Franchet　图47-79

多年生草本。叶片五角形，3全裂，裂片一至二回细裂，两面疏被短柔毛。伞房花序有2～4朵花；萼片蓝紫色，具距；花瓣无毛；退化雄蕊的瓣片有黑色斑点；心皮3枚，密被短柔毛。蓇葖果。种子倒圆锥状四面体形，沿棱有极狭的翅。花期8～9月。

产于神农架神农谷、官门山（zdg 7548），生于海拔2800m的悬崖石壁上。

图47-78　秦岭翠雀花

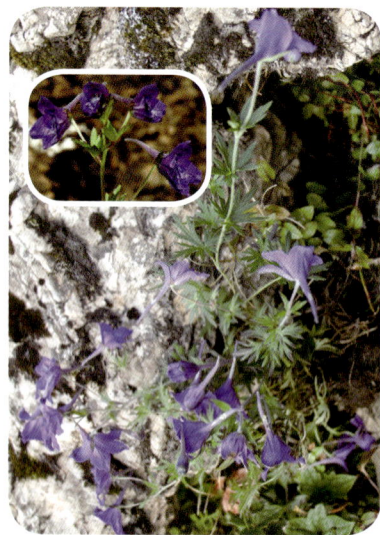

图47-79　川陕翠雀花

5. 腺毛茎翠雀花（变种）| Delphinium hirticaule var. mollipes W. T. Wang
图47-80

多年生草本。叶片五角形，3深裂，二回裂片细裂，表面被短糙毛，背面疏被长糙毛。总状花序被腺毛，有5～10朵花；萼片蓝紫色，具距；花瓣和退化雄蕊蓝色；心皮3枚。蓇葖果。种子倒卵球形，密生鳞状横翅。花期8月。

产于神农架红坪、木鱼，生于海拔1400m的山坡草丛中。全草入药。

6. 河南翠雀花 | Delphinium honanense W. T. Wang 图47-81

多年生草本。叶片五角形，3深裂，表面有少数糙毛，背面沿脉网疏被糙毛。总状花序，花梗被开展的黄色腺毛和反曲的白色短柔毛；萼片紫色，距钻形；花瓣无毛；退化雄蕊紫色；心皮3枚，无毛。花期5月。

产于神农架大九湖、小九湖、猴子石—下谷（zdg 7469），生于海拔1750～1900m的山坡、路边草丛中。根可入药。

图47-80　腺毛茎翠雀花

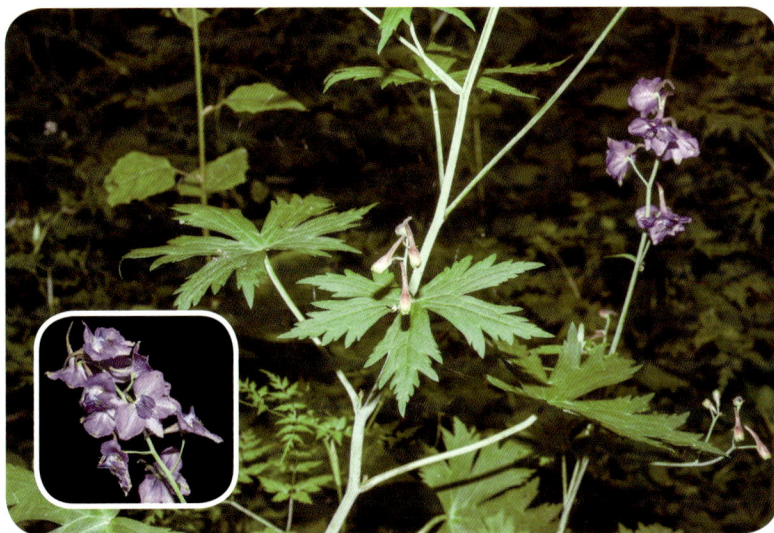

图47-81　河南翠雀花

7. 螺距黑水翠雀花（变种）| Delphinium potaninii var. bonvalotii (Franchet) W. T. Wang 图47-82

多年生草本。茎中部叶较长柄；叶片五角形，3深裂，二回裂片有三角形锐牙齿，表面疏被糙伏毛。顶生总状花序有多数花；基部苞片叶状，其他苞片极小；萼片蓝紫色，距钻形；花瓣紫色，瓣片2裂至中部；心皮3枚，无毛。蓇葖果。种子倒卵球形，密生鳞状横翅。花期8～9月。

产于神农架林区（高乞、陈又生 96），生于海拔2400m的山坡草丛中。全草入药。

图47-82　螺距黑水翠雀花

10. 铁破锣属 Beesia I. B. Balfour et W. W. Smith

多年生草本。单叶基生，心形，不分裂，有长柄。花莛不分枝；聚伞花序几无柄，含少数花，外形似总状花序；苞片及小苞片钻形；花辐射对称；萼片5枚，花瓣状，白色，椭圆形；花瓣不存在；心皮1枚，胚珠约10枚，排成2列而着生于腹缝线上。蓇葖果，具横脉。种子少数，卵球形；种皮具皱褶。

2种。我国2种，湖北1种，神农架也有。

铁破锣 | Beesia calthifolia (Maximowicz ex Oliver) Ulbrich 图47-83

多年生草本。叶2~4枚基生，肾形或心脏形，顶端圆形，基部深心形，边缘密生圆锯齿，两面无毛，稀在背面沿脉被短柔毛。复聚伞花序，花小；萼片5枚，白色或带粉红色；心皮1枚，基部疏被短柔毛。蓇葖果。种皮具纵皱褶。花期6~7月，果期7~8月。

产于神农架木鱼（官门山，zdg 7577）、九湖（东溪），生于海拔1400m的山坡密林下。全草入药。

图47-83　铁破锣

11. 类叶升麻属 Actaea Linnaeus

多年生草本。根状茎横走。茎单一，直立。基生叶鳞片状，茎生叶互生，为二至三回三出复叶，有长柄。花序为简单或分枝的总状花序；花小，辐射对称；萼片通常4枚，花瓣状，早落；花瓣1~6枚，匙形；心皮1枚。果实浆果状，近球形。种子卵形，具3棱。

约8种。我国2种，湖北1种，神农架也有。

类叶升麻 | Actaea asiatica Hara 图47-84

多年生草本。叶2~3枚，二至三回三出复叶；顶生小叶卵形至宽卵状菱形，边缘有锐锯齿，侧生小叶卵形至斜卵形，两面近无毛。总状花序密被短柔毛；萼片倒卵形；花瓣匙形。果实紫黑色。种子约6枚，卵形，有3纵棱。花期5~6月，果期7~9月。

产于神农架高海拔地区（猴子石—南天门，zdg 7355），生于海拔1800～2800m的山坡密林下。根状茎或全草入药。

图47-84　类叶升麻

12.　升麻属Cimicifuga Wernischeck

多年生草本。茎直立，圆柱形。叶大型，三出复叶或羽状复叶。花两性或单性，密生，常白色或紫红色，排成总状或圆锥状花序；萼片4～5枚，花瓣状，早落；花瓣不存在；退化雄蕊基部常具密腺，雄蕊多数；心皮1～8枚。蓇葖果顶端具1枚外弯的喙。种子常四周生膜质的鳞翅显。

约18种。我国8种，湖北4种，神农架均产。

分种检索表

1. 叶为一回三出复叶；退化雄蕊与萼片同形·······························1. 小升麻C. japonica
1. 叶为二至三回三出复叶；退化雄蕊与萼片异形。
　　2. 花序不分枝···2. 单穗升麻C. simplex
　　2. 花序常具4～20个分枝。
　　　　3. 心皮或蓇葖果无毛或近无毛；蓇葖果近圆形······3. 神农架升麻C. shennongjiaensis
　　　　3. 心皮密被灰色柔毛；蓇葖果长圆形······························4. 升麻C. foetida

1.　小升麻｜Cimicifuga japonica (Thunberg) Sprengel　图47-85

多年生草本。叶1或2枚，三出复叶；顶生小叶卵状心形，掌状浅裂，边缘有锯齿；表面叶缘处被短糙伏毛，背面沿脉被柔毛。花序顶生，轴密被短柔毛；花小；萼片白色；退化雄蕊基部具蜜腺；心皮1或2枚。蓇葖果。种子椭圆状卵球形。花期8～9月，果期10月。

产于神农架各地（八角庙—房县沿线，zdg 7518），生于海拔1400～1800m的山坡密林下。根状茎有小毒，可入药。

2．单穗升麻 ｜ **Cimicifuga simplex** (de Candolle) Wormskjöld ex Turczaninow 图47-86

多年生草本。茎单一，直立。叶常为二至三回三出复叶；顶生小叶有柄，宽披针形至菱形，常3深裂或浅裂，边缘有锯齿；表面无毛，背面沿脉疏生长柔毛。总状花序常不分枝；萼片4枚，花瓣状，白色；退化雄蕊基部无蜜腺；心皮2～7枚。蓇葖果。花期8～9月，果期9～10月。

产于神农架九湖、红坪、木鱼、松柏、下谷（猴子石—下谷，zdg 7458），生于海拔1000～2300m的山坡或沟边。根状茎入药。

图47-85　小升麻

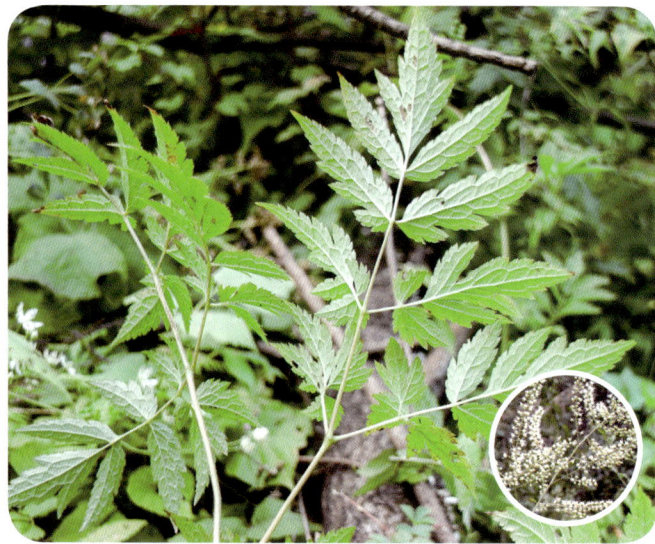

图47-86　单穗升麻

3．神农架升麻 ｜ **Cimicifuga shennongjiaensis** Q. E. Yang et Q. Gao 图47-87

多年生灌木状草本。茎微具槽。茎下部叶有长柄，为二回三出复叶，叶片纸质，三角形；茎上部的叶具短柄，通常为一回三出复叶。花序具4～6个分枝；轴及花梗密被灰色伏贴的腺毛和柔毛；苞片钻形。蓇葖果近圆形，具2～3条凸起的横脉。种子卵状椭圆形，背腹两面均被膜质横向的鳞翅。果期9月。

产于神农架松柏（黄连架，zdg 7788），生于海拔1000m的山坡林下干燥处。

4．升麻 ｜ **Cimicifuga foetida** Linnaeus 图47-88

多年生草本。叶为二至三回三出状羽状复叶；顶生小叶具长柄，菱形，常浅裂，边缘有锯齿；侧生小叶具短柄或无柄，斜卵形，表面无毛，背面沿脉疏被柔毛。花序具分枝3～20个，轴密被腺毛及短毛；花两性；萼片4枚，白色或绿白色。蓇葖果长圆形，有伏毛。花期7～9月，果期8～10月。

产于神农架各地（官门山，zdg 7603），生于海拔1000m以上的山坡林下。根状茎入药。

图47-87　神农架升麻

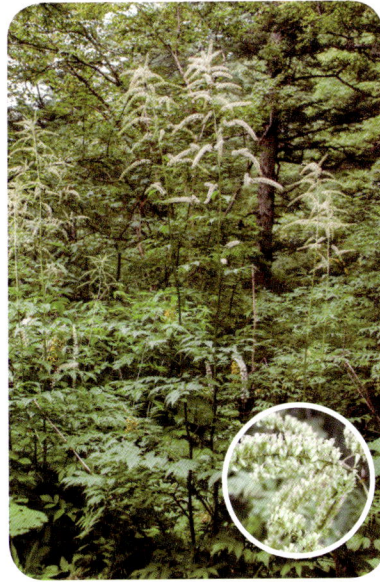

图47-88　升麻

13．驴蹄草属Caltha Linnaeus

多年生草本。单叶互生，不裂或掌状分裂，叶柄基部具鞘。花单生或2至多朵组成单歧聚伞花序；花两性，辐射对称；萼片5～9枚，花瓣状；花瓣不存在。蓇葖果开裂，稀不开裂。种子椭圆球形；种皮光滑或具少数纵皱纹。

15种。我国约4种，湖北1种，神农架也有。

驴蹄草 │ Caltha palustris Linnaeus　图47-89

多年生草本。基生叶3～7枚，叶片圆形，圆肾形或心形，顶端圆形，基部深心形或基部2裂片互相覆压，边缘密生锯齿；茎生叶向上变小。单歧聚伞花序由2朵花组成；苞片三角状心形；萼片5枚，黄色。蓇葖果，具横脉。种子狭卵球形，具少数纵皱纹。花果期5～9月。

产于神农架下谷（自生桥、猴子石—下谷，zdg 7456）、板壁岩一带，生于小溪边或山坡岩石脚湿处。全草入药；亦供观赏。

图47-89　驴蹄草

14．鸡爪草属Calathodes J. D. Hooker et Thomson

多年生草本。单叶互生，掌状3全裂。花单生于茎或枝端，辐射对称；萼片5枚，花瓣状，黄色或白色，覆瓦状排列；花瓣不存在；雄蕊多数，花药长圆形，花丝狭线形；心皮7～50枚，斜披针形，顶端渐狭成短花柱，基部常稍呈囊状；胚珠8～10枚，排成2列着生于子房室下部的腹缝线上。蓇葖果亚革质，在背面常有凸起。种子倒卵球形，光滑。

约4种。我国均产，湖北2种，神农架均产。

1．鸡爪草 │ Calathodes oxycarpa Sprague 图47-90

多年生草本。根出叶鞘草黄色，密集呈覆瓦状，或叶片退化；茎生叶鞘质较硬，无毛或鞘口处疏生柔毛，叶片质较硬，直立，内卷，先端长渐尖，呈锥状。圆锥花序线形，分枝单生（稀可每节生有2枝），直立；小穗含1～2朵小花，黄绿色或带暗绿色；颖膜质。花期8月。

产于神农架高海拔地区（红河，鄂神农架植考队 10555）、官门山（zdg 7592），生于海拔2500～2800m的山坡冷杉林下。本种与多果鸡爪草仅是果实量上的差别，其他性状区别不大，可能与后种为同物异名。

2．多果鸡爪草 │ Calathodes unciformis W. T. Wang

多年生草本。叶片五角形，上面沿脉有极短的毛。花无毛；萼片白色，狭倒卵形或椭圆形；雄蕊多数；心皮30～50枚，背面近基部处稍呈囊状。蓇葖果，凸起位于果背面纵肋的下部，狭三角形。花期6月，果期8月。

产于神农架高海拔地区，生于海拔2500～2800m的山坡冷杉林下。全草入药。

图47-90 鸡爪草

15．人字果属Dichocarpum W. T. Wang et P. K. Hsiao

多年生草本。叶基生及茎生，鸟趾状复叶或一回三出复叶。单歧或二歧聚伞花序；苞片三浅裂至3全裂；花两性，辐射对称；萼片5枚，花瓣状；花瓣5枚，具细长的爪；雄蕊多数；心皮2枚，直立，基部合生；胚珠多数，排成2列着生于腹缝线上。蓇葖果2枚。种子圆球形，通常光滑，偶有小疣状凸起或纵脉。

约15种。我国11种，湖北5种，神农架3种。

分种检索表

1．花瓣合生至中部，呈漏斗形 ·························· 1．纵肋人字果D. fargesii
1．花瓣下部不合生，呈漏斗状。
  2．小叶较小，中央指片长6～12mm，宽9～14mm ·········· 2．小花人字果D. franchetii
  2．小叶较大，中央指片长5～23mm，宽6～25mm ·········· 3．人字果D. sutchuenense

1．纵肋人字果 ｜ Dichocarpum fargesii (Franchet) W. T. Wang et P. K. Hsiao

图47-91

多年生草本。叶基生及茎生，为一回三出复叶，具长柄；中央指片肾形或扇形，顶端具5枚浅牙齿；侧生指片轮廓斜卵形，具2枚不等大的小叶；茎生叶似基生叶，渐变小。聚伞花序，花小；萼片白色；花瓣金黄色，中部合生呈漏斗状；雄蕊10枚。蓇葖果线形。种子椭圆球形，具纵肋。花果期5～7月。

产于神农架木鱼坪、松柏、新华，生于海拔1300～1800m的山谷阴湿处。全草入药。

图47-91　纵肋人字果

2．小花人字果 ｜ Dichocarpum franchetii (Finet et Gagnepain) W. T. Wang et P. K. Hsiao　图47-92

多年生草本。基生叶少数，为鸟趾状复叶；中央指片近扇形或近圆形；茎生叶似基生叶，渐变小。复单歧聚伞花序，有3～7花；花小；萼片白色；花瓣金黄色；雄蕊多数。蓇葖果倒"人"字状叉开。种子圆球形。花期4～5月，果期5～6月。

产于神农架宋洛、阳日（长青，zdg 5919；阳日—马桥，zdg 4447），生于海拔600m的山谷密林下阴湿处。全草入药。

图47-92　小花人字果

3. 人字果｜Dichocarpum sutchuenense (Franchet) W. T. Wang et P. K. Hsiao　图47-93

多年生草本。茎单一，基生叶少数，为鸟趾状复叶；茎生叶通常1枚，似基生叶。复单歧聚伞花序，常3~8朵花；花大；萼片白色；花瓣金黄色；雄蕊20~45枚。蓇葖果狭倒卵状披针形。种子圆球形。花期4~5月，果期5~6月。

产于神农架阳日（长青，zdg 5850），生于海拔400m以下的山谷密林下阴湿处。根状茎入药。

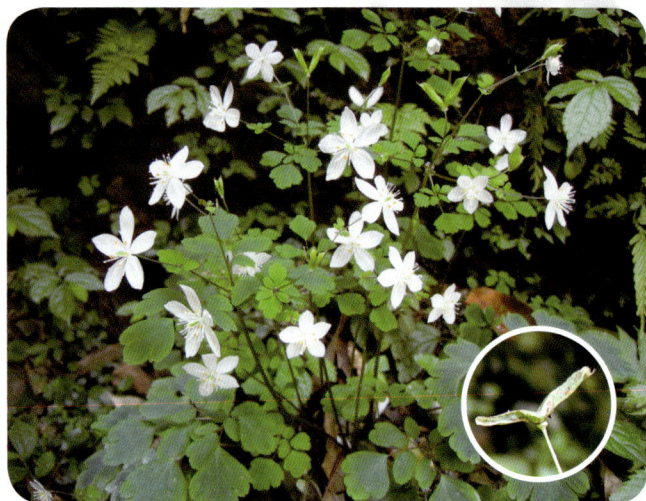

图47-93　人字果

16. 星果草属Asteropyrum J. R. Drummond et Hutchinson

多年生草本。单叶，全部基生，有长柄；叶片轮廓圆形或五角形；叶柄盾状着生。苞片对生或轮生；花辐射对称，单一，顶生；萼片5枚，白色，花瓣状；花瓣5枚，小，长约为萼片之半，金黄色，下部具细爪；雄蕊多数；心皮5~8枚。蓇葖果成熟时星状展开，卵形，顶端具喙。种子多数，小，宽椭圆球形。

2种。我国特产，湖北2种，神农架1种。

星果草｜Asteropyrum peltatum (Franchet) J. R. Drummond et Hutchinson　图47-94

多年生草本。叶2~6枚，叶片圆形或近五角形，不分裂或5浅裂，边缘浅锯齿，表面疏被短硬毛，背面无毛。花莛1~3条，疏被倒向的长柔毛；萼片5枚，白色；花瓣5枚，金黄色，下部具细爪；雄蕊11~18枚；心皮5~8枚。蓇葖果卵形，顶端具喙。种子多数，具不明显的条纹。花期5~6月，果期6~7月。

产于神农架高海拔地区，生于海拔2500m以上的冷杉林下。根及根状茎入药。

图47-94　星果草

17. 黄连属Coptis Salisbury

多年生草本。有黄色根状茎。叶基生，3或5全裂，或为一至三回三出复叶。花序为单歧或多歧聚伞花序，稀单花，具苞片；花小，两性，辐射对称；萼片5枚，黄绿色或白色，花瓣状；花瓣比萼片短，基部有时下延成爪，中央通常具蜜槽；雄蕊多数；心皮5～14枚，基部有柄。蓇葖果具柄，在花托顶端作伞形状排列。种子少数，长椭圆球形。

约15种。我国6种，湖北1种，神农架也有。

黄连 │ Coptis chinensis Franchet 图47-95

多年生草本。根状茎黄色。叶片卵状三角形，3全裂，中央全裂片卵状菱形，羽状深裂，边缘具细刺尖的锐锯齿。花莛1～2条，二歧或多歧聚伞花序有3～8朵花；萼片黄绿色；花瓣线形，中央有蜜槽；雄蕊约20枚；心皮8～12枚。蓇葖果。种子长椭圆形。花期2～3月，果期4～6月。

产于神农架各地（阳日，zdg 6173；麻湾，zdg 6049），生于海拔500m以上的山坡密林下，也有栽培。根状茎入药。

图47-95　黄连

18. 天葵属Semiaquilegia Makino

多年生草本。具块根。叶掌状三出复叶，基生和茎生。单歧或蝎尾状聚伞花序；具小苞片；花小，辐射对称；萼片5枚，白色，花瓣状；花瓣5枚，基部囊状；雄蕊8～14枚；退化雄蕊约2枚；心皮3～5枚。蓇葖果微呈星状展开。种子多数，有许多小瘤状凸起。花期3～4月，果期4～5月。

单种属，分布于我国长江流域亚热带地区及日本，神农架有产。

天葵 │ Semiaquilegia adoxoides (DC.) Makino 图47-96

特征同属的描述。

产于神农架各地（阳日—马桥，zdg 4397），生于海拔700m以下的路边、荒地、土坎上。全草入药。

图47-96　天葵

19. 尾囊草属Urophysa Ulbrich

多年生草本。具根状茎。单叶，基生，呈莲座状，掌状3全裂或近一回三出复叶，具长柄。聚伞花序有1或3朵花；花辐射对称，美丽；萼片5枚，花瓣状，天蓝色或粉红白色，基部有短爪；花瓣5枚，基部囊状或有短距；雄蕊多数；退化雄蕊约7枚；心皮5～8枚，子房及花柱下部被短柔毛。蓇葖果卵形，肿胀，具长而宿存的花柱。种子椭圆形，密生小疣状凸起。

2种。我国特产，湖北2种，神农架1种。

尾囊草 ｜ Urophysa henryi (Oliver) Ulbrich　图47-97

多年生草本。具根状茎。叶多数，基生；叶片宽卵形，掌状3全裂，中裂片扇状倒卵形，上部3裂，二回裂片有少数钝齿。聚伞花序常有3朵花；萼片天蓝色或粉红白色；花瓣5枚；雄蕊多数；心皮5～8枚。蓇葖果有短柔毛。种子狭肾形，密生小疣状凸起。花期3～4月，果期5～6月。

产于巴东、兴山县，生于海拔800m以下的悬崖石壁上。根可入药。

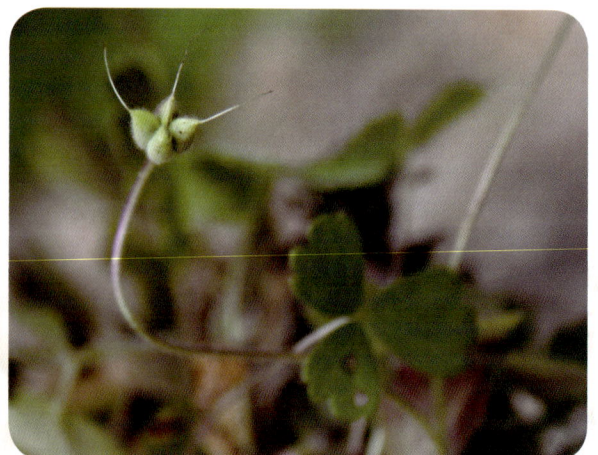

图47-97　尾囊草

20．耧斗菜属Aquilegia Linnaeus

多年生草本。基生叶为二至三回三出复叶。单歧或二歧聚伞花序，花辐射对称，美丽；萼片5枚，花瓣状，紫色、堇色、黄绿色或白色；花瓣5枚，与萼片同色或异色，瓣片常向下延长成距，稀囊状或不存在；雄蕊多数；退化雄蕊少数；心皮常5枚，花柱长约为子房之半；胚珠多数。蓇葖果多少直立，顶端有细喙，表面有明显的网脉。种子多数。

约70种。我国13种，湖北4种，神农架3种。

1．无距耧斗菜 │ Aquilegia ecalcarata Maximowicz　图47-98

多年生草本。基生叶数枚，二回三出复叶；中央小叶楔状倒卵形至扇形，3深裂或3浅裂；茎生叶较小。花2～6朵；萼片紫色；花瓣无距；雄蕊长约为萼片的1/2；心皮4～5枚。蓇葖果疏被长柔毛。种子黑色，表面有凸起的纵棱。花期5～6月，果期6～8月。

产于神农架高海拔地区猴子石（猴子石—南天门，zdg 7399）、板壁岩、红河，生于海拔2600～2800m的悬崖石缝中。根可入药。

图47-98　无距耧斗菜

2．甘肃耧斗菜（变种）│ Aquilegia oxysepala var. kansuensis Brühl　图47-99

多年生草本。基生叶数枚，为二回三出复叶；中央小叶楔状倒卵形，3浅裂或3深裂，裂片顶端圆形，两面无毛；茎生叶数枚，向上渐变小。花3～5朵，大而美丽；萼片紫色；花瓣黄白色，具内弯钩状距；雄蕊与瓣片近等长；心皮5枚。蓇葖果。种子黑色。花期5～6月，果期7～8月。

产于神农架九湖（坪堑），生于海拔1700m的山坡林缘。全草入药。

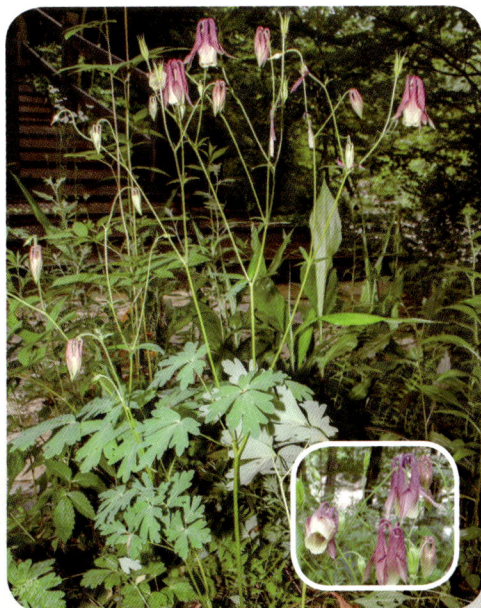

图47-99　甘肃耧斗菜

3. 华北耧斗菜 | *Aquilegia yabeana* Kitagawa 图47-100

多年生草本。基生叶数枚，一或二回三出复叶；小叶菱状倒卵形或宽菱形，3裂，边缘有圆齿，表面无毛，背面疏被短柔毛；茎中部以上叶变小。花序有少数花，密被短腺毛；萼片紫色；花瓣紫色，具内弯钩状距；具退化雄蕊；心皮5枚，子房密被短腺毛。蓇葖果。种子狭卵球形。花期5~6月。

产于神农架各地，生于海拔1400~2500m的山坡林下。全草入药。本种与甘肃耧斗菜的区别仅靠花色，似显不足。华北耧斗菜的花瓣基部紫色，先端黄色，紫色和黄色多少的问题不足以作为分种的依据。

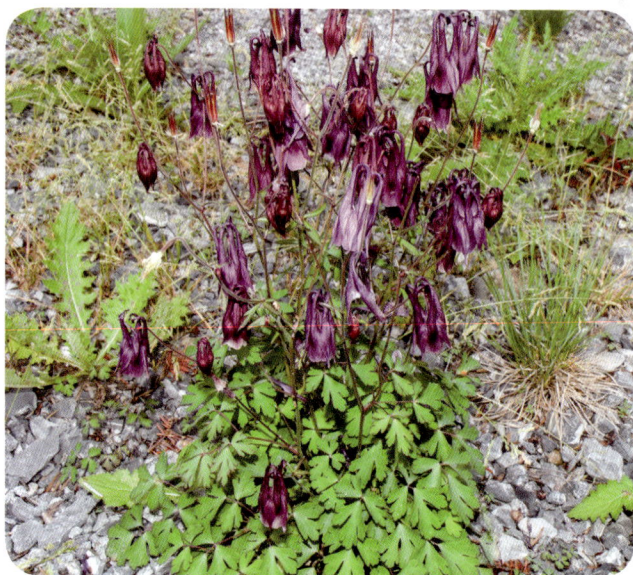

图47-100　华北耧斗菜

21. 金莲花属Trollius Linnaeus

多年生草本。单叶，基生或茎上互生，掌状分裂。花单独顶生或少数组成聚伞花序。萼片5枚至多数，花瓣状，常黄色，稀淡紫色，通常脱落；花瓣5枚至多数，线形，具短爪，近基部有蜜槽；雄蕊多数；心皮5枚至多数，无柄；胚珠多数，成2列着生于子房室的腹缝线上。蓇葖果开裂，具脉网及短喙。种子近球形；种皮光滑。

约30种。我国16种，湖北1种，神农架也有。

川陕金莲花 | *Trollius buddae* Schipczinsky 图47-101

植株无毛。基生叶1~3枚，叶片五角形，基部深心形，3深裂近基部，中央深裂片菱形或宽菱形，3浅裂，具少数小裂片及卵形小牙齿，侧深裂片斜扇形，不等2深裂；茎生叶3~4枚，中部以上的变小。花序具2~3朵花；萼片5枚，黄色；花瓣5枚；雄蕊多数；心皮20~30枚。蓇葖果顶端稍外弯。花期7月，果期8月。

产于神农架神农谷，生于海拔2800m的悬崖石壁上。根供药用；花供观赏。

图47-101　川陕金莲花

22. 铁筷子属Helleborus Linnaeus

多年生草本。有根状茎。单叶，鸡足状全裂或深裂。花1朵顶生或少数组成顶生聚伞花序；萼片5枚，花瓣状，白色、粉红色或绿色，常宿存；花瓣小，筒形或杯形，有短柄，顶端多少呈唇形；雄蕊多数，花药椭圆形，花丝狭线形，有1脉；心皮3~4枚，有多数胚珠。蓇葖果革质，有宿存花柱。种子椭圆球形。

约20种。我国1种，神农架也有。

铁筷子 | Helleborus thibetanus Franchet 图47-102

多年生草本。基生叶1~2枚，叶片肾形或五角形，鸡足状3全裂，中全裂片倒披针形，边缘有密锯齿，侧全裂片扇形，不等3全裂。花1~2朵生于茎或枝端；萼片初期粉红色，在果期变绿色；花瓣8~10枚；雄蕊多数；心皮2~3枚。蓇葖果扁。花期4月，果期5月。

产于神农架红坪（塔坪）、阳日（麻湾, zdg 4344），生于海拔700~1200m的小溪边。根状茎入药。

23. 白头翁属Pulsatilla Miller

多年生草本。叶均基生，掌状或羽状分裂，有掌状脉。花莛有总苞；苞片3枚，分生，基部合生成筒；花单生于花莛顶端，两性；萼片5或6枚，花瓣状，蓝紫色或黄色；雄蕊多数。聚合果球形；瘦果小，近纺锤形，有柔毛，羽毛状。

约33种。我国11种，湖北1种，神农架也有。

白头翁 | Pulsatilla chinensis (Bunge) Regel 图47-103

多年生草本。基生叶4~5枚，叶片宽卵形，3全裂。花莛1（~2）条，有柔毛；苞片3枚，基部合生成筒，3深裂，深裂片线形；花直立；萼片蓝紫色，长圆状卵形，背面有密柔毛；雄蕊长约为萼片之半。聚合果；瘦果纺锤形，扁，有长柔毛，宿存花柱有向上斜展的长柔毛。花期4~5月。

产于神农架阳日，生于海拔700m的山坡林缘。根状茎入药；早春开花，可连片栽植供观赏。

图47-102 铁筷子

图47-103 白头翁

48. 清风藤科 | Sabiaceae

落叶或常绿，灌木、乔木或攀援木质藤本。叶互生，羽状复叶或单叶；无托叶。花两性或杂性异株，常成顶生或腋生的圆锥花序或聚伞花序；萼片4~5枚，基部合生或离生；花瓣4~5枚，覆瓦状排列；雄蕊5枚，与花瓣对生，基部附着于花瓣上或分离，全部发育或外面3枚不发育；子房上位，2~3室，每室1~2枚胚珠。果实为核果状或干果，不开裂。

4属120余种。我国有2属约70种，湖北2属16种，神农架2属12种。

分属检索表

1. 攀援灌木或藤本；聚伞花序，雄蕊全部发育 ·························· **1. 青风藤属Sabia**

1. 直立乔木或灌木；圆锥花序，雄蕊只有2枚发育 ·················· **2. 泡花树属Meliosma**

1. 清风藤属Sabia Colebrooke

常绿或落叶，攀援灌木或藤本。冬芽小。小枝基部有鳞芽宿存。单叶互生，全缘边缘干膜质；无托叶。花小，两性，稀杂性；聚伞花序腋生，稀单生；萼片4~5枚；花瓣常4~5枚，与萼片近对生；雄蕊4~5枚，附着于花盘基部；子房上位，2~3室，每室胚珠1~2枚，基部为肿胀的或齿裂的花盘所围绕。核果状或干果。种子1或2枚，近肾形。

约50种。我国有30种，湖北7种，神农架6种。

分种检索表

1. 花盘肿胀，肥厚，枕状或短圆柱状。
  2. 花单生于叶腋，很少2朵并生 ·············· **1. 鄂西清风藤S. campanulata subsp. ritchieae**
  2. 花排成聚伞花序，通常有花1~5朵。
    3. 萼片较小，近相等，无明显条纹。
      4. 叶两面无毛，子房无毛 ·············· **4. 四川清风藤S. schumanniana**
      4. 叶两面有毛，子房有毛 ·············· **2. 云南清风藤S. yunnanensis**
    3. 萼片较大，不相等或相等，有明显条纹 ·············· **6. 凹萼清风藤S. emarginata**
1. 花盘不肿胀，不肥厚，浅杯状。
  5. 花单生于叶腋或数朵排列成聚伞花序 ·············· **3. 清风藤S. japonica**
  5. 花排成聚伞花序 ·············· **5. 尖叶清风藤S. swinhoei**

1. 鄂西清风藤（亚种）| **Sabia campanulata** subsp. **ritchieae** (Rehder et E. H. Wilson) Y. F. Wu 图48-1

常绿攀援木质藤本。叶膜质，长圆状椭圆形或椭圆状卵形，先端尾状渐尖或渐尖，基部圆形或楔形。花黄绿色或绿色，常单生于叶腋；花瓣5枚，深紫色；雄蕊5枚，花丝扁平。分果瓣阔倒卵形，深蓝色；果核中肋明显，凹穴在中肋两边，蜂窝状，两侧边具长块状或块状凹穴，腹部稍凸出。花期3~4月，果期7~9月。

产于神农架各地，生于海拔500~1200m的山坡及湿润的山谷林中。茎藤入药。

图48-1 鄂西清风藤

2. 云南清风藤 | **Sabia yunnanensis** Franchet

落叶攀援木质藤本。叶膜质或近纸质，卵状披针形、长圆状卵形或倒卵状长圆形，基部圆钝至阔楔形，两面均有短柔毛，或叶背仅脉上有毛。聚伞花序有花2~4朵，花绿色或黄绿色；萼片5枚，阔卵形或近圆形，有紫红色斑点，无毛；花瓣5枚，阔倒卵形或倒卵状长圆形，基部有紫红色斑点；雄蕊5枚；花盘肿胀。分果瓣近肾形。花期4~5月，果期5月。

产于神农架新华（新华公社桂连坪，鄂神农架队 20701），生于海拔1400m的山坡林缘。藤茎入药。

3. 清风藤 | **Sabia japonica** Maximowicz 图48-2

落叶缠绕木质藤本。叶近纸质，卵状长圆形至卵状椭圆形，先端短尖，基部急狭。花单生或数朵排成聚伞花序，先于叶开放，黄绿色；萼片5裂，具缘毛；花瓣5枚，倒卵形，淡黄绿色，具脉纹；雄蕊5枚；子房卵形。分果瓣近圆形或肾形；核有明显的中肋；核状果基部偏斜，有皱纹，碧蓝色。花期3月，果期5月。

产于神农架新华至兴山一带，生于海拔300~700m的湿润山谷林中。

图48-2　清风藤

4. 四川清风藤 | Sabia schumanniana Diels

分亚种检索表

1. 花各部均无红色腺点 ························· **4a. 四川清风藤** S. schumanniana subsp. schumanniana

1. 花各部均有红色腺点 ························· **4b. 多花清风藤** S. schumanniana subsp. pluriflora

4a. 四川清风藤（原亚种）Sabia schumanniana subsp. schumanniana　钻石风　图48-3

攀援木质藤本。叶纸质，披针形或长圆状披针形，先端渐尖或急尖，基部阔楔形或圆形，两面均无毛，边缘干膜质。聚伞花序1～3朵花，淡绿色；雄蕊5枚，与花瓣对生等长；花盘肿胀，花柱先端弯曲。分果瓣倒卵形，无毛；果肾形至近圆形，有粗网纹，蓝色。花期4月，果期7～8月。

产于神农架各地，生于海拔1000～1400m的路边或山谷沟边树冠上。根、茎入药。

4a. 多花清风藤（亚种）Sabia schumanniana subsp. pluriflora (Rehder et E. H. Wilson) Y. F. Wu　图48-4

本亚种与原亚种的主要区别：叶线状披针形或狭椭圆形；聚伞花序有花6～20朵，萼片、花瓣、花丝及花盘中部具有红色腺点。

图48-3　四川清风藤

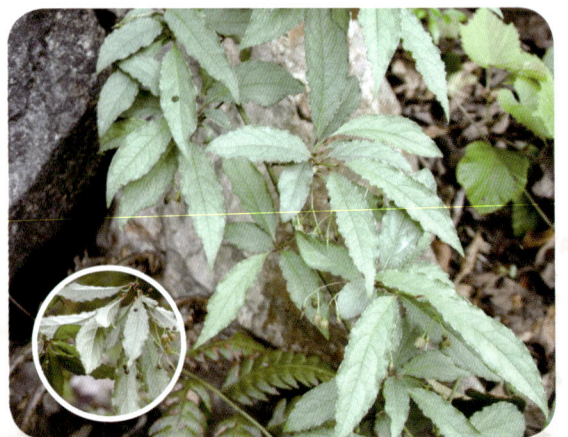

图48-4　多花清风藤

产于神农架阳日（阳日—新华，zdg 4551），生于海拔1400m的路边。根、茎入药。

5. 尖叶清风藤 | Sabia swinhoei Hemsley　图48-5

常绿攀援木质藤本。叶纸质，卵状椭圆形、椭圆形、卵形或阔卵形，基部圆或楔形。聚伞花序有2~7朵花，被柔毛；萼片5枚，外面略显红色腺点，有缘毛；花瓣5枚，浅绿色；子房无毛。分果瓣倒卵形或近圆形，深蓝色；核中肋不明显，不规则的条块状，腹部凸出。花期3~4月，果期7~9月。

产于神农架九湖、木鱼、下谷、新华、阳日（长青，zdg 5736），生于海拔400~800m的山谷林间。全株入药。

6. 凹萼清风藤 | Sabia emarginata Lecomte　图48-6

落叶木质攀援藤本。叶纸质，长圆状椭圆形，先端急尖或渐尖，基部急尖至钝。花腋生，聚伞花序有花2朵或单花；花瓣5枚，近圆形至倒卵形，整齐；雄花5枚，花丝细；花盘显著肿胀。分果瓣近圆形，基部萼片宿存；核有明显中肋，两边2行凹穴呈蜂窝状。花期4月，果期6~8月。

产于神农架各地（阳日长青，zdg 5735；麻湾，zdg 5210）、木鱼（官门山，zdg 7602），生于海拔1000~1500m的山坡灌丛中。全株入药。

图48-5　尖叶清风藤

图48-6　凹萼清风藤

2. 泡花树属Meliosma Blume

常绿或落叶，乔木或灌木。单叶或为近对生单数羽状复叶；小叶边缘有锯齿或全缘。花小，两性，成顶生或腋生的多花圆锥花序；萼片4~5枚；花瓣5枚，外面3枚较大，凹陷，内面2枚极小；雄蕊5枚，外面3枚为退化雄蕊，与外面花瓣对生，内面2枚为发育雄蕊，与内面小花瓣对生；子房多2室，少3室，每室2枚胚珠。核果小，梨形或近球形，1室。

约70种。我国有40种，湖北有10种，神农架6种。

1. 暖木 | **Meliosma veitchiorum** Hemsley 图48-7

乔木。复叶叶轴圆柱形，基部膨大；小叶纸质，7～11枚，卵形或卵状椭圆形，先端尖或渐尖，基部圆钝，偏斜，全缘或有粗锯齿。圆锥花序顶生，直立；花白色；萼片4（～5）枚，椭圆形或卵形；外面3枚花瓣倒心形，内面2枚花瓣2裂约达1/3。核果近球形；核近半球形，平滑或具不明显稀疏纹，中肋显著隆起，常形成钝嘴。花期5月，果期8～9月。

产于神农架各地，生于海拔1400～2500m的山坡林中。

2. 珂楠树 | **Meliosma alba** (Schlechtendal) Walpers 图48-8

乔木。羽状复叶纸质，卵形或狭卵形，顶端的卵状椭圆形，先端渐尖，基部阔楔形或圆钝，偏斜，有稀疏小锯齿，很少近全缘。圆锥花序生于枝上部叶腋，常数个集生于近枝端；花淡黄色；萼片4枚，卵形。核果球形；核扁球形，腹部平，三角状圆形，侧面平滑，中肋圆钝隆起。花期

图48-7 暖木

图48-8 珂楠树

5～6月，果期8～10月。

产于神农架各地（新华，zdg 7962），生于海拔1000～1500m的山坡林中。

3. 红柴枝 | **Meliosma oldhamii** Miquel ex Maximowicz 图48-9

落叶乔木。奇数羽状复叶；小叶3～7对，薄纸质，对生或互生，下部的卵形，上部的依次渐大，长椭圆形，先端锐尖，基部阔楔形或圆，边缘上半部被疏离锐锯齿。圆锥花序顶生，与叶同时开放；花白色；花瓣外面3枚近圆形，内面2枚稍短于花丝。核果球形，具明显凸起网纹。花期4～5月，果期7～8月。

产于神农架各地，生于海拔500～1200m的林缘或向阳山坡灌木丛中。根皮入药。

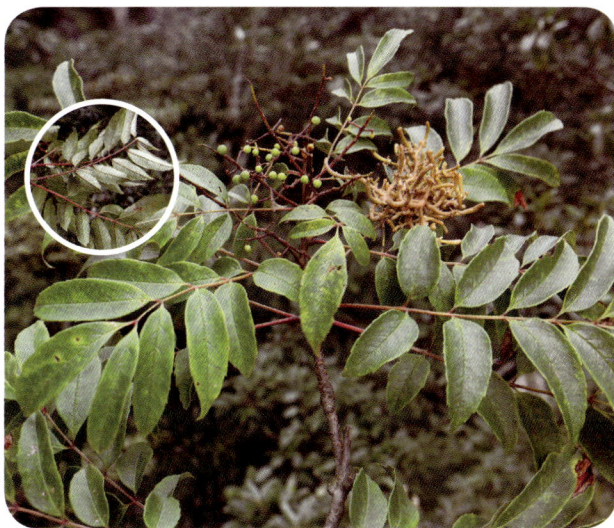

图48-9　红柴枝

4. 泡花树 | **Meliosma cuneifolia** Franchet 图48-10

落叶灌木或乔木。单叶，纸质，倒卵状楔形，先端凸尖或短渐尖，基部狭楔形而下延，边缘有锐锯齿。圆锥花序顶生，或生于上部叶腋内；花白色，外面3枚近圆形，内面2枚较小，2裂达中部，约与发育雄蕊的花丝等长或略长；花盘膜质，具5枚细尖齿。核果扁球形，熟时黑色。花期6～7月，果期8～9月。

产于神农架木鱼至兴山，生于海拔300～900m的山坡林中。根皮入药。

图48-10　泡花树

5. 多花泡花树 | **Meliosma myriantha** Siebold et Zuccarini 图48-11

落叶乔木。单叶，薄纸质或膜质，先端锐渐尖，基部钝圆，基部至顶端有侧脉伸出的刺状锯齿。圆锥花序直立，顶生；萼片4～5枚；外面3枚花瓣近圆形，内面2枚披针形；子房无毛。核果球形或倒卵形；核中肋稍钝隆起，从腹孔一边不延至另一边，两侧具细网纹。花期4月，果期5～9月。

产于神农架新华至兴山，生于海拔600m以下的山地林中。根皮入药。

图48-11　多花泡花树

6. 垂枝泡花树 | **Meliosma flexuosa** Pampanini 图48-12

小乔木。单叶，膜质，倒卵状长椭圆形或倒卵状椭圆形，先端凸渐尖，基部渐狭至叶柄，边缘具疏离锐尖的锯齿。圆锥花序顶生；萼片5枚，不等大，具缘毛；花白色。核果球形，具明显凸起稀网纹，黑色。花期6～7月，果期7～9月。

产于神农架各地（阳日、长青，zdg 5671），生于海拔600～1700m的灌木林内。树皮、叶入药。

图48-12　垂枝泡花树

49. 莲科 | Nelumbonaceae

　　多年生水生草本。根状茎粗壮，横走，节间膨大，内有多数气孔通道，节部缢缩。叶互生，挺水或漂浮，具长柄；叶片盾形，全缘；叶脉放射状。花单生于叶腋，具长花序梗，伸出水面；花两性，辐射对称；花被片多数，离生，外部的小，内部的花瓣较大；雄蕊多数；雌蕊多数，单生于松软的花托内；子房1室，具胚珠1枚，下垂；花柱很短；柱头头状。果为坚果状。

　　单属科，2种。我国产1种，湖北野生1种，神农架栽培1种。

莲属Nelumbo A. L. Jussieu

　　形态特征、种数和分布同科。

莲 | **Nelumbo nucifera** Gaertner　　图49-1

　　多年生水生草本。根状茎横生，肥厚，节间膨大，内有多数纵行通气孔道，节部缢缩，上生黑色鳞叶。叶圆形，盾状，全缘稍波状；叶柄圆柱形，中空，外面散生小刺。花梗与叶柄近等长，疏生小刺；花瓣红色、粉红色或白色。坚果椭圆形或卵形。花期6～8月，果期8～10月。

　　神农架各地有栽培。根、种子可食；叶可作食品包装材料；根状茎、叶基部、叶、花蕾、花托、雄蕊、种子、幼叶及胚根可入药。

图49-1　莲

50. 悬铃木科 | Platanaceae

乔木。单叶互生，掌状分裂，裂片边缘有缺刻状粗齿；托叶边缘开张，基部鞘状，早落。花单性同株，各排成雌雄花序，花序头状，仅雌性的有苞片；萼片3～8枚；花瓣与萼片同数；雌花有3～8枚离生心皮，子房长卵形，花柱伸长出花序外。聚花果，含多枚聚合坚果；坚果呈狭长倒锥形，基部围以长毛。

单属科，约11种。我国栽培3种，湖北2种，神农架栽培1种。

悬铃木属Platanus Linnaeus

形态 特征、种数和分布同科。

法国梧桐 | Platanus acerifolia (Aiton) Willdenow 图50-1

落叶大乔木。树皮光滑，大片块状脱落。嫩枝密生灰黄色绒毛。叶阔卵形，上下两面嫩时有灰黄色毛被，以后变秃净，仅在背脉腋内有毛，基部截形或微心形，上部掌状5裂，中央裂片阔三角形，裂片全缘或有1～2枚粗大锯齿；叶柄基部鞘状，包着幼芽。果枝有头状果序1～2个，稀为3个，常下垂，头状果序宿存花柱刺状。

本种是净土树与悬铃木的杂交种，神农架有栽培。庭院及行道绿化树种。

图50-1 法国梧桐

51. 山龙眼科 | **Proteaceae**

乔木或灌木，稀草本。单叶互生，全缘或有锯齿。花两性或单性，同株或异株，单生或成对着生，成穗状或头状花序；花被片4枚，下部成管状，上部4裂；雄蕊4枚，着生于花被片上；花药2室，纵裂；心皮1枚，子房上位，1室，侧膜胎座、基生胎座或顶生胎座，胚珠1枚至多数。蓇葖果、坚果、核果或蒴果。

约60属1300种。我国连栽培有4属24种，湖北1属1种，神农架也有。

山龙眼属 **Helicia** Loureiro

乔木或灌木。单叶互生，稀近对生或近轮生，全缘或边缘具齿。总状花序腋生，稀近顶生；花两性，辐射对称；苞片小，常钻形，宿存或早落；花被管直立细长，在蕾期顶部棒状至近球形，萼片4枚，开放时向外反卷；雄蕊4枚；腺体4枚。坚果长圆形至近球形，不分裂或不规则开裂。

约97种。我国产20种，湖北产1种，神农架有分布。

小果山龙眼 | **Helicia cochinchinensis** Loureiro　图51-1

乔木或灌木。叶薄革质，狭椭圆形至倒卵状披针形，先端短渐尖，基部楔形，全缘或上半部具疏浅锯齿；侧脉6~7对。总状花序；花常双生，雄蕊4枚，腺体4枚，子房无毛。果椭圆状，蓝黑色。花期7~8月，果期10~12月。

产于神农架低海拔地区（下谷），生于海拔400m的河谷林中。根、叶和种子入药。

图51-1　小果山龙眼

52. 水青树科 | Tetracentraceae

乔木。单叶，单生于短枝顶端，边缘具齿；具掌状脉；托叶与叶柄合生。花小，两性，呈穗状花序，着生于短枝顶端，与叶对生或互生，多花；苞片极小，花被片4枚，覆瓦状排列；雄蕊4枚，与花被片对生，与心皮互生；雌蕊单一，子房上位，心皮4枚，沿腹缝合生；花柱4枚，柱头点尖。蓇葖果，背缝开裂，宿存花柱位于果基部。种子条状长圆形，小，有棱脊。

单属科，1种，神农架有产。

水青树属 Tetracentron Oliver

形态特征、种数和分布同科。

水青树 | Tetracentron sinense Oliver 图52-1

乔木。叶片卵状心形，顶端渐尖，基部心形，边缘具细锯齿，齿端具腺点。花小，呈穗状花序，花序下垂，着生于短枝顶端，多花；花被淡绿色或黄绿色；雄蕊与花被片对生，长为花被2.5倍；心皮沿腹缝线合生。果长圆形，棕色，沿背缝线开裂。种子4～6枚，条形。花期6～7月，果期9～10月。

产于神农架各地，生于海拔1700～3000m的山坡林中。水青树的木材无导管，对研究中国古代植物区系的演化、被子植物系统和起源具有重要科学价值。国家二级重点保护野生树种。

图52-1 水青树

53. 黄杨科｜Buxaceae

常绿灌木或小乔木，稀草本。单叶，互生或对生，全缘或具齿。花序总状或穗状，腋生或顶生；花单性，雌雄同株或异株，无花瓣，常小而不鲜艳；雄花萼片4枚，雌花萼片（4～）6枚，2轮；雄蕊4枚，与萼片对生，离生。蒴果，室背开裂，或核果状不裂。种子黑色。

4属约100种。中国3属20余种，湖北产3属15种，神农架3属8种。

分属检索表

1. 叶对生，全缘；果实为室背开裂的蒴果······················1. 黄杨属Buxus
1. 叶互生，全缘中有锯齿；果实多少带肉质。
   2. 叶多上半部有锯齿；果上宿存花柱长而挺出呈角钩··········2. 板凳果属Pachysandra
   2. 叶全缘；果上宿存花柱短······················3. 野扇花属Sarcococca

1. 黄杨属Buxus Linnaeus

常绿灌木或小乔木。小枝具4棱。叶对生，革质，全缘。花序腋生或顶生，总状、穗状或头状；花小，单性，雌雄同株，雌花单生于花序顶端，雄花多朵生于花序下部或围绕雌花；雄花萼片4枚，2轮，不育雌蕊1枚；雌花萼片6枚，2轮，不育雄蕊小，雌蕊具3枚心皮，子房3室，花柱3枚。蒴果球形或卵球形，室背3瓣裂；果瓣具宿存角状花柱。

约70种。我国10余种，湖北10种，神农架4种。

分种检索表

1. 雌花在受粉期间，花柱远较子房为长······················1. 大花黄杨B. henryi
1. 雌花在受粉期间，花柱和子房等长，或稍超过，或短于子房。
   2. 不育雌蕊高度不超过萼片长度的1/2··········2. 雀舌黄杨B. bodinieri
   2. 不育雌蕊高度等长或稍超过萼片长度。
      3. 叶两面中脉及侧脉均明显凸出··········3. 锦熟黄杨B. sempervirens
      3. 叶两面均无侧脉，或仅叶面有侧脉··········4. 黄杨B. sinica

1. 大花黄杨｜Buxus henryi Mayr   图53-1

常绿灌木。叶薄革质或革质，披针形、长圆状披针形或卵状长圆形。花密集；雄花约8朵，萼片长圆形或倒卵状长圆形；雌花外萼片长圆形，内萼片卵形。蒴果近球形。花期4月，果期7月。

产于神农架各地，生于海拔600～2200m的山坡林下。根皮、全株入药。

杨梅黄杨（宋洛公社长坊五道沟，鄂神农架队 23283；下谷—河坪—石柱河，zdg 4316）为本种的误定。

2. 雀舌黄杨 ｜ **Buxus bodinieri** H. Léveillé　图53-2

常绿灌木。叶薄革质，常匙形，亦有狭卵形或倒卵形。雄花约10朵，萼片卵圆形，不育雌蕊有柱状柄；柱头倒心形。蒴果卵形。花期2月，果期5～8月。

原产于我国，神农架有栽培。鲜叶、茎、根入药；庭院观形树木。

图53-1　大花黄杨

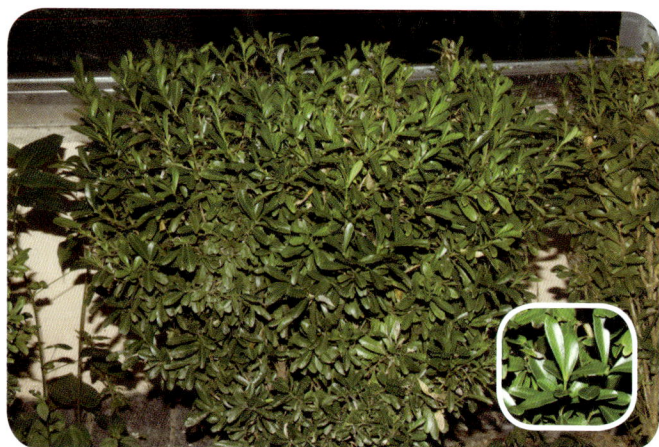

图53-2　雀舌黄杨

3. 锦熟黄杨 ｜ **Buxus sempervirens** Linnaeus　图53-3

常绿灌木。外形与雀舌黄杨近似，但本种小枝及叶柄均被毛，叶为倒卵形，小枝及叶柄均被毛，叶面侧脉全不明显，雄花不育雌蕊高度仅为萼片长度的1/2。

原产于中欧、南欧至高加索，神农架有栽培。庭院观形树木。

图53-3　锦熟黄杨

4．黄杨 ｜ Buxus sinica (Rehd. et Wils.) Cheng

分变种检索表

1．叶阔椭圆形、阔倒卵形、卵状椭圆形或长圆形，枝叶扶疏·······**4a．黄杨**B. sinica var. sinica

1．叶阔椭圆形至长圆形，枝叶密集。

   2．叶卵形至圆形。

     3．叶厚革质，无侧脉·······················**4b．矮生黄杨**B. sinica var. pumila

     3．叶薄革质，侧脉明显凸出················**4c．小叶黄杨**B. sinica var. parvifolia

   2．叶椭圆状披针形或披针形·················**4d．尖叶黄杨**B. sinica var. aemulans

4a．黄杨（原变种）Buxus sinica var. sinica 图53-4

常绿灌木或小乔木。叶革质，阔椭圆形、阔倒卵形、卵状椭圆形或长圆形。雄花约10朵，无花梗，外萼片卵状椭圆形，内萼片近圆形；雌花子房较花柱稍长，无毛，花柱粗扁，柱头倒心形，下延达花柱中部。蒴果近球形，具宿存花柱。花期3月，果期5～6月。

产于神农架木鱼、宋洛（宋洛—徐家庄，zdg 4752）、下谷、新华、阳日等，生于海拔550～1200m的沟谷或山顶林中。树皮、根、茎、叶、果实入药；木材可供雕刻；庭院观赏树木。

4b．矮生黄杨（变种）Buxus sinica var. pumila M. Cheng 图53-5

本变种和原变种的主要区别：叶极小；果无毛。

产于神农架各地，生于海拔2500～3000m的山坡林中。木材可供雕刻；庭院观赏树木。

图53-4 黄杨

图53-5 矮生黄杨

4c．小叶黄杨（变种）Buxus sinica var. parvifolia M. Cheng 图53-6

本变种和原变种的主要区别：叶圆形或长圆状倒卵形，叶面无光或光亮，侧脉明显凸出；蒴果无毛。

产于神农架各地，生于海拔2500～3000m的山坡林中。木材可供雕刻；庭院观赏树木。

4d. 尖叶黄杨（变种）Buxus sinica var. **aemulans** (Rehder et E. H. Wilson) P. Brückner et T. L. Ming 图53-7

本变种叶椭圆状披针形或披针形，两端均渐尖，顶尖锐或稍钝，中脉在两面均凸出，叶面侧脉多而明显，叶背平滑或干后稍有皱纹；花序及花同黄杨。

产于神农架各地，生于海拔500～1800m的山坡灌丛中或沟边半阴处。树皮入药；庭院观赏树木。

图53-6　小叶黄杨

图53-7　尖叶黄杨

2. 板凳果属Pachysandra A. Michaux

常绿亚灌木。叶互生，纸质或薄革质，具粗齿，羽状脉或离基三出脉。花序腋生或顶生，穗状，具苞片；花单性，雌雄同株，雄花生于花序上部，稀雌、雄花分别组成花序；雄花萼片4枚，2轮，雄蕊4枚，与萼片对生，伸出，不育雌蕊具4个棱角；雌花萼片4或6枚，子房2～3室，花柱2～3枚，长于子房。果核果状，具较长角状宿存花柱。

3种。我国2种，神农架全有。

> **分种检索表**
>
> 1. 叶菱状倒卵形·······································1. 顶花板凳果P. terminalis
> 1. 叶卵形、阔卵形或卵状长圆形·····················2. 多毛板凳果P. axillaris var. stylosa

1. 顶花板凳果 ｜ Pachysandra terminalis Siebold et Zuccarini 图53-8

亚灌木。叶薄革质，菱状倒卵形，上部具粗齿，基部楔形。花序顶生；花白色；雄花多于15朵，萼片宽卵形；雌花1～2朵，生于花序轴基部，萼片卵形。果卵球形，具宿存花柱。花期4～5月，果期9～10月。

产于神农架各地（阳日、长青，zdg 5888；红坪阴峪河站，zdg 7748；下谷板壁岩，zdg 7432），生于神农架900～2400m的沟边密林下。带根全草入药；庭院观赏树木。

2．多毛板凳果（变种）│ **Pachysandra axillaris** var. **stylosa** (Dunn) M. Cheng 图53-9

亚灌木。叶坚纸质，卵形、阔卵形或卵状长圆形，甚至近圆形，先端渐尖或急尖，基部圆或急尖，稀楔形，全缘，或中部以上有稀疏圆齿、波状齿或浅锯齿。花序腋生，下垂，或初期斜上，花大多数红色；雄花10～20枚；雌花3～6枚。果熟时紫红色，球形，具宿存花柱。

产于神农架下谷（猴子石—下谷，zdg 7474）、阳日，生于神农架1500～2000m的沟边密林下。

图53-8　顶花板凳果

图53-9　多毛板凳果

3．野扇花属Sarcococca Lindley

常绿灌木。叶互生，全缘，羽状脉或三出脉。花序腋生或顶生，头状或总状，具苞片；花单性，雌雄同株；雄花具2枚小苞片，萼片4枚，2轮，雄蕊与萼片同数且对生，不育雌蕊长圆形，具4棱；雌花小苞片多枚，覆瓦状排列，萼片2～6枚，交互对生或成2轮，子房2～3室，花柱2～3枚。核果状，卵球形或球形，萼片及花柱均宿存。

20余种。我国约7种，湖北产3种，神农架2种。

分种检索表

1. 蒴果黑色或蓝黑色 ·········· 1．双蕊野扇花S. hookeriana var. digyna
1. 蒴果红色至暗红色 ·········· 2．野扇花S. ruscifolia

1．双蕊野扇花（变种）│ **Sarcococca hookeriana** Baillon var. **digyna** Franchet 图53-10

灌木或小乔木。叶互生，或在枝梢的对生或近对生，长圆状披针形、椭圆状披针形、披针形、狭披针形或倒披针形，叶变化甚大，先端渐尖，基部渐狭；叶面中脉常平坦或凹陷，侧脉羽状。雄花无小苞片，或下部雄花具类似萼片的2枚小苞片，并有花梗，萼片常4枚，或外萼片较短；雌花小苞片疏生。蒴果黑色或蓝黑色，宿存花柱2枚。

产于神农架木鱼、宋洛，生于神农架300～1900m的山地沟边密林或灌丛中。根入药。

图53-10　双蕊野扇花

2. 野扇花 | Sarcococca ruscifolia Stapf　图53-11

灌木。幼枝被毛。叶革质，卵形、宽椭圆状卵形、椭圆状披针形或窄披针形，基部楔形或圆形；离基三出脉。花白色；雄花萼片3～5枚，宽椭圆形或卵形；雌花具小苞片多枚，窄卵形。果红色至暗红色，球形，宿存花柱3枚（稀2枚）。花期10月，果期翌年2月。

产于神农架木鱼、宋洛、新华、长青（zdg 5741）、下谷—河坪—石柱河（zdg 4336），生于神农架200～1000m的山坡林下、灌丛中。根、果实入药；庭院观赏树木。

图53-11　野扇花

54. 芍药科｜Paeoniaceae

灌木或多年生草本。根圆柱形或具纺锤形的块根。叶通常为二回三出复叶或下部为羽状复叶。单花顶生，或数朵生于枝顶或叶腋，花大型；苞片2～6枚，叶状，宿存；萼片3～5枚；花盘杯状或盘状，完全包裹或半包裹心皮或仅包心皮基部；心皮多为2～3枚或更多，离生。蓇葖成熟时沿心皮的腹缝线开裂。种子数枚，光滑无毛。

单属科，约30种。中国15种，湖北6种，神农架均产。

芍药属Paeonia Linnaeus

形态特征、种数和分布同科。

分种检索表

1. 多年生草本。
　　2. 小叶片不超过9枚，全缘；心皮无毛⋯⋯⋯⋯⋯⋯⋯⋯⋯⋯⋯⋯⋯⋯⋯⋯⋯⋯1. 草芍药P. obovata
　　2. 小叶9枚以上，边缘具骨质细齿；心皮具毛⋯⋯⋯⋯⋯⋯⋯⋯⋯⋯⋯⋯⋯2. 芍药P. lactiflora
1. 小灌木。
　　3. 下部叶羽状复叶；小叶9枚以上。
　　　　4. 下部的叶二回羽状；小叶不超过15枚⋯⋯⋯⋯⋯⋯⋯⋯⋯⋯⋯⋯⋯3. 凤丹P. ostii
　　　　4. 下部的叶（二至）三回羽状；小叶19～33枚⋯⋯⋯⋯⋯⋯⋯4. 紫斑牡丹P. rockii
　　3. 下部叶二回三出；小叶通常约9枚。
　　　　5. 小叶正面常呈红色；花瓣基部通常具一红色斑点⋯⋯⋯⋯⋯⋯5. 卵叶牡丹P. qiui
　　　　5. 小叶正面绿色；花瓣基部白色⋯⋯⋯⋯⋯⋯⋯⋯⋯⋯⋯⋯6. 牡丹P. suffruticosa

1. 草芍药｜Paeonia obovata Maximowicz

分亚种检索表

1. 叶下面无毛或沿脉疏生柔毛；花瓣白色、红色、紫红色⋯⋯1a. 草芍药P. obovata subsp. obovata
1. 叶下面密被绒毛或长柔毛，幼时更多；花瓣白色⋯⋯⋯1b. 拟草芍药P. obovata subsp. willmottiae

1a. 草芍药（原亚种）Paeonia obovata subsp. obovata　图54-1

多年生草本。根粗壮。茎下部叶为二回三出复叶；顶生小叶倒卵形，先端短尖，基部楔形，全缘，叶背无毛或沿叶脉疏生柔毛；侧生小叶比顶生小叶小，同形。单花顶生，大型；萼片3～5枚；花瓣6枚，白色、红色、紫红色；雄蕊多数；心皮2～3枚，无毛。蓇葖果卵圆形，成熟时果皮反卷呈红色。花期5月至6月中旬，果期9月。

产于神农架木鱼、松柏、新华、官门山（zdg 7574），生于海拔900～2500m的山坡林下。美丽的观赏植物；根可入药。

图54-1　草芍药

1b. 拟草芍药（亚种）| Paeonia obovata subsp. willmottiae (Stapf) D. Y. Hong　图54-2

本亚种与原亚种的主要区别：叶背面密生长柔毛或绒毛；花瓣白色。

产于神农架各地（千家坪，zdg 6719），生于海拔1200～2100m的山坡林下。美丽的观赏植物；根可入药。

2. 芍药 | Paeonia lactiflora Pallas　图54-3

多年生草本。根粗壮。下部茎生叶为二回三出复叶；小叶狭卵形、椭圆形或披针形，先端渐尖，基部楔形或偏斜，两面无毛，背面沿叶脉疏生短柔毛。花数朵，生于茎顶和叶腋，花大型；苞片4～5枚；萼片4枚；花瓣9～13枚或更多，颜色丰富；雄蕊多数；花盘浅杯状，包裹心皮基部；心皮4～5枚，无毛。蓇葖果，顶端具喙。花期5～6月，果期8月。

原产于我国、朝鲜、日本、蒙古及西伯利亚一带，神农架多有栽培。中国的传统名花；花还可供食用；根皮入药。

图54-2 拟草芍药

图54-3 芍药

3. 凤丹 ｜ Paeonia ostii T. Hong et J. X. Zhang　　图54-4

灌木。二回羽状复叶；小叶11～15枚，披针形或卵状披针形，大多全缘，顶端小叶常2～3裂，两面光滑，基部圆形，先端急尖。花单生于枝顶；叶状苞片1～4枚，绿色；花萼3～4枚；花瓣约11枚，白色；花盘紫红色，完全包围子房；心皮5枚，密被绒毛，柱头紫红色。菁葖果长椭圆形，密被棕黄色茸毛。花期4～5月，果期8月。

原产于我国华中，神农架有栽培。中国34种名贵药材之一，其根皮药用。

4. 紫斑牡丹 ｜ Paeonia rockii (S. G. Haw et Lauener) T. Hong et J. J. Li　　图54-5

灌木。下部的叶二或三回羽状；小叶片19～33枚，披针形或卵状披针形，多数全缘，背面沿脉具长柔毛，正面无毛，基部楔形，先端渐尖。花单生于枝顶，花大型；叶状苞片和萼片均为3枚；花瓣白色，基部具深紫色的斑点；花盘完全包围心皮；心皮5或6枚，密被绒毛。菁葖果密被黄色绒毛。花期4～5月，果期8月。

主要分布在我国华北，神农架为其野生地之一，但现仅见栽培。用途同牡丹。

图54-4 凤丹

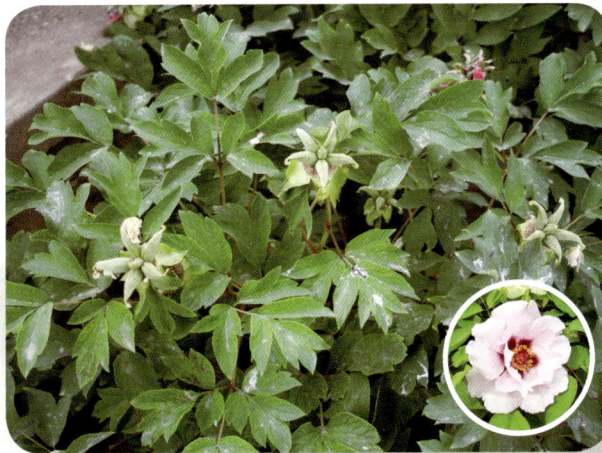

图54-5 紫斑牡丹

5. 卵叶牡丹 | Paeonia qiui Y. L. Pei et D. Y. Hong

灌木。下部叶二回三出；小叶正面常呈红色，卵形或卵圆形，大多全缘，偶顶端3浅裂，正面无毛，背面叶脉密被长柔毛，基部圆形，先端钝或锐尖。花单生于枝顶，大型；花瓣5～9枚，粉红色，基部通常具一红色斑点；花盘完全包围心皮；心皮5枚，密被绒毛。蓇葖果密被棕色或黄色绒毛。种子卵形。花期4～5月，果期7～8月。

产于神农架松柏（黄连架），生于海拔700m的山坡悬崖下。用途同紫斑牡丹。

6. 牡丹 | Paeonia suffruticosa Andrews　图54-6

灌木。叶通常为二回三出复叶；顶生小叶3裂至中部，背面沿叶脉疏生短柔毛或近无毛；侧生小叶狭卵形或长圆状卵形。花大型，单生于枝顶；苞片和萼片均为5枚；花瓣5枚或为重瓣，玫瑰色、红紫色、粉红色至白色，变异很大；雄蕊多数；花盘杯状，完全包住心皮；心皮5枚。蓇葖长圆形，密生硬毛。花期5月，果期6月。

原产于我国，神农架只有栽培。中国传统名花，亦是中国34种名贵药材之一，根皮药用。

图54-6　牡丹

55. 蕈树科 | Altingiaceae

常绿或落叶乔木。叶互生，掌状分裂间有不裂叶，或全为不裂叶而有锯齿；具羽状脉或掌状脉；托叶线形。花单性，同株，常聚成头状花序；萼筒与子房合生，萼齿针状或缺；无花瓣；雄蕊多数，花药2室；子房半下位，2室，花柱2枚，胚珠多数。种子有棱或窄翅。

3属19种。我国3属13种，湖北1属3种，神农架2种。

枫香树属 **Liquidambar** Linnaeus

落叶乔木。叶掌状脉3～5条，掌状分裂兼有锯齿；托叶线形，通常早落。花单性，雌雄同株；无花瓣；雄花多数，聚合为球状，再排成总状花序，花丝极短，花药纵裂；雌花多数，聚合成圆球状头状花序，萼筒与子房合生，萼齿针刺状，子房半下位，胚珠多数。果序球形，瘦果多数，木质，2裂，常具宿存的刺状萼齿和花柱。种子多数，具窄翅。

5种。我国2种，湖北有2种，神农架均有。

分种检索表

1. 小枝及嫩叶有毛 ·· 1. 枫香树 L. formosana
1. 小枝及嫩叶无毛 ·· 2. 缺萼枫香树 L. acalycina

1. 枫香树 | **Liquidambar formosana** Hance   图55-1

落叶乔木。小枝有柔毛。鳞芽具光泽。植株各部具橄榄香味。叶薄革质，阔卵形，掌状3裂，先端渐尖，基部近心形，掌状脉3～5条，边缘具腺齿，长成叶两面无毛，或下面被疏柔毛，两面网脉明显。雄花为短穗状花序，常多个排成总状；雌花头状。头状果序球形，宿存花柱及萼齿刺状。种子多数，褐色，有棱或具翅。花期3～4月，果期9～10月。

产于神农架各地（长青，zdg 5652），生于海拔800m以下的山坡或村寨边。用材及观赏树种；树脂、根、叶及果实入药。

图55-1　枫香树

2. 缺萼枫香树 | **Liquidambar acalycina** H. T. Chang 图55-2

落叶乔木。小枝无毛。叶阔卵形，掌状3裂，中央裂片较长，先端尾状渐尖，两侧裂片三角卵形，稍平展，上下两面均无毛，暗晦无光泽，或幼嫩时基部有柔毛，下面有时稍带灰色；掌状脉3～5条。雌性头状花序单生于短枝的叶腋内，萼齿不存在，或为鳞片状，有时极短，花柱先端卷曲。头状果序的宿存花柱粗而短. 稍弯曲，不具萼齿。

产于神农架各地（下谷；新华，zdg 7975；长青，zdg 5651），生于海拔800m以上的山坡或村寨边。用材及观赏树种；树脂、根、叶及果实入药。

图55-2　缺萼枫香树

56. 金缕梅科 | Hamamelidaceae

　　乔木和灌木。单叶互生，具羽状脉或掌状脉，全缘或具锯齿，基部常偏斜，常被星状或鳞片状毛；具托叶。头状花序、穗状花序或总状花序，两性，辐射对称，少数无花被；萼裂片4~5数；花瓣与萼裂片同数；雄蕊4~5数，有为不定数的；退化雄蕊存在或缺，子房半下位或下位，2室；胚珠多数，中轴胎座。蒴果。

　　24属124种。我国有14属61种，湖北有7属22种，神农架有7属13种。

分属检索表

```
1. 花有花瓣。
　 2. 花瓣线形。
　　 3. 叶全缘，常绿·······························1. 檵木属Loropetalum
　　 3. 叶缘有齿，落叶·····························2. 金缕梅属Hamamelis
　 2. 花瓣匙形或退化为鳞片状。
　　 4. 花瓣匙形·································3. 蜡瓣花属Corylopsis
　　 4. 花瓣退化为鳞片状·························4. 牛鼻栓属Fortunearia
1. 花无花瓣。
　 5. 穗状花序长；叶的第一对侧脉有第二次分支侧脉·········5. 山白树属Sinowilsonia
　 5. 穗状花序短；叶的第一次侧脉无第二次分支侧脉。
　　 6. 萼筒花后增大，包住蒴果·····················6. 水丝梨属Sycopsis
　　 6. 萼筒花后脱落，蒴果无宿萼···················7. 蚊母树属Distylium
```

1. 檵木属Loropetalum R. Brown

　　常绿或半落叶灌木至小乔木。全体被星状毛。叶脉羽状，全缘；有短柄；托叶膜质，早落。花两性，组成近头状花序；萼筒与子房合生，萼齿脱落；花瓣4枚，条形；花丝极短，花药瓣裂，药隔凸起；子房半下位，花柱钻形。蒴果木质，开裂为2瓣，果梗极短。种子2枚，黑色，有光泽。

　　4种。我国有3种，湖北有1种，神农架也有。

1. 檵木 | Loropetalum chinense (R. Brown) Oliver

分变种检索表

```
1. 花白色·····································1a. 檵木L. chinense var. chinense
1. 花淡红色至紫红色·······················1b. 红花檵木L. chinense var. rubrum
```

1a．檵木（原变种）Loropetalum chinense var. chinense 图56-1

常绿乔木。叶革质，卵形，先端尖锐，基部钝，不等侧，下面被星状毛，稍带灰白色，全缘。花3～8朵簇生，有短花梗；萼筒杯状，被星状毛；花瓣4枚，带状，白色；雄蕊4枚，花丝极短，药隔凸出成角状。蒴果卵圆形，被褐色星状绒毛，萼筒长为蒴果的2/3。花期3～4月，果期8～10月。

产于神农架各地（长青，zdg 5849），生于海拔800m以下的山坡灌丛地或林缘。观赏花木；花、叶根入药。

1b．红花檵木（变种）Loropetalum chinense var. rubrum Yieh 图56-2

常绿乔木，栽培种多呈灌木状。本变种与原变种的主要区别：新叶红色，叶背紫红色；花瓣淡红色至紫红色。

原产于我国湖南，神农架各地有栽培。观赏花木；花、叶根入药。

图56-1 檵木

图56-2 红花檵木

2．金缕梅属Hamamelis Linnaeus

落叶灌木或小乔木。叶阔卵形，薄革质或纸质，不等侧，常为心形，羽状脉；托叶披针形，早落。花聚成头状或短穗状花序，两性，4数；萼筒与子房多少合生；花瓣带状，4枚，黄色或淡红色，在花芽时皱褶；雄蕊4枚，花药卵形，2室，单瓣裂开；退化雄蕊4枚，鳞片状，与雄蕊互生。蒴果木质，卵圆形，上半部2片裂开，每片2浅裂；内果皮骨质。

6种。中国2种，湖北有1种，神农架也有。

金缕梅 | Hamamelis mollis Oliver 图56-3

落叶灌木或小乔木。嫩枝及株芽被绒毛。叶阔倒卵形，基部歪斜，叶全缘或具波状齿；具脉羽状，基部1对侧脉强劲。花两性，先于叶开放，4数，花序近头状；萼筒常与子房合生，被星状毛；花瓣狭条形，金黄色；子房有绒毛。蒴果卵圆形，密被黄褐色星状绒毛，萼筒长为蒴果的1/3。花期3～4月，果期7～8月。

产于神农架各地（长青，zdg 5622），生于海拔1200m以上的山坡林中。花供观赏；根入药。

图56-3 金缕梅

3．蜡瓣花属Corylopsis Siebold et Zuccarini

灌木或小乔木。叶互生，革质，羽状脉，边缘有锯齿；托叶叶状，早落。花两性，先于叶开放，总状花序常下垂；苞片大；萼齿5枚，卵状三角形，宿存或脱落；花瓣5枚，黄色；雄蕊5枚，互生；退化雄蕊5枚，子房半下位，少数上位并与萼筒分离，2室，花柱2枚，胚珠每室1枚。蒴果木质，卵圆形，室间及室背离开为4片，具宿存花柱。

约29种。我国有20种，湖北有6种，神农架有5种。

分种检索表

1．子房与萼筒分离。
  2．萼筒及子房有星毛；叶下面亦有星毛······················1．星毛蜡瓣花C. stelligera
  2．萼筒及子房均无毛；叶下面无毛或仅背脉有毛···············2．鄂西蜡瓣花C. henryi
1．子房与萼筒合生。
  3．退化雄蕊不分裂···3．阔蜡瓣花C. platypetala
  3．退化雄蕊2裂。
    4．萼齿有毛，雄蕊比花瓣长，总苞状鳞片无毛···········4．红药蜡瓣花C. veitchiana
    4．萼齿无毛，雄蕊比花瓣短，总苞状鳞片被毛···················5．蜡瓣花C. sinensis

1．星毛蜡瓣花 | Corylopsis stelligera Guillaumin 图56-4

落叶灌木或小乔木。叶倒卵形或倒卵状椭圆形，下面有星状柔毛，或至少在脉上有星毛，先端尖锐，基部心形，不等侧；侧脉7～8对。总状花序；总苞状鳞片5～6枚，卵形；苞片1枚，卵形；小苞片2枚，矩状披针形；花黄色；萼筒有星毛；花瓣匙形。蒴果近圆球形，有星毛，具宿存花柱。

产于神农架各地（官门山），生于海拔1200m以上的山坡林中。根皮入药。

2. 鄂西蜡瓣花 ｜ Corylopsis henryi Hemsley 图56-5

落叶灌木。叶倒卵圆形，先端短急尖，基部心形，不等侧，下面脉上有稀疏短柔毛或近秃净；侧脉8～10对。总状花序；总苞状鳞片4～5枚，卵形；苞片卵形；小苞片矩圆形；花序柄基部有叶片1～2枚；萼筒无毛；花瓣窄匙形，黄色。蒴果卵圆形。种子黑色，种脐白色，种皮骨质，发亮。

产于神农架各地（官门山），生于海拔1200m以上的山坡林中。根皮和果实入药。

图56-4　星毛蜡瓣花

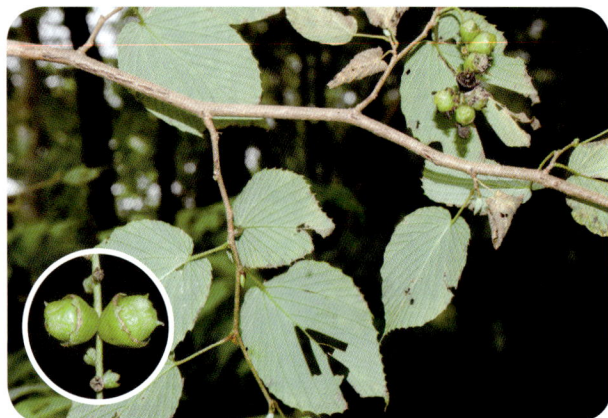

图56-5　鄂西蜡瓣花

3. 阔蜡瓣花 ｜ Corylopsis platypetala Rehder et E. H. Wilson 图56-6

落叶灌木。叶卵形或广卵形，先端短急尖，基部不等侧心形或微心形，嫩叶上下两面均略有长毛，不久变秃净；侧脉6～10对。总状花序有花8～20朵；总苞状鳞片多数，早落；苞片1枚，矩圆形；小苞片早落；萼筒无毛；花瓣斧形，有短柄。蒴果无毛。种脐白色。

产于神农架各地（官门山），生于海拔1200m以上的山坡林中。

图56-6　阔蜡瓣花

4. 红药蜡瓣花 ｜ Corylopsis veitchiana Bean 图56-7

落叶灌木。叶倒卵形或椭圆形，先端急短尖，基部不等侧心形，下面脉上有毛或秃净无毛；侧脉6～8对。总状花序；总苞状鳞片卵圆形；苞片卵形；小苞片2枚，矩圆形；萼筒有星毛；花瓣匙形。蒴果近圆卵形，有星毛。种子黑色，有光泽，种脐白色。

产于神农架各地（官门山），生于海拔1200m以上的山坡林中。

5. 蜡瓣花 | **Corylopsis sinensis** Hemsley   **中华蜡瓣花**   图56-8

落叶灌木。叶薄革质，倒卵圆形，先端急短尖，基部不等侧心形，上面无毛，下面有灰褐色星状柔毛，锯齿齿尖刺毛状。总状花序下垂；花瓣黄色。蒴果近圆球形。花期3~4月，果期9~10月。

产于神农架木鱼、红坪、九冲、宋洛、大九湖（zdg 6591），生于海拔900~1400m的山坡或沟边。根皮入药。

图56-7　红药蜡瓣花

图56-8　蜡瓣花

4. 牛鼻栓属**Fortunearia** Rehder et E. H. Wilson

灌木或小乔木。叶倒卵形或倒卵状椭圆形，先端锐尖，基部圆形或钝，稍偏斜，脉上有毛，边缘锯齿齿尖稍向下弯；侧脉6~10对。两性花，总状花序，有绒毛；苞片及小苞片披针形，有星状毛；萼齿卵形，先端有毛；花瓣比萼齿短。蒴果，沿室间2片裂开，果瓣先端尖。

单种属，分布于我国中部各省份，神农架也有。

牛鼻栓 |
Fortunearia sinensis
Rehder et E. H. Wilson
图56-9

特征同属的描述。

产于神农架阳日、黄连架（zdg 7786），生于海拔500m的山坡林中。果皮入药。

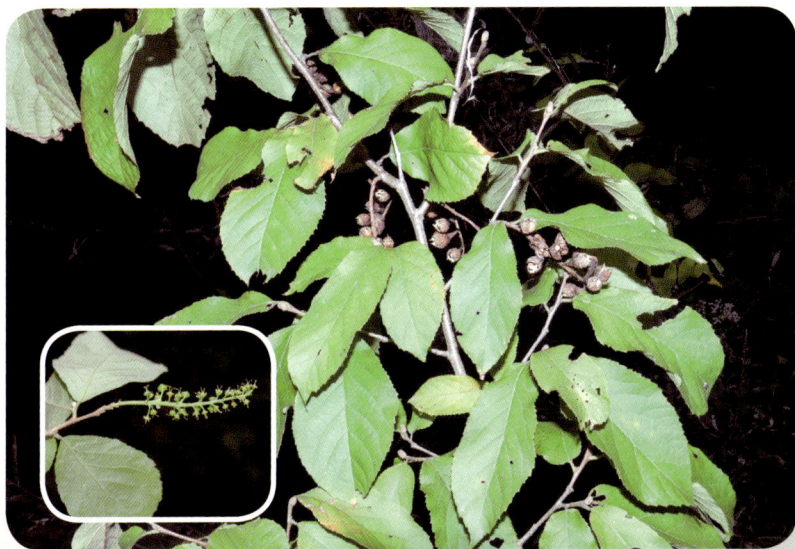
图56-9　牛鼻栓

5. 山白树属Sinowilsonia Hemsley

落叶灌木或小乔木。叶纸质或膜质，倒卵形，稀为椭圆形，先端急尖，基部圆形或微心形，稍不等侧，下面有柔毛；侧脉7～9对；托叶线形，早落。雄花总状花序，无正常叶片；雌花穗状花序，基部有1～2枚叶片；苞片披针形；小苞片窄披针形，均有星状绒毛；萼筒壶形，有星毛。蒴果无柄，卵圆形，被灰黄色长丝毛。种子长黑色，有光泽，种脐灰白色。

单种属，神农架也有。

山白树 │ Sinowilsonia henryi Hemsley　图56-10

特征同属的描述。

产于神农架阳日，生于海拔500～1000m的山坡林中。

6. 水丝梨属Sycopsis Oliver

常绿灌木或小乔木。叶革质，互生，具柄，全缘或有小锯齿；羽状脉或兼具三出脉；托叶细小，早落。花杂性，通常雄花和两性花同株，排成穗状或总状花序，有时雄花排成短穗状或假头状花序；总苞片卵圆形，或窄卵形，3～4枚，被毛；苞片及小苞片披针形；两性花或雌花的萼筒壶形，有鳞垢或星毛；花瓣不存在。蒴果木质，有绒毛，2片裂开。

9种。中国有7种，湖北有1种，神农架也有。

水丝梨 │ Sycopsis sinensis Oliver　图56-11

常绿乔木。叶革质，长卵形或披针形，先端渐尖，基部楔形或钝，下面略有稀疏星状柔毛，通常嫩叶两面有星状柔毛；侧脉6～7对。雄花穗状花序密集，近似头状，有花8～10朵，苞片红褐色，卵圆形，有星毛，萼筒极短；雌花或两性花6～14朵排成短穗状花序，萼筒壶形。蒴果有长丝毛。

产于神农架各地，生于海拔800m以上的山坡林中。可用作庭园观赏树；木材可用来培育香菇。

图56-10　山白树

图56-11　水丝梨

7. 蚊母树属 Distylium Siebold et Zuccarini

常绿灌木或小乔木。幼体常被星状毛及鳞毛，芽裸露或具2枚鳞片。叶脉羽状，革质，全缘或偶具齿突。花单性或杂性；雄花常与两性花同株，排成腋生总状花序，萼筒极短，花后脱落，无花瓣，具雄蕊4~8枚，花丝长短不一，花药纵裂，药隔凸出；雌花及两性花的子房上位，花柱先端常卷曲。蒴果木质，2裂，基部无萼筒宿存。

18种。中国有12种，湖北有4种，神农架3种。

分种检索表

```
1. 叶卵形或卵状披针形，全缘。
    2. 叶卵形或卵状披针形，基部圆形·····················1. 屏边蚊母树 D. pingpienense
    2. 叶倒披针形，基部楔形·····························3. 小叶蚊母树 D. buxifolium
1. 叶矩圆形，先端有2~3枚尖齿·························2. 中华蚊母树 D. chinense
```

1. 屏边蚊母树 ｜ Distylium pingpienense (Hu) E. Walker　图56-12

常绿灌木。叶薄革质，卵状披针形或披针形，先端尾状渐尖，基部圆形，稍不整正，下面有褐色星状绒毛；侧脉约6对；托叶早落。花未见。总状果序腋生，有褐色星状绒毛；蒴果卵圆形，外面有褐色星状绒毛，先端尖，沿室间2片裂开，每片2浅裂。

产于巴东县（周鹤昌 706），生于低海拔地区的山坡林下。

2. 中华蚊母树 ｜ Distylium chinense (Franchet ex Hemsley) Diels　图56-13

常绿灌木。叶革质，矩圆形，先端略尖，基部阔楔形，上面绿色，稍发亮，下面秃净无毛，边缘在靠近先端处有2~3枚小锯齿；侧脉5对，在上面不明显，在下面隐约可见，网脉在上下两面均不明显。穗状花序；花无柄。蒴果卵圆形，外面有褐色星状柔毛。

产于神农架低海拔地区，生于溪河两岸灌丛中。优良盆景材料和地被灌木。

图56-12　屏边蚊母树

图56-13　中华蚊母树

3. 小叶蚊母树 ｜ Distylium buxifolium (Hance) Merrill　图56-14

常绿灌木。本种与中华蚊母树难以区分，但嫩枝纤细，稍压扁，秃净无毛，节间稍伸长，长约1～2.5cm；叶倒披针形，先端锐尖，基部狭窄而下延，全缘，偶在最先端有1枚小尖凸，叶脉不明显，叶柄极短。花期早春。

产于神农架下谷至巴东一线，生于低海拔溪河两岸的灌丛中。优良盆景材料。

图56-14　小叶蚊母树

57. 连香树科 | Cercidiphyllaceae

落叶乔木。叶纸质，边缘有钝锯齿，具掌状脉；有叶柄；托叶早落。花单性，雌雄异株，先于叶开放；每花有1枚苞片；无花被；雄花丛生，近无梗，雄蕊8～13枚，花丝细长，花药条形，红色；雌花4～8朵，具短梗，心皮4～8枚，离生，花柱红紫色，每心皮有数枚胚珠。蓇葖果2～4枚。种子扁平，一端或两端有翅。

单属科，2种。中国1种，神农架有分布。

连香树属Cercidiphyllum Siebold et Zuccarini

形态特征、种数和分布同科。

连香树 | Cercidiphyllum japonicum Siebold et Zuccarini 图57-1

落叶大乔木。短枝上的叶近圆形或心形，长枝上的叶椭圆形或三角形，先端圆钝或急尖，基部心形或截形，边缘有圆钝锯齿。雄花常4朵丛生，近无梗，苞片在花期红色；雌花2～8朵，丛生。蓇葖果2～4枚，荚果状。种子数枚，扁平四角形，先端有透明翅。花期4月，果期8月。

产于神农架各地，生于海拔1400～2500m的山坡林中。神农架有古树。枝条扶疏，可栽作行道树；果实入药。国家二级重点保护野生植物。

图57-1　连香树

58. 虎皮楠科 | Daphniphyllaceae

常绿乔木或小乔木。髓心片状分隔。单叶，互生，全缘，羽状脉；叶柄先端常膨大；无托叶。花单性，雌雄异株，总状花序腋生，基部具苞片；花萼3～6裂；无花瓣；雄蕊5～12（～18）枚，雌花具5～10枚不育雄蕊环绕子房或无，花柱1～2枚，通常宿存。核果椭圆形或卵圆形，具1枚种子，外部常有疣状凸起或疣状皱纹；外果皮肉质，内果皮骨质坚硬。

形态单属科，约30种。中国10种，湖北3种，神农架均有。

虎皮楠属Daphniphyllum Blume

形态特征、种数和分布同科。

分种检索表

1. 叶背绿色···1. 交让木D. macropodum
1. 叶背略被白粉。
    2. 叶狭长圆状披针形，宽不过3cm；果期花柱脱落···········2. 狭叶虎皮楠D. angustifolium
    2. 叶倒卵状披针形或椭圆状长圆形，宽超过3cm；果期花柱宿存·····3. 虎皮楠D. oldhamii

1. 交让木 | Daphniphyllum macropodum Miquel 图58-1

常绿乔木。叶革质，长椭圆形或倒披针形，先端渐尖，下面淡绿色；侧脉在两面清晰；叶柄紫红色，粗壮。果椭圆形，蓝黑色，被白粉，柱头宿存。花期4～5月，果期8～10月。

产于神农架各地，生于神农架海拔600～1900m的山坡林中。种子、叶入药；庭院观赏树木。

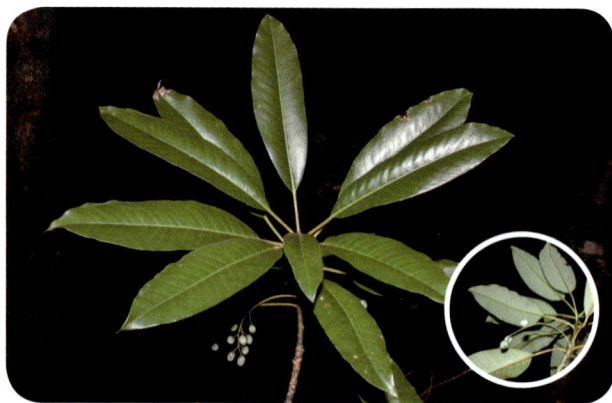

图58-1　交让木

2. 狭叶虎皮楠 | Daphniphyllum angustifolium Hutchinson 图58-2

灌木或小乔木。叶坚纸质至薄革质，狭长圆状披针形，先端三角状锐尖，基部阔楔形或钝，叶面干后常变褐色，叶背略被白粉；侧脉纤细，14～16对。雄花序无花萼；雌花序花萼早落；子房卵形。果序轴粗壮；幼果偏斜，椭圆形，表面平滑。

产于巴东县（牛洞湾附近，聂敏祥、李启和972）、巫山县（三凳子，杨光辉59021），生于神农架海拔2100m的山坡林中。

图58-2　狭叶虎皮楠

3. 虎皮楠 | **Daphniphyllum oldhamii** (Hemsley) K. Rosenthal　图58-3

常绿乔木。叶集生于枝顶，薄革质，倒卵状披针形、椭圆状长圆形，先端急尖，基部楔形，下面通常被白粉和乳突体；侧脉每边8～14条。雄花序较短；子房被白粉。核果椭圆形或卵圆形，黑色。花期4～5月，果期8～11月。

产于神农架宋洛、新华等，生于海拔600～1700m的山地林中。根、叶入药。

图58-3　虎皮楠

59. 鼠刺科 | Iteaceae

常绿或落叶，灌木或乔木。单叶互生，边缘常具腺齿或刺状齿，稀圆齿状或全缘；具柄；托叶小，早落；羽状脉。花小，白色，辐射对称，两性或杂性，多数，排列成顶生或腋生总状花序或总状圆锥花序；萼筒杯状，基部与子房合生；萼片5枚，宿存；花瓣5枚，镊合状排列。蒴果先端2裂，仅基部合生，具宿存的萼片及花瓣。种皮壳质，有光泽；胚大，圆柱形。

单属科，27种。我国15种，湖北1种，神农架也有。

鼠刺属 Itea Linnaeus

形态特征、种数和分布同科。

冬青叶鼠刺 | Itea ilicifolia Oliver 图59-1

灌木。叶厚革质，阔椭圆形至椭圆状长圆形，稀近圆形，先端锐尖或尖刺状，基部圆形或楔形，边缘具较疏而坚硬刺状锯齿，两面无毛，或下面仅脉腋具簇毛；侧脉5~6对。顶生总状花序，下垂；苞片钻形；花多数，通常3朵簇生；萼筒浅钟状，萼片三角状披针形；花瓣黄绿色，线状披针形。蒴果卵状披针形，下垂，无毛。花期5~6月，果期7~11月。

产于神农架低海拔地区，生于海拔500~800m的山坡沟边林中。根入药。

图59-1 冬青叶鼠刺

60. 茶藨子科 | Grossulariaceae

　　灌木。单叶互生，常掌状分裂。花两性或单性异株，5数，稀4数；多为总状花序，或花数朵簇生，稀单生；萼筒形状多变，与子房合生；花萼片多与花瓣同色；花瓣（4～）5枚，小，稀缺。浆果。

　　单属科，160种。我国59种，湖北12种，神农架全有。

茶藨子属Ribes Linnaeus

　　形态特征、种数和分布同科。

分种检索表

```
1. 花两性。
    2. 枝具刺····································································1. 长刺茶藨子R. alpestre
    2. 枝无刺。
        3. 萼片边缘无睫毛。
            4. 总状花序疏松，长15～30cm··························2. 长序茶藨子R. longiracemosum
            4. 总状花序较紧密，长5～16cm························3. 宝兴茶藨子R. moupinense
        3. 萼片边缘具睫毛······························11. 糖茶藨子R. himalense
1. 花单性，雌雄异株。
    5. 伞形花序，具花2～9朵或数朵簇生··········4. 华蔓茶藨子R. fasciculatum var. chininese
    5. 总状花序。
        6. 常绿灌木；枝无刺······························5. 华中茶藨子R. henryi
        6. 落叶灌木；枝无刺或在节上具2枚小刺。
            7. 枝在节上具2枚小刺··························12. 光叶茶藨子R. glabrifolium
            7. 枝无刺。
                8. 花萼外面无毛。
                    9. 叶基部圆形至近截形；萼筒浅杯形··············6. 冰川茶藨子R. glaciale
                    9. 叶基部截形至心脏形；萼筒碟形··············7. 细枝茶藨子R. tenue
                8. 花萼外面具柔毛。
                    10. 果实无毛，仅具疏腺毛··························8. 渐尖茶藨子R. takare
                    10. 果实具柔毛和腺毛。
                        11. 花萼红色；果实直径4～6mm··············9. 鄂西茶藨子R. franchetii
                        11. 花萼黄绿色略带红色；果实直径7～10mm
                        ··························10. 华西茶藨子R. maximowiczii
```

1．长刺茶藨子 | Ribes alpestre Wallich ex Decaisne 图60-1

灌木。小枝节上具3枚粗刺。叶宽卵圆形，不育枝上的叶宽大。花两性；2～3朵组成总状花序或单生；苞片成对着生，宽卵圆形或卵状三角形；花萼绿褐色或红褐色；萼筒钟形；花白色。浆果，紫红色。花期4～6月，果期6～9月。

产于神农架九湖（猴子石—南天门，zdg 7305）、红坪、木鱼，生于海拔1500～2800m的山坡林下。果实入药。

2．长序茶藨子 | Ribes longiracemosum Franchet 图60-2

灌木。叶卵圆形，基部深心脏形，稀下面基部脉腋间稍有短柔毛，掌状3裂，稀5裂。花两性；总状花序，花排列疏松；萼筒钟状短圆筒形，带红色；花瓣近扇形，长约萼片之半。浆果，黑色。花期4～5月，果期7～8月。

产于神农架各地（猴子石—下谷，zdg 7479），生于海拔1600～2500m的山坡林下或灌木丛中。花期4～5月，果期7～8月。根入药。

图60-1　长刺茶藨子

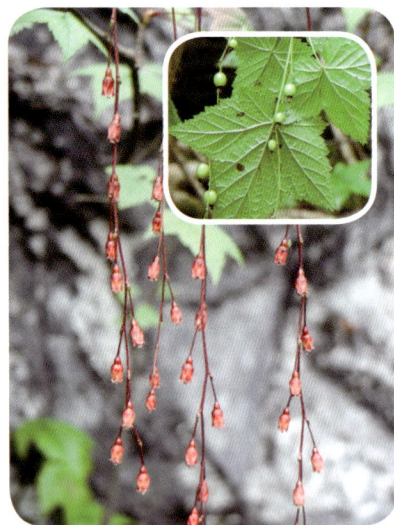

图60-2　长序茶藨子

3．宝兴茶藨子 | Ribes moupinense Franchet

分变种检索表

1. 叶浅裂·· 3a．宝兴茶藨子R. moupinense var. moupinense
1. 叶深裂·· 3b．三裂茶藨子R. moupinense var. tripartitum

3a．宝兴茶藨子（原变种）Ribes moupinense var. moupinense 图60-3

灌木。叶卵圆形或宽三角状卵圆形，基部心脏形，稀近截形，上面无柔毛或疏生粗腺毛，下面沿叶脉或脉腋间具短柔毛或混生少许腺毛，常3～5裂。花两性；总状花序，下垂，具9～25朵疏松排列的花；萼筒钟形；花瓣倒三角状扇形。果实球形，黑色，无毛。花期5～6月，果期7～8月。

产于神农架各地（猴子石—下谷，zdg 7494；神农谷，zdg 6764），生于海拔1500～2500m的林下。根入药。

3b. 三裂茶藨子（变种）Ribes moupinense var. tripartitum (Batalin) Janczewski 图60-4

本变种与原变种的主要区别：叶基部深心脏形，边缘3深裂；裂片狭长，狭卵状披针形或狭三角状长卵圆形，顶生裂片与侧生裂片近等长，先端长渐尖。

产于神农架新华（光头山，鄂神农架队 20791），生于海拔2000m的林下。

图60-3 宝兴茶藨子

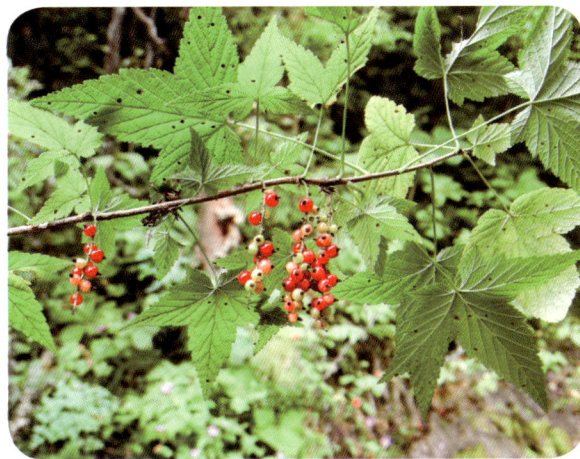

图60-4 三裂茶藨子

4. 华蔓茶藨子（变种）｜ Ribes fasciculatum var. chininese Maximowicz 图60-5

灌木。叶近圆形，基部截形至浅心脏形，两面密生柔毛，掌状3～5裂。花单性，雌雄异株，组成几无总梗的伞形花序；雄花序具花2～9朵；雌花2～4（～6）朵簇生，稀单生；花萼黄绿色；花瓣近圆形或扇形。果实近球形，红褐色。花期4～5月，果期7～9月。

产于神农架松柏、新华，生于海拔950～1100m的山沟林下。果实入药。

图60-5 华蔓茶藨子

5. 华中茶藨子 │ **Ribes henryi** Franchet 图60-6

小灌木。枝顶端具2~3枚叶。叶片椭圆形或倒卵状椭圆形，先端急尖，基部楔形，边缘疏生锯齿和腺毛。花单性，雌雄异株，总状花序；雄花序具花5~10朵；雌花序具花3~5朵；花萼浅绿白色；花瓣楔状匙形或近扇形。果实倒卵状长圆形，被腺毛。种子多数。花期5~6月，果期7~8月。

产于神农架宋洛，生于海拔600~1300m的山坡林中或岩石上。

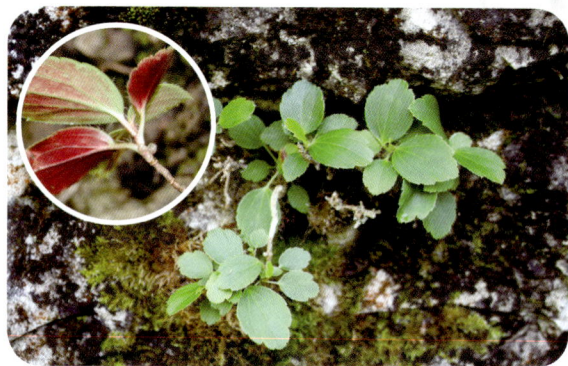

图60-6 华中茶藨子

6. 冰川茶藨子 │ **Ribes glaciale** Wallich 图60-7

灌木。叶长卵圆形，掌状3~5裂，边缘具粗大锯齿或混生少数重锯齿。花单性，雌雄异株，总状花序；雄花序长于雌花序；花萼红褐色；萼筒浅杯形；花瓣近扇形或楔状匙形，短于萼片。果实红色。花期4~6月，果期7~9月。

产于神农架各地（神农谷，zdg 6765），生于海拔1500~2800m的沟边林下灌木丛中。根入药。

7. 细枝茶藨子 │ **Ribes tenue** Janczewski 图60-8

灌木。叶长卵圆形，掌状3~5裂，顶生裂片比侧生裂片长1~2倍，侧生裂片卵圆形或菱状卵圆形。花单性，雌雄异株，总状花序；雄花序具花10~20朵；雌花序较短，具花5~15朵；花萼红褐色毛；萼筒碟形；花瓣楔状匙形或近倒卵圆形，暗红色。果实暗红色。花期5~6月，果期8~9月。

产于神农架各地（长青，zdg 5720；宋洛—徐家庄，zdg 4751），生于海拔1400~2000m的山坡林中或林缘。根入药。

图60-7 冰川茶藨子

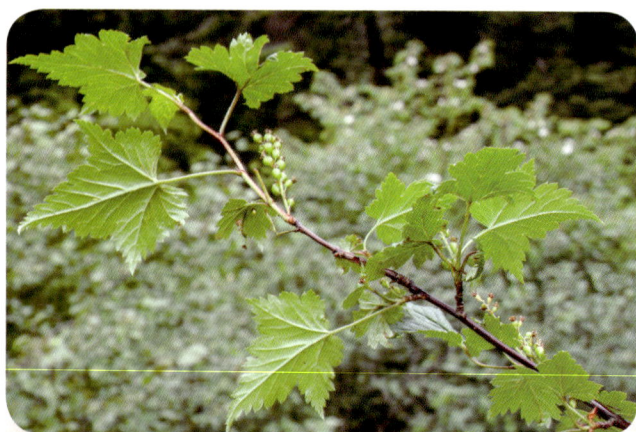

图60-8 细枝茶藨子

8. 渐尖茶藨子 | **Ribes takare** D. Don 图60-9

灌木。叶宽卵圆形或近圆形，常疏生腺毛，掌状3～5裂。花单性，雌雄异株，总状花序；雄花序长于雌花序；花萼红褐色，外面微具短柔毛；萼筒杯形或盆形；花瓣小。果实浅黄绿色转红褐色，稀幼时微具短柔毛。花期4～5月，果期7～8月。

产于神农架红坪，生于海拔2200～2800m的山坡林下或沟边草丛中。果实入药。

9. 鄂西茶藨子 | **Ribes franchetii** Janczewski 图60-10

小灌木。叶宽卵圆形或近圆形，掌状3～5浅裂，边缘具深裂粗大锐锯齿或重锯齿。花单性，雌雄异株，总状花序；雄花序具10～15朵疏松排列的花；雌花序花排列较密集；花萼外面红色，被长柔毛；花瓣红色。果实红褐色，具长柔毛和腺毛。花期5～6月，果期7～8月。

产于神农架红坪、猴子石—南天门（zdg 7381）、宋洛—徐家庄（zdg 6494），生于海拔1400～2100m的山坡阴丛中、林边或岩石上。

图60-9　渐尖茶藨子

图60-10　鄂西茶藨子

10. 华西茶藨子 | **Ribes maximowiczii** Batalin 图60-11

灌木。枝较粗壮。叶宽卵圆形，被长柔毛，通常掌状3浅裂，稀5裂，边缘具不整齐粗大钝锯齿。花单性，雌雄异株，总状花序；雄花序具15～30朵密集排列的花；雌花序花萼黄绿色略带红色，被长柔毛或长腺毛。果实密被长柔毛和长腺毛。花期6～7月，果期8月。

产于神农架红坪、木鱼，生于海拔1800～2000m的山坡灌木丛中。根入药。

11. 糖茶藨子 | **Ribes himalense** Royle ex Decaisne 图60-12

落叶小灌木。叶卵圆形或近圆形，基部心脏形，掌状3～5裂，裂片卵状三角形，先端急尖至短渐尖，边缘具粗锐重锯齿或杂以单锯齿。花两性，总状花序具花8～20朵；花萼绿色带紫红色晕或紫红色；萼筒钟形；萼片倒卵状匙形或近圆形；花瓣近匙形或扇形，红色或绿色带浅紫红色。果实球形，红色或熟后转变成紫黑色，无毛。花期4～6月，果期7～8月。

产于大神农架（大神农架南坡，鄂神农架植考队 10701），生于海拔2800m的山坡林下。

图60-11　华西茶藨子

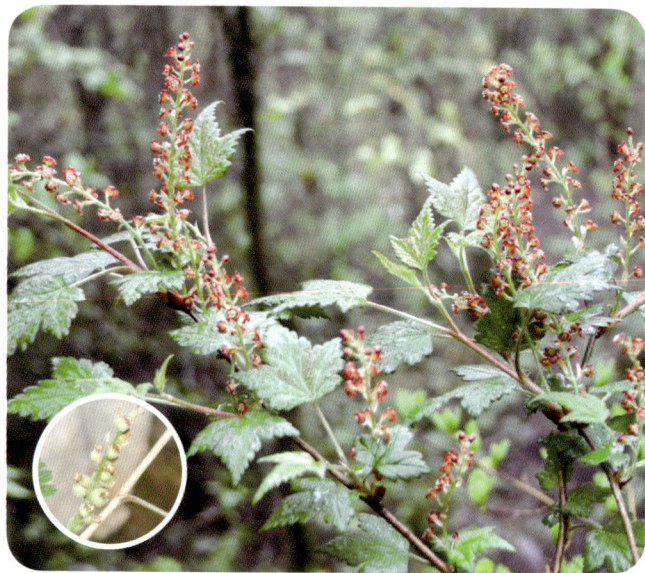

图60-12　糖茶藨子

12．光叶茶藨子 ｜ **Ribes glabrifolium** L. T. Lu　图60-13

落叶小灌木。叶厚，菱状卵圆形至近圆形，基部宽楔形至近圆形，掌状3裂，裂片先端圆钝或微尖，边缘具不整齐钝锯齿。花单性，雌雄异株，形成总状花序；雄花序具花7～11朵；苞片长圆形，无毛，早落；花萼黄色或黄绿色，萼筒浅杯形或盆形；萼片宽卵圆形；花瓣小，扇形或倒卵圆形。果实球形，红色，无毛。花期5～6月，果期7～9月。

产于房县（大落溪，朱国芳 209），生于海拔1800m的山坡林中。

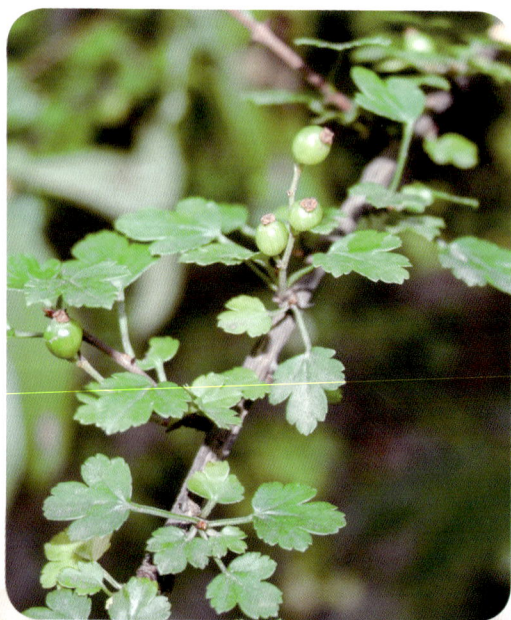

图60-13　光叶茶藨子

61. 虎耳草科｜Saxifragaceae

草本或木本。单叶或复叶，互生或对生；常无托叶。通常为聚伞状、圆锥状或总状花序；花两性，稀单性，常为重被；花被片4~5基数，稀6~10基数；萼片有时花瓣状；花冠辐射对称，稀两侧对称；雄蕊（4~）5~10枚，或多数，有时具退化雄蕊；心皮2枚，稀3~5（~10）枚，通常多少合生，花柱离生或多少合生。蒴果、浆果、小蓇葖果或核果。

约17属530余种。我国有14属265种，湖北5属26种，神农架5属23种。

分属检索表

```
1. 叶为复叶。
    2. 叶为掌状复叶或羽状复叶 ·········································· 1. 鬼灯檠属Rodgersia
    2. 叶为二至四回羽状复叶 ············································ 2. 落新妇属Astilbe
1. 叶为单叶。
    3. 花无花瓣 ······················································· 3. 金腰属Chrysosplenium
    3. 花有花瓣。
        4. 基生叶掌状分裂；蒴果由大小不等的2枚心皮组成 ············ 4. 黄水枝属Tiarella
        4. 基生叶不分裂；蒴果由相等的2枚心皮组成 ·················· 5. 虎耳草属Saxifraga
```

1. 鬼灯檠属Rodgersia A. Gray

多年生草本。根状茎粗壮，被鳞片。叶互生，掌状复叶或羽状复叶；小叶3~9（~10）枚，边缘有重锯齿，基部近无柄；托叶膜质。聚伞花序圆锥状，具多朵花；萼片5（4~7）枚，白色、粉红色或红色；花瓣通常不存在，稀1~2或5枚；雄蕊10（~14）枚；子房近上位，稀半下位，2~3室，中轴胎座，胚珠多数，花柱2~3枚。蒴果。

5种。我国4种，湖北1种，神农架也有。

七叶鬼灯檠｜Rodgersia aesculifolia Batalin　牛角七　图61-1

多年生草本。茎具棱。掌状复叶，基部扩大呈鞘状，具长柔毛；小叶片5~7枚，倒卵形至倒披针形，边缘具重锯齿，腹面沿脉疏生近无柄之腺毛，背面沿脉具长柔毛。多歧聚伞花序圆锥状，花序轴和花梗均被白色膜片状毛；萼片（6~）5枚，近三角形，腹面疏生腺毛，背面和边缘具柔毛和短腺毛；雄蕊10枚；花柱2枚。蒴果，具喙。种子微扁。花果期5~10月。

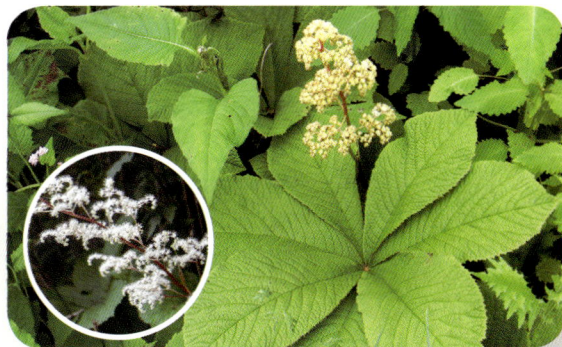

图61-1　七叶鬼灯檠

产于神农架各地（燕天景区，zdg 6483），生于海拔1100～3100m的林下。花果期5～10月。根状茎入药。

2. 落新妇属Astilbe Buchanan-Hamilton ex D. Don

多年生草本。茎基部具褐色膜质鳞片状毛或长柔毛。叶互生，二至四回三出复叶，稀单叶；小叶片披针形、卵形、阔卵形至阔椭圆形，边缘具齿；托叶膜质。圆锥花序顶生，具苞片；花白色、淡紫色或紫红色，两性或单性，稀杂性或雌雄异株；萼片5枚，稀4枚；花瓣通常1～5枚；雄蕊通常8～10枚，稀5枚；心皮2（～3）枚。蒴果或蓇葖果。

约18种。我国有7种，湖北5种，神农架4种。

分种检索表

1. 花具正常5枚花瓣。
　　2. 萼片背面和边缘具腺毛·······························1. 腺萼落新妇A. rubra
　　2. 萼片背面和边缘无腺毛。
　　　　3. 花序轴密被褐色卷曲长柔毛··············2. 落新妇A. chinensis
　　　　3. 花序轴被腺毛··························3. 大落新妇A. grandis
1. 花无花瓣·································4. 多花落新妇A. rivularis var. myriantha

1. 腺萼落新妇 │ Astilbe rubra J. D. Hooker et Thomson 　图61-2

多年生草本。基生叶为三回三出复叶，叶轴疏生褐色卷曲长腺毛，小叶椭圆形、卵形至阔卵形，边缘有重锯齿，两面和边缘均具腺毛；茎生叶与基生叶相似，但较小。圆锥花序；花序轴被褐色卷曲长腺毛；萼片5枚，腹面无毛，背面和边缘具腺毛；花瓣5枚，粉红色至红色，线形；雄蕊10枚；心皮2枚，子房半下位。花期6～7月。

产于神农架高海拔地区，生于海拔2400m左右的林缘。

图61-2　腺萼落新妇

2. 落新妇 │ Astilbe chinensis (Maximowicz) Franchet et Savatier 　图61-3

多年生草本。茎无毛。基生叶为二至三回三出羽状复叶，顶生小叶菱状椭圆形，侧生小叶卵形至椭圆形，腹面沿脉生硬毛，背面沿脉疏生硬毛和小腺毛，叶轴仅于叶腋部具褐色柔毛；茎生叶2～3枚，较小。圆锥花序；花序轴密被褐色卷曲长柔毛；苞片卵形；萼片5枚，边缘中部以上生微腺毛；花瓣5枚，淡紫色至紫红色，线形；雄蕊10枚；心皮2枚。蒴果。花果期6～9月。

产于神农架各地，生于海拔700～2500m的山坡林下。根状茎入药；亦可栽培供观赏。

3. 大落新妇 | **Astilbe grandis** Stapf ex Wilson　图61-4

多年生草本。二至三回三出复叶至羽状复叶；叶轴与小叶柄均多少被腺毛，叶腋近旁具长柔毛；小叶卵形、狭卵形至长圆形，侧生小叶小，背面被糙伏腺毛，沿脉生短腺毛。圆锥花序顶生；花序轴与花梗均被腺毛；小苞片狭卵形；萼片5枚，先端钝或微凹且具微腺毛；花瓣5枚，白色或紫色；雄蕊10枚；心皮2枚，基部合生，子房半下位。花果期6～9月。

产于神农架红坪、木鱼、新华，生于1300～1900m的林下阴湿处及路边草丛中。根状茎入药。

图61-3　落新妇

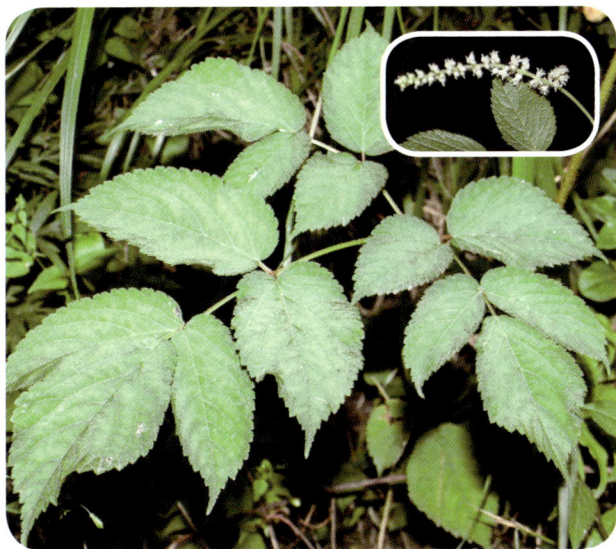

图61-4　大落新妇

4. 多花落新妇（变种）| **Astilbe rivularis** var. **myriantha** (Diels) J. T. Pan

多年生草本。二至三回羽状复叶；叶轴与小叶柄均被褐色长柔毛；小叶片顶生者菱状椭圆形至倒卵形，侧生者卵形。基部偏斜状心形、圆形至楔形，边缘有重锯齿，先端渐尖。圆锥花序多花；苞片3枚，近椭圆形；萼片4～5枚，近膜质，绿色，卵形、椭圆形至长圆形；无花瓣；心皮2枚，基部合生，子房近上位，花柱叉开。花果期7～11月。

产于神农架松柏、大岩屋，生于1700m的林下阴湿处。

3. 金腰属Chrysosplenium Linnaeus

多年生肉质小草本。单叶互生或对生。常为聚伞花序；花绿色、黄色、白色或带紫色；萼片4～5枚；无花瓣；花盘极不明显或无，或明显（4～）8裂；雄蕊4～10枚；2枚心皮，子房近上位、半下位或近下位，1室，胚珠多数，侧膜胎座，花柱2枚，离生，柱头具斑点。蒴果。种子多数。

65种。我国有35种，湖北有12种，神农架有11种。

1. 纤细金腰 | **Chrysosplenium giraldianum** Engler　图61-5

多年生草本。叶片通常肾形，具圆齿（齿先端微凹且具1枚小疣点），基部通常心形，稀宽楔形，无毛。聚伞花序，具6~15朵花；苞叶肾形至阔卵形，苞腋具褐色乳头凸起；花绿色；萼片在花期直立，阔卵形，先端钝，无毛；雄蕊8枚；子房半下位；无花盘。蒴果，先端平截而微凹，2枚果瓣近等大。种子黑褐色，近卵球形，光滑无毛，有光泽。花果期6~9月。

产于神农架南天门（zdg 7338），生于海拔2800m的冷杉林下阴湿处。

图61-5　纤细金腰

2. 舌叶金腰 | **Chrysosplenium glossophyllum** Hara　图61-6

多年生草本。基生叶近椭圆形，先端钝圆，边缘具圆齿，基部楔形，腹面被灰色糙毛。多歧聚伞花序；萼片先端钝圆，无毛；雄蕊8枚；花柱短。蒴果先端近平截而微凹，2枚果瓣近等大且水平状叉开。花果期4～7月。

产于神农架红坪、阳日（阳日寨湾矿区，zdg 4365），生于海拔1000m左右的山谷阴湿处。

3．大叶金腰｜**Chrysosplenium macrophyllum** Oliver　图61-7

多年生草本。不育枝具互生叶，阔卵形至近圆形，边缘具11～13枚圆齿，腹面及叶柄具褐色柔毛；基生叶革质，全缘或具不明显微波状小圆齿，腹面疏生褐色柔毛；茎生叶通常1枚，狭椭圆形，边缘通常具13枚圆齿，腹面和边缘疏生褐色柔毛。多歧聚伞花序；苞叶卵形；子房半下位。蒴果。种子黑褐色，密被微乳头凸起。花果期4～6月。

产于神农架九湖、木鱼、松柏、宋洛、新华（新华龙口村，zdg 3783）、阳日，生于海拔700～1700m的山坡林下阴湿地。全草入药；也可栽培供观赏。

图61-6　舌叶金腰

图61-7　大叶金腰

4．绵毛金腰｜**Chrysosplenium lanuginosum** Hooker f. et Thomson　图61-8

多年生草本。不育枝具褐色长柔毛，具互生叶，叶片卵形、阔卵形，边缘具圆齿，具褐色长柔毛；基生叶卵形、阔卵形，被褐色柔毛；茎生叶1～3枚，互生，阔卵形至椭圆形，边缘具圆齿。聚伞花序；花绿色；萼片具褐色斑点；雄蕊8枚；子房近下位，花盘退化，周围具1圈褐色乳头凸起。蒴果。种子黑褐色，具微乳头凸起。花果期4～6月。

产于神农架宋洛、新华，生于海拔1100～1600m的山谷流水阴湿处。全草入药。

5．峨眉金腰（变种）｜**Chrysosplenium hydrocotylifolium** var. emeiense J. T. Pan　图61-9

多年生草本。茎匍匐，具多数叶，叶不等大，叶片圆肾形，基部心形，边缘具圆钝锯齿，叶面具灰色刚毛；具长柄。多歧聚伞花序排成圆锥状；苞叶卵圆形，先端具粗牙齿。蒴果先端近平截而微凹，2枚果瓣近等大。花果期4月。

产于神农架阳日（寨湾矿区；长青，zdg 6197），生于海拔600m的沟谷林下流水处。

图61-8　绵毛金腰

图61-9　峨眉金腰

6. 微子金腰 | Chrysosplenium microspermum Franchet　图61-10

多年生草本。基生叶具柄，叶片阔卵形至近肾形，具圆齿，基部肾形或近截形，两面无毛；茎生叶通常3枚，互生，近阔卵形，边缘具圆齿（齿间弯缺处具1枚褐色小疣点），两面无毛。聚伞花序，具5～9朵花；花序分枝多少具褐色乳头凸起；苞叶阔卵形；萼片卵形至阔卵形；雄蕊8枚；花盘8裂。蒴果，2枚果瓣水平状叉开。种子褐色，具微瘤突。花果期4～9月。

产于神农架各地，生于海拔1800～2400m的山坡阴湿地。

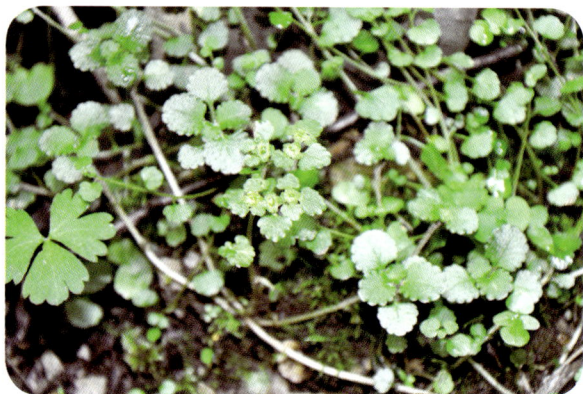

图61-10　微子金腰

7. 毛金腰 | Chrysosplenium pilosum Maximowicz

分变种检索表

1. 茎生叶和苞叶两面均无毛 ·· 7a. 毛金腰 Ch. pilosum var. pilosum
1. 茎生叶和苞背面和边缘具褐色柔毛 ················ 7b. 柔毛金腰 Ch. pilosum var. valdepilosum

7a. 毛金腰（原变种）Chrysosplenium pilosum var. pilosum　图61-11

多年生草本。不育枝出自茎基部叶腋，其叶对生，具褐色斑点；茎生叶对生，扇形，先端近截形，具波状圆齿，基部楔形，两面无毛。聚伞花序；花序分枝无毛；苞叶近扇形；萼片具褐色斑点，阔卵形至近阔椭圆形；雄蕊8枚；子房半下位，无花盘。蒴果。种子黑褐色，纵沟较深。花期4～6月。

产于神农架各地（大九湖，zdg 6610），生于海拔1500～300m的林下阴湿处。

7b．柔毛金腰（变种）Chrysosplenium pilosum var. valdepilosum Ohwi　图61-12

本变种与原变种的主要区别：其茎生叶和苞叶边缘具明显钝齿（原变种具不明显之波状圆齿），腹面无毛，背面和边缘具褐色柔毛；种子之纵沟较浅（原变种纵沟较深）。花果期4～7月。

产于神农架各地，生于海拔1500～3000m的林下阴湿处。

图61-11　毛金腰

图61-12　柔毛金腰

8．肾萼金腰 ｜ **Chrysosplenium delavayi** Franchet　图61-13

多年生草本。不育枝出自茎下部叶腋，叶对生，边缘具圆齿，叶片阔卵形至扇形，边缘圆齿，背面疏生褐色乳头凸起。单花或聚伞花序；苞叶边缘具6～9枚圆齿，背面疏生褐色乳头凸起；花黄绿色；萼片先端微凹，具1枚褐色乳头凸起；雄蕊8枚；子房下位，花盘周围疏生褐色乳头凸起。蒴果，2枚果瓣水平状叉开。种子黑褐色。花果期3～6月。

产于神农架各地，生于海拔1500～2800m的林下阴湿处。全草入药。

图61-13　肾萼金腰

9. 滇黔金腰 | Chrysosplenium cavaleriei Léveillé et Vaniot   图61-14

多年生草本。不育枝具对生叶，边缘具钝齿，两面疏生盾状腺毛，叶腋具褐色乳头凸起，边缘具19～25枚钝齿；茎生叶对生，边缘具14～19枚钝齿，疏生褐色乳头凸起。多歧聚伞花序；苞叶阔卵形，边缘具5～15枚钝齿；花黄绿色；雄蕊8枚；子房半下位，花盘明显。蒴果，2枚果瓣不等大。种子黑褐色，密生微乳头凸起。花果期4～7月。

产于神农架红坪、松柏—大岩屋—燕天（zdg 4710）、燕天景区（zdg 6478），生于海拔1900～2300m的潮湿林下。全草入药。

10. 中华金腰 | Chrysosplenium sinicum Maximowicz   图61-15

多年生草本。叶对生，顶生叶的叶腋部具褐色髯毛。花茎无毛，叶对生，近圆形至阔卵形，先端钝圆，边缘具钝齿，基部宽楔形。聚伞花序；苞叶阔卵形、卵形至近狭卵形，近苞腋部具褐色乳头凸起；花黄绿色；萼片在花期直立，阔卵形至近阔椭圆形；雄蕊8枚；子房半下位，无花盘。蒴果2枚果瓣明显不等大。种子黑褐色，被微乳头凸起。花果期4～8月。

产于神农架红坪、宋洛、大九湖（zdg 6614），生于海拔1700～2500m的山坡林中或沟谷边。全草入药。

图61-14   滇黔金腰

图61-15   中华金腰

11. 秦岭金腰 | Chrysosplenium biondianum Engler   图61-16

多年生草本。不育枝出自叶腋，其叶对生，叶片近扇形、阔卵形至近扁圆形，先端钝圆，边缘具钝齿，基部楔形；茎生叶对生，近扇形，边缘具钝齿，基部渐狭呈柄，两面疏生褐色乳头凸起。聚伞花序；苞叶近倒阔卵形至近扇形；花单性，雌雄异株；雌花黄绿色；无雄蕊；子房近下位；花盘8裂，周围

图61-16   秦岭金腰

疏生褐色乳头凸起。蒴果。种子黑褐色。花果期5～7月。

产于神农架木鱼（官门山）、阳日（麻湾），生于海拔700～1500m的林下阴湿处。

4. 黄水枝属Tiarella Linnaeus

多年生草本。根状茎短，具鳞片。叶多基生，为掌状分裂单叶，或三出复叶；茎生叶少；托叶小型。花序总状或圆锥状；花小；托杯内壁下部与子房愈合；萼常呈花瓣状；花瓣5枚，或缺；雄蕊10枚；心皮2枚，大部合生；子房1室，花柱丝状。蒴果，具不等大2枚果瓣。

5种。我国产1种，神农架也有。

黄水枝 │ Tiarella polyphylla D. Don 图61-17

多年生草本。茎密被腺毛。基生叶具长柄，叶片心形，3～5掌状浅裂，边缘具不规则浅齿，两面密被腺毛，叶柄基部扩大呈鞘状，密被腺毛，托叶褐色；茎生叶通常2～3枚，与基生叶同型。总状花序，密被腺毛；萼片卵形，背面和边缘具短腺毛；花瓣缺；花丝钻形；心皮2枚，下部合生；子房近上位，花柱2枚。蒴果。种子黑褐色。花果期4～11月。

产于神农架各地（宋洛—徐家庄，zdg 6487），生于海拔1000～2800m的林下阴湿地或山坡草丛。全草入药。

图61-17 黄水枝

5. 虎耳草属Saxifraga Linnaeus

多年生、稀一年生或二年生草本。单叶全部基生或兼茎生；茎生叶常互生。花两性，稀单性，多辐射对称，多组成聚伞花序，有时单生，具苞片；花托杯状（内壁完全与子房下部愈合），或扁平；萼片5枚；花瓣5枚；雄蕊10枚，花丝棒状或钻形；心皮2枚，通常下部合生，有时近离生；子房近上位至半下位，中轴胎座，稀边缘胎座，胚珠多数。蒴果，稀蓇葖果。

约400余种。我国有203种，湖北7种，神农架6种。

1. 虎耳草 | Saxifraga stolonifera Curtis 图61-18

多年生草本。鞭匍枝细长，密被卷曲长腺毛，具鳞片状叶。茎被长腺毛，具1~4枚苞片状叶。基生叶近心形、肾形至扁圆形，浅裂，裂片边缘具不规则牙齿，叶两面均有腺毛，沿各脉常有白色斑纹；茎生叶披针形。聚伞花序；萼片卵形，3脉于先端汇合成一疣点；花瓣白色，具羽状脉序，基部具爪；花盘半环状，边缘具瘤突，2枚心皮下部合生。花果期4~11月。

产于神农架各地，生于海拔500~800m的沟谷、林下阴湿岩上。全草入药；亦供观赏。

图61-18 虎耳草

图61-19 扇叶虎耳草

2. 扇叶虎耳草（变种）| Saxifraga rufescens var. flabellifolia C. Y. Wu et J. T. Pan 图61-19

多年生草本。叶基生，肾形或心形，基部楔形至截形，9~11浅裂，两面和边缘均被腺毛；叶柄被红褐色长腺毛。花莛密被红褐色长腺毛。多歧聚伞花序；萼片背面和边缘具腺毛，3脉于先端汇合；花瓣白色至粉红色，5枚，通常4枚较短，边缘多少具腺睫毛，基部具爪，瓣片具3～5弧曲的脉纹；子房上位。蒴果弯垂。

产于神农架九湖、红坪、木鱼、宋洛、新华、官门山（zdg 7598），生于海拔1200～2800m的林下流水石壁上。全草入药。

3．球茎虎耳草 | Saxifraga sibirica Linnaeus　图61-20

多年生草本。具鳞茎，茎密被腺柔毛。基生叶肾形，7～9浅裂，两面和边缘均具腺柔毛，叶柄基部扩大，被腺柔毛；茎生叶肾形至阔卵形，5～9浅裂，两面和边缘均具腺毛。伞房状聚伞花序；萼片背面和边缘具腺柔毛；花瓣白色，基部渐狭呈爪，3～8脉，无痂体；花丝钻形；2枚心皮。花果期5～11月。

产于神农架各地（猴子石—南天门，zdg 7344），生于海拔1400～3100m的冷杉林下石壁上。

4．秦岭虎耳草 | Saxifraga giraldiana Engler　图61-21

多年生草本。茎被褐色卷曲长柔毛。基生叶和下部茎生叶于花期枯凋；中部以上茎生叶全部具柄，卵形至线状长圆形，边缘疏生褐色卷曲长腺毛。伞房状聚伞花序，花单生于茎顶；萼片背面和边缘多少具腺柔毛，3～5脉于先端不汇合；花瓣黄色，具褐色斑点，基部具爪，侧脉旁具痂体；花丝钻形；子房上位。花果期7～10月。

产于神农架高海拔地区，生于海拔2400～3100m的山坡草丛石隙。

图61-20　球茎虎耳草

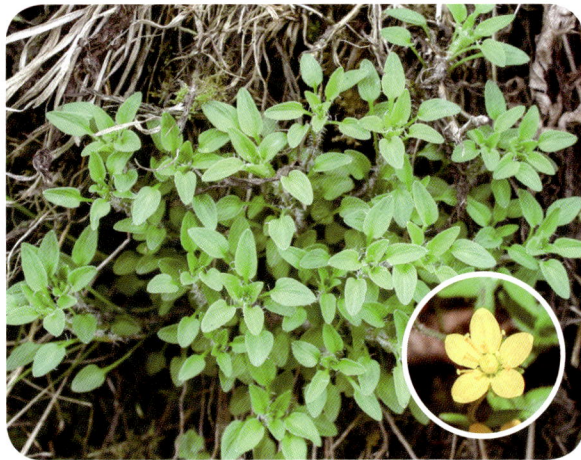

图61-21　秦岭虎耳草

5．鄂西虎耳草 | Saxifraga unguipetala Engler et Irmscher　图61-22

草本。小主轴多分枝，呈座垫状。花茎密被腺毛。小主轴之叶密集呈莲座状，肉质，近长圆状匙形，先端急尖，两面无毛，具5～10羽状脉，脉端具分泌钙质的窝孔；茎生叶狭长圆形至长圆状匙形，边缘具腺睫毛，具1～5分泌钙质的窝孔。花单生于茎顶；萼片草质；花白色，花瓣基部渐狭成短爪；花丝钻形；花盘不明显；子房半下位。花期7～8月。

产于神农架神农谷、金丝燕垭等地，生于海拔2800m的岩壁石隙中。

图61-22　鄂西虎耳草

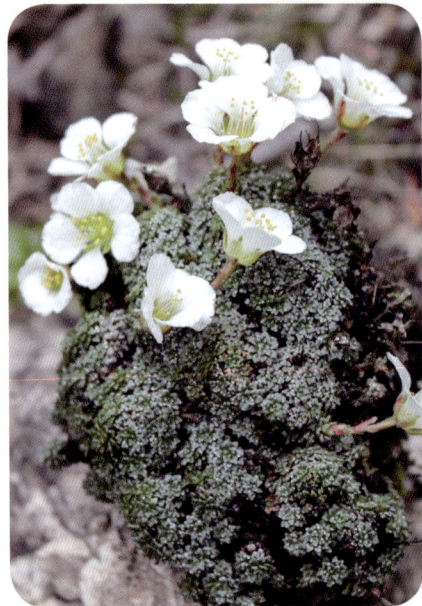

6. 虎耳草属一种 | **Saxifraga** sp. 图61-23

　　多年生草本。茎紫红色，密被腺毛，基部具较小的莲座叶丛。莲座叶丛的叶片肉质，椭圆状披针形，先端具软骨质短尖头，边缘具软骨质刚毛状睫毛；茎生叶肉质，比基生叶狭窄，线状披针形至线形，腹面无毛，背面和边缘具腺毛。茎上具珠芽，珠芽形同莲座叶丛。单花生于茎顶；萼片在花期开展至反曲，卵形；花瓣黄色，下部具橙色斑点，近长圆形至狭卵形；花丝线形；子房近上位，卵球形至倒卵球形。花果期7~9月。本种与橙黄虎耳草相似，唯茎上部具莲座叶丛状珠芽而不同。

　　产于神农架猴子石，生于海拔2800m的岩壁石缝中。

图61-23　虎耳草一种

62. 景天科 | Crassulaceae

多为草本。茎、叶多肉质。单叶互生、对生或轮生。聚伞花序或单生；花两性，稀为单性而雌雄异株，常为5基数；萼片自基部分离，少有在基部以上合生，宿存；花瓣分离，或多少合生；雄蕊与萼片或花瓣同数或为其2倍，分离，或与花瓣或花冠筒部多少合生；心皮常与萼片或花瓣同数，分离或基部合生，常在基部外侧有1枚鳞片状腺体。蓇葖果。

约34属1500种以上。我国有10属242种，湖北7属34种，神农架7属29种。

分属检索表

```
1. 常绿灌木··························································1. 青锁龙属Crassula
1. 多年生草本。
    2. 心皮有柄或基部渐狭，全部分离。
        3. 植株具莲座状基生叶；花瓣基部合生···············2. 瓦松属Orostachys
        3. 植株不具莲座状基生叶；花瓣分离···············3. 八宝属Hylotelephium
    2. 心皮无柄，常为基部合生，在景天属中有少数为分离。
        4. 根生叶鳞片状；花单性或两性；心皮直立···········4. 红景天属Rhodiola
        4. 基部茎生或根生的鳞片状叶缺；花多两性，极少为单性，心皮先端反曲。
            5. 基生的茎生叶在花茎上形成明显的莲座············5. 石莲属Sinocrassula
            5. 基生的茎生叶少有呈莲座状的，如植株有莲座，则莲座叶根生。
                6. 叶扁平，有锯齿；种子有翅···············6. 费菜属Phedimus
                6. 叶圆柱状，无锯齿；种子无翅···············7. 景天属Sedum
```

1. 青锁龙属Crassula Linnaeus

常绿灌木。具形态大小各异的肉质叶，对生或交互对生。聚伞花序；小花白色、黄色或粉红色。约200种。我国常见栽培5种，湖北常见栽培2种，神农架栽培1种。

燕子掌 | Crassula argentea Thunberg 图62-1

常绿小灌木。茎圆柱形，老茎木质化，呈灰绿色，嫩茎绿色。叶长椭圆形，对生，扁平，肉质，全缘，先端略尖，略呈匙状，叶色翠绿有光泽。花期夏季，伞房花序花瓣5枚；花白色或浅红色。

原产于南非，神农架木鱼镇有栽培。观形植物。

图62-1　燕子掌

2. 瓦松属Orostachys Fischer

肉质草本。叶呈莲座状，线形，多具暗紫色腺点。花几无梗或有梗，成密集的聚伞圆锥花序或聚伞花序伞房状；花5基数；萼片基部合生；花瓣黄色、绿色、白色、浅红色或红色，基部稍合生；雄蕊1轮或2轮；鳞片小；子房上位，心皮有柄；胚珠多数，侧膜胎座。蓇葖果，分离，先端有喙。种子多数。

约13种。我国有10种，湖北有1种，神农架也有。

瓦松 | Orostachys fimbriata (Turczaninow) A. Berger 图62-2

二年生草本。叶呈莲座状，互生，线形至披针形。总状花序，呈塔形；苞片线状渐尖；萼片5枚，卵形至披针形；花瓣5枚，红色，披针形，基部稍合生；雄蕊10枚，与花瓣等长或稍短，花药紫色；心皮5枚。蓇葖果。花期8～9月，果期9～10月。

产于神农架松柏、阳日，房县，生于海拔500～900m的老瓦房缝中或墙头上。全草入药。

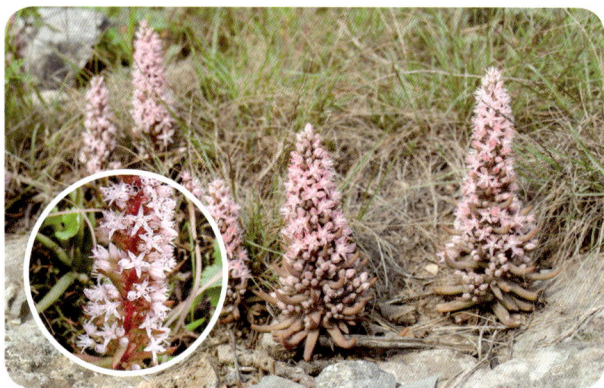

图62-2　瓦松

3. 八宝属Hylotelephium H. Ohba

多年生草本。根状茎肉质。叶互生、对生或3～5叶轮生。伞房花序排列为多种类型；花两性，多5基数；萼片常较花瓣为短，基部多少合生；花瓣多离生，白色、粉红色、紫色，或淡黄色、绿黄色；雄蕊10枚，对瓣雄蕊着生于花瓣近基处；鳞片长圆状楔形至线状长圆形，先端圆或稍有微缺；心皮直立。蓇葖果。种子具狭翅。

约30种。我国有15种，湖北6种，神农架均有。

分种检索表

```
1. 茎基部无宿存基生叶。
    2. 叶圆形至圆扇形 ·········································· 1. 圆扇八宝H. sieboldii var. chinense
    2. 叶卵状长圆形。
        3. 花排成伞房状或头状伞房花序。
            4. 块根多数，胡萝卜状 ·································· 2. 八宝H. erythrostictum
            4. 须根系，不具块根。
                5. 叶互生；花紫色 ······························· 3. 紫花八宝H. mingjinianum
                5. 4（～5）叶轮生，下部的常为3叶轮生 ········· 4. 轮叶八宝H. verticillatum
        3. 花排成中断的伞房穗状花序 ···························· 5. 狭穗八宝H. angustum
1. 茎基部有宿存基生叶2枚 ···································· 6. 川鄂八宝H. bonnafousii
```

1. 圆扇八宝（变种）| Hylotelephium sieboldii (Sweet ex Hooker) H. Ohba var. chinense H. Ohba　图62-3

多年生草本。茎匍匐上升。块根肉质。3叶轮生，叶圆形至圆扇形，先端钝急尖至钝圆，基部楔形，边缘稍呈波状或几全缘；几无柄。伞房花序，顶生；萼片5枚，基部合生；花瓣5枚，浅红色；雄蕊10枚，花药黄色；鳞片5枚，长圆状匙形；心皮5枚。花期9月。

产于神农架高海拔地区，生于海拔1800m的山坡石壁上。

2. 八宝 | Hylotelephium erythrostictum (Miquel) H. Ohba　图62-4

多年生草本。块根胡萝卜状。茎直立。叶对生，长圆形，边缘有疏锯齿；无柄。伞房状花序，顶生；萼片5枚；花瓣5枚，白色或粉红色；雄蕊10枚，花药紫色；鳞片5枚，长圆状楔形，先端有微缺；心皮5枚，基部几分离。花期8~10月。

原产于我国，神农架有栽培。全草药用；亦栽作观赏。

图62-3　圆扇八宝

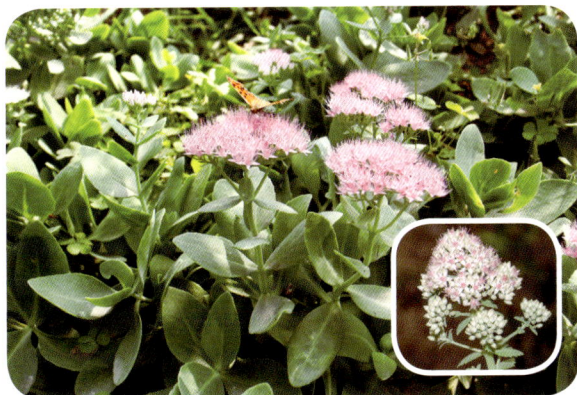

图62-4　八宝

3. 紫花八宝 | Hylotelephium mingjinianum（S. H. Fu）H. Ohba　图62-5

多年生草本。叶互生，上部的线形，下部的椭圆状倒卵形，先端急尖，基部渐狭，叶缘上部具钝齿，下部全缘。伞房花序，顶生；萼片5枚；花瓣5枚，紫色；雄蕊10枚；鳞片5枚，匙状长方形；心皮5枚，分离，基部有柄。种子线形。果期10月。

产于神农架高海拔地区，生于海拔1800m以上的山坡草丛中。全草药用。

4. 轮叶八宝 | Hylotelephium verticillatum (Linnaeus) H. Ohba　图62-6

多年生草本。上部常4（~5）叶轮生，下部常为3叶轮生，长圆状披针形至卵状披针形，边缘具疏牙齿，叶背面苍白色；叶具柄。聚伞状伞房花序，顶生；萼片5枚；花瓣5枚，淡绿色至黄白色；雄蕊10枚；鳞片5枚，线状楔形；心皮5枚。种子狭长圆形，淡褐色。花期7~8月，果期9月。

产于神农架高海拔地区（猴子石—南天门，zdg 7389），生于海拔1800m以上的山坡草丛中。全草药用。

图62-5 紫花八宝

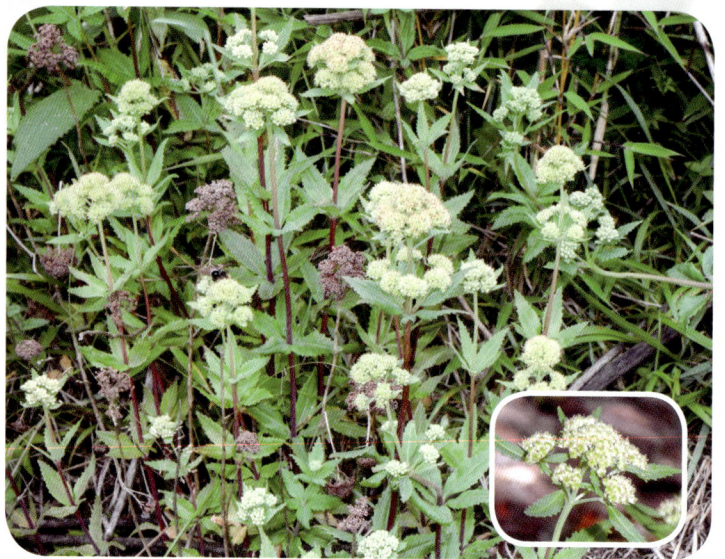

图62-6 轮叶八宝

5. 狭穗八宝 | **Hylotelephium angustum** (Maximowicz) H. Ohba 图62-7

多年生草本。3～5叶轮生，叶长圆形，先端渐尖，钝，基部渐狭，边缘有疏钝齿。花序顶生及腋生，紧密多花，分枝多，由聚伞状伞房花序组成外观为中断的穗状花序；萼片5枚，披针形；花瓣5枚，淡红色，长圆形；雄蕊10枚，与花瓣约同长，或超出；鳞片5枚，长圆形。蓇葖果直立，长圆形，基部渐狭，分离，喙短。种子少数。花期8月。

产于小神农架（钱敏之 1359A），生于海拔2800m以上的山坡林下石缝中。

6. 川鄂八宝 | **Hylotelephium bonnafousii** (Raymond-Hamet) H. Ohba 图62-8

多年生草本。先端常有2叶对生，叶圆长圆形、宽圆卵形或倒卵状长圆形，先端急尖，基部无柄，全缘。圆锥花序花疏生，顶生；萼片5枚，三角状披针形，先端急尖；花瓣5枚，卵状长圆形，先端急尖，有短尖；雄蕊10枚，无毛；鳞片5枚，倒卵状近四方形，先端有微缺。蓇葖果直立，卵状披针形，先端渐尖，基部狭。

产于神农架林区和巴东，生于海拔1800m以上的山坡草丛中。

图62-7 狭穗八宝

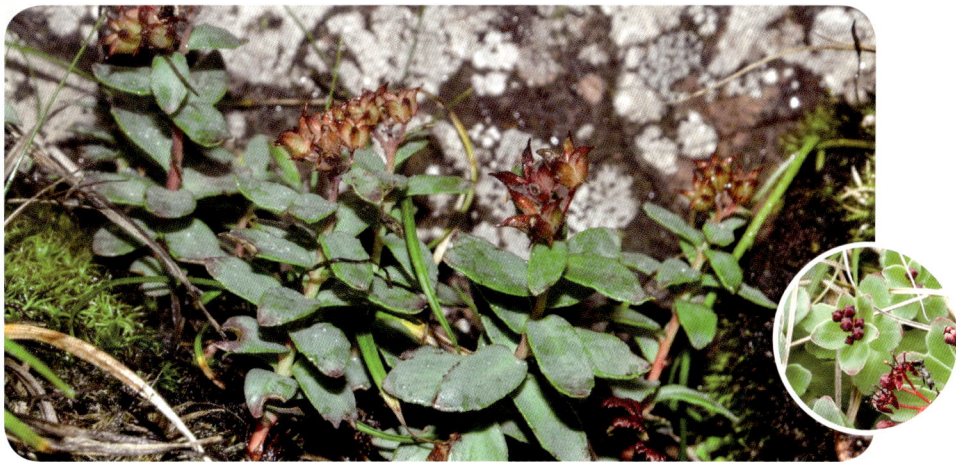

图62-8　川鄂八宝

4．红景天属Rhodiola Linnaeus

多年生草本。花茎发自基生叶或鳞片状叶的腋部。茎生叶互生。伞房花序，顶生；花两性或雌雄异株；萼较花瓣短，4数；花瓣几分离，与萼片同数；雄蕊2轮，常为花瓣数的2倍，开花前花药紫色，花药开裂后黄色；心皮基部合生，与花瓣同数，子房上位。蓇葖果。种子有翅。

约90种。我国有55种，湖北有2种，神农架全有。

分种检索表

1．叶互生 ·· 1．小丛红景天R. dumulosa
1．叶轮生 ·· 2．云南红景天R. yunnanensis

1．小丛红景天 ｜ Rhodiola dumulosa (Franchet) S. H. Fu　图62-9

多年生草本。花茎聚生于主轴顶端。叶互生，线形，全缘。聚伞状伞房花序；萼片5枚，线状披针形；花瓣5枚，白色或红色，先端渐尖，边缘平直，或多少呈流苏状；雄蕊10枚；鳞片5枚，先端微缺；心皮5枚，基部合生。种子有乳头状凸起，具狭翅。花期6～7月，果期8月。

产于神农架高海拔地区，生于海拔2900～3100m的山顶石缝中。根状茎药用。

2．云南红景天 ｜ Rhodiola yunnanensis (Franchet) S. H. Fu　图62-10

多年生草本。3叶轮生，卵状披针形、椭圆形至宽卵形，边缘有疏锯齿，顶端钝；无柄。聚伞圆锥花序；雌雄异株，稀两性花；雄花萼片4枚；花瓣4枚，黄绿色，匙形；雄蕊8枚，较花瓣短；鳞片4枚，楔状四方形；雌花萼片、花瓣各4枚，绿色或紫色；鳞片4枚，近半圆形；心皮4枚，基部合生。蓇葖果。花期5～7月，果期7～8月。

产于神农架高海拔地区（大九湖，zdg 6642），生于海拔2500～3000m的山顶石缝中。根状茎药用。

图62-9　小丛红景天

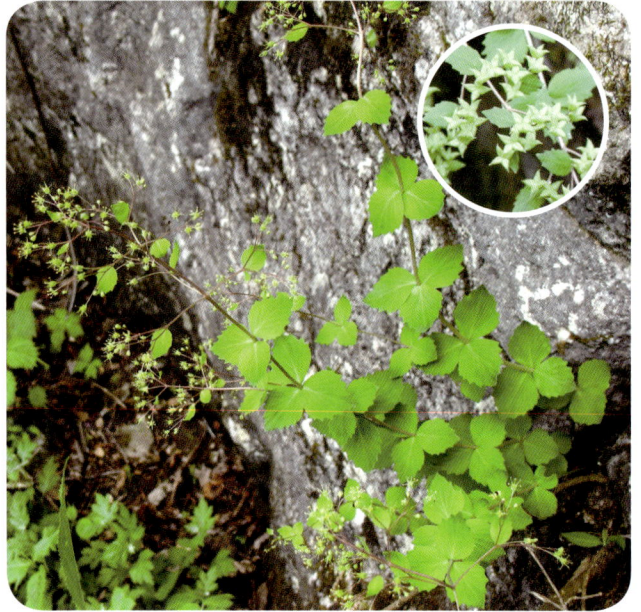

图62-10　云南红景天

5. 石莲属Sinocrassula A. Berger

二年生或多年生草本。具莲座状基生叶，多少遍布红棕色细条纹或斑点。叶厚。聚伞花序圆锥状，少数总状；花5基数；花萼合生，裂片三角形；花瓣上部向外弓状弯曲，有时在先端以下变厚而基部凹入；雄蕊5枚，着生于花瓣上；鳞片四方形或半圆形；心皮稍宽，柱头头状。种子多数。

约7种。我国6种，湖北1种，神农架也有。

绿花石莲（变种）| Sinocrassula indica (Decaisne) A. Berger var. **viridiflora** K. T. Fu　图62-11

二年生草本。基生叶莲座状，匙状长圆形，先端尖；茎生叶倒披针形，先端尖，基部渐狭，无柄。花序圆锥状或伞房状；萼片5枚，三角形至卵形；花瓣5枚，绿黄色，先端钝或近尖；雄蕊5枚；鳞片5枚，近长方形，先端钝；心皮5枚，基部稍合生。蓇葖果。种子有纵纹。花期9月，果期10月。

产于神农架各地（长青，zdg 5885；八角庙—房县沿线，zdg 7526；黄连架，zdg 7698），生于海拔800m以上的山坡石壁上。全草入药。

图62-11　绿花石莲

6．费菜属Phedimus Rafinesque

多年生肉质草本。叶狭扁平或扁平，边缘有锯齿或圆齿，叶近革质。聚伞花序，不具总苞片；花5基数；鳞片5枚，近正方形；花瓣黄色；心皮5枚，基部合生。蓇葖果。种子种皮纵向具中脉或近平滑。约20种。我国8种，湖北2种，神农架全有。

分种检索表

1．叶互生，狭披针形、椭圆状披针形至卵状倒披针形·····················1．费菜P. aizoon
1．叶轮生或对生，卵形或椭圆形···························2．齿叶费菜P. odontophyllus

1．费菜 │ Phedimus aizoon (Linnaeus)'t Hart

分变种检索表

1．叶先端渐尖···1a．费菜P. aizoon var. aizoon
1．叶先端钝圆···1b．宽叶费菜P. aizoon var. latifolius

1a．费菜（原变种）Phedimus aizoon var. aizoon 图62-12

多年生草本。叶互生，狭披针形、椭圆状披针形至卵状倒披针形，先端渐尖，基部楔形，叶缘具齿，叶近革质。聚伞花序；萼片5枚，线形，不等长；花瓣5枚，黄色；雄蕊10枚；鳞片5枚，近正方形；心皮5枚，卵状长圆形，基部合生，腹面凸出，花柱长钻形。蓇葖果。花期6～7月，果期8～9月。
产于神农架各地，生于海拔1000m以上的山坡林缘、路边、疏林下。根或全草入药；亦栽培供观赏。

1b．宽叶费菜（变种）Phedimus aizoon var. latifolius (Maximowicz) H. Ohba et al. 图62-13

本变种与原变种的主要区别：叶宽倒卵形、椭圆形、卵形，有时稍呈圆形，先端圆钝，基部楔形。花期7月。
产于神农架各地，生于海拔500m以上的山坡林缘、路边、疏林下。用途同原变种。

图62-12　费菜

图62-13　宽叶费菜

2．齿叶费菜 ｜ Phedimus odontophyllus (Fröderström)'t Hart 图62-14

多年生草本。不育枝斜升。叶对生或3叶轮生，卵形或椭圆形，边缘有疏而不规则的牙齿，基部急狭。聚伞状花序，蝎尾状；萼片5～6枚，三角状线形；花瓣5～6枚，黄色，披针状长圆形，或几为卵形，基部稍狭；鳞片5～6枚，近四方形，先端稍扩大，有微缺；心皮5～6枚，基部合生，腹面稍呈浅囊状。蓇葖果，腹面囊状隆起。花期4～6月，果期6月。

产于神农架各地，生于海拔1000m以下的山坡林缘阴湿石壁上。全草药用。

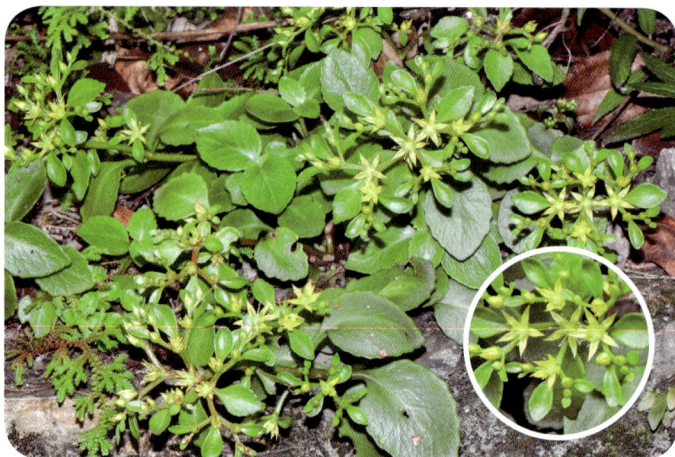
图62-14　齿叶费菜

7．景天属Sedum Linnaeus

一年生或多年生草本。叶对生、互生或轮生，全缘或有锯齿。花序聚伞状或伞房状；花白色、黄色、红色、紫色，常为两性，稀退化为单性，常为不等5基数，少有4～9基数；花瓣分离或基部合生；雄蕊通常为花瓣数的2倍；鳞片全缘或有微缺；心皮分离，或基部合生，无柄，花柱短。蓇葖果。

470种。我国有124种，湖北25种，神农架16种。

分种检索表

1．花有梗，心皮直立，基部多少合生；蓇葖果腹面不呈浅囊状。
　　2．叶无距；花白色或紫色。
　　　　3．植株被腺毛··1．火焰草S. stellariifolium
　　　　3．植株不被腺毛。
　　　　　　4．心皮密被微乳头状凸起，基部宽广。
　　　　　　　　5．茎直立，不分枝；叶边缘有牙齿··········2．南川景天S. rosthornianum
　　　　　　　　5．茎外倾，分枝多；叶全缘··················3．细叶景天S. elatinoides
　　　　　　4．心皮无毛，长圆形。
　　　　　　　　6．花淡紫红色；花茎多分枝，高20～30cm·········4．小山飘风S. filipes
　　　　　　　　6．花白色；花茎不分枝，高10cm·············5．山飘风S. major
　　2．叶有距；花白色或黄色。
　　　　7．叶轮生···6．乳瓣景天S. dielsii
　　　　7．叶互生···16．离瓣景天S. barbeyi
1．花无梗或几无梗，心皮基部合生，成熟时至少上部叉开至星芒状；蓇葖果腹面浅囊状。
　　8．植株直立；叶通常不具距或有距；萼不具距··········7．大苞景天S. oligospermum

8. 植株多少为平卧的、上升的或外倾的；叶常有距；萼有距或无距，常不等。

    9. 萼片长为花瓣长的1/4～1/3 ·· **8. 藓状景天S. polytrichoides**

    9. 萼片长为花瓣长的1/2或更长，常不等长。

        10. 叶常为轮生。

            11. 叶狭，线形至椭圆状线形或披针状线形。

                12. 3叶轮生，稀4叶轮生或对生 ················ **9. 佛甲草S. lineare**

                12. 4叶轮生 ································ **10. 短蕊景天S. yvesii**

            11. 叶倒披针形至长圆形，3叶轮生 ············ **11. 垂盆草S. sarmentosum**

        10. 叶互生或对生。

            13. 植株上部的叶腋有珠芽 ················ **12. 珠芽景天S. bulbiferum**

            13. 植株叶腋不具珠芽。

                14. 叶对生 ································ **14. 凹叶景天S. emarginatum**

                14. 叶互生或少有为3叶轮生。

                    15. 叶楔形，扁平，长15～20mm ········ **13. 东南景天S. alfredii**

                    15. 叶条状匙形，长5～10mm ········ **15. 日本景天S. japonicum**

1. 火焰草｜Sedum stellariifolium Franchet 图62-15

多年生草本。叶互生，倒卵状菱形，全缘。聚伞状总状花序；萼片5枚，披针形至长圆形；花瓣5枚，黄色；雄蕊10枚；鳞片宽匙形至宽楔形，顶端微缺；心皮5枚。蓇葖果，顶端略叉开。种子有纵纹。花期6～7月，果期8～9月。

产于神农架低海拔地区，生于海拔1000m以下的路边石壁上、墙上。全草入药。

2. 南川景天｜Sedum rosthornianum Diels 图62-16

多年生草本。叶对生，或3～4叶轮生，菱状长圆形，先端近急尖，基部急狭。聚伞圆锥花序，有稀疏的花；萼片5枚，狭三角形，基部合生；花瓣5枚，白色，半长圆形；雄蕊10枚；鳞片5枚，宽匙形；心皮5枚，宽卵形，心皮外侧被微乳头状凸起。种子多数，卵形。花期6月。

产于神农架宋洛与房县交界处（板仓—坪堑，zdg 7277），生于海拔1000m的山坡林下潮湿的石壁上。

图62-15 火焰草

图62-16 南川景天

3．细叶景天 ｜ **Sedum elatinoides** Franchet　图62-17

一年生草本。叶3~6枚轮生，狭倒披针形，全缘；无柄或几无柄。花序圆锥状或伞房状；萼片5枚；花瓣5枚，白色；雄蕊10枚，较花瓣短；鳞片5枚，宽匙形，顶端微缺；心皮5枚。蓇葖果。花期5~7月，果期8~9月。

产于神农架各地，生于海拔800~1400m的山坡岩石缝中。带根全草入药。

4．小山飘风 ｜ **Sedum filipes** Hemsley　图62-18

一年生或二年生草本。叶对生，或3~4叶轮生，宽卵形至近圆形，基部有距，全缘。伞房花序；萼片5枚，披针状三角形；花瓣5枚，淡红紫色；雄蕊10枚；鳞片5，匙形，微小，先端有微缺；心皮5枚。蓇葖果。种子倒卵形，棕色。花期8至10月初，果期10月。

产于神农架红坪、木鱼、猴子石—下谷（zdg 7444），生于海拔1500~2400m的山坡林缘石壁上。

图62-17　细叶景天

图62-18　小山飘风

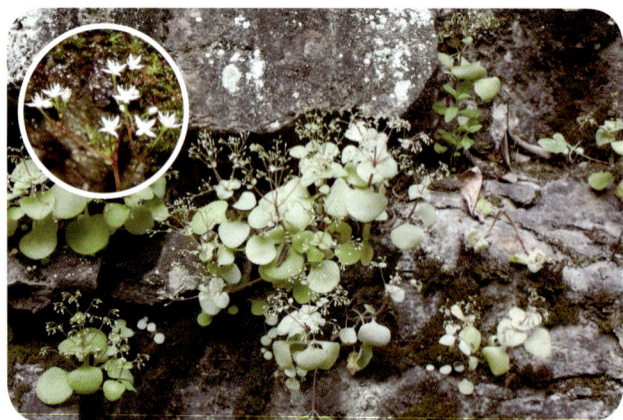

图62-19　山飘风

5．山飘风 ｜ **Sedum major** (Hemsley) Migo　图62-19

多年生草本。叶4枚轮生，圆形至卵状圆形，一对较大，一对稍小，全缘。伞房状花序；萼片5枚，近正三角形；花瓣5枚，白色；雄蕊10枚；鳞片5枚，长方形；心皮5枚，基部合生。种子少数。花期7~10月。

产于神农架红坪、阳日，生于海拔500~700m的山坡林缘阴而干燥的石壁上。

6．乳瓣景天 ｜ **Sedum dielsii** Raymond-Hamet　图62-20

多年生草本。叶3~4数轮生，倒卵形或近长圆形，有短钝距。花序伞房状；苞片近倒卵形。花为不等的5基数；萼片宽线形，不等长，先端钝有长乳头状凸起；花黄色，先端具乳头状凸起；雄蕊10枚，2轮；鳞片宽匙形，先端凹；心皮基部合生。种子多数，密被小乳头状凸起。花期9~10月，果期11月。

产于神农架松柏、宋洛，生于海拔800~1350m的山坡林下或岩石上。全草入药。

7. 大苞景天 │ **Sedum oligospermum** Maire　图62-21

一年生草本。叶互生至3叶轮生，菱状椭圆形。聚伞花序；苞片圆形或稍长，与花略同长；萼片5枚，宽三角形，有钝头；花瓣5枚，黄色；雄蕊10或5枚，较花瓣稍短；鳞片5枚，近长方形至长圆状匙形；心皮5枚，略叉开，基部合生。蓇葖果。种子1~2枚，纺锤形，有微乳头状凸起。花期6~9月，果期8~11月。

产于神农架各地（猴子石—南天门，zdg 7360），生于海拔1400~2800m的山坡林下。全草入药。

图62-20　乳瓣景天

图62-21　大苞景天

8. 藓状景天 │ **Sedum polytrichoides** Hemsley　图62-22

多年生草本。叶互生，线形至线状披针形，先端急尖，基部有距，全缘。花序聚伞状；萼片5枚，卵形，急尖，基部无距；花瓣5枚，黄色，狭披针形；雄蕊10枚；鳞片5枚，细小，宽圆楔形，基部稍狭；心皮5枚，稍直立。蓇葖果星芒状叉开，腹面有浅囊状凸起，卵状长圆形，喙直立。种子长圆形。花期7~8月，果期8~9月。

产于神农架高海拔地区，生于海拔2500~3000m的山坡向阳石上。

图62-22　藓状景天

9. 佛甲草 │ **Sedum lineare** Thumb　图62-23

多年生草本。3叶轮生，稀4叶轮或对生，叶线形，先端钝尖。聚伞状花序，顶生，中央有1朵有短梗的花，2~3歧分枝，分枝常再2歧分枝；萼片5枚，线状披针形，不等长，无距，或具短距；花瓣5枚，黄色；雄蕊10枚，较花瓣短；鳞片5枚，宽楔形至近四方形。蓇葖果，略叉开。花期4~5

月，果期6～7月。

产于神农架高海拔地区（神农谷），生于海拔2800m的山坡林下阴湿处。全草入药。

10．短蕊景天 ｜ Sedum yvesii Hamet　图62-24

多年生草本。4叶轮生，叶宽线形至倒披针状线形，先端钝，基部有距，全缘；无柄。伞房状花序；苞片与叶相似；萼片5枚，宽线形至倒披针形，不等长；花瓣5枚，黄色；雄蕊10枚；鳞片10枚，长方状楔形；心皮5枚，基部合生。蓇葖果，稍叉开，腹面浅囊状隆起。种子多数，被微乳头状凸起。花期4～5月，果期5月。

产于神农架红坪、木鱼、松柏、新华，生于海拔1600～2200m的沟谷潮湿岩石上。全草入药。

图62-23　佛甲草

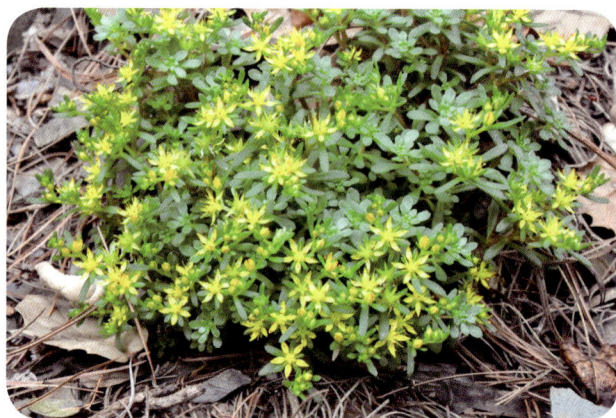

图62-24　短蕊景天

11．垂盆草 ｜ Sedum sarmentosum Bunge　石板菜　图62-25

多年生草本。3叶轮生，倒披针形至长圆形，先端近急尖，基部急狭，有距。聚伞花序；萼片5枚，披针形至长圆形，先端钝；花瓣5枚，黄色，先端有稍长的短尖；雄蕊10枚，较花瓣为短；鳞片10枚，楔状四方形，先端微缺；心皮5枚，略叉开。种子卵形。花期5～7月，果期8月。

产于神农架各地，生于海拔400m以上的山坡沟边潮湿石壁上。全草入药；全株可作野菜食用。

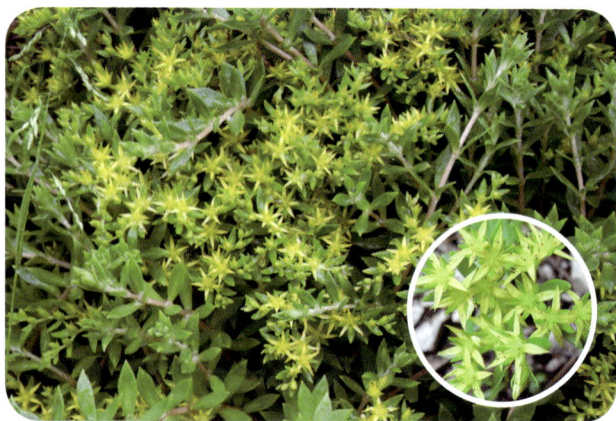

图62-25　垂盆草

12．珠芽景天 ｜ Sedum bulbiferum Makino　图62-26

一年生草本。叶腋常有小珠芽。叶在基部常对生，在上部互生，下部叶卵状匙形，上部叶匙状倒披针形，顶端钝，基部渐狭，有短距。聚伞花序常有分枝3个，再成二歧分枝；花无梗；萼片5

枚，有短距；花瓣5枚，黄色，披针形；雄蕊10枚，较花瓣为短；心皮5枚，基部合生，略叉开。蓇葖果成熟后呈星芒状排列。花期4~5月。

产于神农架各地（南阳—黄粮，zdg 6294），生于海拔400m以上的山坡沟边潮湿石壁上。

13. 东南景天 │ **Sedum alfredii** Hance 图62-27

多年生草本。叶互生，下部叶常脱落，上部叶常聚生，线状楔形、匙形至匙状倒卵形，先端钝，有时有微缺，基部狭楔形，有距，全缘。聚伞花序，有多花；苞片似叶而小；花无梗，萼片基部有距；花瓣5枚，黄色，披针形至披针状长圆形；雄蕊10枚；心皮5枚，卵状被针形，直立，基部合生。蓇葖果斜叉开。花期4~5月，果期6~8月。

产于神农架各地（长青，zdg 5842），生于海拔600m以上的山坡沟边潮湿石壁上。

图62-26　珠芽景天

图62-27　东南景天

14. 凹叶景天 │ **Sedum emarginatum** Migo 图62-28

多年生草本。茎细弱。叶对生，匙状倒卵形至宽卵形，先端圆，有微缺，基部渐狭，有短距。花序聚伞状，顶生；萼片5枚，披针形至狭长圆形，基部有短距；花瓣5枚，黄色；鳞片5枚，长圆形；心皮5枚，基部合生。蓇葖果，略叉开，腹面有浅囊状隆起。花期5~6月，果期6月。

产于神农架各地（长青，zdg 5819；阳日—南阳，zdg 6247），生于海拔400m以上的山坡沟边潮湿石壁上。

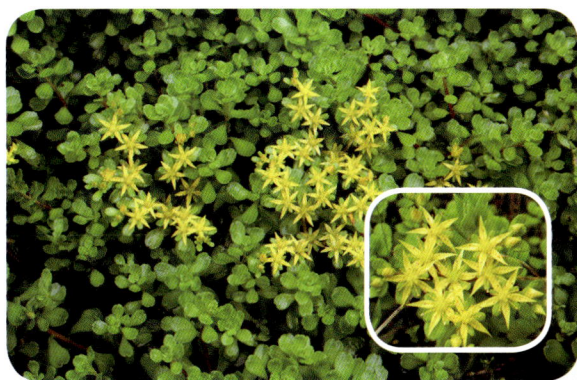
图62-28　凹叶景天

15. 日本景天 │ **Sedum japonicum** Siebold ex Miquel 图62-29

多年生草本。叶互生，覆瓦状排列，条状匙形，顶端钝，有短距；无柄。花序顶生，聚伞状；苞片与叶同形，稍小；花无梗或几无梗；萼片5枚，基部有短距；花瓣5枚，黄色，披针形；雄蕊10枚，较花瓣短；心皮5枚，基部合生，果时呈星芒状水平展开。花期5~6月，果期7~8月。

产于神农架各地（红桦，zdg 7827），生于海拔1400m以上的山坡沟边潮湿石壁上。

图62-29　日本景天

16．离瓣景天 │ Sedum barbeyi Raymond-Hamet　图62-30

多年生草本。叶卵状披针形，先端渐尖，全缘，基部有钝距，茎上部的黄绿色，下部的苍白色，宿存。花序伞房状，有花3～5朵，密集；苞片叶形；花为不等的5基数，有短梗；萼片宽披针形，先端渐尖，基部无距，黄绿色；花瓣黄色，披针形；雄蕊10枚，2轮；鳞片近匙形。种子狭长圆形，有翅，具小乳头状凸起。花期8月，果期9～10月。

产于小神农架各地，生于海拔2800m的山坡林下潮湿石壁上。

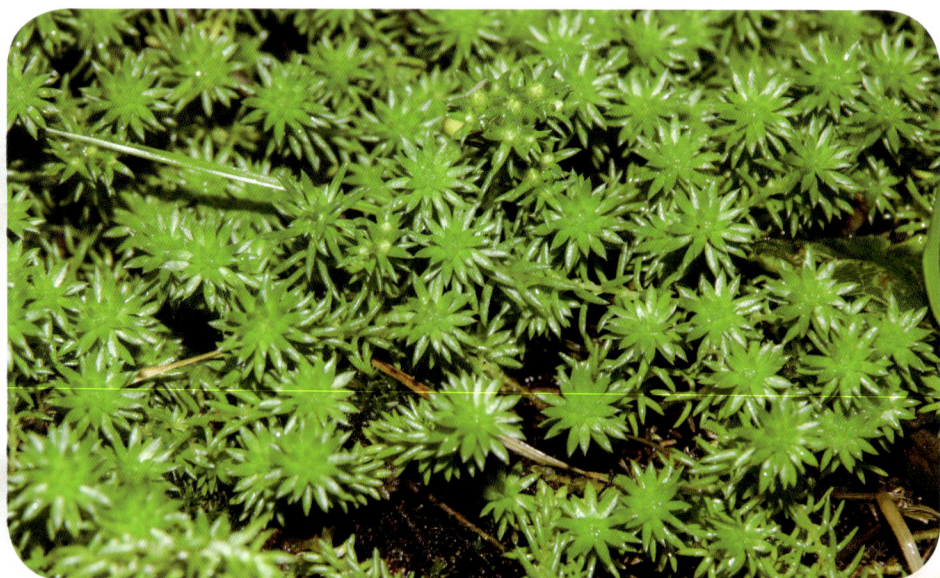

图62-30　离瓣景天

63. 扯根菜科│Penthoraceae

多年生草本。叶互生,狭披针形或披针形。聚伞花序;萼片5(~8)枚;花瓣5(~8)枚,或不存在;雄蕊2轮,10(~16)枚;心皮5(~8)枚,下部合生,胚珠多数。蒴果,裂瓣先端喙形,成熟后喙下环状横裂。

单属科,2种。我国1种,神农架也有。

扯根菜属Penthorum Linnaeus

形态特征、种数和分布同科。

扯根菜│Penthorum chinense Pursh　图63-1

多年生草本。根状茎分枝;茎上部疏生黑褐色腺毛。叶互生,无柄或近无柄,披针形至狭披针形,边缘具细重锯齿。聚伞花序;花序分枝与花梗均被褐色腺毛;苞片卵形至狭卵形;花黄白色;萼片5枚,三角形;无花瓣;雄蕊10枚;心皮5(~6)枚,下部合生。蒴果,红紫色。种子表面具小丘状凸起。花果期7~10月。

产于神农架松柏(八角庙村,zdg 7150)、宋洛、新华、阳日,生于海拔500~900m的稻田或水塘边。全草入药。

图63-1　扯根菜

64. 小二仙草科 | Haloragaceae

水生或陆生草本。叶互生、对生或轮生，水生叶常呈篦齿状分裂；托叶缺。花小，两性或单性，腋生、单生、簇生或顶生，呈穗状、圆锥或伞房花序；萼片2~4枚或缺，萼筒与子房合生；花瓣2~4枚，早落或缺；雄蕊2~8枚，排成2轮；子房下位，柱头2~4裂，无柄或具短柄，胚珠倒垂于其顶端。坚果或核果状，或具翅。

约8属100种，主要分布于大洋洲。我国有2属7种，湖北有2属3种，神农架有2属2种。

> **分属检索表**
>
> 1. 水生植物；叶互生，轮生，无柄，分裂 ·············· 1. 狐尾藻属Myriophyllum
> 1. 陆生植物；叶对生或互生，具叶柄，不分裂 ·············· 2. 小二仙草属Haloragis

1. 狐尾藻属Myriophyllum Linnaeus

水生或半湿生草本。叶互生，轮生，线形至卵形；无柄或近无柄。花水上生，很小，无柄；苞片2枚；花单性同株或两性，稀雌雄异株；雄花具短萼筒，花瓣2~4枚，早落；雌花萼筒与子房合生，具4深槽，萼4裂或不裂，花瓣小，早落或缺，退化雄蕊存在或缺，子房下位。果实成熟后分裂成枚4（~2）小坚果状的果瓣；果皮光滑或有瘤状物。

约60种。我国2种，湖北2种，神农架1种。

穗状狐尾藻 | Myriophyllum spicatum Linnaues 图64-1

多年生沉水草本。叶常5枚轮生，丝状全细裂。花两性，单性或杂性，雌雄同株，单生于苞片状叶腋内，常4朵轮生，由多数花排成近裸颖的顶生或腋生的穗状花序；如为单性花，则上部为雄花，下部为雌花，中部有时为两性花；雄花萼筒广钟状，花瓣4枚，粉红色，雄蕊8枚；雌花萼筒管状，花瓣缺，或不明显。分果广卵形或卵状椭圆形，具4纵深沟。花果期3~9月。

产于神农架下谷、新华、阳日，生于海拔400~600m的小溪静水中。

图64-1　穗状狐尾藻

2. 小二仙草属Haloragis Thunberg

多年生草本，稀亚灌木。叶小，下部和幼枝上的叶常对生，上部的有时互生，革质或薄革质，全缘或具锯齿；具叶柄或近无叶柄。花小，单生或簇生于上部叶腋，呈假二歧聚伞花序，有时生于苞腋内为短穗状花序，多为总状花序或圆锥花序，具2枚小苞片；萼管圆柱形，具棱，4裂，宿存；花瓣4～8枚或缺；雄蕊4或8枚。果小，坚果状，不开裂，具纵条纹。

约60种。我国2种，湖北1种，神农架也有。

小二仙草 │ *Haloragis micrantha* (Thunberg) R. Brown 图64-2

多年生草本。叶对生，茎上部的叶有时互生，叶片卵形或卵圆形，基部圆形，先端短尖或钝，边缘具稀锯齿。圆锥花序顶生；花两性；萼筒4深裂，宿存；花瓣4枚，淡红色；雄蕊8枚，花丝短，花药线状椭圆形；子房下位，2～4室。坚果，有8枚纵钝棱。花期4～8月，果期5～10月。

产于神农架新华，生于海拔900m的荒山草丛中。全草入药。

图64-2　小二仙草

65. 葡萄科 | Vitaceae

藤本。茎草质或木质。具有卷须，与叶对生。单叶或羽状和掌状复叶，常有透明点，多互生；具托叶。花常排列成伞房状穗状、总状、圆锥状或聚伞状花序，两性或杂性同株或异株，辐射对称，4～5基数；萼呈碟形或浅杯状；雄蕊4～5枚，与花瓣对生；花盘呈环状或分裂，子房上位，通常2室，柱头头状或盘状。浆果，种子1或多枚。

15属900余种。我国有9属147余种，湖北有7属36种，神农架均产。

分属检索表

1. 花瓣在顶部相互黏着，花谢时整个脱落，狭圆锥花序⋯⋯⋯⋯⋯⋯⋯⋯⋯⋯⋯**1. 葡萄属Vitis**
1. 花瓣各自分离脱落，聚伞花序。
  2. 花通常5基数。
    3. 卷须常扩大成吸盘；果梗顶端增粗，有时有瘤状凸起⋯⋯**2. 地锦属Parthenocissus**
    3. 卷须通常不扩大为吸盘；果梗不增粗，无瘤状凸起。
      4. 花盘发育不明显；花序为复二歧聚伞花序⋯⋯⋯⋯⋯⋯⋯⋯⋯**3. 俞藤属Yua**
      4. 花盘发达；花序为伞房状多歧聚伞花序。
        5. 单叶或掌状复叶⋯⋯⋯⋯⋯⋯⋯⋯⋯⋯⋯⋯**4. 蛇葡萄属Ampelopsis**
        5. 羽状复叶⋯⋯⋯⋯⋯⋯⋯⋯⋯⋯⋯⋯⋯**5. 羽叶蛇葡萄属Nekemias**
  2. 花通常4基数。
    6. 花柱明显，柱头不分裂⋯⋯⋯⋯⋯⋯⋯⋯⋯⋯⋯⋯**6. 乌蔹莓属Cayratia**
    6. 花柱不明显或较短，少有不规则分裂⋯⋯⋯⋯⋯⋯**7. 崖爬藤属Tetrastigma**

1. 葡萄属Vitis Linnaeus

藤本。具卷须。单叶或掌状复叶。常聚伞圆锥花序；花杂性异株，5基数；萼片小；花瓣凋谢时呈帽状黏合脱落；花盘明显，上位，5裂；雄蕊与花瓣对生，败育；子房2室，每室含2枚胚珠，花柱圆锥形。浆果，有种子2～4枚。种子底部有短喙。

60余种，分布于世界温带或亚热带。我国约38种，湖北有16种，神农架14种。

分种检索表

1. 叶为三至五出复叶⋯⋯⋯⋯⋯⋯⋯⋯⋯⋯⋯⋯⋯⋯⋯⋯⋯⋯**1. 变叶葡萄V. piasezkii**
1. 叶均为单叶。
  2. 小枝有皮刺⋯⋯⋯⋯⋯⋯⋯⋯⋯⋯⋯⋯⋯⋯⋯⋯⋯⋯**2. 刺葡萄V. davidii**
  2. 小枝无刺。
    3. 小枝和叶柄被柔毛或蛛丝状毛，不被刚毛和腺毛。

4. 叶下面密被白色或锈色蛛丝状或毡状绒毛。

　　5. 叶3～5裂或混有不裂叶。

　　　　6. 叶浅裂，裂片较宽阔······3. 小叶葡萄V. sinocinerea

　　　　6. 叶3～5深裂或中裂······4. 蘡薁V. bryoniifolia

　　5. 叶不分裂或不明显3～5浅裂。

　　　　7. 小枝和花序轴或多或少被短柔毛······5. 华南美丽葡萄V. bellula var. pubigera

　　　　7. 小枝和花序轴或多或少被蛛丝状毛，但不被直毛······6. 毛葡萄V. heyneana

4. 叶下面绿色或淡绿色，无毛或被柔毛，但不为绒毛所覆盖。

　　8. 叶下面或多或少被柔毛或至少在脉上被柔毛或蛛丝状毛。

　　　　9. 叶不分裂，少有不明显浅裂。

　　　　　　10. 叶下面至少脉上被蛛丝状毛，少有老后脱落近乎无毛，绝不被直毛。

　　　　　　　　11. 叶缘锯齿较多，每侧有锯齿16～20枚······7. 网脉葡萄V. wilsoniae

　　　　　　　　11. 叶缘锯齿较少，每侧有锯齿5～13枚······8. 武汉葡萄V. wuhanensis

　　　　　　10. 叶下面至少脉上被直毛，有时混生蛛丝状毛。

　　　　　　　　12. 叶基部浅心形或近截形······9. 桦叶葡萄V. betulifolia

　　　　　　　　12. 叶基部显著心形······10. 华东葡萄V. pseudoreticulata

　　　　9. 叶显著3～5裂或混有不明显分裂叶。

　　　　　　13. 叶基部心形，叶缘锯齿较浅······11. 湖北葡萄V. silvestrii

　　　　　　13. 叶基部深心形，叶缘有粗齿，较深······12. 葡萄V. vinifera

　　8. 叶下面完全无毛或仅脉腋有簇毛，幼时被毛者后脱落······13. 葛藟葡萄V. flexuosa

3. 小枝和叶柄被刚毛及有柄或无柄的腺体······14. 秋葡萄V. romanetii

271

1. 变叶葡萄 | **Vitis piasezkii** Maximowica　图65-1

　　木质藤本。小枝有纵棱纹。复叶，中央小叶椭圆形或披针形，外侧小叶卵状椭圆形；单叶的叶片卵圆形，下面被蛛丝状绒毛。圆锥花序，被稀疏柔毛；萼片边缘波状；花瓣5枚；雄蕊5枚；雌蕊1枚。浆果，被粉覆盖。花期6月，果期7～9月。

　　产于神农架各地（长青，zdg 5905；麻湾，zdg 6548），生于海拔800～2300m的山沟灌丛中。枝叶入药。

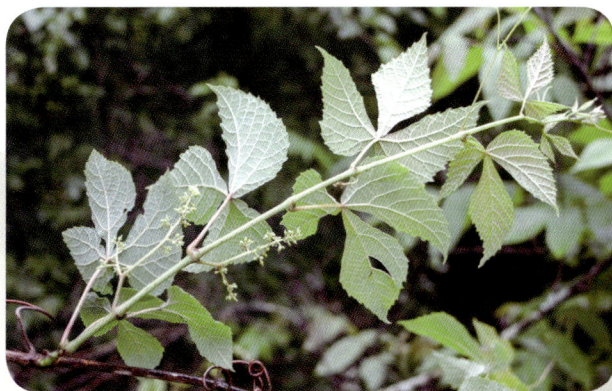

图65-1　变叶葡萄

2. 刺葡萄 | **Vitis davidii** (Romanet du Caillaud) Föex　**山葡萄**　图65-2

木质藤本。茎具刺。叶卵圆形；基生脉五出，侧脉4～5对，网脉明显；具托叶。圆锥花序；萼片5枚，碟形；花瓣5枚，黏合脱落；雄蕊5枚，花药黄色；雌蕊1枚，子房圆锥形。浆果紫红色。花期6～7月，果期7～10月。

产于神农架松柏、新华、阳日（长青，zdg 5793）、长岩屋—茶园（zdg 6956），生于海拔900～1300m的山坡灌丛中。枝叶入药；果可鲜食；果还能用来酿造葡萄酒。

3. 小叶葡萄 | **Vitis sinocinerea** W. T. Wang　图65-3

木质藤本。小枝有纵棱纹，有疏柔毛。单叶，不明显分裂或3浅裂，上面无毛或密生短柔毛，下面密生淡褐色蛛丝状绒毛；基生脉五出，侧脉3～4对；托叶膜质。圆锥花序；花序梗被短柔毛；萼碟形；花瓣5枚，黏合脱落；雄蕊5枚，花药黄色。浆果紫褐色。花期4～6月，果期7～10月。

产于神农架各地（南阳—黄粮，zdg 6276），生于海拔600～1200m的山坡石上。根、果实能入药；果可鲜食。

图65-2　刺葡萄

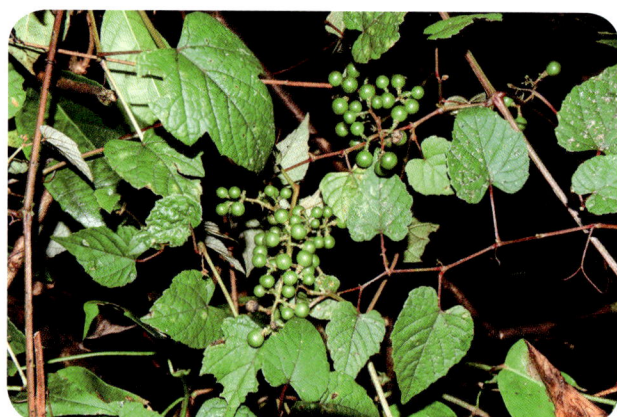

图65-3　小叶葡萄

4. 蘡薁 | **Vitis bryoniifolia** Bunge　**野葡萄**　图65-4

木质藤本。小枝有棱纹。叶长卵圆形，叶缘有粗齿，下面密被蛛丝状绒毛，后渐脱落；基生脉五出，侧脉4～6对；叶柄初时密生蛛丝状柔毛；托叶膜质。圆锥花序，基部分枝有时退化成一卷须；萼碟形；花瓣5枚，黏合脱落；雄蕊5枚，花药椭圆形；雌蕊1枚，子房卵状椭圆形。浆果，紫红色。花期4～8月，果期6～10月。

产于神农架木鱼、新华，生于海拔1100～1800m的山坡、灌丛中及疏林中。根入药；果可鲜食。

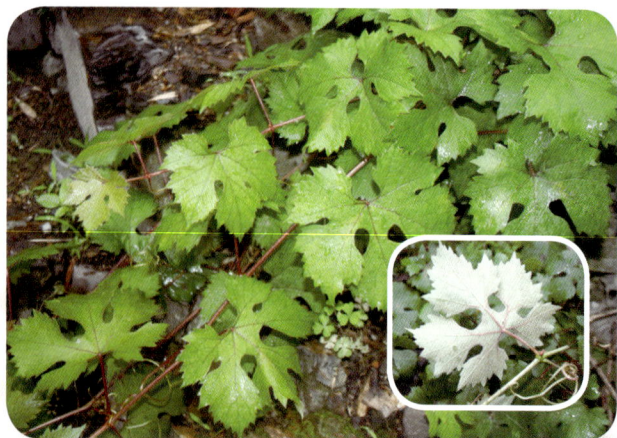

图65-4　蘡薁

5. 华南美丽葡萄（变种）| **Vitis bellula** var. **pubigera** C. L. Li.　图65-5

木质藤本。小枝有纵棱纹。叶多为卵状三角形，叶缘尖锐的细齿，下面密生灰褐色蛛丝状绒毛；基生脉三出，侧脉4~5对，下面网脉被绒毛覆盖；托叶近膜质。圆锥花序，被稀疏蛛丝状绒毛；花序轴被稀疏短柔毛；萼浅碟形，齿不明显；花瓣5枚，黏合脱落；雄蕊5枚，花药黄色。果实紫黑色。花期5月，果期6~8月。

产于神农架阳日（武山湖温泉），生于海拔400~1500m处的山坡林缘。果可鲜食。

图65-5　华南美丽葡萄

6. 毛葡萄 | **Vitis heyneana** Roemer et Schultes

分亚种检索表

1. 叶片不裂·······································**6a. 毛葡萄** V. heyneana subsp. **heyneana**

1. 叶片常有3浅裂至中裂并混生有不分裂叶者··········**6b. 桑叶葡萄** V. heyneana subsp. **ficifolia**

6a. 毛葡萄（原亚种）**Vitis heyneana** subsp. **heyneana**　图65-6

木质藤本。小枝被白色或豆沙色蛛丝状绒毛。叶长卵状椭圆形，叶缘有尖锐锯齿，上面被疏散蛛丝状绒毛，后渐脱落，下面密生灰褐色绒毛；基生脉三至五出，侧脉4~6对；托叶膜质。圆锥花序；萼碟形；花瓣5枚，帽状黏合脱落；雄蕊5枚，花药黄色；子房卵圆形。果实紫黑色。花期4~6月，果期6~10月。

产于神农架各地（新华，zdg 7988），生于海拔400~1000m的山坡、沟谷灌丛或林中。枝叶入药；果可鲜食。

6b. 桑叶葡萄（亚种）**Vitis heyneana** subsp. **ficifolia** (Bunge) C. L. Li.　图65-7

本亚种与原亚种的主要区别：叶片常有3浅裂至中裂并混生有不分裂叶者。花期5~7月，果期7~9月。

原产于我国华中一带，神农架只见栽培。果可鲜食。

图65-6　毛葡萄

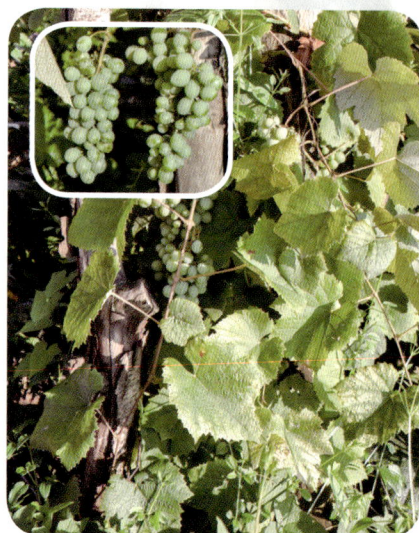

图65-7　桑叶葡萄

7. 网脉葡萄 ｜ Vitis wilsoniae H. J. Veitch　图65-8

木质藤本。小枝被稀疏褐色蛛丝状绒毛，后渐脱落。叶心形或卵状椭圆形，下面仅沿脉被褐色蛛丝状绒毛；基生脉五出，侧脉4～5对。圆锥花序，被疏绒毛；萼浅碟形；花瓣5枚，黏合脱落；雄蕊5枚，花药黄色；雌蕊1枚，子房卵圆形。果实圆球形。花期5～7月，果期6月至翌年1月。

产于神农架红坪、木鱼坪、新华、长青（zdg 5795）、南阳—黄粮（zdg 6297），生于海拔1400～2000m的山坡、林下或路旁。根及枝叶入药；果可鲜食。

8. 武汉葡萄 ｜ Vitis wuhanensis C. L. Li　图65-9

木质藤本。叶基部心形，每侧边缘有5～13枚粗锯齿，上面绿色，无毛，下面苍白色；基生脉五出；托叶膜质，褐色，椭圆披针形。花杂性异株；圆锥花序狭窄，与叶对生；花瓣5枚，呈帽状黏合脱落；雄蕊5枚，花丝丝状；花盘发达，5裂，雌蕊在雄花中退化。果实球形。种子倒卵椭圆形。花期4～5月，果期5～7月。

产于神农架阳日（长青，zdg 5796），生于海拔700m的山地林缘。果可鲜食。

图65-8　网脉葡萄

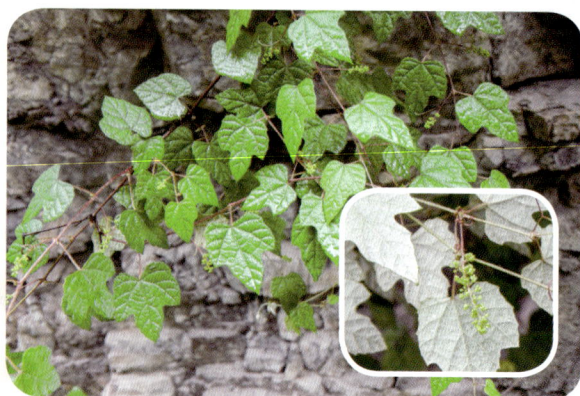

图65-9　武汉葡萄

9. 桦叶葡萄 | **Vitis betulifolia** Diels et Gilg 图65-10

木质藤本。小枝纵棱纹显著。叶卵状椭圆形，叶缘具急尖锯齿，下面密生绒毛，后脱落；基出脉5，侧脉4~6对；托叶披针形。圆锥花序，被蛛丝状绒毛，后脱落无毛；萼边缘膜质；花瓣5枚，呈帽状黏合脱落；雄蕊5枚；子房卵圆形，花柱短，柱头微扩。果实紫黑色。花期3~6月，果期6~11月。

产于神农架各地（大九湖，zdg 6587），生于海拔1500~2700m的山地林中、林边或沟边。根能入药；果可鲜食。

10. 华东葡萄 | **Vitis pseudoreticulata** W. T. Wang 图65-11

木质藤本。小枝嫩枝疏被蛛丝状绒毛，以后脱落近无毛。卷须二叉分枝。叶卵圆形或肾状卵圆形，顶端急尖或短渐尖，稀圆形，基部心形，缺凹成圆形或钝角，每侧边缘有16~25枚锯齿，叶下面幼时疏被蛛丝状绒毛，以后脱落；基生脉五出，中脉有侧脉3~5对。圆锥花序疏散。果实成熟时紫黑色。花期4~6月，果期6~10月。

产于神农架木鱼、新华、阳日（长青，zdg 5794）、官门山（zdg 7575），生于海拔500~700m的山地林缘。果可鲜食。

图65-10 桦叶葡萄

图65-11 华东葡萄

11. 湖北葡萄 | **Vitis silvestrii** Pampanini 图65-12

木质藤本。小枝有纵棱纹，密生短柔毛。叶卵圆形，叶缘有粗锯齿，下面被短柔毛；基生脉五出，侧脉3~4对；叶柄被短柔毛；托叶膜质。圆锥花序，被短柔毛或几无毛；萼碟形；花瓣5枚，呈帽状黏合脱落；雄蕊5枚，花药黄色。花期5月。

产于神农架各地，生于海拔400~1200m的山坡林中或林缘。根能入药；果可鲜食。

12. 葡萄 | **Vitis vinifera** Linnaeus 图65-13

木质藤本。小枝有纵棱纹。叶卵圆形，叶缘有20多枚深的粗大锯齿，齿端急尖；基生脉五出，侧脉4~5对。圆锥花序；萼浅碟形；花瓣5枚，呈帽状黏合脱落；雄蕊5枚，花药黄色；雌蕊1枚。

浆果，被白粉。花期4～5月，果期8～9月。

原产于亚洲西部，神农架各地有栽培。著名水果；果、根、叶能入药；庭院观赏植物。

图65-12 湖北葡萄

图65-13 葡萄

13. 葛藟葡萄 | Vitis flexuosa Thunberg 图65-14

木质藤本。小枝有纵棱纹。叶卵状三角形或椭圆形，下面被稀疏蛛丝状绒毛，后脱落；基生脉五出，侧脉4～5对。圆锥花序，几无毛或被蛛丝状绒毛；萼浅碟形；花瓣5枚，呈帽状黏合脱落；雄蕊5枚，花药黄色，卵圆形；雌蕊1枚，子房卵圆形。浆果球形。种子底部有短喙。花期3～5月，果期7～11月。

产于神农架各地（长青，zdg 5909），生于海拔500～1300m的山坡或沟谷、灌丛或疏林中。藤汁、根、果实入药；果可鲜食。

图65-14 葛藟葡萄

14. 秋葡萄 | Vitis romanetii Romanet du Caillaud 图65-15

木质藤本。小枝棱纹粗且明显，密生毛。叶卵圆形，叶缘有粗齿，上面被疏蛛丝状绒毛，下面被细柔毛；基生脉五出，基部具有柄腺体，侧脉4～5对，网脉被毛；托叶卵状披针形。圆锥花序；萼碟形；花瓣5枚，呈帽状黏合脱落；雄蕊5枚；雌蕊1枚，子房圆锥形，柱头扩大。浆果，黑紫色。花期4～6月，果期7～9月。

产于神农架九湖、木鱼、宋洛、新华（新华公社桂连坪，鄂神农架队 20841），生于海拔1500～2100m的山坡林中或灌木丛中。茎、根能入药；果可鲜食。

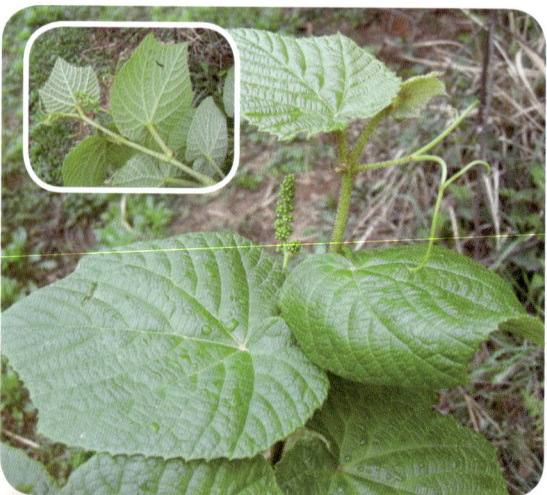
图65-15 秋葡萄

2．地锦属Parthenocissus Planchon

木质藤本。卷须多分枝，顶端多膨大成吸盘。单叶，或掌状5小叶，互生。花5数，两性，组成圆锥状或伞房状疏散多歧聚伞花序；花瓣展开，各自分离脱落；雄蕊5枚；花盘不明显或偶有5枚蜜腺状的花盘，子房2室，每室含2枚胚珠。浆果球形。

13种。我国10种，湖北有7种，神农架全产。

分种检索表

1．叶为单叶···1．地锦P. tricuspidata
1．叶为复叶。
  2．花序为圆锥状多歧聚伞花序。
    3．花序梗被短柔毛，花瓣椭圆形·····································2．绿叶地锦P. laetevirens
    3．花序梗无毛，花瓣长椭圆形。
      4．卷须顶端嫩时尖细卷曲，花柱柱头不扩大·····················3．五叶地锦P. quinquefolia
      4．卷须顶端嫩时膨大呈块状，花柱柱头不明显扩大·············4．花叶地锦P. henryana
  2．花序为聚伞花序或多歧聚伞花序。
    5．花序主轴明显，花柱明显，基部略粗·····························5．长柄地锦P. feddei
    5．花序主轴不明显，花柱短，柱头不扩大或不明显扩大。
      6．两型叶，营养枝上生单叶，生殖枝上为3小叶·················6．异叶地锦P. dalzielii
      6．3小叶组成的复叶···7．三叶地锦P. tricuspidata

1．地锦 | Parthenocissus tricuspidata (Siebold et Zuccarini) Planchon
爬山虎 图65-16

木质藤本。卷须顶端有吸盘，分枝较多。单叶，叶缘有粗锯齿，下面无毛或仅脉上疏生短柔毛；基出脉5，侧脉3～5对。聚伞花序；萼碟形；花瓣5枚；雄蕊5枚，花药长椭圆卵形；子房椭球形，花柱基部粗，柱头不扩大。果实球形。花期5～8月，果期9～10月。

产于神农架宋洛、新华，生于海拔700～900m的山坡林中树上或石壁上。根茎入药；观赏植物。

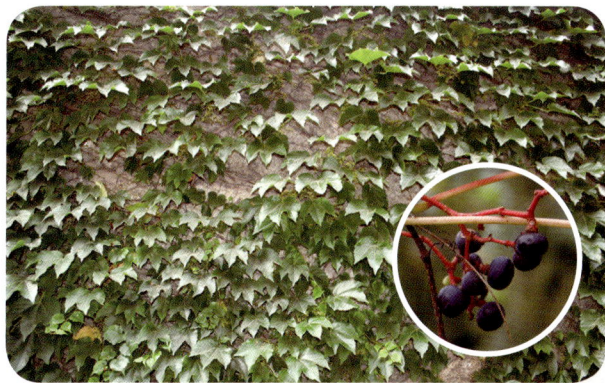

图65-16 地锦

2．绿叶地锦 | Parthenocissus laetevirens Rehder 图65-17

木质藤本。小枝有显著纵棱，被短柔毛，后脱落。卷须吸盘状。掌状5小叶，上面显著泡状隆起，下面仅脉上被短柔毛；侧脉4～9对；叶柄被短柔毛。花序为多歧聚伞圆锥状；花序梗被短柔毛；萼碟形；花瓣5枚；雄蕊5枚，花丝下部略宽；子房近球形，花柱基部略粗。花期7～8月，果期

9～11月。

产于神农架各地，生于海拔400～1100m的山坡林中树上或石壁上。藤茎入药。

3．五叶地锦 │ Parthenocissus quinquefolia (Linnaeus) Planchon   图65-18

木质藤本。卷须吸盘状。掌状复叶，5小叶，叶缘有粗齿，或仅下面脉上被疏柔毛；侧脉5～7对。花序假顶生，圆锥多歧聚伞状；萼碟形；花瓣5枚；雄蕊5枚；子房卵状渐狭，花柱基部略微缩小，柱头不扩大。果实球形。花期6～7月，果期8～10月。

原产于美国，神农架（木鱼至松柏公路、神农架宾馆）有栽培。观赏植物。

图65-17　绿叶地锦

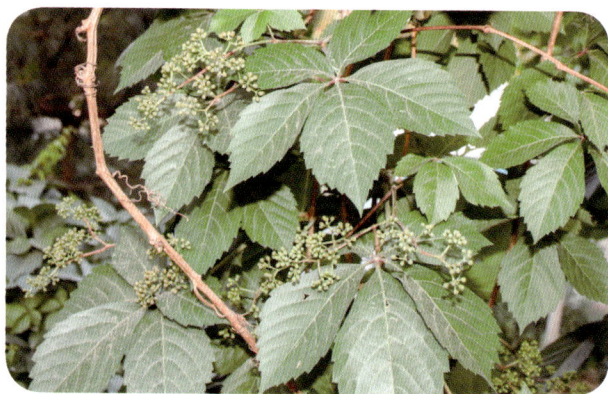

图65-18　五叶地锦

4．花叶地锦 │ Parthenocissus henryana (Hemsley) Graebner ex Diels et Gilg　大五爪龙　图65-19

木质藤本。小枝显著四棱形。卷须吸盘状。掌状复叶，5小叶，叶缘上部有锯齿；侧脉3～7对。花序常假顶生，圆锥多歧聚伞状；萼碟形；花瓣5枚；雄蕊5枚，花药长椭圆形；子房卵状椭圆形，柱头不显著或微扩大。果实近球形。花期5～7月，果期8～10月。

产于神农架宋洛、新华、阳日，生于海拔600～1400m的沟谷或山坡林中树上或石壁上。藤叶及汁液入药；观赏植物。

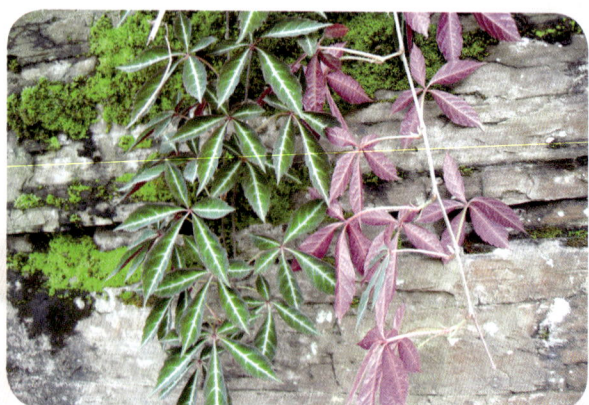

图65-19　花叶地锦

5. 长柄地锦 | **Parthenocissus feddei** (H. Léveillé) C. L. Li 图65-20

木质藤本。卷须吸盘状。三出复叶，3小叶，倒卵状椭圆形，上半部边缘有钝粗锯齿；侧脉6～7对。花序顶生，多歧聚伞状；萼碟形，波状5裂；花瓣5枚，内面顶部有舌状附属物向下生长；雄蕊5枚；子房卵圆形，花柱基部略粗。果实近球形。花期6～7月，果期8～10月。

产于神农架各地，生于海拔600～1100m的山谷林中树上或石壁上。

6. 异叶地锦 | **Parthenocissus dalzielii** Gagnepain 图65-21

木质藤本。卷须短，吸盘状。叶大小异形，长枝上单叶卵圆形，叶缘有细齿；短枝上中间叶长椭圆形，叶缘上半部有细齿，侧边叶卵椭圆，不对称；基出脉3～5条，侧脉2～3对。聚伞花序；萼碟形，波状边缘或近全缘；花瓣4枚；雄蕊5枚；花丝下部略宽；子房近球形。果实近球形，成熟时紫黑色。花期5～7月，果期7～11月。

产于神农架各地（长青，zdg 5684），生于海拔400～1400m的林中树上或石壁上。

图65-20 长柄地锦

图65-21 异叶地锦

图65-22 三叶地锦

7. 三叶地锦 | **Parthenocissus tricuspidata** (Wallich) Planchon 图65-22

木质藤本。卷须短而分枝，顶端成吸盘。3小叶，中间小叶卵状披针形，两侧的小叶卵状椭圆形，略小，下面脉上被短柔毛；侧脉4～7对；叶柄疏生短柔毛。聚伞花序，在短枝上与叶对生；萼碟形；花瓣5枚；雄蕊5枚，与花瓣对生；子房扁球形。果实近球形。花期5～7月，果期9～10月。

产于神农架宋洛、新华，生于海拔500～900m的山坡灌丛中。根、茎入药。

3. 俞藤属 Yua C. L. Li.

木质藤本。树皮有皮孔，髓白色。卷须二叉分枝。叶互生，掌状复叶，5小叶。复二歧聚伞花序与叶对生，最后一级分枝顶端近乎集生成伞形；花两性；萼杯形；花瓣常5枚；雄蕊通常5枚；花盘发育不明显，雌蕊1枚，子房2室，每室含2枚胚珠，胚乳横切面呈"M"形。浆果圆球形。种子梨形，基部有喙状凸起；腹面具有占种子全长2/3的沟。

2种。我国全有，湖北1种，神农架也有。

1. 俞藤 | Yua thomsonii (M. A. Lawson) C. L. Li

> **分变种检索表**
>
> 1. 叶下面常被白色粉霜，无毛或脉上被稀疏短柔毛·········· 1a. 俞藤 Y. thomsonii var. thomsonii
> 1. 叶下面至少在叶脉上有短柔毛··········1b. 华西俞藤 Y. thomsonii var. glaucescens

1a. 俞藤（原变种）Yua thomsonii var. thomsonii 图65-23

木质藤本。掌状复叶，5小叶，小叶卵状披针形，叶缘上半部有细锐锯齿，下面常被白色粉霜；侧脉4～6对。花序与叶对生，复二歧聚伞状；萼碟形；花瓣5枚；雄蕊5枚；花药长椭圆形。果实近球形，紫黑色。花期5～6月，果期7～9月。

产于神农架松柏，生于海拔800m的山坡疏林中。根茎入药；果可鲜食。

1b. 华西俞藤（变种）Yua thomsonii var. glaucescens (Diels et Gilg) C. L. Li 图65-24

本变种与原变种的主要区别：叶下面至少在叶脉上有短柔毛。花期4～6月，果期8～10月。

产于神农架红坪，生于海拔1000m的沟谷林中。根茎入药；果可鲜食。

图65-23 俞藤

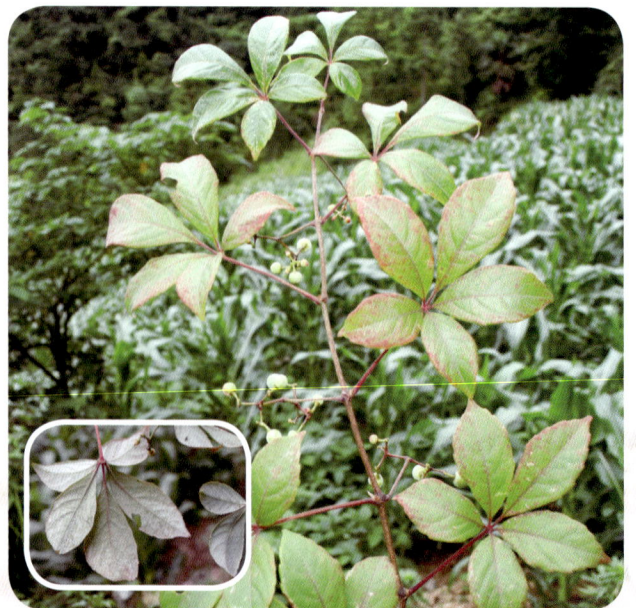

图65-24 华西俞藤

4. 蛇葡萄属Ampelopsis Michaux

木质藤本。卷须2～3分枝。叶为单叶或掌状复叶，互生。花5基数，两性或杂性同株，组成伞房状多歧聚伞花序或复二歧聚伞花序；花瓣5枚，各自分离脱落；雄蕊5枚，花盘发达；花柱明显，柱头不明显扩大；子房2室，每室含2枚胚珠。浆果。种子1～4枚，倒卵圆形，背面呈椭圆，中间具有带形的种脐，两边的沟呈狭倒卵状，从底端延伸至种子长近一半。

30余种。我国有10种，湖北有6种，神农架全有。

分种检索表

1. 叶为单叶。
  2. 小枝、叶柄和叶片完全无毛或仅下面脉腋有簇毛。
    3. 叶片不分裂或上部3浅裂 ················ 1. 蓝果蛇葡萄A. bodinieri
    3. 叶片3～5浅裂至中裂 ················ 2. 葎叶蛇葡萄A. humulifolia
  2. 小枝、叶柄和叶片多少被柔毛或绒毛 ················ 3. 蛇葡萄A. glandulosa
1. 叶为掌状复叶。
  4. 叶为3小叶 ················ 4. 三裂蛇葡萄A. delavayana
  4. 叶为5小叶 ················ 5. 乌头叶蛇葡萄A. aconitifolia

1. 蓝果蛇葡萄｜Ampelopsis bodinieri (H. Léveillé et Vaniot) Rehder

分变种检索表

1. 叶片两面无毛 ················ 1a. 蓝果蛇葡萄A. bodinieri var. bodinieri
1. 叶片下面被灰色短柔毛 ················ 1b. 灰毛蛇葡萄A. bodinieri var. cinerea

1a. 蓝果蛇葡萄（原变种）Ampelopsis bodinieri var. bodinieri　过山龙　图65-25

木质藤本。小枝有纵棱纹。叶片卵状椭圆形，叶缘有急尖锯齿；基出脉5条，侧脉4～6对。花序复二歧聚伞状；萼浅碟形；花瓣5枚；雄蕊5枚，花药黄色；子房圆锥形；花柱基部略粗。果实近球形。花期4～6月，果期7～8月。

产于神农架各地（麻湾，zdg 6533；长青，zdg 5536），生于海拔400～1200m的山谷林缘或山坡灌丛中。根入药。

1b. 灰毛蛇葡萄（变种）Ampelopsis bodinieri var. cinerea (Gagnepain) Rehder　图65-26

本变种与原变种的主要区别：叶片下面被灰色短柔毛。花期4～6月，果期7～8月。

产于神农架各地（神农谷，zdg 6841），生于海拔约1300～2800m的山坡疏林中。根入药。

图65-25 蓝果蛇葡萄

图65-26 灰毛蛇葡萄

2. 葎叶蛇葡萄 | Ampelopsis humulifolia Bunge 图65-27

木质藤本。卷须二叉分枝，相隔2节间断与叶对生。叶为单叶，心状五角形或肾状五角形，顶端渐尖，基部心形，基缺顶端凹成圆形，边缘有粗锯齿，通常齿尖，上面绿色，无毛，下面粉绿色，无毛或沿脉被疏柔毛；托叶早落。多歧聚伞花序与叶对生；花瓣5枚，卵椭圆形；雄蕊5枚；花盘明显。果实近球形，有种子2～4枚。花期5～7月，果期5～9月。

产于神农架阳日（阳日公社白沙滩，鄂神农架队 20188），生于海拔500m的山坡疏林中。

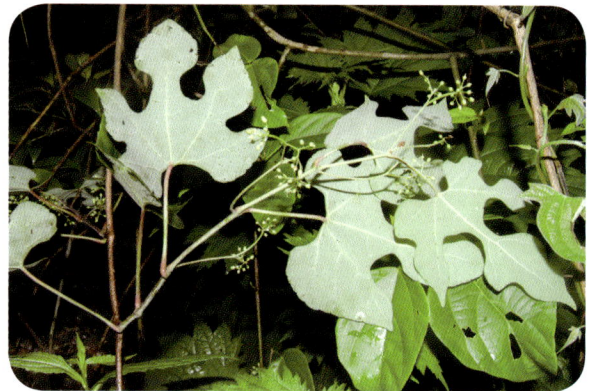

图65-27 葎叶蛇葡萄

3. 蛇葡萄 | Ampelopsis glandulosa (Wallich) Momiyama

分变种检索表

1. 叶心形或卵形。
   2. 叶背面被锈色短柔毛 ·································· 3a. 蛇葡萄 A. glandulosa var. glandulosa
   2. 叶背面无毛或被灰色疏短柔毛。
      3. 小枝和叶片仅下面脉上有疏柔毛 ······ 3b. 异叶蛇葡萄 A. glandulosa var. heterophylla
      3. 小枝和叶片无毛或被极稀的短柔毛 ······ 3c. 光叶蛇葡萄 A. glandulosa var. hancei
1. 叶五角形 ··· 3d. 牯岭蛇葡萄 A. glandulosa var. kulingensis

3a. 蛇葡萄（原变种）Ampelopsis glandulosa var. glandulosa 图65-28

木质藤本。小枝有纵棱纹，被疏柔毛。单叶心形或卵形，3～5浅裂或不裂，叶缘有急尖锯齿，下面沿脉上被疏柔毛；基出脉5，侧脉4～5对；叶柄被疏柔毛。花序被疏柔毛；萼碟形，波状边缘具浅齿，外面被疏短柔毛；花瓣5枚；雄蕊5枚；子房下部与花盘合生。果实近球形。花期4～6月，果期7～10月。

产于神农架下谷、阳日，生于海拔400～800m的山坡及路边灌丛中。根皮入药。

3b．异叶蛇葡萄（原种）Ampelopsis glandulosa var. **heterophylla** (Thunberg) Momiyama 图65-29

本变种与原变种的主要区别：叶3～5中裂至全裂，有时成三出复叶，不同的叶形共生于同一植株上。

产于神农架各地，生于海拔400～1800m的山坡灌丛中。根皮入药。

图65-28　蛇葡萄

图65-29　异叶蛇葡萄

3c．光叶蛇葡萄（变种）Ampelopsis glandulosa var. **hancei** (Planchon) Momiyama　图65-30

本变种与原变种的主要区别：小枝、叶柄和叶片无毛或被极稀疏的短柔毛。花期4～6月，果期8～10月。

产于神农架各地，生于海拔400～1800m的山坡灌丛中。根皮入药。

3d．牯岭蛇葡萄（变种）Ampelopsis glandulosa var. **kulingensis** (Rehder) Momiyama　图65-31

本变种与原变种的主要区别：叶片显著呈五角形，上部侧角明显外倾。花期5～7月，果期8～9月。

产于神农架阳日（长青，zdg 5539），生于海拔700m的山坡灌丛中。

图65-30　光叶蛇葡萄

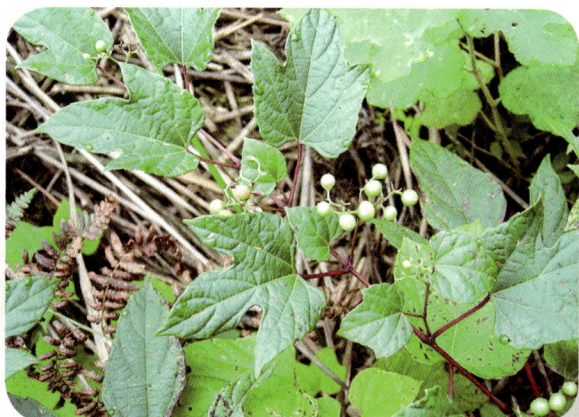

图65-31　牯岭蛇葡萄

4. 三裂蛇葡萄 ｜ *Ampelopsis delavayana* Planchon ex Franchet

图65-32　三裂蛇葡萄

图65-33　掌裂草葡萄

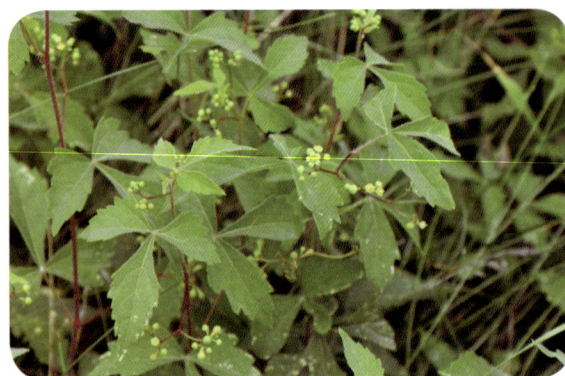

图65-34　毛三裂叶蛇葡萄

4a. 三裂蛇葡萄（原变种）*Ampelopsis delavayana* var. **delavayana**　图65-32

木质藤本。小枝有纵棱纹，疏生短柔毛，以后脱落。3小叶，中间小叶椭圆披针形，侧面小叶卵状披针形，叶缘有粗锯齿，上面被稀疏柔毛，后脱落；侧脉5～7对；叶柄被稀疏柔毛。花序与叶对生，多歧聚伞状；花序被短柔毛；萼碟形，波状边缘浅裂；花瓣5枚；雄蕊5枚；子房下部与花盘合生。果实近球形。花期6～8月，果期9～11月。

产于神农架宋洛、阳日（长青，zdg 5538），生于海拔500～800m的山坡灌木丛中。根和根皮入药。

4b. 掌裂草葡萄（变种）*Ampelopsis delavayana* var. **glabra** (Diels et Gilg) C. L. Li　图65-33

木质藤本。小枝有纵棱纹。3～5小叶，中间小叶披针状椭圆形，侧边小叶卵状椭圆形，叶缘有齿端尖细的粗锯齿，上面被稀疏柔毛，后脱落；侧脉5～7对；叶柄密被锈色短柔毛。花序与叶对生，多歧聚伞状；花序密被锈色短柔毛；萼碟形，波状浅裂；花瓣5枚；雄蕊5枚；子房下部与花瓣合生。果实近球形。花期5～6月，果期7～9月。

产于神农架木鱼、宋洛、新华、阳日，生于海拔500～800m的山坡、沟边或灌木丛中。根入药。

4c. 毛三裂叶蛇葡萄（变种）*Ampelopsis delavayana* var. **setulosa** (Diels et Gilg) C. L. Li　图65-34

木质藤本。小枝有纵棱纹，密被锈色短柔毛。3小叶，中间叶椭圆披针形，侧边叶卵状椭圆形，叶缘有粗锯齿，齿端通常尖细，上面被稀疏柔毛，后脱落；侧脉5~7对；叶柄长密被锈色短柔毛。花序与叶对生，多歧聚伞状；密被锈色短柔毛；萼碟形，波状边缘浅裂；花瓣5枚；雄蕊5枚；子房下部与花瓣合生。果实近球形。花期6~7月，果期9~11月。

产于神农架各地，生于海拔500~800m的山坡地边或林中。根皮入药。

5．乌头叶蛇葡萄 ｜ Ampelopsis aconitifolia Bunge 图65-35

木质藤本。小枝有纵棱纹。卷须二至三叉分枝，相隔2节间断与叶对生。叶为掌状5小叶；小叶3~5羽裂，披针形或菱状披针形，小叶有侧脉3~6对。伞房状复二歧聚伞花序，通常与叶对生或假顶生；萼碟形，波状浅裂或几全缘，无毛；花瓣5枚，卵圆形；雄蕊5枚，花药卵圆形；花盘发达，边缘呈波状；子房下部与花盘合生。果实近球形。花期5~6月，果期8~9月。

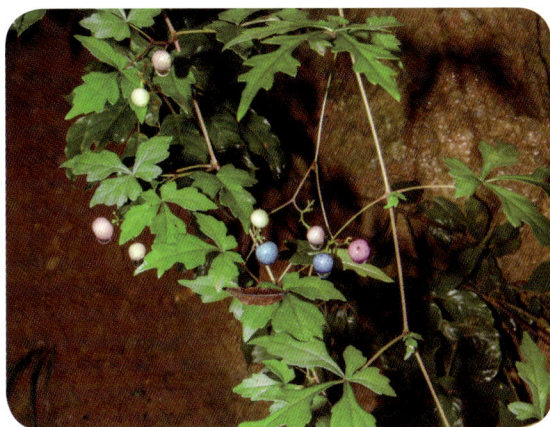

产于神农架新华（新华公社樟树坪，鄂神农架植考队 20336），生于海拔500~800m的山坡、沟边或灌木丛中。

图65-35　乌头叶蛇葡萄

5．羽叶蛇葡萄属 Nekemias Rafinesque

木质藤本。卷须2~3分枝。叶一至二回羽状复叶。花5基数，两性或杂性同株，组成伞房状多歧聚伞花序或复二歧聚伞花序；花瓣5枚，稀4枚，各自分离脱落；雄蕊5枚，花盘发达；花柱明显，柱头不明显扩大；子房2室，每室含2枚胚珠。浆果。

共9种。我国7种，湖北5种，神农架3种。

分种检索表

1. 叶为一回羽状复叶·······································1. 羽叶蛇葡萄 N. chaffanjonii
1. 叶为二回羽状复叶。
　　2. 卷须三叉分枝，小叶4~12cm × 2~6cm············2. 大羽叶蛇葡萄 N. megalophylla
　　2. 卷须二叉分枝，小叶1~5cm × 0.5~2.5cm·········3. 广东羽叶蛇葡萄 N. cantoniensis

1．羽叶蛇葡萄 ｜ Nekemias chaffanjonii (H. Léveillé et Vaniot) J. Wen et Z. L. Nie 图65-36

木质藤本。小枝有纵棱纹。卷须二叉分枝，相隔2节间断与叶对生。叶为一回羽状复叶，通常有小叶2~3对；小叶长椭圆形或卵椭圆形；侧脉5~7对。伞房状多歧聚伞花序，顶生或与叶对生；萼碟形，萼片阔三角形，无毛；花瓣5枚，卵椭圆形；雄蕊5枚；花盘发达，波状浅裂；子房下部与花盘合生。果实近球形。花期5~7月，果期7~9月。

产于神农架各地，生于海拔500～800m的山坡疏林或沟谷灌丛。枝叶入药。

2. 大羽叶蛇葡萄 ｜ Nekemias megalophylla (Diels et Gilg) J. Wen et Z. L. Nie 图65-37

落叶木质藤本。小枝无毛。卷须三叉分枝，相隔2节间断与叶对生。叶为二回羽状复叶，基部一对小叶常为3小叶或稀为羽状复叶；小叶长椭圆形，顶端渐尖，基部微心形至近截形，边缘每侧有3～15枚粗锯齿，下面粉绿色，两面无毛；侧脉4～7对。花序为伞房状多歧聚伞花序或复二歧聚伞花序，顶生或与叶对生。果实倒卵圆形。花期6～8月，果期7～10月。

产于神农架九湖、红坪、宋洛、千家坪（zdg 6714），生于海拔800～1800m的山坡林下或沟谷灌木丛中。枝叶入药。

图65-36 羽叶蛇葡萄

3. 广东羽叶蛇葡萄 ｜ Nekemias cantoniensis (Hooker et Arnott) J. Wen et Z. L. Nie 辣梨茶 图65-38

落叶木质藤本。嫩枝或多或少被短柔毛。卷须二叉分枝，相隔2节间断与叶对生。叶为二回羽状复叶或小枝上部为一回羽状，基部一对小叶常为3小叶；小叶形状多变，通常卵形、卵椭圆形或长椭圆形，顶端急尖、渐尖或骤尾尖，基部多为阔楔形；侧脉4～7对。花序为伞房状多歧聚伞花序。果实近球形，有种子2～4枚。花期4～7月，果期8～11月。

产于神农架木鱼、下谷、阳日（长青，zdg 5537），生于海拔400～900m的山谷林中或山坡灌丛。枝叶入药。

图65-37 大羽叶蛇葡萄

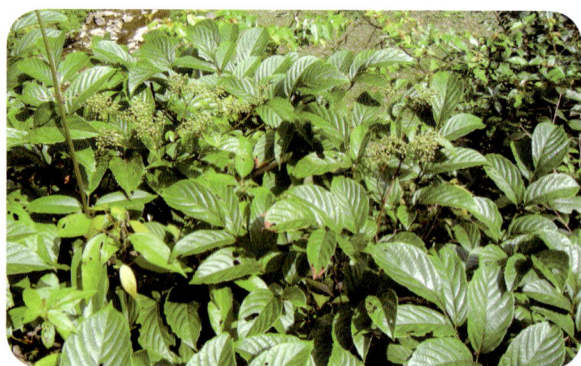
图65-38 广东羽叶蛇葡萄

6. 乌蔹莓属Cayratia Jussieu

木质藤本。卷须通常二至三叉分枝。叶为3小叶或鸟足状5小叶，互生。花4数，两性或杂性同株；伞房状多歧聚伞花序或复二歧聚伞花序；雄蕊5枚；花盘发达，边缘4浅裂或波状浅裂；柱头微扩大或不明显扩大；子房2室，每室含2枚胚珠。浆果球形或近球形，有种子1～4枚。种子呈半球形，有一被膜的圆孔，两边的沟呈倒卵形。

30余种。我国有16种，湖北有3种，神农架全有。

分种检索表

1. 小枝、花序梗、叶柄和叶片或多或少被短柔毛。
  2. 小枝、叶柄和叶片下面仅脉上被疏柔毛⋯⋯⋯⋯⋯⋯⋯⋯⋯⋯⋯⋯**1. 乌蔹莓C. japonica**
  2. 小枝、叶柄和叶片下面密被柔毛⋯⋯⋯⋯⋯⋯⋯⋯⋯⋯⋯⋯**2. 白毛乌蔹莓C. albifolia**
1. 小枝、花序梗、叶柄和叶片下面被褐色节状长柔毛⋯⋯⋯⋯⋯⋯**3. 华中乌蔹莓C. oligocarpa**

1. 乌蔹莓 │ Cayratia japonica (Thunberg) Gagnepain

分变种检索表

1. 叶为鸟足状5小叶，稀混生有3小叶⋯⋯⋯⋯⋯⋯⋯⋯**1a. 乌蔹莓C. japonica var. japonica**
1. 叶为3小叶⋯⋯⋯⋯⋯⋯⋯⋯⋯⋯**1b. 尖叶乌蔹莓C. japonica var. pseudotrifolia**

1a. 乌蔹莓（原变种）Cayratia japonica var. japonica　五龙草　图65-39

草质藤本。幼枝柔毛，后变无毛。鸟足状复叶，5小叶，狭卵状椭圆形形，下面微被毛；侧脉5～9对。花序常腋生，聚伞状；萼碟形，波状浅裂或全缘，外面被乳突状毛或几无毛；花瓣4枚，三角状卵圆形，外面被乳突状毛；雄蕊4枚；子房下部与花盘合生；柱头微扩大。果实近球形。花期3～8月，果期8～11月。

产于神农架各地（长青，zdg 5562），生于海拔400～1900的山坡林缘或路边荒地。全草入药。

1b. 尖叶乌蔹莓（变种）Cayratia japonica var. pseudotrifolia (W. T. Wang) C. L. Li　图65-40

本变种与原变种的主要区别：叶为3小叶。花期5～8月，果期9～10月。

产于神农架九冲、红坪，生于海拔400～1500m的山坡林缘或路边荒地。根入药。

图65-39　乌蔹莓

图65-40　尖叶乌蔹莓

2. 白毛乌蔹莓 | **Cayratia albifolia** C. L. Li　图65-41

草质藤本。小枝有纵棱纹。鸟足状5小叶，侧生叶近圆形，叶缘有20多枚钝齿，急尖，上面仅脉上被稀短柔毛，下面密被灰色平展短柔毛；侧脉6~10对；托叶膜质。花序腋生，伞房状多歧聚伞花序，被柔毛；萼浅碟形，外面被乳突状柔毛；花瓣4枚，外面被乳突状毛；雄蕊4枚；子房下部与花盘合生。果实球形。花期5~6月，果期7~8月。

产于神农架各地（阴峪河站，zdg 7745；长青，zdg 5561），生于海拔400~2000m的山坡林缘或路边荒地。全草入药。

3. 华中乌蔹莓 | **Cayratia oligocarpa** (H. Léveillé et Vaniot) Gagnepain 图65-42

草质藤本。小枝有纵棱，被褐色节状长柔毛。叶为鸟足状，5小叶，中间叶先端尾状渐尖，侧边叶卵状椭圆形，下面密被节状毛；侧脉4~9对；托叶膜质，狭披针形。花序腋生，复二歧聚伞状；萼浅碟形，外面被褐色节状毛；花瓣4枚，外面被节状毛；雄蕊4枚；子房下部与花盘合生；柱头略为扩大。果近球形。花期5~7月，果期8~9月。

产于神农架各地，生于海拔400~2000m的山谷林缘。全草入药。

图65-41　白毛乌蔹莓

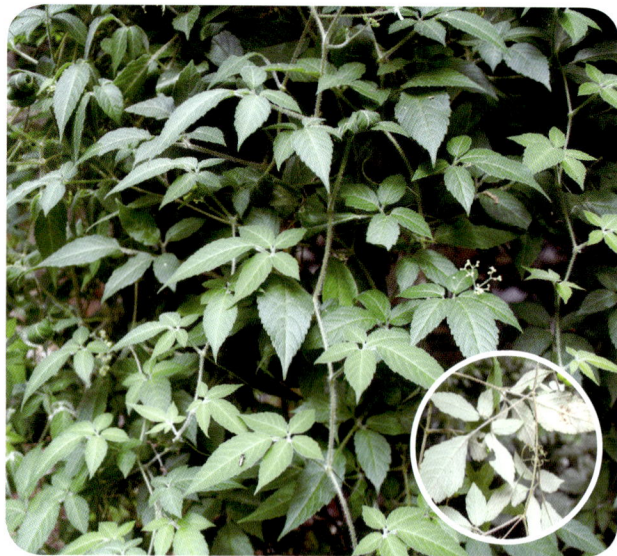

图65-42　华中乌蔹莓

7. 崖爬藤属 **Tetrastigma** (Miquel) Planchon

木质藤本。卷须不分枝或二叉分枝。叶通常掌状3~5小叶或鸟足状5~7小叶，稀单叶，互生。花4数，通常杂性异株，组成多歧聚伞花，或伞形或复伞形花序；雄蕊在雌花中败育，短小或仅残存呈龟头形；雄花中花盘发达，雌花中较小或不明显；柱头通常4裂，稀不规则分裂，子房2室，每室含2枚胚珠。浆果球形、椭圆形或倒卵形，有种子1~4枚。

100余种。我国有45种，湖北有3种，神农架全有。

1. 掌状复叶。

    2. 卷须不分枝；3小叶 ·· **1. 三叶崖爬藤T. hemsleyanum**

    2. 卷须4～7裂；5小叶 ·· **2. 崖爬藤T. obtectum**

1. 鸟足状复叶，5小叶 ·· **3. 狭叶崖爬藤T. serrulatum**

1. 三叶崖爬藤 ｜ Tetrastigma hemsleyanum (Miquel) Planchon　石猴子，蛇附子，三叶青　图65-43

草质藤本。有纵棱纹。卷须不分枝。3小叶，卵状披针形或长椭圆形；侧脉5～6对。花序腋生或假顶生，下部有节，节上有苞片，假顶生时下部无节和苞片，在分枝末端着生成二歧伞形；花序被短柔毛；萼碟形，齿细小，卵状三角形；花瓣4枚，顶端有外展的小角；雄蕊4枚；子房陷在花盘中呈短圆锥状；柱头4裂。果实近球形。花期4～6月，果期8～11月。

产于神农架新华，生于海拔400～800m的岩石缝中。块根入药。

图65-43　三叶崖爬藤

2. 崖爬藤 ｜ Tetrastigma obtectum (Wallich ex M. A. Lawson) Planchon ex Franchet

1. 小枝无毛或被纤柔毛 ·· **2a. 崖爬藤T. obtectum var. obtectum**

1. 全株无毛 ··· **2b. 无毛崖爬藤T. obtectum var. glabrum**

葡萄科｜Vitaceae

289

2a. 崖爬藤（原变种）Tetrastigma obtectum var. obtectum 图65-44

草质藤本。卷须伞状集生。掌状5小叶，披针状椭圆形，叶缘有细齿；侧脉4～5对；叶柄无毛或被疏柔毛；托叶褐色，卵圆形，常宿存。花序顶生或假顶生于具有1～2枚叶的短枝上，集生成单伞形；萼浅碟形，波状边缘浅裂；花瓣4枚；雄蕊4枚；子房锥形；柱头扩大呈碟形，边缘不规则分裂。果实球形。花期4～6月，果期8～11月。

产于神农架红坪、阳日、南阳—黄粮（zdg 6284），生于海拔700～900m的山坡岩石上或树上。全草或根入药。

2b. 无毛崖爬藤（变种）Tetrastigma obtectum var. glabrum (H. Léveillé) Gagnepain　铜丝线 图65-45

本变种与原变种的主要区别：全株无毛。花期3～5月，果期7～11月。

产于神农架各地，生于海拔600～1500m的山坡杂木林中或陡壁处。全草或根入药。

图65-44　崖爬藤

3. 狭叶崖爬藤 | Tetrastigma serrulatum (Roxburgh) Planchon　雪里高，五虎下山 图65-46

草质藤本。小枝有纵棱纹。卷须不分枝。鸟足状5小叶，卵状披针形，叶缘常呈波状，凹处有细锯齿；侧脉4～8对，网脉明显。花序腋生，下部有节和苞片，或在侧枝上与叶对生，下部无节和苞片，集生成伞形；萼齿不明显；花瓣4枚，有外展小角；雄蕊4枚；子房下部与花盘合生；柱头盘形扩大。果实紫黑色。花期3～6月，果期7～10月。

产于神农架各地，生于海拔500～1500m的山谷林中。全草入药。

图65-45　无毛崖爬藤

图65-46　狭叶崖爬藤

66．豆科 | Fabaceae

乔木、灌木或草本，直立或攀援。根部有能固氮的根瘤。叶常绿或落叶，一回或二回羽状复叶，互生，稀为掌状复叶或3小叶或单叶。花两性，稀单性，辐射对称或两侧对称；萼片分离或联合成管；花瓣分离或联合成具花冠裂片的管，多数构成蝶形花冠；雄蕊通常10枚，单体或二体雄蕊。果为荚果，成熟后沿缝线开裂或不裂，或断裂成含单枚种子的荚节。

约650属18000种。我国连引入栽培的有169属约1673种，湖北65属149种，神农架51属122种。

分亚科检索表

1．花辐射对称，雄蕊多数···**1．含羞草亚科Mimosaceae**
1．花两侧对称。
  2．花为假蝶形花冠，呈上升覆瓦状排列························**2．云实亚科Caesalpinioideae**
  2．花为蝶形花冠，成下降覆瓦状，旗瓣最大在最外方·······**3．蝶形花亚科Papilionoideae**

1．含羞草亚科Mimosaceae

常绿或落叶的乔木或灌木，有时为藤本，很少草本。叶互生，通常为二回羽状复叶，稀为一回羽状复叶或变为叶状柄鳞片或无；叶柄具显著叶枕；羽片通常对生；叶轴上常具腺体。花小，两性，有时单性，辐射对称，组成头状、穗状或总状花序或再排成圆锥花序；花瓣5枚，镊合状排列，分离成合生成管状；雄蕊5～10枚或多数。荚果，开裂或不开裂，直或旋卷。

约56属2800种。我国连引入栽培的有17属约66种，湖北3属4种，神农架全有。

分属检索表

1．雄蕊10枚以上··**1．合欢属Albizia**
1．雄蕊5或10枚。
  2．灌木或乔木；荚果成熟时纵裂···································**2．银合欢属Leucaena**
  2．草本或灌木；荚果横裂为数节·····································**3．含羞草属Mimosa**

1．合欢属Albizia Durazzini

落叶乔木或灌木。通常无刺。二回羽状复叶，互生；羽片1至多对；总叶柄及叶轴上有腺体；小叶对生，1至多对。花小，常两型，5基数，两性，稀杂性，组成头状、聚伞或穗状花序，再排成腋生或顶生的圆锥花序；花萼钟状或漏斗状，具5齿或5浅裂；花瓣合生成漏斗状，上部具5裂片；雄蕊20～50枚。荚果带状，扁平，不开裂或迟裂。

291

约150种。我国有17种，湖北2种，神农架2种。

分种检索表

1. 叶大，中脉位于小叶1/3处·······································1. 山槐A. kalkora

1. 叶小，中脉位于小叶边缘···2. 合欢A. julibrissin

1. 山槐 | Albizia kalkora (Roxburgh) Prain 夜火木，夜合树 图66-1

落叶乔木。二回羽状复叶；羽片2～4对；小叶5～14对，长圆形或长圆状卵形，基部不等侧，中脉位于小叶1/3处。头状花序2～7枚生于叶腋或于枝顶排成圆锥花序；花初白色，后变黄色；花萼管状，花冠中部以下联合呈管状，上部5裂；雄蕊基部联合呈管状。荚果带状，嫩荚密被短柔毛，老时无毛。种子倒卵形。花期5～6月，果期8～10月。

产于神农架低海拔地区，生于山坡疏林中或林缘。庭院绿化树种；树皮入药。

2. 合欢 | Albizia julibrissin Durazzini 夜火木，夜合树 图66-2

落叶乔木。枝有棱角，被短柔毛，有显著皮孔。二回羽状复叶；羽片4～12对；小叶10～30对，线形至长圆形，向上偏斜，有缘毛，中脉紧靠上边缘。头状花序于枝顶成圆锥花序；花萼管状；花丝红色。荚果带状，嫩荚有柔毛，老时无毛。花期6～7月，果期8～10月。

产于神农架低海拔地区（古水，**zdg 7947**；神农谷，**zdg 6788**），生于山坡疏林中或林缘。庭院绿化树种；树皮入药。

图66-1 山槐

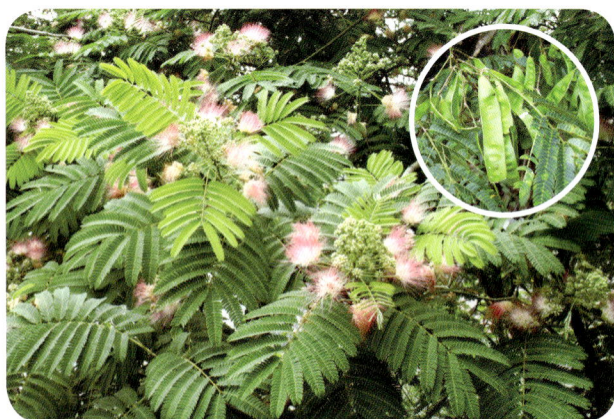

图66-2 合欢

2. 银合欢属Leucaena Bentham

常绿、无刺灌木或乔木。二回羽状复叶；小叶小而多或大而少，偏斜；总叶柄常具腺体。花白色，通常两性，5基数，无梗，组成密集、球形、腋生的头状花序，单生或簇生于叶腋；苞片通常2枚；萼管钟状，具短裂齿；花瓣分离；雄蕊10枚，分离，伸出花冠之外。荚果成熟后2瓣裂，无横隔膜。种子多数，横生，卵形，扁平。

22种。我国仅栽培1种，神农架也有。

银合欢 ｜ **Leucaena leucocephala** (Lamarck) de Wit 图66-3

灌木或小乔木。羽片4～8对；小叶5～15对，线状长圆形，先端急尖，基部楔形，边缘被短柔毛；中脉偏向小叶上缘，两侧不等宽。头状花序通常1～2个腋生；花白色；花萼顶端具5枚细齿，外面被柔毛；花瓣狭倒披针形；雄蕊10枚，通常被疏柔毛。荚果带状，纵裂，被微柔毛。花期4～7月；果期8～10月。

原产于热带美洲，巫溪县有栽培。

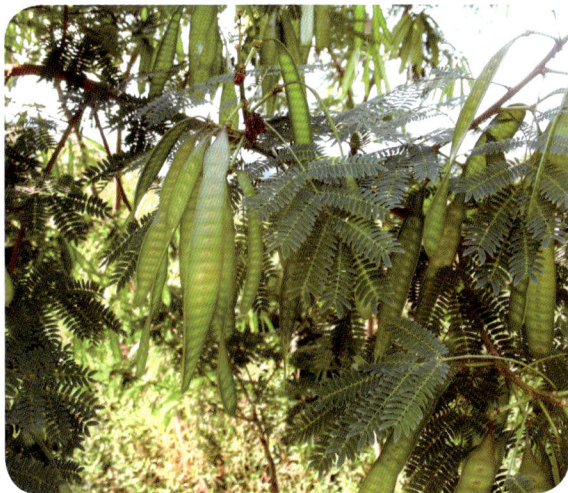

图66-3 银合欢

293

3. 含羞草属Mimosa Linnaeus

多年生、有刺草本或灌木，稀为乔木或藤本。二回羽状复叶，常很敏感，触之即闭合而下垂；叶轴上通常无腺体；小叶细小，多数。花小，两性或杂性（雄花、两性花同株），通常4～5数，组成球形头状花序或圆柱形的穗状花序，花序单生或簇生；花萼钟状，具短裂齿；花瓣下部合生。荚果长椭圆形或线形，有荚节3～6节。种子卵形或圆形，扁平。

500种。我国3种，湖北1种，神农架栽培1种。

含羞草 ｜ **Mimosa pudica** Linnaeus 图66-4

亚灌木状草本。茎具下弯的钩刺和毛。二回羽状复叶，羽片和小叶触之即闭合而下垂；羽片通常2对，掌状排列于总叶柄之顶端；小叶10～20对，线状长圆形，先端急尖，边缘具刚

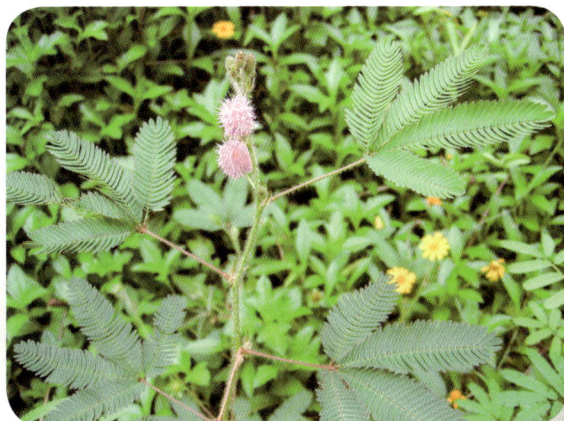

图66-4 含羞草

毛。头状花序圆球形，花小，淡红色，多数；花萼极小；花冠钟状，4裂；雄蕊4枚，伸出花冠之外。荚果长圆形，具刺毛。花期3~10月，果期5~11月。

原产于热带美洲，神农架松柏有栽培。

2. 云实亚科 Caesalpinioideae

乔木或灌木，有时为藤本。叶互生，一回或二回羽状复叶，有时为单叶。花两性，多少两侧对称，少为辐射对称，组成总状花序或圆锥花序或穗状花序列；苞片呈花萼状；花萼离生或下部合生，在花蕾时通常覆瓦状排列；花瓣5枚；雄蕊10枚或较少。荚果开裂或不裂而呈核果状或翅果状。

约180属3000种。我国连引入的约21属113种，湖北7属14种，神农架7属13种。

分属检索表

1. 叶通常为二回羽状复叶。
  2. 花杂性或单性异株；落叶乔木或灌木 ·······························1. 皂荚属 Gleditsia
  2. 花两性；常绿或落叶藤状灌木。
    3. 花不整齐，两侧对称，胚珠2至多枚 ························2. 云实属 Caesalpinia
    3. 花近整齐，胚珠1枚 ·································3. 老虎刺属 Pterolobium
1. 叶为一回羽状复叶或仅具单叶。
  4. 单叶，全缘或2裂。
    5. 荚果腹缝具狭翅，能育雄蕊10枚 ························4. 紫荆属 Cercis
    5. 荚果无翅，能育雄蕊通常3枚或5枚 ····················5. 羊蹄甲属 Bauhinia
  4. 叶为一回羽状复叶。
    6. 叶为偶数羽状复叶；花药孔裂 ·························6. 番泻决明属 Senna
    6. 叶为奇数羽状复叶；花药纵裂 ·························7. 任豆属 Zenia

1. 皂荚属 Gleditsia Linnaeus

落叶乔木或灌木。干和枝有单生或分枝的粗刺。叶互生，一回或二回羽状复叶；托叶早落；小叶多数，近对生或互生，常有不规则的钝齿或细齿。花杂性或单性异株，组成侧生的总状花序或穗状花序，很少为圆锥花序；萼片和花瓣5~8枚；雄蕊6~10枚，伸出，花药"丁"字着生；子房有胚珠2至多枚，柱头短，荚果扁平，大而不开裂或迟裂，有种子1至多枚。

16种。我国6种，湖北4种，神农架1种。

皂荚 | Gleditsia sinensis Lamarck　皂角刺　图66-5

落叶乔木。主干和枝通常具分枝的粗刺。一回偶数羽状复叶；小叶6~7对，近对生，基部两侧稍不对称，边缘具细锯齿或全缘。花杂性或单性异株，组成腋生或少有顶生的穗状花序或总状花序；萼裂片3~5枚，近相等；花瓣3~5枚，稍不等。荚果厚，劲直、弯曲或扭转，不裂或迟开裂。花期5月，果期9月。

产于神农架低海拔地区（阳日麻湾；兴山黄粮—峡口一线，**zdg 4380**），多生于村寨旁。荚果、种子、枝刺等均可入药。

图66-5　皂荚

2. 云实属**Caesalpinia** Linnaeus

落叶乔木。主干和枝通常具分枝的粗刺。一回偶数羽状复叶；小叶6～7对，近对生，基部两侧稍不对称，边缘具细锯齿或全缘。花杂性或单性异株，组成腋生或少有顶生的穗状花序或总状花序；萼裂片3～5枚，近相等；花瓣3～5枚，稍不等。荚果厚，劲直、弯曲或扭转，不裂或迟开裂。花期5月，果期9月。

100种。我国17种，湖北2种，神农架全产。

分种检索表

1. 落叶；羽状复叶的羽片具12～24对小叶 ·· 1. 云实**C. decapetala**
1. 常绿；羽状复叶的羽片具2对小叶 ·· 2. 鸡嘴簕**C. sinensis**

1. 云实｜**Caesalpinia decapetala** (Roth) Alston　牛王刺，黄牛刺　图66-6

落叶蔓生灌木。枝和叶轴具弯刺。二回羽状复叶，羽片6～16对，小叶12～24对，长椭圆形，先端圆。总状花序顶生；萼片离生，覆瓦状排列，下方一片较大，花瓣5枚，黄色，花丝下部密生白色长柔毛。荚果长圆形，扁平。种子卵圆形。

产于神农架低海拔地区（长青，**zdg 5551**），生于海拔900m以下的山坡灌丛地。早春繁花满枝，供观赏；根、茎、果、果皮、树皮药用；民间也用于围园。

2. 鸡嘴簕 | Caesalpinia sinensis (Hemsley) J. E. Vidal 图66-7

常绿藤本。主干和小枝具分散、粗大的倒钩刺。嫩枝上或多或少具锈色柔毛，老时无毛或近无毛。二回羽状复叶；叶轴上有刺；羽片2～3对；小叶2对，革质，长圆形至卵形，基部圆形，或多或少不等侧。圆锥花序腋生或顶生；萼片5枚；花瓣5枚，黄色；雄蕊10枚。荚果革质，压扁，表面有明显网脉，栗褐色，腹缝线稍弯曲，具狭翅。花期4～5月，果期7～8月。

产于兴山县，生于海拔150m的山坡灌丛地。

图66-6　云实

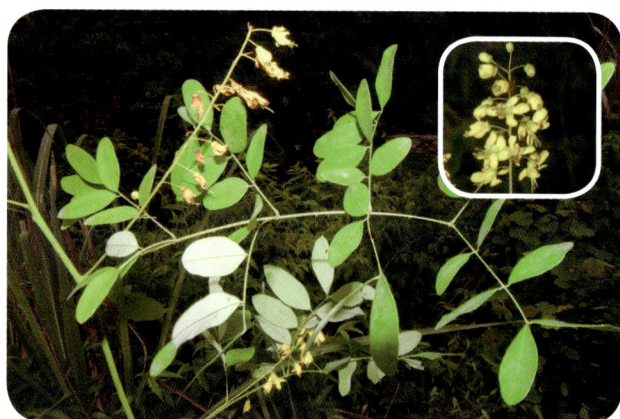

图66-7　鸡嘴簕

3. 老虎刺属Pterolobium R. Brown ex Wight et Arnott

木质藤本。枝有下弯的钩刺。二回偶数羽状复叶，互生；羽片和小叶多数。花小，组成总状花序或圆锥花序；萼5裂；花瓣5枚，白色（或变黄色），长圆形或倒卵形，与萼片同为覆瓦状排列；雄蕊10枚，分离。荚果无柄，扁平，翅果状，下部生种子之部分斜卵形或披针形，不开裂，顶有一斜长圆形或镰状、膜质的翅。种子悬生于室顶。

10种。我国2种，湖北1种，神农架也有。

老虎刺 | Pterolobium punctatum Hemsley 图66-8

常绿蔓生灌木。枝和叶轴具下弯的钩刺。二回偶数羽状复叶；羽片10～13对；小叶片14～16对，排列密集，长椭圆形。总状花序再排成圆锥花序顶生；花小，白色；萼片5枚，最下面的一片较大；花瓣5枚，略不等，覆瓦状排列，最上面的一枚在最里面；雄蕊10枚，离生。荚果扁平，不开裂，具斜长圆的红色膜质翅。花期6月，果期8月。

产于神农架低海拔地区，生于海拔600m以下的溪边或山坡灌丛地。果皮和树皮可供药用。

图66-8　老虎刺

4. 紫荆属 Cercis Linnaeus

落叶灌木或乔木。枝上无刺。单叶互生，全缘，具掌状叶脉，基部心形；叶柄先端膨大。总状花序单生或聚生成花束生于老枝或主干上；花两侧对称，两性，紫红色或粉红色，具梗，通常先于叶开放；花萼短钟状，红色；花瓣5枚，近蝶形，具柄，不等大；雄蕊10枚，分离。荚果扁狭长圆形，两端渐尖或钝，于腹缝线一侧常有狭翅，不开裂。

约8种。我国5种，湖北3种，神农架全有。

分种检索表

```
1. 花序总状，有明显的总花梗。
    2. 总状花序较长，总轴长2～10cm；叶片下面被短柔毛·············1. 垂丝紫荆C. racemosa
    2. 总状花序短，总轴长不超过2cm；叶片下面无毛·············2. 湖北紫荆C. glabra
1. 花簇生，无总花梗···················································3. 紫荆C. chinensis
```

1. 垂丝紫荆 | Cercis racemosa Oliver 图66-9

落叶乔木。叶阔卵圆形，先端急尖，基部截形或浅心形，上面无毛，下面被短柔毛，尤以主脉上毛较多；主脉5条，于下面凸起；叶柄红色，无毛。总状花序单生，下垂；花瓣玫瑰红色，旗瓣具深红色斑点。荚果长圆形，稍弯拱；果梗细。种子2～9枚，扁平。花期5月，果期10月。

产于神农架各地，生于海拔1000m以上的山坡林间。园林观赏树种；根和根皮入药。

2. 湖北紫荆 | Cercis glabra Pampanini 图66-10

落叶乔木。树皮和小枝灰黑色。叶较大，厚纸质或近革质，心形，先端钝或急尖，基部浅心形至深心形，幼叶常呈紫红色，成长后绿色，上面光亮，下面无毛；基脉5～7条。总状花序短；花淡紫红色或粉红色。荚果狭长圆形，紫红色。种子1～8枚，近圆形，扁。花期3～4月，果期9～11月。

产于神农架各地，生于海拔600m以上的山地林中。园林观赏树种；根和根皮入药。

图66-9　垂丝紫荆

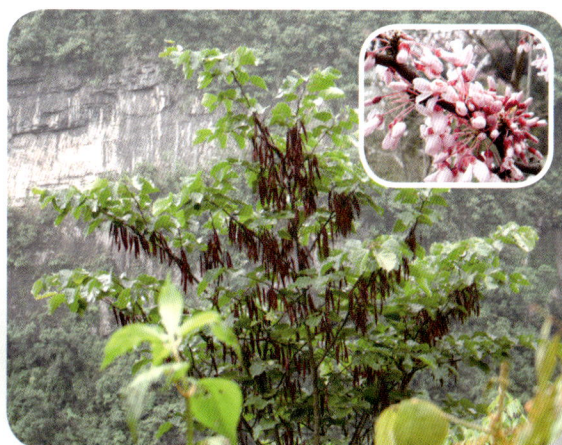

图66-10　湖北紫荆

3. 紫荆 | Cercis chinensis Bunge 炒米花 图66-11

落叶灌木。树皮和小枝灰白色。叶纸质，近圆形，先端急尖，基部浅至深心形，两面通常无毛，嫩叶绿色，仅叶柄带紫色，叶膜质透明。花紫红色或粉红色，2~10朵成束，簇生于老枝和主干上，先于叶开放。荚果扁狭长形，基部长渐尖。种子2~6枚，黑褐色，光亮。花期3~4月，果期8~10月。

原产于我国东南部，神农架多有栽培。园林观赏树种；树皮、根皮、木部、花、果均可入药。

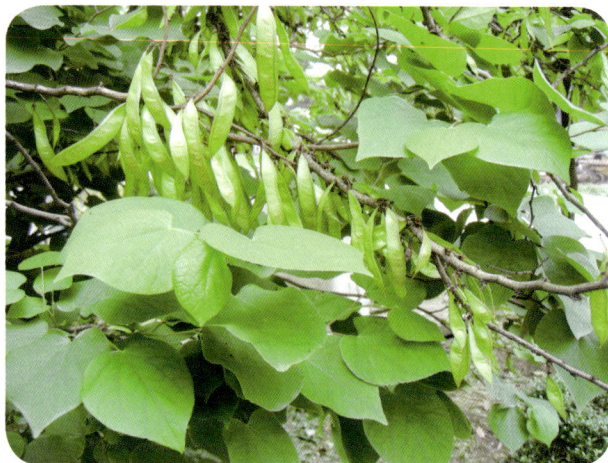

图66-11 紫荆

5. 羊蹄甲属Bauhinia Linnaeus

常绿乔、灌木或攀援藤本。单叶，全缘，先端凹缺或2裂；基出脉3至多条，中脉常伸出2裂片间形成一小芒尖。花两性，组成总状、伞房或圆锥花序；花萼杯状，佛焰状或于开花时分裂为5萼片；花瓣5枚，略不等，常具瓣柄，白色至紫红色。荚果长圆形、带状或线形，通常扁平，开裂。

约600种。我国有40种，湖北2种，神农架均有。

> **分种检索表**
>
> 1. 直立灌木；枝无卷须 ································· 1. 鞍叶羊蹄甲B. brachycarpa
> 1. 藤本；茎枝上具卷须 ··················· 2. 薄叶羊蹄甲B. glauca subsp. tenuiflora

1. 鞍叶羊蹄甲 | Bauhinia brachycarpa Wallich ex Bentham 图66-12

常绿灌木。无卷须。嫩枝和花序薄被小柔毛。叶纸质，卵形或心形，多变，先端锐渐尖、圆钝、微凹或2裂，裂片长度不一，基部截形、微凹或心形；基出脉5~7条。总状花序狭长，腋生，或聚生成复总状花序；萼片披针形；花瓣白色，具瓣柄，瓣片匙形。荚果倒卵状长圆形或带状，扁平；果瓣革质。花期6~10月，果期7~12月。

产于新华至兴山一线、长青（zdg 5545）、麻湾（zdg 5185），生于河谷两岸灌丛中。枝叶及根入药。

2. 薄叶羊蹄甲（亚种）| Bauhinia glauca subsp. *tenuiflora* (Watt ex C. B. Clarke) K. Larsen et S. S. Larsen　图66-13

常绿木质藤木。全株无毛。卷须略扁，旋卷。叶纸质，近圆形，2裂达中部或更深裂，罅口狭窄，裂片卵形，内侧近平行，先端圆钝，基部圆心形至截平；基出脉9～11条。伞房花序式的总状花序顶生；萼片卵形，急尖，外被锈色茸毛；花瓣玫瑰红色，倒卵形，近相等，具长柄，边缘皱波状。荚果带状，薄，无毛，不开裂。花期4～6月，果期7～9月。

产于神农架低海拔地区，生于海拔800m以下的山坡疏林中或林缘。园林观赏植物；根、叶入药；根皮可制火绳。

图66-12　鞍叶羊蹄甲

图66-13　薄叶羊蹄甲

6. 番泻决明属Senna Miller

亚灌木或草本。叶为一回偶数羽状复叶，叶柄和叶轴上常有腺体；小叶对生，无柄或具短柄。花近辐射对称，黄色，组成腋生的总状花序或顶生的圆锥花序，或有时1至数朵簇生于叶腋；萼筒很短，裂片5枚，覆瓦状排列；花瓣通常5枚，近相等或下面2枚较大；雄蕊10枚，常不相等，其中有些花药退化。荚果圆柱形或扁平，很少具棱或有翅，2瓣裂或不开裂。

约260种。我国15种，湖北5种，神农架3种。

分种检索表

1. 羽状复叶具2～4对小叶，小叶倒卵形或倒卵状长椭圆形。
　　2. 一年生草本；荚果线形·······························1. 决明S. tora
　　2. 灌木；荚果圆柱状·····················2. 双荚决明S. bicapsularis
1. 羽状复叶具20对以上小叶，小叶线状镰形·········3. 豆茶决明S. nomame

1. 决明 | Senna tora (Linnaeus) Roxburgh 图66-14

一年生亚灌木状草本。一回羽状复叶，叶轴上每对小叶间有棒状的腺体1枚；小叶3对，膜质，倒卵形或倒卵状长椭圆形，顶端圆钝而有小尖头，基部渐狭，偏斜。花腋生，通常2朵聚生；花梗丝状；萼片稍不等大；花瓣黄色，下面2枚略大。荚果纤细，线形。种子约25枚，菱形，光亮。花果期8~9月。

原产于我国华南地区，神农架有栽培。嫩荚可食；种子入药。

2. 双荚决明 | Senna bicapsularis (Linnaeus) Roxburgh 图66-15

直立灌木。有小叶3~4对，小叶倒卵形或倒卵状长圆形，膜质，顶端圆钝，基部渐狭，偏斜，下面粉绿色，在最下方的一对小叶间有黑褐色线形而钝头的腺体1枚。总状花序生于枝条顶端的叶腋间，常集成伞房花序状，长度约与叶相等；花鲜黄色；雄蕊10枚，7枚能育，3枚退化而无花药。荚果圆柱状，膜质。花期10~11月，果期11月至翌年3月。

原产于我国华南地区，神农架有栽培。嫩荚可食；种子入药。

图66-14　决明

图66-15　双荚决明

3. 豆茶决明 | Senna nomame (Makino) T. C. Chen 图66-16

多年生草本。一回羽状复叶，在叶柄的上端、最下一对小叶的下方有圆盘状腺体1枚；小叶20~50对，线状镰形，两侧不对称，中脉靠近叶的上缘；托叶线形，宿存。花序腋生，1或数朵聚生不等；总花梗顶端有2枚小苞片；花瓣黄色，不等大，具短柄；雄蕊10枚，5长5短。荚果镰形，扁平，具种子10~16枚。花果期通常7~8月。

产于神农架新华至兴山一带，生于海拔400~500m的山坡空旷地或草丛中。种子入药。

图66-16　豆茶决明

7．任豆属Zenia Chun

乔木。散生有黄白色的小皮孔。小叶薄革质，长圆状披针形。圆锥花序顶生；总花梗和花梗被黄色或棕色糙伏毛；花红色；苞片小，狭卵形，早落；萼片厚膜质，长圆形，稍不等大，顶端圆钝，外面有糙伏毛，内面无毛；花瓣稍长于萼片，椭圆状长圆形或倒卵状长圆形。荚果长圆形或椭圆状长圆形，红棕色。花期5月，果期6~8月。

单种属，产于我国和越南，神农架也有。

任豆 ｜ Zenia insignis Chun 图66-17

特征同属的描述。

产于巴东县，生于海拔300m的河谷林中。用材树种。

图66-17 任豆

3．蝶形花亚科Papilionoideae

常绿或落叶乔木、灌木，或至多年生草本。叶互生，稀对生，通常为羽状或掌状复叶，稀为单叶或退化为鳞叶。花两性，单生或排成各式花序；花萼钟形或筒形，裂片5枚；花瓣5枚，不等大，两侧对称；雄蕊10枚或有时部分退化，联合成单体或一体雄蕊管。荚果呈各种形状，有时具翅，偶呈核果状。种子1至多数；种脐常较显著。

480属12000种。我国包括引进栽培的共131属约1380多种，湖北55属131种，神农架41属105种。

分属检索表

1．雄蕊花丝分离或仅基部合生。
　　2．乔木或灌木；羽状复叶。
　　　3．荚果扁平，从不于种子间缢缩呈串珠状。
　　　　4．芽为正常芽，具芽鳞 ………………………………… 41．马鞍树属Maackia

4．芽无芽鳞，柄下芽……………………………………………………1．香槐属Cladrastis

　　3．荚果圆柱形或稍扁，串珠状…………………………………………2．槐属Sophora

2．草本；掌状3小叶…………………………………………………40．野决明属Thermopsis

1．雄蕊花丝全部或大部分联合成雄蕊管，雄蕊单体或二体。

　　5．荚果如含有2枚种子以上时，不在种子间裂为节荚，通常2瓣开裂或不裂。

　　　　6．多为草本植物；荚果含1至多数种子，裂开或不裂开。

　　　　　　7．雄蕊联合成单体，花药二型……………………………38．猪屎豆属Crotalaria

　　　　　　7．雄蕊联合成单体或二体，花药一型。

　　　　　　　　8．花序伞形，其下托以叶状苞片……………………32．百脉根属Lotus

　　　　　　　　8．花序各式，如为伞形或头状，其下无托以叶状苞片。

　　　　　　　　　　9．叶为3小叶组成的羽状复叶，稀为1或多至9。

　　　　　　　　　　　10．叶为掌状或羽状复叶，小叶边缘有锯齿，托叶与叶柄联合。

　　　　　　　　　　　　11．叶为具3小叶的羽状复叶。

　　　　　　　　　　　　　12．荚果直………………………………35．草木犀属Melilotus

　　　　　　　　　　　　　12．荚果弯曲成螺旋形………………………36．苜蓿属Medicago

　　　　　　　　　　　　11．叶为具3小叶的掌状复叶……………………37．车轴草属Trifolium

　　　　　　　　　　　10．叶为羽状或有时为掌状复叶，小叶全缘或浅裂片，托叶不与叶柄联合。

　　　　　　　　　　　　13．花单生或簇生，但常为总状花序，花序轴无节瘤。

　　　　　　　　　　　　　14．叶下面不具腺体斑点，小托叶通常存在；苞片宿存。

　　　　　　　　　　　　　　15．子房基部不具由鞘状腺体构成之花盘或花盘极不发达

　　　　　　　　　　　　　　　………………………………………20．大豆属Glycine

　　　　　　　　　　　　　　15．子房基部有由鞘状腺体构成之花盘。

　　　　　　　　　　　　　　　16．花分为有花瓣和无花瓣的二种类型，萼齿明显……

　　　　　　　　　　　　　　　　……………………………22．两型豆属Amphicarpaea

　　　　　　　　　　　　　　　16．花为有花瓣的一型花，无萼齿……………………………

　　　　　　　　　　　　　　　　…………………………………21．山黑豆属Dumasia

　　　　　　　　　　　　　14．叶下面常具腺体斑点，小托叶通常不存在；苞片无或早落。

　　　　　　　　　　　　　　17．胚珠3枚及至多枚……………………26．野扁豆属Dunbaria

　　　　　　　　　　　　　　17．胚珠1～2枚……………………………27．鹿藿属Rhynchosia

　　　　　　　　　　　　13．花多为总状花序，花序轴在花的着生处常凸出为节，或隆起如瘤。

　　　　　　　　　　　　　18．花柱不具须毛。

　　　　　　　　　　　　　　19．旗瓣和龙骨瓣较其他各瓣大。

　　　　　　　　　　　　　　　20．旗瓣较翼瓣和龙骨瓣大………42．刺桐属Erythrina

　　　　　　　　　　　　　　　20．旗瓣和翼瓣均较龙骨瓣小。

　　　　　　　　　　　　　　　　21．花药二型，5枚较长，5枚较短………………………

　　　　　　　　　　　　　　　　　……………………………………15．黎豆属Mucuna

　　　　　　　　　　　　　　　　21．花药一型……………………………16．土圞儿属Apios

19．各花瓣的长度均相等。

  22．荚果小而稍扁，具茸毛‧‧‧‧‧‧‧‧‧‧‧‧‧‧‧‧‧‧‧‧‧‧‧‧‧‧‧‧‧‧‧‧‧‧‧‧‧‧**19．葛属Pueraria**

  22．荚果大而扁平，无毛‧‧‧‧‧‧‧‧‧‧‧‧‧‧‧‧‧‧‧‧‧‧‧‧‧‧‧‧‧‧‧‧‧‧‧‧**17．刀豆属Canavalia**

18．花柱基部于后方具纵列的须毛，或于柱头周围具茸毛。

  23．龙骨瓣先端具螺旋卷曲的长喙‧‧‧‧‧‧‧‧‧‧‧‧‧‧‧‧‧‧‧‧‧‧‧‧‧‧‧**25．菜豆属Phaseolus**

  23．龙骨瓣先端钝圆或具喙，不螺旋卷曲。

    24．柱头倾斜，其下方具须毛。

      25．花柱细长成线形；植株不具块根‧‧‧‧‧‧‧‧‧‧‧‧‧‧‧**24．豇豆属Vigna**

      25．花柱上部变扁，顶端向内卷曲；植株有块根‧‧‧‧**18．豆薯属Pachyrhizus**

    24．柱头顶生，其周围或下方具须毛‧‧‧‧‧‧‧‧‧‧‧‧‧‧‧‧‧‧‧‧‧**23．扁豆属Lablab**

9．叶为4小叶组成的羽状复叶，稀为1至3枚。

 26．偶数羽状复叶，叶轴顶端多具卷须或变成刚毛状。

  27．花柱圆柱形‧‧**33．野豌豆属Vicia**

  27．花柱扁。

    28．花柱不纵折，托叶多少小于小叶‧‧‧‧‧‧‧‧‧‧‧‧‧‧**39．山黧豆属Lathyrus**

    28．花柱向外面纵折，托叶大于小叶‧‧‧‧‧‧‧‧‧‧‧‧‧‧‧‧**34．豌豆属Pisum**

 26．单数羽状复叶，叶轴顶端不具卷须，稀为单叶或3～5掌状复叶。

  29．植株具贴生的"丁"字形茸毛；药隔顶端通常具腺体‧‧‧‧‧‧‧**8．木蓝属Indigofera**

  29．植株无"丁"字形茸毛；药隔顶端不具任何附属物。

    30．叶通常具腺点或透明点；荚果通常含1枚种子。

      31．单叶；蝶形花冠5枚花瓣均存在‧‧‧‧‧‧‧‧‧‧‧‧‧‧**43．补骨脂属Cullen**

      31．羽状复叶；蝶形花冠仅有旗瓣‧‧‧‧‧‧‧‧‧‧‧‧‧‧**44．紫穗槐属Amorpha**

    30．叶不具腺点；荚果通常含2至多数种子。

      32．花序通常为总状，顶生或腋生。

        33．花萼后2枚较短，前3枚较长，子房多少具柄‧‧‧‧**6．紫藤属Wisteria**

        33．花萼5枚等长，子房无柄。

          34．荚果极度肿胀，种子少数‧‧‧‧‧‧‧‧‧‧**4．崖豆藤属Millettia**

          34．荚果扁平或稍肿胀，种子多数‧‧‧‧‧‧‧‧‧**5．鸡血藤属Callerya**

      32．花序总状或穗状，亦为伞形或头状，稀单生或簇生，通常均腋生。

        35．荚果扁平‧‧‧‧‧‧‧‧‧‧‧‧‧‧‧‧‧‧‧‧‧‧‧‧‧‧‧‧‧‧**7．刺槐属Robinia**

        35．荚果膨大或肿胀，圆筒形。

          36．落叶灌木，通常为偶数羽状复叶‧‧‧‧‧**30．锦鸡儿属Caragana**

36．草本稀为灌木，通常为单数羽状复叶。

  37．龙骨瓣先端钝圆或稍尖锐。

    38．龙骨瓣长度约与翼瓣相等·····························**31．黄蓍属Astragalus**

    38．龙骨瓣长度仅为翼瓣的1/2·····················**46．米口袋属Gueldenstaedtia**

  37．龙骨瓣先端具1枚刺状尖头·····························**45．棘豆属Oxytropis**

6．乔木或灌木，有时为木质藤本；荚果含1～2枚种子而不裂开。

  39．小叶通常互生·······································**3．黄檀属Dalbergia**

  39．小叶通常对生。

    40．木质藤本；荚果扁平，干燥·····················**47．鱼藤属Derris**

    40．灌木；荚果肿胀如卵形，几成核果状·············**48．山豆根属Euchresta**

5．荚果如含有2枚种子以上时，则在种子间裂为节荚，果实不开裂或退化而具1节。

  41．雄蕊合为单体。

    42．花后子房以雌蕊柄延长而伸入土中·············**29．落花生属Arachis**

    42．果实生于枝条上部·····························**28．合萌属Aeschynomene**

  41．雄蕊通常为9+1的二体。

    43．小托叶通常存在；荚果2至数节。

      44．荚果背缝线深凹入达腹缝线，形成缺口；单体雄蕊··········

        ······································**11．长柄山蚂蝗属Hylodesmum**

      44．荚果背腹两缝线稍缢缩或劲直；二体雄蕊。

        45．叶柄两侧具狭翅

          46．叶为3小叶羽状复叶·····················**9．小槐花属Ohwia**

          46．叶为单叶·····························**49．葫芦茶属Tadehagi**

        45．叶柄两侧无翅·························**10．山蚂蝗属Desmodium**

    43．小托叶不存在；荚果通常1节，含1枚种子。

      47．小叶侧脉近叶缘处弧状弯曲；托叶细小，锥形，脱落。

        48．苞片内具1朵花，花梗具关节，龙骨瓣近镰刀形，尖锐··········

          ···································**12．杭子梢属Campylotropis**

        48．苞片内具2朵花，花梗不具关节，龙骨瓣直，钝··········

          ····································**13．胡枝子属Lespedeza**

      47．小叶侧脉直；托叶大，膜质，宿存·············**14．鸡眼草属Kummerowia**

1．香槐属Cladrastis Rafinesque

落叶乔木。芽叠生，无芽鳞，包裹于膨大的叶柄内。奇数羽状复叶；小叶互生或近对生，具或不具小托叶。圆锥花序或近总状花序，顶生，常下垂；花萼钟形，5齿，近等大；花冠白色，旗瓣圆形，翼瓣斜长椭圆形，有2耳，龙骨瓣稍内弯，长椭圆形、半箭形；雄蕊10枚，花丝分离。荚果扁平，两侧无翅或具翅。

约7种。我国5种，湖北3种，神农架2种。

1. 小叶卵形或长圆状卵形；子房密被黄白色绢毛 ································ **1. 香槐C. wilsonii**

1. 小叶卵状披针形或长圆状披针形；子房疏被柔毛 ·················· **2. 小花香槐C. delavayi**

1. 香槐 │ Cladrastis wilsonii Takeda   图66-18

落叶乔木。树皮灰色或灰褐色，平滑，具皮孔。奇数羽状复叶；小叶4~5对，纸质，互生，卵形或长圆状卵形，顶生小叶较大，先端急尖，基部宽楔形，下面苍白色；叶脉在两面均隆起，中脉稍偏向一侧。圆锥花序顶生或腋生；花萼钟形；花冠白色。荚果长圆形，扁平，先端圆形，两侧无翅，稍增厚。花期5~7月，果期8~9月。

产于神农架木鱼镇，生于山坡沟谷阔叶林中。根或果实入药。

2. 小花香槐 │ Cladrastis delavayi (Franchet) Prain   图66-19

落叶乔木。幼枝、叶轴、小叶柄被灰褐色或锈色柔毛。奇数羽状复叶；小叶4~7对，互生，卵状披针形或长圆状披针形，先端渐尖，基部圆形，叶背面苍白色。圆锥花序顶生；花萼钟状；萼齿5枚，钝尖，密被灰褐色或锈色短柔毛；花冠白色或淡黄色，偶为粉红色。荚果扁平，椭圆形或长椭圆形，两端渐狭，两侧无翅，稍增厚。花期6~8月，果期8~10月。

产于神农架木鱼镇、木鱼坪到段江坪之间（鄂神农架队 34046），生于海拔1500~2300m的山坡沟谷阔叶林中。

豆科 │ Fabaceae

305

图66-18　香槐

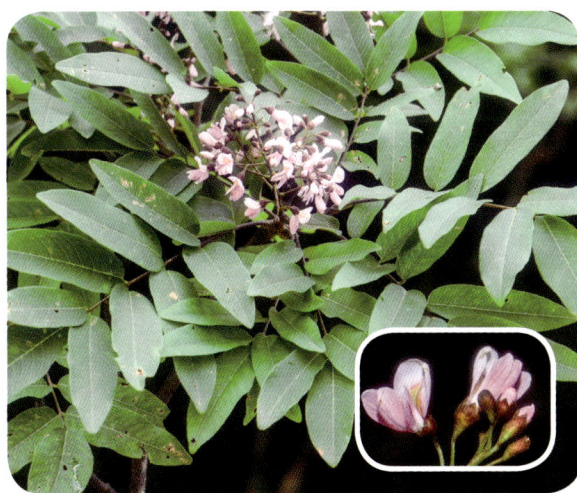

图66-19　小花香槐

2. 槐属Sophora Linnaeus

落叶乔木、灌木状或多年生草本。奇数羽状复叶；小叶多数，全缘。花序总状或圆锥状，顶生；花白色；花萼钟状或杯状，萼齿5枚，等大；雄蕊30枚，分离或基部有不同程度的联合。荚果圆柱形或稍扁，串珠状；果皮肉质或革质，不裂或开裂。

70余种。我国有21种，湖北6种，神农架3种。

1. 槐 | Sophora japonica Linnaeus 中国槐，槐花树 图66-20

落叶乔木。当年生枝绿色，具明显的白色皮孔。一回羽状复叶，叶柄基部膨大，包裹着芽；小叶4～7对，对生或近对生，纸质，卵状披针形或卵状长圆形，先端渐尖，具小尖头，基部宽楔形或近圆形，稍偏料，叶背灰白色。圆锥花序顶生；花萼浅钟状，萼齿近等大；花冠白色或淡黄色。荚果串珠状，成熟时不开裂。花期7～8月，果期8～10月。

产于神农架各地，生于沟谷两岸或村寨旁。树叶、枝、树根、角果入药；花可食用；观赏树木。

2. 白刺槐 | Sophora davidii (Franchet) Skeels 图66-21

灌木或小乔木。小枝末端明显变成刺，有时分叉。羽状复叶；托叶钻状，部分变成刺，宿存；小叶5～9对，形态多变，一般为椭圆状卵形或倒卵状长圆形，先端圆或微缺，常具芒尖，基部钝圆形。总状花序着生于小枝顶端；花冠白色或淡黄色，有时旗瓣稍带红紫色；子房密被黄褐色柔毛，花柱弯曲，无毛。荚果非典型串珠状。花期3～8月，果期6～10月。

产于神农架新华至兴山一带、松柏（八角庙村，zdg 7145），生于低海拔山谷灌丛中。根、叶、花、果实及种子入药。

图66-20 槐

图66-21 白刺槐

3．苦参 | **Sophora flavescens** Aiton 图66-22

多年生草本或亚灌木。一回羽状复叶；小叶6~12对，互生或近对生，纸质，椭圆形至披针状线形，先端钝或急尖，基部宽楔形；托叶披针状线形。总状花序顶生；花萼钟状，明显歪斜，具波状齿；花冠比花萼长，白色或淡黄白色。荚果长圆柱状，种子间稍缢缩，呈不明显串珠状，成熟后开裂为4瓣。种子深红褐色或紫褐色。花期6~8月，果期7~10月。

产于神农架松柏（八角庙村，zdg 7178）、新华，生于山坡林缘或灌丛中。根入药。

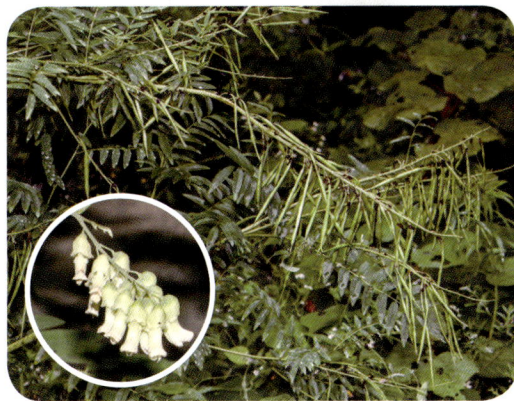
图66-22　苦参

3．黄檀属**Dalbergia** Linnaeus

落叶，稀常绿乔木或木质藤本。奇数羽状复叶；小叶互生。花小，通常多数，组成顶生或腋生圆锥花序，分枝有时呈二歧聚伞状；花萼钟状，裂齿5枚，下方1枚最长，稀近等长；花瓣白色、淡绿色；雄蕊10或9枚，通常合生为上侧边缘开口的鞘（单体雄蕊），或鞘的下侧开裂而组成5+5或9+1的二体雄蕊。荚果不开裂，长圆形或带状，翅果状。

140种。我国28种，湖北6种，神农架4种。

分种检索表

1．乔木···1．黄檀D. hupeana
1．藤本。
  2．小叶小，长在2cm以下，通常在10对以上············2．象鼻藤D. mimosoides
  2．小叶较大，长2cm以上，少数，通常为1~7对。
    3．小叶长圆形··3．藤黄檀D. hancei
    3．小叶倒卵状长圆形····································4．大金刚藤D. dyeriana

1．黄檀 | **Dalbergia hupeana** Hance
檀木树 图66-23

落叶乔木。树皮暗灰色，呈薄片状脱落。幼枝淡绿色，无毛。羽状复叶；小叶3~5对，椭圆形，先端钝或稍凹入，基部圆形或阔楔形，两面无毛。圆锥花序顶生，花密集；花萼钟状；萼齿5枚；花冠白色。荚果长圆形或阔舌状，顶端急尖，基部渐狭成果颈，包种子部分有网纹。种子1~2枚，稀3枚。花期5~7月，果期8~10月。

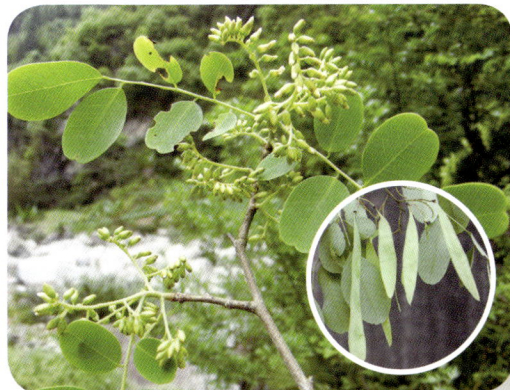
图66-23　黄檀

产于神农架低海拔地区（长青，zdg 5584），生于海拔1200m以下的山坡林中。根皮入药。

2. 象鼻藤 | Dalbergia mimosoides Franchet 杠香藤 图66-24

落叶藤本。部分枝条先端卷曲，老枝具粗枝刺，幼枝密被褐色短毛。一回羽状复叶；小叶10～17对，线状长圆形，排列紧密，先端截形或凹缺，基部圆或阔楔形。圆锥花序腋生，分枝聚伞花序状；花小，稍密集；花冠白色或淡黄色。荚果无毛，长圆形或带状，扁平，顶端急尖，包种子部分有网纹。种子1（～2）枚。花期5～6月，果期9～10月。

产于神农架各地，生于海拔1500m以下的多石山坡灌丛中或林缘。叶可入药。

3. 藤黄檀 | Dalbergia hancei Bentham 杠香藤 图66-25

落叶藤本。部分枝条先端卷曲，老枝具粗枝刺，幼枝无毛。一回羽状复叶；小叶2～4对，长圆形，排列较松，先端圆或钝，有时凹缺，基部圆楔形。总状花序集生成短圆锥花序，腋生；花冠白色。荚果无毛，长圆形或带状，扁平，顶端圆钝或急尖，包种子部分有网纹。种子1（～2）枚。花期4～5月，果期9～10月。

产于神农架下谷、新华、红花（zdg 6735），生于海拔1000m以下的沟谷林缘。根、茎入药。

图66-24 象鼻藤

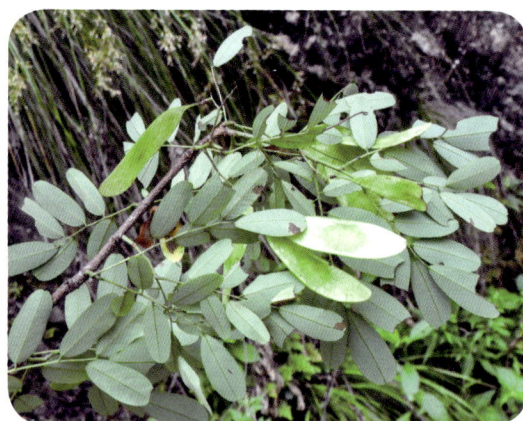
图66-25 藤黄檀

4. 大金刚藤 | Dalbergia dyeriana Prain 杠香藤 图66-26

落叶藤本。部分枝条先端卷曲，老枝具粗枝刺，幼枝无毛。一回羽状复叶；小叶4～7对，倒卵状长圆形，排列较松，先端圆或钝，有时凹缺，基部圆楔形。圆锥花序腋生；花冠黄白色。荚果无毛，长圆形或带状，扁平，顶端圆钝或急尖，包种子部分有网纹。种子1（～2）枚。花期5～6月，果期9～10月。

产于神农架下谷、新华，生于海拔1200m以下的多石山坡灌丛中或林缘。

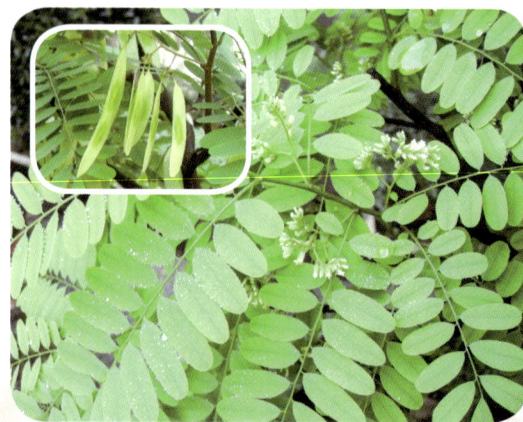
图66-26 大金刚藤

4. 崖豆藤属Millettia Wight et Arnott

常绿藤本或乔水。奇数羽状复，互生；小叶2至多对，通常对生，全缘。圆锥花序大，顶生或腋生；花萼阔钟状，萼齿5枚，上方1枚较小；花冠紫色、粉红色、白色，旗瓣内面常具色纹。荚果肿胀，线形或圆柱形，单枚种子时卵圆形或球形，开裂。种子凸镜形至肾形。

约100种。我国18种，湖北1种，神农架也有。

厚果崖豆藤 │ Millettia pachycarpa Bentham　老板栗　图66-27

常绿藤本。一回羽状复叶；小叶6~8对，草质，长椭圆形，先端锐尖，基部楔形或圆钝，中脉在下面隆起，密被灰褐色绒毛。总状圆锥花序，2~6枝生于新枝下部；花萼杯状；花冠淡紫色；雄蕊单体。荚果褐黄色，肿胀，长圆形，单枚种子时卵形，秃净，密布浅黄色疣状斑点。种子栗褐色，肾形或挤压呈棋子形。花期4~6月，果期6~11月。

产于神农架下谷，生于海拔400m的山坡常绿阔叶林缘或多石坡地。根入药；果实可供提取鱼藤酮；可栽培供观赏。

图66-27　厚果崖豆藤

5. 鸡血藤属Callerya Endlicher

常绿藤本。奇数羽状复，互生；小叶2至多对，通常对生，全缘。圆锥花序大，顶生或腋生；花萼阔钟状；萼齿5枚，上方1齿较小；花冠紫色、粉红色、白色，旗瓣内面常具色纹。荚果扁平或肿胀，线形或圆柱形，单枚种子时卵圆形或球形，开裂。种子凸镜形至肾形。

约30种。我国18种，湖北4种，神农架均有。

分种检索表

1. 花瓣无毛；叶轴有小托叶。

　　2. 花红紫色···1. 网络鸡血藤C. reticulata

1．网络鸡血藤 ｜ Callerya reticulata (Bentham) Schot　绵藤　图66-28

常绿藤本。一回羽状复叶，叶轴上面有狭沟；小叶3～4对，硬纸质，卵状椭圆形或长圆形，先端钝，渐尖，基部圆形；侧脉6～7对。圆锥花序顶生，常下垂，花密集；花冠红紫色，旗瓣无毛；雄蕊二体，对旗瓣的1枚离生。荚果带形，狭长，扁平，瓣裂，果瓣近木质，有种子3～6枚。花期6月，果期9月。

产于神农架各地，生于海拔400～600m的山地灌丛及沟谷。根、茎入药。

图66-28　网络鸡血藤

2．绿花鸡血藤 ｜ Callerya championii (Bentham) X. Y. Zhu

常绿藤本。羽状复叶，叶轴上面有狭沟；小叶2（～3）对，纸质，卵形或卵状长圆形，先端渐尖至尾，基部圆形，两面均无毛，光亮；侧脉5～6（～7）对。圆锥花序顶生，花密集，单生；花萼阔钟状；花冠黄白色，偶有红晕，花瓣旗瓣圆形；雄蕊二体，对旗瓣的1枚离生；花盘筒状。荚果线形。花期6～8月，果期8～10月。

产于神农架阳日（阳日湾，黄汉东 1124），生于海拔550m的山地灌丛及沟谷。

3．锈毛鸡血藤 ｜ Callerya sericosema (Hance) Z. Wei et Pedley

常绿藤本。羽状复叶；小叶2对，纸质，阔披针形，基部钝，下方1对较小，卵形椭圆；侧脉4～7对；小托叶针刺状。圆锥花序顶生；花密集，单生；花萼钟状，密被绢毛，萼齿短，披针形；花冠浅紫色至粉红色，旗瓣密被绢毛，卵形；雄蕊二体，对旗瓣的1枚离生；花盘圆形，筒状。荚果线形，密被黄褐色绒毛。花期6～8月，果期8～10月。

产于兴山县（兴山大峡口，T. P. Wang 12007），生于海拔180m的河谷灌丛中。

4. 香花鸡血藤 | *Callerya dielsiana* (Harms) P. K. Lôc ex Z. Wei et Pedley
绵藤花　图66-29

常绿藤本。一回羽状复叶，叶轴上面有狭沟；小叶2对，硬纸质，长圆形，先端急尖至渐尖，基部钝圆；侧脉6～9对，网脉在两面均明显隆起。圆锥花序顶生，常下垂，花密集；花冠红紫色，旗瓣被柔毛；雄蕊二体，对旗瓣的1枚离生。荚果圆柱形，密被柔毛，狭长，瓣裂；果瓣近木质，有种子3～5枚。花期6月，果期9月。

产于神农架各地（长青，zdg 5673），生于海拔400～700m的山地灌丛及沟谷。根入药；可栽培供观赏。

图66-29　香花鸡血藤

6. 紫藤属 Wisteria Nuttall

落叶藤本。奇数羽状复叶互生；托叶线形，早落；小叶多数，对生，具小托叶。总状花序顶生，下垂；花萼宽钟形，萼齿5枚，略呈二唇形，上方2齿大部合生，最下1齿较长，钻形；花冠紫色、堇青色或白色，旗瓣圆形，基部具2胼胝体，翼瓣长圆状镰形，有耳；雄蕊二体（9+1）；胚珠多数。荚果线状倒披针形，伸长，基部具颈。种子大，肾形，无种阜。

10种。我国7种，湖北2种，神农架1种。

紫藤 | *Wisteria sinensis* (Sims) Sweet　图66-30

落叶藤木。茎左旋，较粗壮。奇数羽状复叶；小叶3～6对，纸质，卵状椭圆形至卵状披针形，基部1对最小，先端渐尖至尾尖，基部钝圆或楔形。总状花序发自去年短枝，花下垂，芳香；花萼杯状；花瓣紫色。荚果倒披针形，密被绒毛，具种子1～3枚。花期4月，果期8月。

产于神农架下谷、新华，生于海拔600～1500m的山地灌丛及沟谷中。根、茎入药。

图66-30　紫藤

7. 刺槐属 Robinia Linnaeus

落叶乔木。无顶芽，腋芽为柄下芽。奇数羽状复叶，托叶刺状，具小托叶；小叶全缘，具柄。总状花序腋生，下垂；苞片早落。花冠白色、粉红色或玫瑰红色，旗瓣反折，翼瓣弯曲，龙骨瓣内弯；雄蕊二体，对旗瓣的1枚分离，花药同型，2室纵裂；子房具柄，花柱顶端具毛，柱头顶生，胚珠多数。荚果扁平，沿腹缝线具窄翅。种子长圆形或偏斜肾形，无种阜。

约20种，我国栽培2种，湖北1种，神农架也有。

刺槐 | Robinia pseudoacacia Linnaeus 洋槐 图66-31

落叶乔木。树皮灰褐色，纵裂。小枝具托叶刺。一回羽状复叶；小叶2～12对，常对生，椭圆形或卵形，先端圆，具小尖头，基部圆至阔楔形，下面灰绿色。总状花序腋生，下垂，花芳香；花萼斜钟状；花冠白色，也有花红色的栽培品种；雄蕊二体，对旗瓣的1枚分离。荚果褐色，线状椭圆形，扁平，先端上弯，沿腹缝线具狭翅，有种子2～15枚。花期4～6月，果期8～9月。

原产于美国东部，神农架广为栽植（鸭子口—坪堑，zdg 6392）。公路绿化树种；茎皮、根、叶及槐花入药。

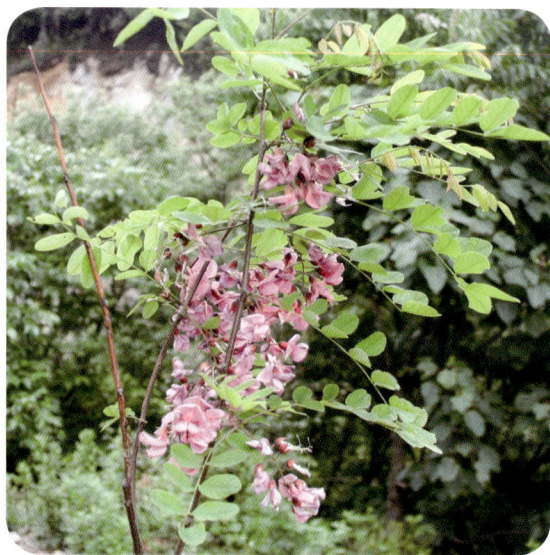

图66-31 刺槐

8. 木蓝属 Indigofera Linnaeus

落叶或常绿灌木。全株多少被平贴"丁"字毛。奇数羽状复叶，偶为掌状复叶至单叶；小叶通常对生，全缘。总状花序腋生，少数成头状、穗状或圆锥状；花萼钟状或斜杯状；花冠紫红色或淡红色；雄蕊二体。荚果线形或圆柱形。

700种。我国81种，湖北8种，神农架5种。

分种检索表

```
1. 花冠长于1cm。
    2. 小叶常为7对 ·············································· 5. 苏木蓝 I. carlesii
    2. 小叶常为9～13对 ·········································· 3. 宜昌木蓝 I. decora var. ichangensis
1. 花冠短于1cm。
    3. 花序短于叶；荚果长1.5～3cm。
        4. 叶小，长5～6mm ······································ 4. 刺序木蓝 I. silvestrii
        4. 叶小，长1～2.5cm ···································· 2. 河北木蓝 I. bungeana
    3. 花序短于叶；荚果长3.5～6cm ······························ 1. 多花木蓝 I. amblyantha
```

1. 多花木蓝 | Indigofera amblyantha Craib 马胡梢 图66-32

落叶灌木。幼枝绿色，有沟纹，被平贴棕色"丁"字毛。羽状复叶；叶轴圆柱形；小叶5～11对，对生，椭圆形或倒卵状椭圆形，先端钝，具小尖头，基部宽楔形或近圆形，叶干后通常变黑色或有黑色斑点。总状花序，花密集；花冠红色或紫红色。荚果圆柱形，顶端圆钝，内果皮有紫色斑点，被疏毛。花期6～9月，果期9～10月。

产于神农架各地，生于海拔600～1600m的山坡疏林中。根、叶入药；公路边坡绿化树种。

2. 河北木蓝 | Indigofera bungeana Walpers 野绿豆荚树 图66-33

落叶灌木。一回羽状复叶；小叶3～5对，对生，椭圆形至倒卵状椭圆形，先端圆或微凹，有小尖头，基部阔楔形或近圆形，两面有白色"丁"字毛。总状花序，花开后较复叶长，花密集；花冠淡红色或紫红色。荚果线状圆柱形，顶端渐尖，幼时密生短"丁"字毛，种子间有横隔。花期5～8月，果期9～10月。

产于神农架各地（长青，zdg 5635），生于海拔400～1200m的山坡疏林中。全草、根、叶入药；公路边坡绿化树种。

图66-32　多花木蓝

图66-33　河北木蓝

3. 宜昌木蓝（变种）| Indigofera decora var. ichangensis (Craib)Y. Y. Fang et C. Z. Zheng 图66-34

落叶灌木。一回羽状复叶；叶轴无毛或疏被"丁"字毛；小叶3～7对，对生或近对生，稀互生或下部互生，叶形变异大，通常卵状披针形，先端渐尖或急尖，具小尖头，基部楔形或阔楔形。总状花序直立；花冠淡紫色或粉红色，稀白色。荚果棕褐色，圆柱形，近无毛，内果皮有紫色斑点，有种子7～8枚。花期4～6月，果期6～10月。

产于神农架木鱼、新华，生于海拔400～1200m的山坡疏林中或土坎上。

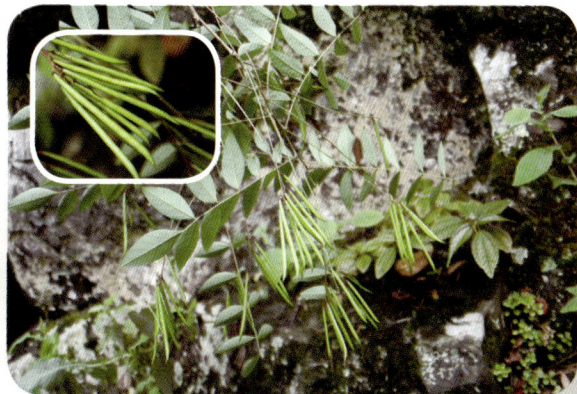

图66-34　宜昌木蓝

4. 刺序木蓝 | **Indigofera silvestrii** Pampanini

落叶灌木。羽状复叶；小叶（2～）3～4对，对生，稍带肉质，倒卵形、倒卵状长圆形、长圆形或椭圆形，小托叶不明显。总状花序，多花，花脱落后，花序顶端成针刺状；苞片线形；花萼钟状，外面有粗"丁"字毛；花冠紫红色。荚果线状圆柱形，被毛，种子间有隔膜，内果皮有紫红色斑点，有种子6～7枚。花期6～7月，果期8～10月。

产于神农架红坪（太阳坪，太阳坪队1021），生于海拔1120m的山坡疏林中。

5. 苏木蓝 | **Indigofera carlesii** Craib　图66-35

落叶灌木。一回羽状复叶；叶轴无毛或疏被"丁"字毛；小叶3～7对，对生或近对生，稀互生或下部互生，叶形变异大，通常卵状披针形，先端渐尖或急尖，具小尖头，基部楔形或阔楔形。总状花序直立；花冠淡紫色或粉红色，稀白色。荚果棕褐色，圆柱形，近无毛，内果皮有紫色斑点，有种子7～8枚。花期4～6月，果期6～10月。

产于神农架阳日镇（石世贵S-0311），生于海拔700～1500m的山坡疏林中。

图66-35　苏木蓝

9. 小槐花属Ohwia H. Ohashi

直立灌木或亚灌木。多分枝。叶具3小叶；叶柄两侧具狭翅。总状花序较长，具小苞片；花瓣纸质，有明显脉纹；二体雄蕊。荚节长圆形，长为宽的3～4倍。

2种。我国全有，湖北1种，神农架也有。

小槐花 | **Ohwia caudata** (Thunberg) H. Ohashi　图66-36

常绿灌木。羽状三出复叶；小叶3，近革质，披针形或长圆形，先端渐尖，急尖或短渐尖，基部楔形，全缘，侧脉不达叶缘；小托叶丝状，托叶披针状线形，宿存；叶柄两侧具极窄的翅。总状花序顶生或腋生；苞片钻形；花冠绿白色或黄白色。荚果线形，扁平，被伸展的钩状毛，有荚节4～8枚。花期7～9月，果期9～11月。

产于神农架低海拔地区，生于海拔800m以下的山谷阴湿地及林缘。全草入药。

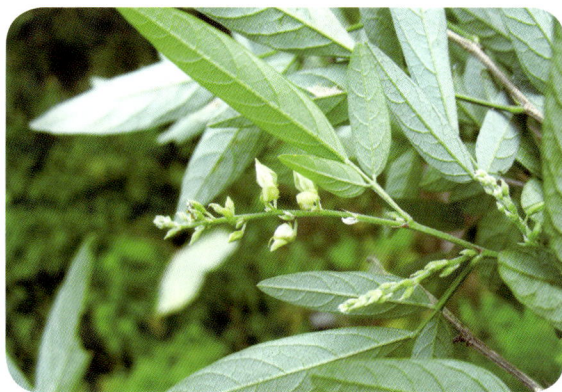

图66-36　小槐花

10. 山蚂蝗属Desmodium Desvaux

多年生草本、亚灌木或灌木。叶为羽状三出复叶或退化为单小叶，具托叶和小托叶；托叶通常干膜质，有条纹，小托叶钻形或丝状；小叶全缘或浅波状。花通常较小，组成腋生或顶生的总状花序或圆锥花序，稀为单生或成对生于叶腋；花萼钟状，4～5裂；花冠多色；雄蕊二体（9+1）或少有单体。荚果扁平，不开裂，荚节数枚，具钩毛。

约280种。我国32种，湖北5种，神农架2种。

1. 假地豆 | Desmodium heterocarpon (Linnaeus) Candolle 图66-37

落叶小灌木或亚灌木。叶为羽状三出复叶；小叶纸质，椭圆形或宽倒卵形，先端圆或钝，微凹，具短尖，基部钝，下面被白色短柔毛；托叶宿存，狭三角形，小托叶丝状，小叶柄密被糙伏毛。总状花序顶生或腋生；花冠紫红色、紫色或白色。荚果密集，狭长圆形，腹背两缝线被钩状毛，有荚节4～7枚。花期7～10月，果期10～11月。

产于神农架新华、阳日，生于山坡林缘。全株药用。

2. 长波叶山蚂蝗 | Desmodium sequax Wallich 粘草籽 图66-38

落叶灌木。叶为羽状三出复叶；托叶线形；小叶纸质，卵状椭圆形或圆菱形，先端急尖，基部楔形至钝，边缘自中部以上呈波状。总状花序顶生和腋生，顶生者通常分枝成圆锥花序；花冠紫色。荚果腹背缝线缢缩呈念珠状，有荚节6～10枚，荚节近方形，密被开展褐色小钩状毛。花期7～9月，果期9～10月。

产于神农架松柏、新华，生于海拔400～600m的溪边林缘。根、果实及全草入药。

图66-37 假地豆

图66-38 长波叶山蚂蝗

11. 长柄山蚂蝗属Hylodesmum H. Ohashi et R. R. Mill

多年生草本或亚灌木状。根茎多少木质。叶为羽状复叶；小叶3～7枚，全缘或浅波状；有托叶和小托叶。总状花序，少为稀疏的圆锥花序，顶生或腋生，或有时从能育枝的基部单独发出，每节通常着生2～3朵花；花梗通常有钩状毛和短柔毛。荚果具细长或稍短的果颈（子房柄），有荚节2～5节，背缝线于荚节间凹入几达腹缝线而成一深缺口，荚节通常为斜三角形。

14种。我国10种，湖北5种，神农架4种。

分种检索表

```
1. 小叶7枚，偶有3～5枚·······················1. 羽叶长柄山蚂蝗H. oldhamii
1. 小叶全为3枚。
    2. 翼瓣、龙骨瓣有明显的瓣柄；托叶三角状披针形。
        3. 荚果的荚节斜三角形，较大，12～14mm×4～6mm·····2. 细长柄山蚂蝗H. leptopus
        3. 荚果的荚节略呈宽的半倒卵形，较小，6～9mm×4mm···3. 疏花长柄山蚂蝗H. laxum
    2. 龙骨瓣无瓣柄；托叶线状披针形·····················4. 长柄山蚂蝗H. podocarpum
```

1. 羽叶长柄山蚂蝗 | Hylodesmum oldhamii (Oliver) H. Ohashi et R. R. Mill 图66-39

多年生草本。叶为羽状复叶；小叶7枚，偶为3～5枚，纸质，披针形、长圆形或卵状椭圆形，先端渐尖，基部楔形或钝。总状花序顶生和腋生；花序轴被黄色短柔毛；花疏散；苞片狭三角形；花冠紫红色。荚果扁平，自背缝线深凹入至腹缝，通常有荚节2节，稀1～3节，荚节斜三角形。花期8～9月，果期9～10月。

产于神农架各地（阴峪河大峡谷，zdg 7225），生于海拔500～600m的山坡林下。根及全草入药。

2. 细长柄山蚂蝗 | Hylodesmum leptopus (A. Gray ex Bentham) H. Ohashi et R. R. Mill 图66-40

常绿亚灌木状。叶为羽状三出复叶；托叶披针形；小叶纸质，卵形至卵状披针形，先端长渐尖，基部楔形或圆形，侧生小叶基部极偏斜。花序顶生，总状花序或具少数分枝的圆锥花序，有时从茎基部抽出；花冠粉红色。荚果扁平，稍弯曲，背缝线于荚节间深凹入而接近腹缝线，有荚节2~3节，荚节斜三角形，被小钩状毛。花果期8~9月。

产于神农架各地（阴峪河大峡谷，zdg 7226；徐家庄，zdg 7054），生于海拔400~600m的山谷密林下或溪边。

图66-39　羽叶长柄山蚂蝗

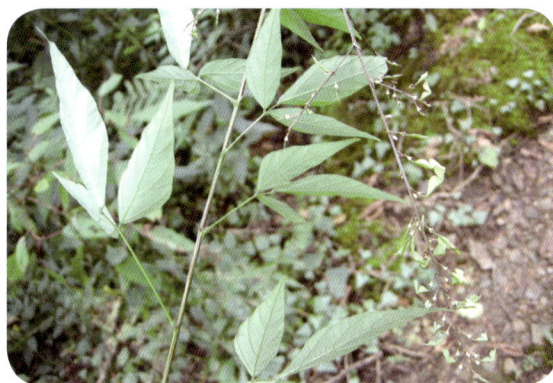

图66-40　细长柄山蚂蝗

3．疏花长柄山蚂蝗｜Hylodesmum laxum (Candolle) H. Ohashi et R. R. Mill

多年生草本。茎基部木质，从基部开始分枝或单一。叶为羽状三出复叶，通常簇生于枝顶部；小叶纸质，顶生小叶卵形，基部圆形，全缘，两面近无毛或下面薄被柔毛，侧脉每边4~6条；托叶三角状披针形，小托叶丝状。总状花序顶生或顶生和腋生，通常有分枝，有时从茎基部抽出；花萼宽钟状；花冠粉红色。荚果通常有荚节2~4枚。花果期8~10月。

产于神农架宋洛（宋洛公社南阳河樟房坪，鄂神农架队 22473），生于海拔400~600m的山谷密林下。

4．长柄山蚂蝗｜Hylodesmum podocarpum (Candolle) H. Ohashi et R. R. Mill

分亚种检索表

1. 顶生小叶非狭披针形，长为宽的1~3倍。
    2. 顶生小叶宽倒卵形，最宽处在叶片中上部·······························
        ···················4a．长柄山蚂蝗 H. podocarpum subsp. podocarpum
    2. 顶生小叶宽卵形、卵形或菱形，最宽处在叶片中部或中下部。
        3. 顶生小叶最宽处在叶片下部·······4b．宽卵叶长柄山蚂蝗 H. podocarpum subsp. fallax
        3. 顶生小叶最宽处在叶片中部·······························
            ···················4c．尖叶长柄山蚂蝗 H. podocarpum subsp. oxyphyllum
1. 顶生小叶狭披针形，长4~6倍于宽·······························
    ···················4d．四川长柄山蚂蝗 H. podocarpum subsp. szechuenense

4a. 长柄山蚂蝗（原亚种）Hylodesmum podocarpum subsp. podocarpum 图66-41

多年生草本。茎被短柔毛。叶为羽状三出复叶；小叶纸质，顶生小叶宽倒卵形，先端凸尖，基部楔形或宽楔形，侧生小叶斜卵形，偏斜。总状花序或圆锥花序，顶生兼具腋生；总花梗被柔毛和钩状毛；花冠紫红色。荚果有荚节2枚，背缝线弯曲，节间深凹入达腹缝线，荚节略呈宽半倒卵形。花果期8～9月。

产于神农架各地，生于海拔400～600m的山坡疏林或草丛中。根和叶入药。

4b. 宽卵叶长柄山蚂蟥（亚种）Hylodesmum podocarpum subsp. fallax (Schindler) H. Ohashi et R. R. Mill 图66-42

本变种与原变种的主要区别：顶生小叶宽卵形或卵形，先端渐尖或急尖，基部阔楔形或圆形。

产于神农架各地，生于海拔400～600m的山坡林下。全草可入药。

图66-41 长柄山蚂蝗

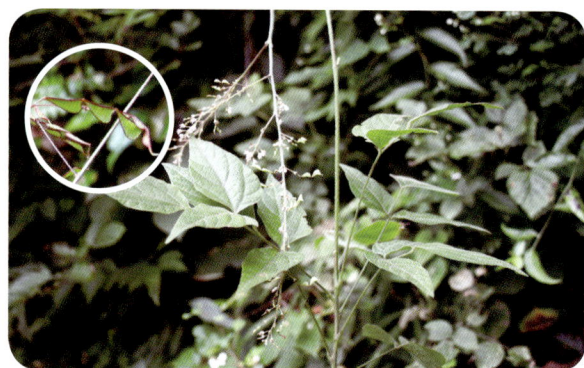

图66-42 宽卵叶长柄山蚂蟥

4c. 尖叶长柄山蚂蝗（亚种）Hylodesmum podocarpum subsp. oxyphyllum (Candolle) H. Ohashi et R. R. Mill 图66-43

本变种与原变种的主要区别：顶生小叶菱形，基部楔形。

产于神农架各地，生于海拔400～600m的山坡路旁、沟旁、林缘或阔叶林中。全草可入药。

4d. 四川长柄山蚂蝗（亚种）Podocarpium podocarpum subsp. szechuenense (Craib) Yang et Huang 图66-44

本变种与原变种的主要区别：顶生小叶狭披针形，较窄。

产于神农架红坪阴峪河，生于海拔400～600m的溪沟旁灌丛中。全草及根皮可入药。

图66-43 尖叶长柄山蚂蝗

图66-44 四川长柄山蚂蝗

12．杭子梢属Campylotropis Bunge

落叶灌木。羽状复叶具3小叶；托叶2枚，通常为狭三角形至钻形，宿存或有时脱落，在小叶柄基部常有2枚脱落性的小托叶。花序通常为总状，单一腋生或有时数个腋生并顶生，常于顶部排成圆锥花序；在每枚苞片腋内生有1朵花；小苞片2枚，生于花梗顶端，通常早落；龙骨瓣瓣片上部向内弯成直角。荚果压扁，不开裂。种子1枚。

37种。我国32种，湖北1种，神农架也有。

杭子梢 │ Campylotropis macrocarpa (Bunge) Rehder

分变种检索表

1．果无毛 ··· 1a．杭子梢C. macrocarpa var. macrocarpa
1．果具长柔毛和缘毛 ···································· 1b．太白山杭子梢C. macrocarpa var. hupehensis

1a．杭子梢（原变种）Campylotropis macrocarpa var. macrocarpa 图66-45

落叶灌木。嫩枝有密柔毛，老枝无毛。羽状复叶具3小叶；小叶椭圆形或宽椭圆形，有时过渡为长圆形，先端圆形、钝或微凹，具小凸尖，基部圆形，稀近楔形，叶下面通疏生柔毛。总状花序单一腋生并顶生；花冠紫红色或近粉红色。荚果长圆形、近长圆形或椭圆形，先端具短喙尖，无毛，具网脉，边缘生纤毛。花果期6～10月。

产于神农架各地，生于海拔400～1800m的山坡灌丛中。根入药。

1b．太白山杭子梢（变种）Campylotropis macrocarpa var. hupehensis (Pampanini) Iokawa et H. Ohashi 图66-46

本变种与原变种的主要区别：子房及果实被短柔毛或长柔毛，边缘密生纤毛。

产于神农架各地，生于海拔1500～2300m的山顶灌木林中。

图66-45　杭子梢

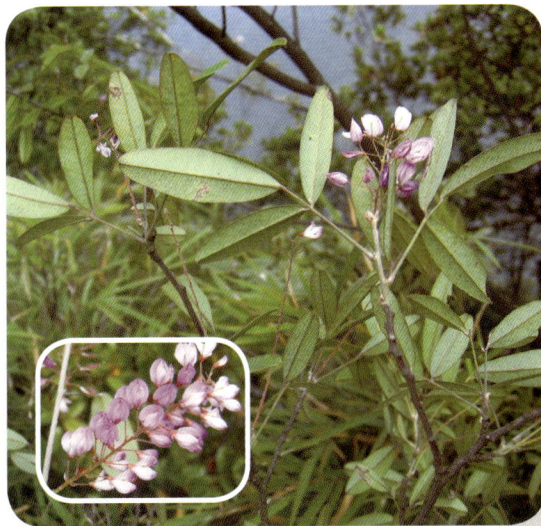

图66-46　太白山杭子梢

13. 胡枝子属Lespedeza Michaux

多年生草本、半灌木或灌木。羽状复叶具3小叶；托叶小，钻形或线形，宿存或早落，无小托叶；小叶全缘，先端有小刺尖，网状脉。花2至多数组成腋生的总状花序；苞片小，宿存，小苞片2枚，着生于花基部；花常二型，一种有花冠，另一种为闭锁花，花冠退化，不伸出花萼；雄蕊10枚，二体（9+1）。荚果卵形、倒卵形或椭圆形。种子1枚，不开裂。

60余种。我国25种，湖北11种，神农架9种。

分种检索表

1. 无闭锁花。
  2. 小叶先端急尖至长渐尖或稍尖，稀稍钝。
    3. 花淡黄绿色···1. 绿叶胡枝子L. buergeri
    3. 花红紫色···2. 美丽胡枝子L. thunbergii subsp. formosa
  2. 小叶先端通常钝圆或凹·······································3. 大叶胡枝子L. davidii
1. 有闭锁花。
  4. 茎平卧···5. 铁马鞭L. pilosa
  4. 茎直立。
    5. 总花梗纤细。
      6. 花黄白色，总花梗毛发状························6. 细梗胡枝子L. virgata
      6. 花紫色、紫红色或蓝紫色，总花梗稍粗而不呈毛发状···4. 多花胡枝子L. floribunda
    5. 总花梗粗壮。
      7. 花萼裂片狭披针形，花萼为花冠长的1/2以上·········7. 绒毛胡枝子L. tomentosa
      7. 花萼裂片披针形或三角形，花萼长不及花冠之半。
        8. 小叶倒卵状长圆形或倒卵形·····················8. 中华胡枝子L. chinensis
        8. 小叶楔形或线状楔形·····························9. 截叶铁扫帚L. cuneata

1. 绿叶胡枝子 | Lespedeza buergeri Miquel　野黄豆刷　图66-47

落叶灌木。3小叶羽状复叶；小叶卵状椭圆形，先端急尖，上面鲜绿色，光滑无毛，下面灰绿色，密被贴生的毛。总状花序腋生；花冠淡黄绿色，瓣片先端稍带紫色。荚果长圆状卵形，表面具网纹和长柔毛。花期6～7月，果期8～9月。

产于神农架各地，生于海拔800～1300m的山坡林缘。根、茎皮、叶入药。

2. 美丽胡枝子（亚种）| Lespedeza thunbergii subsp. formosa (Vogel) H. Ohashi　野黄豆刷　图66-48

落叶灌木。枝被疏柔毛。3小叶羽状复叶；托叶披针形；小叶椭圆形或卵形，稀倒卵形，两端稍尖或稍钝，上面绿色，稍被短柔毛，下面淡绿色，贴生短柔毛。总状花序单一，腋生，比叶长，或构成顶生的圆锥花序；花冠红紫色，龙骨瓣比旗瓣稍长，在花盛开时明显长于旗瓣。荚果倒卵形或倒卵状长圆形，表面具网纹且被疏柔毛。花期7～9月，果期9～10月。

产于神农架各地（官门山，zdg 7576），生于海拔800～1300m的山坡灌丛中。茎叶、花、根入药。

图66-47　绿叶胡枝子

图66-48　美丽胡枝子

3．大叶胡枝子 | **Lespedeza davidii** Franchet　图66-49

落叶灌木。枝条较粗壮，稍曲折，有明显的条棱，密被长柔毛。3小叶羽状复叶；托叶2枚，卵状披针形；小叶宽卵圆形或宽倒卵形，先端圆或微凹，基部圆形或宽楔形，两面密被灰白色绢毛。总状花序腋生或于枝顶形成圆锥花序；花红紫色。荚果卵形，稍歪斜，先端具短尖，基部圆，表面具网纹和稍密的绢毛。花期7～9月，果期9～10月。

产于神农架各地，生于海拔600～1200m的山坡、路旁或灌丛中。全草入药。

4．多花胡枝子 | **Lespedeza floribunda** Bunge　马胡梢　图66-50

落叶小灌木。茎常近基部分枝，枝有条棱。羽状复叶具3小叶；小叶倒卵形、宽倒卵形或长圆形。总状花序腋生，花多数；小苞片卵形；花冠紫色、紫红色或蓝紫色，旗瓣椭圆形。荚果宽卵形。花期6～9月，果期9～10月。

产于神农架各地，生于海拔800～1800m的山坡、林缘、路旁、灌丛及杂木林间。全草入药。

图66-49　大叶胡枝子

图66-50　多花胡枝子

5. 铁马鞭 ｜ **Lespedeza pilosa** (Thunberg) Siebold et Zuccarini　图66-51

多年生草本。全株密被长柔毛。茎平卧，细长。3小叶羽状复叶；托叶钻形；小叶宽倒卵形，先端圆形、近截形或微凹，有小刺尖，基部圆形或近截形，两面密被长毛，顶生小叶较大。总状花序腋生，比叶短，总花梗极短；花冠黄白色或白色。荚果广卵形，凸镜状，两面密被长毛，先端具尖喙。花期7~9月，果期9~10月。

产于神农架各地，生于海拔800m的荒山坡及草地。全草入药。

6. 细梗胡枝子 ｜ **Lespedeza virgata** (Thunberg) Candolle　图66-52

落叶小灌木。枝细，带紫色，被白色伏毛。3小叶羽状复叶；托叶线形；小叶椭圆形，稀近圆形，先端钝圆，有时微凹，有小刺尖，基部圆形，上面无毛，下面密被伏毛。总状花序腋生，通常具3朵稀疏的花；总花梗纤细，毛发状，显著超出叶。荚果近圆形，通常不超出萼。花期7~9月，果期9~10月。

产于神农架低海拔地区，生于海拔400~1000m的山坡草地中。全草入药。

图66-51　铁马鞭

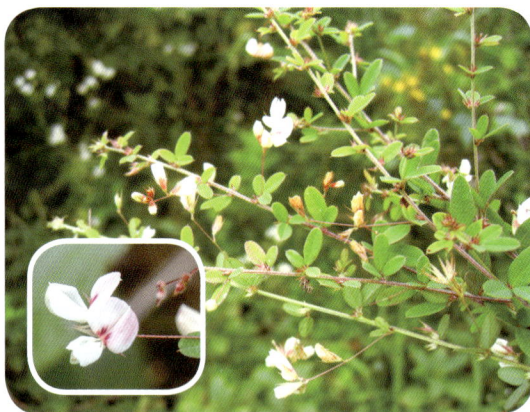
图66-52　细梗胡枝子

7. 绒毛胡枝子 ｜ **Lespedeza tomentosa** (Thunberg) Siebold ex Maximowicz　图66-53

落叶灌木。全株密被黄褐色绒毛。3小叶羽状复叶；托叶线形；小叶质厚，椭圆形或卵状长圆形，先端钝或微心形，边缘稍反卷，上面被短伏毛，下面密被黄褐色绒毛或柔毛。总状花序顶生或于茎上部腋生，总花梗粗壮；花冠黄色或黄白色。荚果倒卵形，先端有短尖，表面密被毛。花期9月，果期10月。

产于神农架松柏（黄连架，zdg 7785），生于海拔1000~1300m的山坡草地及灌丛间。根药用。

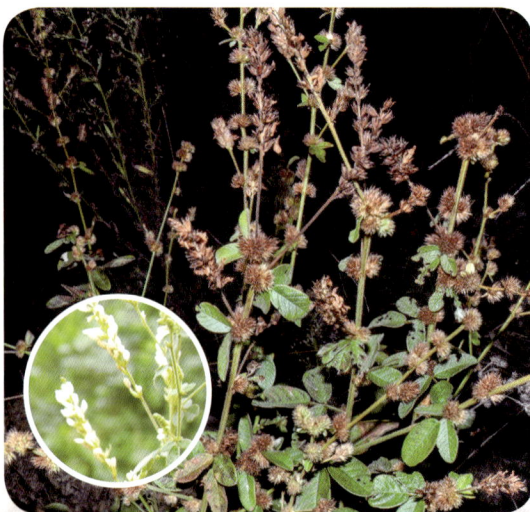
图66-53　绒毛胡枝子

8. 中华胡枝子 | **Lespedeza chinensis** G. Don   图66-54

落叶小灌木。全株被白色伏毛。3小叶羽状复叶；托叶钻状；小叶倒卵状长圆形或倒卵形，先端截形、近截形、微凹或钝头，具小刺尖，边缘稍反卷，上面无毛或疏生短毛，下面密被白色伏毛。总状花序腋生，不超出叶，少花，总花梗极短；花冠白色或黄色。荚果卵圆形，先端具喙，基部稍偏斜，表面有网纹，密被白色伏毛。花期8~9月，果期10~11月。

产于神农架各地（板仓—坪堑，zdg 7263；龙门河，zdg 7894），生于海拔400~1000m的山坡灌木丛中或林缘、路边。根或全草入药。

9. 截叶铁扫帚 | **Lespedeza cuneata** (Dumont de Courset) G. Don   图66-55

落叶小灌木。茎被毛，上部分枝。3小叶羽状复叶，叶密集；小叶楔形或线状楔形，先端截形成近截形，具小刺尖，基部楔形，上面近无毛，下面密被伏毛。总状花序腋生，具2~4朵花，总花梗极短；花冠淡黄色或白色，旗瓣基部有紫斑，有时龙骨瓣先端带紫色。荚果宽卵形或近球形，被伏毛。花期7~8月，果期9~10月。

产于神农架各地，生于海拔400~1000m的山坡灌木丛中或林缘、路边。根或全草入药。

图66-54　中华胡枝子

图66-55　截叶铁扫帚

14. 鸡眼草属Kummerowia Schindler

一年生草本。叶为三出羽状复叶。花通常1~2朵簇生于叶腋，稀3朵或更多；小苞片4枚生于花萼下方，其中有1枚较小；花小，正常花的花冠和雄蕊管在果时脱落，闭锁花或不发达花的花冠、雄蕊管和花柱在成果时与花托分离连在荚果上，至后期才脱落；雄蕊二体（9+1）；子房有1枚胚珠。荚果扁平，具1节，具1枚种子，不开裂。

2种，神农架也有。

分种检索表

1. 小叶倒卵形、长倒卵形或长圆形，先端通常圆形…………………………………………1. 鸡眼草K. striata

1. 小叶常为倒卵形，先端微凹…………………………………………………………2. 长萼鸡眼草K. stipulacea

1. 鸡眼草 | Kummerowia striata (Thunberg) Schindler　公母草　图66-56

一年生草本。茎披散或平卧，多分枝，茎枝上被倒生的白色细毛。叶为三出羽状复叶；托叶大、膜质、卵状长圆形，比叶柄长；小叶纸质，倒卵形、长倒卵形或长圆形，小，先端圆形，稀微缺，基部近圆形或宽楔形，全缘，两面沿小脉及边缘有白色粗毛。花小，花冠粉红色或紫色。荚果圆形或倒卵形，被小柔毛。花期7～9月，果期8～10月。

产于神农架各地，生于海拔400～2000m的路旁、田边、溪岸草地中。全草入药。

2. 长萼鸡眼草 | Kummerowia stipulacea (Maximowicz) Makino　图66-57

一年生草本。本种外形极似鸡眼草，唯小叶常为倒卵形，先端微凹；花梗有毛；荚果较萼长1.5～3倍而与之区别。花期7～9月，果期8～10月。

产于神农架各地，生于海拔400～2000m的路旁或山坡林缘。全草入药。

图66-56　鸡眼草

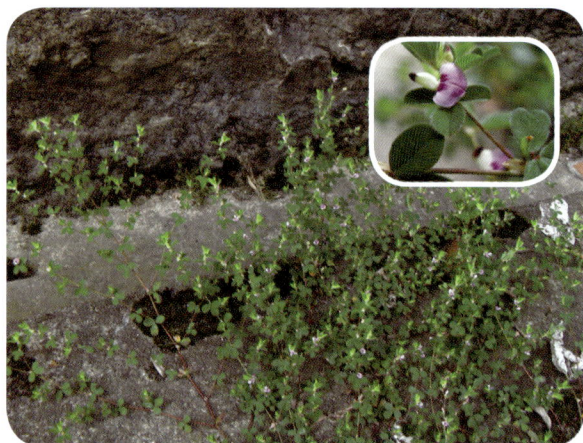

图66-57　长萼鸡眼草

15. 黧豆属Mucuna Adanson

草质或木质藤本。羽状复叶；托叶通常脱落；小叶3枚，侧生小叶两侧不对称，有小托叶。花序为总状花序或为紧缩的圆锥花序和伞房状总状花序，腋生或生于老茎上；花萼钟状，5裂；花冠伸出萼外；雄蕊二体（9+1）；花柱丝状，内弯。荚果膨胀或略扁，边缘常具翅，外面通常被褐黄色刺毛、刚毛或螫毛。种子肾形、圆形或椭圆形，无种阜。

约100种。我国18种，湖北2种，神农架1种。

常春油麻藤 | Mucuna sempervirens Hemsley　老鸦藤　图66-58

常绿木质藤本。羽状复叶具3小叶；小叶纸质或革质，顶生小叶椭圆形或卵状椭圆形，先端渐尖，基部稍楔形，侧生小叶极偏斜，小叶柄膨大。总状花序生于老茎上，无香气或有臭味；花萼密被暗褐色伏贴短毛；花冠深紫色，干后黑色。荚果木质，带形，长30～60cm，被伏贴红褐色短毛。花期4～5月，果期8～10月。

产于神农架木鱼、下谷、新华、大九湖（zdg 6683），生于海拔400～1400m的多石的山坡灌丛中。茎藤和种子药用。

图66-58　常春油麻藤

16．土圞儿属Apios Fabricius

草本。有块根。羽状复叶；小叶5～7枚，少有3或9枚，全缘；小托叶小。腋生总状花序或顶生圆锥花序；花萼钟形，上面2枚萼齿合生，最下面的1枚线形；旗瓣反折，卵形或圆形，翼瓣斜倒卵形，比旗瓣短，龙骨瓣最长，内弯、内卷或螺旋状卷曲；雄蕊二体，花药一型。荚果线形，近镰刀形，扁，2瓣裂。种子无种阜。

8种。我国约6种，湖北1种，神农架也有。

图66-59　土圞儿

土圞儿 | Apios fortunei Maximowic　土子子　图66-59

多年生缠绕草本。具球状或卵状块根。奇数羽状复叶；小叶3～7枚，卵形或菱状卵形，先端急尖，有短尖头，基部宽楔形或圆形。总状花序腋生，较长；花带黄绿色或淡绿色，龙骨瓣最长，卷成半圆形；花柱卷曲。荚果倒披针状带形。花期6～8月，果期9～10月。

产于神农架阳日，生于海拔400～700m的山坡灌丛中。块根入药，亦可食用。

17. 刀豆属Canavalia Adanson

一年生或多年生草本。茎缠绕、平卧或近直立。羽状复叶具3小叶。总状花序腋生；花单生或2～6朵簇生于花序轴上肉质、隆起的节上；花萼钟状或管状，顶部二唇形，上唇大，截平或具2裂齿，下唇小，全缘或具3裂齿；花冠伸出萼外，旗瓣大，近圆形；雄蕊单体。荚果大，带形或长椭圆形，扁平或略膨胀。种子椭圆形或长圆形；种脐线形。

50种。我国5种，湖北1种，神农架也有。

刀豆 | Canavalia gladiata (Jacquin) Candolle　图66-60

一年生缠绕草本。羽状复叶具3小叶；小叶卵形，先端渐尖或具急尖的尖头，基部宽楔形，两面薄被微柔毛或近无毛，侧生小叶偏斜。总状花序具长总花梗，有花数朵生于总轴中部以上，花梗极短，生于花序轴隆起的节上；花冠白色或粉红色，翼瓣和龙骨瓣均弯曲。荚果带状刀形，厚。种子椭圆形；种皮红色或褐色。花期7～9月，果期10月。

原产于美洲热带地区、西印度群岛，神农架有栽培。荚果作蔬菜；嫩荚和种子可入药。

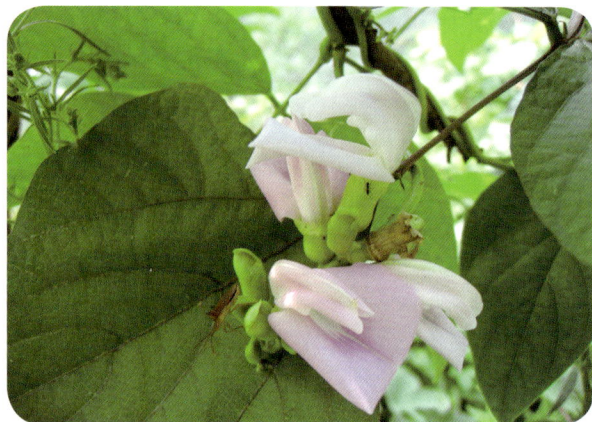

图66-60　刀豆

18. 豆薯属Pachyrhizus Richard ex Candolle

多年生草本。具肉质块根。羽状复叶具3小叶；有托叶及小托叶。花排成腋生的总状花序，常簇生于肿胀的节上，花序梗长；花萼二唇形，上唇微缺，下唇3齿裂；花冠伸出萼外，旗瓣宽倒卵形，基部有2枚内折的耳，翼瓣长圆形，镰状，龙骨瓣钝而内弯，与翼瓣等长。荚果带形，种子间有下陷的缢痕。种子卵形或扁圆形；种脐小。

5种。我国栽培1种，神农架也有。

豆薯 | Pachyrhizus erosus (Linnaeus) Urban　凉薯　图66-61

一年生草质藤本。根块状，纺锤形或扁球形，肉质。羽状复叶具3小叶；小叶菱形成卵形，中部以上不规则浅裂，裂片小，急尖，侧生小叶的两侧极不等。总状花序，直立；花冠浅紫色或淡红色，旗瓣近基部处有一黄绿色斑块及2枚脐状附属物。荚果带形，扁平，被细长糙伏毛，具种子

8～10枚。花期7～8月，果期11月。

原产于热带美洲，神农架各地有栽培。块根可食；亦入药。

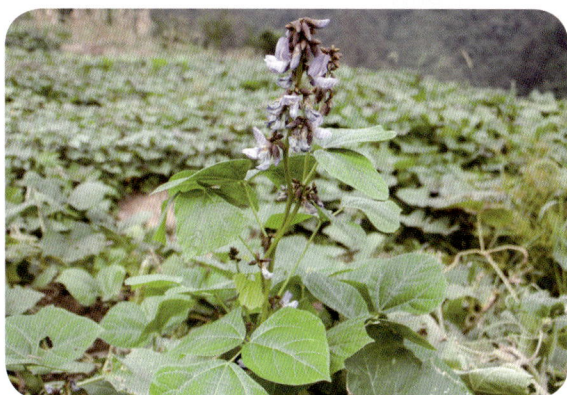

图66-61　豆薯

19．葛属Pueraria Candolle

缠绕藤本。叶为具3小叶的羽状复叶；托叶基部着生或盾状着生，有小托叶；小叶大，卵形或菱形，全裂或具波状3枚裂片。总状花序或圆锥花序腋生；小苞片小而近宿存或微小而早落；花通常数朵簇生于花序轴的每一节上；花萼钟状；花冠伸出萼外。荚果线形，2瓣裂；果瓣薄革质。种子扁，近圆形或长圆形。

20种。我国10种，湖北2种，神农架1种。

葛 ｜ Pueraria montana (Loureiro) Merrill　葛根，葛藤，黄葛　图66-62

落叶藤本。全体被黄色长硬毛，有粗大的块状根。羽状复叶具3小叶；托叶背着，卵状长圆形，小托叶线状披针形；小叶3裂或全缘，顶生小叶宽卵形或斜卵形，先端长渐尖，侧生小叶斜卵形，稍小。总状花序，直立，具线状披针形苞片；小苞片长；花冠紫色。荚果长椭圆形，被褐色长硬毛。花期9～10月，果期11～12月。

产于神农架各地，生于海拔400～1000m的山坡，常见。葛根富含淀粉；亦供药用。

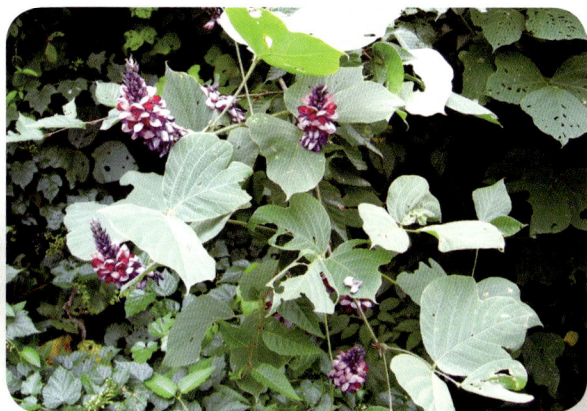

图66-62　葛

20．大豆属Glycine Willdenow

一年生或多年生草本。根通常具根瘤。羽状复叶通常具3小叶；具托叶和小托叶。总状花序腋生，在植株下部的常单生或簇生；花萼膜质，钟状；花冠微伸出萼外，通常紫色、淡紫色或白色，无毛，各瓣均具长瓣柄；雄蕊单体或二体。荚果线形或长椭圆形，具果颈，果瓣于开裂后扭曲，具种子1～5枚。

9种。我国产6种，湖北2种，神农架均产。

分种检索表

1．栽培植物；茎直立 ·· 1．大豆G. max
1．野生植物；茎缠绕或不完全缠绕 ··· 2．野大豆G. soja

1．大豆 ｜ Glycine max (Linnaeus) Merril　黄豆　图66-63

一年生草本。全株密被褐色长硬毛。叶通常具3小叶；小叶纸质，顶生小叶宽卵形至椭圆状披针形，先端渐尖或近圆形，稀有钝形，具小尖头，基部宽楔形或圆形，侧生小叶较小。短总状花序，少花；花紫色、淡紫色或白色。荚果长圆形，黄绿色，密被褐黄色长毛。种子2～5枚，椭圆形或近球形。花期6～7月，果期7～9月。

原产于我国，神农架有广泛栽培（松柏八角庙村，zdg 7198）。种子为重要粮食和油料作物；叶、花、种子、种皮可入药。

2．野大豆 ｜ Glycine soja Siebold et Zuccarini　图66-64

一年生缠绕草本。茎枝纤细，全体疏被褐色长硬毛。叶具3小叶；顶生小叶卵圆形或卵状披针形，先端锐尖至钝圆，基部近圆形，侧生小叶斜卵状披针形。总状花序通常短，花小；花冠淡红紫色或白色。荚果长圆形，密被长硬毛，具种子2～3枚。种子椭圆形，稍扁，褐色至黑色。花期7～8月，果期8～10月。

产于神农架各地（松柏八角庙村，zdg 7177），生于海拔500～1000m的田边、园边、沟旁、河岸、草地及灌丛中。全草和种子入药。

图66-63　大豆

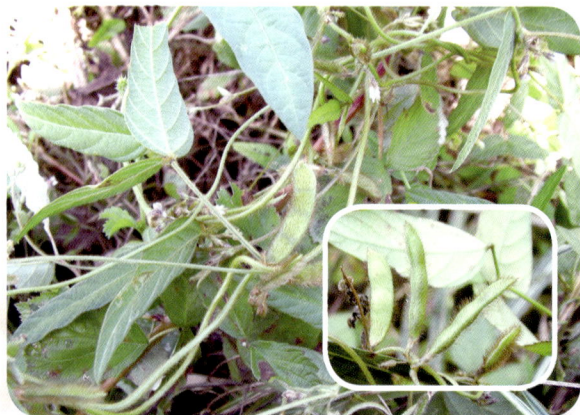

图66-64　野大豆

21. 山黑豆属Dumasia Candolle

缠绕草本或攀援状亚灌木。叶具羽状3小叶；具托叶和小托叶。总状花序腋生；苞片和小苞片小；花萼圆筒状，管口斜截形；花冠凸出萼外，旗瓣常倒卵形；雄蕊二体（9+1），花药一型；子房线形，具短柄，有胚珠数枚，花柱长，上部扁平，弯曲，柱头顶生，头状。荚果线形，扁平或近念珠状，基部有圆筒状、膜质的宿存花萼。种子多为黑色或蓝色。

10种。我国有9种，湖北2种，神农架1种。

山黑豆 | Dumasia truncata Siebold et Zuccarini

攀援状缠绕草本。茎具细纵纹，通常无毛。叶具羽状3小叶；托叶小，线状披针形，具3脉；小叶膜质，长卵形或卵形，基部截形或圆形；小托叶刚毛状。总状花序腋生；花萼管状，膜质，淡绿色，管口斜截形，无毛；花冠黄色或淡黄色，旗瓣具瓣柄和耳，翼瓣和龙骨瓣近椭圆形。荚果倒披针形至披针状椭圆形。花期8~9月，果期10~11月。

产于神农架木鱼、松柏、阳日、阴峪河站（zdg 7719）、丽湾菜园后山（236-6队2364），生于海拔400~1000m的山坡及山谷水旁湿润地。种子、根及全草入药。

22. 两型豆属Amphicarpaea Elliot ex Nuttall

缠绕草本。羽状复叶具3小叶；有小托叶，托叶具线纹，宿存。花常二型，有开花受精与闭花受精两种，后者无花瓣，其荚果于地下成熟；数至多朵花组成腋生的短总状花序，或在植株下部的花单生于叶腋；苞片具线纹，宿存；萼管长，裂齿不相等；花冠远伸出萼外，花瓣等长；雄蕊10枚，二体（9+1），花药同型；子房有胚珠多枚。荚果扁平，线形或镰刀状。

约10种。我国产3种，湖北1种，神农架也有。

两型豆 | Amphicarpaea edgeworthii Bentham   图66-65

一年生缠绕草本。叶为3小叶羽状复叶；托叶和小托叶常有脉纹。花两性，常两型，一为闭锁花（闭花受精式），无花瓣，生于茎下部，于地下结实；二为正常花，生于茎上部，通常3~7朵排成腋生的短总状花序。荚果线状长圆形，扁平，微弯，在地下结的果通常圆形或椭圆形，不开裂，具1枚种子。花果期8~11月。

产于神农架各地，生于海拔400~1000m的山坡林缘、灌丛地带。种子入药。

图66-65　两型豆

23. 扁豆属Lablab Adanson

一年生缠绕藤本。全株几无毛。羽状复叶具3小叶；具托叶和小托叶；小叶宽三角状卵形，侧生小叶两边不等大，偏斜，先端急尖或渐尖，基部近截平。总状花序直立，花序轴粗壮；花冠白色或紫色。荚果长圆状镰形，扁平，顶端有弯曲的尖喙，基部渐狭。种子3～5枚，扁平，长椭圆形，在白花品种中为白色，在紫花品种中为紫黑色。

单种属。我国有栽培，神农架也有。

扁豆 │ Lablab purpureus (Linnaeus) Sweet　峨眉豆　图66-66

特征同属的描述。花期7～12月，果期9～11月。

原产于非洲，神农架多有栽培。荚果作蔬菜；种子入药。

图66-66　扁豆

24. 豇豆属Vigna Savi

一年生或多年生缠绕或直立草本。羽状复叶具3小叶；托叶盾状着生或基着。总状花序或1至多朵花簇生于叶腋或顶生，花序轴上花梗着生处常增厚并有腺体；花冠小或等大，白色、黄色、蓝色或紫色。荚果线形或线状长圆形、圆柱形或扁平。种子通常肾形或近四方形。

约100种。我国14种，湖北7种，神农架均产。

分种检索表

1. 托叶基部着生 ·· 1. 野豇豆V. vexillata
1. 托叶盾状着生。
　　2. 荚果被毛 ·· 2. 绿豆V. radiata
　　2. 荚果无毛。
　　　　3. 托叶小，长4～6mm ································ 3. 贼小豆V. minima
　　　　3. 托叶较大，长1～1.7cm
　　　　　　4. 托叶箭头形，长1.7cm ······················ 4. 赤豆V. angularis
　　　　　　4. 托叶披针形至卵状披针形，长1～1.5cm。
　　　　　　　　5. 茎被毛 ······························· 5. 赤小豆V. umbellata
　　　　　　　　5. 茎无毛 ······························· 6. 豇豆V. unguiculata

1. 野豇豆 ｜ **Vigna vexillata** (Linnaeus) A. Richard 图66-67

多年生缠绕草本。根纺锤形，肉质，味甜。羽状复叶具3小叶；托叶卵形至卵状披针形，基着，基部心形或耳状；小叶膜质，形状变化较大，卵形至披针形，先端急尖或渐尖，基部圆形或楔形，有时具3裂片。花序腋生，2～4朵生于花序轴顶部；花瓣粉红色。荚果直立，线状圆柱形，被刚毛。种子10～18枚，浅黄色至黑色，圆形或长圆状肾形。花果期7～9月。

产于神农架低海拔地区（龙门河—猴子包一带沿公路，zdg 4075），生于海拔400～700m的溪边或山坡灌丛中、林缘。根可食或入药。

2. 绿豆 ｜ **Vigna radiata** (Linnaeus) R. Wilczek 图66-68

一年生草本。茎被褐色长硬毛。羽状复叶具3小叶；托叶盾状着生，卵形；小叶卵形，先端渐尖，基部阔楔形。总状花序腋生，有花4至数朵；花瓣黄色。荚果线状圆柱形，被淡褐色、散生的长硬毛。种子8～14枚，淡绿色或黄褐色，短圆柱形。花期初夏，果期7～8月。

原产于印度、缅甸，神农架有广泛栽培（松柏八角庙村，zdg 7158）。粮食作物；种子、叶、种皮、芽、花均可入药。

图66-67 野豇豆

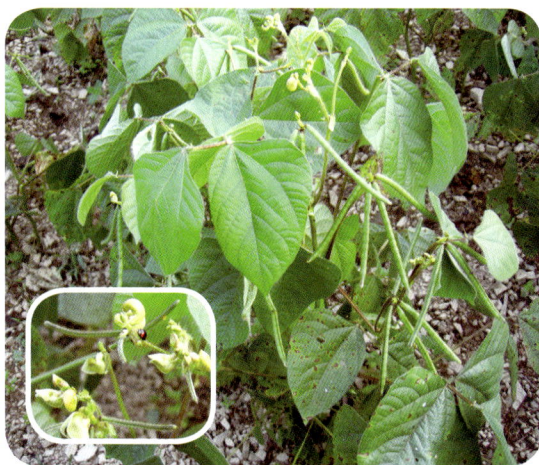

图66-68 绿豆

3. 贼小豆 ｜ **Vigna minima** (Roxburgh) Ohwi et H. Ohashi 图66-69

一年生缠绕草本。茎纤细，无毛或被疏毛。羽状复叶具3小叶；托叶披针形，盾状着生；小叶的形状和大小变化大，卵形至线形，先端急尖或钝，基部圆形或宽楔形。总状花序柔弱，通常有花3～4朵；花瓣黄色，旗瓣极外弯。荚果圆柱形，无毛，开裂后旋卷。种子4～8枚，长圆形，深灰色。花果期8～10月。

产于神农架低海拔地区（松柏八角庙村，zdg 7162），生于海拔400～700m的山坡或溪边灌丛中。

4. 赤豆 ｜ **Vigna angularis** (Willdenow) Ohwi et H. Ohashi 红豆 图66-70

一年生草本。茎直立，上部缠绕，植株被疏长毛。羽状复叶具3小叶；小托叶盾状着生，箭头形；小叶卵形至菱状卵形，先端宽三角形或近圆形，侧生的偏斜，全缘或浅3裂。花黄色，约5或6朵生于短的总花梗顶端；花梗极短。荚果圆柱状，无毛。种子暗红色或其他颜色，长圆形。花期夏季，果期9~10月。

神农架各地有栽培。粮食作物；种子入药。

图66-69　贼小豆

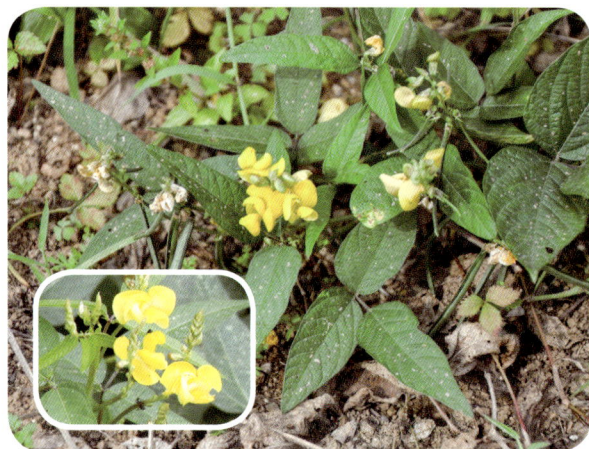

图66-70　赤豆

5. 赤小豆 ｜ Vigna umbellata (Thunberg) Ohwi et H. Ohashi　图66-71

一年生草本。茎纤细，缠绕，幼时被黄色长柔毛，老时无毛。羽状复叶具3小叶；托叶盾状着生，披针形或卵状披针形；小叶纸质，卵形或披针形，先端急尖，基部宽楔形或钝，全缘或微3裂。总状花序腋生，短，有花2~3朵；花黄色。荚果线状圆柱形，下垂，无毛。种子6~10枚，长椭圆形，通常暗红色，有时为褐色、黑色或草黄色。花期5~8月，果期9月。

原产于亚洲热带地区，神农架有栽培（新华，zdg 7978）。粮食作物；种子入药。

图66-71　赤小豆

6．豇豆 | **Vigna unguiculata** (Linnaeus) Walpers

分亚种检索表

1．荚果长20～30cm，下垂 ···················· **6a．豇豆V. unguiculata** subsp. **unguiculata**

1．荚果长7.5～13cm，直立或开展 ············ **6b．眉豆V. unguiculata** subsp. **cylindrica**

6a．豇豆（原亚种）**Vigna unguiculata** subsp. **unguiculata**　豆角　图66-72

一年生草本。羽状复叶具3小叶；托叶披针形，着生处下延成一短距；小叶卵状菱形，先端急尖，无毛。总状花序腋生，具长梗；花2～6朵聚生于花序的顶端，花梗间常有肉质密腺；花冠黄白色而略带青紫色。荚果下垂，直立或斜展，线形，稍肉质而膨胀，有种子多枚。种子长椭圆形或圆柱形，黄白色或暗红色。花期5～8月，果期6～9月。

原产于印度和缅甸，神农架广为栽培。荚果可作蔬菜；种子、根、叶、荚壳均可入药。

6b．眉豆（亚种）**Vigna unguiculata** subsp. **cylindrica** (Linnaeus) Verdcourt　饭豆　图66-73

本亚种与原亚种的主要区别：果长仅13cm，直立或开展，嫩时不为肉质，亦不膨胀。

神农架有栽培。粮食作物；种子和叶可代豇豆入药。

图66-72　豇豆

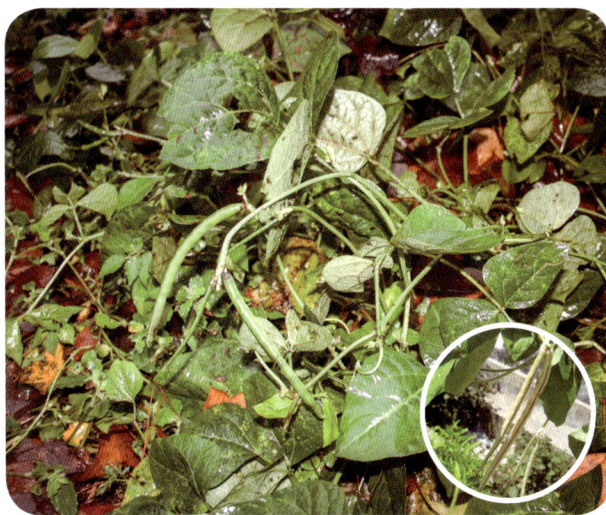

图66-73　眉豆

25．菜豆属Phaseolus Linnaeus

缠绕或直立草本。羽状复叶具3小叶；托叶基着，宿存。总状花序腋生，花梗着生处肿胀；花生于花序的中上部；花萼5裂，二唇形；旗瓣圆形，反折，翼瓣阔，倒卵形，顶端兜状，龙骨瓣狭长，顶端喙状，并形成一个1～5圈的螺旋；子房长圆形或线形。荚果线形或长圆形，2瓣裂。种子2至多枚，长圆形或肾形；种脐短小，居中。

约50种。我国3种，湖北3种，神农架栽培2种。

分种检索表

1. 小苞片显著，通常与花萼等长或稍较长；宿存······················1. 菜豆 P. vulgaris
1. 小苞片不显著，远较花萼为短··2. 棉豆 P. lunatus

1. 菜豆 | Phaseolus vulgaris Linnaeus 豆角 图66-74

一年生缠绕草本。羽状复叶具3小叶；托叶披针形，基着；小叶宽卵形或卵状菱形，侧生的偏斜，先端长渐尖，有细尖，基部圆形或宽楔形。总状花序比叶短，数朵生于花序顶部；花冠白色或红色，龙骨瓣先端旋卷。荚果带形，稍弯曲，通常无毛，顶有喙。种子3~6枚，长椭圆形或肾形，白色或褐色；种脐白色。花果期春夏季。

原产于美洲，神农架广为种植。嫩荚作蔬菜；种子入药。

图66-74 菜豆

2. 棉豆 | Phaseolus lunatus Linnaeus

一年生或多年生缠绕草本。羽状复叶具3小叶；托叶三角形，基着；小叶卵形，先端渐尖或急尖，基部圆形或阔楔形，侧生小叶常偏斜。总状花序腋生；花冠白色、淡黄色或淡红色。荚果镰状长圆形，扁平，顶端有喙，内有种子2~4枚。种子近菱形或肾形，白色、紫色或其他颜色；种脐白色，凸起。花期夏秋季，果期9~10月。

原产于美洲，神农架广为种植。种子作蔬菜。

26. 野扁豆属 Dunbaria Wight et Arnott

草质或木质藤本。羽状复叶具3小叶，背面有明显的油腺斑点；托叶常缺。花单生于叶腋内或数朵排成总状花序；萼齿5枚，长而狭，上面2枚合生；花冠通常黄色，多少伸出萼外，花瓣具柄，旗瓣和翼瓣基部具耳；雄蕊10枚，二体（9+1），花药同型；子房无柄，有胚珠多枚。荚果线形，扁平，开裂后果瓣扭曲。

约20种。我国有8种，湖北2种，神农架1种。

野扁豆 | **Dunbaria villosa** (Thunberg) Makino 图66-75

多年生缠绕草本。叶具羽状3小叶；托叶细小；小叶薄纸质，顶生小叶较大，菱形或近三角形，侧生小叶较小，偏斜，先端渐尖或急尖，尖头钝，基部圆形，宽楔形或近截平，两面微被短柔毛。总状花序或复总状花序腋生，着花2～7朵；花冠黄色。荚果带状长圆形，扁平，稍弯，被短柔毛，先端具喙；果无果颈或具极短果颈。花果期9～10月。

产于神农架下谷，生于海拔400～700m的山坡灌丛地。种子和叶入药。

图66-75 野扁豆

27. 鹿藿属Rhynchosia Loureiro

一至多年生缠绕藤本。叶具羽状3小叶；小叶下面通常有腺点；托叶常早落。花组成腋生的总状花序或复总状花序，稀单生于叶腋；花萼钟状，5裂，上面2裂齿多少合生，下面1裂齿较长；花冠内藏或凸出；花柱常于中部以上弯曲。荚果长圆形、倒卵状椭圆形，扁平或膨胀，先端常有小喙。种子2枚，稀1枚，通常近圆形或肾形。

约200种。我国13种，湖北2种，神农架均有。

> **分种检索表**
>
> 1. 顶生小叶先端钝，稀为短急尖，小叶下面和茎密被灰色至淡黄色柔毛……1. 鹿藿R. volubilis
> 1. 顶生小叶先端渐尖，长渐尖或急尾状渐尖…………………………2. 菱叶鹿藿R. dielsii

1. 鹿藿 | **Rhynchosia volubilis** Loureiro 图66-76

一年生缠绕草质藤本。叶为羽状或有时近指状3小叶；小叶纸质，顶生小叶菱形或倒卵状菱形，先端钝至急尖，有小凸尖，基部圆形或阔楔形，两面被灰色或淡黄色柔毛，下面尤密，并被黄褐色腺点。总状花序；花冠黄色。荚果长圆形，红紫色，极扁平，先端有小喙。种子通常2枚，椭圆形或近肾形，黑色，光亮。花期5～8月，果期9～12月。

产于神农架各地，生于海拔500～1100m的山坡草丛中。根、叶入药。

2. 菱叶鹿藿 | Rhynchosia dielsii Harms   图66-77

多年生缠绕草本。叶具指状3小叶；顶生小叶卵形至菱状卵形，先端渐尖或尾状渐尖，基部圆形，两面密被短柔毛，下面有松脂状腺点，侧生小叶稍小，斜卵形。总状花序腋生，花疏生，黄色。荚果长圆形或倒卵形，扁平，成熟时红紫色，被短柔毛。种子2枚，近圆形。花期6～7月，果期8～11月。

产于神农架各地（古水，zdg 7209），生于海拔700～1600m的山坡、路旁灌丛中。茎叶和根入药。

图66-76 鹿藿

图66-77 菱叶鹿藿

28. 合萌属 Aeschynomene Linnaeus

草本或灌木。奇数羽状复叶；小叶多数，小，线形。花小，数朵排成总状花序；萼深二唇形；花冠黄色；雄蕊二体（5+5），花药一型；子房具柄，有胚珠2至多枚；荚果线形，具柄，扁平，有具1枚种子的荚节2至数个；荚节平滑或具小疣点，不开裂或很少沿背缝开裂。

150种。我国2种，湖北1种，神农架1种。

合萌 | Aeschynomene indica Linnaeus   图66-78

一年生草本或亚灌木状。羽状复叶，具20～30对小叶；托叶膜质，卵形至披针形，基部下延成耳状；小叶近无柄，线状长圆形，上面密布腺点，下面稍带白粉，先端钝圆或微凹，具细刺尖头，基部歪斜。总状花序比叶短，腋生；花瓣淡黄色，具紫色的纵脉纹。荚果线状长圆形，背缝多少呈波状，不开裂，成熟时逐节脱落。花期7～8月，果期8～10月。

产于神农架低海拔地区，生于海拔400～600m的田边或林缘。全草入药。

图66-78 合萌

29．落花生属Arachis Linnaeus

低矮草本。茎常匍匐。偶数羽状复叶，有小叶2～3对；无小托叶，托叶与叶柄部分合生。花单生或数朵聚生于叶腋内，最初无柄，但有一极长、类似花柄的萼管；花冠蝶形，黄色；花瓣和雄蕊生于萼管顶部；花丝合生成一管，花药二型；子房有胚珠2～3枚。荚果长圆状圆柱形，稍呈念珠状，有网脉，不开裂，于地下成熟。

22种。我国栽培2种，湖北引种1种，神农架也有。

落花生 ｜ Arachis hypogaea
Linnaeus　图66-79

一年生草本。羽状复叶；小叶2对，小叶纸质，卵状长圆形至倒卵形，先端钝圆，有时微凹，基部近圆形，边缘具睫毛；叶柄基部抱茎。花单生；花冠黄色；花萼膜质，萼管细，随花的发育而伸长；胚珠受精后子房柄逐渐延长，下弯成一坚强的柄。荚果长椭圆形，有凸起的网脉，不开裂，有种子1～4枚。花果期6～8月。

原产于南美洲，神农架有广泛栽培。粮食和油料作物；种子、茎叶、脂肪油均可入药。

图66-79　落花生

30．锦鸡儿属Caragana Fabricius

落叶灌木。偶数羽状复叶；总轴顶常有一刺或刺毛。花单生，很少为2～3朵组成小伞形花序，着生于老枝的节上或腋生于幼枝的基部；花冠黄色，稀白色带红色，旗瓣卵形或近圆形，直展，边微卷，基部渐狭为长柄，翼瓣斜长圆形，龙骨瓣直，钝头；雄蕊10枚，二体（9+1）；子房近无柄。荚果线形，成熟时圆柱状，2瓣裂。种子横长圆形或近球形，无种阜。

100种。我国66种，湖北1种，神农架也有。

锦鸡儿 ｜ Caragana sinica (Buc'hoz) Rehder　阳雀花　图66-80

落叶灌木。小枝有棱。羽状复叶，有时假掌状；小叶2对，上部1对常较下部的大，倒卵形或长圆状倒卵形，先端圆形或微缺，基部楔形或宽楔形；托叶三角形，硬化成针刺，叶轴脱落或硬化成针刺。花单生；花梗中部有关节；花冠黄色，常带红色。荚果圆筒状。花期4～5月，果期7月。

产于神农架木鱼、松柏，多为栽培。花、根或根皮入药；亦可栽培供观赏。

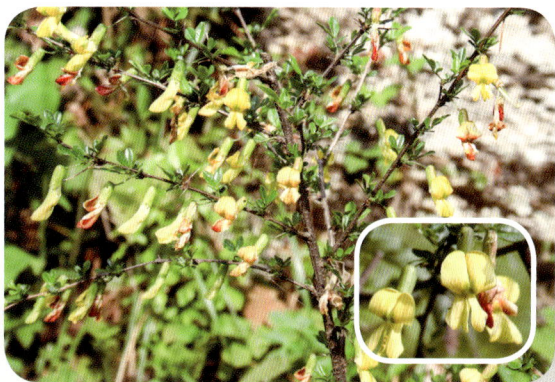

图66-80　锦鸡儿

31. 黄耆属 Astragalus Linnaeus

多年生草本，稀为半灌木。羽状复叶；托叶与叶柄离生或贴生，无小托叶。总状花序或密集呈穗状、头状与伞形花序式；花萼管状或钟状，或在花期前后呈肿胀囊状，具5齿，包被或不包被荚果；雄蕊二体。荚果形状多样，由线形至球形，一般肿胀；果瓣膜质、革质或软骨质。

2000多种。我国有278种，湖北5种，神农架均有。

1. 紫云英 │ Astragalus sinicus Linnaeus　草籽　图66-81

二年生草本。茎匍匐。奇数羽状复叶；小叶7～13枚，倒卵形或椭圆形，先端钝圆或微凹，基部宽楔形。总状花序呈伞形，总花梗较叶长，花梗短；花萼钟状，萼齿披针形，长约为萼筒的1/2；花冠紫红色或橙黄色。荚果线状长圆形，稍弯曲，具喙，黑色。花期2～6月，果期3～7月。

产于神农架各地，生于海拔400～1200m的山坡、溪边及潮湿处或栽培。全草作绿肥；全草和种子入药。

图66-81　紫云英

2. 武陵黄耆 │ Astragalus wulingensis Jia X. Li et X. L. Yu　图66-82

多年生草木。小叶4对（稀3或5对），长10～17cm。总状花序短于叶，小花在总状花序顶端簇生且下垂；花萼管状，裂片线形；花冠白色或在先端略显黄色，翼瓣长10～13mm，龙骨瓣长7～15mm，瓣柄与瓣片的等长；柱头光滑。荚果长3～4cm，短喙长约1cm，果柄向上。花期4～5月，果期6～7月。

图66-82　武陵黄耆

产于神农架红坪、大九湖（zdg 6602），生于海拔2200～3100m的山坡草地或沟边。全草作绿肥；全草及种子可代紫云英入药。

3. 蒙古黄耆 │ **Astragalus membranaceus** Bunge　图66-83

多年生草本。主根肥厚，木质，常分枝，灰白色。茎直立。羽状复叶有13～27枚小叶，小叶椭圆形或长圆状卵形，先端钝圆或微凹，基部圆形。总状花序，总花梗与叶近等长或较长；花冠黄色或淡黄色。荚果薄膜质，稍膨胀，半椭圆形，顶端具刺尖。花期6～8月，果期7～9月。

产于神农架新华、黄连架（zdg 7953），生于荒地中，为栽培种逸生。根常用作中药材。

4. 秦岭黄耆 │ **Astragalus henryi** Oliver　图66-84

落叶灌木。托叶离生。花黄色或紫红色，排成疏松的总状花序，具长总花梗；子房具柄，披针形，无毛，具长柄。荚果椭圆形，果瓣膜质，1室，无毛，含种子1～2枚。花期6～7月，果期10月。

产于神农架红坪及木鱼老君山（冲坪—老君山，zdg 7045），生于海拔1200～1800m的高山灌丛中。根入药。

图66-83　蒙古黄耆

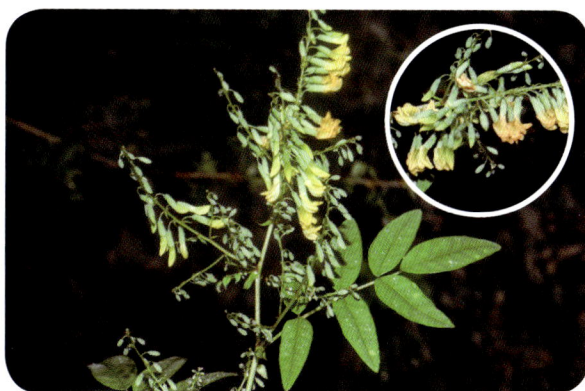

图66-84　秦岭黄耆

5. 房县黄耆 │ **Astragalus fangensis** N. D. Simpson　图66-85

多年生草本。奇数羽状复叶，具11～17枚小叶，长4～7cm；叶柄长10～15mm；托叶小，离生，三角状卵形。总状花序生3～5朵花，近伞形，总花梗腋生；苞片小，披针形，被白色柔毛；花萼钟状，散生白色短柔毛，萼齿披针形；花冠淡黄色，旗瓣倒卵形，先端微凹，基部渐狭；子房线形，被白色柔毛，具短柄。花期8月，果期9月。

产于神农架红坪及木鱼老君山、阴峪河大峡谷（zdg 7224），生于海拔1200～1800m的高山灌丛中。根入药。

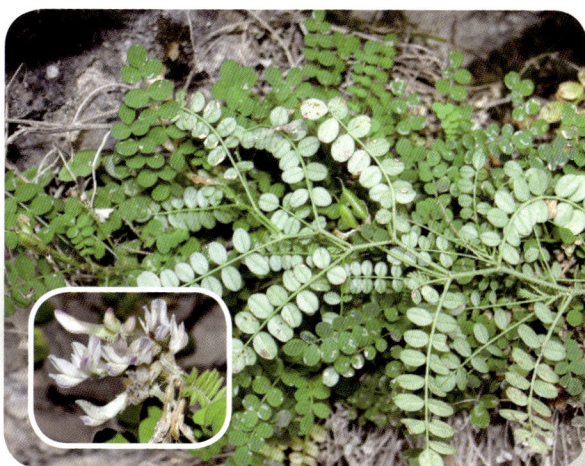

图66-85　房县黄耆

32. 百脉根属 Lotus Linnaeus

一年生或多年生草本。羽状复叶通常具5小叶；托叶退化成黑色腺点；小叶全缘，下方2枚常和上方3枚不同形，基部的1对呈托叶状，但决不贴生于叶柄。花序具花1朵至多数，多少呈伞形，基部有1~3枚叶状苞片，也有单生于叶腋，无小苞片；萼钟形，萼齿5枚，等长或下方1齿稍长，稀呈二唇形。荚果开裂，圆柱形至长圆形。

100种。我国5种，湖北1种，神农架也有。

百脉根 | Lotus corniculatus
Linnaeus　图66-86

多年生草本。具主根。茎丛生，平卧或上升。羽状复叶；小叶5枚，顶端3小叶，基部2小叶呈托叶状，纸质，斜卵形至倒披针状卵形，中脉不清晰。伞形花序；花冠黄色或金黄色，干后常变蓝色。荚果直，线状圆柱形。花期4~5月，果期7~10月。

产于神农架各地（长青，zdg 5851；阳日—新华，zdg 4555），生于海拔1000~1600m的山坡草地中。根、全草及花入药。

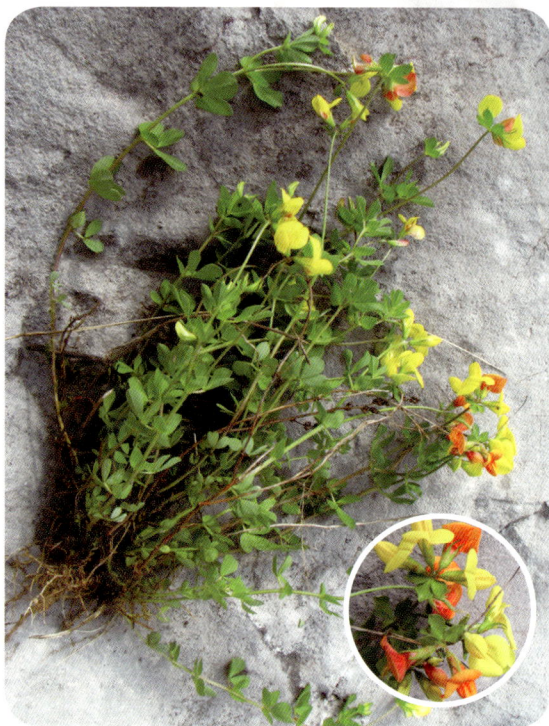

图66-86　百脉根

33. 野豌豆属 Vicia Linnaeus

一二年生或多年生草本。茎细长，具棱，但不呈翅状，多分枝，攀援、蔓生或匍匐。偶数羽状复叶，叶轴先端具卷须；托叶通常半箭头形，无小托叶；小叶2~12对。花序腋生，总状或复总状；花多数，密集着生于长花序轴上部；花萼近钟状；花冠淡蓝色、蓝紫色或紫红色。荚果扁，两端渐尖。种子2~7枚，球形或扁圆柱形。

160种。我国40种，湖北10种，神农架全有。

分种检索表

```
1. 总花梗长
　2. 花多，通常5朵以上。
　　3. 卷须发达。
　　　4. 小叶线形或披针状线形·······················1. 广布野豌豆 V. cracca
　　　4. 小叶椭圆形、卵形或披针形。
　　　　5. 托叶大，长10mm以上。
　　　　　6. 小叶先端锐尖或渐尖·················8. 大叶野豌豆 V. pseudo-orobus
　　　　　6. 小叶先端圆或微凹·····················6. 山野豌豆 V. amoena
```

1. 广布野豌豆 | Vicia cracca Linnaeus   图66-87

多年生草本。茎攀援或蔓生，有棱，被柔毛。偶数羽状复叶；叶轴顶端卷须有2~3分枝；小叶5~12对互生，线形或披针状线形，先端锐尖或圆形，具短尖头，基部近圆形或近楔形，叶脉稀疏，呈三出脉状，不甚清晰。总状花序与叶轴近等长；花多数；花冠紫色或蓝紫色。荚果长圆形。种子3~6枚，扁圆球形；种皮黑褐色。

产于神农架各地（阳日—马桥，zdg 4417），生于海拔800~1800m的路边草地。全草入药。

2. 四籽野豌豆 | Vicia tetrasperma (Linnaeus) Schreber   图66-88

一年生草本。茎纤细，柔软，攀援或蔓生。偶数羽状复叶；叶轴顶端为卷须；小叶2~6对，长圆形或线形，先端圆，具短尖头，基部楔形。总状花序，花1~2朵着生于花序轴先端；花甚小；花冠淡蓝色或紫白色。荚果长圆形，表皮棕黄色。种子4枚，扁圆形；种皮褐色。花期3~4月，果期5~6月。

产于神农架低海拔地区（长青，zdg 5791），生于海拔850~2000m的山坡草地或沟边。全草入药。

图66-87 广布野豌豆

图66-88 四籽野豌豆

3. 小巢菜 | Vicia hirsuta (Linnaeus) Gray   图66-89

一年生草本。茎细柔，攀援或蔓生。偶数羽状复叶；叶轴末端卷须分枝；托叶线形，基部有

豆科 | Fabaceae

341

2～3裂齿；小叶4～8对，线形或狭长圆形，先端平截，具短尖头，基部渐狭，无毛。总状花序明显短于叶；花冠白色、淡蓝青色或紫白色，稀粉红色。荚果长圆菱形，表皮密被棕褐色长硬毛。种子2枚，扁圆形。花果期2～7月。

产于神农架低海拔地区，生于海拔400～700m的山坡草地或沟边。全草入药。

4. 蚕豆 | **Vicia faba** Linnaeus　图66-90

一年生草本。茎粗壮，直立，具4棱，中空，无毛。叶轴顶端卷须短缩为短尖头；小叶通常1～3对，互生，椭圆形，先端圆钝，具短尖头，基部楔形。总状花序腋生，花梗近无；花冠白色，具紫色脉纹及黑色斑晕。荚果肥厚，表皮被绒毛，成熟后表皮变为黑色。种子2～4枚，长方圆形，中间内凹；种皮革质，青绿色。花期4～5月，果期5～6月。

原产于欧洲地中海沿岸，亚洲西南部至北非，神农架有栽培。种子富含淀粉，供食用；种子、茎、花、叶、果皮均可入药；全株亦可作绿肥。

图66-89　小巢菜　　　　　　　　　　　　　　　图66-90　蚕豆

5. 救荒野豌豆 | **Vicia sativa** Linnaeus

分亚种检索表

1. 小叶长椭圆形或近心形 ··· 5a. 救荒野豌豆 V. sativa subsp. sativa
1. 小叶线形或线状长圆形 ··· 5b. 窄叶野豌豆 V. sativa subsp. nigra

5a. 救荒野豌豆（原亚种）Vicia sativa subsp. sativa　野豌豆　图66-91

一年生或二年生草本。茎斜升或攀援。偶数羽状复叶；叶轴顶端卷须有2～3分枝；托叶戟形，通常2～4裂齿；小叶2～7对，长椭圆形或近心形，先端圆或平截有凹，具短尖头，基部楔形，侧脉不甚明显。花1～2朵腋生，近无梗；花冠紫红色或红色。荚果线状长圆形，成熟时背腹开裂，果瓣扭曲。种子4～8枚，圆球形，棕色或黑褐色。花期4～7月，果期7～9月。

原产于欧洲南部、亚洲西部，神农架有逸生（长青，zdg 5790；阳日—马桥，zdg 4394），生于海拔500～700m的荒地、麦田中。全草入药。

5b．窄叶野豌豆（亚种）Vicia sativa subsp. nigra Ehrhart　图66-92

本亚种与原亚种的主要区别：小叶线形或线状长圆形，先端平截或微凹，具短尖头，基部近楔形，叶脉不甚明显，两面被浅黄色疏柔毛。花期3～6月，果期5～9月。

产于神农架小九湖、新华、大九湖（zdg 6603），生于海拔1400～1700m的山坡沟边。全草或种子入药。

图66-91　救荒野豌豆

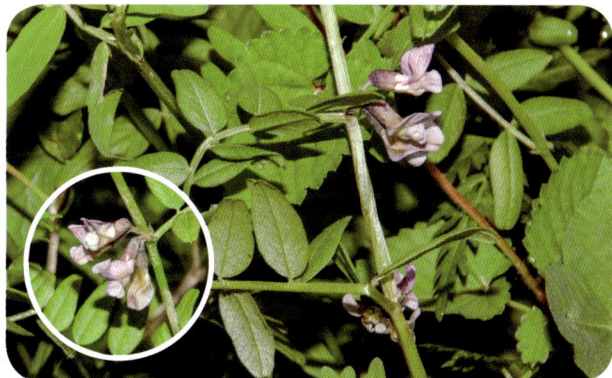

图66-92　窄叶野豌豆

6．山野豌豆｜Vicia amoena Fischer ex Seringe　图66-93

多年生草本。茎具棱，多分枝，细软，斜升或攀援。偶数羽状复叶，几无柄；叶轴顶端卷须有2～3分枝；小叶4～7对，椭圆形至卵状披针形，先端圆，微凹，基部近圆形，下面粉白色。总状花序通常长于叶，花10～20（～30）朵密集着生于花序轴上部；花冠红紫色、蓝紫色或蓝色，花期颜色多变。荚果长圆形，两端渐尖，无毛。花期4～6月，果期7～10月。

产于神农架各地，生于海拔1400～2000m的山坡沟边。全草入药。

图66-93　山野豌豆

7．华野豌豆｜Vicia chinensis Franchet　图66-94

多年生缠绕草本。茎具棱，疏被长柔毛或近无毛。偶数羽状复叶；长叶轴顶端卷须有2～3分枝；托叶小，半戟形，2裂；小叶4～6对，卵状披针形，先端钝或微凹，具短尖头。总状花序长于叶或与叶近等长；花冠蓝紫色至紫红色或具紫色脉纹。荚果纺锤形；表皮黄色或棕黄色。种子2～3枚，卵球形或近圆球形，略扁；表皮黄色，具棕色脉纹。花果期6～8月。

产于神农架宋洛、阴峪河站（zdg 7743），生于海拔1200～1500m的山坡沟边。

8．大叶野豌豆 ｜ **Vicia pseudo-orobus** Fischer et C. A. Meyer　图66-95

多年生攀援性草本。茎有棱，稍被细柔毛或近无毛。偶数羽状复叶叶轴末端为分歧或单一的卷须；小叶卵形或椭圆形，先端钝，有时稍锐尖或渐尖。总状花序腋生，有时花轴稍分枝构成复总状花序；花冠紫色或蓝紫色。荚果长圆形，扁平或稍扁，先端斜楔形，无毛，具1～4（～6）枚种子。花期7～9月，果期8～10月。

产于神农架红坪、红桦（zdg 7813），生于海拔1200～1500m的山坡沟边。嫩茎叶可入药。

图66-94　华野豌豆

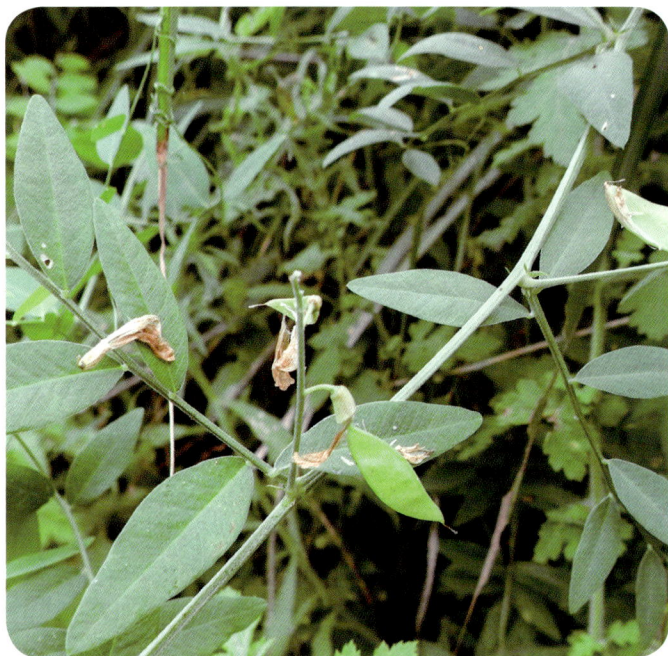
图66-95　大叶野豌豆

9．大野豌豆 ｜ **Vicia gigantea** B. J. Bao et Turland　图66-96

多年生草本。根茎粗壮，基部近木质化。茎有棱，被白柔毛。偶数羽状复叶顶端卷须有2～3分枝或单一；小叶3～6对，近互生，椭圆形或卵圆形，先端钝，具短尖头。总状花序长于叶，具花6～16朵；花冠白色、粉红色、紫色或雪青色。荚果长圆形或菱形，两端急尖，表皮棕色。种子2～3枚，肾形；表皮红褐色。花期6～7月，果期8～10月。

产于神农架低海拔地区，生于海拔500～800m的山坡林缘。根入药。

10．歪头菜 ｜ **Vicia unijuga** A. Braun　图66-97

多年生草本。根茎粗壮，近木质。通常数茎丛生，具棱。叶轴末端为细刺尖头，偶见卷须；小叶1对，卵状披针形或近菱形，先端渐尖，边缘具小齿状。总状花序单一，稀有分枝呈圆锥状复总状花序，明显长于叶；花8～20朵一面向密集于花序轴上部；花萼紫色，花冠蓝紫色、紫红色或淡蓝色。荚果扁，长圆形，两端渐尖，先端具喙。花期6～7月，果期8～9月。

产于神农架松柏，生于海拔800～1200m的山坡林缘。嫩叶可食；根或嫩叶亦可入药。

图66-96　大野豌豆

图66-97　歪头菜

34. 豌豆属Pisum Linnaeus

一年生或多年生草本。偶数羽状复叶，小叶1～3对，叶轴顶端有分枝的卷须；托叶大，叶状。花单生或数朵排成总状花序于叶腋内；萼钟状，偏斜，或基部偏凸，5裂，裂片近相等或上部2枚较阔；花冠白色、紫色或红色，伸出萼外，旗瓣大，龙骨瓣短于翼瓣；雄蕊10枚，二体（9+1）。荚果长圆形，肿胀，有球形的种子数枚。

6种。我国栽培1种，神农架也有。

豌豆 ｜ Pisum sativum Linnaeus　菜豌豆，豆角　图66-98

一年生草本。羽状复叶具小叶4～6枚；托叶比小叶大，叶状，心形；小叶卵圆形。花于叶腋单生或数朵排列为总状花序；花萼钟状，深5裂，裂片披针形；花冠颜色多样，随品种而异，但多为白色和紫色；雄蕊二体（9+1）。荚果肿胀，长椭圆形，顶端斜急尖。种子2～10枚，圆形，青绿色，有皱纹或无，干后变为黄色。花期3～4月，果期4～5月。

原产于高加索南部至伊朗，神农架广为栽培。嫩荚作蔬菜；种子作粮食；种子和叶还可入药。

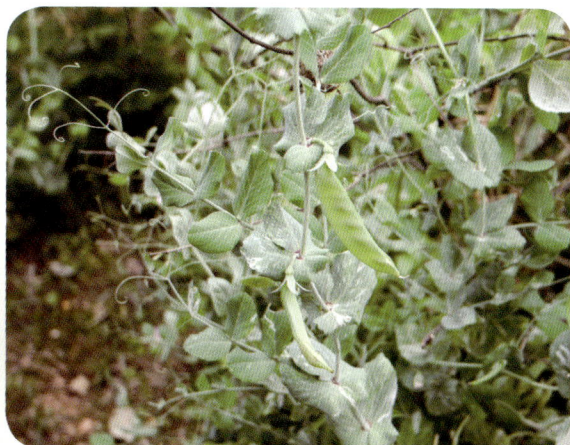

图66-98　豌豆

35．草木犀属Melilotus (Linnaeus) Miller

一年生或多年生草本。羽状复叶具3小叶，小叶小，边缘有小齿，叶脉直伸入齿端；无小托叶，托叶与叶柄合生。花小，组成腋生、纤弱的总状花序；萼齿短，近相等；花冠黄色或白色，旗瓣长圆形或倒卵形，无耳。荚果劲直，近球形或卵形，与宿萼等长，有种子1至数枚，不开裂或迟开裂。

20余种。我国有4种，湖北3种，神农架全有。

分种检索表

1. 花白色······2. 白花草木犀M. albus
1. 花黄色。
  2. 托叶基部边缘膜质，呈小耳状，偶具2~3枚细齿······3. 印度草木犀M. indicus
  2. 托叶基部边缘草质，偶具1枚齿······1. 草木犀M. officinalis

1．草木犀 │ Melilotus officinalis (Linnaeus) Lamarck　图66-99

一年生草本。羽状三出复叶；托叶中央有1条脉纹；小叶倒卵形至线形，先端钝圆或截形，基部阔楔形，边缘具不整齐疏浅齿，侧脉8~12对直达齿尖。总状花序，初时稠密，花开后渐疏松；花序轴在花期显著伸展；花冠黄色。荚果卵形，先端具宿存花柱，表面具网纹，棕黑色，有种子1~2枚。种子卵形，黄褐色，平滑。花期5~9月，果期6~10月。

产于神农架各地（老君山，zdg 7762），生于海拔800~1600m的山坡路旁。全草为牛羊饲料；根及全草亦入药。

2．白花草木犀 │ Melilotus albus Medikus　图66-100

一年生草本。茎直立，圆柱形，中空。羽状三出复叶；托叶尖刺状锥形，全缘；小叶长圆形或倒披针状长圆形，先端钝圆，基部楔形，边缘疏生浅锯齿，上面无毛，下面被细柔毛。总状花序腋生，具花40~100朵，排列疏松；花冠白色。荚果椭圆形至长圆形，老熟后变黑褐色，有种子1~2枚。种子卵形，棕色，表面具细瘤点。花期5~7月，果期7~9月。

产于神农架各地，生于海拔800~1600m的山坡路旁。全草为牛羊饲料；根及全草亦入药。

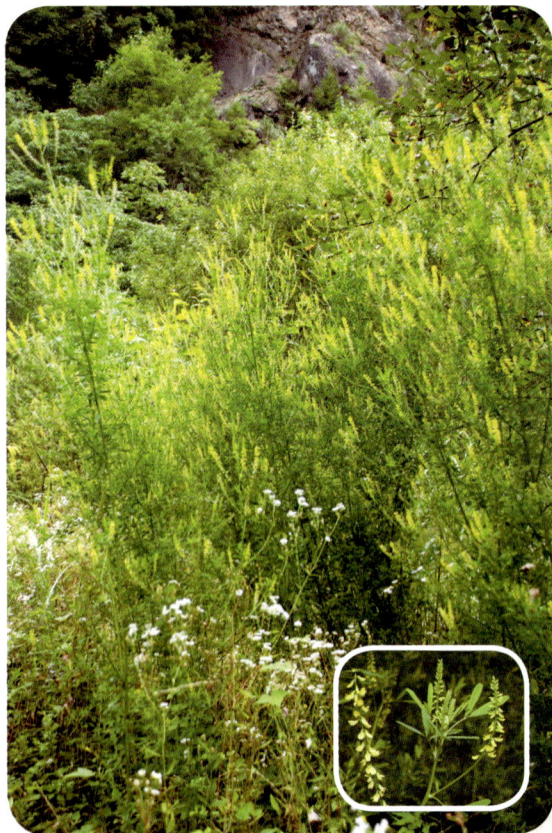

图66-99　草木犀

3. 印度草木犀 ｜ **Melilotus indicus** (Linnaeus) Allioni　图66-101

一年生草本。羽状三出复叶；托叶披针形，基部扩大成耳状，有2～3枚细齿；小叶倒卵状楔形至狭长圆形，近等大，先端钝或截平，有时微凹，基部楔形，侧脉7～9对，平行直达齿尖。总状花序，具花15～25朵；苞片刺毛状；花小；萼杯状，脉纹5条；花冠黄色；子房卵状长圆形，无毛。荚果球形，表面具网状脉纹，有种子1枚。花期3～5月，果期5～6月。

产于神农架红坪（红坪林场长山坝，鄂神农架植考队 32335），生于海拔1500～1800m的山坡路旁。

图66-100　白花草木犀

图66-101　印度草木犀

36. 苜蓿属**Medicago** Linnaeus

一年生或多年生草本。羽状复叶；托叶部分与叶柄合生；小叶3枚，边缘通常具锯齿，侧脉直伸至齿尖。总状花序腋生，有时呈头状或单生；花小；花冠黄色、紫色等。荚果螺旋形转曲或挺直，背缝常具棱或刺，有种子1至多数。种子小。

70余种。我国有13种，湖北4种，神农架均有。

分种检索表

1. 荚果不作螺旋转曲 ⋯⋯⋯⋯⋯⋯⋯⋯⋯⋯⋯⋯⋯⋯⋯⋯⋯⋯⋯⋯⋯⋯⋯⋯	**1. 天蓝苜蓿M. lupulina**
1. 荚果呈螺旋转曲。	
2. 多年生草本；花淡黄色至紫色 ⋯⋯⋯⋯⋯⋯⋯⋯⋯⋯⋯⋯⋯⋯	**2. 紫苜蓿M. sativa**
2. 1～2年生草本；花黄色。	
3. 叶片无毛 ⋯⋯⋯⋯⋯⋯⋯⋯⋯⋯⋯⋯⋯⋯⋯⋯⋯	**3. 南苜蓿M. polymorpha**
3. 叶片明显被毛 ⋯⋯⋯⋯⋯⋯⋯⋯⋯⋯⋯⋯⋯⋯⋯	**4. 小苜蓿M. minima**

---

1. 天蓝苜蓿 ｜ **Medicago lupulina** Linnaeus　图66-102

多年生草本。全株被柔毛和腺毛。茎平卧或上升，多分枝。羽状三出复叶；小叶倒卵形或倒心形，先端多少截平或微凹，具细尖，基部楔形，边缘在上半部具不明显尖齿，两面均被毛，顶生小叶较大。花序小，头状；总花梗细，挺直，比叶长；花冠黄色。荚果肾形，表面具同心弧脉纹。花期7～9月，果期8～10月。

产于神农架各地，生于海拔1200～12000m的河岸、路边、田野及林缘。全草入药。

2. 紫苜蓿 | *Medicago sativa* Linnaeus　图66-103

多年生草本。茎直立，四棱形。羽状三出复叶；托叶大，卵状披针形，先端锐尖，基部全缘或具1～2齿裂，脉纹清晰；小叶长卵形、倒长卵形至线状卵形，等大或顶生小叶稍大，先端钝圆，中脉伸出为长齿尖，基部狭窄，楔形，边缘1/3以上具锯齿。花序总状或头状；花瓣多色，淡黄色至紫色。荚果螺旋状旋卷。花期5～7月，果期6～8月。

产于神农架各地，逸生或栽培。全草为牛羊饲料；亦可入药。

图66-102　天蓝苜蓿

图66-103　紫苜蓿

3. 南苜蓿 | *Medicago polymorpha* Linnaeus　图66-104

二年生草本。茎平卧或直立。羽状三出复叶；托叶大，脉纹明显；小叶倒卵形或三角状倒卵形，几等大，先端钝，近截平或凹缺，具细尖，基部阔楔形，边缘在1/3以上具浅锯齿。花序头状伞形；花冠黄色。荚果盘形，旋转，边缘具棘刺或瘤突。花期3～5月，果期5～6月。

产于神农架各地，生于海拔800～1500m的河岸、路边、田野及林缘。全草入药。

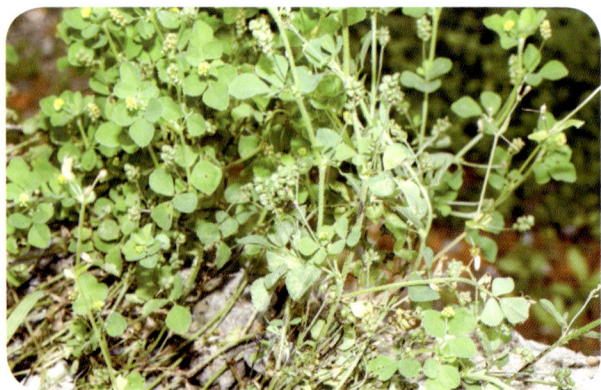

图66-104　南苜蓿

4. 小苜蓿 | *Medicago minima* (Linnaeus) Bartalini

一年生草本。茎铺散，平卧并上升，基部多分枝。羽状三出复叶；托叶卵形，先端锐尖，基部圆形，全缘或具不明浅齿；小叶倒卵形，纸质，先端圆或凹缺，具细尖，基部楔形。花序头状，具花3～6（～8）朵，总花梗腋生；苞片细小，刺毛状；萼钟形，密被柔毛；花冠淡黄色。荚果球形，旋转3～5圈，边缝具3条棱，被长棘刺。花期3～4月，果期4～5月。

产于神农架红坪、太阳坪（太阳坪队 1108），生于海拔1800m的山坡路边。

37．车轴草属Trifolium Linnaeus

多年生草本。茎直立、匍匐或上升。掌状复叶，小叶通常3枚；托叶显著，通常全缘，部分合生于叶柄上。花具梗或近无梗，集合成头状或短总状花序；萼筒形或钟形；花冠无毛，宿存，旗瓣离生或基部和翼瓣、龙骨瓣联合；雄蕊10枚，二体，上方1枚离生，全部或5枚花丝的顶端膨大。荚果不开裂，包藏于宿存花萼或花冠中。

250种。我国连引种栽培的有13种，湖北3种，神农架均产。

分种检索表

1. 花较大，无苞片，无花梗或具短花梗，花紫红色 ·················· 1. 红车轴草T. pratense
1. 花较小，具苞片，有花梗，花淡紫红色或白色。
  2. 茎匍匐，节上生根 ·················· 2. 白车轴草T. repens
  2. 茎直立或上升，节上不生根 ·················· 3. 杂种车轴草T. hybridum

1．红车轴草 ｜ Trifolium pratense Linnaeus 图66-105

多年生草本。主根发达。茎粗壮，具纵棱，直立或平卧上升。掌状三出复叶；托叶膜质，具脉纹，基部抱茎；小叶卵状椭圆形，先端钝，有时微凹，基部阔楔形，叶面常有"V"字形白斑，侧脉伸出形成不明显的钝齿。花序球状或卵状，顶生，无总花梗或具短总花梗，包于顶生叶的焰苞状托叶内；花冠紫红色。荚果卵形。花果期5～9月。

原产于欧洲中部，神农架有栽培（板仓—阳日，zdg 6109）。全草为优良牧草；花序及带花枝叶入药。

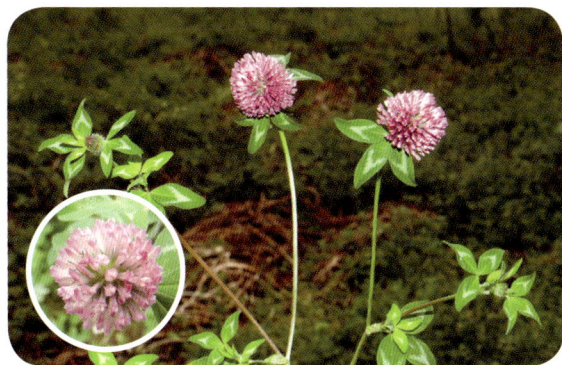

图66-105 红车轴草

2．白车轴草 ｜ Trifolium repens Linnaeus 图66-106

多年生草本。茎匍匐蔓生，上部稍上升，节上生根，全株无毛。掌状三出复叶；托叶卵状披针形，膜质，基部抱茎成鞘状；小叶倒卵形至近

图66-106 白车轴草

圆形，先端微凹头至钝圆。花序球形，顶生；花密集，无总苞；花萼钟形，具脉纹10条；萼齿5枚，披针形，稍不等长，短于萼筒；花冠白色。荚果长圆形。种子通常3枚。

原产于欧洲中部，神农架有栽培（阳日—马桥，zdg 4398）。全草为优良牧草；亦可栽作地被植物供观赏；全草入药，从白车轴草中提取的多糖类物质具有提高免疫力、抗肿瘤、抗衰老、降血脂等一系列药用和保健功能。

3．杂种车轴草 | **Trifolium hybridum** Linnaeus 图66-107

多年生草本。茎直立或上升，具纵棱。掌状三出复叶；小叶阔椭圆形，有时卵状椭圆形或倒卵形，先端钝，有时微凹，基部阔楔形，边缘具不整齐细锯齿，近叶片基部锯齿呈尖刺状。花序球形，着生于上部叶腋，具花12～20（～30）朵，甚密集；萼钟形，无毛，具脉纹5条，萼齿披针状三角形；花冠淡红色至白色。荚果椭圆形，通常有种子2枚。花果期6～10月。

原产于欧洲中部，神农架有栽培（阳日—南阳，zdg 6254）。公路绿化优良地被植物。

图66-107 杂种车轴草

38．猪屎豆属Crotalaria Linnaeus

草本、亚灌木或灌木。单叶或三出复叶。总状花序顶生或腋生；花萼二唇形或近钟形；花冠黄色或深紫蓝色；旗瓣通常为圆形或长圆形，翼瓣长圆形或长椭圆形，龙骨瓣中部以上通常弯曲，具喙；雄蕊联合成单体，花药二型，一为长圆形，以底部附着花丝，一为卵球形，以背部附着花丝。荚果长圆形、圆柱形或卵状球形，膨胀。

约550种。我国40种，湖北5种，神农架1种。

响铃豆 | **Crotalaria albida** Heyne ex Roth 图66-108

多年生草本。叶倒卵状披针形或倒披针形，先端钝圆，有小凸尖，基部楔形，上面光滑，下面生疏柔毛；托叶细小。总状花序顶生或腋生；小苞片着生于花萼基部；花萼深裂，上面2枚萼齿椭圆形，下面3枚萼齿披针形，均有短柔毛；花冠黄色，稍长于萼。荚果圆柱形，膨胀，光滑，有种子6～12枚。

产于神农架新华至兴山一线，生于海拔500～800m的路旁荒地及山谷草地。全草可供药用。

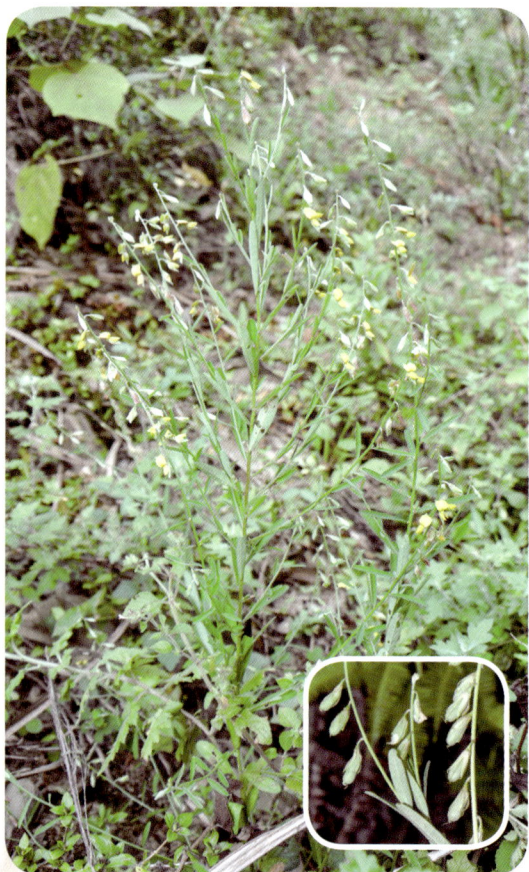

图66-108 响铃豆

39. 山黧豆属Lathyrus Linnaeus

一年生或多年生草本。具根状茎或块根。茎直立、上升或攀援。偶数羽状复叶，具1至数枚小叶，叶轴末端具卷须或针刺；小叶椭圆形、卵形、卵状长圆形、披针形或线形，具羽状脉或平行脉。总状花序腋生，具1至多朵花；花紫色、粉红色、黄色或白色，有时具香味；萼钟状；雄蕊二体（9+1）。荚果通常压扁，开裂。种子2枚至多数。

约160种。我国18种，湖北5种，神农架4种。

分种检索表

```
1. 茎无翅。
    2. 小叶1对，披针形 ·············································· 1. 牧地山黧豆L. pratensis
    2. 小叶2对或2对以上，卵形或椭圆形。
        3. 托叶大，至少长25mm，几与小叶相等 ·················· 2. 大山黧豆L. davidii
        3. 托叶小，不及25mm，明显小于小叶 ···················· 4. 中华山黧豆L. dielsianus
1. 茎具翅 ······························································ 3. 山黧豆L. quinquenervius
```

1. 牧地山黧豆 | Lathyrus pratensis Linnaeus 图66-109

多年生草本。叶具1对小叶，叶轴末端具卷须，单一或分枝；托叶箭形，基部两侧不对称；小叶椭圆形、披针形或线状披针形，先端渐尖，具平行脉。总状花序腋生，具5~12朵花，长于叶数倍；花黄色。荚果线形，黑色，具网纹。种子近圆形，黄色或棕色。花期6~8月，果期8~10月。

产于神农架红坪、大九湖（zdg 6596），生于海拔1800~2500m的山坡潮湿地。全草入药。

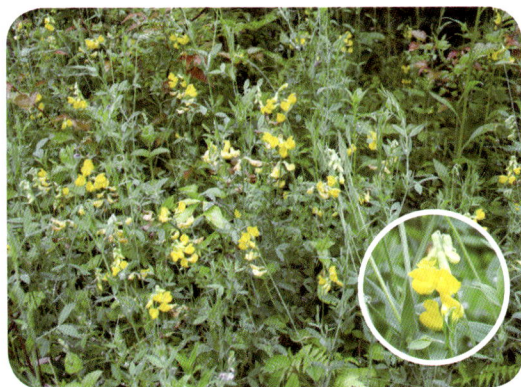

图66-109 牧地山黧豆

2. 大山黧豆 | Lathyrus davidii Hance 图66-110

多年生草本。茎粗壮，圆柱状，具纵沟。叶轴末端有具有分枝的卷须；托叶大，半箭形，全缘或下面稍有锯齿；小叶（2~）3~4（~5）对，通常为卵形，具细尖，下面苍白色，具羽状脉。总状花序腋生，约与叶等长，有花10余朵；花深黄色。荚果线形，具长网纹。种子紫褐色，宽长圆形。花期5~7月，果期8~9月。

产于神农架松柏、新华、宋洛、老君山，生于海拔1400~1800m的山坡潮湿地。种子可入药。

图66-110 大山黧豆

3. 山黧豆 | Lathyrus quinquenervius (Miquel) Litvinov

多年生草本。偶数羽状复叶，叶轴末端具不分枝的卷须，下部叶的卷须短，成针刺状；叶具小叶1～2（～3）对，小叶质坚硬，椭圆状披针形或线状披针形。总状花序腋生，具5～8朵花；萼钟状，被短柔毛；花紫蓝色或紫色，旗瓣近圆形，先端微缺，翼瓣狭倒卵形，与旗瓣等长或稍短，具耳及线形瓣柄，龙骨瓣卵形。荚果线形。花期5～7月，果期8～9月。

产于神农架红坪，生于海拔1500～1800m的山坡荒地。

4. 中华山黧豆 | Lathyrus dielsianus Harms　图66-111

多年生草本。茎圆柱状，具细沟纹，直立，无毛。叶轴末端有具分枝的卷须；小叶（2～）3～4（～5）对，卵形至卵状披针形，稍不对称。总状花序腋生，有花9～11（～13）朵，较叶短；萼钟状，无毛，萼齿短，最上2齿针刺状；花粉红色或紫色，旗瓣先端微凹，翼瓣具耳，龙骨瓣瓣片长卵形，具耳。荚果线形。种子椭圆形。花期5～6月，果期7～8月。

产于神农架松柏、阳日，生于海拔700～1200m的山坡潮湿地。

图66-111　中华山黧豆

40. 野决明属 Thermopsis R. Brown

多年生草本。茎直立，具纵槽纹，基部有膜质托叶鞘，抱茎合生成筒状。掌状三出复叶，具柄。总状花序顶生，单一，或偶为2～3枝；花大，轮生或对生，偶互生；苞片3（～6）枚，稀1枚，叶状，近基部联合，宿存；萼钟形；花冠黄色，稀紫色，旗瓣卵圆形，翼瓣长圆形，比龙骨瓣窄1倍或等宽。荚果线形、长圆形或卵形，扁平，偶膨胀。种子白色，圆形，点状。

25种。我国12种，湖北1种，神农架也有。

霍州油菜 | Thermopsis chinensis Bentham ex S. Moore

多年生草本。茎直立，具沟棱。3小叶，小叶倒卵形或线状披针形，先端钝圆，具细尖，基部楔形，上面无毛，下面疏被柔毛，侧枝上小叶较小。总状花序顶生；花互生；苞片卵形；萼钟形；萼齿5枚，疏被短柔毛；花冠黄色，花瓣均具长瓣柄。荚果向上直指，披针状线形，薄木质，棕色，被淡黄色贴伏长硬毛。种子多达15～20枚。花期4～5月，果期6～7月。

产于竹溪县（茂谷坪公社鸡骨梁，李培元9521），生于海拔500m的山坡。

41. 马鞍树属 Maackia Ruprecht

落叶乔木或灌木。奇数羽状复叶，互生；小叶对生或近对生，全缘。总状花序单一或在基部分枝；每花有1枚早落苞片；花萼膨大，钟状，5齿裂；花冠白色，旗瓣反卷，翼瓣斜长椭圆形，基部截形，龙骨瓣稍内弯。荚果扁平，长椭圆形至线形，无翅或沿腹缝延伸成狭翅，有种子1～5枚。

12种。我国7种，湖北1种，神农架也有。

马鞍树 │ **Maackia hupehensis** Takeda　图66-112

落叶乔木。树皮灰黑褐色，平滑。幼枝及芽被灰白色柔毛。羽状复叶；小叶4～5对，对生或近对生，卵状椭圆形或椭圆形，先端钝，基部宽楔形或圆形，上面无毛，下面密被平伏褐色短柔毛。总状花序2～6个集生于枝梢；花冠白色。荚果阔椭圆形或长椭圆形，扁平，褐色，幼时被毛。花期6～7月，果期8～9月。

产于神农架各地，生于海拔1500m的山坡林中。

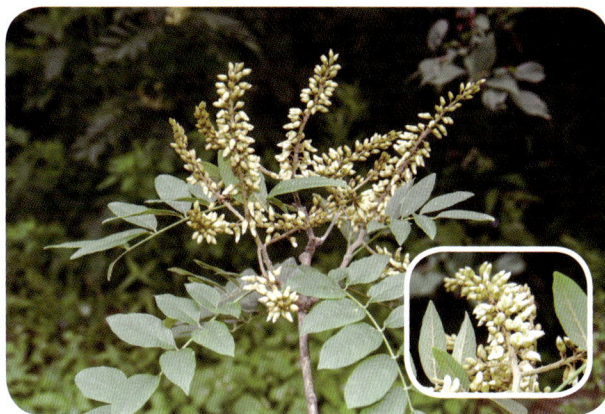

图66-112　马鞍树

42. 刺桐属**Erythrina** Linnaeus

乔木或灌木。小枝常有皮刺。羽状复叶具3小叶。总状花序腋生或顶生；花红色，成对或成束簇生在花序轴上；苞片和小苞片小或缺；花萼佛焰苞状，钟状或陀螺状而肢截平或2裂；花瓣极不相等。荚果具果颈，多为线状长圆形，镰刀形，在种子间收缩或成波状，2瓣裂或菁荚状而沿腹缝线开裂，极少不开裂。种子卵球形，长椭圆形，无种阜。

100余种。我国4种，湖北栽培1种，神农架也有。

刺桐 │ **Erythrina variegata** Linnaeus　图66-113

大乔木。羽状复叶具3小叶，常密集于枝端；托叶披针形，早落；小叶膜质，宽卵形或菱状卵形，基脉3条，侧脉5对，小叶柄基部有1对腺体状的托叶。总状花序顶生，上有密集、成对着生的花；总花梗木质，粗壮，具短绒毛；花萼佛焰苞状，口部偏斜，一边开裂；花冠红色。荚果黑色，稍弯曲，先端不育。种子1～8枚，肾形，暗红色。花期3月，果期8月。

巫溪县有栽培，栽于海拔200m的公路两边和庭院。

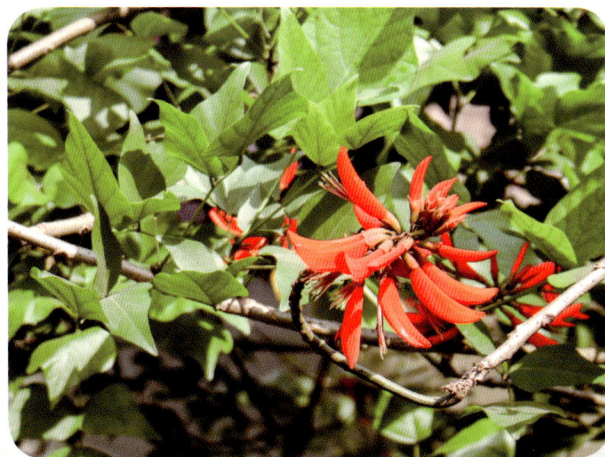

图66-113　刺桐

43. 补骨脂属**Cullen** Medikus

草本或小灌木。叶为奇数羽状复叶，指状3小叶或为单叶；小叶全缘或有锯齿；托叶基部阔，抱茎。花排成腋生头状花序、穗状花序、总状花序或簇生花序，稀单生；苞片膜质，常联合成杯状，每片常包裹2~3朵花，无小苞片；花萼5裂；花冠紫色、蓝色、粉红色或白色，稍伸出萼外，瓣片均具瓣柄。荚果卵形，不开裂，具宿存萼，果皮常与种皮粘连。

33种。我国1种，神农架也有。

补骨脂 | Cullen corylifolium (Linnaeus) Medikus

一年生直立草本。叶为单叶，有时有1枚长为1~2cm的侧生小叶；叶宽卵形，先端钝或锐尖，基部圆形或心形，边缘有粗而不规则的锯齿，质地坚韧，两面有明显黑色腺点，被疏毛或近无毛。花序腋生，有花10~30朵，组成密集的总状或小头状花序；苞片膜质，披针形；花萼被白色柔毛和腺点，萼齿披针形；花冠黄色或蓝色。荚果卵形，黑色，不开裂。花果期7~10月。

原产于我国西南，神农架有栽培。种子入药。

44. 紫穗槐属Amorpha Linnaeus

落叶灌木或亚灌木。叶互生，奇数羽状复叶；小叶多数，小，全缘，对生或近对生；托叶针形，早落，小托叶线形至刚毛状，脱落或宿存。花小，组成顶生、密集的穗状花序；苞片钻形，早落；花萼钟状，5齿裂；蝶形花冠退化，仅存旗瓣1枚，蓝紫色。荚果短，长圆形，镰状或新月形，不开裂，表面密布疣状腺点。种子1~2枚，长圆形或近肾形。

15种。我国栽培1种，神农架也有。

紫穗槐 | Amorpha fruticosa Linnaeus 图66-114

落叶灌木。叶互生，奇数羽状复叶；小叶多数，小，对生或近对生。花小，组成顶生、密集的穗状花序；花萼钟状，5齿裂，常有腺点；蝶形花冠退化，仅存旗瓣1枚，蓝紫色，向内弯曲并包裹雄蕊和雌蕊，翼瓣和龙骨瓣不存在。荚果短，长圆形，不开裂，表面密布疣状腺点。花果期5~10月。

原产于北美洲，神农架有栽培。水土保持植物。

45. 棘豆属Oxytropis Candolle

多年生草本、半灌木或矮灌木，稀垫状小半灌木。奇数羽状复叶；托叶纸质、膜质，稀近革质，合生或离生，与叶柄贴生或分离。腋生或基生总状花序、穗形总状花序，或密集成头形总状花序，有时为伞形花序，具多花或少花，有时具1~2朵花；花萼筒状或钟状，萼齿5枚；花冠紫色、紫堇色、白色或淡黄色。荚果腹缝通常成深沟槽，沿腹缝2瓣裂，稀不裂。

310种。我国131种，湖北2种，神农架1种。

图66-114 紫穗槐

棘豆属一种 | Oxytropis sp.　图66-115

多年生草本。茎缩短，细弱，散生。羽状复叶的叶柄上面有沟，微被疏柔毛，小叶13~21枚，卵形至卵状披针形，先端急尖，基部圆形，两面被白色疏柔毛。3~5朵花组成短总状花序；花萼钟状，被白色疏柔毛，萼齿线形；花白色，旗瓣瓣片椭圆形，翼瓣瓣片长圆形，龙骨瓣有喙。荚果长椭圆形，膨胀，背腹略扁，两端尖，喙长5mm，密被白色短柔毛。花期5~6月，果期7~8月。

产于神农架金丝燕垭，生于海拔2800m的山顶石缝中。

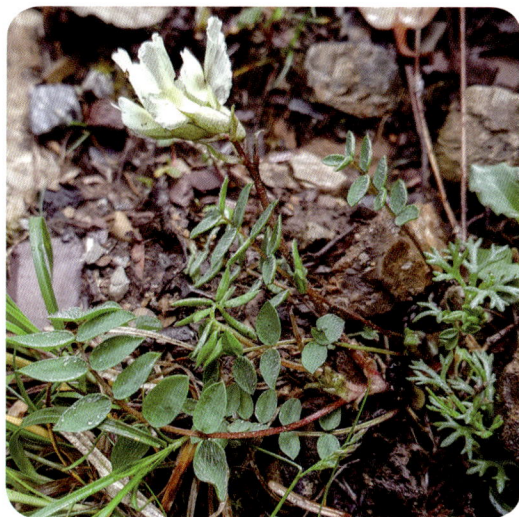

图66-115　棘豆属一种

46．米口袋属Gueldenstaedtia Fischer

多年生草本。奇数羽状复叶具多对全缘的小叶，着生于缩短的分茎上而呈莲座丛状，稀退化为1枚小叶；托叶贴生于叶柄，宽至狭三角形，常成膜质宿存于分茎基部；小叶形状多变。伞形花序具3~8（~12）朵花；花紫堇色、淡红色及黄色；花萼钟状，萼齿5枚。荚果圆筒形，1室，无假隔膜，具多数种子。种子三角状肾形，表面具凹点。

12种。我国2种，湖北1种，神农架也有。

川鄂米口袋 | Gueldenstaedtia henryi Ulbrich

多年生草本。叶被疏柔毛或近无毛；托叶狭三角形，基部分离；小叶11~15枚，长圆形至倒卵形，顶端圆形，常微缺，具明显细尖，上面无毛，下面被微柔毛，小叶柄很短至几无柄。伞形花序，具4~5朵花；苞片狭披针形，小苞片线形；花萼钟状，被贴伏疏柔毛。荚果被疏柔毛。种子肾形，具凹点。

产于巴东县（T.P.Wang 10864），生于海拔120m的河谷石缝草丛中。

47．鱼藤属Derris Loureiro

木质藤本，稀直立灌木或乔木。奇数羽状复叶；托叶小，无小托叶；小叶对生，全缘。花组成腋生或顶生的总状花序或圆锥花序，花簇生于缩短的分枝上；苞片小，早落；花萼钟状或杯状；花冠白色、紫红色或粉红色，长于花萼。荚果薄而硬，扁平，不开裂，圆形、长椭圆形至舌状长椭圆形，沿腹缝线有狭翅或腹、背两缝线均有狭翅。

50种。我国16种，湖北1种，神农架也有。

中南鱼藤 | Derris fordii Oliver　图66-116

木质藤本。羽状复叶；小叶2~3对，厚纸质或薄革质，卵状椭圆形、卵状长椭圆形或椭圆形，先端渐尖，略钝，基部圆形，两面无毛，侧脉6~7对，纤细，在两面均隆起。圆锥花序腋生，稍短于复叶；花数朵生于短小枝上；小苞片2枚；花萼钟状，上部被极稀疏的柔毛；花冠白色。荚果具翅，有种子1～4枚。种子褐红色。花期4～5月，果期10～11月。

产于兴山县，生于海拔200m的河谷灌丛中。

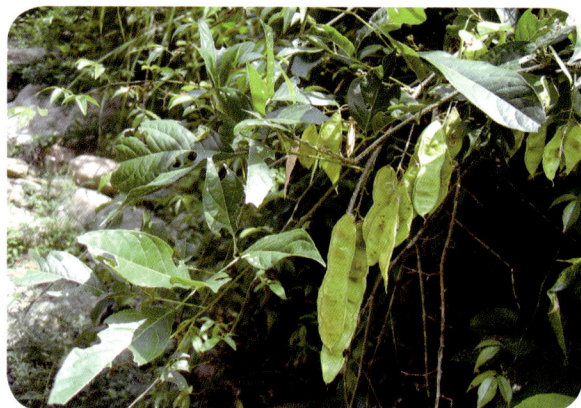

图66-116　中南鱼藤

48．山豆根属Euchresta Bennett

灌木。叶互生；小叶3～7枚，全缘，下面通常被柔毛或茸毛，侧脉常不明显。总状花序；花萼膜质，钟状或管状，基部略呈囊状，边缘通常5裂，萼齿短；花冠伸出萼外，通常白色，翼瓣和龙骨瓣有瓣柄；雄蕊二体（9+1），花药背着；子房有长柄，胚珠1～2枚，花柱1枚，线形。荚果核果状，肿胀，不裂，椭圆形，果壳薄，通常亮黑色，具果颈，有种子1枚。

4种。我国4种，湖北1种，神农架也有。

管萼山豆根 ｜ Euchresta tubulosa Dunn　图66-117

灌木。叶具小叶3～7枚，纸质，椭圆形或卵状椭圆形，先端短渐尖至钝，基部楔形至圆形，顶生小叶和侧生小叶近等大。总状花序顶生；花萼管状，下半部狭。果椭圆形，黑褐色，两端钝圆而先端有一极短的小尖头。花期5～6（～7）月，果期7～9月。

产于巴东县，生于海拔500m的沟谷密林下。

图66-117　管萼山豆根

49. 葫芦茶属Tadehagi H. Ohashi

灌木或亚灌木。叶仅具单小叶；叶柄有宽翅，翅顶有小托叶2枚。总状花序顶生或腋生，通常每节生2～3朵花；花萼种状，5裂，上部2裂片完全合生而成4裂状或有时先端微2裂；花瓣具脉，旗瓣圆形、宽椭圆形或倒卵形，翼瓣椭圆形、长圆形，较龙骨瓣长，基部具耳和瓣柄，先端圆，龙骨瓣先端急尖或钝。荚果通常有5～8荚节，腹缝线直或稍呈波状。

6种。我国2种，湖北1种，神农架也有。

葫芦茶 │ Tadehagi triquetrum (Linnaeus) H. Ohashi

灌木或亚灌木。叶仅具单小叶；小叶纸质，狭披针形至卵状披针形，底部圆形或浅心形，侧脉每边8～14条，不达叶缘；托叶披针形；叶柄两侧有宽翅。总状花序顶生和腋生；花2～3朵簇生于每节上；苞片钻形或狭三角形；花萼宽钟形；花冠淡紫色或蓝紫色。荚果全部密被黄色或白色糙伏毛，无网脉，有荚节5～8个。花期6～10月，果期10～12月。

产于巴东县，生于海拔500m的山坡灌丛中。

67. 远志科 | Polygalaceae

草本、灌木或木本。单叶多互生。花两性，两侧对称，白色、黄色或紫红色，排成总状花序、圆锥花序或穗状花序，基部具苞片或小苞片；花萼5枚，内面2枚大且花瓣状；花瓣5枚，稀全部发育，通常仅3枚；雄蕊8（4～7）枚，花丝合生成鞘（管），或分离，花药顶孔开裂；子房上位，2室，每室具1枚倒生胚珠，柱头头状。蒴果、翅果、坚果或核果。

约10属700种。我国有5属51种，湖北有1属6种，神农架全有。

远志属 Polygala Linnaeus

草本、灌木或木本。单叶互生，或被柔毛。总状花序顶生、腋生；花两性，左右对称，具苞片1～3枚；萼片5枚，不等大，宿存或脱落；花瓣3枚，侧瓣与龙骨瓣常于中部以下合生；雄蕊8枚，花丝联合成鞘，并与花瓣贴生，花药孔裂。果为蒴果，两侧压扁，具翅或无。种子黑色，被短柔毛或无毛。

约600种。我国有42种，湖北有6种，神农架均有。

分种检索表

1. 灌木或小乔木。
  2. 灌木或小乔木；叶膜质至薄纸质 ·· 1. 荷包山桂花 P. arillata
  2. 常绿灌木；叶革质。
    3. 花黄色 ·· 2. 长毛籽远志 P. wattersii
    3. 花白色、黄色或紫色 ··· 5. 尾叶远志 P. caudata
1. 草本或亚灌木。
  4. 总状花序顶生 ··· 3. 小扁豆 P. tatarinowii
  4. 总状花序腋外生。
    5. 叶卵形至卵状披针形，近无柄 ·· 4. 瓜子金 P. japonica
    5. 下部叶卵形，上部叶披针形，叶柄长约2mm ········· 6. 香港远志 P. hongkongensis

1. 荷包山桂花 | Polygala arillata Buchanan-Hamilton ex D. Don 图67-1

灌木或小乔木。小枝密被短柔毛，具纵棱。芽密被黄褐色毡毛。单叶互生，两面均疏被短柔毛；叶柄被短柔毛。总状花序与叶对生，密被短柔毛；萼片5枚，具缘毛；花瓣3枚，黄色；雄蕊8枚，花丝基部联合成鞘，并与花瓣贴生，花药孔裂；子房具狭翅及缘毛，基部具肉质花盘。蒴果浆果状。花期5～10月，果期6～11月。

产于神农架红坪、木鱼、松柏、下谷、竹溪（丰溪公社朝管区4大队，李培元 2818），生于海拔900～1800m的山坡灌木丛中。根入药；花供观赏。

2. 长毛籽远志 | **Polygala wattersii** Hance 图67-2

灌木或小乔木。叶密集地排于小枝顶部，互生。总状花序2～5个成簇生于小枝近顶端，被白色腺毛状短细毛；雄蕊8枚，花丝3/4以下联合成鞘，并与花瓣贴生，花药孔裂；花柱顶部增厚并弯曲，先端2浅裂。蒴果倒卵形或楔形，具短尖头，边缘具由下而上逐渐加宽的狭翅。种子棕黑色。花期4～6月，果期5～7月。

产于神农架各地（长青，zdg 5699），生于海拔600～1500m的山沟树林中或灌木丛中。根和树皮、叶入药。

图67-1 荷包山桂花

图67-2 长毛籽远志

3. 小扁豆 | **Polygala tatarinowii** Regel 图67-3

一年生草本。单叶互生；叶柄稍具翅。总状花序顶生，花密；花具小苞片2枚，苞片早落；萼片5枚，外面3枚小，内面2枚花瓣状；花瓣3枚，红色至紫红色；雄蕊8枚，花丝3/4以下合生成鞘；花柱弯曲，顶端呈喇叭状，具倾斜裂片。蒴果，顶端具短尖头，具翅，疏被短柔毛。种子近长圆形，黑色，被白色短柔毛。花期8～9月，果期9～11月。

产于神农架红坪（板仓—坪堑，zdg 7283）、木鱼、松柏、宋洛、下谷、新华、阳日，生于海拔900～1500m的山坡草丛中。全草药用。

4. 瓜子金 | **Polygala japonica** Houttuyn 图67-4

多年生草本。单叶互生，全缘，两面无毛或被短柔毛；主脉在上面凹陷，在背面隆起，侧脉3～5对，并被短柔毛；叶柄被短柔毛。总状花序；萼片5枚，宿存，外面3枚披针形；花瓣3枚，白色至紫色，基部合生，侧瓣长圆形，基部内侧被短柔毛；雄蕊8枚；子房具翅。蒴果，顶端凹陷，具喙状凸尖，边缘有具横脉的阔翅。种子密被白色短柔毛。花期4～5月，果期5～8月。

产于神农架木鱼、松柏、宋洛、下谷、新华、阳日（长青，zdg 5831），生于海拔500～1500m的山坡草丛中。全草入药。

图67-3　小扁豆

图67-4　瓜子金

5．尾叶远志 │ **Polygala caudata** Rehder et E. H. Wilson　图67-5

常绿灌木。叶近革质，长圆形或披针形，先端尾尖，基部楔形，叶缘波状，无毛。总状花序密集呈伞房状或圆锥花序；萼片早落，外3枚卵形，内2枚花瓣状；花瓣白色、黄色或紫色，龙骨瓣具盾状附属物；花丝3/4以下合生；花盘杯状。蒴果长圆状倒卵形，顶端凹，具窄翅。种子长1.5mm，密被红褐色长毛。花期11月至翌年5月，果期5～12月。

产于神农架宋洛、新华、阳日、麻湾（zdg 6010），生于海拔500～1500m的山坡草丛中。

6．香港远志 │ **Polygala hongkongensis** Hemsley　图67-6

直立草本至亚灌木。茎、枝被卷曲柔毛。叶纸质或膜质，下部叶卵形，上部叶披针形，无毛；侧脉3对。总状花序顶生；萼片宿存；花瓣白色或紫色，2/5以下合生，侧瓣基部内侧被柔毛，龙骨瓣盔状，具流苏状附属物；花丝2/3以下合生成鞘。蒴果近球形，具宽翅。种子被柔毛。花期5～6月，果期6～7月。

产于神农架各地（麻湾，zdg 4870；长青，zdg 5698），生于海拔500～1500m的山坡草丛中。全草入药。

图67-5　尾叶远志

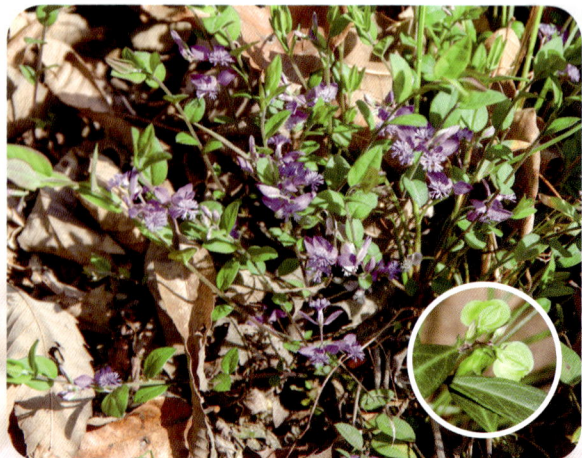

图67-6　香港远志

68. 蔷薇科 | Rosaceae

乔木、灌木或草本。单叶或复叶，互生，稀对生，常有托叶。单花，数花簇生，伞房、总状或聚伞状圆锥花序；花常辐射对称，两性，稀单性；花萼与子房分离或合生，萼筒短或圆筒状，萼片5枚，稀较少或较多，有时具副萼片；花瓣与萼片同数，有时无花瓣；雄蕊常5至多数，稀1或2枚。蓇葖果、瘦果、梨果或核果，稀蒴果。

120余属3400多种。我国55属900余种，湖北37属334种，神农架37属212种。

分属检索表

1. 蓇葖果，稀蒴果，开裂；叶有或无托叶(亚科1. 绣线菊亚科Spiraeoideae)。
　　2. 果为蓇葖果。
　　　　3. 心皮5枚，稀较少或多达8枚；单叶或复叶；托叶宿存或无。
　　　　　　4. 单叶⋯⋯⋯⋯⋯⋯⋯⋯⋯⋯⋯⋯⋯⋯⋯⋯⋯⋯⋯⋯⋯⋯⋯**30. 绣线菊属Spiraea**
　　　　　　4. 羽状复叶或叶具3枚小叶。
　　　　　　　　5. 多年生草本⋯⋯⋯⋯⋯⋯⋯⋯⋯⋯⋯⋯⋯⋯⋯⋯⋯**5. 假升麻属Aruncus**
　　　　　　　　5. 灌木⋯⋯⋯⋯⋯⋯⋯⋯⋯⋯⋯⋯⋯⋯⋯⋯⋯⋯⋯**28. 珍珠梅属Sorbaria**
　　　　3. 心皮1或2枚，稀多达5枚；单叶，托叶早落。
　　　　　　6. 萼筒钟状或筒状⋯⋯⋯⋯⋯⋯⋯⋯⋯⋯⋯⋯⋯⋯⋯**17. 绣线梅属Neillia**
　　　　　　6. 萼筒杯状⋯⋯⋯⋯⋯⋯⋯⋯⋯⋯⋯⋯⋯⋯⋯⋯**31. 野珠兰属Stephanandra**
　　2. 果为蒴果⋯⋯⋯⋯⋯⋯⋯⋯⋯⋯⋯⋯⋯⋯⋯⋯⋯⋯⋯⋯**33. 白鹃梅属 Exochorda**
1. 果不裂；叶有托叶。
　　7. 子房下位、半下位，稀上位(亚科2. 苹果亚科Maloideae)。
　　　　8. 心皮成熟时骨质；果内有1～5枚小核。
　　　　　　9. 叶全缘；枝条无刺⋯⋯⋯⋯⋯⋯⋯⋯⋯⋯⋯⋯⋯⋯**8. 枸子属Cotoneaster**
　　　　　　9. 叶有锯齿或裂片，稀全缘；枝条常具刺。
　　　　　　　　10. 植株常绿；心皮5枚，每心皮有2枚成熟胚珠⋯⋯⋯**22. 火棘属Pyracantha**
　　　　　　　　10. 植株凋落，稀半常绿；心皮1～5枚，每心皮有1枚成熟胚珠⋯⋯⋯
　　　　　　　　　⋯⋯⋯⋯⋯⋯⋯⋯⋯⋯⋯⋯⋯⋯⋯⋯⋯⋯⋯⋯**9. 山楂属Crataegus**
　　　　8. 心皮成熟时革质或纸质；梨果1～5室，每室1或多枚种子。
　　　　　　11. 复伞房状、总状或圆锥状花序，稀伞形，具多花。
　　　　　　　　12. 单叶，植株常绿，稀落叶。
　　　　　　　　　　13. 心皮部分离生，子房半下位。
　　　　　　　　　　　　14. 花梗和果梗上具瘤状凸起⋯⋯⋯⋯⋯⋯**19. 石楠属Photinia**
　　　　　　　　　　　　14. 花梗和果梗上无瘤状凸起⋯⋯⋯⋯⋯**32. 红果树属 Stranvaesia**
　　　　　　　　　　13. 心皮合生，子房下位⋯⋯⋯⋯⋯⋯⋯⋯⋯**11. 枇杷属Eriobotrya**
　　　　　　　　12. 单叶或复叶，植株常落叶；果期萼片宿存或脱落⋯⋯⋯**29. 花楸属Sorbus**

11．伞形或总状花序，花单生或簇生。

    15．每心皮多数胚珠，萼片无毛，果期脱落·····················**7．木瓜属Chaenomeles**

    15．每心皮1～2枚胚珠。

       16．子房和果2～5室，每室2枚胚珠。

         17．花柱离生；果肉常具多数石细胞·····················**23．梨属Pyrus**

         17．花柱基部合生；果肉常无石细胞·····················**16．苹果属Malus**

       16．子房和果具不完全6～10室，每室1枚胚珠·····················**2．唐棣属Amelanchier**

7．子房上位，稀下位。

  18．心皮常多数，萼宿存；瘦果，稀小核果状；复叶或单叶(亚科3．蔷薇亚科Rosoideae)。

    19．瘦果或小核果状，着生于扁平、微凹或隆起的花托上。

      20．托叶不与叶柄联合；雌蕊4～15枚，生于扁平或微凹的花托上。

        21．叶互生；花无副萼片，黄色·····················**14．棣棠花属Kerria**

        21．叶对生；花有副萼片，白色·····················**24．鸡麻属Rhodotypos**

      20．托叶常与叶柄联合，稀不联合；雌蕊数枚至多数，生于球形或圆锥形花托上。

        22．聚合果由小核果聚合而成；每心皮2枚胚珠·····················**26．悬钩子属Rubus**

        22．瘦果分离；每心皮1枚胚珠。

          23．花柱顶生或近顶生，果期延长。

            24．花柱在果实上宿存。

              25．花柱"S"弯曲·····················**13．路边青属Geum**

              25．花柱仅呈钝角弯折·····················**36．神农花属Shengnongia**

            24．花柱在果期凋落·····················**35．无尾果属Coluria**

          23．花柱侧生或基生，稀近顶生，果期不延长或稍延长。

           26．草本或灌木；花托在果期干燥；小叶3枚至多数。

             27．雌雄蕊均多数·····················**20．委陵菜属Potentilla**

             27．雌蕊4～20枚，雄蕊（4～）5（~10）枚·····**37．山莓草属Sibbaldia**

           26．草本；花托在果期肉质；小叶3枚，稀5枚。

             28．花白色，副萼片比萼片小·····················**12．草莓属Fragaria**

             28．花黄色，副萼片比萼片大·····················**10．蛇莓属Duchesnea**

    19．瘦果，着生于杯状或坛状花托内。

      29．灌木；枝条常具皮刺；花托果期肉质而有色泽·····················**25．蔷薇属Rosa**

      29．多年生草本；枝条不具皮刺；花托果期干燥坚硬。

        30．花瓣宿存；花萼具钩刺·····················**1．龙芽草属Agrimonia**

        30．花瓣无；萼片覆瓦状排列·····················**27．地榆属Sanguisorba**

  18．心皮1枚，稀2或5枚，萼片常脱落；核果；单叶（亚科4．李亚科Prunoideae）。

    31．花瓣和萼片均大型，5数。

      32．幼叶多席卷，稀对折；果具沟，被毛或蜡粉。

        33．侧芽3枚，两侧为花芽，具顶芽·····················**3．桃属Amygdalus**

        33．侧芽单生，无顶芽。

          34．子房和果常被柔毛，花常无梗或有短梗·····················**4．杏属Armeniaca**

34．子房和果均无毛，常被蜡粉，花常具梗······················**21．李属Prunus**

32．幼叶多对折；果无沟，无蜡粉。

35．花序伞形、伞房状或短总状，稀单生······················**6．樱属Cerasus**

35．总状花序。

36．叶冬季凋落；花序顶生，花序梗常具叶，稀无叶··········**18．稠李属Padus**

36．叶常绿；花序腋生，花序梗常无叶····················**15．桂樱属Laurocerasus**

31．花瓣和萼片均细小，10～12枚······················**34．臭樱属Maddenia**

1. 龙芽草属Agrimonia Linnaeus

多年生草本。奇数羽状复叶，有托叶。花小，两性，成顶生穗状总状花序；萼筒陀螺状，有棱，顶端有数层钩刺，花后靠合，开展或反折；萼片5枚，覆瓦状排列；花瓣5枚，黄色；花盘边缘增厚，环萼筒口部；雄蕊5～15枚或更多，着生于花盘外缘；雌蕊常2枚，包在萼筒内。瘦果1～2枚，包在具钩刺的萼筒内。种子1枚。

10余种。我国4种，湖北2种，神农架1种。

龙芽草Agrimonia pilosa Ledebour

分变种检索表

1．茎被疏柔毛及短柔毛；叶上面被疏柔毛······················**1a．龙芽草A. pilosa** var. **pilosa**

1．叶上面脉被长硬毛或微硬毛······················**1b．黄龙尾A. pilosa** var. **nepalensis**

1a．龙芽草（原变种）Agrimonia pilosa var. pilosa　图68-1

多年生草本。茎被疏柔毛及短柔毛，稀下部被长硬毛。叶为间断奇数羽状复叶，常有3～4对小叶；小叶倒卵形、倒卵状椭圆形或倒卵状披针形，上面被柔毛，稀脱落近无毛。穗状总状花序；萼片三角状卵形；花瓣黄色，长圆形；雄蕊5～8（～15）枚；花柱2枚。瘦果倒卵状圆锥形，有10条肋，顶端有数层钩刺。花果期5～12月。

产于神农架各地（松柏八角庙村，zdg 7176；板仓—坪堑，zdg 7280），生于海拔2200m以下的溪边、路旁等多种生境中。地上部分、芽入药。

1b．黄龙尾（变种）Agrimonia pilosa var. nepalensis (D. Don) Nakai　图68-2

本变种与原变种的主要区别：茎下部密被粗硬毛；叶上面脉被长硬毛或微硬毛，脉间密被柔毛或绒毛状柔毛。

产于神农架红坪（板仓）、阳日（长青，zdg 5530），生于海拔600～800m的山坡草地或疏林中。

图68-1　龙芽草

图68-2　黄龙尾

2. 唐棣属Amelanchier Medikus

落叶灌木或乔木。单叶，互生；有叶柄和托叶。花序总状，顶生，稀单生；苞片早落；被丝托钟状；萼片5枚，全缘；花瓣5枚，细长，长圆形或披针形，白色；雄蕊10~20枚；花柱2~5枚，基部合生或离生，子房下位或半下位，2~5室。有时近球形，浆果状，具宿存、反折萼片和膜质内果皮。种子4~10枚，直立。

约25种，多分布于北美洲。我国2种，湖北1种，神农架也有。

唐棣 | Amelanchier sinica (C. K. Schneider) Chun　图68-3

落叶小乔木。叶卵形或长椭圆形，先端急尖，基部圆，稀近心形或宽楔形，常在中部以上有细锐锯齿，基部全缘。总状花序具多花，花序梗和花梗无毛或初被毛，后无毛；萼片披针形或三角状披针形；花瓣白色，长圆状披针形或椭圆状披针形；雄蕊20枚；花柱4~5枚，基部密被黄白色绒毛，柱头头状。果蓝黑色，宿存萼片反折。花期5月，果期9~10月。

产于神农架宋洛、新华、阳日（zdg 6178）、阳日—新华（zdg 4538）等地，生于海拔600~1200m的山坡林中。观赏植物；树皮入药。

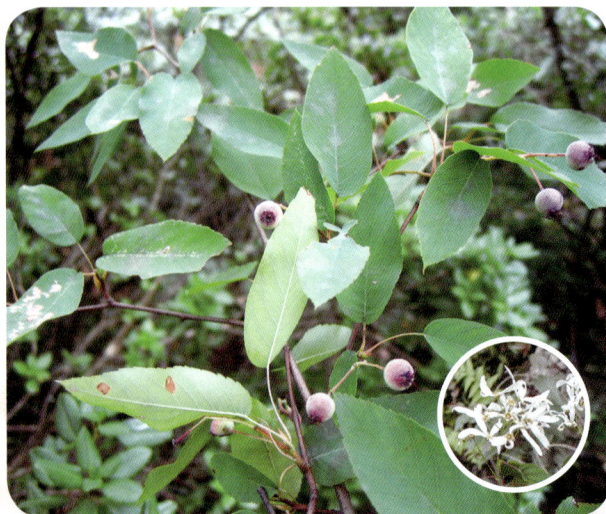

图68-3　唐棣

3. 桃属 **Amygdalus** Linnaeus

落叶乔木或灌木。侧芽常3枚，稀2枚并生，两侧为花芽，中间为叶芽。单叶，有托叶，互生，幼时在芽中对折，常具锯齿；叶柄常具2枚腺体。花常单生；花两性，整齐；花萼5裂，果期脱落，萼片5枚；花瓣5枚，粉红色或白色。核果，被毛，稀无毛，果洼较大；核坚硬，具深浅不同的纵、横沟纹和孔穴，极稀平滑。种子1枚。

40多种。我国11种，湖北6种，神农架3种。

1. 山桃 | **Amygdalus davidiana** (Carriére) de Vos ex L. Henry 图68-4

落叶乔木。叶卵状披针形，先端渐尖，基部楔形，两面无毛，具细锐锯齿；叶柄无毛，常具腺体。花单生；花萼无毛，萼筒钟形，萼片卵形或卵状长圆形，紫色；花瓣倒卵形或近圆形，粉红色。核果近球形，果柄短而深入果洼；果肉薄而干；核球形或近球形，具纵、横沟纹和孔穴。花期3~4月，果期7~8月。

产于神农架新华、松柏、宋洛、麻湾（zdg 7068）等，生于海拔800~1200m的山坡、山谷、沟底、林内及灌丛中。观赏植物；种仁入药。

图68-4 山桃

2. 桃 | **Amygdalus persica** Linnaeus 图68-5

落叶乔木。叶长圆状披针形、椭圆状披针形或倒卵状披针形，上面无毛，下面有脉腋具少数短柔毛或无毛，具细锯齿或粗锯齿；叶柄常具1至数枚腺体。花单生；萼筒钟形，萼片卵形或长圆形，被柔毛；花瓣长圆状椭圆形或宽倒卵形，粉红色，稀白色。核果卵圆形、宽椭圆形或扁圆形。花期3~4月，果期8~9月。

产于神农架各地，野生或栽培。果树；观赏植物；种仁、幼果、花、叶、树胶入药。

3. 甘肃桃 | **Amygdalus kansuensis** (Rehder) Skeels 图68-6

乔木或灌木。叶片卵状披针形或披针形，叶边有稀疏细锯齿，齿端有或无腺体；叶柄常无腺体。花单生，先于叶开放；萼筒钟形，外被短柔毛，稀几无毛；萼片卵形至卵状长圆形，外被短柔毛；花瓣白色或浅粉红色，边缘有时呈波状或浅缺刻状。果实熟时淡黄色，外面密被短柔毛，肉质，熟时不开裂。花期3～4月，果期8～9月。

产于神农架新华（新华干沟，zdg 7079），生于海拔800m的山谷林中。观赏植物；种仁入药。

图68-5　桃

图68-6　甘肃桃

4．杏属Armeniaca Scopoli

落叶乔木，极稀灌木。叶芽和花芽并生，每花芽具1朵花，稀2～3朵。单叶，互生，幼时在芽中席卷；叶柄常具2枚腺体。花两性，单生，稀2～3朵簇生；花梗短或近无梗，稀梗较长；花萼5裂，果期脱落，萼片5枚；花瓣5枚，白色或粉红色。核果，有纵沟，具毛；熟时不裂，稀干燥而开裂。

约11种，分布于亚洲。我国10种，湖北6种，神农架3种。

分种检索表

1. 一年生枝灰褐色至红褐色。
　2. 叶片两面被柔毛；果梗长7～10mm ···················· 1. 洪坪杏A. hongpingensis
　2. 叶片两面无毛或下面脉腋具柔毛；果梗短或近无梗·············· 3. 杏A. vulgaris
1. 一年生枝绿色；叶边具小锐锯齿，具短梗或几无梗················ 2. 梅A. mume

1．洪平杏 ｜ Armeniaca hongpingensis C. L. Li　图68-7

落叶乔木。小枝浅褐色至红褐色，老时无毛。叶片椭圆形至椭圆状卵形，边缘密被小锐锯齿，上面疏生短柔毛，下面密被浅黄褐色长柔毛；叶柄密被柔毛。果实近圆形，密被黄褐色柔毛；核椭圆形，两侧扁，顶端急尖，表面具蜂窝状小孔穴，腹棱钝，腹面有纵沟。花期4月，果期7～8月。

产于神农架红坪，生于海拔2400m的山坡公路边。

2．梅 ｜ Armeniaca mume Siebold　图68-8

落叶小乔木，稀灌木。小枝绿色，无毛。叶卵形或椭圆形，具细小锐锯齿，幼时两面被柔毛，老时下面脉腋具柔毛；叶柄常有腺体。花单生或2朵生于1芽内；花萼常红褐色，萼筒宽钟形，萼片卵形或近圆形；花瓣倒卵形，白色或粉红色。果近球形；果肉黏核；核椭圆形，有纵沟，具蜂窝状孔穴。花期冬春季，果期5～6月。

产于神农架各地，生于海拔1300m以下的林缘。观赏植物；花蕾、果实、种仁入药。

图68-7　洪平杏

图68-8　梅

3. 杏 ｜ **Armeniaca vulgaris** Lamarck　图68-9

落叶乔木。叶宽卵形或圆卵形，有钝圆锯齿，两面无毛或下面脉腋具柔毛；叶柄基部常具1～6枚腺体。花单生；花萼紫绿色，萼筒圆筒形，萼片卵形或卵状长圆形；花瓣圆形或倒卵形，白色带红晕；花柱下部具柔毛。核果球形，稀倒卵圆形；核卵圆形或椭圆形，稍粗糙或平滑，腹棱较钝圆，背棱较直，腹面具龙骨状棱。花期3～4月，果期6～7月。

原产于我国新疆，神农架各地有栽培。观赏植物；果实及种仁可食；种子入药。

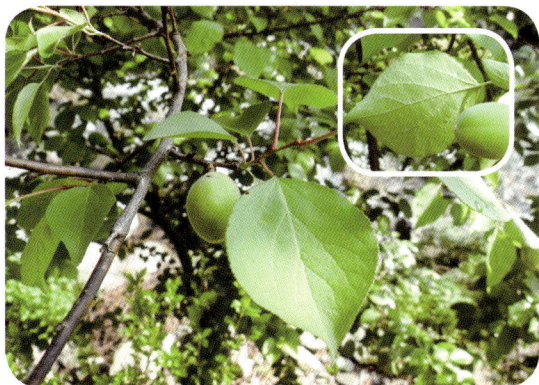

图68-9　杏

5. 假升麻属Aruncus Linnaeus

多年生草本。叶大型，互生，一至三回羽状复叶，稀掌状复叶；小叶边缘具齿：无托叶。花单性，雌雄异株，成大型穗状花序；花无梗或近无梗；被丝托杯状；萼片5枚；花瓣5枚，白色；雄花具雄蕊15～30枚，花丝细长，约为花瓣的1倍，有退化雌蕊；雌花有退化雄蕊，花丝短，花药不发育。蓇葖果沿腹缝线开裂。种子2枚。

约6种。我国2种，湖北1种，神农架也有。

假升麻 ｜ **Aruncus sylvester** Kosteletzky ex Maximowicz　图68-10

多年生草本。二回稀三回羽状复叶；小叶3～9片，菱状卵形、卵状披针形或长椭圆形。穗状圆锥花序；苞片线状披针形；被丝托杯状，萼片三角形；花瓣白色，倒卵形；雄花具雄蕊20枚，花丝长约花瓣的1倍，有退化雌蕊，花盘盘状，边缘有10枚圆形凸起；雌花有退化雄蕊，短于花瓣。蓇葖果直立，萼片宿存。花期6月，果期8～9月。

产于神农架高海拔地区，生于海拔1500～2000m的山坡林下或沟边草丛中。根入药。

图68-10　假升麻

6. 樱属Cerasus Miller

落叶乔木或灌木。腋芽单生或3枚并生，中间为叶芽，两侧为花芽。幼叶在芽中对折；单叶互生，有叶柄；托叶脱落。伞形、伞房状或短总状花序，或1～2朵花生于叶腋，花有梗，花序基部有宿存芽鳞或苞片；萼筒钟状、管状或管形钟状，萼片5枚；花瓣5枚，白色或粉红色；雄蕊15～50枚，离生；雌蕊1枚。核果不裂；核球形或卵圆形，核面平滑或稍有皱纹。

约150种。我国44种，湖北22种，神农架14种。

分种检索表

1. 腋芽单生。
 2. 萼片直立或开张。
  3. 叶缘多为圆钝缺刻状重锯齿或浅裂状。
   4. 花梗及萼筒被毛 ···························· **6. 刺毛樱桃C. setulosa**
   4. 花梗及萼筒无毛或有疏毛 ···················· **13. 川西樱桃C. trichostoma**
  3. 叶缘多为尖锐重锯齿。
   5. 叶边尖锐锯齿呈芒状 ························ **5. 山樱花Cerasus serrulata**
   5. 叶边有尖锐锯齿但不为芒状 ················· **1. 华中樱桃C. conradinae**
 2. 萼片反折。
  6. 花序上有绿色苞片，果期宿存。
   7. 花序伞房总状。

1．华中樱桃 ｜ Cerasus conradinae (Koehne) T. T. Yu et C. L. Li 图68-11

落叶乔木。叶倒卵形、长椭圆形或倒卵状长椭圆形，有前伸锯齿，两面无毛。伞形花序，有3～5朵花；总苞片褐色，倒卵状椭圆形，外面无毛，内面密被疏柔毛；苞片褐色，宽扇形，果时脱落；萼筒管形钟状，萼片三角状卵形；花瓣白色或粉红色，卵形或倒卵形；花柱无毛。核果卵圆形；核棱纹不显著。花期3月，果期4～5月。

产于神农架新华、大岩屋、麻湾（zdg 6046）、长青（zdg 5568）等，生于海拔600～1000m的山坡沟边林中。果可食；花可供观赏；树皮和叶入药。

369

图68-11　华中樱桃

2．盘腺樱桃 ｜ Cerasus discadenia (Koehne) S. Y. Jiang et C. L. Li 图68-12

落叶灌木或乔木。叶卵形、倒卵形或有时为长圆状倒卵形，边缘有不整齐的锯齿，无毛，或下面脉上有疏毛。总状花序，有3～9朵花；苞片圆形或卵状长圆形；萼片反折，三角形；花瓣白色，圆形；雄蕊多数；心皮1枚。核果近球形；核近平滑。花期5～6月，果期7～8月。

产于神农架燕子垭、马家屋场等，生于海拔1300～2600m的山坡林中。果可食；花可观赏；果实、种子、根入药。

3．麦李 │ **Cerasus glandulosa** (Thunberg) Sokolov　图68-13

落叶灌木。叶卵形或卵状披针形，有缺刻状尖锐重锯齿，上面无毛，下面淡绿色，无毛或脉有稀疏柔毛。花1～3朵，簇生；萼筒陀螺形，无毛；萼片椭圆形，比萼筒稍长；花瓣白色或粉红色，倒卵状椭圆形；花柱与雄蕊近等长，无毛。核果近球形；核光滑。花期5月，果期7～8月。

原产于我国华东到东北，神农架有栽培。果可食；花可观赏；种仁入药。

图68-12　盘腺樱桃

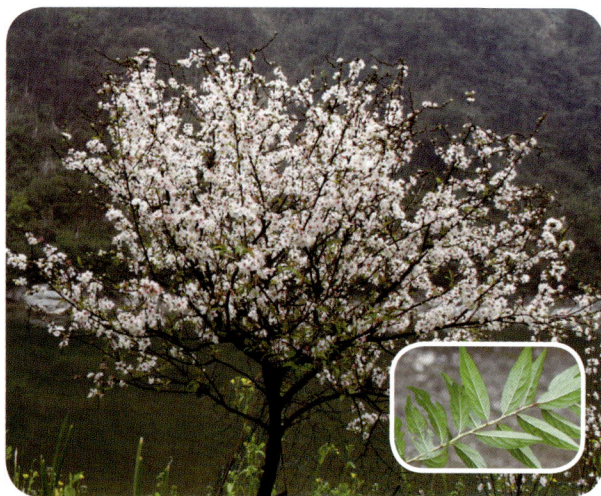

图68-13　麦李

4．樱桃 │ **Cerasus pseudocerasus** (Lindley) Loudon　图68-14

落叶乔木。叶卵形或长圆状倒卵形，有尖锐重锯齿，上面近无毛，下面淡绿色，沿脉或脉间有稀疏柔毛。花序伞房状或近伞形，有3～6朵花；总苞倒卵状椭圆形，褐色；萼筒钟状，萼片三角状卵形或卵状长圆形，全缘；花瓣白色，卵形；花柱与雄蕊近等长，无毛。核果近球形。花期3～4月，果期5～6月。

原产于我国华东到华北，神农架各地有栽培（阳日—新华，zdg 4522）。果可食；花可供观赏；果实、根、枝、叶、果核均可入药。

图68-14　樱桃

5. 山樱花 ｜ Cerasus serrulata (Lindley) Loudon

分变种检索表

> 1. 花单瓣，先于叶开放·····················5a. 山樱桃C. serrulata var. serrulata
> 1. 花重瓣，花与叶同时开放·················5b. 日本晚樱C. serrulata var. lannesiana

5a. 山樱花（原变种）Cerasus serrulata var. serrulata 图68-15

落叶乔木。叶卵状椭圆形或倒卵状椭圆形，有渐尖单锯齿及重锯齿，上面无毛，下面淡绿色，无毛。花序伞房总状或近伞形，有2～3朵花；总苞片褐红色，倒卵状长圆形；萼筒管状，萼片三角状披针形；花瓣常白色，倒卵形；花柱无毛。核果球形或卵圆形。花期4～5月，果期6～7月。

产于神农架各地，生于海拔1000～1800m的山谷林中。果可食；花可观赏；种子入药。

5b. 日本晚樱（变种）Cerasus serrulata var. lannesiana (Carrière) T. T. Yu et C. L. Li 图68-16

本变种与原变种的主要区别：花重瓣，花与叶同时开放。花期3～5月。

原产于日本，神农架各地有栽培。花可观赏。

图68-15 山樱花

图68-16 日本晚樱

6. 刺毛樱桃 ｜ Cerasus setulosa (Batalin) T. T. Yu et C. L. Li 图68-17

灌木或小乔木。叶片卵形、倒卵形或卵状椭圆形，先端尾状渐尖或骤尖，基部圆形，边有圆钝重锯齿，齿尖有小腺体；侧脉6～8对。花序伞形，有花2～3朵，花与叶同时开放；苞片2～3枚，绿色，呈叶状，卵圆形，边有锯齿，齿端有腺体；萼筒管状，萼片开展，三角状长卵形；花瓣倒卵形或近圆形，粉红色。核果红色，卵状椭球形。花期4～6月，果期6～8月。

产于神农架松柏、大岩屋（鄂神农架队 21167），生于海拔1630m的山坡林中。

7. 毛樱桃 ｜ Cerasus tomentosa (Thunberg) Wallich 图68-18

灌木，稀小乔木状。叶卵状椭圆形或倒卵状椭圆形，上面被疏柔毛，下面灰绿色，密被灰色绒毛至稀疏。花单生或2朵簇生；萼筒管状或杯状，萼片三角状卵形；花瓣白色或粉红色，倒卵形；雄蕊短于花瓣；花柱伸出与雄蕊近等长或稍长。核果近球形。花期4～5月，果期6～9月。

产于神农架宋洛（宋洛—徐家庄，zdg 4764）、下谷、阳日，生于海拔900～2000m的山坡林中。果可食；花可观赏；果实、种子入药。

图68-17　刺毛樱桃

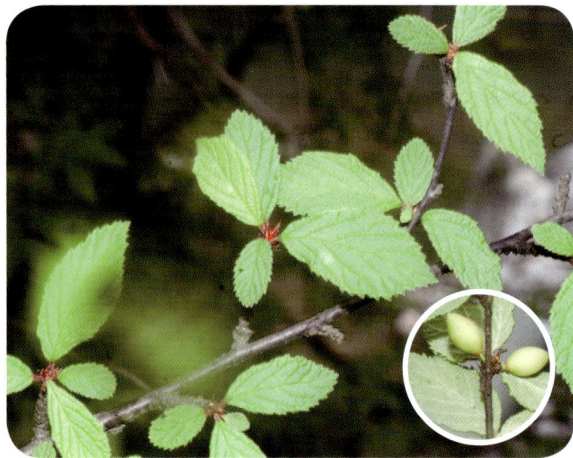

图68-18　毛樱桃

8．微毛樱桃 │ Cerasus clarofolia (C. K. Schneider) T. T. Yu et C. L. Li　图68-19

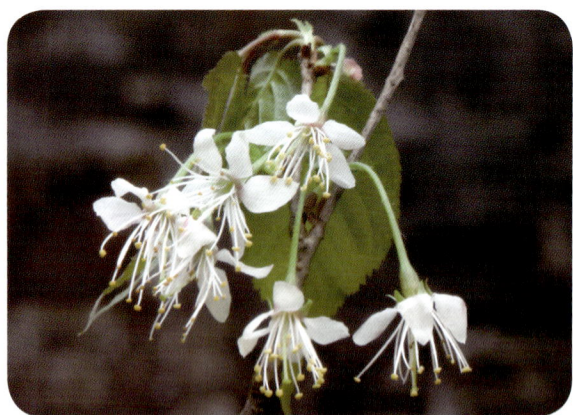

灌木或小乔木。叶片先端渐尖或骤尖，基部圆形，边有单锯齿或重锯齿，齿渐尖，齿端有小腺体或不明显；侧脉7～12对。花序伞形或近伞形，有花2～4朵，花与叶同时开放；苞片绿色，果时宿存，近卵形、卵状长圆形或近圆形；萼筒钟状，无毛或几无毛；花瓣白色或粉红色；雄蕊20～30枚。核果红色。花期4～6月，果期6～7月。

产于神农架各地，生于海拔500～1200m的山坡林中。果可食；花可观赏。

图68-19　微毛樱桃

9．多毛樱桃 │ Cerasus polytricha (Koehne) T. T. Yu et C. L. Li　图68-20

乔木或灌木。叶片倒卵形或倒卵长圆形，先端渐尖，基部近圆形，边有单锯齿或重锯齿，齿端有小腺体；侧脉7～11对；叶柄顶端常有1～3枚腺体。花序伞形或近伞形，有花2～4朵；总苞片倒卵状椭圆形；苞片绿色，果期宿存；萼筒钟状，萼片卵状三角形；花瓣白色或粉色，卵形；雄蕊20～30枚。核果红色，卵球形。花期4～5月，果期6～7月。

产于神农架各地，生于海拔1100～3000m的山坡林中。果可食；花可观赏。

10. 四川樱桃 | *Cerasus szechuanica* (Batalin) T. T. Yu et C. L. Li 图68-21

落叶乔木或灌木。叶片卵状椭圆形、倒卵状椭圆形或长椭圆形，边缘有重锯齿或单锯齿。花序近伞房总状，有花2~5朵；下部苞片大多不孕或仅顶端1~3枚苞片腋内着花，苞片近圆形、宽卵形至长卵形，绿色；萼筒钟状，萼片三角披针形；花瓣白色或淡红色，近圆形；雄蕊40~47枚；柱头盘状。核果紫红色，卵球形。花期4~6月，果期6~8月。

产于神农架各地，生于海拔1500~2600m的山坡林中。果可食；花可观赏。

图68-20　多毛樱桃

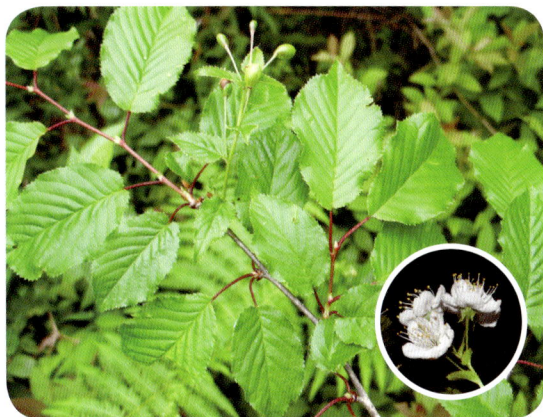

图68-21　四川樱桃

11. 雪落樱桃 | *Cerasus xueluoensis* C. H. Nan et X. R. Wang 图68-22

落叶灌木。叶片卵状椭圆形，先端渐尖，基部楔形，边缘有重锯齿，上面伏生白色柔毛，下面灰白色，无毛，侧脉12~19对；托叶褐色，线形，边缘有腺齿。花芽与叶芽共生。花序伞形，常有花2~3朵，稀4~5朵，花与叶同时开放；总苞片绿色至褐色，全缘，边缘具腺体；萼筒管状，暗红色，外面无毛；花瓣蕾期外面淡紫红色，花开时白色或白中带紫红色，先端下凹，圆钝或微2裂。核果椭球形，熟时黑色。花期4月，果期5月。

产于神农架各地（松柏）、阳日—板仓（zdg 6097）、松柏—大岩屋—燕天（zdg 4696），生于海拔900~1300m的山坡林中。果可食；花可观赏。

图68-22　雪落樱桃

12. 锥腺樱桃 ｜ Cerasus conadenia (Koehne) T. T. Yu et C. L. Li 图68-23

乔木或灌木。叶片卵形或卵状椭圆形，先端渐尖或骤尖，基部宽楔形至圆形，边有重锯齿，齿端有圆锥状腺体；侧脉6～9对；叶柄顶端通常有1～3枚腺体。花序近伞房总状，有花（3～）4～8朵，花与叶同时开放，下部常有1～3枚绿色不孕苞片；萼筒钟状，萼片长圆三角形；花瓣白色，阔卵形，先端啮蚀状；雄蕊27～30枚。核果红色，卵球形。花期5月，果期7月。

产于神农架小龙潭（应俊生、宋书银等6人0007），生于海拔2500m的林中或林缘。

图68-23　锥腺樱桃

13. 川西樱桃 ｜ Cerasus trichostoma (Koehne) T. T. Yu et C. L. Li 图68-24

乔木或小乔木。叶片卵形、倒卵形或椭圆状披针形，边有重锯齿，齿端急尖，无腺体或有小腺体，重锯齿常由2～3枚齿组成；侧脉6～10对。花2（～3）朵，稀单生，花与叶同时开放，稀稍先开放；萼筒钟状，无毛或被稀疏柔毛，萼片三角形至卵形；花瓣白色或淡粉红色，倒卵形；先端圆钝；雄蕊25～36枚，短于花瓣。核果紫红色，多肉质，卵球形。花期5～6月，果期7～10月。

产于神农架各地（大龙潭、长青，zdg 5569），生于海拔1500～2500m的林中或林缘。果可食；花可观赏。

14. 康定樱桃 ｜ Cerasus tatsienensis (Batalin) T. T. Yu et C. L. Li 图68-25

灌木或小乔木。叶片卵形或卵状椭圆形，先端渐尖，基部圆形，边有重锯齿，齿端有小腺体；侧脉6～9对；叶柄顶端有腺体或无腺体。花序伞形或近伞形，有花2～4朵，花与叶同时开放；苞片绿色，果实宿存，椭圆形或近圆形；萼筒钟状，无毛，萼片卵状三角形，先端急尖或钝，全缘或有疏齿；花瓣白色或粉红色，卵圆形；雄蕊20～35枚。花期4～6月，果期8月。

产于神农架鸭子口（杨仕煊25），生于海拔1700m的林中或林缘。

图68-24　川西樱桃

图68-25　康定樱桃

7. 木瓜属Chaenomeles Lindley

落叶或半常绿灌木或小乔木。单叶，互生，具齿或全缘，有短柄和托叶。花单生或簇生，先于叶开放或迟于叶开放；被丝托钟状；萼片5枚，全缘或有齿；花瓣5枚，大型；雄蕊20枚或多数排成2轮；花柱5枚，基部合生，子房下位，5室，每室有多数胚珠并排成2行。梨果大型，萼片脱落，内具多数褐色种子。

约5种。我国均产，湖北5种，神农架3种。

分种检索表

1. 花簇生，萼片全缘，直立。
    2. 叶下面无毛或有短柔毛，有尖锐锯齿⋯⋯⋯⋯⋯⋯⋯⋯1. 毛叶木瓜C. cathayensis
    2. 叶幼时下面密被褐色绒毛，有刺芒状锯齿⋯⋯⋯⋯⋯⋯3. 贴梗木瓜C. speciosa
1. 花单生，萼片有齿，反折⋯⋯⋯⋯⋯⋯⋯⋯⋯⋯⋯⋯⋯⋯⋯2. 木瓜C. sinensis

1. 毛叶木瓜 | Chaenomeles cathayensis (Hemsley) C. K. Schneider

图68-26

落叶灌木或小乔木。枝条具短枝刺。叶椭圆形、披针形至倒卵状披针形，边缘有芒状细尖锯齿。花先于叶开放，2～3朵簇生于二年生枝；花梗粗短或近无梗；萼片直立，卵形或椭圆形，全缘或有浅齿；花瓣淡红色或白色；雄蕊45～50枚；花柱5枚。果卵球形或近圆柱形。花期3～5月，果期9～10月。

产于神农架九冲、长坊、板仓、松柏等地，生于海拔600～2000m的路旁或山坡，亦有栽培。花、果供观赏；果实入药。

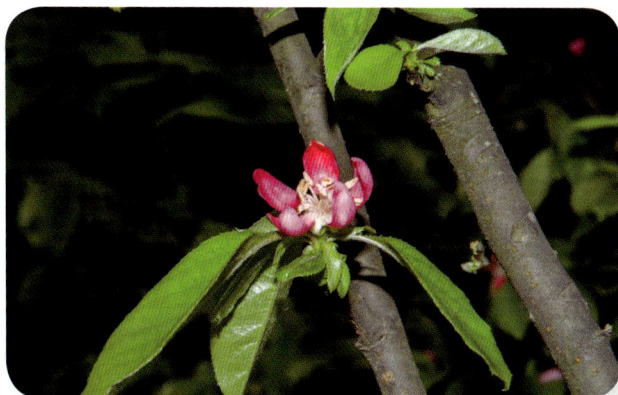

图68-26 毛叶木瓜

2. 木瓜 | Chaenomeles sinensis (Thouin) Koehne 图68-27

灌木或小乔木。小枝无刺。叶椭圆形或椭圆状长圆形，稀倒卵形，有刺芒状尖锐锯齿，齿尖有

薔薇科 — Rosaceae

375

腺，幼时下面密被黄白色绒毛；叶柄有腺齿。花后于叶开放，单生于叶腋；萼片三角状披针形，边缘有腺齿，反折；花瓣淡粉红色；雄蕊多数；花柱3～5枚。果长椭圆形。花期4月，果期9～10月。

产于神农架阳日、古水、苗峰等地，生于海拔500～1200m的山地或村旁，多为栽培。花、果供观赏；果实入药。

3．贴梗木瓜 │ Chaenomeles speciosa (Sweet) Nakai　图68-28

落叶灌木。枝条直立，有刺。叶卵形至椭圆形，稀长椭圆形，具尖锐锯齿，齿尖开展，两面无毛或幼时下面沿脉有柔毛；托叶草质，常肾形或半圆形，有尖锐重锯齿。花先于叶开放，3～5朵簇生于二年生老枝；萼片直立，常半圆形；花瓣常猩红色；雄蕊45～50枚；花柱5枚。果球形或卵球形。花期3～5月，果期9～10月。

原产于华北和西南地区，神农架多为栽培。花、果供观赏；果实入药。

图68-27　木瓜

图68-28　贴梗木瓜

8．栒子属Cotoneaster Medikus

灌木，稀小乔木状。单叶互生，全缘；托叶常钻形，早落。花两性，聚伞状伞房花序或数花簇生或单生；花萼5裂，萼筒钟形或陀螺形，稀圆筒形，与子房合生；萼片5枚，短小，宿存；花瓣5枚，白色、粉红色或红色；雄蕊常20枚；花柱2～5枚，离生，顶端膨大。果梨果状，顶端具宿存萼片，具（1～）2～5枚小核；小核骨质，常具1枚种子。

90余种。我国58种，湖北25种，神农架17种。

分种检索表

1. 密集聚伞状复伞房花序，具花20朵以上。
 2. 叶脉在叶面下陷··················9. 皱叶柳叶栒子C. salicifolius var. rugosus
 2. 叶脉在叶面平整··················11. 光叶栒子C. glabratus
1. 聚伞状复伞房花序，具花20朵以下，或花单生。
 3. 花序具3～15朵花，稀达20朵。

4．花瓣白色，开花时平展。

　　5．叶片下面无毛⋯⋯⋯⋯⋯⋯⋯⋯⋯⋯⋯⋯⋯⋯⋯⋯⋯**8．水枸子C. multiflorus**

　　5．叶片下面被灰色绒毛⋯⋯⋯⋯⋯⋯⋯⋯⋯⋯⋯⋯⋯⋯**12．华中枸子C. silvestrii**

4．花瓣粉红色，开花时直立。

　　6．叶下面被绒毛。

　　　　7．萼筒外面无毛或具稀疏柔毛⋯⋯⋯⋯⋯⋯⋯⋯⋯⋯**6．细弱枸子C. gracilis**

　　　　7．萼筒外面密被绒毛或短柔毛。

　　　　　　8．叶片先端圆钝⋯⋯⋯⋯⋯⋯⋯⋯⋯⋯⋯⋯⋯**10．西北枸子C. zabelii**

　　　　　　8．叶先端急尖至渐尖。

　　　　　　　　9．果实橘红色至深红色⋯⋯⋯⋯⋯⋯⋯⋯**5．木帚枸子C. dielsianus**

　　　　　　　　9．果实暗红色⋯⋯⋯⋯⋯⋯⋯⋯⋯⋯⋯**13．暗红枸子C. obscurus**

　　6．叶下面无毛或被稀疏柔毛。

　　　　10．果红色⋯⋯⋯⋯⋯⋯⋯⋯⋯⋯⋯⋯⋯⋯⋯⋯⋯**4．泡叶枸子C. bullatus**

　　　　10．果黑色。

　　　　　　11．萼筒具柔毛。

　　　　　　　　12．叶片先端渐尖或急尖⋯⋯⋯⋯⋯⋯⋯**14．麻核枸子C. foveolatus**

　　　　　　　　12．叶片先端急尖⋯⋯⋯⋯⋯⋯⋯⋯⋯⋯**1．灰枸子C. acutifolius**

　　　　　　11．萼筒近无毛⋯⋯⋯⋯⋯⋯⋯⋯⋯⋯⋯⋯⋯**3．川康枸子C. ambiguus**

3．花单生，稀2～5朵簇生或形成花序。

　　13．花瓣白色，开花时平展⋯⋯⋯⋯⋯⋯⋯⋯⋯⋯⋯⋯**15．矮生枸子C. dammeri**

　　13．花瓣粉红色，开花时直立。

　　　　14．平铺矮生灌木。

　　　　　　15．叶边呈波状起伏⋯⋯⋯⋯⋯⋯⋯⋯⋯⋯⋯**16．匍匐枸子C. adpressus**

　　　　　　15．叶边平⋯⋯⋯⋯⋯⋯⋯⋯⋯⋯⋯⋯⋯⋯**7．平枝枸子C. horizontalis**

　　　　14．直立灌木。

　　　　　　16．萼筒外面稍具柔毛⋯⋯⋯⋯⋯⋯⋯⋯⋯**17．散生枸子C. divaricatus**

　　　　　　16．萼筒外面无毛或几无毛⋯⋯⋯⋯⋯⋯⋯⋯**2．细尖枸子C. apiculatus**

1．灰枸子｜Cotoneaster acutifolius Turczaninow

分变种检索表

1．叶下面和花萼疏生长柔毛⋯⋯⋯⋯⋯⋯⋯⋯**1a．灰枸子C. acutifolius var. acutifolius**

1．叶下面和花萼外面密被长柔毛⋯⋯⋯⋯⋯⋯**1b．密毛灰枸子C. acutifolius var. villosulus**

1a．灰枸子（原变种）Cotoneaster acutifolius var. acutifolius　图68-29

落叶灌木。叶椭圆状卵形或长圆状卵形，全缘，幼时两面均被长柔毛，下面较密，渐脱落，后近无毛。聚伞状伞房花序具2～5朵花；苞片线状披针形；花萼疏生长柔毛，萼筒钟状或短筒状，萼片三角形；花瓣直立，宽倒卵形或长圆形，白色带红晕；雄蕊10~15枚；花柱常2枚。果常椭圆形，成熟时黑色，小核2~3枚。花期5~6月，果期9~10月。

产于神农架各地（鸭子口—坪堑，zdg 6368；阴峪河站，zdg 7732），生于海拔1500~2400m的山坡林中。枝叶、果实入药。

1b. 密毛灰栒子（变种）Cotoneaster acutifolius var. villosulus Rehder et E. H. Wilson　图68-30
本变种与原变种的主要区别：叶下面密被长柔毛；花萼外面密被长柔毛；果有疏长柔毛。

产于神农架各地，生于海拔1000~2400m的草坡灌丛中或山谷。枝叶入药。

图68-29　灰栒子

图68-30　密毛灰栒子

2. 细尖栒子 ｜ Cotoneaster apiculatus Rehder et E. H. Wilson　图68-31

落叶灌木。叶片近圆形、圆卵形，稀宽倒卵形，基部宽楔形或圆形，全缘；中脉及侧脉2对在上面微陷，在下面稍隆起；托叶线状披针形，成长时脱落或部分宿存。花单生，具短梗；萼筒外面无毛或几无毛，萼片短渐尖；花瓣直立，淡粉色。果实单生，近球形，几无柄，直立，红色，通常具3枚小核。花期6月，果期9~10月。

图68-31　细尖栒子

产于神农架木鱼（木鱼坪供销社后山，236-6队 2228），生于海拔1600m的山坡疏林中。

3. 川康栒子 ｜ Cotoneaster ambiguus Rehder et E. H. Wilson　图68-32

落叶灌木。叶片椭圆卵形至菱状卵形，全缘，下面具柔毛，老时具稀疏柔毛。聚伞花序有花5~10朵；萼筒钟状；萼片三角形，外面无毛或仅沿边缘微具柔毛，内面常无毛；花瓣直立，宽卵形或近圆形，白色带粉红色；雄蕊20枚；子房先端密生柔毛。果实卵形或近球形，黑色，常具2~3（4~5）枚小核。花期5~6月，果期9~10月。

产于神农架各地（坪堑），生于海拔1800～2900m的半阳坡或稀疏林中。叶、果实入药。

4. 泡叶栒子 │ **Cotoneaster bullatus** Bois　图68-33

落叶灌木。叶长圆状卵形或椭圆状卵形，全缘，上面有皱纹，泡状隆起，下面具疏生柔毛，沿叶脉毛较密，有时近无毛。聚伞状伞房花序具5～13朵花；花萼幼时具疏柔毛，后无毛，萼片三角形；花瓣直立，倒卵形，浅红色；雄蕊20～22枚；子房顶端具柔毛。果球形或倒卵圆形，成熟时红色；小核4～5枚。花期5～6月，果期8～9月。

产于神农架各地（猴子石—下谷，zdg 7480），生于海拔2000～2800m的山坡疏林中、河边。根、叶入药。

图68-32　川康栒子

图68-33　泡叶栒子

5. 木帚栒子 │ **Cotoneaster dielsianus** E. Pritzel　图68-34

落叶灌木。叶椭圆形或卵形，先端尖，稀钝圆或缺凹，全缘；下面密被灰黄色或灰色绒毛。聚伞状伞房花序具3～7朵花；花萼被柔毛，萼筒钟状，萼片三角形；花瓣直立，几圆形或宽倒卵形，浅红色；雄蕊15～20枚，子房顶部有柔毛。果近球形或倒卵圆形，成熟时红色；小核3～5枚。花期6～7月，果期9～10月。

产于神农架九湖、红坪、木鱼、宋洛等，生于海拔800～2500m的山坡林中。枝叶入药。

6. 细弱栒子 │ **Cotoneaster gracilis** Rehder et E. H. Wilson　图68-35

落叶灌木。叶卵形至长圆状卵形，全缘，下面密被白色绒毛。聚伞状伞房花序具3～7朵花，与叶近等长，稍具柔毛。花萼无毛，萼筒钟状，红色，萼片三角卵形；花瓣直立，近圆形，粉红色；雄蕊20枚，稍短于花瓣；花柱常2枚，离生，短于雄蕊，子房顶端具柔毛。果倒卵圆形，成熟时红色；小核2枚。花期5～6月，果期8～9月。

产于神农架各地，生于海拔1000～2800m的河滩地灌丛中。叶、果实入药。

图68-34　木帚枸子

图68-35　细弱枸子

7．平枝枸子 ｜ Cotoneaster horizontalis Decaisne　图68-36

落叶或半常绿匍匐灌木。叶近圆形或宽椭圆形，稀倒卵形，全缘，上面无毛，下面有疏平贴柔毛。花1～2朵，近无梗；花萼具疏柔毛，萼筒钟状，萼片三角形；花瓣直立，倒卵形，粉红色；雄蕊约12枚；子房顶端有柔毛。果近球形，成熟时鲜红色；小核（2～）3枚。

产于神农架高海拔地区，生于海拔1700～3000m的山顶岩缝或灌丛中。枝叶、根入药。

8．水枸子 ｜ Cotoneaster multiflorus Bunge　图68-37

落叶灌木。叶卵形或宽卵形，先端尖或钝圆，基部宽楔形或圆，上面无毛，下面幼时稍有柔毛，后渐脱落。疏散聚伞状伞房花序具5～20朵花，无毛，稀微具柔毛；苞片线形；花萼常无毛，萼筒钟状，萼片三角形；花瓣平展，近圆形；雄蕊约20枚，稍短于花瓣；花柱常2枚，离生。果近球形或倒卵圆形，成熟时红色。花期5～6月，果期8～9月。

产于神农架各地（坪堑），生于海拔1200～2500m的山坡林内或林缘。枝叶入药。

图68-36　平枝枸子

图68-37　水枸子

9. 皱叶柳叶栒子（变种） | Cotoneaster salicifolius var. rugosus (E. Pritzel) Rehder et E. H. Wilson　图68-38

常绿或半常绿灌木。叶片长圆形，具深皱纹，叶脉深陷，叶边反卷，下面叶脉显著凸起，密被绒毛。复聚伞花序，总花梗和花梗密被灰白色绒毛；花瓣白色；花药紫色。果实近球形，深红色。花期6月，果期9～10月。

产于神农架各地（官门山）、龙门河（zdg 7900）、峡口，生于海拔1000～1600m的沟边林中。全株入药。

10. 西北栒子 | Cotoneaster zabelii C. K. Schneider　图68-39

落叶灌木。叶椭圆形或卵形，先端圆钝，稀微缺，基部圆或宽楔形，全缘，下面密被带黄色或带灰色绒毛。花3～10余朵成下垂聚伞状伞房花序，被柔毛；花萼具柔毛，萼筒钟状，萼片三角形；花瓣直立，倒卵形或近圆形，浅红色；雄蕊18～20枚，子房顶端具柔毛。果倒卵圆形或近球形，成熟时鲜红色；小核2枚。花期5～6月，果期8～9月。

产于神农架宋洛、松柏、新华等，生于海拔800～2500m的山坡灌丛中或沟边。枝叶、果实入药。

图68-38　皱叶柳叶栒子

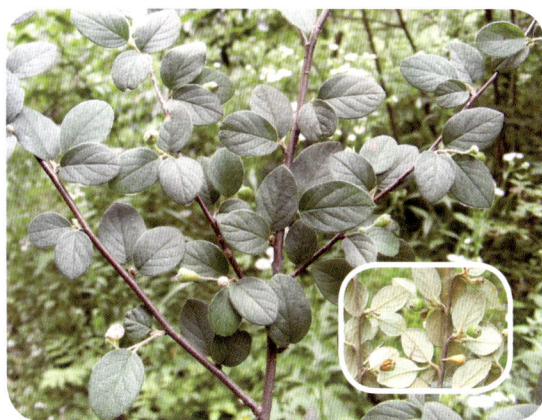

图68-39　西北栒子

11. 光叶栒子 | Cotoneaster glabratus Rehder et E. H. Wilson　图68-40

灌木。叶片革质，长圆披针形至长圆倒披针形，先端渐尖或急尖，基部楔形；侧脉7～10对，中脉稍凸起；托叶膜质，早落。复聚伞花序有多数密集花朵，总花梗和花梗被稀疏柔毛；苞片膜质，披针形，早落；萼筒钟状，外面有稀疏柔毛，内面无毛；萼片卵状三角形；花瓣平展，白色；雄蕊20枚，花药紫色；花柱2枚。果实球形，红色。花期6～7月，果期9～10月。

产于神农架各地（阴峪河站，zdg 7734），生于海拔1600～1700m的沟边林中。

12. 华中栒子 | Cotoneaster silvestrii Pampanini　图68-41

落叶灌木。叶片椭圆形至卵形，先端急尖或圆钝，稀微凹。基部圆形或宽楔形；侧脉4～5对，在上面微陷，在下面凸起；叶柄细，具绒毛；托叶线形，微具细柔毛，早落。聚伞花序有花3～9

朵，总花梗和花梗被细柔毛；萼筒钟状，外被细长柔毛；萼片三角形；花瓣平展，近圆形，白色；雄蕊20枚，花药黄色。果实近球形，红色。花期6月，果期9月。

产于神农架各地（红坪），生于海拔1000～1600m的沟边林中。

图68-40　光叶栒子

图68-41　华中栒子

13．暗红栒子 | Cotoneaster obscurus Rehder et E. H. Wilson　图68-42

落叶灌木。叶片椭圆卵形或菱状卵形，先端渐尖，基部宽楔形，全缘，上面微具柔毛；侧脉5～7对，稍下陷，下面具黄灰色绒毛，侧脉凸起。聚伞花序生于侧生短枝上，具花3～7朵，总花梗和花梗具短柔毛；花瓣带红色。果实卵形，暗红色，通常有3枚小核。花期5～6月，果期9～10月。

产于神农架各地，生于海拔1500～3000m的沟边林中。

14．麻核栒子 | Cotoneaster foveolatus Rehder et E. H. Wilson　图68-43

落叶灌木。叶片椭圆形或椭圆倒卵形，先端渐尖或急尖，基部宽楔形或近圆形，全缘，上面被短柔毛，老时脱落，下面被短柔毛，在叶脉上毛较多，后脱落，老时近无毛；叶脉显著凸起。聚伞花序有花3～7朵，总花梗和花梗被柔毛；花瓣粉红色。果实近球形，黑色；小核3～4枚。花期6月，果期9～10月。

产于神农架各地（阴峪河站，zdg 7730），生于海拔1400～2600m的沟边林中。

图68-42　暗红栒子

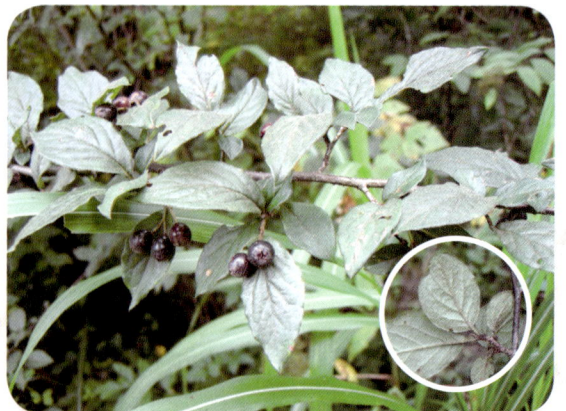

图68-43　麻核栒子

15．矮生栒子 ｜ **Cotoneaster dammeri** C. K. Schneider 图68-44

常绿灌木。叶片厚革质，椭圆形至椭圆长圆形，先端圆钝、微缺或急尖，基部宽楔形至圆形，上面光亮无毛；叶脉下陷，下面微带苍白色，幼时具平贴柔毛，后脱落，侧脉4～6对。花通常单生，有时2～3朵；花瓣平展，白色；花药紫色。果实近球形，鲜红色，通常具4～5枚小核。花期5～6月，果期10月。

产于神农架各地，生于海拔1300～2600m的沟边林中。

16．匍匐栒子 ｜ **Cotoneaster adpressus** Bois 图68-45

落叶灌木。叶片宽卵形或倒卵形，稀椭圆形，先端圆钝或稍急尖，基部楔形，边缘全缘而呈波状，上面无毛，下面具稀疏短柔毛或无毛；托叶钻形，成长时脱落。花1～2朵，几无梗；萼筒钟状，外具稀疏短柔毛；萼片卵状三角形；花瓣直立，倒卵形，粉红色；雄蕊约10～15枚，短于花瓣。果实近球形，鲜红色，无毛。花期5～6月，果期8～9月。

产于神农架各地，生于海拔1900～3000m的沟边林中。

图68-44 矮生栒子

图68-45 匍匐栒子

17．散生栒子 ｜ **Cotoneaster divaricatus** Rehder et E. H. Wilson 图68-46

落叶灌木。叶片椭圆形，稀倒卵形，先端急尖，稀稍钝，基部宽楔形，全缘，幼时上下两面有短柔毛，老时上面脱落近于无毛。聚伞花序有花2～4朵；花瓣粉红色。果实椭圆形，红色，有稀疏毛，具1～3枚核，通常有2枚小核。花期4～6月，果期9～10月。

产于神农架各地，生于海拔1600～3000m的沟边林中。

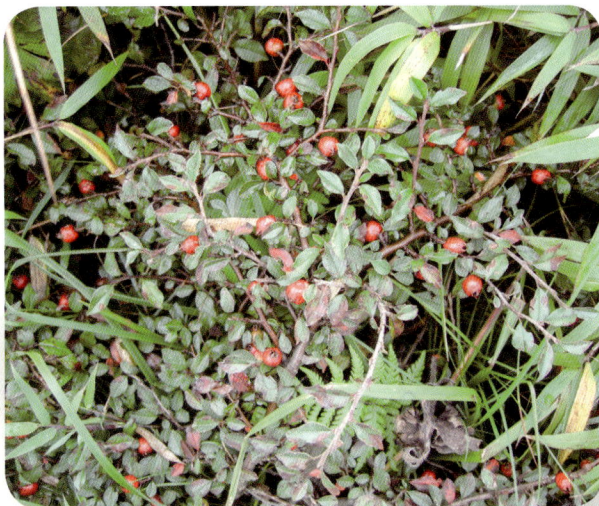

图68-46 散生栒子

9. 山楂属Crataegus Linnaeus

落叶稀半常绿灌木或小乔木。冬芽卵圆形或近圆形。单叶互生，有齿，深裂或浅裂，稀不裂；有叶柄与托叶。伞房花序或伞形花序，极稀单生；被丝托钟状，萼片5枚；花瓣5枚，白色，稀粉红色；雄蕊5~25枚；雌蕊1~5枚，大部分与被丝托合生，仅先端和腹面分离。梨果顶端有宿存萼片；具5枚骨质小核。

全球1000种。我国18种，湖北5种，神农架4种。

分种检索表

1. 叶片浅裂或不分裂，侧脉伸至裂片先端，裂片分裂处无侧脉。
  2. 叶边锯齿圆钝，中部以上有（1~）2~4对浅裂片 ·················· 2. 湖北山楂C. hupehensis
  2. 叶边锯齿尖锐，常具3~7对裂片，稀仅顶端3浅裂。
    3. 叶片基部楔形；小核4~5枚，内面两侧平滑 ·················· 1. 野山楂 C. cuneata
    3. 叶片基部宽楔形至圆形；小核内面两侧有凹痕 ·················· 4. 华中山楂C. wilsonii
1. 叶片羽状深裂 ·················· 3. 山楂C. pinnatifida

1. 野山楂 | Crataegus cuneata Siebold et Zuccarini 图68–47

落叶灌木。叶宽倒卵形至倒卵状长圆形，先端急尖，基部楔形，下延叶柄，有不规则重锯齿，先端常有3或稀5~7浅裂。伞房花序具5~7朵花，花梗和花序梗均被柔毛；萼片三角形；花瓣白色，近圆形或倒卵形；雄蕊20枚。果近球形或扁球形，红色或黄色，常有宿存反折萼片或1枚苞片；小核4~5枚。花期5~6月，果期9~11月。

产于神农架松柏盘水古庙垭、宋洛—徐家庄（zdg 6485），生于海拔1100m的向阳灌丛中。果实入药。

图68–47 野山楂

2. 湖北山楂 | Crataegus hupehensis Sargent 图68–48

乔木或灌木。叶卵形至卵状长圆形，先端短渐尖，基部宽楔形或近圆形，有圆钝锯齿，中上部有2～4对浅裂片，裂片卵形，无毛或下面脉腋有髯毛。伞房花序，有多花，花梗和花序梗均无毛；萼片三角形；花瓣白色，卵形；雄蕊20枚；花柱5枚，柱头头状。果近球形，深红色，有斑点，宿存萼片反折；小核5枚。花期5～6月，果期8～9月。

产于神农架宋洛（平分头），生于海拔1800m以下的山坡灌木丛中。果实入药。

3. 山楂｜**Crataegus pinnatifida** Bunge 图68-49

落叶乔木。叶宽卵形或三角状卵形，稀菱状卵形，有3～5对羽状深裂片，疏生不规则重锯齿；侧脉6～10对。伞形花序具多花；花梗和花序梗均被柔毛，花后脱落；萼片三角状卵形或披针形；花瓣白色，倒卵形或近圆形；雄蕊20枚；花柱3～5枚。果近球形或梨形，深红色；小核3～5枚。花期5～6月，果期9～10月。

原产于我国华北，神农架松柏（黄连架）、阳日（大坪村，zdg 7887）有栽培。果实入药。

图68-48 湖北山楂

图68-49 山楂

4. 华中山楂｜**Crataegus wilsonii** Sargent 图68-50

落叶灌木。叶卵形或倒卵形，稀三角状卵形，有尖锐锯齿，常在中部以上有3～5对浅裂片，裂片近圆形或卵形，先端急尖或圆钝。伞房花序具多花；萼片卵形或三角卵形，外面被柔毛；花瓣白色，近圆形；雄蕊20枚，花药玫瑰紫色；花柱2～3枚，稀1枚。果椭圆形，红色，萼片宿存反折；小核1～3枚，两侧有深凹痕。花期5月，果期8～9月。

产于神农架各地，生于海拔1500～3000m的山坡林中或灌木丛中。果实入药。

图68-50 华中山楂

10. 蛇莓属 Duchesnea Smith

多年生草本。基生叶数枚，茎生叶互生，三出复叶；托叶宿存，贴生叶柄。花多单生于叶腋，无苞片；副萼片、萼片及花瓣各5枚；副萼片大型，和萼片互生，宿存，先端有3～5枚锯齿，萼片宿存；花瓣黄色；雄蕊20～30枚；心皮多数，离生；花托半球形或陀螺形，果期增大，海绵质，红色。瘦果微小，扁卵圆形。种子1枚，肾形。

约5～6种。我国2种，湖北1种，神农架也有。

蛇莓 | Duchesnea indica (Andrews) Focke 图68-51

多年生草本。匍匐茎多数。小叶倒卵形或菱状长圆形。花单生于叶腋；萼片卵形，副萼片倒卵形，比萼片长；花瓣倒卵形，黄色；雄蕊20～30枚；心皮多数，离生，花托在果期膨大，海绵质，鲜红色，有光泽。瘦果卵圆形，光滑或具不明显凸起。花期6～8月，果期8～10月。

产于神农架各地，生于海拔1800m以下的山坡、草地或潮湿之地。全草入药。

图68-51 蛇莓

11. 枇杷属 Eriobotrya Lindley

常绿乔木或灌木。单叶互生，有锯齿或近全缘，羽状网脉明显；常有叶柄或近无柄；有托叶，多早落。顶生圆锥花序，常被绒毛；被丝托杯状或倒圆锥状，萼片5枚，宿存；花瓣5枚，倒卵形或圆形；雄蕊（10～）20～40枚；花柱2～5枚，基部合生，常有毛，子房下位，合生，2～5室，每室2枚胚珠。梨果肉质或干燥，内果皮膜质，有1～2枚种子。

约30种。我国13种，湖北2种，神农架1种。

枇杷 | Eriobotrya japonica (Thunberg) Lindley 图68-52

常绿小乔木。叶革质，披针形、倒披针形、倒卵形或椭圆状长圆形，上部边缘有疏锯齿，下面密被灰棕色绒毛。圆锥花序；花序梗和花梗均密被锈色绒毛；苞片钻形，密生锈色绒毛；萼片三角状卵形；花瓣白色，长圆形或卵形；雄蕊20枚；花柱5枚，离生，柱头头状，子房5室，每室2枚胚珠。果球形或长圆形。花期10～12月，果期5～6月。

产于低海拔地区（长青，zdg 5598；红花—龙门河沿公路，zdg 3944），生于山坡、路旁或房前屋后，也有栽培。果树；也作观赏树木；叶和果实入药。

图68-52 枇杷

12. 草莓属Fragaria Linnaeus

多年生草本。叶为三出或羽状5小叶；托叶膜质，基部与叶柄合生。花两性或单性，杂性异株；数朵成聚伞花序，稀单生；花萼倒卵状圆锥形或陀螺形，裂片5枚，宿存，副萼片5枚；花瓣5枚，白色，稀淡黄色，倒卵形或近圆形；雄蕊18~25枚；雌蕊多数，离生。瘦果小，聚生于花托上，花托球形或椭圆形，熟时肥厚肉质，紫红色。种子1枚。

20余种。我国约7种，湖北5种，神农架均有。

分种检索表

1. 茎和叶柄被紧贴的毛，小叶3，稀5 ·· 2. 纤细草莓F. gracilis
1. 茎和叶柄被开展的毛。
  2. 花梗被紧贴的毛 ··· 5. 野草莓F. vesca
  2. 花梗被开展的毛。
    3. 萼片在果期反折或水平展开 ····································· 4. 东方草莓F. orientalis
    3. 萼片在果期紧贴于果实。
      4. 果实较大，直径达3cm ··· 1. 草莓F. × ananassa
      4. 果实直径小，直径1~1.5cm ·········· 3. 粉叶黄毛草莓F. nilgerrensis var. mairei

---

1. 草莓 ｜ Fragaria × ananassa (Weston) Duchesne　图68-53

多年生草本。茎密被黄色柔毛。叶三出，倒卵形或菱形，稀几圆形。聚伞花序，有5~15朵花；花两性；萼片卵形，副萼片椭圆状披针形，全缘，稀2深裂；花瓣白色，近圆形或倒卵状椭圆形；雌蕊极多。聚合果宿萼直立，紧贴果实；瘦果尖卵圆形，光滑。花期4~5月，果期6~7月。

原产于南美洲，现种植的为经改良的园艺品种，多栽培于神农架低海拔地区。水果；果实入药。

图68-53　草莓

2. 纤细草莓 ｜ Fragaria gracilis Losinskaja　图68-54

多年生草本。茎被紧贴的毛。叶为3小叶或羽状5小叶；小叶椭圆形、长椭圆形或倒卵状椭圆形；叶柄细，被紧贴柔毛，稀脱落。花序聚伞状，有1~3（~4）朵花，花梗被紧贴短柔毛；萼片卵状披针形，副萼片线状披针形或线形；花瓣近圆形；雄蕊20枚。聚合果球形或椭圆形，宿萼极反折；瘦果卵圆形。花期4~7月，果期6~8月。

产于神农架各地，生于海拔1600~2800m的山坡草丛、沟边或林下。果可食；全草入药。

3. 粉叶黄毛草莓（变种）| **Fragaria nilgerrensis** var. **mairei** (H. Lèveillè) Handel-Mazzetti 图68-55

多年生草本。茎密被黄棕色绢状柔毛。叶三出，小叶倒卵形或椭圆形，下面具苍白色蜡质乳头；叶柄密被黄棕色绢状柔毛。聚伞花序具（1～）2～5（～6）朵花；花两性；萼片卵状披针形，副萼片披针形；花瓣白色，圆形，基部有短爪。聚合果圆形，宿萼直立，紧贴果实；瘦果卵圆形，光滑。

产于神农架各地（长岩屋—茶园，zdg 6939；麻湾，zdg 6031；长青，zdg 5610），生于海拔700～2500m的山坡草丛、沟边或林下。果可食；全草入药。

图68-54　纤细草莓

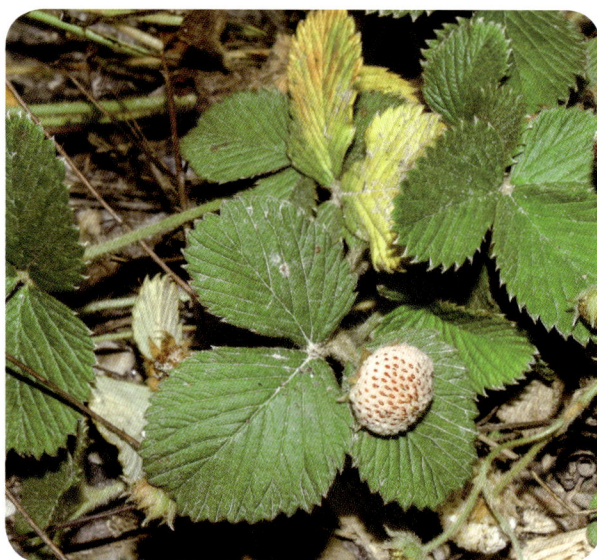

图68-55　粉叶黄毛草莓

4. 东方草莓 | **Fragaria orientalis** Losinskaja 图68-56

多年生草本。茎被开展柔毛。叶为3小叶复叶，倒卵形或菱状卵形；叶柄被开展柔毛。花序聚伞状，有（1～）2～5（～6）朵花；花两性，稀单性，被开展柔毛；萼片卵状披针形，副萼片线状披针形；花瓣白色，近圆形；雄蕊18～22枚；雌蕊多数。聚合果半圆形；宿萼开展或微反折；瘦果卵圆形。花期5～7月，果期7～9月。

产于神农架各地，生于海拔700～2500m的山坡草地或林下。果可食；全草和果实入药。

5. 野草莓 | **Fragaria vesca** Linnaeus 图68-57

多年生草本。叶为羽状3小叶；小叶片边缘具缺刻状锯齿，下面淡绿色，被短柔毛。花序聚伞状，基部具1小叶，花梗被紧贴柔毛；花瓣白色。聚合果卵球形，红色，宿存萼片平展。花期4～6月，果期6～9月。

产于神农架木鱼（老君山）、长岩屋—茶园（zdg 6943）、房县（黄仁煌 79），生于海拔2500m的山坡路边草地上。果可食；全草和果实入药。

图68-56　东方草莓

图68-57　野草莓

13．路边青属Geum Linnaeus

多年生草本。基生叶为奇数羽状复叶；茎生叶常三出或单出如苞片状；托叶常与叶柄合生。花两性；单生或成伞房花序；花萼陀螺状或半球形，萼片5枚，副萼片5枚；花瓣5枚，黄色、白色或红色；雌蕊多数，离生，花柱丝状，柱头细小，上部扭曲，后自弯曲处脱落，每心皮含1枚胚珠，上升。瘦果小，果喙顶端具钩。种子直立；种皮膜质。

70余种，广布于南北两半球温带。我国3种，湖北2种，神农架均产。

分种检索表

1. 茎生叶变化大，有时重复羽裂 ···1. 路边青G. aleppicum
1. 上部茎生叶常单叶，3浅裂 ····················2. 柔毛路边青G. japonicum var. chinense

1．路边青｜Geum aleppicum Jacquin　水杨梅　图68-58

多年生草本。基生叶为大头羽状复叶，小叶2～6对；茎生叶羽状复叶，有时重复分裂，顶生小叶披针形或倒卵披针形，先端常渐尖或短渐尖，基部楔形；托叶卵形。花序顶生，疏散排列；花瓣黄色，近圆形；萼片卵状三角形，副萼片披针形；花柱顶生。聚合果倒卵状球形；瘦果被长硬毛，宿存花柱无毛，顶端有小钩；果托被短硬毛。花果期7～10月。

产于神农架各地，生于海拔1000～2800m的山坡草地或林缘。根、全草入药。

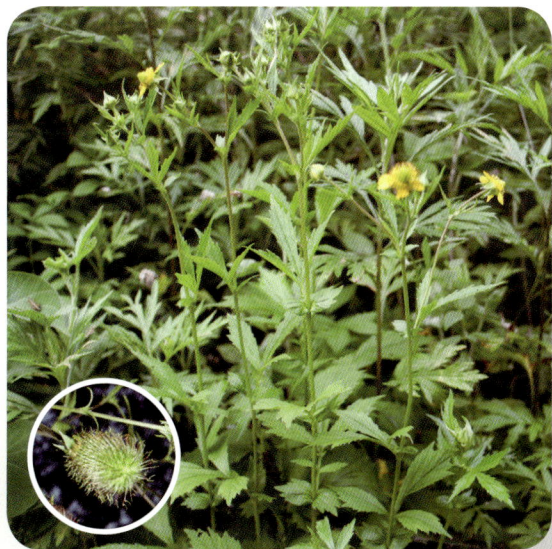

图68-58　路边青

2. 柔毛路边青（变种） | **Geum japonicum** Jacquin var. **chinense** F. Bolle

图68-59

多年生草本。基生叶为大头羽状复叶，有1～2对小叶；上部茎生叶为单叶，3浅裂，裂片圆钝或急尖，托叶绿色，有粗齿。花序疏散；萼片三角状卵形，副萼片被短柔毛；花瓣黄色，近圆形，花柱顶生，在上部1/4处扭曲，后自扭曲处脱落。聚合果圆卵形或椭球形；瘦果被长硬毛，宿存花柱有小钩。花果期5～10月。

产于神农架各地（松柏八角庙村，zdg 7201；长青，zdg 5883），生于海拔100～1300m的山坡草地或疏林下。全草、根入药。

图68-59 柔毛路边青

14. 棣棠花属Kerria Candolle

灌木。单叶，互生，三角状卵形或卵形；托叶膜质，带状披针形，有缘毛，早落。花两性，单生于当年生侧枝顶端；萼片3枚，卵状椭圆形，宿存；花瓣黄色，宽椭圆形或近圆形；雄蕊多数，成数束；花盘环状，被疏柔毛；心皮5～8枚，分离，花柱顶生，直立，细长，每心皮1枚胚珠。瘦果侧扁，倒卵圆形或半球形，成熟时褐色或黑褐色。

单种属，神农架有产。

棣棠花 | **Kerria japonica** (Linnaeus) Candolle 图68-60

特征同属的描述。花期4～6月，果期6～8月。

产于神农架各地，生于海拔2000m以下的沟边灌丛中。重瓣品种为民间喜栽的花卉；枝叶、花可入药。

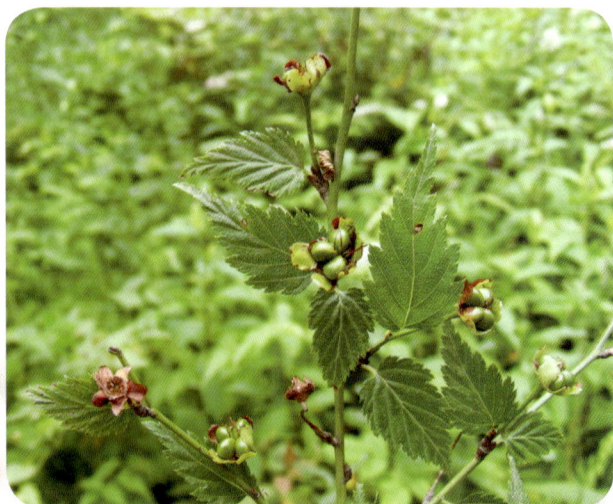

图68-60 棣棠花

15. 桂樱属Laurocerasus Duhamel

乔木或灌木。单叶，互生，幼时在芽中对折；托叶小，早落。花常两性，整齐；总状花序，极稀为复总状花序，总状花序无叶，常单生，稀簇生，生于叶腋或二年生枝叶痕的腋间；苞片小，早落，位于花序下部的苞片常无花，小苞片常无；花萼5裂，萼筒杯形或钟形，萼片5枚；花瓣白色，长于萼片；雄蕊10～50枚，2轮；柱头盘状。核果，常无沟，无蜡被。

约80种。我国13种，湖北3种，神农架2种。

1. 刺叶桂樱 | Laurocerasus spinulosa (Siebold et Zuccarini) C. K. Schneider 图68-61

常绿乔木。叶草质或薄革质，长圆形或倒卵状长圆形，先端渐尖或尾尖，边缘常波状，中部以上或近顶端常具少数针状锐锯齿。总状花序生于叶腋，单生，具10～20余朵花；苞片早落，花序下部的苞片常无花；萼筒钟形或杯形，萼片卵状三角形；花瓣圆形，白色；子房无毛，有时雌蕊败育。核果椭圆形。花期9～10月，果期11～3月。

产于神农架（下谷），生于海拔1000m的山坡林中。种子入药。

2. 大叶桂樱 | Laurocerasus zippeliana (Miquel) Browicz 图68-62

常绿乔木。叶革质，宽卵形、椭圆状长圆形或宽长圆形，先端急尖或短渐尖，具粗锯齿。总状花序单生或2～4个簇生于叶腋。花序下部苞片常先端3裂而无花；萼筒钟形，萼片卵状三角形；花瓣近圆形，白色；子房无毛。核果长圆形或卵状长圆形。花期7～10月，果期冬季。

产于神农架（下谷）、阳日（寨湾），生于海拔600m的山坡林中。观赏树木；果实、种仁及叶入药。

图68-61 刺叶桂樱

图68-62 大叶桂樱

蔷薇科 | Rosaceae

391

16．苹果属 Malus Miller

乔木或灌木。单叶互生，叶有齿或分裂，在芽中席卷状或对折状；有叶柄和托叶。伞形总状花序；花瓣近圆形或倒卵形，白色、浅红色或艳红色；雄蕊15~50枚，花药红色，花丝白色；花柱3~5枚，基部合生，子房下位，3~5室，每室2枚胚珠。梨果，无石细胞或少数种类有少量石细胞；萼片宿存或脱落，子房壁软骨质，3~5室，每室1~2枚种子。

约40种。我国约25种，湖北13种，神农架9种。

分种检索表

```
1. 叶片不分裂，在芽中呈席卷状；果实内无石细胞。
  2. 萼片脱落，花柱3~5枚；果实较小，直径多在1.5cm以下。
    3. 萼片披针形，比萼筒长·······························································2. 山荆子 M. baccata
    3. 萼片三角卵形，与萼筒等长或稍短。
      4. 萼片先端圆钝；果实梨形或倒卵形·······························3. 垂丝海棠 M. halliana
      4. 萼片先端渐尖或急尖；果实椭圆形或近球形···············4. 湖北海棠 M. hupehensis
  2. 萼片宿存，花柱（4~）5枚；果形较大，直径常在2cm以上。
    5. 叶边有钝锯齿；果实先端常有隆起，萼洼下陷·······················6. 苹果 M. pumila
    5. 叶边锯齿常较尖锐；果实先端渐狭，萼洼微凸·······················1. 花红 M. asiatica
1. 叶片常分裂，稀不分裂，在芽中呈对折状；果实内无石细胞或有少数石细胞。
  6. 萼片脱落。
    7. 花柱基部有长柔毛，无石细胞·······························7. 三叶海棠 M. sieboldii
    7. 花柱基部无毛，有石细胞·······················5. 光叶陇东海棠 M. kansuensis var. calva
  6. 萼片宿存。
    8. 果实先端有杯状浅洼·······················8. 川鄂滇池海棠 M. yunnanensis var. veitchii
    8. 果实先端隆起·······························································9. 台湾海棠 M. doumeri
```

1．花红 | **Malus asiatica** Nakai　图68-63

小乔木。叶卵形或椭圆形，有细锐锯齿，上面有短柔毛，渐脱落。伞形花序，具4~7朵花，集生于枝顶；萼片三角状披针形，内外两面密被柔毛，萼片比被丝托稍长；花瓣倒卵形或长圆状倒卵形，淡粉色；雄蕊17~20枚；花柱4（~5）枚，基部具长绒毛。果卵状扁球形或近球形；宿萼肥厚隆起。花期4~5月，果期8~9月。

原产于我国华北至华中地区，神农架多为栽培。果实食用；观赏树木；果实、根、叶可入药。

2．山荆子 | **Malus baccata** (Linnaeus) Borkhausen　图68-64

乔木。叶椭圆形或卵形，先端渐尖，稀尾状渐尖，基部楔形或圆，边缘有细锐锯齿。花4~6朵组成伞形花序；萼片披针形，先端渐尖；花瓣白色，倒卵形；雄蕊15~20枚；花柱4或5枚，基部有长柔毛。果近球形，柄洼及萼洼稍微陷入；萼片脱落。花期4~6月，果期9~10月。

产于神农架各地，生于海拔1800m以下的山坡林中及山谷阴处灌丛中。果实食用；观赏树木；果实入药。

图68-63　花红

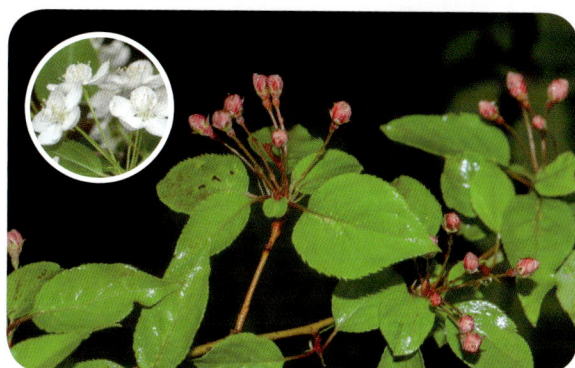

图68-64　山荆子

3. 垂丝海棠 ｜ Malus halliana Koehne　图68-65

乔木。叶卵形、椭圆形至长椭圆状卵形，先端长渐尖，基部楔形至近圆形，边缘有圆钝细锯齿。花4~6朵，组成伞房花序；萼片三角状卵形，先端钝，全缘，外面无毛，内面密被绒毛；花瓣常5枚以上，粉红色，倒卵形；雄蕊20~25枚；花柱4或5枚，基部有长绒毛；顶花有时无雌蕊。果梨形或倒卵圆形，稍带紫色；萼片脱落。花期3~4月，果期9~10月。

原产于我国长江流域，神农架园林有栽培。果实食用；观赏树木；花入药。

4. 湖北海棠 ｜ Malus hupehensis (Pampanini) Rehder　图68-66

乔木。叶卵形至卵状椭圆形，先端渐尖，基部宽楔形，稀近圆形，边缘有细锐锯齿。花4~6朵组成伞房花序；萼片三角状卵形，先端渐尖或急尖，内面有柔毛；花瓣粉白色或近白色，倒卵形；雄蕊20枚；花柱3（~4）枚，基部有长绒毛，稍长于雄蕊。果椭圆形或近球形，黄绿色，稍带红晕，萼片脱落。花期4~5月，果期8~9月。

产于神农架各地（长青，zdg 5666），生于海拔500~3000m的山坡或山谷林中。果实食用；叶作茶饮；观赏树木；果实、叶、根入药。

图68-65　垂丝海棠

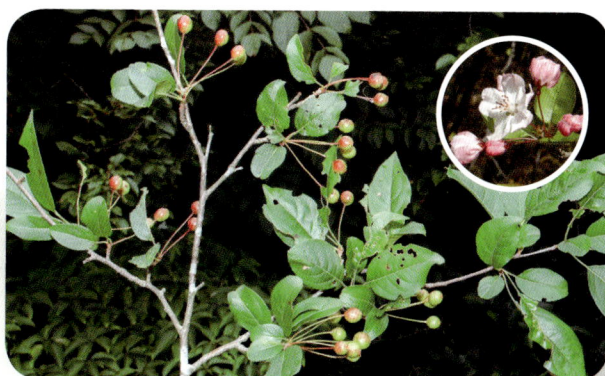

图68-66　湖北海棠

5. 光叶陇东海棠（变种） | **Malus kansuensis** var. **calva** (Rehder) T. C. Ku et Spongberg 图68-67

灌木至小乔木。叶片卵形或宽卵形，基部圆形或截形，边缘有细锐重锯齿，通常3浅裂，稀有不规则分裂或不裂。伞形总状花序，具花4~10朵；苞片膜质，线状披针形，很早脱落；萼筒外面有长柔毛；萼片三角卵形至三角披针形；花瓣宽倒卵形，基部有短爪，白色；雄蕊20枚。果实椭圆形或倒卵形，黄红色。花期5~6月，果期7~8月。

产于神农架高海拔地区（猴子石—南天门，zdg 7310），生于海拔1700~2700m的山坡灌丛中。果实食用；观赏树木；叶、果入药。

6. 苹果 | **Malus pumila** Miller 图68-68

乔木。叶椭圆形、卵形或宽椭圆形，基部宽楔形或圆，具圆钝锯齿。伞形花序，具3~7朵花，集生于枝顶。萼片三角状披针形或三角状卵形，全缘，两面均密被绒毛；萼片比被丝托长；花瓣倒卵形，白色，含苞时带粉红色；雄蕊20枚；花柱5枚，下半部密被灰白色绒毛。果扁球形，顶端常有隆起，萼洼下陷；萼片宿存。花期5月，果期7~10月。

原产于欧洲中部、东南部，中亚西亚以及中国新疆，神农架有栽培（长青，zdg 5667）。果实食用；观赏树木；果实、叶、果皮入药。

图68-67　光叶陇东海棠

图68-68　苹果

7. 三叶海棠 | **Malus sieboldii** (Regel) Rehder 图68-69

灌木。叶片卵形、椭圆形或长椭圆形，先端急尖，边缘有尖锐锯齿，新枝上叶片锯齿粗锐，常3稀5浅裂。花4~8朵，集生于小枝顶端；萼片三角卵形，内面密被绒毛；花瓣长椭倒卵形，淡粉红色；雄蕊20枚；花柱3~5枚，基部有长柔毛。果实近球形，萼片脱落。花期4~5月，果期8~9月。

产于神农架各地，生于海拔1500~2000m的山坡杂木林或灌丛中。果实食用；观赏树木；果实入药。

8. 川鄂滇池海棠（变种）| Malus yunnanensis var. veitchii (Osborn) Rehder 图68-70

乔木。叶片卵形、宽卵形至长椭卵形，先端急尖，基部圆形至心形，边缘有尖锐重锯齿，通常上半部两侧各有3～5浅裂。伞形总状花序，具花8～12朵，总花梗和花梗均被绒毛；苞片膜质，边缘有疏生腺齿；萼筒钟状，外面密被绒毛；萼片三角卵形；花瓣近圆形，基部有短爪，白色；雄蕊20～25枚。果实球形，红色，有白点；萼片宿存。花期5月，果期8～9月。

产于神农架各地（官门山，房县）、长青（zdg 5668），生于海拔1500～2000m的山坡杂木林或灌丛中。果实食用；观赏树木；果实入药。

图68-69　三叶海棠

图68-70　川鄂滇池海棠

9. 台湾海棠 | Malus doumeri (Bois) A. Chevalier 图68-71

落叶乔木。叶片长椭卵形至卵状披针形，先端渐尖，基部圆形或楔形，边缘有不整齐尖锐锯齿，嫩时两面有白色绒毛，后脱落。花序近似伞形，花梗有白色绒毛；萼筒倒钟形，外面有绒毛；萼片卵状披针形，先端渐尖，内面密被白色绒毛；花瓣黄白色，花药黄色。果实球形，黄红色；宿萼有短筒，萼片反折，先端隆起。

产于神农架木鱼（青天炮），生于海拔1700m的山坡杂木林中。果实食用；观赏树木；果实入药。

图68-71　台湾海棠

17. 绣线梅属Neillia D. Don

落叶灌木，稀亚灌木。单叶互生，有重锯齿或分裂；托叶显著。总状或圆锥花序顶生。花两性；苞片早落；被丝托钟状或筒状；萼片5枚，直立；花瓣5枚，白色或粉红色，约与萼片等长；雄蕊10～30枚，生于被丝托边缘；雌蕊1（2～5）枚，胚珠2～10（～12）枚，2列，花柱直立。蓇葖果包于宿存的被丝托内，成熟时腹缝开裂。种子数枚，倒卵圆形。

约17种。我国15种，湖北2种，神农架均产。

1. 毛叶绣线梅 | Neillia ribesioides Rehder 图68-72

落叶灌木。小枝密被短柔毛。叶三角形至卵状三角形，有5～7枚较深裂片和尖锐重锯齿，上面散生柔毛，下面密被柔毛，脉上更密。总状花序有10～15朵花；被丝托圆筒状，花瓣白色或淡粉色，倒卵形；萼片三角形；雄蕊10～15枚；子房顶端微具柔毛。蓇葖果长椭圆形，被丝托宿存。花期5月，果期7～9月。

产于神农架松柏，生于海拔1000～2500m的山坡林中。根入药。

2. 中华绣线梅 | Neillia sinensis Oliver 图68-73

落叶灌木。叶卵形至卵状长圆形，有重锯齿，两面无毛或下面脉腋有柔毛；叶柄微被柔毛或近无毛。总状花序；花梗无毛；被丝托筒状；萼片三角形；花瓣淡粉色，倒卵形；雄蕊10～15枚；心皮1～2枚，子房具4～5枚胚珠，顶端有毛。蓇葖果长椭圆形，外被长腺毛。花期5～6月，果期8～9月。

产于神农架各地（长青，zdg 5678），生于海拔600～1900m的山谷或沟边林中。观赏花木；根入药。

图68-72 毛叶绣线梅

图68-73 中华绣线梅

18. 稠李属Padus Miller

落叶小乔木或灌木。单叶互生，幼叶在芽内对折，具齿，稀全缘；叶柄通常在顶端有2枚腺体或叶基部边缘具2枚腺体；托叶早落。花多数成总状花序，顶生，基部有叶或无叶；苞片早落；萼筒钟状，萼片5枚；花瓣5枚，白色，先端常啮蚀状；雄蕊10枚至多数；雌蕊1枚，周位花，柱头平。核果无纵沟，中果皮骨质。种子1枚。

20余种，主要分布于北温带。我国14种，湖北10种，神农架6种。

分种检索表

1. 花序基部无叶 ·· 2. 椭木 P. buergeriana
1. 花序基部有叶。
  2. 花梗在果期不增粗，也无增大的皮孔。
    3. 花柱长，伸出花瓣和雄蕊之外 ···················· 3. 灰叶稠李 P. grayana
    3. 花柱短，不伸出花瓣和雄蕊之外。
      4. 叶边有带短芒锯齿，基部多近心形，顶端长渐尖 ······ 1. 短梗稠李 P. brachypoda
      4. 叶边锯齿不呈芒尖，基部圆形，顶端急尖 ············ 4. 细齿稠李 P. obtusata
  2. 花梗在果期增粗，具增大的皮孔。
    5. 叶片下面和小枝均无毛 ························ 5. 粗梗稠李 P. napaulensis
    5. 叶片下面和小枝均有毛 ························ 6. 绢毛稠李 P. wilsonii

1. 短梗稠李 ｜ Padus brachypoda (Batalin) C. K. Schneider　图68-74

落叶乔木。叶长圆形，稀椭圆形，先端急尖或渐尖，稀短尾尖，基部圆或微心形，平截，有锐锯齿，齿尖带短芒，两面无毛或下面脉腋有髯毛；叶柄顶端两侧各有1枚腺体。总状花序，基部有1～3枚叶；萼片三角状卵形；花瓣白色，倒卵形；雄蕊25～27枚。核果球形，果柄被柔毛；萼片脱落。花期4～5月，果期5～10月。

产于神农架红坪、阳日—南阳（zdg 6225），生于海拔1000～2200m的山坡林中。树皮和叶入药。

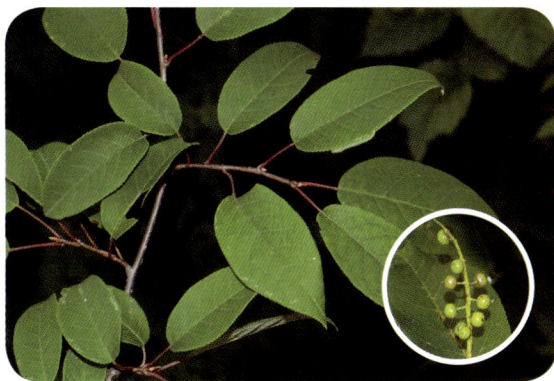

图68-74　短梗稠李

2. 椭木 ｜ Padus buergeriana (Miquel) T. T. Yu et T. C. Ku　图68-75

落叶乔木。老枝黑褐色；小枝红褐色，无毛。叶片椭圆形，先端尾状渐尖，下面淡绿色，两面无毛；叶柄无腺体，有时在叶片基部边缘两侧各有1枚腺体。总状花序具多朵花；花瓣白色。核果近球形或卵球形，黑褐色，无毛；果梗无毛；萼片宿存。花期4～5月。果期5～10月。

产于神农架木鱼（青天炮），生于海拔1300～1800m的山坡林中。观赏树木。

3. 灰叶稠李 | Padus grayana (Maximowicz) C. K. Schneider　图68-76

落叶小乔木。老枝黑褐色；小枝红褐色或灰绿色，幼时被短绒毛，以后脱落无毛。叶片带灰绿色，卵状长圆形，先端长渐尖或长尾尖；叶柄无腺体。总状花序具多朵花；基部有2～4（～5）枚叶，叶片与枝生叶同形，通常较小；花瓣白色。核果卵球形，顶端短尖，黑褐色，光滑。花期4～5月，果期9～10月。

产于神农架各地，生于海拔1000～2200m的山坡林中。花期4～5月，果期9～10月。观赏树木。

图68-75　櫻木

图68-76　灰叶稠李

4. 细齿稠李 | Padus obtusata (Koehne) T. T. Yu et T. C. Ku　图68-77

落叶乔木。老枝紫褐色，有明显密而浅色的皮孔；当年生小枝红褐色，被短柔毛。叶片椭圆形，叶边缘疏生圆钝锯齿；叶柄具腺体。总状花序；基部有3～4枚叶片；花瓣白色。核果球形或卵球形，顶端有短尖头，无毛；幼果红褐色，老时黑紫色；果梗明显增粗，被短柔毛；皮孔显著变大。花期4～5月，果期6～10月。

产于神农架各地（阳日—板仓，zdg 6099），生于海拔1000～2500m的山坡林中。观赏树木。

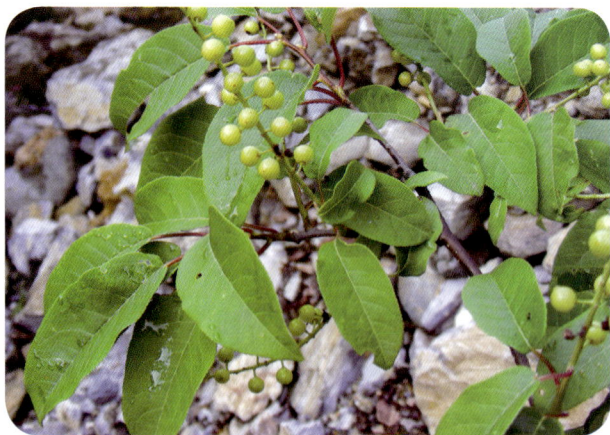

图68-77　细齿稠李

5. 粗梗稠李 | Padus napaulensis (Seringe) C. K. Schneider　图68-78

落叶乔木。老枝黑褐色，有明显浅色皮孔。叶片长椭圆形，叶边有粗锯齿，下面淡绿色，无毛。总状花序具有多数花朵；基部有2～3枚叶片；花瓣白色。核果卵球形，顶端有骤尖头，黑色或暗紫色，无毛；果梗显著增粗；有明显淡色皮孔。花期4月，果期7月。

产于神农架各地（千家坪，zdg 6705），生于海拔1500～2200m的山坡林中。观赏树木。

6. 绢毛稠李 ｜ Padus wilsonii C. K. Schneider　图68-79

落叶乔木。叶片椭圆形，下面淡绿色，幼时密被白色绢状柔毛；叶柄顶端两侧各有1枚腺体或在叶片基部边缘各有1枚腺体。总状花序；基部有3～4枚叶片；总花梗和花梗随花成长而增粗；花瓣白色。核果球形或卵球形，顶端有短尖头，无毛；幼果红褐色，老时黑紫色；果梗明显增粗；皮孔显著变大。花期4～5月，果期6～10月。

产于神农架官门山，生于海拔1400m的山坡林中。观赏树木。

图68-78　粗梗稠李

图68-79　绢毛稠李

19. 石楠属Photinia Lindley

常绿乔木或灌木，稀落叶。叶互生，多有锯齿，稀全缘。花两性，多数；顶生伞形、伞房或复伞房花序，稀聚伞花序；被丝托杯状、钟状或筒状；萼片5枚；花瓣5枚；雄蕊20枚；心皮2枚，稀3～5枚，花柱离生或基部合生。梨果2～5室，微肉质，成熟时不裂，先端或1/3部分与被丝托分离，有宿存萼片，每室1～2枚种子。

60余种。我国约40余种，湖北15种，神农架8种。

> **分种检索表**
>
> 1. 叶常绿；花多数，组成复伞房状，花梗和花序梗果期无疣点。
>> 2. 叶柄长2～4cm ··· **3. 石楠Ph. serratifolia**
>> 2. 叶柄长2cm以下。
>>> 3. 花瓣内面无毛 ·· **5. 贵州石楠Ph. bodinieri**
>>> 3. 花瓣内面有毛。
>>>> 4. 嫩叶黄色至淡红色 ································· **8. 光叶石楠Ph. glabra**
>>>> 4. 嫩叶红色 ··· **6. 红叶石楠Ph. × fraseri**
> 1. 叶冬季凋落；花多数至数朵，花梗和花序梗果期有明显疣点。
>> 5. 花常10朵以上，组成复伞房或复伞形花序。
>>> 6. 花序无毛 ·· **1. 中华石楠Ph. beauverdiana**

6．花序有毛。

    7．叶片下面毛被脱落···4．鸡丁子Ph. villosa

    7．叶片下面毛被永存···7．绒毛石楠Ph. schneideriana

  5．花常不超过10朵，组成伞形花序··························2．小叶石楠Ph. parvifolia

1．中华石楠 | Photinia beauverdiana C. K. Schneider

分变种检索表

1．叶长5～10cm···1a．中华石楠Ph. beauverdiana var. beauverdiana

1．叶长3～6cm···1b．短叶中华石楠Ph. beauverdiana var. brevifolia

1a．中华石楠（原变种）Photinia beauverdiana var. beauverdiana　图68-80

落叶灌木或小乔木。叶薄纸质，长圆形、倒卵状长圆形或卵状披针形，长5～10cm，上面无毛，下面沿中脉疏生柔毛。复伞房花序；花序梗和花梗均密生疣点；萼片三角状卵形；花瓣白色，卵形或倒卵形；雄蕊20枚；花柱（2～）3枚。果卵圆形，微有疣点，顶端有宿存萼片；果柄密生疣点。花期5月，果期7～8月。

产于神农架各地（大九湖，zdg 6592；长青，zdg 5848、zdg 5691），生于海拔600～1750m的山坡或山谷林中。果实入药。

1b．短叶中华石楠（变种）Photinia beauverdiana var. brevifolia Cardot　图68-81

本变种与原变种的主要区别：叶片较短，卵形、椭圆形至倒卵形，先端短尾状渐尖，基部圆形，侧脉6～8对，不显著；花柱3枚，合生。

产于神农架（红坪镇红桦村，zdg 7832、zdg 7817），生于海拔1800m的山坡林中。花期5月，果期7～8月。观赏树木。

图68-80　中华石楠

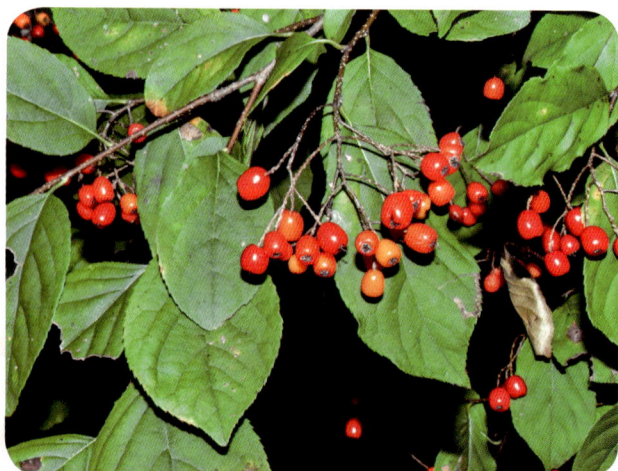

图68-81　短叶中华石楠

2. 小叶石楠 │ **Photinia parvifolia** (E. Pritzel) C. K. Schneider   图68-82

落叶灌木。叶草质，椭圆形、椭圆状卵形或菱状卵形。花2～9朵组成伞形花序，生于侧枝顶端，无花序梗；花梗细，无毛，有疣点；萼片卵形；花瓣白色，圆形；雄蕊20枚；花柱2～3枚，中部以下合生。果椭圆形或卵圆形，宿存萼片直立；果柄密生疣点。花期4～5月，果期7～8月。

产于神农架九湖、红坪、鸭子口—坪堑（zdg 6406），生于海拔2500m的林下灌丛中。观赏树木；根入药。

3. 石楠 │ **Photinia serratifolia** (Desfontaines) Kalkman   图68-83

常绿灌木或小乔木。叶革质，长椭圆形至长倒卵形，基部阔楔形，先端凸尖，边缘具细密而尖锐的锯齿，表面深绿色，有光泽，幼时中肋上具褐色茸毛，后渐落去，背面黄绿色，被白粉。花序大型，平阔圆锥状，无毛；花白色。梨果红色，近圆形。花期4～5月，果期10月。

产于神农架低海拔地区，生于海拔400～1500m的山坡灌丛中。观赏树木；叶、果实可入药。

图68-82　小叶石楠

图68-83　石楠

4. 鸡丁子 │ **Photinia villosa** (Thunberg) Candolle

分变种检索表

1. 叶片较大，4～8×1～3.5cm，先端渐尖或尾尖 ·················· **4a. 鸡丁子Ph. villosa** var. **villosa**

1. 叶片较小，2～5×0.4～2.0cm，先端长渐尖 ·················· **4b. 庐山石楠Ph. villosa** var. **sinica**

4a. 鸡丁子（原变种）Photinia villosa var. villosa   图68-84

落叶灌木或小乔木。叶片草质，倒卵形或长圆倒卵形，先端尾尖，基部楔形，边缘上半部具密生尖锐锯齿，两面初有白色长柔毛，以后上面逐渐脱落几无毛，仅下面叶脉有柔毛；侧脉5～7对。花10～20朵，成顶生伞房花序；萼筒杯状；萼片三角卵形；花瓣白色，近圆形，有短爪；雄蕊20枚。果实椭圆形或卵形，红色或黄红色。花期4月，果期8～9月。

产于神农架红坪、松柏，生于海拔800~1200m的山坡灌丛中。根入药。

4b．庐山石楠（变种）Photinia villosa var. sinica Rehder et E. H. Wilson　图68-85

本变种与原变种的主要区别：叶片椭圆形或长圆椭圆形，稀长圆倒卵形，无毛；伞房花序有花5~8朵，稀达15朵；果实球形，无毛。

产于神农架松柏、大岩屋后山（236-6队 2470），生于海拔1650m的山坡灌丛中。

图68-84　鸡丁子

图68-85　庐山石楠

5．贵州石楠 │ **Photinia bodinieri** H. Léveillé　椤木石楠　图68-86

常绿乔木。叶片长圆形，椭圆形或倒卵形到倒披针形或狭披针形。复伞房花序顶生；花序梗和花梗被短柔毛；萼片宽三角形，先端锐尖或钝；花瓣白色，近圆形，先端钝或微缺；雄蕊20枚；花柱2或3枚。果球状或卵球形。种子2~4枚，卵球形。花期4~5月，果期9~10月。

产于神农架低海拔地区（长青，zdg 5692），生于海拔600~1300m的山坡林缘或灌丛中。观赏树木；根及叶入药。

图68-86　贵州石楠

6．红叶石楠 │ **Photinia × fraseri** 'Red Robin'　图68-87

常绿灌木或小乔木。茎直立，下部绿色，上部紫色或红色，多有分枝。叶片革质，长椭圆形至倒卵状披针形，下部叶绿色或带紫色，上部嫩叶鲜红色或紫红色。春季和秋季新叶亮红色。梨果红色，能延续至冬季。花期4~5月，果期10月。

7．绒毛石楠 │ **Photinia schneideriana** Rehder et E. H. Wilson　图68-88

落叶灌木或小乔木。幼枝有稀疏长柔毛，后脱落近无毛；老枝灰褐色，具皮孔。叶片长圆披针形，先端渐尖，基部宽楔形，边缘有锐锯齿；侧脉10～15对。复伞房花序，总花梗和分枝疏生长柔毛，花梗无毛；萼筒杯状，外面无毛；花瓣白色。果实卵形，带红色，无毛，有小庞点，顶端具宿存萼片。花期5月，果期10月。

产于神农架松柏、大岩屋后山（236-6队 2221），生于海拔1300m的山坡灌丛中。

图68-87　红叶石楠

图68-88　绒毛石楠

8. 光叶石楠 ｜ *Photinia glabra* (Thunberg) Maximowicz　图68-89

常绿乔木。老枝灰黑色，无毛。叶片革质，幼时及老时皆呈红色，椭圆形或长圆倒卵形，5～9×2～4cm，先端渐尖，基部楔形，边缘有疏生浅钝细锯齿，两面无毛。花多数，成顶生复伞房花序，总花梗和花梗均无毛；花瓣白色，反卷；雄蕊20枚。果实卵形，红色，无毛。花期4～5月，果期9～10月。

产于神农架各地，生于海拔5～1300m的山坡灌丛中。

图68-89　光叶石楠

20．委陵菜属Potentilla Linnaeus

多年生草本，稀一年或二年生草本、亚灌木或灌木。叶为奇数羽状复叶或掌状复叶；有叶柄和托叶，托叶与叶柄多少合生。花常两性，单生、聚伞状或聚伞圆锥花序；花萼下凹，多半球形，萼片5枚，黄色，稀白色或紫红色；雄蕊（11～）20（～30）枚。瘦果多数，着生于干燥花托，具宿存萼片。种子1枚。

200余种。我国80余种，湖北22种，神农架14种。

分种检索表

1．灌木··10．银露梅P. glabra
1．草本。
  2．基生叶为羽状复叶。
    3．叶片下面绿色或淡绿色，被绢毛或柔毛，或脱落变无毛。
      4．植株铺散；花直径小于1cm······················14．朝天委陵菜P. supina
      4．植株直立或上升；花直径1～1.5cm。
        5．植株基部木质化··························1．皱叶委陵菜P. ancistrifolia
        5．植株基部草质····························6．莓叶委陵菜P. fragarioides
    3．叶片下面密被白色或淡黄色绒毛或绢毛。
      6．小叶片下面密被白色绒毛。
        7．小叶边缘具齿，不裂······················5．翻白草P. discolor
        7．小叶边缘分裂成小裂片····················3．委陵菜P. chinensis
      6．小叶片下面密被白色绢毛··················12．银叶委陵菜P. leuconota
  2．基生叶为3～5掌状复叶。
    8．基生叶为3小叶。
      9．花梗和花萼被黏质腺毛······················9．委陵菜属一种P. sp.
      9．花梗和花萼无黏质腺毛。
        10．花柱圆锥状，上细下粗。
          11．花单生于叶腋··················2．蛇莓委陵菜P. centigrana
          11．花多数组成伞房状聚伞花序······4．狼牙委陵菜P. cryptotaeniae
        10．花柱铁钉状，上粗下细
          12．叶片下面绿色··················7．三叶委陵菜P. freyniana
          12．叶片下面白色··················8．钉柱委陵菜P. saundersiana
    8．基生叶为掌状5小叶或3小叶，下面2小叶分裂为两部分。
      13．单花腋生或与叶对生···········13．绢毛匍匐委陵菜P. reptans var. sericophylla
      13．多花顶生，为聚伞花序·············11．蛇含委陵菜P. kleiniana

1．皱叶委陵菜 ｜ Potentilla ancistrifolia Bunge　图68-90

多年生草本。基生叶为羽状复叶，有2～4对小叶，下面1对常型小，小叶椭圆形、长椭圆形或椭圆状卵形，上面有皱褶，被贴生疏柔毛，下面密被柔毛，沿脉贴生长柔毛；茎生叶2～3枚，有1～3对小叶。伞房状聚伞花序顶生。萼片三角状卵形；花瓣黄色，倒卵状长圆形；花柱近顶生，丝状，柱头不扩大。花果期5～9月。

产于神农架红坪、松柏、新华、长岩屋—茶园（zdg 6936），生于海拔700～2400m的山坡岩缝中。全草入药。

2. 蛇莓委陵菜 ｜ Potentilla centigrana Maximowicz　图68-91

一年生或二年草本。基生叶为3小叶，开花时常枯死；茎生叶3小叶，椭圆形或倒卵形，有缺刻状圆钝或急尖锯齿，两面绿色，无毛或被稀疏柔毛。单花，下部与叶对生，上部生于叶腋；萼片卵形或卵状披针形，副萼片披针形长；花瓣淡黄色，倒卵形；花柱近顶生，基部膨大，柱头不扩大。瘦果倒卵圆形，光滑。花果期4～8月。

产于神农家红坪、松柏、大九湖（zdg 6554），生于海拔2000～2300m的林下湿地。全草入药。

图68-90　皱叶委陵菜

图68-91　蛇莓委陵菜

3. 委陵菜 ｜ Potentilla chinensis Seringe　图68-92

多年生草本。基生叶为羽状复叶，有小叶5～15对；小叶片对生或互生，长圆形、倒卵形或长圆披针形，边缘羽状中裂，裂片三角卵形，三角状披针形或长圆披针形，顶端急尖或圆钝；茎生叶与基生叶相似，唯叶片对数较少。伞房状聚伞花序；萼片三角卵形；花瓣黄色，宽倒卵形。瘦果卵球形，有明显皱纹。花果期4～10月。

产于神农架宋洛、松柏（八角庙村，zdg 7147）、新华、阳日等，生于海拔500～900m的路旁及山坡草丛中。全草入药。

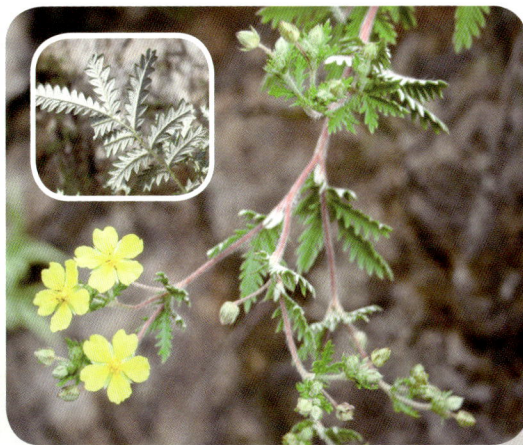
图68-92　委陵菜

4. 狼牙委陵菜 | **Potentilla cryptotaeniae** Maximowicz 图68-93

一年生或二年生草本。基生叶三出复叶，茎生叶3小叶，楔形，有多数急尖锯齿，被疏柔毛，有时几无毛，下面沿脉较密而开展；基生叶托叶膜质，茎生叶托叶草质，披针形，常与叶柄合生部分比离生部分长1~3倍。伞房状聚伞花序多花，顶生；萼片长卵形，副萼片披针形；花瓣黄色，倒卵形，先端圆钝或微凹。瘦果卵圆形，光滑。花果期7~9月。

产于神农架九湖、木鱼、宋洛、官门山（zdg 7562）等，生于海拔1000~2200m的山坡草丛中或路边。全草入药。

5. 翻白草 | **Potentilla discolor** Bunge 图68-94

多年生草本。基生叶有2~4对小叶，小叶长圆形或长圆状披针形，具圆钝稀急尖锯齿，上面疏被白色绵毛或脱落近无毛，下面密被白色或灰白色绵毛；茎生叶1~2枚，掌状3~5小叶。聚伞花序；萼片三角状卵形，副萼片披针形片；花瓣黄色，倒卵形。瘦果近肾形。花果期5~9月。

产于神农架新华大岭，生于海拔500~1850m的荒地、山谷、沟边、山坡草地或疏林下。全草入药；块根可食。

图68-93 狼牙委陵菜

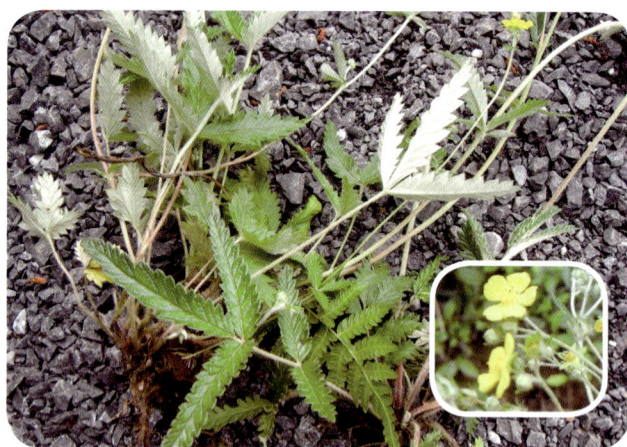

图68-94 翻白草

6. 莓叶委陵菜 | **Potentilla fragarioides** Linnaeus 图68-95

多年生草本。基生叶羽状复叶，有小叶2~3（~4）对，小叶倒卵形，椭圆形或长椭圆形，有多数急尖或圆钝锯齿，近基部全缘；茎生叶常有3小叶，小叶与基生叶小叶相似或长圆形，先端有锯齿，下半部全缘。伞房状聚伞花序顶生；萼片三角状卵形，副萼片长圆状披针形；花瓣黄色，倒卵形。瘦

图68-95 莓叶委陵菜

果近肾形，有脉纹。花期4~6月，果期6~8月。

产于神农架红坪、冲坪—老君山（zdg 6992）等，生于海拔1800m的山坡草地、灌丛或疏林下。全草入药。

7．三叶委陵菜 │ **Potentilla freyniana** Bornmüller

7a．三叶委陵菜（原变种）Potentilla freyniana var. freyniana　图68-96

多年生草本。基生叶掌状三出复叶，小叶长圆形、卵形或椭圆形，有多数急尖锯齿，两面绿色，疏生柔毛，下面沿脉较密；茎生叶1~2枚，小叶与基生叶小叶相似，叶柄很短，叶缘锯齿少。伞房状聚伞花序顶生；萼片三角状卵形；花瓣淡黄色，长圆状倒卵形。瘦果卵圆形，有脉纹。花果期3~6月。

产于神农架各地（长青，zdg 5703），生于海拔500~2100m的山坡草地、溪边或疏林下阴湿处。根及全草入药。

7b．中华三叶委陵菜（变种）Potentilla freyniana var. sinica Migo　图68-97

本变种与原变种的主要区别：小叶两面被开展或微开展柔毛，尤其沿脉较密，小叶片菱状卵形或宽卵形，边缘具圆钝锯齿，花茎或纤匍枝上托叶卵圆形且全缘，极稀顶端2裂。花果期3~6月。

产于神农架各地，生于海拔600~800m的草丛中及林下阴湿处。根茎及根入药。

图68-96　三叶委陵菜

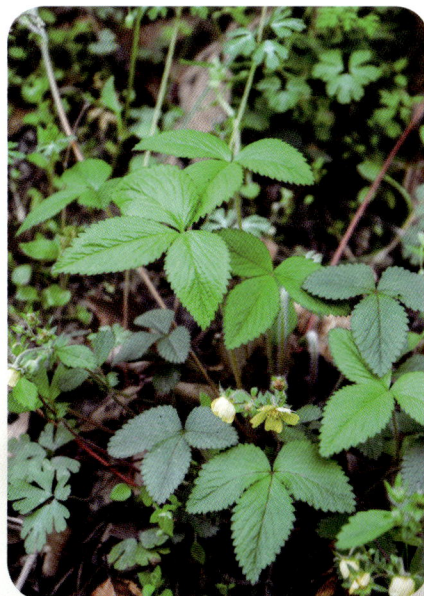

图68-97　中华三叶委陵菜

8. 钉柱委陵菜 ｜ Potentilla saundersiana Royle　图68-98

多年生草本。基生叶三至五出掌状复叶，小叶片长圆倒卵形，顶端圆钝或急尖，基部楔形，边缘有多数缺刻状锯齿，叶背白色；茎生叶1~2枚，3~5小叶，与基生叶小叶相似；基生叶托叶膜质，褐色，茎生叶托叶草质，绿色。聚伞花序顶生，有花多朵；萼片三角卵形或三角披针形；花瓣黄色，倒卵形，顶端下凹。瘦果光滑。花果期6~8月。

产于神农架木鱼（老君山）、官门山（zdg 7611）、冲坪—老君山（zdg 7023）、长青（zdg 5705），生于海拔2800m的山坡草地上。

9. 委陵菜属一种 ｜ Potentilla sp.　图68-99

多年生草本。基生叶三至五出掌状复叶，小叶片长圆倒卵形，顶端圆钝或急尖，基部楔形，边缘有多数缺刻状锯齿，叶背绿色；茎生叶1~2枚，3~5小叶，与基生叶小叶相似；基生叶托叶膜质，褐色，茎生叶托叶草质，绿色。聚伞花序顶生，有花多朵；花梗、花萼具黏质腺毛；花瓣黄色，倒卵形，顶端下凹。瘦果光滑。花果期6~8月。

产于神农架金猴岭，生于海拔2500~3000m的山脊石缝中。

图68-98　钉柱委陵菜

图68-99　委陵菜一种

10. 银露梅 ｜ Potentilla glabra Loddiges　图68-100

灌木。羽状复叶，有3~5小叶，上面1对小叶基部下延与轴合生，叶柄被疏柔毛；小叶椭圆形、倒卵状椭圆形或卵状椭圆形。单花或数朵顶生。花梗细长，疏被柔毛；萼片卵形，副萼片披针形、倒卵状披针形或卵形，比萼片短或近等长；花瓣白色，倒卵形；花柱近基生，棒状，基部较细，在柱头下缢缩，柱头扩大。瘦果被毛。花果期6~11月。

产于神农架高山区，生于海拔2300~3000m的山顶岩缝中。花、叶入药。金露梅 *Potentilla fruticosa* 在众多的资料中均有记载，但笔者一直在野外未发现开黄花的木本委陵菜，银露梅的花标本在烘干后呈黄色，二者叶区别不甚明显，易误定为后种。

11. 蛇含委陵菜 | Potentilla kleiniana Wight et Arnott   图68-101

一年生、二年生或多年生宿根草本。基生叶为近鸟足状5小叶，小叶倒卵形或长圆状倒卵形，有锯齿；下部茎生叶有5小叶，上部茎生叶有3小叶，小叶与基生叶小叶相似。聚伞花序密集于枝顶如假伞形；萼片三角状卵圆形，副萼片披针形或椭圆状披针形；花瓣黄色，倒卵形；花柱近顶生，圆锥形，基部膨大，柱头扩大。瘦果近圆形，具皱纹。花果期4～9月。

产于神农架林区各地（长青，zdg 5704），生于海拔400～2500m的田边、水旁或山坡草地。全草入药。

图68-100   银露梅

图68-101   蛇含委陵菜

12. 银叶委陵菜 | Potentilla leuconota D. Don   图68-102

多年生草本。基生叶为间断羽状复叶，小叶对生或互生，最上面2～3对小叶基部下延与叶轴汇合，其余小叶无柄，小叶片长圆形、椭圆形或椭圆卵形，边缘有多数急尖或渐尖锯齿；茎生叶1～2片，与基生叶相似，唯小叶对数较少，3～7对。花序集生在花茎顶端，呈假伞形花序；萼片三角卵形；花瓣黄色，倒卵形。瘦果光滑无毛。花果期5～10月。

产于神农架高海拔地区（大九湖，zdg 6647），生于海拔2500m以上的山坡草丛中。根入药。

图68-102   银叶委陵菜

13. 绢毛匍匐委陵菜（亚种）| **Potentilla reptans** var. **sericophylla** Franchet　图68-103

多年生草本。基生叶为鸟足状五出复叶，叶柄被疏柔毛或脱落几无毛，小叶有短柄或几无柄；小叶片倒卵形至倒卵圆形，顶端圆钝，基部楔形。单花自叶腋生或与叶对生；萼片卵状披针形，顶端急尖；花瓣黄色，宽倒卵形，顶端显著下凹，比萼片稍长。瘦果黄褐色，卵球形，外面被显著点纹。花果期6~8月。

产于神农架新华、阳日（阳日—新华，zdg 4581；长青，zdg 5805），生于海拔500~1000m的田边地头、溪边灌丛中。块根及全草入药。

14. 朝天委陵菜 | **Potentilla supina** Linnaeus　图68-104

一年生或二年生草本。基生叶羽状复叶，有小叶2~5对，最上面1~2对小叶基部下延与叶轴合生，小叶片长圆形或倒卵状长圆形，边缘有圆钝或缺刻状锯齿；茎生叶与基生叶相似。花茎上多叶，下部花自叶腋生，顶端呈伞房状聚伞花序；萼片三角卵形；花瓣黄色，倒卵形短。瘦果长圆形，先端尖，表面具脉纹，腹部鼓胀若翅或有时不明显。花果期3~10月。

产于神农架松柏、新华、盘水（zdg 4719），生于海拔500m的田边、荒地、溪沟沙地。全草入药。

图68-103　绢毛匍匐委陵菜

图68-104　朝天委陵菜

21. 李属Prunus Linnaeus

落叶小乔木或灌木。单叶互生，在芽中席卷或对折；有叶柄，叶基部边缘或叶柄顶端常有2枚腺体；托叶早落。花单生或2~3朵簇生，具短梗；小苞片早落；萼片和花瓣均5枚，覆瓦状排列；雄蕊20~30枚；雌蕊1枚，周位花，子房上位，无毛，1室2枚胚珠。核果，有沟，无毛，常被蜡粉；核两侧扁平，平滑，稀有沟或皱纹。种子1枚。

30余种。我国原产及习见栽培者7种，湖北3种，神农架2种。

1. 叶绿色···1. 李 P. salicina

1. 叶紫色···2. 紫叶李 P. cerasifera f. atropurpurea

1. 李 | **Prunus salicina** Lindley 图68-105

落叶乔木。叶长圆状倒卵形、长椭圆形，稀长圆状卵形，两面无毛或下面沿中脉有疏柔毛；侧脉6～10对。花常3朵簇生；萼筒钟状，萼片长圆状卵形，和萼筒外面均无毛；花瓣白色，长圆状倒卵形。核果球形、卵圆形或近圆锥形，直径3.5～5cm，果熟时黄色或红色，被蜡粉；核卵圆形或长圆形。花期4月，果期7～8月。

产于神农架林区各地，生于海拔1600m以下的山坡、沟边灌丛中。果实、根、根皮、叶、种子均入药；重要水果；亦可栽培观赏。

2. 紫叶李（变型）| **Prunus cerasifera** f. **atropurpurea** (Jacquin) Rehder
图68-106

灌木或小乔木。叶片椭圆形、卵形或倒卵形，极稀椭圆状披针形，先端急尖，基部楔形或近圆形，边缘有齿；侧脉5～8对。花1朵，稀2朵；萼筒钟状，萼片长卵形，先端圆钝，边有疏浅锯齿，与萼片近等长；花瓣白色，长圆形或匙形，边缘波状，基部楔形，着生在萼筒边缘；雄蕊25～30枚。核果近球形或椭圆形，微被蜡粉。花期4月，果期8月。

产于我国新疆等地，神农架木鱼镇有栽培。观赏树木；果亦可食。

蔷薇科 | Rosaceae

411

图68-105 李

图68-106 紫叶李

22. 火棘属 Pyracantha M. Roemer

常绿灌木或小乔木。芽细小，被短柔毛。单叶互生，边缘有圆钝锯齿、细齿或全缘：叶柄短；托叶细小，早落。花白色，成复伞房花序；被丝托短，钟状；萼片5枚；花瓣5枚，近圆形，开展；雄蕊15～20枚，花药黄色；心皮5枚，腹面离生，背面约1/2与被丝托相连，每心皮有2枚胚珠，子房半下位。梨果小，球形；小核5枚；萼片宿存。

约10种，产于亚洲东部至欧洲南部。我国7种，湖北4种，神农架3种。

分种检索表

1. 叶片常倒卵形至倒卵状长圆形，先端圆钝或微凹。
　　2. 叶片常全缘，中部或近中部最宽……………………………………1. 全缘火棘P. atalantioides
　　2. 叶片有圆钝锯齿，中部以上最宽……………………………………3. 火棘P. fortuneana
1. 叶片长圆形至倒披针形，先端常急尖或有尖刺……………………2. 细圆齿火棘P. crenulata

1. 全缘火棘 │ Pyracantha atalantioides (Hance) Stapf　图68-107

常绿灌木或小乔木。叶椭圆形至长圆形，稀长圆状倒卵形，先端微尖或圆钝，有时刺尖，基部楔形或圆，全缘或有不明显细齿，幼时有黄褐色柔毛，老时无毛，下面微带白霜。复伞房花序；萼片宽卵形；花瓣白色，卵形；雄蕊20枚；花柱5枚，与雄蕊近等长。梨果扁球形。花期4～5月，果期9～11月。

产于神农架低海拔地区（长青，zdg 5709），生于海拔400～1400m的山坡、谷地灌丛或疏林中。根、叶、果入药。

2. 细圆齿火棘 │ Pyracantha crenulata (D. Don) M. Roemer　图68-108

常绿灌木或小乔木。叶长圆形至倒披针形，稀卵状披针形，先端尖或圆钝，有时具小尖头，基部宽楔形或稍圆，边缘有细圆锯齿或疏锯齿，两面无毛；叶柄短，幼时有黄褐色柔毛，老时无毛。复伞房花序；萼片三角形，微具柔毛；花瓣白色，圆形；雄蕊20枚；子房上部密被白色柔毛，花柱5枚，离生。梨果近球形。花期3～5月，果期9～12月。

产于神农架新华、盘龙、阳日、红花等地，生于海拔500～1400m的山坡林缘。果实入药。

图68-107　全缘火棘

图68-108　细圆齿火棘

3．火棘｜Pyracantha fortuneana (Maximowicz) H. L. Li　图68-109

常绿灌木。叶倒卵形或倒卵状长圆形，先端圆钝或微凹，有时具短尖头，基部楔形，下延至叶柄，有钝锯齿，齿尖内弯，近基部全缘，两面无毛；叶柄短，无毛或幼时有柔毛。复伞房花序；萼片三角状卵形；花瓣白色，近圆形；雄蕊20枚；子房密被白色柔毛，花柱5枚，离生。果近球形。花期3～5月，果期8～11月。

产于神农架低海拔地区，生于海拔400～1400m的山坡、谷地灌丛或疏林中。根、叶、果入药；亦栽培供观赏。

图68-109　火棘

23．梨属Pyrus Linnaeus

落叶乔木或灌木，稀半常绿乔木。单叶，互生，有锯齿或全缘，稀分裂；有叶柄与托叶。伞形总状花序；被丝托钟状；萼片5枚，反折或开展；花瓣5枚，白色，稀粉红色，基部具爪；雄蕊15～30枚，花药常深红色或紫色；花柱2～5枚，离生，子房下位，2～5室，每室2枚胚珠。梨果，果肉多汁，富含石细胞，子房壁软骨质。种子黑色或黑褐色，种皮软骨质。

约25种。我国14种，湖北5种，神农架4种。

分种检索表

1．果有宿存或部分脱落的萼片；花柱3（～4）枚⋯⋯⋯⋯⋯⋯⋯⋯**4．麻梨P. serrulata**
1．果上萼片多数脱落或少数部分宿存；花柱2～5枚。
  2．叶缘有带刺芒的尖锐锯齿；花柱（4～）5枚⋯⋯⋯⋯⋯⋯**3．沙梨P. pyrifolia**
  2．叶缘有不带刺芒的尖锐锯齿或圆钝锯齿；花柱2～5枚。
    3．叶缘有尖锐锯齿⋯⋯⋯⋯⋯⋯⋯⋯⋯⋯⋯⋯⋯⋯**1．杜梨P. betulifolia**
    3．叶缘有圆钝锯齿⋯⋯⋯⋯⋯⋯⋯⋯⋯⋯⋯⋯⋯⋯**2．豆梨P. calleryana**

1. 杜梨 | **Pyrus betulifolia** Bunge　图68-110

落叶乔木。叶片菱状卵形至长圆卵形，先端渐尖，基部宽楔形，稀近圆形，边缘有粗锐锯齿。伞形总状花序，有花10～15朵，总花梗和花梗均被灰白色绒毛；萼片三角卵形；花瓣宽卵形，白色；雄蕊20枚；花柱2～3枚，基部微具毛。果实近球形，2～3室，褐色，有淡色斑点，萼片脱落，基部具带绒毛果梗。花期4月，果期8～9月。

产于神农架各地，生于海拔1800m以下的山坡灌丛中或平地向阳处。枝叶、树皮、果实入药；亦栽培供观赏。

2. 豆梨 | **Pyrus calleryana** Decaisne　图68-111

落叶乔木。叶宽卵形至卵形，稀长椭圆形，先端渐尖，稀短尖，基部圆形至宽楔形，边缘有钝锯齿，两面无毛。花6～12朵组成伞形总状花序，花序梗无毛；萼片披针形；花瓣白色，卵形；雄蕊20枚，稍短于花瓣；花柱2（～5）枚。梨果球形，黑褐色，有斑点，萼片脱落，2（～3）室；果柄细长。花期4月，果期8～9月。

产于神农架九冲、松柏、新华、盘水（zdg 4728），生于海拔700～2000m以下的山坡杂木林中或林缘。果实、枝叶、根皮、果皮入药；亦栽培供观赏。

图68-110　杜梨

图68-111　豆梨

3. 沙梨 | **Pyrus pyrifolia** (N. L. Burman) Nakai　图68-112

落叶乔木。叶卵状椭圆形或卵形，先端长尖，基部圆或近心形，稀宽楔形，有刺芒锯齿，微向内合拢，两面无毛或幼时有褐色绵毛。花6～9朵组成伞形总状花序，花序梗和花梗幼时被柔毛；萼片三角状卵形；花瓣白色，卵形；雄蕊20枚；花柱（4～）5枚，无毛。果近球形，浅褐色，有浅色斑点，顶端微下陷，萼片脱落。种子卵圆形。花期4月，果期8月。

产于神农架各地，生于海拔600～1500m的山坡林中或栽培于房前屋后。果实、根、树皮、枝叶、果皮入药；果为著名水果；亦栽培供观赏。

4. 麻梨 | **Pyrus serrulata** Rehder 图68-113

落叶乔木。叶卵形至长卵形，先端渐尖，基部宽楔形或圆，边缘有细锐锯齿，下面幼时被褐色绒毛，后脱落。花6～11朵组成伞形总状花序，花序梗和花梗均被褐色绵毛，渐脱落；萼片三角卵形；花瓣白色，宽卵形；雄蕊20枚；花柱3（～4）枚。果近球形或倒卵球形，深褐色，有浅色斑点，3～4室，萼片宿存或部分脱落。花期4月，果期6～8月。

产于神农架大湖、红坪、木鱼，生于海拔400～1700m的山坡林中及路旁。果实入药；亦栽培供观赏。

图68-112 沙梨

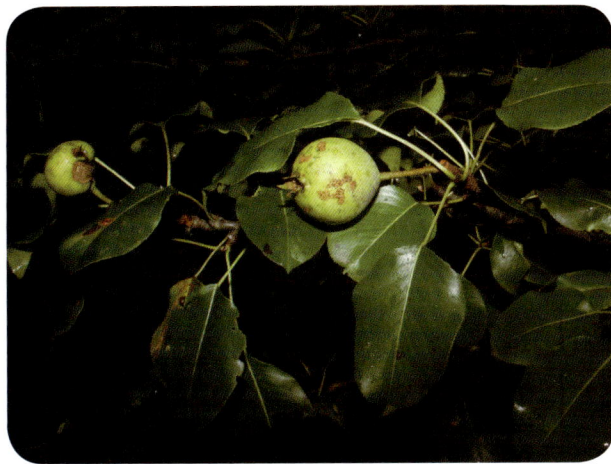

图68-113 麻梨

24. 鸡麻属Rhodotypos Siebold et Zuccarini

落叶灌木。单叶对生，卵形，先端渐尖，基部圆形或微心形，具尖锐重锯齿。花单生于枝顶；被丝托碟形，萼片4枚，卵状椭圆形，宿存，副萼片4枚，窄带形；花瓣4枚，白色，倒卵形；雄蕊多数；心皮4枚，花柱细长，柱头头状，每心皮2枚胚珠。核果1～4枚，斜椭圆形，光滑。种子1枚。花期4～5月，果期6～9月。

单种属，神农架也有。

鸡麻 | **Rhodotypos scandens** (Thunberg) Makino 图68-114

特征同属的描述。

产于神农架松柏、阳日（阳日—马桥，zdg 4450），生于海拔950m以下的山坡小溪边。果实及根入药；亦栽培供观赏。

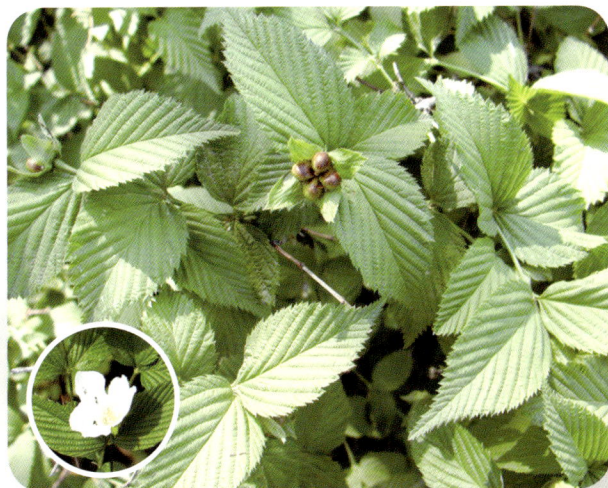

图68-114 鸡麻

25．蔷薇属Rosa Linnaeus

灌木。多数被皮刺、针刺或刺毛，稀无刺。叶互生，奇数羽状复叶，稀单叶。花单生或成伞房状，稀复伞房状或圆锥状花序。萼筒球形、坛形或杯形，萼片（4～）5枚；花瓣（4～）5枚，白色、黄色、粉红色或红色；雄蕊多数，分离，着生于花盘周围；心皮多数，稀少数，着生于萼筒内部，离生；花柱顶生或侧生，离生或上部合生；胚珠单生，下垂。蔷薇果，其内瘦果木质化。

200余种。我国90余种，湖北36种，神农架22种。

分种检索表

1. 萼筒杯状；瘦果着生于萼筒凸起基部；花柱离生，不外伸·········**12．缫丝花R. roxburghii**
1. 萼筒坛状；瘦果着生于萼筒边周及基部。
  2. 托叶大部贴生叶柄，宿存。
    3. 花柱离生，不外伸或稍伸出萼筒口部，比雄蕊短。
      4. 花单生，稀数花簇生，无苞片·········**11．峨眉蔷薇R. omeiensis**
      4. 花多数成伞房花序或单生，均有苞片。
        5. 小叶长1.5～7cm。
          6. 伞房花序多花。
            7. 萼片羽裂·········**17．刺梗蔷薇R. setipoda**
            7. 萼片全缘。
              8. 小叶3～5枚，稀7枚·········**4．伞房蔷薇R. corymbulosa**
              8. 小叶7～11枚。
                9. 小叶下面无毛或近无毛。
                  10. 花梗密被腺毛·········**2．尾萼蔷薇R. caudata**
                  10. 花梗光滑无毛或有稀疏腺毛·········**16．钝叶蔷薇R. sertata**
                9. 小叶下面密被柔毛。
                  11. 花梗和花托被腺毛·········**10．西北蔷薇R. davidii**
                  11. 花梗和花托无腺毛·········**18．拟木香R. banksiopsis**
          6. 单花或伞房花序少花。
            12. 托叶下面无皮刺·········**14．玫瑰R. rugosa**
            12. 托叶下面有皮刺。
              13. 小叶下面无毛或近无毛·········**15．大红蔷薇R. saturata**
              13. 小叶下面密被柔毛。
                14. 枝被扁平皮刺和刺毛·········**19．扁刺蔷薇R. sweginzowii**
                14. 枝仅有皮刺·········**20．华西蔷薇R. moyesii**
        5. 小叶长1.5cm以下·········**21．陕西蔷薇R. giraldii**
    3. 花柱离生或合生成束，伸出萼筒口外，约与雄蕊等长。
      15. 花柱离生，短于雄蕊，小叶3～5枚。
        16. 小叶多为3枚·········**22．亮叶月季R. lucidissima**
        16. 小叶3～5枚·········**3．月季花R. chinensis**

1．单瓣白木香（变种）｜ **Rosa banksiae** var. **normalis** Regel 图68-115

攀援小灌木。小枝有短小皮刺。小叶3～5枚，稀7枚，椭圆状卵形或长圆披针形，先端急尖或稍钝，基部近圆形或宽楔形，边缘有紧贴细锯齿。花小型，多朵成伞房花序；萼片卵形，先端长渐尖，全缘，萼筒和萼片外面均无毛，内面被白色柔毛；花瓣重瓣至半重瓣，白色，倒卵形，先端圆，基部楔形。花期4～5月。

产于神农架木鱼、松柏、新华、阳日（阳日—马桥，zdg 4384＋1）等地，生于海拔500～1500m的沟谷灌丛中。根皮入药。

图68-115　单瓣白木香

2．尾萼蔷薇｜ **Rosa caudata** Baker

落叶灌木。枝有散生、直立、肥厚三角形皮刺。小叶7～9枚，卵形或长圆状卵形或椭圆卵形，先端急尖或短渐尖，基部圆形或宽楔形，边缘有单锯齿；托叶宽平，大部贴生于叶柄，先端渐尖，全缘。花多朵成伞房状；有数枚苞片；花瓣红色。果长圆形，橘红色，被针状毛；萼片常直立宿存，先端扩大呈叶状。花期6～7月，果期7～11月。

产于神农架各地，生于海拔1500～2200m的山坡灌丛中。

3．月季花｜ **Rosa chinensis** Jacquin 图68-116

直立灌木。小叶3～5枚，宽卵形或卵状长圆形，有锐锯齿，两面近无毛，顶生小叶有柄，侧生小叶近无柄；托叶大部贴生叶柄，边缘常有腺毛。花几朵集生，稀单生；萼片卵形；花瓣重瓣至半重瓣，红色、粉红色或白色，倒卵形；花柱离生，伸出花萼，约与雄蕊等长。果卵圆形或梨形；萼片脱落。花期4~9月,果期6~11月。

原产于我国,神农架广为栽培。著名观赏花木;花蕾和根入药。

4. 伞房蔷薇 | **Rosa corymbulosa** Rolfe 伞花蔷薇 图68-117

小灌木。小叶3~5枚,稀7枚,卵状长圆形或椭圆形,有重锯齿或单锯齿;托叶大部贴生叶柄。伞形伞房花序,稀花单生;萼片卵状披针形,全缘或有不明显锯齿和腺毛;花瓣红色,基部白色,宽倒心形;花柱密被黄白色长柔毛,与雄蕊近等长或稍短。果近球形或卵圆形。花期6~7月,果期8~10月。

产于神农架红坪、宋洛、新华等地,生于海拔1200~2000m的山坡灌丛中。根和果实入药。

图68-116 月季花

图68-117 伞房蔷薇

5. 小果蔷薇 | **Rosa cymosa** Trattinnick 图68-118

攀援灌木。小叶3~5枚,稀7枚,卵状披针形或椭圆形,稀长圆状披针形,有紧贴或尖锐细锯齿,两面无毛,下面沿中脉有稀疏长柔毛;托叶离生,早落。花多朵或复伞房花序;萼片卵形,常羽状分裂;花瓣白色,倒卵形;花柱离生,稍伸出萼筒口,与雄蕊近等长。果球形;萼片脱落。花期5~6月,果期7~11月。

产于神农架各地,生于海拔1300m以下的山坡或沟边向阳处。根、果实、花、叶入药;根皮可供提取鞣料。

6. 卵果蔷薇 | **Rosa helenae** Rehder et E. H. Wilson 图68-119

灌木。小叶(5~)7~9枚,长圆状卵形或卵状披针形,有紧贴尖锐锯齿,上面无毛,下面有毛,沿叶脉较密;托叶大部贴生叶柄,边缘有腺毛。顶生伞房花序,密集近伞形;萼片卵状披针形,常有浅裂;花瓣白色,倒卵形;花柱结合成束,伸出,密被长柔毛,约与雄蕊等长。果卵圆形、椭圆形或倒卵圆形。花期5~7月,果期9~10月。

产于神农架宋洛、大九湖等地,生于海拔700~1800m的山坡、沟边或灌丛中。根、嫩叶入药,植株可作培育树形月季的砧木。

图68-118　小果蔷薇

图68-119　卵果蔷薇

7．软条七蔷薇 ｜ **Rosa henryi** Boulenger　图68-120

灌木。小叶常5枚，近花序小叶常3枚，长圆形、卵形、椭圆形或椭圆状卵形，有锐锯齿，两面无毛；托叶大部贴生叶柄，离生部分披针形，全缘，无毛，或有稀疏腺毛。花5～15朵，成伞形伞房状花序；萼片披针形，全缘；花瓣白色，宽倒卵圆形；花柱结合成柱，被柔毛，比雄蕊稍长。果近球形；果柄有稀疏腺点；萼片脱落。

产于神农架各地（麻湾，zdg 5344），生于海拔500～2000m的山谷、林边、田边或灌丛中。根、果实入药；花可供观赏。

8．金樱子 ｜ **Rosa laevigata** Michaux　图68-121

常绿攀援灌木。小叶革质，常3枚，稀5枚，椭圆状卵形、倒卵形或披针卵形，有锐锯齿，上面无毛，下面幼时沿中肋有腺毛，老时渐脱落无毛；托叶离生或基部与叶柄合生，早落。花单生于叶腋；花梗和萼筒密被腺毛；萼片卵状披针形；花瓣白色，宽倒卵形。果梨形或倒卵圆形，稀近球形；萼片宿存。花期4～6月，果期7～11月。

产于神农架各地（长青，zdg 5721），生于海拔400～1600m的向阳山野、田边或溪畔灌丛中。根、叶、果均入药；花可供观赏。

图68-120　软条七蔷薇

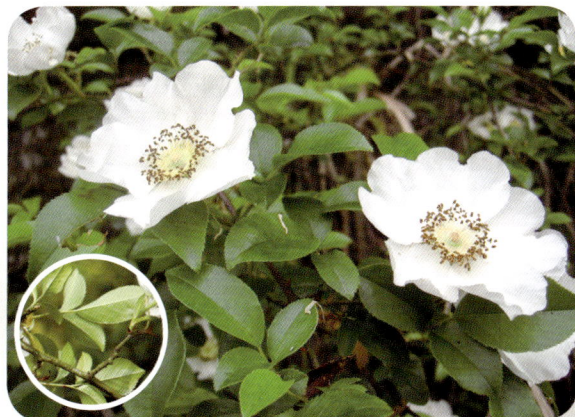

图68-121　金樱子

9. 野蔷薇 | **Rosa multiflora** Thunberg

9a. 野蔷薇（原变种）**Rosa multiflora** var. **multiflora** 蔷薇 图68-122

攀援灌木。小叶5~9枚，近花序小叶有时3枚，倒卵形、长圆形或卵形，有尖锐单锯齿，稀混有重锯齿，上面无毛，下面有柔毛；托叶篦齿状，大部贴生叶柄。圆锥花序；萼片披针形；花瓣白色，宽倒卵形；花柱结合成束，无毛，稍长于雄蕊。蔷薇果近球形，萼片脱落。

原产于我国，神农架有栽培。花、根、叶、茎、果实可入药；花可供观赏。

9b. 粉团蔷薇（变种）**Rosa multiflora** var. **cathayensis** Rehder et E. H. Wilson 图68-123

本变种与原变种的主要区别：花单瓣，粉红色。

产于神农架各地，生于海拔400~1800m的山坡或溪沟边灌丛。根、叶、花和种子均入药；花可供观赏。

图68-122 野蔷薇

图68-123 粉团蔷薇

10. 西北蔷薇 | **Rosa davidii** Crépin

灌木。小枝具刺，通常扁而基部膨大。小叶7~9枚，稀11或5枚，卵状长圆形或椭圆形，先端急尖，基部近圆形或宽楔形，边缘有尖锐单锯，而近基部全缘。花多朵，排成伞房状花序；有大型苞片，苞片卵形或披针形；萼片卵形，全缘；花瓣深粉色，宽倒卵形，先端微凹。果长椭圆形或长倒卵球形，顶端有长颈，深红色或橘红色。花期6~7月，果期9月。

产于神农架高海拔地区，生于海拔1800m的山坡疏林地。

11. 峨眉蔷薇 | **Rosa omeiensis** Rolfe 图68-124

灌木。小叶9~13（~17）枚，长圆形或椭圆状长圆形，有锐锯齿；托叶大部贴生叶柄，边缘有齿或全缘，有时有腺体。花单生于叶腋，无苞片；萼片4枚，披针形；花瓣4枚，白色，倒三角状卵形；花柱离生，被长柔毛，比雄蕊短。果倒卵圆形或梨形；果柄肥大；宿萼直立。花期5~6月，果期7~9月。

产于神农架各地（鸭子口—坪堑，zdg 6375），生于海拔1000~2700m的山坡、山麓或灌丛中。根、果实入药；花可供观赏。

12. 缫丝花 | **Rosa roxburghii** Trattinnick 图68-125

灌木。小叶9~15枚，椭圆形或长圆形，稀倒卵形，有细锐锯齿。花单生或2~3朵生于短枝顶端；萼片宽卵形，有羽状裂片；花瓣重瓣至半重瓣，淡红色或粉红色，倒卵形；雄蕊多数着生在杯状萼筒边缘；心皮多数，着生在花托底部；花柱离生，被毛，不外伸，短于雄蕊。果扁球形，外面密生针刺；宿萼直立。花期5~7月，果期8~10月。

产于兴山县，生于海拔400m以下的路旁。果实、根、叶入药；花可供观赏。

图68-124 峨眉蔷薇

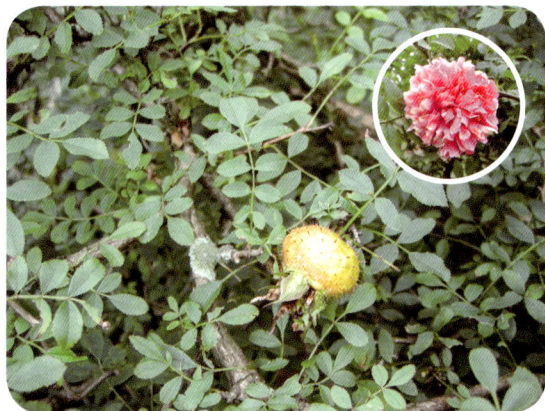

图68-125 缫丝花

13. 绣球蔷薇 | **Rosa glomerata** Rehder et E. H. Wilson 图68-126

灌木。有长匐枝，圆柱形，无毛，有时小枝有柔毛。皮刺散生，基部膨大向下弯曲。小叶5~7枚，稀3或9枚，长圆形或长圆倒卵形，先端渐尖或短渐尖，基部圆形，稀近心形。伞房花序，密集多花；萼片卵状披针形，先端渐尖，全缘，内面密被柔毛；花瓣宽倒卵形，先端微凹，基部楔形，外被绢毛。果实近球形，橘红色，有光泽，幼时有稀疏柔毛和腺毛，以后脱落。花期7月，果期8~10月。

产于巫山县（坪区梨子坪林场附近，周洪富、栗和毅 109004），生于海拔1800m的山坡灌丛中。根可入药。

14. 玫瑰 | **Rosa rugosa** Thunberg 图68-127

灌木。小叶5~9枚，椭圆形或椭圆状倒卵形，有尖锐锯齿，上面无毛，下面灰绿色，密被绒毛和腺毛；托叶大部贴生叶柄，有带腺锯齿，下面被绒毛。花单生于叶腋或数朵簇生；苞片卵形；萼片卵状披针形；花瓣紫红色或白色，半重瓣至重瓣，倒卵形；花柱离生，被毛，稍伸出花萼，短于雄蕊。果扁球形；萼片宿存。花期5～6月，果期8～9月。

原产于我国，神农架有栽培。花蕾可入药；花供观赏。

图68-126　绣球蔷薇

图68-127　玫瑰

15．大红蔷薇 ｜ Rosa saturata Baker　图68-128

灌木。小叶常7（～9）枚，近花序常为5小叶，卵形或卵状披针形，有尖锐单锯齿，上面无毛，下面灰绿色，沿脉有柔毛或近无毛；托叶宽，约2/3部分贴生叶柄，全缘，近无毛。花单生，稀2朵；苞片1～2枚，卵状披针形；花瓣红色，倒卵形；花柱离生，密被柔毛，短于雄蕊。果球形；宿萼斜伸。花期6月，果期7～10月。

产于神农架红河、马家屋场等地，生于海拔2200～2400m的山坡、灌丛中或溪沟旁。根皮入药。

16．钝叶蔷薇 ｜ Rosa sertata Rolfe　图68-129

灌木。小叶7～10枚，椭圆形或卵状椭圆形，有尖锐锯齿，近基部全缘，两面无毛，或下面沿中脉有稀疏柔毛；托叶大部贴生叶柄，无毛，边缘有腺毛。花单生或3～5朵排成伞房状；苞片1～3枚，卵形；萼片卵状披针形，全缘；花瓣粉红色或玫瑰色，宽倒卵形；花柱离生，被柔毛，比雄蕊短。果卵圆形，顶端有短颈；宿萼直立。花期6月，果期8～10月。

产于神农架红坪、木鱼、宋洛等地，生于海拔1200～2200m的山坡、路旁、沟边或疏林中。根可入药。

图68-128　大红蔷薇

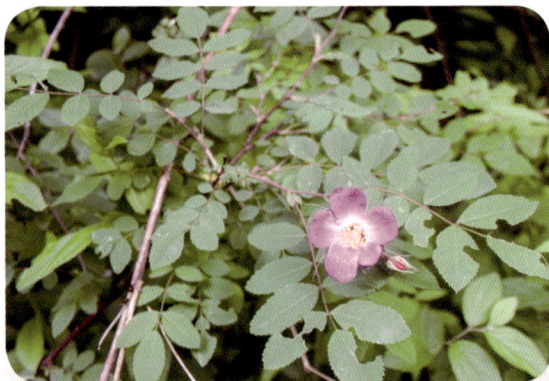

图68-129　钝叶蔷薇

17. 刺梗蔷薇 | **Rosa setipoda** Hemsley et E. H. Wilson 图68-130

灌木。小叶5～9枚，卵形、椭圆形或宽椭圆形，有重锯齿，齿尖常带腺体。稀疏伞房花序；萼片卵形，先端叶状，边缘具羽状裂片或有锯齿，齿尖有腺体；花瓣粉红色或玫瑰紫色，宽倒卵形；花柱离生，被柔毛，短于雄蕊。蔷薇果长圆状卵圆形，顶端有短颈；宿萼直立。花期5～7月，果期7～10月。

产于神农架林区各地（猴子石—南天门，zdg 7348），生于海拔1500～2800m的山坡、沟谷灌木丛中。果实和根可入药。

18. 拟木香 | **Rosa banksiopsis** Baker 图68-131

小灌木。小叶7～9枚，卵形或长圆形，稀长椭卵形，先端急尖或短渐尖，基部圆形或宽楔形，边缘有尖锐单锯齿。花多数，组成伞房花序；苞片卵形或披针形，先端尾状渐尖，边缘有腺齿或全缘，有稀疏短柔毛；萼片卵状披针形，有腺毛；花瓣粉色、红色或玫瑰红色，倒卵形，先端微凹。果卵球形，橘红色，光滑；萼片直立宿存。花期6～7月，果期7～9月。

产于神农架低海拔地区，生于海拔800m的山坡灌丛中。

图68-130 刺梗蔷薇

图68-131 拟木香

19. 扁刺蔷薇 | **Rosa sweginzowii** Koehne

灌木。小叶7～11枚，椭圆形至卵状长圆形，先端急尖，稀圆钝，基部近圆形或宽楔形，边缘有重锯齿。花单生，或2～3朵簇生；苞片1～2枚，卵状披针形，先端尾尖，下面中脉明显，边缘有带腺锯齿，有时有羽状裂片；萼片卵状披针形；花瓣粉红色，宽倒卵形，先端微凹，基部宽楔形。果长圆形或倒卵状长圆形，先端有短颈，紫红色。花期6～7月，果期8～11月。

产于巴东县（李洪钧189），生于海拔2400m的山坡灌丛中。

20. 华西蔷薇 | **Rosa moyesii** Hemsley et E. H. Wilson 图68-132

落叶灌木。小枝具皮刺。小叶7～13枚，上面无毛，下面沿脉有柔毛；托叶宽平，先端急尖，无毛，边缘有腺齿。花单生或2～3朵簇生；花梗和萼筒通常有腺毛，稀光滑；萼片先端延长成叶状而有羽状浅裂，外面有腺毛；花瓣深红色；花柱离生，被柔毛。果长圆卵球形或卵球形，先端有短颈，紫红色。花期6～7月，果期8～10月。

产于神农架红坪，生于海拔2400m的山坡疏林地。

21．陕西蔷薇 ｜ Rosa giraldii Crépin 图68-133

灌木。小枝有疏生直立皮刺。小叶7～9枚，近圆形、倒卵形、卵形或椭圆形，先端圆钝或急尖，基部圆形或宽楔形，边缘有锐单锯齿。花单生或2～3朵簇生；苞片1～2枚，卵形，先端急尖或短尾尖，边缘有腺齿，无毛；萼片卵状披针形，全缘或有1～2裂片；花瓣粉红色，宽倒卵形，先端微凹。果卵球形，先端有短颈，暗红色。花期5～7月，果期7～10月。

产于神农架九湖，生于海拔1800m的山坡疏林地。

图68-132　华西蔷薇

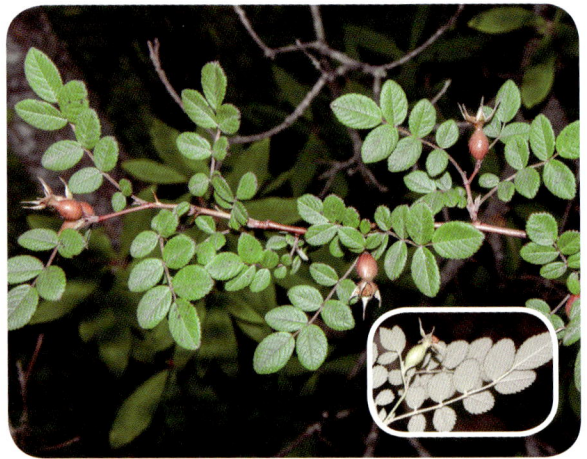

图68-133　陕西蔷薇

22．亮叶月季 ｜ Rosa lucidissima H. Léveillé 图68-134

常绿攀援灌木。小叶通常3枚，极稀5枚，小叶片长圆状卵形或长椭圆形，先端尾状渐尖或急尖，基部近圆形或宽楔形，边缘有尖锐锯齿，两面无毛，上面深绿色，有光泽，下面苍白色；托叶大部贴生，仅顶端分离，无毛。花单生；花梗和萼筒无毛；萼片先端尾状渐尖，全缘或稍有缺刻；花瓣紫红色，宽倒卵形，顶端微凹；雄蕊多数，着生在坛状花托口周围的凸起花盘上。果实梨形或倒卵球形，平滑。花期4～6月，果期5～8月。

产于兴山县、巴东县（牛洞湾东于口小溪，付口勋、张志松 1112）、麻湾（zdg 5517），生于海拔400m的山坡疏林地或灌丛中。花期4～6月，果期5～8月。花美丽，可栽培供观赏。

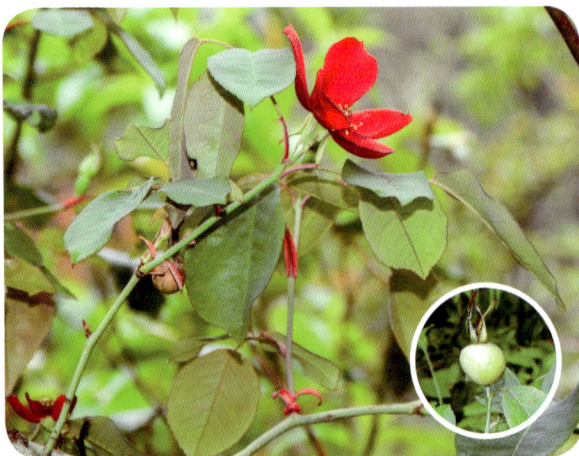

图68-134　亮叶月季

26. 悬钩子属Rubus Linnaeus

灌木、亚灌木或多年生草本。茎常具皮刺或针状刺，稀无刺。单叶、羽状复叶或掌状复叶，互生；托叶与叶柄合生或离生。花常两性；聚伞状圆锥花序、总状花序、伞房花序，或花数朵簇生或单生；花萼（4～）5（6～8）裂；果期宿存；花瓣常5枚，白色或红色；雄蕊常多数，宿生于花萼口部。由小核果或小核果状瘦果集生花托形成聚合果。

700余种。我国约210种，湖北73种，神农架42种。

分种检索表

1. 灌木，稀亚灌木或草本，常具粗壮皮刺或针刺。
  2. 托叶着生于叶柄基部，或多或少与叶柄合生，常较窄，不裂。
    3. 复叶。
      4. 托叶和苞片狭窄，线形、线状披针形、披针形或钻形。
        5. 心皮约10～70枚或稍多，着生于无柄的花托上。
          6. 顶生圆锥花序或近总状花序。
            7. 叶下面密被绒毛。
              8. 植株无腺毛。
                9. 枝、叶柄和花梗均被柔毛；花萼外被绒毛····················
                  ····················13. 弓茎悬钩子R. flosculosus
                9. 枝、叶柄和花梗均无毛；花萼外无毛····················
                  ····················7. 华中悬钩子R. cockburnianus
              8. 植株具腺毛····················16. 白叶莓R. innominatus
            7. 叶下面密被柔毛····················1. 腺毛莓R. adenophorus
          6. 顶生伞房状花序，极稀短总状花序，或花少数簇生及单生。
            10. 果实密被绒毛。
              11. 叶片下面密被绒毛。
                12. 果实成熟时白色。
                  13. 小叶3～5枚····················17. 陕西悬钩子R. piluliferus
                  13. 小叶3枚····················10. 悬钩子属一种R. sp.
                12. 果实成熟时黄色····················21. 粉枝莓R. biflorus
              11. 叶片下面具柔毛····················29. 菰帽悬钩子R. pileatus
            10. 果实具柔毛或无毛。
              14. 叶片下面被绒毛。
                15. 植株密被刺毛或腺毛······28. 多腺悬钩子R. phoenicolasius
                15. 植株无刺毛，无腺毛，稀局部疏生腺毛。
                  16. 果卵圆形，红色····················25. 茅莓R. parvifolius
                  16. 果扁球形，紫黑色····················23. 喜阴悬钩子R. mesogaeus
              14. 叶片下面具柔毛或无毛。

17．小叶7～15枚。

    18．花序轴、花梗、花萼均无毛···············**18．红花悬钩子R. inopertus**

    18．花序轴、花梗、花萼均有柔毛···············**2．秀丽莓R. amabilis**

17．小叶3～7枚，极稀9枚。

    19．植株具红褐色刺毛···············**37．红毛悬钩子R. wallichianus**

    19．植株无刺毛。

        20．花数朵至30余朵成顶生伞房花序···············**9．插田泡R. coreanus**

        20．花2～4朵或稍多成顶生伞房花序，或数花簇生，有时单生。

            21．小枝和花萼外被较密直立针状皮刺···············

            ···············**30．针刺悬钩子R. pungens**

            21．小枝疏生钩状或直立细皮刺···············**33．单茎悬钩子R. simplex**

    5．心皮约100枚或更多，着生于有柄的花托上。

    22．植株被紫红色腺毛···············**38．红腺悬钩子R. sumatranus**

    22．植株无腺毛。

        23．植株具腺点；花梗和花萼被柔毛···············**31．空心泡R. rosifolius**

        23．植株无腺点；花梗和花萼无毛···············**11．大红泡R. eustephanos**

  4．托叶和苞片宽大，卵形或卵状披针形或近圆形。

    24．托叶和苞片卵形或卵状披针形···············**22．绵果悬钩子R. lasiostylus**

    24．托叶和苞片宽大，宽卵形或近圆形···············**39．巫山悬钩子R. wushanensis**

3．单叶。

  25．叶盾状···············**27．盾叶莓R. peltatus**

  25．叶非盾状。

    26．植株全体具柔毛；花单生或数朵簇生···············**8．山莓R. corchorifolius**

    26．植株全体无毛；花常3朵簇生···············**36．三花悬钩子R. trianthus**

2．托叶着生于近叶柄基部茎上，离生，较宽大，常分裂。

  27．植株具皮刺；托叶早落。

    28．圆锥花序或圆锥花序分枝短而近总状花序，稀数朵簇生于叶腋。

      29．托叶和苞片较狭小，长在2cm以下，宽不足1cm，分裂或全缘。

        30．叶片下面被疏柔毛，沿脉毛较密···············**20．高粱泡R. lambertianus**

        30．叶片下面无毛或多少被柔毛。

          31．叶片狭长，不裂，稀近基部有浅裂片，具羽状脉。

            32．叶片下面密被绒毛···············**24．乌泡子R. parkeri**

            32．叶片下面无毛···············**15．宜昌悬钩子R. ichangensis**

          31．叶片宽大，浅裂，基部有掌状五出脉。

            33．叶片卵形至长圆形，圆锥花序宽大。

              34．植株无腺毛，或仅花梗和花萼有腺毛。

                35．花序和花萼具浅黄色绢状长柔毛···············

                ···············**6．毛萼莓R. chroosepalus**

                35．花序和花萼具绒毛和柔毛···············

                ···············**40．黄脉莓R. xanthoneurus**

1. 腺毛莓 | **Rubus adenophorus** Rolfe　图68-135

　　攀援灌木。小叶3枚，宽卵形或卵形，上、下两面均疏被柔毛，下面沿叶脉有稀疏腺毛；叶柄被腺毛、柔毛和稀疏皮刺；托叶线状披针形，被柔毛和稀疏腺毛。总状花序顶生或腋生；花梗、苞片和花萼均密被带黄色长柔毛和紫红色腺毛；萼片披针形或卵状披针形；花瓣倒卵形或近圆形，紫红色。果球形，核具皱纹。花期6～7月，果期6～7月。

　　产于神农架松柏、阳日（麻湾，zdg 5233；长青，zdg 5722）等地，生于海拔400～1000m的山谷沟边或林缘。根、叶入药。

2. 秀丽莓 | **Rubus amabilis** Focke　图68-136

　　灌木。小叶7～11枚，卵形或卵状披针形，上面无毛或疏生伏毛，下面沿叶脉具柔毛和小皮刺；托叶线状披针形，被柔毛。花单生，侧生于小枝顶端，下垂；萼片宽卵形；花瓣近圆形，白色；花丝基部稍宽，带白色；心皮；花柱无毛。果长圆形，稀椭圆形，幼时疏生柔毛，老时无毛；核肾形，稍有网纹。花期4～5月，果期7～8月。

　　产于神农架木鱼（老君山蛇草坪）、阳日（长青，zdg 5723），生于海拔1000～2500m的沟谷灌丛中。根入药。

图68-135 腺毛莓

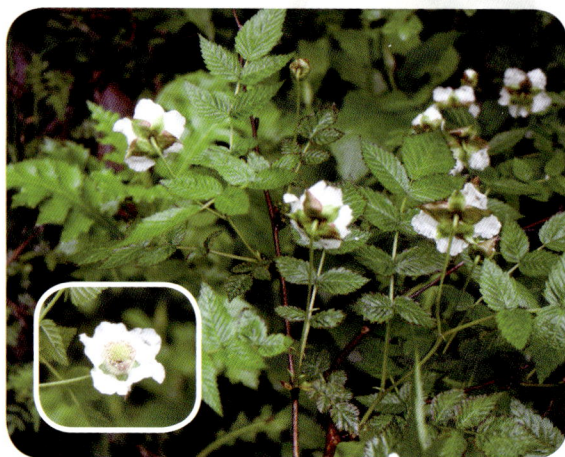

图68-136 秀丽莓

3. 周毛悬钩子 │ Rubus amphidasys Focke 图68-137

小灌木。枝常无皮刺。单叶，宽长卵形，先端短渐尖或尖，两面均被长柔毛，3～5浅裂；托叶离生，羽状深条裂，被长腺毛和长柔毛。花常5～12朵成近总状花序，稀3～5朵簇生；苞片与托叶相似；萼片窄披针形，果期直立开展；花瓣宽卵形或长圆形，白色；花丝宽扁，短于花柱。果扁球形，包在宿萼内。花期5～6月，果期7～8月。

产于神农架各地，生于海拔400～1600m的竹林内或山坡林下。全草入药。

4. 竹叶鸡爪茶 │ Rubus bambusarum Focke 图68-138

常绿攀援灌木。掌状复叶具3或5小叶，革质，小叶窄披针形或窄椭圆形，先端渐尖，有不明显稀疏小锯齿；托叶早落。总状花序；花萼密被绢状长柔毛，萼片卵状披针形，全缘，果期常反折；花瓣紫红色或粉红色，倒卵形或宽椭圆形；雄蕊有疏柔毛；雌蕊25～40枚，果近球形，宿存花柱具长柔毛。花期5～6月，果期7～8月。

产于神农架各地，生于海拔1200～2000m的山坡疏林或灌丛中。叶可作茶饮用，亦能入药。

图68-137 周毛悬钩子

图68-138 竹叶鸡爪茶

5. 寒莓 | **Rubus buergeri** Miquel 图68-139

小灌木。单叶，卵形至近圆形，基部心形，下面密被绒毛，沿叶脉具柔毛，老时下面绒毛常脱落，5～7浅裂，裂片钝圆，基脉掌状五出；托叶离生，早落，掌状或羽状深裂。短总状花序顶生或腋生，或花数朵簇生于叶腋；苞片与托叶相似；萼片披针形或卵状披针形；花瓣倒卵形，白色；雄蕊多数。果近球形；核具皱纹。花期7～8月，果期9～10月。

产于神农架各地，生于海拔2000m以下的山坡林内或灌丛中。根及全草入药。

6. 毛萼莓 | **Rubus chroosepalus** Focke 图68-140

灌木。单叶，近圆形或宽卵形，先端短尾尖，下面密被灰白色或黄白色绒毛，基部有5条掌状脉；托叶离生，披针形，不裂或顶端浅裂，早落。圆锥花序顶生，花序轴和花梗均被绢状长柔毛；苞片披针形，两面均被柔毛，全缘或常3浅裂，早落；萼片卵形或卵状披针形，全缘，无花瓣；雄蕊多数。果球形；核具皱纹。花期5～6月，果期7～8月。

产于神农架木鱼（老君山、九冲）、麻湾（zdg 5209）、长青（zdg 5724；zdg 5730），生于海拔300～1300m的山坡灌丛中或林缘。根入药。

图68-139 寒莓

图68-140 毛萼莓

7. 华中悬钩子 | **Rubus cockburnianus** Hemsley 图68-141

灌木。小叶（5～）7～9枚，长圆状披针形或卵状披针形，具不整齐粗锯齿或缺刻状重锯齿；叶柄与叶轴均无毛；托叶线形，无毛。顶生圆锥花序、侧生总状或近伞房状花序无毛；苞片线形，无毛；花萼无毛，萼片卵状披针形，先端长渐尖，无毛或边缘具灰白色绒毛；花瓣粉红色，近圆形；花柱无毛。果近球形，微被柔毛或几无毛。花期5～7月，果期8～9月。

产于神农架红坪（板仓—阳日，zdg 6105），生于海拔900～2000m的阳坡灌丛中或沟谷林内。果实入药。

8. 山莓 | **Rubus corchorifolius** Linnaeus f. 图68-142

灌木。单叶，卵形或卵状披针形，上面沿叶脉有柔毛，下面幼时密被柔毛，老时近无毛；叶柄长，幼时密生柔毛；托叶线状披针形，具柔毛。花单生或少数簇生；花萼密被柔毛，萼片卵形或三角状卵形；花瓣长圆形或椭圆形，白色；雄蕊多数；雌蕊多数，子房有柔毛。果近球形或卵圆形，密被柔毛；核具皱纹。花期2～3月，果期4～6月。

产于神农架各地（长青，zdg 5725），生于海拔2000m以下的溪边、山谷、山坡灌丛中。未成熟的果实、根和根皮、茎、叶均可入药；果实可鲜食。

图68-141　华中悬钩子

图68-142　山莓

9．插田泡 │ Rubus coreanus Miquel

分变种检索表

1. 小叶疏被柔毛或下面沿叶脉被柔毛⋯⋯⋯⋯⋯⋯⋯⋯⋯**9a．插田泡**R. coreanus var. coreanus

1. 小叶下面密被绒毛⋯⋯⋯⋯⋯⋯⋯⋯⋯⋯⋯⋯**9b．毛叶插田泡**R. coreanus var. tomentosus

9a．插田泡（原变种）Rubus coreanus var. coreanus　图68-143

灌木。小叶常5枚，稀3枚，卵形、菱状卵形或宽卵形，下面被稀疏柔毛或仅沿叶脉被短柔毛。伞房花序具花数朵至30几朵；苞片线形，有短柔毛；萼片长卵形至卵状披针形，花瓣倒卵形，淡红色至深红色；雄蕊比花瓣短或近等长；雌蕊多数；花柱无毛，子房被稀疏短柔毛。果实近球形，无毛或近无毛；核具皱纹。花期4～6月，果期6～8月。

产于神农架林区各地（神农谷，zdg 6851），生于海拔1600m以下的山坡灌丛中、山谷、河边或路旁。根入药；果实可鲜食。

9b．毛叶插田泡（变种）Rubus coreanus var. tomentosus Cardot　图68-144

本变种与原变种的主要区别：小叶下面密被绒毛。

产于神农架木鱼、松柏、新华，生于海拔800～1300m的山坡灌丛中。根入药；果实可鲜食。

图68-143　插田泡

图68-144　毛叶插田泡

10．悬钩子属一种｜**Rubus** sp.　图68-145

落叶灌木。枝具稀疏针状皮刺。小叶3枚，卵形、菱状卵形或卵状披针形，顶生小叶顶端尾状渐尖，侧生小叶短渐尖，基部圆形，上面有稀疏短柔毛或近无毛，下面密被白色绒毛，边缘有粗重锯齿；托叶线形。花5～15朵成伞房花序，着生于侧生短枝顶端；花萼外面被柔毛；花瓣浅红色。果实近球形，密被白色短绒毛。花期3～4月，果期5～6月。

产于神农架木鱼、阳日、麻湾（zdg 6527），生于海拔600～1500m的山坡路边。本种与陕西悬钩子*Rubus piluliferus*相近，但羽状复叶的小叶仅为3枚，花序无总梗，花萼外面被针刺而不同。

11．大红泡｜**Rubus eustephanos** Focke　图68-146

灌木。小叶3～5（～7）枚，卵形、椭圆形，稀卵状披针形，老时仅下面沿叶脉有柔毛；托叶披针形，顶端尾尖，无毛或边缘稍有柔毛。花常单生，稀2～3朵；花梗无毛，常无腺毛；苞片和托叶相似；花萼无毛；萼片长圆披针形；花瓣椭圆形或宽卵形，白色；雄蕊多数；雌蕊很多，子房和花柱无毛。果实近球形；核较平滑或微皱。花期4～5月，果期6～7月。

产于神农架各地（阳日—新华，zdg 4549），生于海拔1500m以下的山坡林下或河沟边灌丛中。根、叶入药；果实可鲜食。

图68-145　悬钩子一种

图68-146　大红泡

12．凉山悬钩子 | **Rubus fockeanus** Kurz 　图68-147

多年生草本。复叶具3小叶，小叶近圆形或宽倒卵形，先端钝圆，基部宽楔形或圆，下面沿叶脉稍有柔毛。花单生或1～2朵；萼片5或超过5枚，卵状披针形或窄披针形；花瓣倒卵圆状长圆形或带状长圆形，白色；雄蕊花丝下部扩大，顶端渐窄；雌蕊4～20枚。果球形，由半球形的小核果组成；核具皱纹。花期5～6月，果期7～8月。

产于神农架高海拔山地，生于海拔2500～3100m的山坡林下。全株入药。

13．弓茎悬钩子 | **Rubus flosculosus** Focke 　图68-148

灌木。小叶5～7枚，卵形、卵状披针形或卵状长圆形，下面被灰白色绒毛。顶生窄圆锥花序，侧生总状花序；花梗和苞片均被柔毛；苞片线状披针形；花萼密被灰白色柔毛，萼片卵形或长卵形，先端尖而有凸尖头；花瓣近圆形，粉红色；雄蕊多数；花柱无毛，子房具柔毛。果球形；小核卵圆形，多皱纹。花期6～7月，果期8～9月。

产于神农架红坪，生于海拔1600m的山坡、沟边灌木丛中。果实、根、幼枝入药；果实可鲜食。

图68-147　凉山悬钩子

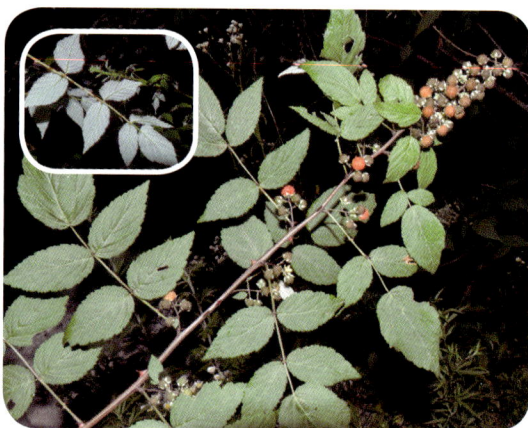

图68-148　弓茎悬钩子

14．鸡爪茶 | **Rubus henryi** Hemsley et Kuntze

分变种检索表

1. 叶片分裂至叶的2/3以下·························· **14a．鸡爪茶 R. henryi** var. **henryi**
1. 叶片分裂至叶的1/3处···························· **14b．大叶鸡爪茶 R. henryi** var. **sozostylus**

14a．鸡爪茶（原变种）Rubus henryi var. henryi 　图68-149

常绿灌木。单叶，基部宽楔形或近圆，稀近心形，3（～5）深裂，下面密被灰白色或黄白色绒毛，有时疏生小皮刺。花常9～20朵组成总状花序；苞片和托叶相似；萼片长三角形；花瓣窄卵圆形，粉红色；雄蕊多数；雌蕊多数。果近球形；核稍有网纹。花期5～6月，果期7～8月。

产于神农架各地，生于海拔2000m以下的坡地或林中。根入药。

14b．大叶鸡爪茶（变种）Rubus henryi var. sozostylus (Focke) T. T. Yu et L. T. Lu　图68-150

本变种与原变种的主要区别：叶片基部宽，近楔形或心形，掌状5裂或3裂约至叶片中部或1/3处，裂片较宽短，卵状披针形，边缘具粗锐锯齿；花萼常无腺毛。花期5～6月，果期7～8月。

产于神农架各地，生于海拔2000m以下的坡地或林中。根入药。

图68-149　鸡爪茶

图68-150　大叶鸡爪茶

15．宜昌悬钩子 ｜ Rubus ichangensis Hemsley et Kuntze　图68-151

落叶或半常绿攀援灌木。单叶，近革质，卵状披针形，两面均无毛，下面沿中脉疏生小皮刺；托叶钻形或线状披针形，全缘或先端浅条裂，脱落。顶生圆锥花序窄，腋生花序有时似总状；苞片与托叶相似，有腺毛；萼片卵形；花瓣直立，椭圆形，白色；雄蕊多数，雌蕊12～30枚，无毛。果近球形；核有细皱纹。花期7～8月，果期10月。

产于神农架各地，生于海拔600～1500m的山坡、山谷林内或灌丛中。根、叶入药。

图68-151　宜昌悬钩子

16．白叶莓 ｜ Rubus innominatus S. Moore

16a．白叶莓（原变种）Rubus innominatus var. innominatus　图68-152

灌木。小叶3（~5）枚，顶生小叶斜卵状披针形或斜椭圆形，上面疏生平贴柔毛或几无毛，下面密被灰白色绒毛；托叶线形，被柔毛。总状或圆锥状花序，腋生花序常为短总状，花序梗和花梗密被绒毛状长柔毛和腺毛；苞片线状披针形，被柔毛；花萼密被长柔毛和腺毛；萼片卵形；花瓣倒卵形或近圆形，紫红色；花柱无毛。果近球形。花期5~6月，果期7~8月。

产于神农架各地（长青，zdg 5727），生于海拔400~1500m的山坡疏林、灌丛中。根入药。

16b．无腺白叶莓（变种）Rubus innominatus var. kuntzeanus (Hemsley) L. H. Bailey　图68-153

本种与原变种的主要区别：枝、叶柄、叶下面、花序梗、花梗和花萼均无腺毛。花期5~6月，果期7~8月。

产于神农架木鱼、下谷、新华、阳日等地，生于海拔300~1500m的山坡灌丛中。根入药。

图68-152　白叶莓

图68-153　无腺白叶莓

16c．五叶白叶莓（变种）Rubus innominatus var.quinatus L. H. Bailey　图68-154

本种与原变种的主要区别：小叶常5枚，狭窄，披针状卵形，有时卵形，顶端长渐尖。

产于神农架宋洛（徐家庄），生于海拔1000m的溪边灌丛中。

图68-154　五叶白叶莓

17．陕西悬钩子 ｜ **Rubus piluliferus** Focke

灌木。小叶3～5枚，卵形、菱状卵形或卵状披针形，顶生小叶顶端尾状渐尖，侧生小叶急尖至短渐尖，基部宽楔形或圆形；侧脉5～6对。花5～15朵成伞房花序，着生于侧生短枝顶端；总花梗和花梗均被带黄色柔毛；苞片与托叶相似；花萼外面被柔毛；萼片披针形或卵状披针形；花瓣浅红色，基部有长爪。果实近球形，密被绒毛。花期5～6月，果期7～8月。

产于神农架木鱼（千家坪）、木鱼坪石槽河（鄂神农架队 20122），生于海拔1300～2000m的山坡路边。

18．红花悬钩子 ｜ **Rubus inopertus** (Focke) Focke　图68-155

灌木。小叶（5～）7～11枚，卵状披针形或卵形，上面疏生柔毛，下面沿叶脉具柔毛，具粗锐重锯齿；托叶线状披针形。花数朵簇生或成顶生伞房花序；花序轴和花梗均无毛；苞片线状披针形；花萼无毛，萼片卵形或三角状卵形；花瓣倒卵形，粉红或紫红色，花丝线形或基部增宽；花柱基部和子房有柔毛。果球形，被柔毛。花期5～6月，果期7～8月。

产于神农架木鱼（关门山、漳宝河、白水漂）、大九湖（zdg 6629），生于海拔1200～2400m的山坡或沟谷林下。根及果实入药。

19．灰毛泡 ｜ **Rubus irenaeus** Focke　图68-156

常绿灌木。单叶，近圆形，上面无毛，下面密被灰色或黄灰色绒毛，具五出掌状脉；托叶长圆形，被绒毛状柔毛，近先端缺刻状条裂。花数朵成顶生伞房状或近总状花序，常单花或数朵生于叶腋；苞片与托叶相似，具绒毛状柔毛，先端分裂；萼片宽卵形；花瓣近圆形，白色；雄蕊多数；雌蕊30～60枚，无毛。果球形，核具网纹。花期5～6月，果期8～9月。

产于神农架各地（新华，**zdg** 7980；长青，**zdg** 5728），生于海拔500～1300m的山坡林下。根和全株入药。

图68-155　红花悬钩子

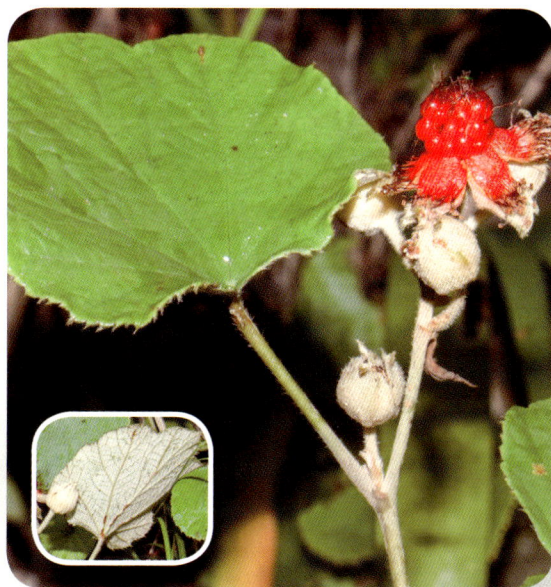

图68-156　灰毛泡

20．高粱泡 | Rubus lambertianus Seringe

20a．高粱泡（原变种）Rubus lambertianus var. lambertianus 图68-157

灌木。单叶，宽卵形，稀长圆状卵形，上面疏生柔毛或沿叶脉有柔毛，下面被疏柔毛；托叶离生，线状深裂，有柔毛或近无毛，常脱落。圆锥、近总状花序或簇生；花序轴、花梗和花萼均被柔毛；苞片与托叶相似；萼片卵状披针形；花瓣倒卵形，白色；雄蕊多数；雌蕊15～20枚，无毛。果近球形，有皱纹。花期7～8月，果期9～11月。

产于神农架新华（龙口），生于海拔350～1700m的山坡、山谷、灌丛中或林缘。根、叶、全株可入药。

20b．光滑高粱泡（变种）Rubus lambertianus var. glaber Hemsley 图68-158

本变种与原变种的主要区别：小枝和叶两面均无毛或叶上面沿叶脉稍密被柔毛；花序和花萼无毛或近无毛；果成熟时黄色或橙黄色。

产于神农架木鱼、松柏、宋洛、新华，生于海拔600～1800m的山坡或沟边灌丛中。叶入药。

图68-157　高粱泡

图68-158　光滑高粱泡

21．粉枝莓 | Rubus biflorus Buchanan-Hamilton ex Smith 图68-159

灌木。小叶常3枚，稀5枚，顶生小叶宽卵形或近圆形，侧生小叶卵形或椭圆形，顶生小叶边缘常3裂。花2～8朵，生于侧生小枝顶端的花较多，常4～8朵簇生或成伞房状花序，腋生者花较少，通常2～3朵簇生；苞片线形或狭披针形；花萼外面无毛；萼片宽卵形或圆卵形；花瓣近圆形，白色。果实球形，黄色，无毛。花期5～6月，果期7～8月。

产于神农架红坪，生于海拔2400m的山坡灌丛地。

图68-159 粉枝莓

22．绵果悬钩子 ｜ Rubus lasiostylus Focke

分变种检索表

1. 三出羽状复叶··························· **22a．绵果悬钩子** R. lasiostylus var. lasiostylus
1. 五出羽状复叶或偶有三出羽状复叶······· **22b．鄂西绵果悬钩子** R. lasiostylus var. hubeiensis

22a．绵果悬钩子（原变种）Rubus lasiostylus var. lasiostylus 图68-160

灌木。小叶3枚，稀5枚，叶卵形或椭圆形，下面密被灰白色绒毛，沿叶脉疏生小皮刺；托叶卵状披针形或卵形，膜质，无毛，渐尖。花2～6朵成顶生伞房状花序，有时1～2朵腋生；苞片卵形或卵状披针形，膜质，无毛；花萼紫红色，萼片宽卵形；花瓣近圆形，红色；花丝白色；花柱下部和子房上部密被长绒毛。果球形，密被长绒毛和宿存花柱。

产于神农架各地，生于海拔1800～2700m的山坡林下或灌丛中。根和果实入药；果实可鲜食。

22b．鄂西绵果悬钩子（变种）Rubus lasiostylus var. hubeiensis T. T. Yu et al. 图68-161

本种与原变种的主要区别：果实具柔毛，并非长绒毛。

产于神农架高海拔地区，生于海拔2500～2800m的山坡林下或灌丛中。根和果实入药；果实可鲜食。

图68-160 绵果悬钩子

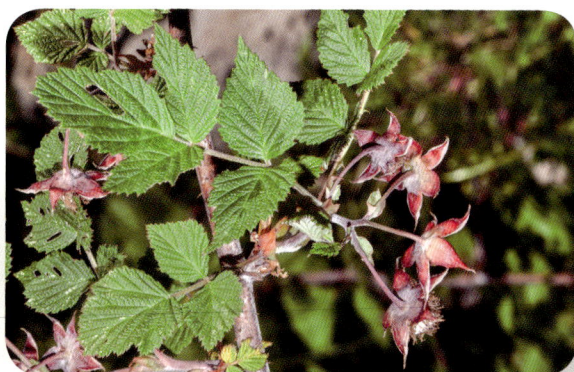

图68-161 鄂西绵果悬钩子

23. 喜阴悬钩子 | **Rubus mesogaeus** Focke 图68-162

灌木。小叶3（～5）枚，顶生小叶宽菱状卵形或椭圆状卵形，常羽状分裂，侧生小叶斜椭圆形或斜卵形，下面密被灰白色绒毛。伞房花序具花数朵至20余朵；苞片线形，被柔毛；花萼密被柔毛，萼片披针形；花瓣倒卵形、近圆形或椭圆形，白色或浅粉红色；花柱无毛。果扁球形，成熟时紫黑色，无毛。花期4～5月，果期7～8月。

产于神农架各地（官门山，zdg 7553），生于海拔1300～2000m的山坡林下或灌丛中。

24. 乌泡子 | **Rubus parkeri** Hance 图68-163

灌木。单叶，卵状披针形或卵状长圆形，下面密被灰色绒毛，沿叶脉被长柔毛，有细锯齿和浅裂片；侧脉5～6对。托叶脱落，常掌状条裂，裂片线形，被长柔毛。圆锥花序；苞片与托叶相似，有长柔毛和腺毛；萼片卵状披针形；花瓣白色，常无花瓣；雄蕊多数；雌蕊少数。果球形，无毛。花期5～6月，果期7～8月。

产于神农架木鱼（九冲）、大九湖（zdg 6662）、长青（zdg 5726），生于海拔400～600m的小溪边灌丛。根入药。

图68-162 喜阴悬钩子

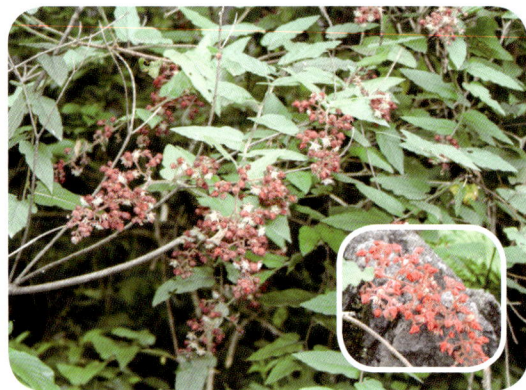

图68-163 乌泡子

25. 茅莓 | **Rubus parvifolius** Linnaeus

分变种检索表

1. 花萼或花梗无腺毛 ·················· **25a.** 茅莓R. parvifolius var. parvifolius
1. 花萼或花梗具带红色腺毛 ·················· **25b.** 腺花茅莓R. parvifolius var. adenochlamys

25a. 茅莓（原变种）Rubus parvifolius var. pavifolius 图68-164

灌木。小叶3（～5）枚，菱状圆卵形或倒卵形，下面密被灰白色绒毛；托叶线形，被柔毛。伞房花序被柔毛和细刺；花梗被柔毛和稀疏小皮刺；苞片线形，被柔毛；花萼密被柔毛和疏密不等的针刺，萼片卵状披针形或披针形；花瓣卵圆形或长圆形，粉红色或紫红色；子房被柔毛。果卵圆形，成熟时红色；核有浅皱纹。花期5~6月，果期7~8月。

产于神农架各地，生于海拔400~1000m的路旁、田边。根及全草入药；果实可鲜食。

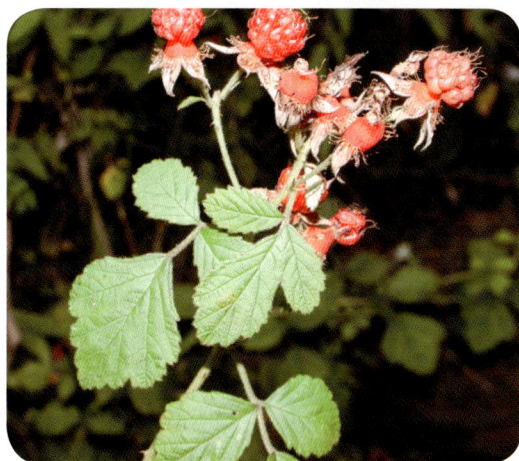

图68-164　茅莓

25b. 腺花茅莓（变种）Rubus parvifolius var. adenochlamys (Focke) Migo

本变种与原变种的主要区别：花萼或花梗具带红色腺毛。花期5~6月，果期7~8月。

产于神农架房县（武当山，沈玉昌），生于海拔600m的路旁、田边。

26．黄泡｜Rubus pectinellus Maximowicz　图68-165

草本或亚灌木。单叶，叶心状近圆形，两面疏生长柔毛，下面沿叶脉有针刺；托叶离生，有长柔毛，二回羽状深裂，裂片线状披针形。花单生，稀2~3朵簇生；苞片和托叶相似；萼片不等大，卵形或卵状披针形；花瓣窄倒卵形，白色；雄蕊多数；雌蕊多数，子房顶端和花柱基部微具柔毛。果球形；小核近光滑或微皱。花期5~7月，果期7~8月。

产于神农架九湖、木鱼、宋洛，生于海拔400~1900m的山坡林下。根叶入药。

图68-165　黄泡

27．盾叶莓｜Rubus peltatus Maximowicz　图68-166

灌木。叶盾状、卵状圆形，基部心形，两面均有贴生柔毛，下面毛较密，沿中脉有小皮刺，3~5掌状分裂，裂片三角状卵形；托叶膜质，卵状披针形，无毛。单花顶生；苞片与托叶相似；萼片卵状披针形；花瓣近圆形，白色；雄蕊多数，花丝钻形或线形；雌蕊达100枚，被柔毛。果圆柱形或圆筒形，密被柔毛；核具皱纹。花期4~5月，果期6~7月。

产于神农架各地（长青，zdg 5731），生于海拔1500~2000m的山坡阴湿地。果实入药；果实可鲜食。

28. 多腺悬钩子 | **Rubus phoenicolasius** Maximowicz 图68-167

灌木。植株密被刺毛或腺毛。小叶3（～5）枚，卵形、宽卵形或菱形，稀椭圆形，托叶线形，被柔毛和腺毛。短总状花序；苞片披针形，被柔毛和腺毛；萼片披针形；花瓣倒卵状匙形或近圆形，紫红色；雄蕊稍短于花柱。果半球形，无毛；核有皱纹与洼穴。花期5～6月，果期7～8月。

产于神农架各地，生于海拔800m以下的山坡林下。根、叶入药。

图68-166 盾叶莓

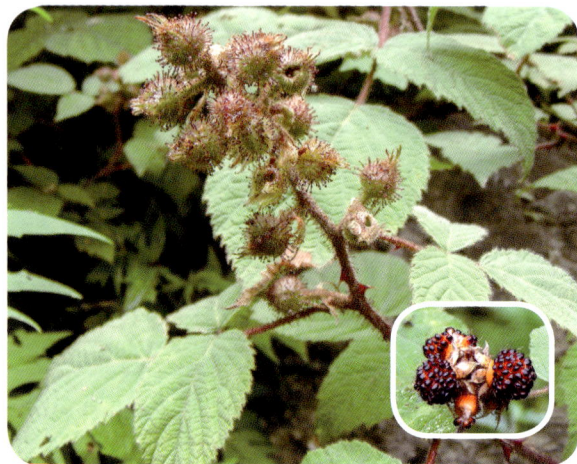

图68-167 多腺悬钩子

29. 菰帽悬钩子 | **Rubus pileatus** Focke 图68-168

攀援灌木。小叶5～7枚，卵形、长圆状卵形或椭圆形，两面沿叶脉有柔毛；托叶线形或线状披针形。伞房花序顶生，稀单花腋生；苞片线形，无毛；萼片卵状披针形，先端长尾尖；花瓣倒卵形，白色；花柱下部和子房密被灰白色长绒毛。果卵圆形，具宿存花柱，密被灰白色绒毛；核具皱纹。花期6～7月，果期8～9月。

产于神农架高海拔地区（南天门，zdg 7316），生于海拔2500m以上的山坡疏林地。果实入药。

图68-168 菰帽悬钩子

30．针刺悬钩子 ｜ **Rubus pungens** Cambessèdes

分变种检索表

1．花萼外面具柔毛和腺毛，密被直立针刺。
　　2．小叶顶端急尖至短渐尖‥‥‥‥‥‥‥‥‥‥‥‥‥‥‥‥**30a．针刺悬钩子**R. pungens var. pungens
　　2．小叶顶端钝或急尖‥‥‥‥‥‥‥‥‥‥‥‥‥‥‥‥**30b．柔毛针刺悬钩子**R. pungens var. villosus
1．花萼上无腺毛或仅有稀疏短腺毛‥‥‥‥‥‥‥‥‥‥‥‥‥‥**30c．香莓**R. pungens var. oldhamii

30a．针刺悬钩子（原变种）Rubus pungens var. **pungens**　图68-169

灌木。小叶（3～）5～7（～9）枚，卵形、三角状卵形或卵状披针形，下面有柔毛或脉上有柔毛；托叶有柔毛。花单生或2～4朵成伞房花序；花萼具柔毛和腺毛，密被直立针刺，萼筒半球形，萼片披针形或三角状披针形；花瓣长圆形、倒卵形或近圆形，白色；雄蕊长短不等；雌蕊多数。果近球形，具柔毛或近无毛。花期4～5月，果期7～8月。

产于神农架红河等地，生于海拔约2300m以下的山坡灌丛中。根入药。

图68-169　针刺悬钩子

30b．柔毛针刺悬钩子（变种）Rubus pungens var. **villosus** Cardot　图68-170

本变种与原变种的主要区别：枝和花萼外密被针刺；花枝、叶柄和花梗上均有稀疏柔毛和明显腺毛；小叶5～7枚，较小，顶端钝或急尖，两面有稀疏柔毛。

产于神农架红河（鄂神农架植考队10287）等地，生于海拔约2300m以下的山坡灌丛中。

30c．香莓（变种）Rubus pungens var. **oldhamii** (Miquel) Maximowicz　图68-171

本变种与原变种的主要区别：枝上针刺较稀少，花萼上具疏密不等的针刺或近无刺；花枝、叶柄、花梗和花萼上无腺毛或仅于局部如花萼或花梗上有稀疏短腺毛。

产于神农架高海拔地区，生于海拔2500～3000m的山坡冷杉林下。

图68-170　柔毛针刺悬钩子

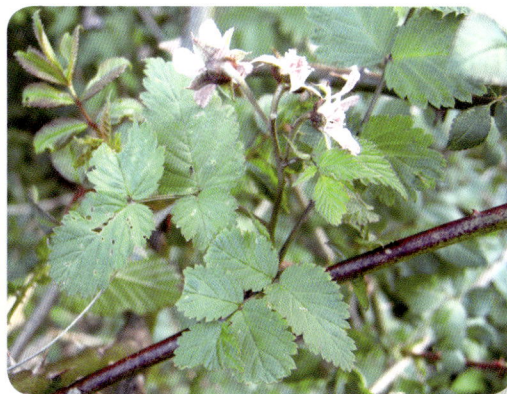
图68-171　香莓

31. 空心泡 | Rubus rosifolius Smith 图68-172

灌木。植株具腺点。小叶5～7枚，卵状披针形或披针形，两面疏生柔毛，老时几无毛，有浅黄色发亮的腺点；托叶卵状披针形或披针形，具柔毛。花常1～2朵；花萼外被柔毛和腺点；萼片披针形或卵状披针形；花瓣长圆形、长倒卵形或近圆形，白色；花丝较宽；雌蕊很多。果实卵球形或长圆状卵圆形，无毛；核有深窝孔。花期3～5月，果期6～7月。

产于巫山、巫溪、巴东等县，生于海拔500m的山地杂木林内。根可入药；果实可鲜食。

32. 川莓 | Rubus setchuenensis Bureau et Franchet 图68-173

落叶灌木。单叶，近圆形或宽卵形，基部心形，上面无毛或沿叶脉稍具柔毛，下面密被灰白色绒毛；基脉掌状五出，5～7浅裂；托叶离生，卵形、卵状披针形，稀长倒卵形，顶端条裂，早落。窄圆锥花序或少花簇生；苞片与托叶相似；萼片卵状披针形；花瓣倒卵形或近圆形，紫红色；雄蕊较短；雌蕊无毛。果半球形，无毛。花期7～8月，果期9～10月。

产于神农架各地，生于海拔1500～2500m的山坡或溪边灌丛中。全株、根、叶入药。

图68-172 空心泡

图68-173 川莓

33. 单茎悬钩子 | Rubus simplex Focke 图68-174

亚灌木。茎木质疏生钩状小皮刺。小叶3枚，卵形或卵状披针形，下面沿叶脉有疏柔毛或具极疏小皮刺；托叶基部与叶柄连生，线状披针形。花2～4朵腋生或顶生，稀单生；花萼疏生钩状小皮刺和柔毛，萼片长三角形或卵圆形；花瓣倒卵圆形，白色；雄蕊多数；雌蕊多数。果球形，常无毛，小核果多数；核具皱纹。花期5～6月，果期8～9月。

产于神农架各地，生于海拔1400～1800m的林下草丛中或沟边岩石上。根和叶入药；果实可鲜食。

34. 木莓 | Rubus swinhoei Hance 图68-175

灌木。单叶，宽卵形或长圆状披针形，下面密被灰白色绒毛或近无毛，有不整齐粗锐锯齿；托叶卵状披针形，稍有柔毛，全缘或有齿，早落。花常5～6朵组成总状花序；苞片与托叶相似；萼片卵形或三角状卵形；花瓣白色，宽卵形或近圆形；雄蕊无毛；雌蕊多数。果球形，无毛；核具皱纹。花期5～6月，果期7～8月。

产于神农架各地（新华，zdg 7981；长青，zdg 5729），生于海拔300～1500m的山坡疏林或林缘。根、叶入药。

图68-174　单茎悬钩子

图68-175　木莓

图68-176　灰白毛莓

35．灰白毛莓｜Rubus tephrodes Hance　图68-176

灌木。植株具长短不等的腺毛或刺毛。单叶，近圆形，下面密被灰白色绒毛；侧脉3～4对，基部有掌状五出脉；托叶小，离生，脱落，深条裂或梳齿状深裂，有绒毛状柔毛。大型圆锥花序顶生；苞片与托叶相似；萼片卵形；花瓣白色，近圆形至长圆形；雄蕊多数；雌蕊约30～50枚。果实球形，无毛，多个小核果；核有皱纹。花期6～8月，果期8～10月。

产于神农架各地，生于海拔1500m以下的山坡、路旁或灌丛中。根及果实入药。

36．三花悬钩子｜Rubus trianthus Focke　图68-177

灌木。单叶，卵状披针形或长圆状披针形，先端渐尖，基部心形，稀近截形，两面无毛，3裂或不裂；托叶披针形或线形，无毛。花常3朵，有时3朵以上成短总状花序，常顶生；苞片披针形或线形；花萼无毛，萼片三角形；花瓣长圆形或椭圆形，白色；雄蕊多数；雌蕊10～50枚。果近球形，无毛，核具皱纹。花期4～5月，果期5～6月。

产于神农架各地，生于海拔1500～2000m的向阳山坡及林缘。根、叶入药。

37．红毛悬钩子 | Rubus wallichianus Wight et Arnott　图68-178

灌木。植株具红褐色刺毛。小叶3枚，椭圆形、卵形，稀倒卵形，下面沿叶脉疏生柔毛、刺毛和皮刺；托叶线形，被柔毛和稀疏刺毛。花数朵在叶腋团聚成束，稀单生。苞片线形或线状披针形，被柔毛；花萼密被柔毛，萼片卵形；花瓣长倒卵形，白色；花丝稍宽扁；花柱基部和子房顶端具柔毛。果球形，成熟时金黄色或红黄色，无毛。花期3～4月，果期5～6月。

产于神农架各地（长青，zdg 5732），生于海拔400～1200m的山坡或沟边林缘。

图68-177　三花悬钩子

图68-178　红毛悬钩子

图68-179　红腺悬钩子

38．红腺悬钩子 | Rubus sumatranus Miquel　图68-179

落叶灌木。小枝、叶轴、叶柄、花梗和花序均被紫红色腺毛、柔毛和皮刺。小叶5～7枚，卵状披针形，顶端渐尖，基部圆形，两面疏生柔毛，沿中脉较密，下面沿中脉有小皮刺，边缘具不整齐的尖锐锯齿。伞房状花序；花萼被长短不等的腺毛和柔毛，萼片在果期反折；花瓣白色。果实长圆形，红色，无毛。花期4～6月，果期7～8月。

产于神农架宋洛（徐家庄），生于海拔1300m的溪边灌丛中。果可鲜食。

39．巫山悬钩子 | Rubus wushanensis T. T. Yu et L. T. Lu

灌木。小叶常5枚，稀7枚，顶生小叶椭圆形，常不分裂；侧生小叶长圆形或卵状披针形，顶端渐尖，基部圆形，边缘具不整齐粗锯齿。花数朵成顶生伞房状花序；苞片大，膜质；花萼红褐色，外面无毛；萼片宽卵形或卵状披针形；花瓣长倒卵形，基部具短爪，短于萼片。果实近球形，密被灰白色长绒毛和宿存花柱。

产于巫山县，生于海拔2000m的山坡。

40. 黄脉莓 | Rubus xanthoneurus Focke 图68-180

常绿灌木。枝具灰白色或黄灰色绒毛，老时脱落，疏生微弯小皮刺。单叶，长卵形至卵状披针形，顶端渐尖，基部浅心形或截形，上面沿叶脉有长柔毛，下面密被灰白色或黄白色绒毛，边缘常浅裂，有不整齐粗锐锯齿。圆锥花序；萼片外被灰白色绒毛，顶端渐尖；花瓣白色。果实近球形，暗红色，无毛。花期6～7月，果期8～9月。

产于神农架木鱼（九冲），生于海拔500m的溪边灌丛中。

41. 太平莓 | Rubus pacificus Hance 图68-181

常绿灌木。单叶，革质，宽卵形至长卵形，顶端渐尖，基部心形，边缘不明显浅裂，有不整齐而具凸尖头的锐锯齿；基部具掌状五出脉，侧脉2～3对；托叶大，棕色，叶状。花3～6朵成顶生短总状或伞房状花序，或单生于叶腋；花梗和花萼密被绒毛状柔毛，萼片在果期常反折；花瓣白色。果实球形，红色，无毛。花期6～7月，果期8～9月。

产于神农架新华（庙儿观），生于海拔500～700m的山坡林下。

图68-180 黄脉莓

图68-181 太平莓

42. 五叶鸡爪茶 | Rubus playfairianus Hemsley ex Focke 图68-182

半常绿灌木。枝疏生钩状小皮刺。掌状复叶具3～5枚小叶，小叶片椭圆披针形或长圆披针形；顶生小叶远较侧生小叶大，顶端渐尖，基部楔形，边缘有不整齐尖锐锯齿；侧生小叶片有时在近基部2裂。花成顶生或腋生总状花序，花瓣白色。果实近球形，幼时红色，有长柔毛，老时转变为黑色。花期4～5月，果期6～7月。

产于神农架木鱼至兴山一带、南阳—黄粮（zdg 6287）、长青（zdg 5733），生于海拔500m的溪边灌丛中。

图68-182 五叶鸡爪茶

27．地榆属Sanguisorba Linnaeus

多年生草本。奇数羽状复叶。花两性，稀单性；密集成穗状或头状花序；萼筒喉部缢缩，有4（～7）枚萼片，覆瓦状排列，紫色、红色或白色，稀带绿色，花瓣状；花瓣无；雄蕊4枚，稀更多，花丝分离，稀下部联合，花盘贴生于萼筒喉部：心皮1枚，稀2枚，包在萼筒内，花柱顶生，柱头画笔状；胚珠1枚，下垂。瘦果小，包藏于宿存萼筒内。种子1枚。

30余种。我国7种，湖北2种，神农架均有。

1．地榆 │ Sanguisorba officinalis Linnaeus

1a．地榆（原变种）Sanguisorba officinalis var. officinalis　图68-183

多年生草本。基生叶为羽状复叶，小叶4～6对，卵形或长圆状卵形，先端圆钝稀急尖，基部心形或浅心形；茎生叶较少，长圆形或长圆状披针形，基部微心形或圆，先端急尖。穗状花序椭圆形、圆柱形或卵圆形，直立；萼片4枚，紫红色，椭圆形或宽卵形；雄蕊4枚，与萼片近等长或稍短；柱头盘形。瘦果包藏于宿存萼筒内，有4棱。花果期7～10月。

产于神农架各地（黄连架，zdg 7685），生于海拔2300m以下的山坡草地、灌丛中或疏林下。根入药。

1b．腺地榆（变种）Sanguisorba officinalis var. glandulosa (Komarov) Voroschilov　图68-184

本变种与原变种的主要区别：茎、叶柄及花序梗密被有柔毛和腺毛，叶下面散生短柔毛。花果期7～9月。

产于神农架九湖（大界岭、坪堑，zdg 7775），生于海拔2000m以下的山坡草地或疏林下。根入药。

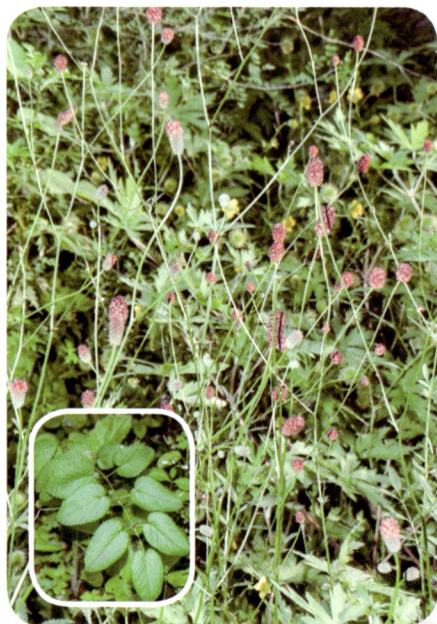

图68-183　地榆

1c. 长叶地榆（变种）Sanguisorba officinalis var. longifolia (Bertoloni) T. T. Yu et C. L. Li
图68-185

本变种与原变种的主要区别：基生叶小叶片带状长圆形或带状披针形，基部微心形、圆形或宽楔形，茎生叶较多，与基生叶相似，更窄；花穗长圆柱形，雄蕊与萼片近等长。花果期8～11月。

产于神农架各地，生于海拔2500m以下的山坡沼泽草地或疏林下。根入药。

图68-184　腺地榆

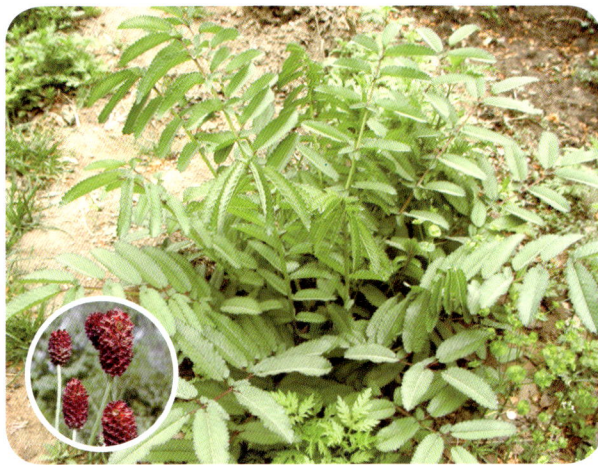

图68-185　长叶地榆

2. 虫莲 ｜ Sanguisorba filiformis (J. D. Hooker) Handel-Mazzetti　图68-186

多年生草本。主根圆柱形，细长。基生叶为羽状复叶，有小叶3～5对，小叶片宽卵形或近圆形，顶端圆钝，基部圆形至微心形，边缘有圆钝锯齿，上面暗绿色，下面绿色，两面均无毛；茎生叶1～3枚，与基生叶相似，向上小叶对数渐少。花单性，雌雄同株；花序头状，几球形；萼片4枚，白色；雄蕊7～8枚，花丝丝状。果有4棱。花果期6～9月。

产于神农架九湖乡大九湖湿地公园，生于海拔1800m的湖泊沼泽地中。根可入药。

28. 珍珠梅属Sorbaria (Seringe) A. Braun

落叶灌木。冬芽卵圆形，具数枚鳞片。羽状复叶，互生；小叶对生，有锯齿；具托叶。花两性，小型，成顶生圆锥花序；被丝托钟状；萼片5枚，反折；花瓣5枚，白色，覆瓦状排列：雄蕊20～50枚；心皮5枚，基部合生，与萼片对生。蓇葖果沿腹缝开裂。种子数枚。

约9种。我国4种，湖北4种，神农架1种。

高丛珍珠梅 ｜ Sorbaria arborea C. K. Schneider

分变种检索表

1. 小叶下面微被星状毛，叶轴被短柔毛或无毛…………**1a. 高丛珍珠梅S. arborea var. arborea**

1. 小叶、叶轴和花序均平滑无毛…………………………**1b. 光叶高丛珍珠梅S. arborea var. glabrata**

1a．高丛珍珠梅（原变种）Sorbaria arborea var. **arborea**　图68-187

落叶灌木。羽状复叶具小叶13～17（～19）枚，小叶披针形至长圆状披针形，两面无毛或下面微具星状绒毛。圆锥花序稀疏；苞片线状披针形至披针形；萼片长圆形至卵形；花瓣白色，近圆形；雄蕊20～30枚，长于花瓣；花盘环状；心皮5枚，花柱长不及雄蕊的1/2。蓇葖果圆柱形。花期6～7月，果期9～10月。

产于神农架各地，生于海拔1200～2200m的山坡、林缘或溪边。茎皮入药；花供观赏。

1b．光叶高丛珍珠梅（变种）Sorbaria arborea var. **glabrata** Rehder

本变种与原变种的主要区别：叶片、叶轴和花序均平滑无毛。

产于神农架红坪、木鱼、下谷坪等地，生于海拔1800～2400m的山坡杂木林下。茎皮入药；花供观赏。

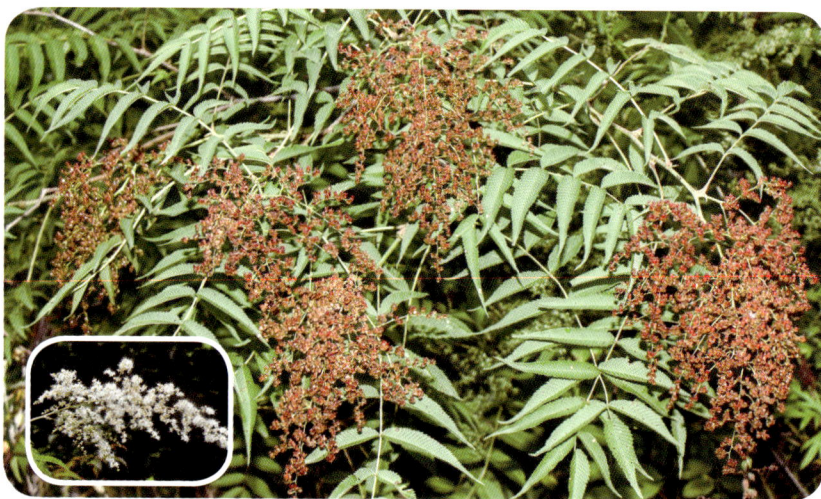

图68-186　虫莲　　　　图68-187　高丛珍珠梅

29．花楸属Sorbus Linnaeus

落叶乔木或灌木。单叶或奇数羽状复叶，互生，在芽中对折，稀席卷；托叶膜质或草质。花两性；复伞房花序，稀伞房花序或圆锥花序；花萼5裂，萼筒钟形，稀倒圆锥形或坛状，萼片边缘有时具腺体；花瓣具爪，稀无爪；雄蕊15～20枚，常不等长，2～3轮；心皮2～5枚，子房半下位或下位，2～5室，每室2枚胚珠；花柱2～5枚，分离或部分联合。梨果小型。

约100种。我国约66种，湖北13种，神农架10种。

分种检索表

1．单叶。
　　2．果具宿存萼片。
　　　　3．果实长卵形或长椭圆形；叶下面毛被逐渐脱落。
　　　　　　4．果6～10mm×4～7mm；叶狭椭圆形或长圆卵形 ……**7．长果花楸S. zahlbruckneri**
　　　　　　4．果10～16mm×6～13mm；叶椭圆形或倒卵状椭圆形 ……**8．神农架花楸S. yuana**
　　　　3．果实近球形；叶下面毛被永不脱落 ……………………**4．江南花楸S. hemsleyi**
　　2．果无宿存萼片。

1．水榆花楸｜Sorbus alnifolia (Siebold et Zuccarini) K. Koch　图68-188

乔木。叶片卵形至椭圆卵形，边缘有不整齐的尖锐重锯齿，有时微浅裂，上下两面无毛或在下面的中脉和侧脉上微具短柔毛；侧脉6～10（～14）对，直达叶缘锯齿。复伞房花序；萼片三角形；花瓣卵形或近圆形，白色；雄蕊20枚；花柱2枚。果实椭圆形或卵形，不具斑点或具极少数细小斑点，2室；萼片脱落后果实先端残留圆斑。花期5月，果期8～9月。

产于神农架九湖，生于海拔1300～2300m的山坡、山沟或山顶混交林或灌木丛中。果实入药；花供观赏。

2．美脉花楸｜Sorbus caloneura (Stapf) Rehder　图68-189

乔木或灌木。叶长椭圆形、卵状长椭圆形或倒卵状长椭圆形，具圆钝锯齿，上面常无毛，下面脉疏生柔毛；侧脉10～12（～18）对，直达叶缘锯齿。复伞房花序；萼片三角卵形，花瓣宽卵形至倒卵形，白色；雄蕊20枚；花柱4～5枚。果球形，稀倒卵圆形，被明显斑点，4～5室；萼片脱落后残留圆穴。花期4～5月，果期8～10月。

产于神农架木鱼、松柏、宋洛，生于海拔1400～2300m的山坡林中或山谷沟边。果实入药；花供观赏。

图68-188　水榆花楸

图68-189　美脉花楸

3. 石灰花楸 | **Sorbus folgneri** (C. K. Schneider) Rehder 图68-190

乔木。叶长卵形、椭圆形或长圆形，具细锯齿或具重锯齿和浅裂片，上面无毛，下面密被灰白色绒毛；侧脉8～15对。复伞房花序；萼片三角状卵形；花瓣卵形，白色；雄蕊18～20枚；花柱2～3枚。果长圆形或倒卵状长圆形，近平滑或具极少数不明显小皮孔，2～3室；萼片脱落后留有圆穴。花期4～5月，果期7～8月。

产于神农架各地（阴峪河站，zdg 7742；阳日—新华，zdg 4542），生于海拔600～2000m的山脊林中。果实入药；花供观赏。

4. 江南花楸 | **Sorbus hemsleyi** (C. K. Schneider) Rehder 图68-191

乔木或灌木。叶卵形或长椭圆状倒卵形，具细锯齿，上面无毛，下面除中脉和侧脉外均具灰白色绒毛；侧脉12～14对。复伞房花序；萼片三角状卵形；花瓣宽卵形；雄蕊20枚，长短不齐，长者几与花瓣等长；花柱2～3枚，基部合生，有灰白色绒毛，短于雄蕊。果近球形，具少数皮孔；萼片脱落后留有圆穴。花期5～7月，果期8～9月。

产于神农架红坪，生于海拔2400m的山地林中。根、树皮、果实入药；树形优美，可供观赏。

图68-190 石灰花楸

图68-191 江南花楸

5. 湖北花楸 | **Sorbus hupehensis** C. K. Schneide 图68-192

乔木。奇数羽状复叶；小叶4～8对，长圆状披针形或卵状披针形，中部以上有尖齿，下面沿中脉有白色绒毛，后脱落；侧脉7～16对。复伞房花序；萼片三角形；花瓣卵形，白色；雄蕊20枚，长约花瓣之半；花柱4～5枚，短于或几与雄蕊等长。果球形，萼片宿存。花期5～7月，果期8～9月。

产于神农架各地（官门山，zdg 7557；鸭子口—坪堑，zdg 6372），生于海拔1300～2500m的山坡林中或沟边。树皮、果实入药；树形优美，可供观赏。

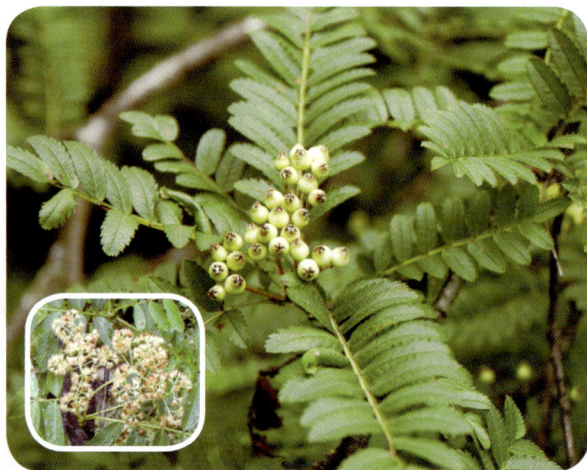

图68-192 湖北花楸

6. 毛序花楸｜**Sorbus keissleri** (C. K. Schneider) Rehder 图68-193

乔木。叶倒卵形或长圆状倒卵形，有圆钝细锯齿，两面均有绒毛，不久脱落，或下面中脉疏被绒毛；侧脉8~10对，常在叶缘弯曲并分枝结成网状。复伞房花序具皮孔；萼片三角状卵形；花瓣卵形或近圆形，白色；雄蕊20枚；花柱2~3枚，中部以下合生。果卵圆形或稍扁橘形，具少数小皮孔，2~3室，顶端具圆穴。花期5~6月，果期8~9月。

产于神农架九湖、下谷（大石板），生于海拔1000~2100m的沟边或山坡林中。花、叶、果实入药；树形优美，可供观赏。

7. 长果花楸｜**Sorbus zahlbruckneri** C. K. Schneider

乔木或灌木。叶片长椭圆形或长圆卵形，先端急尖，基部圆形或宽楔形，边缘多数具浅裂片，裂片上有尖锐锯齿或重锯齿，有时不具裂片而有重锯齿，幼时上面有短柔毛，老时脱落，下面被白色绒毛，逐渐脱落；侧脉10~14对，直达叶边锯齿。复伞房花序具多数花。果实长卵形至长椭圆形，有稀疏细小斑点，2室；萼片宿存，外被白色绒毛。花期5月，果期7~8月。

产于神农架宋洛，生于海拔1300~200m的山地林中。树形优美，可供观赏。

8. 神农架花楸｜**Sorbus yuana** Spongberg 图68-194

乔木。叶片椭圆形或倒卵状椭圆形；叶基楔形或圆形至近心形，叶缘具重锯齿，先端急尖或渐尖；侧脉11~13对，近平行。复伞形花序具多数小花，花序轴和花梗棕色，略带紫色，幼时被柔毛；子房2室，花柱基部幼时密被绒毛。果椭圆形至倒卵球状椭圆形，樱桃红。种子倒卵形；种皮黑红棕色。花期5~6月，果期9月。

产于神农架红坪（向家槽，鄂神农架植考队 32270），生于海拔2000~2700m的山地林中。树形优美，可供观赏。

图68-193　毛序花楸

图68-194　神农架花楸

9. 陕甘花楸｜**Sorbus koehneana** C. K. Schneider 图68-195

灌木或小乔木。奇数羽状复叶；小叶片8~12对，长圆形至长圆披针形，先端圆钝或急尖，基部偏斜圆形。复伞房花序多生在侧生短枝上，具多数花朵，总花梗和花梗有稀疏白色柔毛；萼筒钟状，内外两面均无毛；萼片三角形；花瓣宽卵形，先端圆钝，白色，内面微具柔毛或近无毛；雄蕊20枚。果实球形，白色，先端具宿存闭合萼片。花期6月，果期9月。

产于神农架下谷（大界岭），生于海拔2000～2700m的山地林中。树形优美，可供观赏。

10．华西花楸 ｜ **Sorbus wilsoniana** C. K. Schneider 图68-196

落叶乔木。奇数羽状复叶，小叶片6～7对，长椭圆形或长圆披针形，先端急尖或渐尖，基部宽楔形或圆形，边缘有细锯齿，基部近于全缘，两面无毛或仅在下面沿中脉附近有短柔毛；托叶发达，草质，半圆形，有锐锯齿。复伞房花序，总花梗和花梗均被短柔毛；花瓣白色。果实卵形，橘红色，先端有宿存闭合萼片。花期5月，果期9月。

产于神农架下谷（大界岭），生于海拔1500～2000m的山地林中。树形优美，可供观赏。

图68-195　陕甘花楸

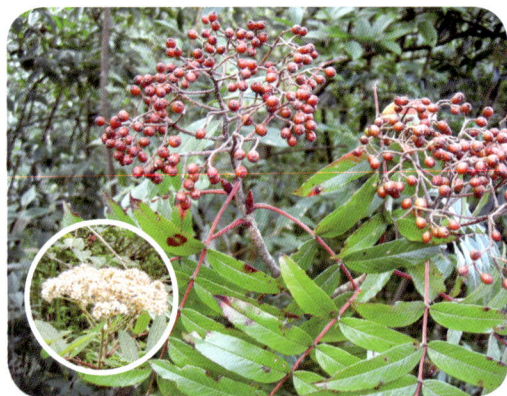

图68-196　华西花楸

30．**绣线菊属Spiraea** Linnaeus

落叶灌木。单叶，互生，具锯齿或缺刻，有时分裂，稀全缘；常具短柄；无托叶。花常两性，伞形、伞形总状、伞房或圆锥花序；花萼5裂，萼筒钟形或杯形，萼片宿存；花瓣5枚；雄蕊15～60枚，着生于花盘和萼片之间；子房上位，花柱顶生或近顶生，柱头头状或盘状；心皮（3～）5（～8），分离，每心皮具数枚（稀2～3枚）胚珠。蓇葖果5枚，常沿腹缝开裂，具数枚细小种子。

约100种。我国70种，湖北32种，神农架19种。

分种检索表

1．花序着生在当年生具叶长枝顶端，长枝生于植株基部或老枝上，或生于去年生枝上。

  2．复伞形花序顶生于多年生直立新枝上。

    3．花序被短柔毛，花常粉红色，稀紫红色·····················6．绣线菊S. japonica

    3．花序无毛，花白色。

      4．蓇葖果无毛或仅沿腹缝上有毛···················3．华北绣线菊S. fritschiana

　　　　4．蓇葖果密被短柔毛···7．兴山绣线菊S. hingshanensis
　　2．复伞形花序着生于去年生侧生短枝上。
　　　　5．冬芽先端钝，具数枚外露鳞片。
　　　　　　6．雄蕊长于花瓣2～3倍·······················8．无毛长蕊绣线菊S. miyabei var. glabrata
　　　　　　6．雄蕊短于花瓣或与之等长。
　　　　　　　　7．叶片全缘或仅先端具少数锯齿。
　　　　　　　　　　8．叶片两面无毛或沿叶缘有细长柔毛；小枝具棱角·····································
　　　　　　　　　　　　··9．川滇绣线菊S. schneideriana
　　　　　　　　　　8．叶片下面或两面被柔毛；小枝圆形，无棱角。
　　　　　　　　　　　　9．蓇葖果具毛。
　　　　　　　　　　　　　　10．叶片两面及花序被柔毛···············12．陕西绣线菊S. wilsonii
　　　　　　　　　　　　　　10．花序无毛；叶片仅下面被柔毛或无毛·····13．广椭绣线菊S. ovalis
　　　　　　　　　　　　9．蓇葖果无毛·····························11．鄂西绣线菊S. veitchii
　　　　　　　　7．叶片至少在顶部有锯齿·····························4．翠蓝绣线菊S. henryi
　　　　5．冬芽先端急尖至渐尖，具2枚外露鳞片。
　　　　　　11．叶片边缘具单锯齿或重锯齿···············15．长芽绣线菊S. longigemmis
　　　　　　11．叶片边缘具重锯齿或缺刻···················19．南川绣线菊S. rosthornii
　1．花序由去年生枝上的芽发生，着生在有叶或无叶的侧生短枝顶端。
　　12．叶片边缘具锯齿或缺刻，有时分裂。
　　　　13．雄蕊短于花瓣或与之等长，伞形花序。
　　　　　　14．叶片、花序和蓇葖果无毛。
　　　　　　　　15．叶片近圆形，先端常3裂·················16．三裂绣线菊S. trilobata
　　　　　　　　15．叶片菱状卵形或倒卵形，先端常3～5裂··········1．绣球绣线菊S. blumei
　　　　　　14．叶片下面无毛。
　　　　　　　　16．花序无毛，蓇葖果仅沿腹缝上有毛··········10．土庄绣线菊S. pubescens
　　　　　　　　16．花序和蓇葖果有毛。
　　　　　　　　　　17．叶片下面被短柔毛···············5．疏毛绣线菊S. hirsuta
　　　　　　　　　　17．叶片下面密被绒毛。
　　　　　　　　　　　　18．萼片卵状披针形；叶下面密被黄色绒毛·····································
　　　　　　　　　　　　　　··2．中华绣线菊S. chinensis
　　　　　　　　　　　　18．萼片三角形或卵状三角形；叶下面密被白色绒毛·····························
　　　　　　　　　　　　　　··18．毛花绣线菊S. dasyantha
　　　　13．雄蕊长于花瓣2～3倍，伞形总状花序·············17．华西绣线菊S. laeta
　　12．叶片全缘或仅先端具少数圆钝锯齿·················14．细枝绣线菊S. myrtilloides

453

1．绣球绣线菊｜**Spiraea blumei** G. Don　图68–197

灌木。叶菱状卵形或倒卵形，基部楔形，近中部以上有少数钝圆缺刻状锯齿或3～5浅裂，两面无毛，下面浅蓝褐色，基部具不明显3脉或羽状脉。伞形花序有花序梗，无毛；苞片披针形，无毛；

花萼无毛，萼片三角形或卵状三角形；花瓣宽倒卵形，白色；雄蕊18～20枚。蓇葖果无毛，宿存花柱位于背部顶端，宿存萼片直立。花期4～6月，果期8～10月。

产于神农架新华（姚沟湾），生于海拔500～2000m的阳坡灌丛中。根或根皮、果实入药；花供观赏。

2．中华绣线菊 | Spiraea chinensis Maximowicz 图68-198

灌木。叶菱状卵形或倒卵形，先端急尖或圆钝，基部宽楔形或圆，有缺刻状粗齿，或不明显3裂，上面暗绿色，被柔毛，下面密被黄色绒毛。伞形花序具16～25花；花梗具绒毛；苞片线形，被短柔毛；萼片卵状披针形；花瓣近圆形，白色；雄蕊22～25枚。蓇葖果开张，被柔毛；宿存花柱顶生；宿存萼片直立，稀反折。花期3～6月，果期6～10月。

产于神农架各地（长青, zdg 6213、zdg 5753），生于海拔400～1200m的山坡灌丛中、山谷溪边。根入药；花供观赏。

图68-197 绣球绣线菊

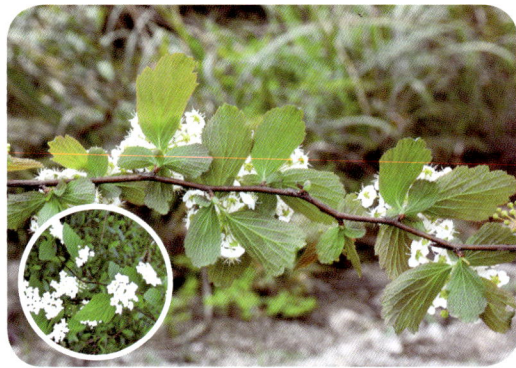

图68-198 中华绣线菊

3．华北绣线菊 | Spiraea fritschiana C. K. Schneider 图68-199

灌木。叶卵形、椭圆状卵形或椭圆状长圆形，先端急尖或渐尖，基部宽楔形，有不整齐重锯齿或单锯齿，上面无毛，稀沿叶脉有疏柔毛，下面被短柔毛。复伞房花序顶生于当年生直立新枝，多花，无毛；苞片微被短柔毛；萼片三角形；花瓣卵形，白色；雄蕊25～30枚。蓇葖果几直立；宿存花柱顶生；宿存萼片反折。花期5～6月，果期7～9月。

产于神农架红坪，生于海拔2200～2500m的山坡林缘。根、果实入药；花供观赏。

4．翠蓝绣线菊 | Spiraea henryi Hemsley 图68-200

灌木。叶或倒卵状长圆形，先端急尖或稍钝圆，基部楔形，中部以上具少数粗齿，稀全缘，无毛或疏生柔毛，下面密被长柔毛。复伞房花序密集于侧生短枝顶端，有长柔毛；萼片卵状三角形，近无毛；花瓣宽倒卵形或近圆形，白色；雄蕊20枚。蓇葖果开张，被细长柔毛，宿存花柱顶生，稍外倾斜开展；宿存萼片直立。花期4～5月，果期7～8月。

产于神农架红坪、木鱼、松柏、新华等地，生于海拔800～1800m的山坡林中或沟边灌丛中。花、叶入药；花供观赏。

图68-199　华北绣线菊

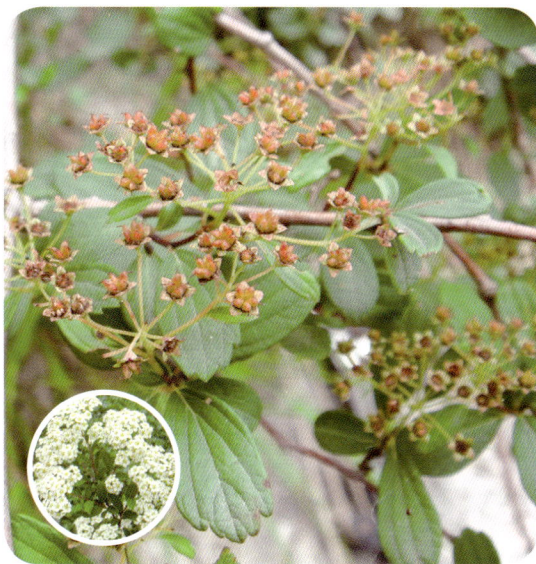

图68-200　翠蓝绣线菊

5．疏毛绣线菊 ｜ **Spiraea hirsuta** (Hemsley) C. K. Schneider　图68-201

灌木。叶片倒卵形、椭圆形，稀卵圆形，先端圆钝，基部楔形，边缘自中部以上或先端有钝锯齿或稍锐锯齿；叶脉明显。伞形花序被短柔毛；花梗密集；萼片三角形或卵状三角形；花瓣宽倒卵形，稀近圆形，白色；雄蕊18～20枚。蓇葖果稍开张，宿存稀疏短柔毛，花柱顶生于背部，倾斜开展，常具直立萼片。花期5月，果期7～8月。

产于神农架红坪、木鱼、新华、阳日等地，生于海拔600～1600m的沟边、林缘的灌木丛中。花、叶入药；花供观赏。

图68-201　疏毛绣线菊

6．绣线菊 ｜ **Spiraea japonica** Linnaeus f.

分变种检索表

1. 叶下面有短柔毛。
  2. 叶先端短渐尖，具缺刻状重锯齿或单锯齿·············**6a．绣线菊**S. japonica var. japonica
  2. 叶先端渐尖，具尖锐重锯齿··············**6b．渐尖绣线菊**S. japonica var. acuminata
1. 叶两面无毛。
  3. 花序被短柔毛·····························**6c．光叶绣线菊**S. japonica var. fortunei
  3. 花序无毛······································**6d．无毛绣线菊**S. japonica var. glabra

6a. 绣线菊（原变种）Spiraea japonica var. japonica 图68-202

灌木。叶卵形或卵状椭圆形，先端急尖或短渐尖，基部楔形，具缺刻状重锯齿或单锯齿。复伞房花序生于当年生直立新枝顶端，密被短柔毛；萼片三角形；花瓣卵形或圆形，粉红色；雄蕊25～30枚。蓇葖果无毛或沿腹缝有疏柔毛；宿存花柱顶生，稍倾斜开展；宿存萼片常直立。花期6～7月，果期8～9月。

产于神农架各地（猴子包—南阳，zdg 4082），生于海拔700～2500m的山坡林下、沟边灌木丛中。根、叶入药；花供观赏。

6b. 渐尖绣线菊（变种）Spiraea japonica var. acuminata Franchet 图68-203

本变种与原变种的主要区别：叶片长卵形至披针形，先端渐尖，基部楔形，边缘有尖锐重锯齿，下面沿叶脉有短柔毛；复伞房花序大，花粉红色。

产于神农架九湖、木鱼、下谷等地，生于海拔800～2300m的山坡林下、沟边灌木丛中。全草入药；花供观赏。

图68-202　绣线菊

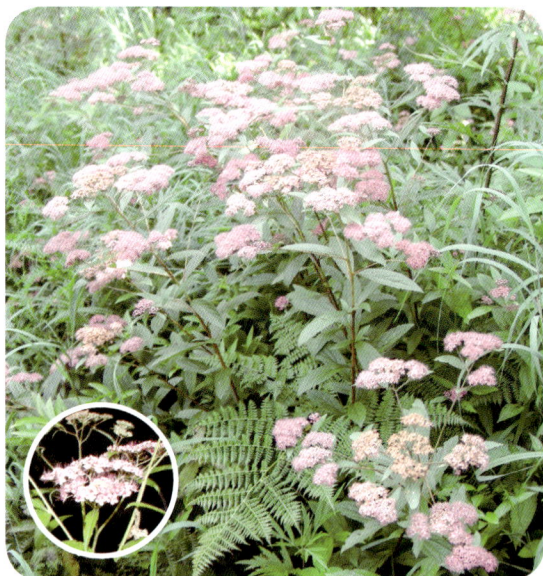

图68-203　渐尖绣线菊

6c. 光叶绣线菊（变种）Spiraea japonica var. fortunei (Planchon) Rehder 图68-204

本变种与原变种的区别：较高大，叶片长圆披针形，先端短渐尖，基部楔形，边缘具尖锐重锯齿，上面有皱纹，两面无毛，下面有白霜；花粉红色，花盘不发达。

产于神农架各地（麻湾—大岩屋，zdg 6493），生于海拔1500～2400m的山坡或沟谷灌木丛中。根、叶、果实入药；花供观赏。

6d. 无毛绣线菊（变种）Spiraea japonica var. glabra (Regel) Koidzumi 图68-205

本变种与原变种的区别：叶片卵形、卵状长圆形或长椭圆形，先端急尖或短渐尖，基部楔形至圆形，边缘有尖锐重锯齿，两面无毛；复伞房花序无毛，花粉红色。

产于神农架红坪、木鱼、松柏，生于海拔1000～2000m的山坡杂林下。全株、根、叶入药；花供观赏。

图68-204　光叶绣线菊

图68-205　无毛粉花绣线菊

7. 兴山绣线菊 ｜ Spiraea hingshanensis T. T. Yu et L. T. Lu

灌木。叶卵形至卵状椭圆形，叶基楔形，叶缘具钝的单锯齿或重锯齿，叶先端急尖或渐尖。复聚伞花序密具小花，花梗和花序轴光滑；苞片披针状或狭椭圆形，光滑；萼筒钟状，光滑，萼片三角状，反折；花瓣白色，近圆形，光滑，雄蕊长于花瓣；花盘环形，圆锯齿状。蓇葖果幼时密被柔毛。

产于兴山县，生于海拔1500m的山坡林缘。花供观赏。

8. 无毛长蕊绣线菊（变种）｜ Spiraea miyabei var. glabrata Rehder

灌木。叶片薄膜质，卵形、长圆卵形至宽披针形，先端急尖或渐尖，基部圆钝至宽楔形，边缘有尖锐锯齿，或有近重锯齿状或缺刻状锯齿。花序为复伞房状，多花；萼筒钟状或倒圆锥形，外面无毛，内面具短柔毛；萼片三角状卵形；花瓣圆形或倒卵形，白色，具短爪；雄蕊20～25枚。蓇葖果坚脆，微具灰色绒毛。花期5～6月，果期7～8月。

产于神农架红坪（横河，黄仁煌214），生于海拔2400m的沟边灌木丛中。花供观赏。

9. 川滇绣线菊 ｜ Spiraea schneideriana Rehder　图68-206

灌木。叶片卵形至卵状长圆形，先端圆钝或微急尖，基部楔形至圆形，全缘，稀先端有少数锯齿，两面无毛或沿叶缘有细长柔毛；叶脉不显著，有时基部具3脉。复伞房花序着生在侧生小枝顶端，具多数花朵；萼筒钟状；萼片卵状三角形；花瓣圆形至卵形，先端圆钝或微凹，白色；雄蕊20枚。蓇葖果开张，无毛或仅沿腹缝微被柔毛。花期5～6月，果期7～9月。

产于神农架红坪（断疆坪，B. Bartholomew et al. 1155），生于海拔1600m的山坡沟边林缘。

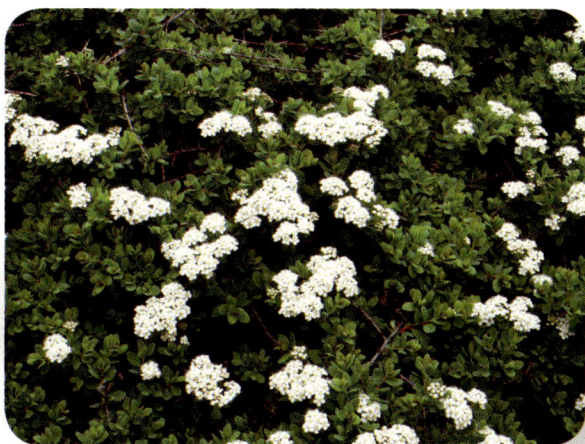

图68-206　川滇绣线菊

10．土庄绣线菊 ｜ **Spiraea pubescens** Turczaninow 　图68-207

灌木。叶菱状卵形或椭圆形，先端急尖，基部宽楔形，中部以上有粗齿或缺刻状锯齿，有时3裂，两面被短柔毛。伞形花序具花序梗，无毛；苞片线形，被柔毛；萼片卵状三角形；花瓣卵形、宽倒卵形或近圆形，白色；雄蕊25～30枚。蓇葖果腹缝微被短柔毛；宿存花柱顶生；宿存萼片直立。花期5～6月，果期7～8月。

产于神农架红坪，生于海拔1500～2000m的山坡灌丛中。茎髓入药。

11．鄂西绣线菊 ｜ **Spiraea veitchii** Hemsley 　图68-208

灌木。枝条呈拱形弯曲。叶长圆形、椭圆形或倒卵形，先端钝圆或微尖，基部楔形，全缘，上面无毛，下面被极细柔毛；羽状脉不明显。复伞房花序着生于侧枝顶端，花小而密集；花瓣白色；雄蕊稍长于花瓣。蓇葖果小，开张，无毛；宿存花柱生于背部顶端；宿存萼片直立。花期5～7月，果期7～10月。

产于神农架各地，生于海拔1600～2600m的山坡林缘。花供观赏。

图68-207　土庄绣线菊

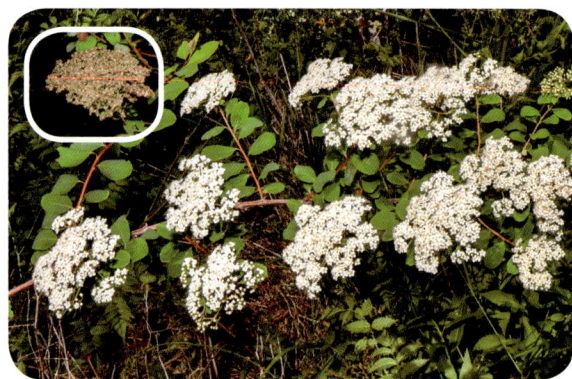

图68-208　鄂西绣线菊

12．陕西绣线菊 ｜ **Spiraea wilsonii** (Hemsley) C. K. Schneider 　图68-209

灌木。叶片长圆形、倒卵形或椭圆长圆形，先端急尖，稀圆钝，基部楔形，全缘，稀先端有少数锯齿，上面被稀疏柔毛，下面带灰绿色，被长柔毛，沿叶脉较多。复伞房花序着生在侧生小枝顶端；萼筒钟状；萼片三角形；花瓣宽倒卵形至近圆形，先端微凹或稍钝；雄蕊20枚。蓇葖果开张，密被短柔毛。花期5～7月，果期8～9月。

产于神农架红坪、松柏、巴东（南坪，T. P. Wang 11113）、大岩屋（236-6队 2567）、太阳坪老虎顶（神农架队 0288），生于海拔1600～2400m的山坡林缘。花供观赏。

13．广椭绣线菊 ｜ **Spiraea ovalis** Rehder 　图68-210

灌木。叶片广椭圆形、长圆形，稀倒卵形，先端圆钝，稀急尖，基部宽楔形或近圆形，全缘，稀先端有少数浅锯齿。复伞房花序着生在侧生小枝顶端，多花，无毛；萼筒钟状；萼片卵状三角形；花瓣宽卵形或近圆形，先端圆钝，白色；雄蕊20枚。蓇葖果开张，微具短柔毛。花期5～6月，果期8月。

产于大神农架（红河），生于海拔2400m的沟边疏林中。

图68-209　陕西绣线菊

图68-210　广椭绣线菊

14．细枝绣线菊 ｜ Spiraea myrtilloides Rehder　图68-211

灌木。叶片卵形至倒卵状长圆形，先端圆钝，基部楔形，全缘，稀先端有3至数枚钝锯齿；基部3脉较显明。伞形总状花序具花7～20朵；花萼外面无毛或近无毛，内面具短柔毛；萼筒钟状，萼片三角形；花瓣近圆形，先端圆钝，白色；雄蕊20枚，与花瓣等长。蓇葖果直立开张，仅沿腹缝有短柔毛或无毛。花期6～7月，果期8～9月。

产于神农架红坪（洪河，鄂神农架植考队 10661），生于海拔2500m的沟边灌木丛中。

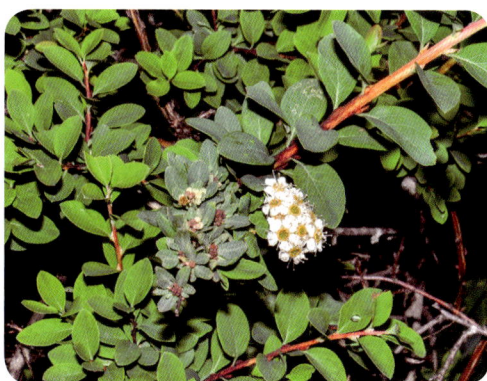

图68-211　细枝绣线菊

15．长芽绣线菊 ｜ Spiraea longigemmis Maximowicz

灌木。叶片长卵形、卵状披针形至长圆披针形，先端急尖，基部宽楔形或圆形，有缺刻状重锯齿或单锯齿。复伞房花序着生在侧枝顶端，多花，被稀疏短柔毛或近无毛；花萼外被短柔毛，萼筒钟状；花瓣几圆形，先端钝，白色；雄蕊15～20枚。蓇葖果半开张，有稀疏短柔毛或无毛。花期5～7月，果期8～10月。

产于神农架红坪（蒋祖德、陶光复 334），生于海拔1600m的沟边灌木丛中。

16．三裂绣线菊 ｜ Spiraea trilobata Linnaeus　图68-212

灌木。叶片近圆形，先端钝，常3裂，基部圆形、楔形或亚心形，边缘自中部以上有少数圆钝锯齿；基部具显著3～5脉。伞形花序具总梗，无毛，有花15～30朵；萼筒钟状；萼片三角形；花瓣宽倒卵形，先端常微凹；雄蕊18～20枚。蓇葖果开张，仅沿腹缝微具短柔毛或无毛。花期5～6月，果期7~8月。

产于巫山县（骡坪龙洞河，周洪富、粟和毅 109700），生于海拔900m的沟边林缘灌木丛中。

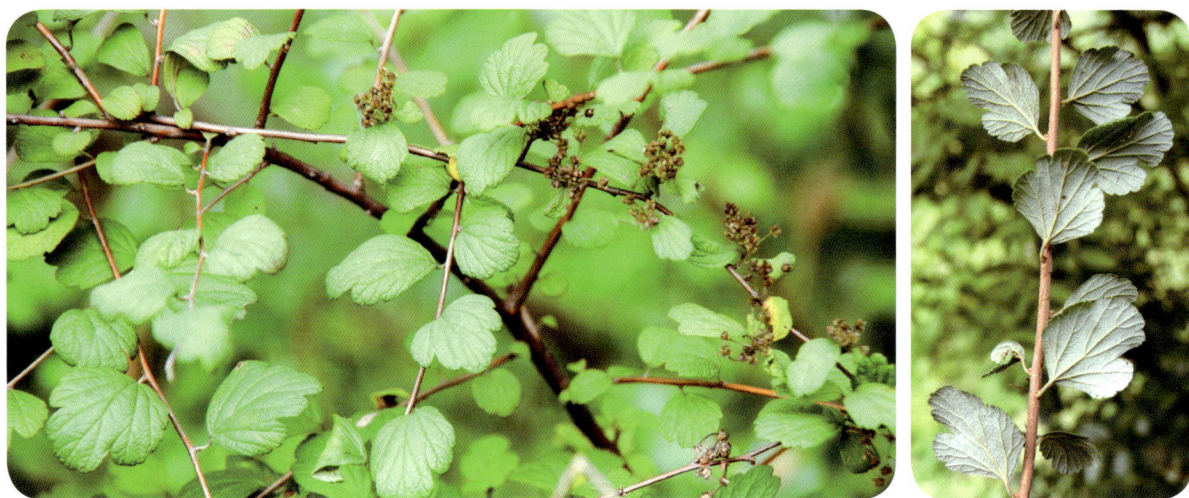

图68-212　三裂绣线菊

17．华西绣线菊 ｜ Spiraea laeta Rehder

灌木。叶片卵形或椭圆卵形，先端急尖，基部楔形至圆形，边缘自基部或中部以上有不整齐单锯齿，有时不孕枝上叶片具缺刻状重锯齿。伞形总状花序，无毛，具花6~15朵；萼筒钟状；萼片宽三角形；花瓣宽卵圆形或近圆形，先端钝，白色；雄蕊30~40枚。蓇葖果半开张，无毛或沿腹缝稍具短柔毛。花期4~6月，果期7~10月。

产于神农架宋洛、太阳坪（神农架队 0386）、杉树坪，生于海拔1750m的山坡林下。

18．毛花绣线菊 ｜ Spiraea dasyantha Bunge

灌木。叶片菱状卵形，先端急尖或圆钝，基部楔形，边缘自基部1/3以上有深刻锯齿或裂片；羽状脉显著。伞形花序具总梗，密被灰白色绒毛，具花10~20朵；萼筒钟状；萼片三角形或卵状三角形；花瓣宽倒卵形至近圆形，先端微凹，白色；雄蕊20~22枚。蓇葖果开张，全体被绒毛。花期5~6月，果期7~8月。

产于神农架松柏（泮水公社，神农架植物考查队 26063），生于海拔900m的山坡灌木丛中。

19．南川绣线菊 ｜ Spiraea rosthornii Pritzel ex Diels 　图68-213

灌木。叶片卵状长圆形至卵状披针形，先端急尖或短渐尖，基部圆形至近截形，边缘有缺刻或重锯齿。复伞房花序生在侧枝先端，被短柔毛，有多数花朵；萼筒钟状，萼片三角形；花瓣卵形至近圆形，先端钝，宽几与长相等，白色；雄蕊20枚。蓇葖果开张，被短柔毛。花期5~6月，果期8~9月。

产于巫溪县（红池坝凤凰头，李培元 3431），生于海拔1800m的山坡灌木丛中。

图68-213　南川绣线菊

31．野珠兰属Stephanandra Siebold et Zuccarini

落叶灌木。冬芽小，常2～3芽叠生，有2～4枚鳞片。单叶互生，有锯齿和分裂；具叶柄和托叶。顶生圆锥花序，稀伞房花序；花小，两性；被丝托钟状；萼片5枚；花瓣5枚；雄蕊10～20枚，花丝短；雌蕊1枚，花柱顶生，倒生胚珠2枚。蓇葖果偏斜，近球形，成熟时自基部开裂，有1～2枚种子。种子球形，光亮；种皮坚脆。

5种。我国2种，湖北1种，神农架也有。

野珠兰 ｜ Stephanandra chinensis Hance　图68-214

灌木。叶卵形至长椭圆形，基部近心形或圆形，常浅裂，有锯齿；侧脉7～10对；托叶线状披针形或椭圆披针形。圆锥花序疏散；苞片披针形至线状披针形；萼片三角卵形；花瓣白色，倒卵形，稀长圆形；雄蕊10枚，较花瓣短约1/2；雌蕊1枚，子房被柔毛，花柱顶生。蓇葖果近球形。种子1枚，卵圆形。花期5月，果期7～8月。

产于神农架各地（长青，**zdg 5760**），生于海拔1000～1500m的阔叶林林缘或灌丛中。根入药。

图68-214　野珠兰

32．红果树属Stranvaesia Lindley

常绿乔木或灌木。冬芽小，卵形，有少数外露鳞片。单叶，互生，草质，全缘或有锯齿；有叶柄与托叶。顶生伞房花序；苞片早落；萼筒钟状，萼片5枚；花瓣5枚，白色，基部有短爪；雄蕊20枚；花柱5枚，大部分联合成束，仅顶端部分离生；子房半下位，基部与萼筒合生，上半部离生，5室，每室具2枚胚珠。梨果小，成熟后心皮与萼筒分离，沿心皮背部开裂，萼片宿存。种子长椭圆形；种皮软骨质；子叶扁平。

6种。我国5种，湖北2种，神农架均有。

1．红果树 │ Stranvaesia davidiana Decaisne

1a．红果树（原变种）Stranvaesia davidiana var. davidiana　图68-215

灌木或小乔木。叶片长圆形、长圆披针形或倒披针形，先端急尖或凸尖，基部楔形至宽楔形，全缘；侧脉8～16对，不明显。复伞房花序，密具多花；苞片与小苞片均膜质，卵状披针形，早落；萼筒外面有稀疏柔毛；萼片三角卵形；花瓣近圆形，基部有短爪，白色；雄蕊20枚，花药紫红色。果实近球形，橘红色。花期5～6月，果期9～10月。

产于神农架各地，生于海拔700～2500m的山坡阔叶林林缘。木材可作器柄；观赏树木。

1b．波叶红果树（变种）Stranvaesia davidiana var. undulata (Decaisne) Rehder et E. H. Wilson　图68-216

本变种与原变种的主要区别：叶片较小，椭

图68-215　红果树

图68-216　波叶红果树

圆长圆形至长圆披针形，边缘波皱起伏；花序近无毛；果橘红色。

产于神农架各地，生于海拔1400～2500m的山坡阔叶林林缘。木材可作器柄；观赏树木。

2. 毛萼红果树 ︱ **Stranvaesia amphidoxa** C. K. Schneider 图68-217

常绿灌木或小乔木。叶片椭圆形，先端渐尖，基部楔形或宽楔形，边缘有带短芒的细锐锯齿。伞房花序顶生，花梗密被褐黄色绒毛；萼筒钟状，萼筒和萼片外面密被黄色绒毛；花瓣白色。果实卵形，红黄色；萼片宿存，外被柔毛。花期5～6月，果期9～10月。

产于神农架宋洛、新华（zdg 7977）、阳日（长青，zdg 5761），生于海拔700m的山坡林下。

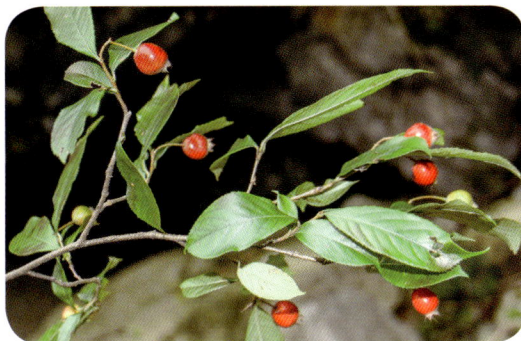

图68-217　毛萼红果树

33. 白鹃梅属Exochorda Lindley

落叶灌木。单叶互生，边缘全缘，无明显托叶。总状花序顶生，花大型，两性；花瓣白色，具爪；雄蕊15～20枚；心皮5枚，合生，花柱5枚，分裂。蒴果倒圆锥形，无毛，具5脊。

4种。我国3种，湖北1种，神农架也有。

1. 白鹃梅 ︱ **Exochorda giraldii** (Lindley) Rehder

分变种检索表

1. 叶柄红色 ··· **1a. 红柄白鹃梅E. giraldii** var. **giraldii**
1. 叶柄绿色 ··· **1b. 绿柄白鹃梅E. giraldii** var. **wilsonii**

1a. 红柄白鹃梅（原变种）Exochorda giraldii var. **giraldii** 图68-218

落叶灌木。叶片椭圆形、长椭圆形，稀长倒卵形，先端急尖，凸尖或圆钝，基部楔形、宽楔形至圆形，稀偏斜，全缘，稀中部以上有钝锯齿。总状花序，有花6～10朵，无毛；苞片线状披针形；萼筒浅钟状，萼片近于半圆形；花瓣倒卵形或长圆倒卵形，先端圆钝，基部有长爪，白色；雄蕊25～30枚。蒴果倒圆锥形，具5脊，无毛。花期5月，果期7～8月。

产于神农架宋洛、新华、阳日，生于海拔1500m的山顶林中。花供观赏；嫩花序可食。

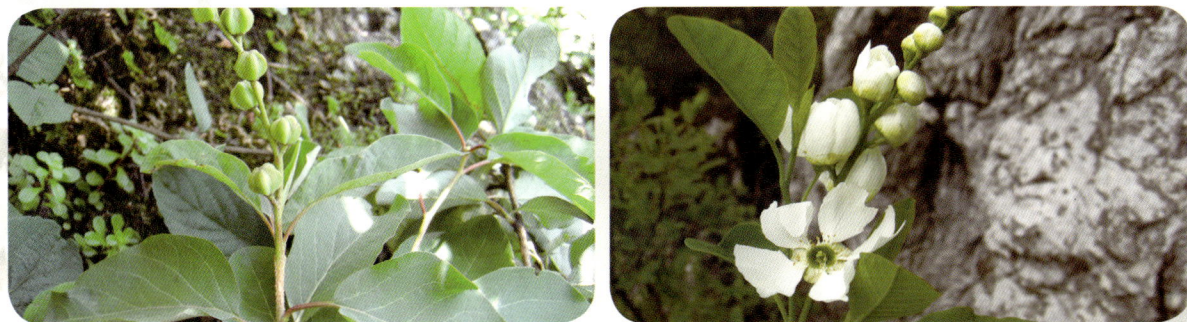

图68-218　红柄白鹃梅

1b．绿柄白鹃梅（变种）Exochorda giraldii var. wilsonii (Rehder) Rehder　图68-219

本变种与原变种的主要区别：叶片椭圆形至长圆形，有时具锯齿，叶柄绿色；雄蕊20～25枚；蓇葖果长。

产于神农架新华（zdg 7966），生于海拔1700m的山坡阔叶林林缘。花供观赏；嫩花序可食。

图68-219　绿柄白鹃梅

34．臭樱属Maddenia J. D. Hooker et Thomson

落叶乔木。单叶，互生，边缘具重锯齿；具大型托叶。总状花序，花杂性，异株；花萼钟状，10～12裂；无花瓣；雄蕊20～40枚；雄花具1枚心皮，两性花具2枚心皮。核果2枚，肉质。

7种。我国6种，湖北2种，神农架均有。

分种检索表

1. 叶下面和小枝无毛，叶背被白粉··1. 臭樱M. hypoleuca
1. 叶下面和小枝有长柔毛，叶背绿色··2. 华西臭樱M. wilsonii

1．臭樱 ｜ Maddenia hypoleuca Koehne　图68-220

小乔木或灌木。叶片卵状长圆形、长圆形或椭圆形，先端长渐尖或长尾尖，基部近心形或圆形，稀宽楔形，叶边有不整齐单锯齿或有时混有重锯齿；侧脉14～18对；托叶草质，披针形。总状花序密集，多花，生于侧枝顶端；苞片三角状披针形；萼筒钟状；萼片小，10裂；两性花雄蕊23～30枚。核果卵球形，黑色，光滑；萼片脱落，仅基部宿存。

产于神农架各地，生于海拔1500～2300m的山坡林中、林缘。

2．华西臭樱 ｜ Maddenia wilsonii Koehne　图68-221

小乔木或灌木。叶片长圆形或长圆倒披针形，先端急尖或长渐尖，基部近心形，圆形或宽楔形，叶边有缺刻状不整齐重锯齿，有时混有不整齐单锯齿，15～20对；托叶膜质，带状披针形。花多数成总状，生于侧枝顶端；苞片近膜质，长椭圆形；萼片小，10裂；无花瓣；两性花雄蕊30～40

枚。核果卵球形，黑色，光滑；萼片脱落。花期4～6月，果期6月。

产于神农架各地，生于海拔1500～2000m的山坡林中、林缘。

图68-220　臭樱

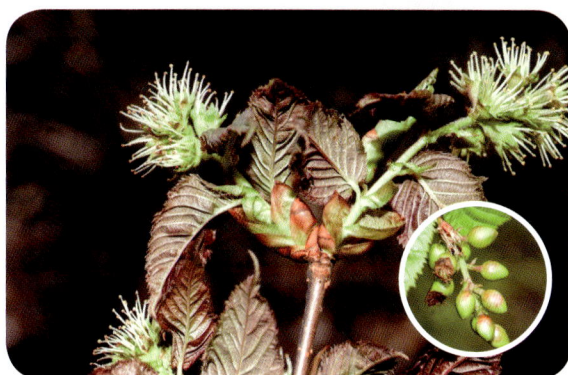

图68-221　华西臭樱

35．无尾果属Coluria R. Brown

多年生草本。大头羽状复叶，基生；具与叶柄合生的托叶。聚伞花序有花1～3朵，两性；花萼5枚，具副萼；花瓣5枚，白色；雄蕊多数；雌蕊多数，离生，每心皮1枚胚珠。瘦果，花丝宿存，包于宿存花萼内。

4种。我国均有，湖北1种，神农架也有。

大头叶无尾果 ｜ Coluria henryi Batalin　图68-222

多年生草本。基生叶纸质；小叶4～10对，顶生小叶宽卵形或卵形，少数矩圆卵形，先端圆钝，基部心形，边缘有圆钝锯齿，两面有黄褐色长柔毛；侧生小叶卵形或矩圆卵形，边缘有少数三角状锯齿；茎生叶卵形。花茎具1～4朵花；花瓣倒卵形，黄色或白色，先端微凹，有短爪。瘦果卵形或倒卵形，褐色，有乳头状疣。花期4～6月，果期5～7月。

产于神农谷，生于海拔2500m的山坡向阳岩石石缝中。

图68-222　大头叶无尾果

36．神农花属Shengnongia T. Deng, D. G. Zhang et H. Sun

多年生草本。根状茎粗壮。全株被白色柔毛。叶全部基生，大头羽状复叶；小叶3～5对，向下愈小，在叶柄中部变为极小而消失；顶生小叶特大，圆形，边缘10～12浅裂，裂片又再次浅裂成不整齐的锯齿状；托叶线形，与叶柄合生。花两性，单生或成伞房花序；萼筒陀螺形或半球形，萼片5枚，副萼片5枚，较小，与萼片互生；花瓣5枚，圆形，具爪；心皮多数，花柱丝状，柱头细小，明显具关节，上部曲折，易从弯曲处脱落。瘦果果喙顶端直。

单种属，神农架特有。本属与蔷薇亚科路边青属、羽叶花属、无尾果属近缘，但花柱明显具关节，上部曲折而与它们区别。

神农花 | Shengnongia palustris T. Deng, D.G. Zhang et H. Sun   图68-223

特征同属的描述。花期4月，果期7月。

产于神农架九湖乡（南天门，zdg 7313），生于海拔2800m的山顶沼泽地中。

图68-223　神农花

37. 山莓草属 Sibbaldia Linnaeus

多年生草本。叶为羽状或掌状复叶，小叶边缘或顶端有齿，稀全缘。花通常两性，成聚伞花序或单生；萼筒碟形或半球形，萼片5枚，稀4枚；花瓣黄色，紫色或白色；花盘通常明显宽阔，雄蕊（4～）5（～10），花药2室，花丝或长或短；雌蕊4～20枚，彼此分离，花柱侧生近基生或顶生，每心皮有1枚胚珠，通常上升。瘦果少数，着生于干燥凸起的花托上；萼片宿存。

20种。我国13种，湖北1种，只产于神农架。

大瓣紫花山莓草（变种）| Sibbaldia purpurea var. macropetala (Muravjeva) T. T. Yu et C. L. Li   图68-224

多年生草本。基生叶掌状五出复叶，小叶无柄或几无柄，倒卵形或倒卵长圆形，顶端圆钝，通常有2～3枚齿，基部楔形或宽楔形。单花1朵，腋生；萼片三角状卵形，先端急尖；花瓣5枚，紫色，倒卵长圆形，顶端微凹；花盘显著，紫色，雄蕊5枚，与花瓣互生；花柱侧生。瘦果卵球形，紫褐色，光滑。花果期6～7月。

产于神农架猴子石，生于海拔2800m的山坡向阳岩石石缝中。

图68-224　大瓣紫花山莓草

69. 胡颓子科｜Elaeagnaceae

灌木或乔木。单叶互生或对生，全缘；无托叶。总状花序；花萼常联合成筒，顶端4裂；无花瓣；雄蕊着生于萼筒喉部或上部，通常为"丁"字药，花粉粒钝三角形；子房上位，包被于花萼管内，柱头棒状。果实被增厚的萼管所包围，核果状，红色或黄色。种皮骨质或膜质。

3属90种。我国2属74种，湖北1属19种，神农架有1属13种。

胡颓子属Elaeagnus Linnaeus

常绿或落叶灌木。单叶互生，披针形至椭圆形或卵形，全缘，密被鳞片或星状绒毛。花多为两性，单生或簇生于叶腋内；花萼管状或钟状，裂片4枚；雄蕊4枚。坚果，为膨大肉质化的萼管所包围，呈核果状，矩圆形或椭圆形，稀近球形，红色或黄红色；果核椭圆形，具8肋，内面通常具白色丝状毛。

分种检索表

1. 常绿灌木；果实春夏季成熟。
　　2. 花柱具星状柔毛。
　　　　3. 萼筒钟形，长4~5mm ·························· **1. 文山胡颓子 E. wenshanensis**
　　　　3. 萼筒圆筒形或短圆筒状漏斗形，长5~11mm。
　　　　　　4. 果实密被银白色间褐色鳞片 ·················· **2. 长叶胡颓子 E. bockii**
　　　　　　4. 果实密被褐色和银白色鳞片 ·················· **3. 披针叶胡颓子 E. lanceolata**
　　2. 花柱无毛。
　　　　5. 侧脉与中脉开展成50°~60°的角，网状脉在上面明显可见。
　　　　　　6. 叶片椭圆形；萼筒长5~7mm ·················· **4. 胡颓子 E. pungens**
　　　　　　6. 叶片卵形；萼筒长4.5~5.5mm ·················· **5. 蔓胡颓子 E. glabra**
　　　　5. 侧脉与中脉开展成40°~50°的角，网状脉在上面不明显。
　　　　　　7. 叶片宽椭圆形，下面银白色 ·················· **6. 宜昌胡颓子 E. henryi**
　　　　　　7. 叶片椭圆形或椭圆状披针形，下面灰褐色 ·················· **7. 巴东胡颓子 E. difficilis**
1. 落叶或半常绿灌木；果实夏秋季成熟。
　　8. 幼枝和花各部均被星状毛 ·························· **8. 星毛牛奶子 E. stellipila**
　　8. 幼枝和花各部均无毛。
　　　　9. 果实卵圆形，长5~7mm ·················· **9. 牛奶子 E. umbellata**
　　　　9. 果实椭圆形，长12~16mm。
　　　　　　10. 果梗直立。
　　　　　　　　11. 植株各部具银白色鳞片 ·················· **10. 银果牛奶子 E. magna**
　　　　　　　　11. 幼枝和果实具锈色鳞片 ·················· **11. 巫山牛奶子 E. wushanensis**
　　　　　　10. 果梗下垂。
　　　　　　　　12. 花柱无毛 ·················· **12. 木半夏 E. multiflora**
　　　　　　　　12. 花柱被星状柔毛 ·················· **13. 狭叶木半夏 E. angustata**

1. 文山胡颓子 | Elaeagnus wenshanensis C. Y. Chang　图69-1

常绿灌木。叶革质或近革质，阔椭圆形，顶端骤短钝尖，基部圆形或钝形，边缘全缘；侧脉4～7对。花淡白色，密被银白色和混生少数褐色鳞片，花1～5朵簇生于叶腋短小枝上成伞形总状花序，花枝锈色；萼筒短圆筒状钟形。果实幼时阔椭圆形，密被褐锈色鳞片。花期11月至翌年2月，果期3～4月。

产于巴东县（牛洞湾附近，张志松等00939），生于海拔2100m的山坡林缘。

2. 长叶胡颓子 | Elaeagnus bockii Diels　图69-2

常绿灌木。幼枝密被褐色鳞片。叶革质或纸质，窄披针形至窄长圆形，两端渐尖，基部稀圆钝，边缘略下卷，下面密被银白色间褐色鳞片；侧脉每边5～7条。花3～7朵簇生于叶腋短枝上，花萼筒漏斗状圆筒形，密被褐色鳞片；花柱密被星状柔毛。果椭圆状，密被银白色间褐色鳞片。花期10～11月，果期翌年4月。

产于兴山县，生于海拔300m的河谷灌木林中。果实可食。

图69-1　文山胡颓子

图69-2　长叶胡颓子

3. 披针叶胡颓子 | Elaeagnus lanceolata Warburg ex Diels　图69-3

灌木。叶革质，常呈披针形，边缘反卷，上面幼时被褐色鳞片，具光泽。花淡黄白色，伞形总状花序；花梗纤细，锈色；萼筒圆筒形；在子房上骤收缩，裂片宽三角形，内面疏生白色星状柔毛，包围子房的萼管椭圆形，被褐色鳞片；花药椭圆形，淡黄色。果实椭圆形，成熟时红黄色。花期8～10月，果期翌年4～5月。

产于神农架九湖、松柏、下谷、阳日、八角庙—房县沿线（zdg 7524），生于海拔600～1900m的山坡灌木丛中。根可入药；果实可食。

4. 胡颓子 | Elaeagnus pungens Thunberg　图69-4

常绿灌木。具刺。幼枝微扁，略具棱，密被褐色鳞片。叶革质，椭圆形，两端钝，基部稍圆，边缘下卷或呈波状，下面密被银白色间褐色鳞片；侧脉每边7～8条，在上面略明显。1～3朵花生于叶腋短枝上；萼筒被银白色鳞片，圆筒形；花柱无毛。果椭圆形，具褐色鳞片，熟时红色。花期10～12月，果期翌年4～6月。

产于神农架各地，生于海拔600～900m的山坡灌木丛中。果实可食。

图69-3　披针叶胡颓子

图69-4　胡颓子

5．蔓胡颓子｜Elaeagnus glabra Thunberg　图69-5

常绿蔓性灌木。无刺。外形与胡颓子相近，区别在于：本种为蔓性灌木；叶卵形；花常多数簇生于叶腋短枝上，萼筒漏斗形，质厚，近子房处不明显收缩；果长圆形。花期9～11月，果期翌年4～5月。

产于神农架各地，生于海拔600～1500m的山坡灌木丛中。果实可食。

6．宜昌胡颓子｜Elaeagnus henryi Warburg ex Diels　图69-6

常绿灌木。具粗刺。幼枝被鳞片，老枝灰黑色。叶厚革质，宽椭圆形，基部宽圆，边缘略下卷，下面密被银白色间少数褐色鳞片；侧脉每边5～7条。短总状花序生于叶腋，具1～5朵花，萼筒筒状漏斗形。果长椭圆状，被褐色鳞片。花期10月，果期翌年4月。

产于神农架各地（长青，zdg 6193），生于海拔300～1500m的山坡灌木丛中。果实可食。

图69-5　蔓胡颓子

图69-6　宜昌胡颓子

7. 巴东胡颓子 | **Elaeagnus difficilis** Servettaz 图69-7

灌木。叶纸质，椭圆形或椭圆状披针形，顶端渐尖，基部圆形或楔形，边缘全缘，稀微波状；侧脉6～9对。花深褐色，密被鳞片，数花生于叶腋短小枝上成伞形总状花序，花枝锈色；萼筒钟形或圆筒状钟形。果实长椭圆形，被锈色鳞片，成熟时橘红色。花期11月至翌年3月，果期4～5月。

产于神农架各地（长青，zdg 5914），生于海拔400～1400m的山坡灌木丛中。果实可食。

8. 星毛牛奶子 | **Elaeagnus stellipila** Rehder 图69-8

灌木。无刺或老枝具刺。单叶互生，叶纸质，宽卵形或卵状椭圆形，先端钝或短急尖，基部圆形或近心形；叶柄具星状柔毛。花淡白色，外被银色或散生褐色星状绒毛；雄蕊4枚；花柱直立，无毛或微被星状柔毛。果长椭圆形或圆柱形，被褐色鳞片，成熟时红色；果梗极短。花期3～4月，果期7～8月。

产于神农架木鱼、新华，生于海拔400～1400m的山坡灌木丛中。果实可食。

图69-7 巴东胡颓子

图69-8 星毛牛奶子

9. 牛奶子 | **Elaeagnus umbellata** Thunberg 图69-9

落叶灌木。幼枝密被银白色和少数黄褐色鳞片，有时全被深褐色或锈色鳞片。芽银白色或褐色至锈色。叶常呈椭圆形，全缘或皱卷至波状；叶柄白色。花较叶先开放，黄白色，密被银白色盾形鳞片，单生或成对生于幼叶腋；花梗白色；萼筒圆筒状漏斗形；雄蕊的花丝极短；柱头侧生。果实常呈球形，成熟时红色。花期4～5月，果期7～8月。

产于神农架九湖、木鱼、下谷、坪堑（zdg 7767），生于海拔1200～1800m的山坡灌木丛中。根、叶及果实；果实可食。

10. 银果牛奶子 | **Elaeagnus magna** (Servettaz) Rehder 图69-10

落叶灌木。幼枝淡黄色，被银色鳞片。叶纸质或膜质，倒卵状长圆形或卵状披针形，钝尖，基部宽楔形，下面灰白色，密被银白色鳞片，间少数褐色鳞片；侧脉每边7～10条。花银白色，单生于新枝基部叶腋；萼筒圆筒形，向下渐窄。果长圆形，密被银白色间褐色鳞片；果梗粗壮，直立。

花期4～5月，果期6月。

　　产于神农架新华、阳日（长青，zdg 5592），生于海拔400～800m的山坡灌木丛中。果实可食。

图69-9　牛奶子

图69-10　银果牛奶子

图69-11　巫山牛奶子

11．巫山牛奶子｜Elaeagnus wushanensis C. Y. Chang　图69-11

　　落叶灌木。叶纸质或膜质，椭圆形或卵状椭圆形，顶端钝尖或圆形，基部圆形或钝形，全缘，上面幼时具淡白色鳞片，成熟后全部或部分脱落，深绿色，干燥后褐绿色，下面密被银白色和散生少数锈色鳞片。花淡白色，被白色和散生少数褐色鳞片，1～3朵花簇生于新枝基部，单生于叶腋。果实长椭圆形，密被锈色鳞片，成熟时红色。花期4～6月，果期8～9月。

　　产于神农架新华、巫山（骡坪区梨子坪林场附近，周洪富、粟和毅 109003），生于海拔1800m的山坡灌木丛中。果实可食。

12．木半夏｜Elaeagnus multiflora Thunberg　图69-12

　　落叶灌木。幼枝细弱伸长，密被锈色或深褐色鳞片，稀具淡黄褐色鳞片。叶膜质或纸质，全缘，上面幼时具白色鳞片或鳞毛，成熟后脱落；叶柄锈色。花白色；花梗纤细；萼筒圆筒形；雄蕊着生于花萼筒喉部稍下面，花丝极短；花柱稍伸出萼筒喉部，长不超雄蕊。果实密被锈色鳞片，成熟时红色；果梗在花后伸长。花期5月，果期6～7月。

产于神农架各地（松柏，zdg 4718），生于海拔400～1800m的山坡灌木丛中。果实可食。

图69-12　木半夏

13. 狭叶木半夏 | Elaeagnus angustata (Rehder) C. Y. Chang　图69-13

落叶灌木。幼枝密被锈色或深褐色鳞片，老枝鳞片脱落，黑色。叶纸质或膜质，披针形或矩圆状披针形，上面幼时具白色星状柔毛，成熟后无毛，下面银白色。花淡白色，下垂，密被银白色和少数褐色鳞片，花单生于新枝基部。果实椭圆形，幼时被褐色鳞片，成熟时红色，被白色和少数褐色鳞片。花期4～5月，果期7～8月。

产于神农架阳日（阳日湾小洞沟山坡，神农架队 21116），生于海拔600m的山坡灌木丛中。果实可食。

图69-13　狭叶木半夏

70. 鼠李科 | Rhamnaceae

多为木本。常具刺。单叶多互生；托叶早落或宿存；叶脉常为羽状脉，有时3～5条基出脉。聚伞状花序常单生或簇生；花小，多两性；花萼呈筒状，4～5裂，有时有喙状凸起；花瓣4～5枚，有时无；雄蕊4～5枚。核果顶部有翅，底部常被萼筒包围，有2～4枚分核。

约58属900种。我国有15属135种，湖北有8属39种，神农架有8属37种。

分属检索表

1. 果实为核果，具1枚核或无分核，有时有翅；花盘填塞于萼筒。
  2. 叶具基生三出脉，托叶常成刺；花序常腋生。
    3. 果实周围具水平展开的翅 ·· 1. 马甲子属Paliurus
    3. 果实无翅，为肉质核果 ··· 2. 枣属Ziziphus
  2. 叶常为羽状脉，托叶不成刺；花序常顶生或腋生。
    4. 腋生聚伞花序，花盘浅杯状 ··· 3. 猫乳属Rhamnella
    4. 顶生聚伞总状或圆锥花序，花盘壳斗状。
      5. 叶基部不对称；花盘结果时不增大；核果1室········· 4. 小勾儿茶属Berchemiella
      5. 叶基部对称；花盘结果时增大；核果2室····················· 5. 勾儿茶属Berchemia
1. 果实为核果，具3枚核，或少数具2～4枚核，无翅；花盘衬贴于萼筒或同时附着于子房。
  6. 花盘薄，腋生聚伞花序 ··· 6. 鼠李属Rhamnus
  6. 花盘厚，穗状圆锥花序或聚伞圆锥花序。
    7. 结果时花序轴不膨大成肉质；叶为羽状脉，对称············· 7. 雀梅藤属Sageretia
    7. 结果时花序轴膨大成肉质；叶为基生三出脉，有时偏斜············· 8. 枳椇属Hovenia

473

1. 马甲子属Paliurus Miller

乔木或灌木。单叶互生；叶脉为基生三出脉；托叶常成刺。聚伞状或聚伞圆锥状花序，腋生或顶生；花两性；花梗果时常增长；花萼5裂，中央下陷与子房上部分离；花瓣5枚，匙形或扇形，两侧内凹；雄蕊基部与瓣爪离生；花盘厚，贴于萼筒上生长。核果，杯状或草帽状，周围具翅，基部有宿存的萼筒。

6种。我国有5种，湖北有2种，神农架均有。

分种检索表

1. 花序被毛；核果小，密被褐色短毛 ································ 1. 马甲子P. ramosissimus
1. 花序无毛或仅总花梗被短柔毛；核果 ····························· 2. 铜钱树P. hemsleyanus

1．马甲子 | **Paliurus ramosissimus** (Loureiro) Poiret 图70-1

灌木。叶互生，椭圆形或卵形，上面叶脉处有褐色柔毛，下面密生褐色柔毛并渐脱落；基生三出脉；叶柄被毛。花序腋生，聚伞状；花黄绿色；萼片5枚；花瓣5枚，匙形，较萼片短；雄蕊5枚，长与花瓣相近或较花瓣长。核果，被褐色绒毛，有窄翅。花期5～8月，果期9～10月。

产于神农架各地，生于海拔2000m以下的山地或平地。根入药。

2．铜钱树 | **Paliurus hemsleyanus** Rehder ex Schirarend et Olabi 摇钱树 图70-2

乔木。小枝具皮孔。树皮呈剥落状。叶互生，椭圆形或卵形，底端不对称，叶缘具钝锯齿；基生三出脉，底端有2枚刺。花序顶生兼腋生，聚伞状或聚伞圆锥状；花黄绿色；萼片5枚；花瓣5枚，匙形；雄蕊5枚，比花瓣长。核果，紫红色或红褐色，周围有翅。花期4～6月，果期7～10月。

产于神农架各地，生于海拔1600m以下的山地林中。根入药。

图70-1 马甲子

图70-2 铜钱树

2．枣属Ziziphus Miller

乔木或灌木。枝常具皮刺。冬芽外覆有少数鳞片。叶互生，三出脉或五出脉；托叶常成针刺。聚伞花序；花黄绿色，5基数；萼片卵状三角形，内面中肋凸起；花瓣与雄蕊等长，具爪，有时无花瓣；花盘肉质，5或10裂。核果，顶端有小尖头，基部有宿存的萼筒；中果皮肉质或木栓质，内果皮硬骨质或木质。

约170种。我国有12种，湖北有1种，神农架也有。

枣 | **Ziziphus jujuba** Miller 图70-3

小乔木。幼枝弯曲具细长直立或沟状刺。单叶互生，卵形或卵状椭圆形，底端近圆形，稍不对称，无毛或下面脉有疏毛；基生三出脉；托叶细刺状。聚伞状花序，腋生；花黄绿色；萼片5枚，卵状三角形；花瓣与雄蕊等长；雄蕊5枚。核果，红色或紫红色。花期5～7月，果期8～9月。

产于神农架各地，生于海拔900m以下的路旁、村庄等地，栽培或逸生。著名干果；蜜源植物；木材可作器具；果实入药。

图70-3 枣

3. 猫乳属Rhamnella Miquel

灌木或小乔木。冬芽外覆鳞片。叶互生，叶缘有细锯齿；羽状脉；托叶钻形，与茎离生，常宿存。聚伞状花序腋生；花黄绿色，5基数；萼片三角形，中肋内面凸起且有喙状凸起；花瓣两侧内卷；花丝基部与爪部离生；花盘杯状。核果，红色后变紫黑色，顶端有残留的花柱，基部有宿存萼筒。

10种。我国有9种，湖北2种，神农架均产。

分种检索表

1. 叶下面或沿脉被柔毛，侧脉每边8～13条·······················1. 猫乳R. franguloides
1. 叶下面被绒毛或柔毛，侧脉每边6～8条·······················2. 毛背猫乳R. julianae

1. 猫乳 ｜ Rhamnella franguloides (Maximowicz) Weberbauer 图70-4

灌木或小乔木。小枝被密短柔毛。叶互生，倒卵圆形或长椭圆形，下面脉处有柔毛；侧脉8～13对；叶柄被密柔毛；托叶披针形，基部与茎离生。花序腋生，聚伞状；花黄绿色；萼片5枚，卵状三角形，边缘被疏短毛；花瓣5枚，顶端微凹；雄蕊5枚。核果，成熟时红色。花期5～7月，果期7～10月。

产于神农架各地，生于海拔1100m以下的山坡、路旁或林中。根入药。

2．毛背猫乳 | *Rhamnella julianae* C. K. Schneider 图70-5

灌木。幼枝绿色，被绒毛或短柔毛，小枝黑褐色，具少数不明显的皮孔。叶纸质，近椭圆形或卵状矩圆形，顶端短渐尖或长渐尖，基部圆形或近心形，稍偏斜，边缘具细锯齿，侧脉每边6～8条。花黄绿色，两性，2～4朵排成腋生聚伞花序；萼片宽卵形，顶端尖；花瓣宽倒卵形，顶端微凹，稍长于雄蕊。核果近圆柱形，成熟时紫红色。花期5月，果期6～8月。

产于巫溪县（鱼林至高竹途中，李培元2310），生于海拔1000m的山坡林缘。

图70-4　猫乳

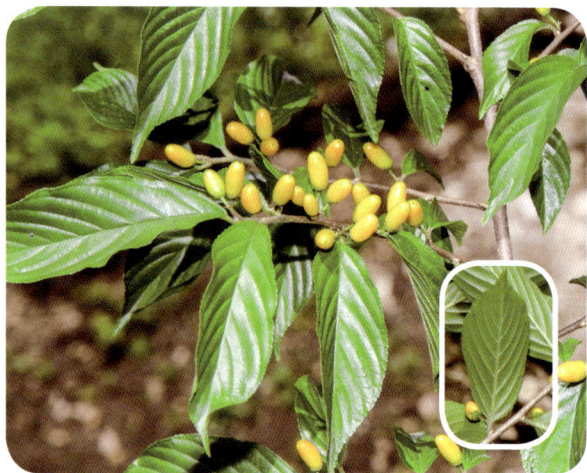

图70-5　毛背猫乳

4．小勾儿茶属 Berchemiella Nakai

灌木或乔木。枝有纵棱。叶互生，全缘；羽状脉；托叶稍短。花序束生，圆锥状或总状；花两性，5基数；苞片小，脱落；萼片5枚，三角形，内面中部有喙状凸起；花瓣先端稍凹，两边向内卷曲，抱持着雄蕊，与萼片近等长，基部具短爪；花盘厚，五边形。核果，底部有宿存的萼筒。

3种。我国有2种，湖北产1种，神农架也有。

小勾儿茶 | *Berchemiella wilsonii* (C. K. Schneider) Nakai 图70-6

落叶灌木。树皮纵裂。小枝具明显皮孔，有纵裂纹。叶互生，椭圆形或披针形，叶基宽楔形，稍不对称，叶缘波状或全缘，下面沿脉腋被微毛；侧脉7～10对；托叶短。花序顶生，总状；萼片5枚，卵状三角形；花瓣5枚，基部有短爪；雄蕊5枚。核果成熟时红色。花期7月。

产于神农架红坪（阴峪河）、木鱼（官门山），生于海拔1000～1400m的山坡阔叶林中。

图70-6　小勾儿茶

5．勾儿茶属 Berchemia Necker ex Candolle

灌木。叶互生，全缘；叶脉为羽状平行脉，侧脉4～18对；托叶钻形，基部合生，宿存。花序顶生或兼腋生，圆锥状；花两性，5基数；萼筒短，盘状，萼片长三角形，内面顶端增厚；花瓣匙形或兜状，两侧内卷，短于萼片或与萼片等长，基部具短爪；雄蕊与花瓣等长或稍短；花盘厚且结果时增大。核果近紫红色或紫黑色；内果皮硬骨质。

约31种。我国约18种，湖北7种，神农架4种。

分种检索表

1．通常簇生成聚伞总状花序，花序通常无分枝。
  2．叶顶端钝圆或锐尖，叶柄无毛；花芽圆球形 ················ 1．牯岭勾儿茶B. kulingensis
  2．叶顶端圆形或钝，叶柄被短柔毛；花芽锥状 ····· 2．光枝勾儿茶B. polyphylla var. leioclada
1．通常簇生成聚伞圆锥花序，花序通常具分枝。
  3．侧脉每边12～18条；窄聚伞圆锥花序或少有聚伞总状 ········· 3．黄背勾儿茶B. flavescens
  3．侧脉每边9～12条；宽聚伞圆锥花序 ····························· 4．多花勾儿茶B. floribunda

1．牯岭勾儿茶 | Berchemia kulingensis C. K. Schneider　熊柳，紫青藤

图70-7

灌木。小枝平展。叶互生，卵状椭圆形，叶端具小尖头，叶基近心形或圆形；侧脉8～9条，叶脉稍凸起；托叶披针形，基部合生。花序常簇生，近狭圆锥状或疏聚伞总状；花绿色；萼片5枚，有微毛；花瓣5枚，小于萼片；雄蕊5枚。核果，红色，后变黑紫色。花期6～7月，果期翌年4～6月。

产于神农架各地，生于海拔400～2200m的山坡向阳处的灌丛、路旁。根入药；果可食。

图70-7　牯岭勾儿茶

2. 光枝勾儿茶（变种）| Berchemia polyphylla var. leioclada (Handel-Mazzetti) Handel-Mazzetti 图70-8

灌木。叶互生，卵状椭圆形，先端钝圆，常有小尖头，底端圆形；侧脉每边7~9条，在上面明显凸起；叶柄被疏短柔毛；托叶小，基部合生，宿存。花序簇生和顶生，聚伞总状或窄聚伞圆锥状；花浅绿色或白色；萼片卵状三角形；花瓣5枚。核果，红色，后变黑色。花期5~9月，果期7~11月。

产于神农架红坪、木鱼、九湖、下谷，生于海拔400~900m的山坡、灌丛中。根入药；果可食。

3. 黄背勾儿茶 | Berchemia flavescens (Wallich) Brongniart 大叶甜果子，牛儿藤 图70-9

灌木。腋芽大，卵形。小枝平展，有时被粉。叶互生，卵圆形，先端钝圆，底端圆形或近心形；侧脉每边12~18条；托叶早落。花序通常簇生，窄聚伞圆锥状或少有聚伞总状；花黄绿色；萼片卵状三角形；花瓣5枚，比萼片短；雄蕊5枚，与花瓣等长。核果，先端有小尖头。花期6~8月，果期翌年5~7月。

产于神农架各地，生于海拔1200~2500m的山坡灌丛或林下。根入药；果可食。

图70-8 光枝勾儿茶

图70-9 黄背勾儿茶

4. 多花勾儿茶 | Berchemia floribunda (Wallich) Brongniart 黄鳝藤 图70-10

灌木。树皮具黑色块斑。叶互生，上部叶较小，卵状椭圆形，先端锐尖，下部叶较大，椭圆形，先端钝圆，或仅下面脉基部被疏短柔毛；侧脉9~12对；托叶狭披针形。花序常为顶生，宽聚伞圆锥状；花粉绿色；萼片5枚，三角形；花瓣5枚；雄蕊5枚。核果。花期7~10月，果期翌年4~7月。

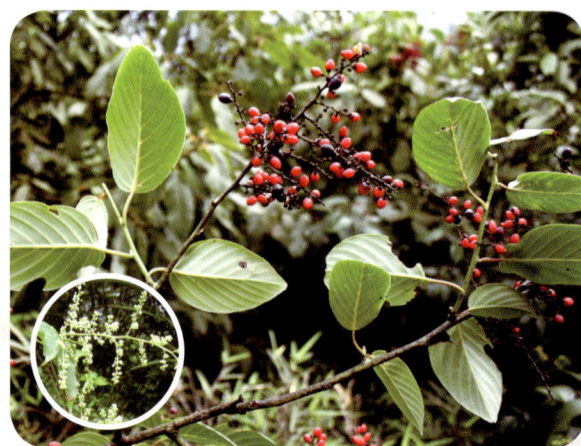

图70-10 多花勾儿茶

产于神农架各地（阳日，zdg 6163），生于海拔500～1500m的山坡、林缘中。茎入药；果可食。

6. 鼠李属Rhamnus Linnaeus

灌木或常绿乔木。小枝顶端常成刺。叶互生或近对生；托叶小，早落。花序腋生，聚伞状；花黄绿色，两性或单性异株；花萼钟状，里面中肋凸起；花瓣4～5枚，兜状，较萼片短，基部具短爪，顶端常2浅裂，有时无花瓣；雄蕊4～5枚，与花瓣等长或短于花瓣；花盘杯状。浆果状核果近球形，基部为宿存萼筒所包围，具2～4枚骨质分核。种子具纵沟。

约200种。我国有57种，湖北有23种，神农架产20种。

分种检索表

1. 顶芽裸露，无鳞片……………………………………………………1. 长叶冻绿R. crenata
1. 芽有芽鳞。
  2. 茎仅具长枝而无短枝。
    3. 叶同形，互生。
      4. 叶常绿；枝及叶背无毛，或仅脉腋有毛……………2. 亮叶鼠李R. hemsleyana
      4. 叶凋落；枝有短柔毛，叶背沿脉有疏毛……………3. 多脉鼠李R. sargentiana
    3. 叶大小异形，交替互生。
      5. 花单生或2～6朵簇生于叶腋……………………4. 异叶鼠李R. heterophylla
      5. 花多数排成聚伞圆锥花序或总状花序。
        6. 叶柄及叶背脉上有短柔毛……………………5. 贵州鼠李R. esquirolii
        6. 叶柄和叶背无毛，或仅脉腋有毛……………6. 尼泊尔鼠李R. napalensis
  2. 茎具长枝和短枝，短枝先端呈棘刺状。
    7. 枝、叶对生或近对生。
      8. 叶狭小，侧脉每边2～3条……………………7. 卵叶鼠李R. bungeana
      8. 叶宽大，侧脉每边4～7条。
        9. 叶柄通常在1cm以下。
          10. 小枝、叶柄、叶背面脉上均被短柔毛……………8. 圆叶鼠李R. globosa
          10. 小枝、叶柄、叶背面脉上无毛或近无毛。
            11. 叶上面无毛，下面仅脉腋有簇毛。
              12. 侧脉5～7对，在叶面明显下陷，叶柄长2～6mm…………
              …………………………………………9. 桃叶鼠李R. iteinophylla
              12. 侧脉3～5对，在叶面平，叶柄长7～20mm…………
              …………………………………………10. 薄叶鼠李R. leptophylla
            11. 叶仅下面脉腋有簇毛外上面也有疏柔毛……………
            …………………………………………11. 刺鼠李R. dumetorum
        9. 叶柄1～3cm。
          13. 小枝无毛，叶柄长1.5～3cm。

1．长叶冻绿 ｜ Rhamnus crenata Siebold et Zuccarini　雷公树　图70-11

　　落叶灌木。幼枝被褐色短柔毛。叶互生，椭圆状披针形，叶缘有圆齿或细锯齿，下面被褐色柔毛；侧脉7～12对；叶柄密被柔毛或有稀疏的褐色柔毛。花序腋生，聚伞状；总梗、花梗被毛；萼片5枚，三角形，外面被疏微毛；花瓣5枚，顶端2裂；雄蕊5枚，与花瓣等长。核果，成熟后紫黑色。花期5～8月，果期8～10月。

　　产于神农架各地（板仓—坪堑，zdg 7259；长青，zdg 5712），生于海拔1200～2000m的山坡或灌丛中。根和根皮入药。

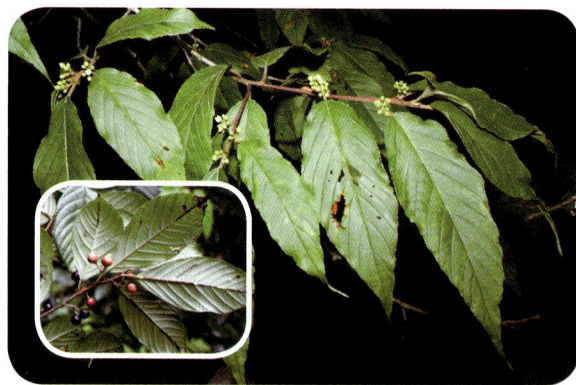

图70-11　长叶冻绿

2．亮叶鼠李 ｜ Rhamnus hemsleyana C. K. Schneider　图70-12

　　常绿乔木。叶互生，革质有光泽，长椭圆形，叶缘齿端有黑色腺点，下面沿脉有毛；侧脉每边9～15条；叶柄被毛；托叶早落。花序腋生，聚伞状；花4基数；萼片三角形；花瓣无；雄蕊较萼片短。核果，成熟时红色，后变黑色，分核4枚。花期4～5月，果期6～10月。

　　产于神农架各地，生于海拔700～2300m的山谷林缘或林中。

3. 多脉鼠李 | **Rhamnus sargentiana** C. K. Schneider 图70-13

落叶乔木或灌木。叶纸质，椭圆形或矩圆状椭圆形，顶端渐尖至长渐尖，稀短尖至圆形，基部楔形或近圆形，边缘具密圆齿状齿或钝锯齿，侧脉每边10~17条。花通常2~6朵簇生于叶腋，杂性，雌雄异株，4基数，稀有时5基数；无花瓣；花盘稍厚，盘状。核果倒卵状球形，红色，成熟后变黑色，具3或4枚分核。花期5~6月，果期6~8月。

产于巴东（牛洞湾附近，付国勋、张志松 973）、兴山县（万朝山，T. P. Wang 11908），生于海拔100~1600m的山坡林缘或灌木丛中。

图70-12 亮叶鼠李

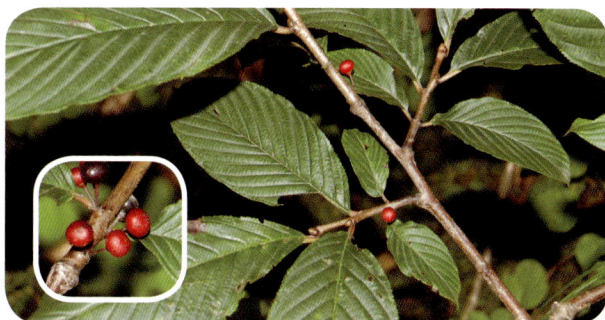

图70-13 多脉鼠李

4. 异叶鼠李 | **Rhamnus heterophylla** Oliver 崖枣树 图70-14

灌木。幼枝密被柔毛。叶在一侧互生；较小叶近圆形，较大叶卵状椭圆形，下面沿脉稀被毛；侧脉2~4对。花常腋生；花黄绿色，5基数；萼片5枚，雄花花瓣匙形，顶端微凹；子房不发育；花柱3半裂；雌花花瓣小；花柱3半裂。核果。花期5~8月，果期9~12月。

产于神农架各地，生于海拔600m左右的山坡林缘。根和叶入药。

5. 贵州鼠李 | **Rhamnus esquirolii** H. Léveillé 铁滚子 图70-15

灌木。小枝具不明显瘤状皮孔。叶在同侧互生，较小叶矩圆形，较大叶长椭圆形，有时背卷，下面被灰色柔毛；侧脉6~8对，在叶缘处联结。聚伞总状花序，腋生；花绿色，小苞片钻状；花梗被毛；萼片5枚，三角形；柱头3浅裂。核果紫红色或黑色。花期5~7月，果期8~11月。

产于神农架各地，生于海拔400~1800m的沟边。根、叶和果实入药。

图70-14 异叶鼠李

图70-15 贵州鼠李

6. 尼泊尔鼠李 │ **Rhamnus napalensis** (Wallich) M. A. Lawson   **染布叶**

图70-16

　　灌木。小枝有明显的褐色皮孔。叶互生，厚纸质或近革质，大小不同，较小的叶近圆形，较大的叶宽椭圆形，叶缘具钝圆锯齿，下面脉上有毛；侧脉5～9对。花序腋生，聚伞总状或聚伞圆锥状，花序轴被短柔毛；萼片5枚；花瓣匙形，基部具爪；柱头3浅裂。核果红黑色。花期5～9月，果期8～11月。

　　产于神农架各地，生于海拔700m以下的山坡林下。

7. 卵叶鼠李 │ **Rhamnus bungeana** J. J. Vassiljev   图70-17

　　灌木。叶对生或近对生，稀兼互生，或在短枝上簇生，纸质，卵形、卵状披针形或卵状椭圆形，顶端钝或短尖，基部圆形或楔形，边缘具细圆齿；侧脉每边2～3条。花小，黄绿色，单性，雌雄异株，通常2～3朵在短枝上簇生或单生于叶腋，4基数。核果倒卵状球形或圆球形，具2枚分核，基部有宿存的萼筒，成熟时紫色或黑紫色。花期4～5月，果期6～9月。

　　产于兴山县（大峡口，T. P. Wang 12003），生于海拔300m以下的山坡林下。

图70-16　尼泊尔鼠李　　　　　　　　　　图70-17　卵叶鼠李

8. 圆叶鼠李 │ **Rhamnus globosa** Bunge

　　灌木。小枝灰褐色，枝端具针刺。叶对生，倒卵圆形，叶缘具圆齿，上面被柔毛，后渐脱落，下面沿脉被毛；侧脉3～4对，下面网脉明显；托叶披针形，宿存。花序常腋生，聚伞状；花梗被微毛；花黄绿色，被短柔毛，4基数；萼片4枚，被微毛；花柱2～3浅裂或半裂；雄蕊4枚。核果黑色。花期4～5月，果期6～10月。

　　产于神农架各地，生于海拔1600m以下的山坡杂林下或灌丛中。根皮、茎、叶入药。

9. 桃叶鼠李 │ **Rhamnus iteinophylla** C. K. Schneider   图70-18

　　灌木。小枝枝端有时有针刺。叶对生或近对生，少有互生或在短枝上丛生，披针状椭圆形，叶端长渐尖，叶缘钝圆锯齿；侧脉5～7对；叶被微毛；托叶具疏毛，披针状、宿存。花常聚生或束生；花4基数；雄花在短枝端簇生；雌花常在短枝顶端叶腋处簇生；花柱3浅裂。核果紫黑色。花期4月，果期8～10月。

产于神农架各地，生于海拔1000～1400m的沟边山坡上。

10. 薄叶鼠李 | *Rhamnus leptophylla* C. K. Schneider 图70-19

灌木。稀小乔木。叶对生或在短枝上簇生，倒卵状椭圆形，叶缘具钝圆锯齿；两面沿脉被疏毛；侧脉3～5对；叶柄具小沟；托叶线形，早落。花序在短枝上束生，聚伞状；花绿色，4基数；雄花在短枝端簇生；雌花簇生于短枝或长枝下部；柱头2裂。核果成熟时微黑色。花期5月，果期8～9月。

产于神农架各地（长青，zdg 5714、zdg 5713），生于海拔500～1500m的山沟灌丛中。果实、根能入药；民间常用于围园。

图70-18　桃叶鼠李

图70-19　薄叶鼠李

11. 刺鼠李 | *Rhamnus dumetorum* C. K. Schneider 川李子 图70-20

灌木。树皮粗糙。小枝枝端有细针刺。叶对生或在短枝上簇生，椭圆形，叶缘有齿或不明显波状，上面被稀疏柔毛，下面沿脉有疏松短毛；侧脉4～5对，有窝孔；叶柄被短毛；托叶披针状。花4基数；雌花在短枝端簇生，被微毛；花柱2浅裂或半裂。核果球形。花期4～5月，果期6～10月。

产于神农架各地，生于海拔900～3100m的山坡灌丛或林下。果实入药。

图70-20　刺鼠李

12．乌苏里鼠李 ｜ Rhamnus ussuriensis J. J. Vassiljev

灌木。小枝灰褐色，无光泽，枝端常有刺，对生或近对生。叶纸质，对生或近对生，或在短枝端簇生，狭椭圆形或狭矩圆形，稀披针状椭圆形或椭圆形，顶端锐尖或短渐尖，基部楔形或圆形，稍偏斜，边缘具钝或圆齿状锯齿，齿端常有紫红色腺体；侧脉每边4～5条。花单性，雌雄异株，4基数，有花瓣。核果球形或倒卵状球形，黑色。花期4～6月，果期6～10月。

产于神农架红坪、太阳坪白岩槽（太阳坪考察队 619），生于海拔1800m的山坡林下。

13．鼠李 ｜ Rhamnus davurica Pallas　女儿茶　图70-21

灌木。枝端常有芽或有时有短刺，顶芽及腋芽较大，鳞片有明显的白色缘毛。叶对生或在短枝上簇生，宽卵圆形，叶基楔形，叶缘有细锯齿，齿端常有红色腺体，上面无毛或两面均沿脉被毛；侧脉4～6对，网脉明显。花4基数；雌花聚生于叶腋或簇生于短枝；花柱2～3浅裂。核果黑色。花期5～6月，果期7～10月。

产于神农架九湖，生于海拔1800m以下的山坡林下、灌丛等地。根和树皮、果入药。

图70-21　鼠李

14．冻绿 ｜ Rhamnus utilis Decaisne

14a．冻绿（原变种）Rhamnus utilis var. utilis　冻木刺　图70-22

灌木或小乔木。枝端具针刺。腋芽小，有鳞片，边缘有白色缘毛。叶对生或簇生于短枝上，椭圆形，叶基楔形；两面沿脉偶被柔毛；侧脉5～6对，网脉显著；叶柄具小沟，被柔毛；托叶宿存，被疏毛。花黄绿色，4基数；雄花簇生于叶腋，或聚生于小枝下部；雄蕊4枚，退化；花柱2浅裂或半裂。核果。花期4～6月，果期5～8月。

产于神农架各地，生于海拔500～1500m的灌木丛中。根、根皮和树皮入药。

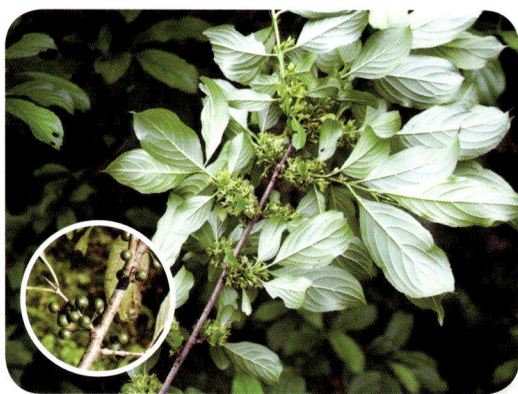

图70-22　冻绿

14b．毛冻绿（变种）Rhamnus utilis var. hypochrysa (C. K. Schneider) Rehder

此变种与原变种的主要区别：当年生枝、叶柄和花梗均被白色短柔毛；叶较小，两面特别下面有金黄色柔毛。花期4～6月，果期5～8月。

产于房县（杨家塇上关河，邢吉庆 16328），生于海拔1500m的灌木丛中。

15．纤花鼠李 ｜ Rhamnus leptacantha C. K. Schneider

灌木。叶近革质，在长枝上互生或兼近对生，在短枝上簇生，倒披针形、倒卵状椭圆形或矩圆形，顶端钝或微凹，基部楔形，边缘有不明显的细圆齿；侧脉每边2～3条。花单性，雌雄异株，4基数，黄绿色，无毛。核果近球形，棕褐色，具2～3枚分核。花期4～6月，果期6～9月。

产于巫溪县（西大 850），生于海拔1400m的灌木丛中。

16．小冻绿树 ｜ Rhamnus rosthornii E. Pritzel 图70-23

灌木或小乔木。小枝灰褐色，枝端有钝刺，幼枝被短柔毛。叶互生或簇生于短枝，匙形或倒卵状椭圆形，叶缘具钝圆状锯齿；两面沿脉被柔毛；侧脉2～4对；叶柄被短柔毛；托叶线状披针形，宿存，被微毛。花序在叶腋处单生或数多聚生，聚伞状；花瓣4枚；雌花在短枝端簇生；雄蕊4枚；花柱2浅裂。核果球形，成熟时黑色。花期4～5月，果期6～9月。

产于神农架木鱼至兴山一带，生于海拔600m以下的山坡灌丛中。

17．山鼠李 ｜ Rhamnus wilsonii C. K. Schneider 图70-24

灌木。叶纸质或薄纸质，互生或稀兼近对生，在当年生枝基部或短枝顶端簇生，顶端渐尖或长渐尖，尖头直或弯，基部楔形，边缘具钩状圆锯齿，两面无毛；侧脉每边5～7条。花单性，雌雄异株，黄绿色，4基数。核果倒卵状球形，成熟时紫黑色或黑色，具2～3枚分核。花期4～5月，果期6～10月。

产于神农架木鱼（木鱼坪物资站后山，236-6 部队 2135）、宋洛、新华至兴山一带，生于海拔1600m以下的山坡密林中。

图70-23　小冻绿树

图70-24　山鼠李

18．钩齿鼠李 | Rhamnus lamprophylla C. K. Schneider 图70-25

灌木或小乔木。小枝灰褐色，枝端有刺。叶互生或在短枝上簇生，纸质，长椭圆形，叶缘锯齿呈向内弯曲的钩状；侧脉4～6对；托叶早落。花黄绿色，4基数；雄花常腋生，或簇生于短枝下部；雌花簇生；柱头2～3浅裂。核果成熟时为黑色。花期4～5月，果期6～9月。

产于神农架各地，生于海拔400～1600m的山地灌丛中。

19．湖北鼠李 | Rhamnus hupehensis C. K. Schneider 图70-26

灌木或小乔木。顶芽较大。叶互生，椭圆形，叶缘锯齿内钩；侧脉5～8对，弧状内弯；叶柄上面有沟；托叶早落。花未见。核果，成熟时黑色。种子紫黑色，有光泽，背面有纵沟。果期6～10月。

产于神农架各地（阳日—板仓，zdg 6085；宋洛—徐家庄，zdg 6489），生于海拔1700～2300m的山坡灌丛或林下。枝叶入药。

图70-25 钩齿鼠李

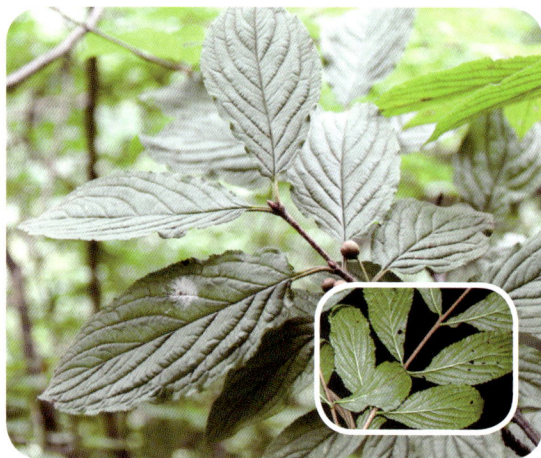

图70-26 湖北鼠李

20．皱叶鼠李 | Rhamnus rugulosa Hemsley 图70-27

灌木。当年生枝被细短柔毛。叶互生或簇生于短枝端，厚纸质，倒卵圆形，叶缘具钝齿，较浅，上面被短柔毛，下面被白色柔毛；侧脉5～6对；叶柄被白色短柔毛；托叶长线形，被毛。花序在叶腋处单生，聚伞状；花黄绿色，被疏短柔毛，4基数；雌花在当年生枝下部或短枝顶端簇生；子房球形；花柱3浅裂。核果紫黑色或黑色。花期4～5月，果期6～9月。

产于神农架宋洛（黄连架，zdg 7790），生于海拔1000m处的山坡灌丛中。枝叶入药。

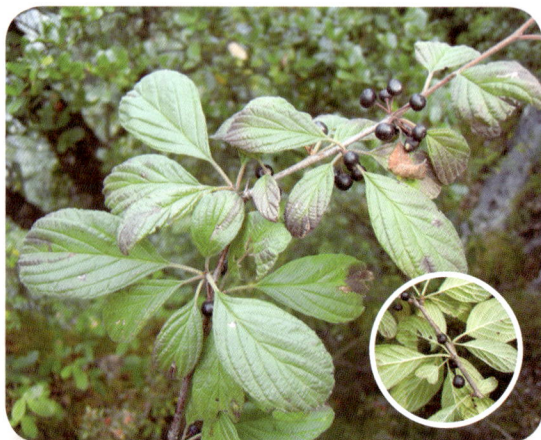

图70-27 皱叶鼠李

7. 雀梅藤属Sageretia Brongniart

藤状或直立灌木。小枝互生或近对生。叶互生或近对生，幼叶常被毛，平行羽状脉；托叶小，脱落。穗状圆锥花序，少有总状；花白色，5基数；萼片三角形，内面前端常增厚，中肋有喙状凸起；花瓣匙形，顶端2裂；雄蕊与花瓣等长或略长于花瓣；花盘肉质，壳斗状；子房上位，基部与花盘合生；柱头不分裂或2～3裂。浆果状核果，有2～3枚分核。

39种。我国有16种，湖北有6种，神农架5种。

1. 皱叶雀梅藤 ｜ Sageretia rugosa Hance　锈毛雀梅藤，九把伞

图70-28

藤状灌木。小枝密被褐色短绒毛，具刺。叶互生或近对生，卵圆形；侧脉6～8对；叶柄具沟，被密短柔毛。花序常顶生或腋生，穗状或穗状圆锥状；萼片5枚，三角形，内面中肋上部有喙状凸起；花5基数，有香味；雄蕊与花瓣等长或稍长；柱头头状不分裂。核果成熟时紫红色。花期6～12月，果期翌年3～4月。

产于神农架各地（长青，zdg 5737），生于海拔1000m以下的山地灌丛或林中。枝叶入药。

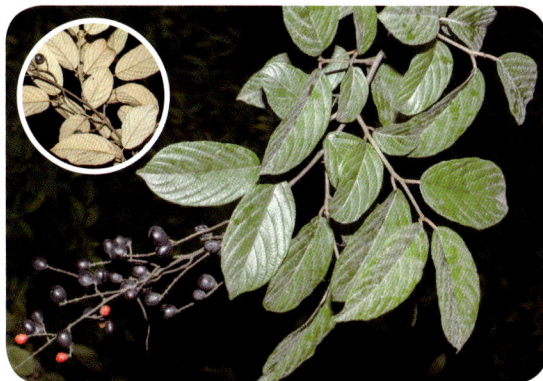

图70-28　皱叶雀梅藤

2. 雀梅藤 ｜ Sageretia thea (Osbeck) M. C. Johnston　双角刺　图70-29

藤状或直立灌木。小枝被短柔毛，具刺。叶近对生或互生，近椭圆形，两面无毛或仅下面沿脉被柔毛；侧脉3～5对；叶柄被短柔毛。花序常顶生或腋生，穗状圆锥花序，花序轴被毛；花黄色，有芳香；萼片5枚，三角形；花瓣5枚，匙形，顶端2浅裂，常内卷，比萼片短；雄蕊5枚；柱头3浅裂。核果紫黑色。花期7～11月，果期翌年3～5月。

产于神农架各地，生于海拔700m以下的丘陵灌丛中。枝叶入药。

3. 钩枝雀梅藤 | Sageretia hamosa (Wallich) Brongniart 岩猴藤

图70-30

攀援藤本。小枝有弯曲且粗的钩刺。叶近对生，且有光泽，披针形，下面仅沿脉具毛；侧脉5~9对。花序顶生或腋生，疏散圆锥状；无花梗；花黄绿色，被灰白色或褐色绒毛；花5基数；柱头头状。核果红色或紫黑色，常有白粉覆盖。花期7~8月，果期8~10月。

产于神农架各地，生于海拔1600m以下的山坡林中。根入药。

图70-29 雀梅藤

图70-30 钩枝雀梅藤

4. 尾叶雀梅藤 | Sageretia subcaudata C. K. Schneider 倒勾茶 图70-31

藤状或直立灌木。叶近对生或互生，卵圆形；叶缘有浅齿；下面被柔毛，渐脱落；侧脉6~9对，网脉明显；叶柄有沟，被柔毛；托叶丝状。花序常顶生或腋生，穗状圆锥花序，花序轴被黄色绒毛；花白色或黄白色；萼片三角形；花瓣倒卵形，比萼片短，顶端微凹；雄蕊约与花瓣等长。核果球形，黑色。花期7~11月，果期翌年4~5月。

产于神农架各地，生于海拔400~1300m的山地林中或灌丛。

图70-31 尾叶雀梅藤

5．梗花雀梅藤 | **Sageretia henryi** J. R. Drummond et Sprague　图70-32

攀援状灌木。叶互生或近对生，长卵状椭圆形；侧脉5～6对；托叶钻形。花序腋生或顶生，常为穗状圆锥花序，花序轴无毛；花白色或白绿色；萼片5枚，卵状三角形；花瓣5枚，匙形，稍短于雄蕊；雄蕊5枚。核果近球形，成熟时红色。花期7～11月，果期翌年3～6月。

产于神农架木鱼、宋洛、阳日，生于海拔700～1400m处的山坡林下或路边。果实入药。

图70-32　梗花雀梅藤

8．枳椇属**Hovenia** Thunberg

乔木，稀灌木。幼枝常被短柔毛。叶互生；基生三出脉，侧脉4～8对。花序密集，顶生或兼腋生，聚伞圆锥状；花序轴果时膨大，肉质；花白色或黄绿色，5基数；萼片三角形；花瓣与萼片互生，两边向内卷起，基部具爪；雄蕊为花瓣抱持；花盘肉质，有毛；柱头3裂。浆果状核果顶端有3室，外果皮有光泽。种子底部常有白色凸起。

5种。中国共3种，湖北有2种，神农架均产。

分种索引表

1. 萼片和果实无毛，稀果被疏柔毛 ·· 1．枳椇H. acerba
1. 萼片和果实被锈色密绒毛 ·· 2．毛果枳椇H. trichocarpa

1．枳椇 | **Hovenia acerba** Lindley　拐枣　图70-33

乔木。小枝被褐色柔毛，有白色皮孔。叶互生，厚纸质，宽卵形，叶基心形，叶缘有浅锯齿，两面无毛或仅下面沿脉被短柔毛；三出脉。花序顶生或腋生，二歧式聚伞圆锥状，被棕色柔毛；花淡黄绿色，花瓣椭圆状匙形；花柱半裂。浆果状核果黄褐色或棕色。花期5～7月，果期8～10月。

产于神农架各地，生于海拔700～1000m的山坡疏林中。果梗可食；果及种子能入药。

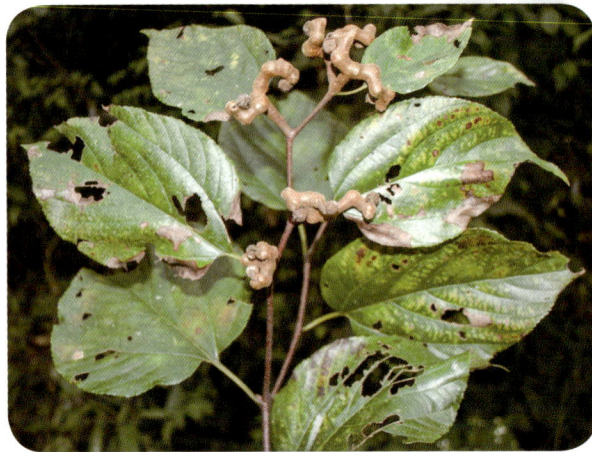

图70-33　枳椇

2. 毛果枳椇 | *Hovenia trichocarpa* Chun et Tsiang　图70-34

乔木。小枝有明显的皮孔。叶卵状椭圆形,缘有钝圆锯齿;两面无毛或仅下面沿脉被疏柔毛;三出脉,侧脉6～10对,下面横状脉明显。花序顶生或兼腋生,二歧式聚伞状,密被黄褐色短茸毛;花黄绿色;萼片具明显的网脉,被锈色柔毛;花瓣卵圆状匙形,具爪;花柱自基部3深裂。浆果状核果,被锈色柔毛。花期5～6月,果期8～10月。

产于神农架下谷,生于海拔500m的山地林中。果实入药。

图70-34　毛果枳椇

71. 榆科｜Ulmaceae

乔木或灌木。单叶互生，具锯齿，稀全缘，基部偏斜；羽状脉或三出脉；膜质托叶常早落。花小，两性、杂性或单性异株；排成疏或密的聚伞花序，或因花序轴短缩而似簇生状或单生；花被裂片常4～8枚，覆瓦状（稀镊合状）排列；雄蕊常与花被裂片同数而对生，花药2室；雌蕊由2枚心皮联合而成，柱头2裂。果为翅果、核果或小坚果。种子单生，通常无胚乳。

4属60种。我国3属55种，湖北2属11种，神农架2属9种。

分属检索表

1. 果为翅果；叶常有重锯齿 ······ 1. 榆属Ulmus
1. 果为核果；叶常有单锯齿 ······ 2. 榉属Zelkova

1. 榆属Ulmus Linnaeus

落叶乔木或灌木。单叶互生，二列状；羽状脉，直达叶缘；托叶条形，早落。花两性，簇生或成聚伞花序；花萼钟形，4～9裂；雄蕊与花被片同数而对生；子房由2枚心皮合成，1室，内有1枚倒生胚珠，花柱短，柱头2裂。翅果扁平。种子位于中部及上部，顶端有缺口及宿存花柱；胚直立，子叶扁平。

40余种。我国有21种，分布遍及全国，湖北产8种，神农架产6种。

分种检索表

1. 秋冬开花；叶缘具单锯齿 ······ 1. 榔榆U. parvifolia
1. 春季开花；叶缘常有显著的重锯齿。
  2. 种子位于翅果的上部。
    3. 小枝无木栓层 ······ 2. 多脉榆U. castaneifolia
    3. 小枝有木栓层 ······ 6. 春榆U. davidiana var. japonica
  2. 种子位于翅果的中部或近中部，不接近顶端弯缺处。
    4. 翅果宽倒卵形或倒卵状圆形；叶侧脉14～23对 ······ 3. 兴山榆U. bergmanniana
    4. 翅果宽椭圆形、近圆形或倒卵形；叶侧脉5～16对。
      5. 翅果基部突狭成细柄 ······ 4. 大果榆U. macrocarpa
      5. 翅果基部不成细柄 ······ 5. 榆树U. pumila

1. 榔榆｜Ulmus parvifolia Jacquin　图71-1

落叶乔木。树皮裂成不规则鳞状薄片剥落，露出红褐色内皮；当年生枝密被短柔毛。叶披针状卵形或窄椭圆形，先端渐尖，基部偏斜，楔形，叶缘具单锯齿；侧脉每边10～15条。花3～6朵簇生于叶腋；花被上部杯状，下部管状，花被片4枚。翅果椭圆形，两侧的翅较果核部分为窄，果核部分位于翅果的中上部，上端接近缺口。花果期8～10月。

产于神农架古水、阳日，生于海拔600m的沟边。树皮或根皮、茎叶入药；叶型小，枝柔软易于造型，为优良盆景材料。

2．多脉榆 │ **Ulmus castaneifolia** Hemsley 图71-2

落叶乔木。叶长椭圆形或倒卵状椭圆形，先端渐尖，基部明显偏斜，一边耳状，一边圆形或楔形，叶面幼时被硬毛，后脱落，叶背密被长柔毛，脉腋有簇毛，边缘具重锯齿；侧脉每边16～35条。花在去年生枝上排成簇状聚伞花序。翅果长圆状倒卵形、倒三角状倒卵形或倒卵形。花果期3～4月。

产于神农架低海拔地区，生于海拔600m的山坡。树皮清热解毒、利尿消肿、祛痰。

图71-1 榔榆

图71-2 多脉榆

3．兴山榆 │ **Ulmus bergmanniana** C. K. Schneider 图71-3

落叶乔木。当年生枝无毛，无木栓翅。叶椭圆形，先端渐尖，基部楔形，偏斜，边缘具重锯齿，表面微粗糙，背面仅脉腋有簇生毛；侧脉每边14～23条。花在去年生枝上排成簇状聚伞花序。翅果宽倒卵形或倒卵状圆形，先端浅凹或近圆形，基部楔形，两面近无毛。种子位于中部。花果期3～5月。

产于神农架低海拔地区，生于海拔1500m以下的山坡。树皮和叶可入药。

4．大果榆 │ **Ulmus macrocarpa** Hance 图71-4

落叶乔木或灌木。树皮纵裂粗糙。小枝常具木栓翅；幼枝有疏毛。叶宽倒卵形或椭圆状倒卵形，先端凸尖或长尖，基部偏斜或近对称，边缘常具重锯齿，两面有短硬毛，粗糙；侧脉8～16对。花簇生于去年生枝叶腋。翅果宽，顶端凹或圆，两面及边缘有毛。种子位于翅果中部，宿存花被钟形，外被短毛或几无毛。花果期4～5月。

产于神农架九湖、木鱼（酒壶坪）、松柏、新华、阳日（麻湾），生于海拔1500～1700m的山坡或沟边。果实的加工品（芜荑）能杀虫、消积。

图71-3 兴山榆

图71-4 大果榆

5. 榆树 │ **Ulmus pumila** Linnaeus 图71-5

落叶乔木。树皮纵裂粗糙。小枝无毛。叶椭圆状卵形或椭圆状披针形，先端渐尖，基部偏斜称，边缘具重锯齿或单锯齿；侧脉9～16对，上面无毛，下面无毛或脉腋微有簇毛。花先于叶开放，簇生于去年枝的叶腋。翅果近圆形，成熟时白黄色，无毛。种子位于翅果的中部或近上部。花果期3～6月。

产于神农架红坪、兴山黄粮—峡口一线（zdg 4381），栽培于海拔2000～2500m的公路边。树皮或根皮、叶、花、果实或种子可入药；果实和叶可食用。

6. 春榆（变种）│ **Ulmus davidiana** var. **japonica** (Rehder) Nakai 图71-6

落叶乔木或灌木状。树皮浅灰色或灰色，纵裂成不规则条状。叶倒卵形或倒卵状椭圆形，稀卵形或椭圆形，先端尾状渐尖或渐尖，基部歪斜，一边楔形或圆形，一边近圆形至耳状；侧脉每边12～22条。花在去年生枝上排成簇状聚伞花序。翅果倒卵形或近倒卵形；果翅通常无毛，稀具疏毛，果核部分常被密毛或被疏毛，位于翅果中上部或上部。花果期4～5月。

产于神农架松柏、阳日（麻湾）、大岩屋北边公路两边、大岩屋旅社后山（鄂神农架队20976），生于海拔1200～1600m的山坡林缘。

图71-5 榆树

图71-6 春榆

2. 榉属Zelkova Spach

落叶乔木。叶互生，边缘具锯齿；羽状脉；托叶成对离生，早落。花杂性，花叶同期；雄花数朵簇生于幼枝的下部叶腋；雌花或两性花通常单生于幼枝的上部叶腋；雄花钟形，4～6浅裂，雄蕊与花被裂片同数，无退化子房；雌花或两性花的花被4～6深裂，退化雄蕊缺或多少发育，子房无柄，柱头2枚。果为核果，偏斜，宿存的柱头呈喙状。

约10种。我国有3种，神农架均有。

分种检索表

1. 核果较小，直径2.5～4mm，其腹侧面极度凹陷，几乎无果梗。
　2. 当年生枝紫褐色或棕褐色，被短柔毛 ·············· 1. 榉树Z. serrata
　2. 当年生枝灰色或灰褐色，密生灰白色柔毛 ·········· 2. 大叶榉Z. schneideriana
1. 核果较大，直径4～7mm，几不凹陷，果梗长2～3mm ·············· 3. 大果榉Z. sinica

1. 榉树 ｜ Zelkova serrata (Thunberg) Makino　图71-7

乔木。树皮呈不规则的片状剥落。当年生枝疏被短柔毛，后脱落。叶卵形、椭圆形或卵状披针形，先端渐尖，基部稍偏斜，圆形或浅心形，边缘具锯齿；侧脉7～14对。雄花具短梗，花被片6～7枚，裂至中部；雌花近无梗，花被片4～5枚，子房被毛。核果几无梗，斜卵状圆锥形，上面偏斜，凹陷，表面被柔毛，具宿存花被。花期4月，果期9～11月。

产于神农架红坪、宋洛、长青（zdg 5801）、长岩屋—茶园（zdg 6960）、红桦（zdg 7825）、宋洛公社前进大队（鄂神农架植考队 21810），生于海拔2200m的山坡。珍贵用材树种；树皮和叶可入药，叶秋季变红，可供观赏。国家二级重点保护野生植物。

图71-7　榉树

2. 大叶榉 ｜ Zelkova schneideriana Handel-Mazzetti　图71-8

乔木。树皮片状剥落。当年生枝密生柔毛。叶厚纸质，卵形至椭圆状披针形，先端渐尖，基部稍偏斜，圆形、宽楔形，叶面被糙毛，叶背密被柔毛，边缘具圆齿状锯齿；侧脉8～15对。雄花1～3朵簇生于叶腋；雌花或两性花常单生于小枝上部叶腋。核果斜卵状圆锥形，上面偏斜，凹陷。花期4月，果期9～11月。

产于神农架阳日、阳日湾（红岩沟，鄂神农架植考队 21038）、红岩沟，生于海拔500m的沟边。树皮和叶可入药。

图71-8　大叶榉

3. 大果榉 | **Zelkova sinica** C. K. Schneider 　图71-9

乔木。树皮呈块状剥落。一年生枝被柔毛，后脱落。叶纸质，卵形或椭圆形，先端渐尖，基部宽楔形，稍偏斜，边缘具锯齿；侧脉6～10对；叶柄被柔毛。雄花1～3朵腋生，花被片6枚，裂至近中部，外面被毛；雌花单生于叶腋，花被裂片5～6枚，外面被细毛，子房外面被细毛。核果为不规则的倒卵状球形。花期4月，果期8～9月。

产于兴山县，生于海拔500m的山坡林中。树皮能生肌止血，用于治疗烧、烫伤。

图71-9　大果榉

72. 大麻科 | **Cannabaceae**

直立或攀援草本。单叶互生或对生，掌状分裂或幼叶不分裂，边缘有锯齿；托叶宿存。花单性异株（稀同株）；花序腋生；雄花呈圆锥花序，花被片5枚，覆瓦状排列，雄蕊5枚；雌花无柄，聚生成球果状穗状花序，每1或2朵花有1枚显著的宿存苞片；花被片膜质，全缘，紧包子房。瘦果包以宿存花被。种子有少量肉质胚乳。

7属91种。我国产7属25种，湖北6属15种，神农架6属12种。

分属检索表

1. 草本或草质藤本。
　　2. 一年生直立草本；叶互生或下部之叶对生，叶掌状全裂 ⋯⋯⋯⋯⋯⋯ 1. **大麻属Cannabis**
　　2. 攀援性一年生或多年生草本；叶对生，掌状分裂 ⋯⋯⋯⋯⋯⋯ 2. **葎草属Humulus**
1. 乔木或灌木。
　　3. 果为小坚果，有翅 ⋯⋯⋯⋯⋯⋯⋯⋯⋯⋯⋯⋯⋯⋯⋯⋯⋯⋯ 3. **青檀属Pteroceltis**
　　3. 果为核果，无翅。
　　　　4. 叶侧脉先端伸入锯齿 ⋯⋯⋯⋯⋯⋯⋯⋯⋯⋯⋯⋯⋯ 6. **糙叶树属Aphananthe**
　　　　4. 叶侧脉先端未达叶缘。
　　　　　　5. 雌花单生或2朵着生 ⋯⋯⋯⋯⋯⋯⋯⋯⋯⋯⋯⋯⋯⋯ 4. **朴属Celtis**
　　　　　　5. 花成聚伞花序 ⋯⋯⋯⋯⋯⋯⋯⋯⋯⋯⋯⋯⋯⋯⋯ 5. **山黄麻属Trema**

1. 大麻属Cannabis Linnaeus

一年生草本。叶互生或下部对生，掌状全裂，上部叶具裂片1～3枚，下部叶具裂片5～11枚，通常裂片为狭披针形，边缘具锯齿。花单性异株，稀同株。雄花为疏散圆锥花序，花被片5枚，雄蕊5枚；雌花丛生于叶腋，每花有1枚叶状苞片，花被退化，子房无柄，柱头2裂。瘦果单生于苞片内，卵形，两侧扁平，宿存花被紧贴，外包以苞片。花期5～6月，果期7月。

单种属，神农架有分布。

大麻 | Cannabis sativa Linnaeus　图72-1

特征同属的描述。

原产于锡金、不丹、印度和中亚细亚，神农架多有栽培（龙门河，zdg 7939；峡口）。神农架栽培的是生产纤维和种子油的亚种，具较高而细长稀疏分枝的茎和长而中空的节间，另一亚种 *Cannabis sativa* subsp. *indica* 植株较小，多分枝而具短而实心的节间，乃是生产"大麻烟"违禁品的植物，神农架无栽培。纤维植物；种子可榨油，供作油漆、食用、涂料等；果实、花、果壳和苞片、叶可入药。

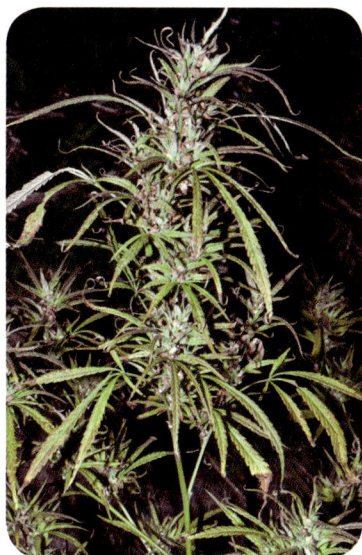

图72-1　大麻

2．葎草属 Humulus Linnaeus

一年生或多年生草本。茎粗糙，具棱。叶对生，3～7裂。花单性，雌雄异株；雄花为圆锥花序式的总状花序，花被5裂，雄蕊5枚，在花芽时直立；雌花少数，生于宿存覆瓦状排列的苞片内，排成一假柔荑花序，结果时苞片增大，变成球果状体，每花有一全缘苞片包围子房，花柱2裂。果为扁平的瘦果。

3种。我国产3种，湖北产1种，神农架也有。

葎草 ｜ Humulus scandens (Loureiro) Merrill　图72-2

多年生草本。茎、枝、叶柄均具倒钩刺。叶纸质，肾状五角形，常掌状5～7深裂，基部心脏形，表面粗糙，背面有柔毛和黄色腺体，裂片卵状三角形，边缘具锯齿。雄花为圆锥花序；雌花序球果状，苞片三角形，顶端渐尖，具白色绒毛，子房为苞片包围，柱头2裂，伸出苞片外。瘦果成熟时露出苞片外。花期春夏季，果期秋季。

产于神农架各地（松柏八角庙村，zdg 7186、zdg 7187），生于海拔500～700m的山坡草丛或路边，为低海拔地带常见杂草。全草和花、果穗能入药。

图72-2　葎草

3. 青檀属Pteroceltis Maximowicz

落叶乔木。叶互生，有锯齿，基部三出脉，托叶早落。花单性同株。雄花数朵簇生于当年生枝的下部叶腋，花被5深裂，裂片覆瓦状排列，雄蕊5枚，退化子房缺；雌花单生于当年生枝的上部叶腋，花被4深裂，子房侧向压扁，花柱短，柱头2裂，胚珠倒垂。坚果具长梗，近球状，周围具翅，内果皮骨质。种子具很少胚乳；胚弯曲；子叶宽。

单种属。我国特产，神农架也有。

青檀 │ Pteroceltis tatarinowii Maximowicz 图72-3

特征同属的描述。

产于神农架低海拔地区，生于海拔1000m以下的石灰岩山坡林中。树皮为造纸原料；茎和叶入药，祛风、止血和止痛。

图72-3 青檀

4. 朴属Celtis Linnaeus

常绿或落叶乔木。叶互生，有柄，全缘或有锯齿，具三出脉；托叶早落。花小，两性或单性，具柄，集成小聚伞花序或圆锥花序，或簇生状，稀单生；雄花序多生于当年生枝的下部无叶处或叶腋，两性花或雌花多生于花序顶端；花被片4～5枚，仅基部合生；雄蕊与花被片同数；雌蕊具短花柱，柱头2裂，子房1室。果为核果。种子胚乳少或无；胚弯。

约60种。我国11种，湖北9种，神农架6种。

分种检索表

1. 冬芽的内层芽鳞密被较长的柔毛。
  2. 果较小，直径约5mm ·················· 1. 紫弹树C. biondii
  2. 果较大，长10～17mm。
    3. 当年生小枝和叶下面密生短柔毛·················· 2. 珊瑚朴C. julianae
    3. 当年生小枝和叶下面无毛·················· 3. 西川朴 C. vandervoetiana
1. 冬芽的内层芽鳞无毛或仅被微毛。
  4. 果梗长为果长的2倍以上。
    5. 果较小，直径6～8mm ·················· 4. 黑弹树C. bungeana
    5. 果较大，直径10～13mm ·················· 5. 小果朴C. cerasifera
  4. 果梗短，长不到果长的2倍，通常更短·················· 6. 朴树C. sinensis

1. 紫弹树 | **Celtis biondii** Pampanini 图72-4

落叶乔木。冬芽黑褐色，当年生枝密被短柔毛，后脱落。叶宽卵形至卵状椭圆形，基部近圆形，稍偏斜，先端渐尖，中部以上疏具浅齿，两面被微糙毛；托叶早落。果序单生于叶腋，通常具2果，总梗极短；果幼时疏被柔毛，后脱净，成熟时黄色至橘红色，近球形，核两侧稍压扁。花期4~5月，果期9~10月。

产于神农架木鱼、松柏、新华、阳日（阳日—马桥，zdg 4409），生于海拔500~1700m的山坡灌丛或沟边。根皮、茎枝和叶可入药。

2. 珊瑚朴 | **Celtis julianae** C. K. Schneider 图72-5

落叶乔木。当年生小枝密生茸毛，后脱净。冬芽褐棕色。叶厚纸质，宽卵形至尖卵状椭圆形，基部近圆形或稍不对称，先端短渐尖至尾尖，叶面粗糙，叶背密生短柔毛，近全缘至上部以上具浅钝齿。果单生于叶腋，果梗粗壮，被毛；果椭圆形至近球形，金黄色至橙黄色。花期3~4月，果期9~10月。

产于神农架低海拔地区。茎叶入药，可治咳喘。

图72-4 紫弹树

图72-5 珊瑚朴

3. 西川朴 | **Celtis vandervoetiana** C. K. Schneider 图72-6

落叶乔木。树皮灰色。光滑。幼枝无毛。冬芽的内部芽鳞被较密的毛。叶片近革质，卵状椭圆形或卵形，先端渐尖或尾尖，基部近圆形或宽楔形，稍偏斜，边缘近基部或中部以上有粗锯齿，腹面稍粗糙，无毛，背面仅在脉腋内有疏毛。核果单生于叶腋，卵状椭圆形，成熟时橙黄色，无毛。花期4月，果期9~10月。

产于神农架低海拔地区，生于海拔400~1000m的山坡林中。

图72-6 西川朴

4. 黑弹树 | Celtis bungeana Blume 图72-7

落叶乔木。老枝散生皮孔。冬芽芽鳞无毛。叶厚纸质，卵形至卵状椭圆形，基部宽楔形至近圆形，稍偏斜，先端渐尖，中部以上疏具浅齿，无毛；萌发枝上的叶形变异较大，先端可具尾尖且有糙毛。果常单生于叶腋，果柄较细软，无毛；果成熟时蓝黑色，近球形；核近球形。花期4～5月，果期10～11月。

产于神农架新华、宋洛、木鱼坪、长青（zdg 5830），生于海拔900～1300m的山坡林中。树干、树皮或枝条能入药。

5. 小果朴 | Celtis cerasifera C. K. Schneider 图72-8

落叶乔木。叶革质，卵形至卵状椭圆形，基部近圆形，稍偏斜，先端长渐尖至具短尾尖，边缘具整齐锯齿可几达基部，无毛或仅叶背脉腋间有少量柔毛。果通常单生于叶腋（极少情况下，有2～3枚果生于一极短的总梗上）；果近球形，成熟时为蓝黑色；核近球形，具4条肋，表面有浅网孔状凹陷。花期4月，果期9～10月。

产于神农架木鱼（官门山），生于海拔900～1300m的山坡林中。

图72-7 黑弹树

图72-8 小果朴

6. 朴树 | Celtis sinensis Persoon 图72-9

落叶乔木。树皮光滑，灰色。一年生枝条密被毛。叶革质，宽卵形至狭卵形，中部以上边缘有浅锯齿，下面无毛或有毛；三出脉。花杂性，1～3朵生于当年生枝的叶腋；花被片4枚，被毛；雄蕊4枚；柱头2裂。核果近球形，红褐色；果柄较叶柄近等长。花期3～4月，果期9～10月。

产于神农架九湖（东溪），生于海拔400～700m的村寨边。树皮和叶入药；庭院绿化树种。

图72-9 朴树

5. 山黄麻属Trema Loureiro

小乔木或灌木。叶互生，卵形至狭披针形，边缘有细锯齿，基部三（或五）出脉，稀羽状脉；托叶早落。花单性或杂性，多数密集成聚伞花序；雌花与雄花的花被片均为（4～）5枚，雄蕊与花被片同数，雄花具退化子房；雌花子房无柄，花柱短，柱头2枚，胚珠单生。核果小，卵圆形或近球形，常具宿存的花被片和柱头；外果皮多少肉质，内果皮骨质。种子具肉质胚乳。

约15种。我国有6种，湖北产2种，神农架均有。

1. 山油麻（变种） | Trema cannabina var. dielsiana (Handel-Mazzetti) C. J. Chen　图72-10

灌木或小乔木。小枝被柔毛，后脱落。叶卵状披针形，先端尾状渐尖，基部圆或浅心形，边缘具圆齿状锯齿，叶面疏生糙毛，常脱落，叶背脉上疏生柔毛；三出脉，侧脉2（～3）对。花单性同株；雌花序常生于花枝的上部叶腋，雄花序常生于花枝的下部叶腋，或雌雄同序。核果近球形，微压扁，熟时橘红色。花期3～6月，果期9～10月。

产于神农架低海拔地区（长青，zdg 5776），生于海拔1200m的沟谷林缘。根和嫩叶可入药。

图72-10　山油麻

2. 羽脉山黄麻 | Trema levigata Handel-Mazzetti　图72-11

小乔木或灌木。小枝被灰白色柔毛。叶纸质，狭长披针形，先端渐尖，基部对称或微偏斜，边缘有细锯齿，叶面被稀疏的柔毛，后渐脱落，近光滑，叶背脉上疏生柔毛；羽状脉，侧脉5～7对。聚伞花序与叶柄近等长，雄花花被片5枚。小核果近球形，微压扁，熟时由橘红色渐变成黑色。花期4～5月，果期9～12月。

产于神农架低海拔地区（巴东、巫溪），生于海拔200m的河谷林中。皮和叶入药。

图72-11　羽脉山黄麻

6.　糙叶树属Aphananthe Planchon

落叶或半常绿乔木或灌木。叶互生，纸质或革质，有锯齿或全缘，具羽状脉或三基出脉。花与叶同时生出，单性，雌雄同株；雄花排成密集的聚伞花序，腋生，雌花单生于叶腋；雄花的花被5～4深裂，裂片多少成覆瓦状排列，雄蕊与花被裂片同数；雌花的花被4～5深裂，裂片较窄，覆瓦状排列，花柱短，柱头2枚，条形。核果卵状或近球状。

5种。我国2种，湖北1种，神农架也有。

糙叶树 ｜ Aphananthe aspera (Thunberg) Planchon　图72-12

落叶乔木。树皮平滑，老时纵裂。叶片卵形或卵状长圆形，先端渐尖至长渐尖，基部近圆形或宽楔形，对称或稍斜，边缘有细尖的单锯齿，两面有平伏硬毛，通常于背面较密；基部三出脉，侧脉6～8对，斜直伸达齿尖。核果近球形，熟时黑色，被糙伏毛。花期4～5月，果期7～8月。

产于巴东县（堆子乡送子园村，江明喜185），生于海拔500～700m的溪边林中。

图72-12　糙叶树

73. 桑科 | Moraceae

乔木、灌木或藤本，稀为草本，通常具白色乳液。单叶，稀复叶，互生，稀对生，全缘、具锯齿或分裂；托叶2枚，通常早落。花小，单性，雌雄同株或异株，无花瓣；花序腋生，形状多样；萼片常4枚，稀较多或较少；雄蕊通常与花被片同数而对生；子房上位或下位，1～2室，每室具胚珠1枚，柱头1～2裂。果为瘦果或核果状。种子具胚乳，胚多弯曲。

37～43属1100～1400种。我国9属144种，湖北有5属28种，神农架5属21种。

1. 水蛇麻属Fatoua Gaudichaud-Beaupré

草本。单叶互生，边缘具锯齿；托叶早落。花单性同株，雌雄花混生，组成腋生头状聚伞花序。雄花花被片4深裂，裂片镊合状排列，雄蕊4枚，退化雌蕊很小；雌花花被4～6裂，裂片排列与雄花同，子房歪斜，柱头2裂，丝状，胚珠倒生。瘦果小，斜球形，微扁，为宿存花被包围。种皮膜质，无胚乳。

2种。我国全产，湖北产1种，神农架也产。

水蛇麻 | Fatoua villosa (Thunberg) Nakai 图73-1

一年生草本。叶膜质，卵圆形至宽卵圆形，先端急尖，基部心形至楔形，基部稍下延成柄，边缘锯齿三角形，两面被粗糙贴伏柔毛；侧脉每边3～4条。花单性，聚伞花序腋生；雄花钟形，雄蕊4枚，与花被片对生；雌花花被片宽舟状，子房近扁球形，花柱侧生，丝状。

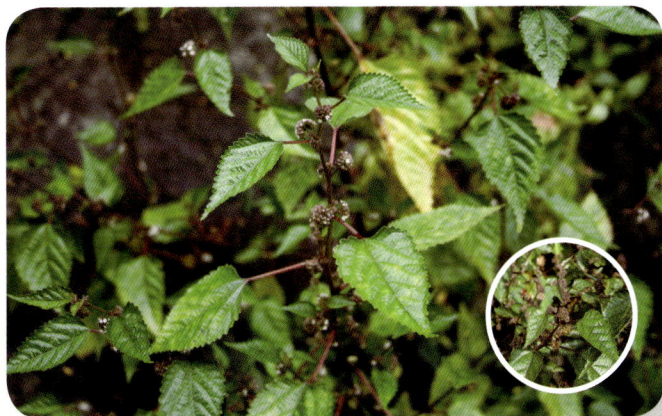

图73-1 水蛇麻

瘦果略扁，具3棱，表面散生细小瘤体。种子1枚。花期5～8月。

产于神农架低海拔地区（阳日），生于海拔800m以下的路边、地边。全株及叶可入药。

2．榕属 Ficus Linnaeus

乔木、灌木或攀援状，或为附生。具乳液。叶互生，稀对生，全缘或具锯齿或分裂；托叶合生，早落，遗留环状痕。花雌雄同株或异株，生于肉质壶形花序托内壁成隐头花序；雄花花被片2～6枚，雄蕊1～3枚；雌花花被片与雄花同数或不完全，花柱偏斜；瘿花相似于雌花。聚花果腋生或生于老茎，球形、椭圆形或洋梨形，基生苞片3枚。

约1000种。我国约99种，湖北产14种，神农架产11种。

分种检索表

```
1．直立乔木或灌木。
    2．叶广卵圆形，呈掌状3～5裂 ························································· 1．无花果 F. carica
    2．叶不裂或偶为琴状分裂。
        3．叶全缘。
            4．叶基部圆形或浅心形 ················································· 4．异叶榕 F. heteromorpha
            4．叶基部楔形或圆楔形。
                5．叶大，长可达30cm，厚革质，带托叶的芽红色 ··········· 10．印度榕 F. elastica
                5．叶中等大小，长不超过15cm，薄革质，带托叶的芽绿色。
                    6．叶线状披针形或倒卵状长圆形 ························· 11．竹叶榕 F. stenophylla
                    6．叶卵形或椭圆形。
                        7．常绿；叶先端钝尖 ····························· 2．榕树 F. microcarpa
                        7．半常绿（夏季落叶）；叶先端渐尖 ············· 3．黄葛树 F. virens
        3．叶缘全部或至少上部具锯齿。
            8．叶缘上部边缘有波状疏齿，下部全缘 ··························· 5．尖叶榕 F. henryi
            8．叶缘有牙齿 ··························································· 6．岩木瓜 F. tsiangii
1．攀援或匍匐灌木或木质藤本。
    9．茎匍匐于地面；叶缘有细锯齿 ··············································· 7．地果 F. tikoua
    9．茎用气生根攀援；叶全缘。
        10．叶二型，生殖叶比营养叶大、全、厚 ······················· 8．薜荔 F. pumila
        10．叶一型，生殖叶和营养叶大小、质地相同 ················· 9．匍茎榕 F. sarmentosa
```

1．无花果 │ Ficus carica Linnaeus　图73-2

落叶灌木。叶互生，广卵圆形，长、宽近相等，通常3～5裂，边缘具不规则钝齿，表面粗糙，基部浅心形；基生侧脉3～5条。雌雄异株。雄花和瘿花同生于一榕果内壁；雄花生于内壁口部，花被片4～5枚，雄蕊3枚，瘿花花柱侧生。雌花花被与雄花同数，子房卵圆形，花柱侧生，柱头2裂。

榕果单生于叶腋，大而梨形。花果期5～7月。

原产于印度，阳日、新华、松柏有庭院栽培。果供食用；果实、根和叶可入药。

2．榕树 ｜ **Ficus microcarpa** Linnaeus f.　图73-3

乔木。老树常有气根。叶薄革质，狭椭圆形，先端钝尖，基部楔形，全缘。雄花、雌花、瘿花同生于一榕果内；雄花散生于内壁，花丝与花药等长；雌花与瘿花相似，花被片3枚，广卵形，花柱近侧生，柱头短，棒形。榕果成对腋生或生于已落叶枝叶腋，成熟时黄色或微红色，扁球形，无总梗，基生苞片3枚。花期5～6月。

原产于我国华南，巫溪、兴山作行道树栽培，其他地区作温室盆景栽培。著名绿化树种；气生根、叶、树皮、果实、树乳汁可入药。

图73-2　无花果

图73-3　榕树

3．黄葛树 ｜ **Ficus virens** Aiton　图73-4

乔木。有板根或支柱根。叶纸质，卵状披针形至椭圆状卵形，先端渐尖，基部楔形至浅心形，全缘；托叶披针状卵形。雄花、瘿花、雌花生于同一榕果内。瘦果表面有皱纹。榕果单生或成对腋生，球形，成熟时紫红色。花期5～8月。

原产于宜昌等地，兴山等地有栽培。西南地区重要的绿化树种；根、叶可入药。

4．异叶榕 ｜ **Ficus heteromorpha** Hemsley　图73-5

落叶灌木或小乔木。叶卵状矩圆形、琴形、椭圆状披针形，先端渐尖，基部圆形或浅心形，全缘，常带红色。雄花和瘿花生于同一榕果中；雄花花被片4～5枚，雄蕊2～3枚；瘿花花被片5～6枚；雌花花被片4～5枚，花柱侧生，柱头画笔状。瘦果光滑。榕果球形，成对生于短枝叶腋，稀单生。花期4～5月，果期5～7月。

产于神农架各地，生于海拔500～1900m的山坡林中或沟谷边。果实和根可入药。

图73-4 黄葛树

图73-5 异叶榕

5．尖叶榕 ｜ **Ficus henryi** Warburg ex Diels 图73-6

小乔木。叶倒卵状长圆形至长圆状披针形，先端渐尖，基部楔形，两面被点状钟乳体，全缘或中部以上有疏锯齿。雄花生于榕果内壁，花被片4～5枚，雄蕊4枚；瘿花生于雌花下部，花被片5枚；雌花生于雌株榕果内壁，子房卵圆形，柱头2裂。榕果单生于叶腋，球形至椭圆形，成熟时橙红色。花期5～6月，果期7～9月。

产于神农架木鱼、下谷、新华（zdg 6891）、松柏，生于海拔700～900m的沟谷林中。果实入药。

6．岩木瓜 ｜ **Ficus tsiangii** Merrill ex Corner 图73-7

灌木或小乔木。小枝密生硬毛。叶螺旋状排列，卵形至倒卵椭圆形，先端尾尖，基部圆形至浅心形，两面被粗糙硬毛，叶基有2枚腺体；托叶早落。雄花二型，无柄雄花生于口部，有柄雄花散生，花被片3～5枚，雄蕊2枚；雌花子房无柄，柱头浅2裂；不育花小。榕果球状椭圆形，被粗糙短硬毛，成熟时红色。花期5～8月。

产于神农架低海拔地区（兴山、巴东），生于海拔200～500m的沟谷林中。叶和茎皮可入药。

图73-6 尖叶榕

图73-7 岩木瓜

7. 地果 | **Ficus tikoua** Bureau 图73-8

木质藤本。茎上匍匐，具不定根。叶倒卵状椭圆形，先端急尖，基部圆形至浅心形，边缘具波状疏浅圆锯齿，表面被短刺毛，背面沿脉有细毛；侧脉3~4对。榕果成对或簇生于匍匐茎上，常埋于土中，球形至卵球形，基部收缩成狭柄，成熟时深红色，表面多圆形瘤点。花期5~6月，果期7月。

产于神农架低海拔地区（长青，zdg 5609），生于海拔700m以下的山坡草丛中。果可鲜食；茎叶、根、花、果实可入药。

8. 薜荔 | **Ficus pumila** Linnaeus 图73-9

攀援或匍匐灌木。不育枝有不定根，叶卵状心形，基部稍不对称，尖端渐尖，叶柄很短；能育枝无不定根，叶卵状椭圆形，先端急尖至钝形，基部圆形至浅心形，全缘，上面无毛，背面被柔毛。榕果单生于叶腋；瘿花果梨形，雌花果近球形；榕果幼时被黄色短柔毛，成熟时黄绿色或微红。花果期5~8月。

产于神农架阳日、九冲、红花，生于海拔500~700m的屋边墙上。茎、叶、根、花托及果实可入药；果实可作凉粉食材。

图73-8 地果

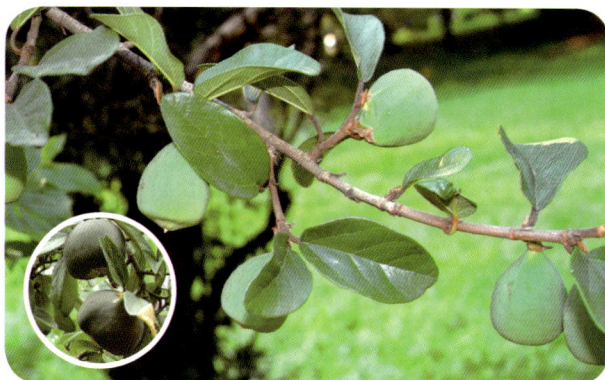
图73-9 薜荔

9. 匍茎榕 | **Ficus sarmentosa** Buchanan-Hamilton ex Smith

分变种检索表

1. 叶被毛。
　2. 隐头花序圆锥形或卵圆形··················**9a. 珍珠莲F. sarmentosa** var. **henryi**
　2. 隐头花序近球形。
　　3. 隐头花序有短柄··················**9b. 爬藤榕F. sarmentosa** var. **impressa**
　　3. 隐头花序无柄··················**9d. 长柄爬藤榕F. sarmentosa** var. **luducca**
1. 叶无毛··················**9c. 尾尖爬藤榕F. sarmentosa** var. **lacrymans**

9a．珍珠莲（变种）Ficus sarmentosa var. **henryi** (King ex Oliver) Corner　图73-10

常绿藤本。幼枝密被褐色长柔毛。叶革质，椭圆形、卵状椭圆形或披针状椭圆形，先端渐尖或尾尖，基部圆形至宽楔形，有时不对称，全缘或微波状，腹面无毛，背面密被褐色柔毛；基生脉3条，侧脉5~8对，网脉在背面隆起呈蜂窝状。隐头花序成对腋生，有时单生，无总梗或具极短的总梗，圆锥形或卵圆形，表面密被棕褐色长柔毛。花期5~7月。

产于神农架阳日（阳日—新华，zdg 4575；长青，zdg 5608）、新华、老君山、宋洛，生于海拔500~900m的山坡灌丛中或沟边岩石上。根和藤茎、花托可入药。

9b．爬藤榕（变种）Ficus sarmentosa var. **impressa** (Champion ex Bentham) Corner　图73-11

藤状灌木。叶革质，披针形，先端渐尖，基部钝，背面白色至浅灰褐色；侧脉6~8对，网脉明显。榕果成对腋生或生于落叶枝叶腋，球形，幼时被柔毛。花期4~5月，果期6~7月。

产于神农架老君山、邱家坪、板仓、阳日，生于海拔500~1400m的山坡岩石上。根状茎可入药。

图73-10　珍珠莲

图73-11　爬藤榕

9c．尾尖爬藤榕（变种）Ficus sarmentosa var. **lacrymans** (H. Léveillé) Corner　图73-12

藤状灌木。叶薄革质，披针状卵形，先端渐尖至尾尖，基部楔形，两面绿色，干后绿白色至黄绿色；侧脉5~6对，网脉在两面平。榕果成对腋生或生于落叶枝叶腋，球形，表面无毛或薄被柔毛。花期4~5，果期6~7月。

产于神农架低海拔地区，生于海拔100~500m的山坡岩石上。根、藤和种子能入药。

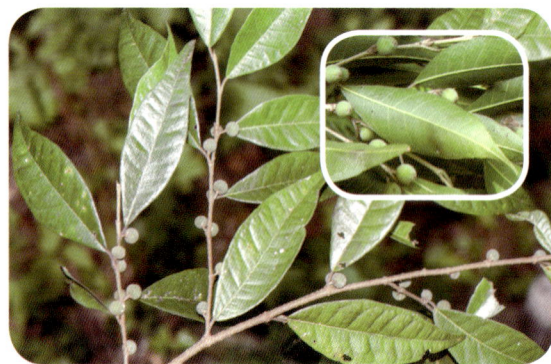

图73-12　尾尖爬藤榕

9d．长柄爬藤榕（变种）Ficus sarmentosa var. **luducca** (Roxburgh) Corner

藤状灌木。幼枝近无毛，小枝有明显皮孔。叶长椭圆状披针形，先端渐尖为尾状，基部楔形，背面黄褐色；基生叶脉短，侧脉10~12对，网脉蜂窝状；叶柄粗壮。榕果腋生，球形，表面疏生瘤状体，总梗短。花期5~7月。

产于神农架低海拔地区，生于海拔200~1500m的山坡岩石上。根、藤和种子能入药。

10. 印度榕 │ **Ficus elastica** Roxburgh 图73-13

常绿大乔木。壶瓶山多为灌木状盆栽。小枝粗壮，各部无毛。叶厚草质，长圆形或椭圆形，先端急尖或短渐尖，基部钝圆，全缘，背腹两面有光泽；托叶披针形，淡红色。隐头花序，长圆形，成熟时绿黄色，无总梗。

原产于印度，各地庭院有栽培，巫溪可用露地栽培。果供食用；果实、根和叶可入药。

11. 竹叶榕 │ **Ficus stenophylla** Hemsley 图73-14

常绿灌木。小枝幼时散生灰白色糙毛。叶互生，薄革质，线状披针形或倒卵状长圆形，先端渐尖，基部楔形，全缘，腹面无毛，具光泽，背面脉上有短硬毛；侧脉10～15对。隐头花序单生于叶腋，近球形，成熟时紫深红色，无毛。花果期5～8月。

产于神农架低海拔地区（巴东，T. P. Wang 10866），生于海拔200～500m的山坡溪边灌丛中。

图73-13 印度榕

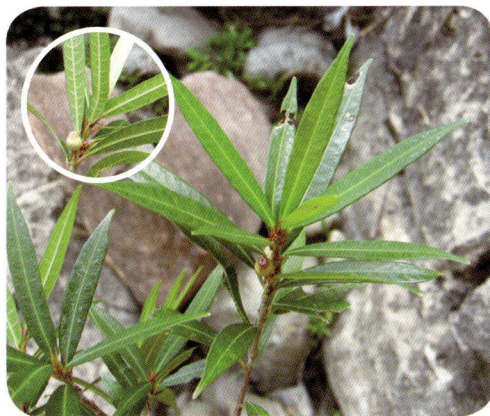

图73-14 竹叶榕

桑科 │ Moraceae

509

3. 桑属 **Morus** Linnaeus

落叶乔木或灌木。叶互生，边缘具锯齿，全缘至深裂；叶脉三至五出，侧脉羽状；托叶早落。花雌雄异株或同株，或同株异序，雌雄花序均为穗状；雄花花被片4枚，覆瓦状排列，雄蕊4枚，退化雌蕊陀螺形；雌花花被片4枚，覆瓦状排列，子房1室，柱头2裂。聚花果为多数包藏于内质花被片内的核果组成；外果皮肉质，内果皮壳质。种子近球形，胚乳丰富。

约16种。我国11种，湖北4种，神农架均有。

分种检索表

1. 叶上面粗糙，下面密被细柔毛 ·· 1. 华桑 M. cathayana
1. 叶下面光滑，或有微细柔毛。
　2. 叶上面光滑，下面脉腋有须状毛；花柱甚短 ································· 2. 桑 M. alba

　　2．叶下面光滑无毛，或仅有微细毛，无腋生须状毛；花柱明显。

　　　　3．叶先端急尖，基部楔形或近心形，边缘有粗圆锯齿······················3．鸡桑M. australis

　　　　3．叶先端长尾渐尖，基部心形，有时偏斜························4．蒙桑M. mongolica

1．华桑 | **Morus cathayana** Hemsley　图73-15

　　小乔木或灌木。小枝幼时被细毛，后脱落，皮孔明显。叶广卵形或近圆形，先端渐尖，基部心形或截形，略偏斜，边缘具疏浅锯齿，有时分裂，表面疏生短伏毛，背面密被柔毛。花雌雄同株异序，雄花序较雌花序长。聚花果圆筒形，成熟时白色、红色或紫黑色。花期4～5月，果期5～6月。

　　产于神农架红坪、木鱼、宋洛，生于海拔400～1700m的山坡林中或沟谷中。根皮和叶能入药。

2．桑 | **Morus alba** Linnaeus　图73-16

　　乔木或为灌木。叶卵形或广卵形，先端渐尖或圆钝，基部圆形至浅心形，边缘粗锯齿，有时叶为各种分裂，叶下脉腋有簇毛。花单性，腋生或生于芽鳞腋内，与叶同时生出。雄花序下垂。聚花果卵状椭圆形，成熟时红色或暗紫色。花期4～5月，果期5～8月。

　　神农架各地有栽培或野生于海拔1000m以下的沟谷林中。根皮、嫩枝、叶、果穗可入药；叶可用于饲蚕或作饲料；果可食用。

图73-15　华桑

图73-16　桑

3．鸡桑 | **Morus australis** Poiret　图73-17

　　灌木或小乔木。叶卵形，先端急尖或尾状，基部楔形或心形，边缘具粗锯齿，或3～5裂，表面粗糙，密生短刺毛，背面疏被粗毛；托叶早落。雄花序被柔毛；雌花序球形，密被白色柔毛。聚花果短椭圆形，成熟时红色或暗紫色。花期3～4月，果期4～5月。

　　产于神农架各地（麻湾—大岩屋，zzdg 6350；千家坪，zdg 6710），生于海拔1000～2500m的山坡林中、沟边或灌木丛中。根皮和叶入药。

4．蒙桑 ｜ Morus mongolica (Bureau) C. K. Schneider 图73-18

小乔木或灌木。叶长椭圆状卵形，先端尾尖，基部心形，边缘具三角形单锯齿，稀重锯齿，齿尖有长刺芒，两面无毛。雄花序较雌花序长，总花梗纤细。聚花果，成熟时红色至紫黑色。花期3～4月，果期4～5月。

产于神农架木鱼坪、松柏（松柏—大岩屋—燕天，zdg 4649）、宋洛、新华、阳日（长青矿区，zdg 4467、zdg 5917），生于海拔580～1600m的山坡灌木丛中。根皮和叶入药。

图73-17　鸡桑

图73-18　蒙桑

4．构属Broussonetia L'Héritier ex Ventenat

乔木、灌木或为攀缘藤状灌木，有乳液。叶互生，分裂或不分裂，边缘具锯齿；基生叶脉三出，侧脉羽状；托叶侧生，早落。花雌雄异株或同株；雄花为下垂柔黄花序或球形头状花序，花被片4或3裂，雄蕊与花被裂片同数而对生，退化雄蕊小；雌花密集成球形头状花序，苞片棍棒状，宿存，花被管状，顶端3～4裂或全缘，宿存，子房内藏。聚花果球形。

约4种。我国均产，湖北产3种，神农架均产。

> **分种检索表**
>
> 1. 乔木 ·· 1. 构树B. papyrifera
> 1. 灌木或攀援状蔓性灌木。
> 　2. 叶基部对称 ·································· 2. 楮B. kazinoki
> 　2. 叶基部偏斜 ·························· 3. 藤构B. kaempferi var. australis

1．构树 ｜ Broussonetia papyrifera (Linnaeus) L'Héritier ex Ventenat 图73-19

乔木。叶螺旋状排列，广卵形至长椭圆状卵形，先端渐尖，基部心形，两侧常不相等，边缘具粗锯齿，不分裂或3～5裂，表面粗糙，背面密被绒毛；基生叶脉三出；托叶大，卵形。花雌雄异株；雄花序为柔荑花序；雌花序球形头状。聚花果，成熟时橙红色，肉质。花期4～5月，果期6～7月。

产于神农架各地（新华庙儿观—兴山交界，Zdg 4604）。果实、根、皮、树枝可入药品；树皮可作造纸原料；叶可作饲料。

2. 楮 | Broussonetia kazinoki Siebold　图73-20

灌木。小枝幼时被毛，后脱落。叶卵形至斜卵形，先端渐尖，基部近圆形或斜圆形，边缘具三角形锯齿，表面粗糙，背面近无毛。花雌雄同株；雄花序球形头状；雌花序球形，被柔毛，花被管状，花柱单生。聚花果球形。瘦果扁球形，外果皮壳质，表面具瘤体。花期4～5月，果期5～6月。

产于神农架阳日、新华，生于海拔500～800m的山坡灌丛中。根皮、嫩枝叶、树汁可入药。

图73-19　构树

图73-20　楮

3. 藤构（变种）| Broussonetia kaempferi var. australis Suzuki　图73-21

蔓生藤状灌木。小枝显著伸长，幼时被柔毛，后脱落。叶互生，螺旋状排列，近对称的卵状椭圆形，先端渐尖，基部心形或截形，边缘锯齿细，稀为2～3裂，表面无毛。花雌雄异株；雄花序短穗状，雄花花被片4枚，退化雌蕊小；雌花集生为球形头状花序。聚花果，花柱线形，延长。花期4～6月，果期5～7月。

产于神农架木鱼坪、新华、阳日（阳日—马桥，zdg 4408；阳日—新华，zdg 4552），生于海拔600～1400m的沟边灌木丛中。根皮、嫩枝叶、树汁可入药。

图73-21　藤构

5. 柘属Maclura Nuttall

乔木或为攀援藤状灌木。有乳液。具枝状刺。叶互生，全缘；托叶2枚，侧生。花雌雄异株，均为具苞片的球形头状花序，每花常有2～4枚苞片，附着于花被片上；花被片通常为4枚，分离或下半部合生，覆瓦状排列；雄蕊与花被片同数；雌花无梗，花被片肉质，盾形，花柱短，2裂或不分裂。聚花果肉质；小核果卵圆形，果皮壳质，为肉质花被片包围。

约6种。我国5种，湖北2种，神农架均有。

分种检索表

1. 叶常绿，椭圆状披针形或长圆形，侧脉7～10对······························1. 构棘M. cochinchinensis
1. 叶冬季凋落，卵圆形、倒卵形或菱形，侧脉4～6对························2. 柘M. tricuspidata

1. 构棘 ｜ Maclura cochinchinensis (Loureiro) Corner 图73-22

直立或攀援状灌木。具枝状刺。叶革质，椭圆状披针形或长圆形，全缘，先端钝，基部楔形，两面无毛。花雌雄异株，雌雄花序均为具苞片的头状花序，每花具2～4枚苞片；雄花序直径约6～10cm，花被片4枚，雄蕊4枚；雌花序微被毛。聚合果肉质，成熟时橙红色；核果卵圆形，成熟时褐色，光滑。花期4～5月，果期6～7月。

产于神农架阳日、新华，生于海拔500～1100m的沟边或山坡灌木丛中。根、棘刺和果实可入药。

2. 柘 ｜ Maclura tricuspidata Carrière 图73-23

落叶灌木或小乔木。树皮灰褐色，呈不规则薄片状脱落。小枝无毛，有枝刺。叶卵圆形、倒卵形或菱形，先端钝或渐尖，基部楔形或圆形，全缘，不裂或常3裂。花单性异株，雌雄花序均为球形头状花序。聚花果近球形，肉质，成熟时橘红色。花期4～5月，果期6～7月。

产于神农架新华、宋洛，生于海拔900m的山坡林中。根、棘刺、木材、树干内皮、茎叶、果实可入药；果实可食，味极甜。

图73-22 构棘

图73-23 柘

中文名称索引

519

中文名称索引

拉丁学名索引

拉丁学名索引

537

拉丁学名索引

545

拉丁学名索引

拉丁学名索引

拉丁学名索引

551

拉丁学名索引

555

神农架国家公园管理分区图

县

房

县

山

竹

巫

溪

县

巫

山

县

板仓

东溪

韩家坪

珍珠岭

阴峪河

C3 黄柏阡管护小区

董柏阡

倒拔营

C4 东溪管护小区

C5 阴峪河管护

神农顶管理

落水孔

狮子包

小九湖

C1 大九湖管护小区

大九湖管理区

五号字

国公坪

董家湾

九湖镇

坪堑

南天门

猴子石

板壁岩

C7 神农顶管

云盘岭

C2 坪堑管护小区

谢家湾

高脚岩

大界岭

红岩淌

小界岭

板桥

九个包

太子岩

C8 板桥管护小区

麻线坪

C9 下谷坪管护小

赖家河

下谷坪

太阳坡

石柱河

太和山

张家湾

图例

- ⊙ 乡镇
- - - - 国家公园体制试点区
- —— 国家公园边界
- —— 林区边界
- —— 网格管护小区
- —— 国家公园管理区
- - - - 县界
- —— 国道
- —— 主要公路
- —— 河流

0   2.5   5